中国地质大学(武汉)"十一五"规划教材

机械设计基础

JIXIE SHEJI JICHU

主编:童志伟　刘　银　曾小慧　吴晓光
主审:江进国

中国地质大学出版社有限责任公司
ZHONGGUO DIZHI DAXUE CHUBANSHE YOUXIAN ZEREN GONGSI

内容简介

本书是根据高等院校人才培养目标、教育部制定的机械设计基础课程教学基本要求和最新国家标准，并总结编者多年的教学经验和教改实践经验编写而成。

本书以应用为目的，以理论适度、概念清楚、突出应用为重点，将机械原理与机械零件的内容有机地结合在一起，培养学生的初步机械设计能力。全书共分17章，包括绪论，机构的组成及其具有确定运动的条件，平面连杆机构，凸轮机构，间歇运动机构，齿轮机构，轮系，机械的调速和平衡，机械零件设计概论，连接，带传动和链传动，齿轮传动，蜗轮蜗杆传动，轴，轴承，联轴器、离合器和制动器，弹簧。

本书可作为高等工业学校机械设计基础课程的教材，也可供有关工程技术人员参考。

图书在版编目(CIP)数据

机械设计基础/童志伟等主编. —武汉：中国地质大学出版社有限责任公司，2012.2

ISBN 978-7-5625-2720-6

Ⅰ.①机…
Ⅱ.①童…
Ⅲ.①机械设计-高等学校-教材
Ⅳ.①TH122

中国版本图书馆CIP数据核字(2011)第254794号

机械设计基础 童志伟 刘 银 曾小慧 吴晓光 **主编**
汪进国 **主审**

责任编辑：谌福兴 周华 责任校对：张咏梅

出版发行：中国地质大学出版社有限责任公司（武汉市洪山区鲁磨路388号） 邮政编码：430074
电话：(027)67883511 传真：67883580 E-mail:cbb @ cug.edu.cn
经 销：全国新华书店 http://www.cugp.cug.edu.cn

开本：787毫米×1 092毫米 1/16 字数：541千字 印张：21.125
版次：2012年2月第1版 印次：2012年2月第1次印刷
印刷：荆州市鸿盛印务有限公司 印数：1—2 000册

ISBN 978-7-5625-2720-6 定价：38.00元

前　言

随着科学技术的飞速发展和高等教育改革的不断深入，加强基础、拓宽专业，培养适合21世纪科学技术发展的高级工程技术人才，是高等工科学校建设的重要任务。具有基础课性质、又具有工程技术性质的机械设计基础教材的建设在工程类专业中显得非常重要。本教材为中国地质大学(武汉)“十一五”教材建设规划资助项目。本教材根据高等教育人才培养目标、结合编者多年的教学经验和教改实践编写而成，可供机电类、近机械类各专业使用，参考学时为60～80学时。

根据工程类专业人才培养目标，本教材编写坚持“以应用为目的，以必需、够用为度”的编写原则，结合本课程的教学规律及提高教学效率，对教学内容和体系进行了适当的综合。本教材的主要特点如下。

1. 本教材有机地融合了相关课程的内容，主要体现在以下几个方面。

(1)弱化了机械原理与机械设计教材的界限。

(2)对教学内容和体系进行了适当的综合，如将带传动和链传动并为一章，滑动轴承和滚动轴承并为一章，将“机械的润滑与密封”等内容融合到相关章节，不单列成章。

2. 突出工程类专业“理论知识够用，注重能力培养”的特点，精简理论推导，加强基础内容，注重设计公式的应用和结构设计方法，加强学生对图表、手册应用能力的培养。

3. 采用了最新颁布的国家标准和规范。

本书由童志伟、刘银、曾小慧、吴晓光担任主编，汪进国教授对本书进行了全面地校审，在此表示感谢。另外，孙立鹏教授对本书的编写给予了大力的支持，在此表示谢意！

在编写过程中，编者参考了许多文献、资料，在此对这些文献、资料的编著者表示衷心的感谢！

由于编者水平和时间，书中错误和不妥之处在所难免，敬请使用本书的广大师生和读者批评指正。

编　者

2010年12月

目　录

第一章　绪　　论……………………………………………………………………………………(1)
第一节　本课程研究的对象和内容……………………………………………………………(1)
第二节　本课程的性质和任务…………………………………………………………………(2)
第三节　机械设计的基本要求和一般过程……………………………………………………(3)
习题…………………………………………………………………………………………………(3)
第二章　机构的组成及其具有确定运动的条件………………………………………………(4)
第一节　机构的组成要素及构件类型…………………………………………………………(4)
第二节　平面机构的机构运动简图……………………………………………………………(8)
第三节　平面机构具有确定运动的条件………………………………………………………(12)
习题…………………………………………………………………………………………………(18)
第三章　平面连杆机构…………………………………………………………………………(20)
第一节　平面连杆机构的概念、类型和特点…………………………………………………(20)
第二节　平面连杆机构的主要特性……………………………………………………………(28)
第三节　平面连杆机构的运动分析……………………………………………………………(34)
第四节　平面连杆机构的运动设计……………………………………………………………(40)
习题…………………………………………………………………………………………………(48)
第四章　凸轮机构………………………………………………………………………………(52)
第一节　凸轮机构的概念、类型和特点………………………………………………………(52)
第二节　从动杆常用的运动规律及选择………………………………………………………(56)
第三节　盘形凸轮轮廓曲线的设计……………………………………………………………(61)
第四节　凸轮机构基本尺寸的确定……………………………………………………………(67)
习题…………………………………………………………………………………………………(71)
第五章　间歇运动机构…………………………………………………………………………(74)
第一节　棘轮机构………………………………………………………………………………(74)
第二节　槽轮机构………………………………………………………………………………(78)
第三节　不完全齿轮机构………………………………………………………………………(81)
第四节　凸轮式间歇运动机构…………………………………………………………………(83)
习题…………………………………………………………………………………………………(84)
第六章　齿轮机构………………………………………………………………………………(86)
第一节　齿轮机构的特点和类型………………………………………………………………(86)
第二节　齿廓实现定角速传动比的条件………………………………………………………(87)
第三节　渐开线齿廓……………………………………………………………………………(88)

第四节 齿轮各部分名称及渐开线标准齿轮的基本尺寸 …………………………(89)
第五节 渐开线标准齿轮的啮合 ………………………………………………(93)
第六节 渐开线齿轮的切齿原理及齿轮精度 ……………………………………(95)
第七节 根切、最少齿数及变位齿轮……………………………………………(98)
第八节 平行轴斜齿齿轮机构 …………………………………………………(99)
第九节 圆锥齿轮机构……………………………………………………………(104)
习题…………………………………………………………………………………(106)
第七章 轮 系………………………………………………………………(108)
第一节 轮系及其分类……………………………………………………………(108)
第二节 定轴轮系传动比…………………………………………………………(109)
第三节 周转轮系传动比的计算…………………………………………………(110)
第四节 混合轮系及其传动比……………………………………………………(112)
第五节 轮系的功用………………………………………………………………(113)
习题…………………………………………………………………………………(115)
第八章 机械的调速和平衡……………………………………………………(118)
第一节 机械速度波动的调节……………………………………………………(118)
第二节 回转件的平衡……………………………………………………………(123)
习题…………………………………………………………………………………(129)
第九章 机械零件设计概论……………………………………………………(132)
第一节 机械零件设计概述………………………………………………………(132)
第二节 机械零件的强度…………………………………………………………(134)
第三节 机械制造常用材料及选择………………………………………………(142)
第四节 互换性与优先数系………………………………………………………(146)
第五节 机械零件的工艺性与标准化……………………………………………(153)
习题…………………………………………………………………………………(154)
第十章 连 接………………………………………………………………(156)
第一节 螺纹的形成与参数………………………………………………………(156)
第二节 螺纹副受力分析、效率和自锁 …………………………………………(157)
第三节 机械制造常用螺纹………………………………………………………(160)
第四节 螺纹连接的类型及连接件………………………………………………(163)
第五节 螺纹连接的预紧与防松…………………………………………………(166)
第六节 连接螺栓的强度计算……………………………………………………(169)
第七节 螺栓材料和许用应力……………………………………………………(172)
第八节 提高螺栓连接强度的措施………………………………………………(174)
第九节 螺旋传动…………………………………………………………………(178)
第十节 滚动螺旋传动……………………………………………………………(180)
第十一节 键连接和花键连接……………………………………………………(185)
第十二节 销连接…………………………………………………………………(191)

习题……………………………………………………………………………………………(192)
第十一章　带传动和链传动……………………………………………………………(195)
第一节　带传动的类型和应用……………………………………………………………(195)
第二节　带传动工作情况的分析…………………………………………………………(197)
第三节　V带传动的结构和传动计算　………………………………………………(201)
第四节　V带轮的结构　……………………………………………………………………(209)
第五节　同步带传动…………………………………………………………………………(210)
第六节　链传动的特点和应用……………………………………………………………(211)
第七节　滚子链和链轮………………………………………………………………………(212)
第八节　链传动的主要参数及其选择…………………………………………………(216)
第九节　滚子链传动的计算………………………………………………………………(218)
第十节　链传动的润滑和布置……………………………………………………………(223)
第十二章　齿轮传动…………………………………………………………………………(225)
第一节　轮齿的失效形式及计算准则…………………………………………………(225)
第二节　齿轮的材料及热处理……………………………………………………………(226)
第三节　直齿圆柱齿轮传动………………………………………………………………(229)
第四节　斜齿圆柱齿轮传动………………………………………………………………(237)
第五节　直齿锥齿轮传动…………………………………………………………………(241)
第六节　齿轮的结构…………………………………………………………………………(244)
第七节　齿轮传动的润滑和效率…………………………………………………………(246)
习题……………………………………………………………………………………………(248)
第十三章　蜗轮蜗杆传动……………………………………………………………………(250)
第一节　概　　述……………………………………………………………………………(250)
第二节　蜗杆传动的主要参数和几何尺寸计算……………………………………(251)
第三节　蜗杆传动的材料和失效形式…………………………………………………(256)
第四节　蜗杆传动的强度计算……………………………………………………………(257)
第五节　蜗杆传动的效率、润滑和热平衡计算　……………………………………(260)
第十四章　轴……………………………………………………………………………………(267)
第一节　轴的功用和类型……………………………………………………………………(267)
第二节　轴的材料……………………………………………………………………………(268)
第三节　轴的结构设计………………………………………………………………………(269)
习题……………………………………………………………………………………………(278)
第十五章　轴　　承……………………………………………………………………………(279)
第一节　滑动轴承的摩擦状态……………………………………………………………(279)
第二节　滑动轴承的结构形式……………………………………………………………(280)
第二节　轴瓦及轴承衬材料………………………………………………………………(281)
第四节　润滑剂和润滑装置………………………………………………………………(283)

第五节　非液体摩擦滑动轴承的计算…………………………………………………………（286）
第六节　动压润滑的基本原理………………………………………………………………（287）
第七节　滚动轴承的结构和主要类型………………………………………………………（290）
第八节　滚动轴承的代号……………………………………………………………………（293）
第九节　滚动轴承的选择计算………………………………………………………………（295）
第十节　滚动轴承的组合设计………………………………………………………………（300）
习题……………………………………………………………………………………………（305）

第十六章　联轴器、离合器和制动器 ……………………………………………………（306）
第一节　联轴器、离合器的类型和应用 ……………………………………………………（306）
第二节　联轴器………………………………………………………………………………（307）
第三节　离合器………………………………………………………………………………（312）
第四节　制动器………………………………………………………………………………（314）
习题……………………………………………………………………………………………（316）

第十七章　弹　　簧……………………………………………………………………………（317）
第一节　弹簧的功能与类型…………………………………………………………………（317）
第二节　弹簧的材料和许用应力……………………………………………………………（318）
习题……………………………………………………………………………………………（327）

参考文献………………………………………………………………………………………（329）

第一章　绪　论

第一节　本课程研究的对象和内容

在人们的生产和日常生活中，广泛地使用着各种机器，如缝纫机、洗衣机、复印机、各种机床、汽车、拖拉机以及起重机等。

图 1－1 为单缸内燃机，它由机架（汽缸体）1、曲柄 2、连杆 3、活塞 4、进气阀 5、排气阀 6、推杆 7、凸轮 8 和齿轮 9、10 组成。当燃气推动活塞 4 作往复移动时，通过连杆 3 使曲柄 2 作连续转动，从而将燃气燃烧的热能转换为曲柄转动的机械能，齿轮、凸轮和推杆的作用是按一定的运动规律按时开闭阀门以吸入燃气和排出废气。

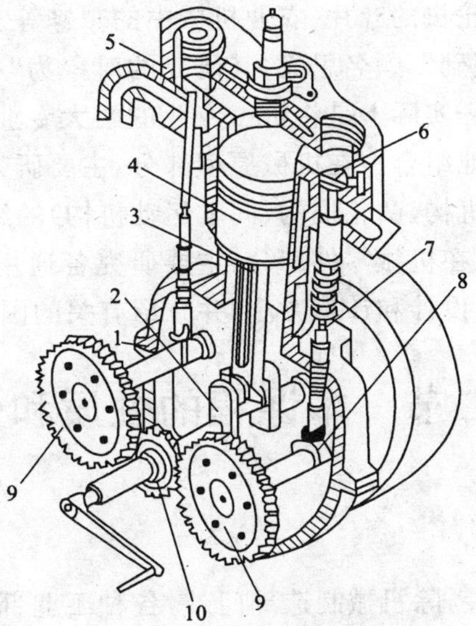

图 1－1　单缸内燃机

1. 汽缸体；2. 曲柄；3. 连杆；4. 活塞；5. 进气阀；6. 排气阀；7. 推杆；8. 凸轮；9、10. 齿轮

从以上例子可以看出，各种机器的具体结构型式和用途虽然不同，但它们却存在着共同的特征：

(1)都是一种实物的人为组合体；

(2)各部分之间具有确切的相对运动；

(3)可用来转换或传递物料、能量和信息等。

同时具备上述 3 个特征的称为机器，仅具备前两个特征的则称为机构。因此，所谓的机构就是多个实物的人为组合体，用来传递运动和动力，实现预期的机械运动。机器中普遍使用的机构称为常用机构，如连杆机构、凸轮机构、齿轮机构、间歇运动机构等。图 1-1 所示单缸内燃机可视为下列 3 种机构的组合：①曲柄滑块机构，由活塞 4、连杆 3、曲柄 2 和机架 1 构成，作用是将活塞的往复移动转换为曲柄的连续转动；②齿轮机构，由齿轮 9、10 和机架 1 构成，作用是改变转速的大小和转动的方向；③凸轮机构，由凸轮 8、推杆 7 和机架 1 构成，作用是将凸轮的连续转动转变为推杆的往复移动。

就功能而言，一般机器包含 4 个基本组成部分：动力部分、传动部分、控制部分、执行部分。动力部分可采用人力、蓄力、风力、液力、电力、热力等作动力源，其中利用电力和热力的原动机（电动机和内燃机）使用最广。传动部分和执行部分由各种机构组成，是机器的主体。控制部分包括各种控制机构、电气装置、计算机和液压系统、气压系统等。

机器是由一个或多个机构组成，机构与机器的区别在于：机构只是一个构件系统，而机器除构件系统外还包含电气、液压等其他装置；机构只用于传递运动和力，机器除传递运动和力之外，还应当具有变换或传递能量、物料、信息的功能。但从运动的观点看，二者并无差别，工程上统称为“机械”。

机械中不可拆的制造单元体称为“零件”，如内燃机中的曲轴、齿轮、活塞等。机械中的零件分为两类：一类称为通用零件，是在各类机械中经常可以遇到，具有同一功用及性能的零件，如螺纹螺栓、键、齿轮、蜗杆、蜗轮、链轮、轴、弹簧等；另一类为专用零件，它只在特定型式机械上出现，如内燃机的活塞、汽轮机的叶片、农业机械中的犁铧等。

本课程名为“机械设计基础”，顾名思义，其研究的对象为“机械”，其研究的内容则是有关机械设计的基础知识。本课程实际上是将机械专业的两大专业基础课程，即机械原理和机械零件中的基本知识加以有机地组合。在机械原理部分，主要研究机构的结构分析、几种最常用的机构（平面连杆机构、齿轮机构、凸轮机构、间歇运动机构）的组成形式、运动特性和选用原则以及机械动力学的基本知识；在机械零件部分，主要研究各通用机械零件的特点、结构及工作原理、选用原则、使用及维护、设计和计算方法，并介绍有关的国家标准和规范。

第二节 本课程的性质和任务

一、本课程的性质

随着现代生产的飞速发展，除机械制造部门外，各种工业部门，如土建、电力、石油、化工、矿山、冶金、纺织、食品加工、包装等，都会接触到各种类型的通用机械和专用机械，这些工业部门的技术人员应当具备一定的机械基础知识。因此，机械设计基础如同工程制图、电工学、工程力学等一样重要，是高等学校工科有关专业的一门技术基础课。

机械设计基础是许多理论和实际知识的综合应用，是一门理论性和实践性很强的课程。机械设计基础的先修课程主要是机械制图、工程材料及机械制造基础、金工实习、工程力学等。除此以外，考虑到许多近代机械设备中包含的动力系统和控制系统，因此，各专业的工程技术人员还应当了解液压传动、气动传动、电子技术和计算机等有关知识。

二、本课程的任务

现代世界各国之间的竞争非常激烈，而且主要表现在综合国力的竞争。要提高我国的综合国力，就要在一切生产部门实现生产的机械化和自动化，这就需要创造出大量的、种类繁多的、新颖优良的机械来装备各行各业，为各行各业的高速发展创造有利条件。任何新技术、新成果的获得，莫不有赖于机械工业的支持，机械工业是一个国家综合国力发展的基石。因此，本课程就是为培养横向人才创造有利条件，其具体任务表现在如下几点。

(1)使学生了解常用机构及通用零部件的工作原理、类型、特点及应用等基本知识。

(2)使学生掌握常用机构的基本理论和设计方法，掌握通用零部件的失效形式、设计准则与设计方法。

(3)使学生具备机械设计实验技能和选用、分析、设计简单机械及传动装置的基本技能。

第三节 机械设计的基本要求和一般过程

设计是把各种先进技术成果转化为生产力的一种手段和方法，是和人类的生产生活紧密相关的。机械设计是创造性地实现具有预期功能的新设备，或改进现有设备，使其具有新的性能。

设计机械应满足的基本要求是：在满足预期功能的前提下，做到性能好、效率高、成本低、造型美观；在预定的使用期限内做到安全可靠，操作简单，维修方便等。

机械设计的过程是一个复杂的过程，因而很难给出一个严格统一的模式。然而，作为一个产品的设计，从系统论的角度上，大体上可分为 4 个步骤进行，即产品规划、方案设计、技术设计和施工设计。产品规划阶段的主要任务是市场调查、预测，提出可行性报告，制订产品开发计划书；方案设计阶段的主要任务是拟定若干可行的原理方案，并进行相应的论证，最后提出一个最佳的方案；技术设计阶段的目标是产生零件工作图、部件装配图及总体装配图；施工设计阶段的任务是虚拟装配(必要时包括样机的试制等)，编制技术文件、机器设计说明书、使用说明书、标准件明细表等。

习题

1. 试说明机械、机构的特征，并各举一例。
2. 说明专用零件和通用零件的区别，并指出缝纫机中哪些是通用零件和专用零件。
3. 试说明构件与零件的关系。

第二章 机构的组成及其具有确定运动的条件

机构是由构件组成的构件系统，而构件系统要成为机构，则构件间应具有确定的相对运动。换句话说，做无规则运动或不能产生运动的构件系统均不能称为机构。虽然机构有许多种类，但它们的基本组成要素和具有确定运动的条件是相同的。了解机构的组成和形成条件，对分析和认识机械有着重要的指导意义。因为实际机械中平面机构为多，所以本章将主要研究平面机构的相应内容。

第一节 机构的组成要素及构件类型

由于机构是由构件组成的、各构件间具有确定相对运动的构件系统，所以组成机构的基本要素是构件和运动副。这样的构件系统中的构件有着不同的含义，并因此而分类。

一、构件

任何机械都是由许多零件组合而成的，而零件是单独加工制造的单元体。例如图 1-1 所示的内燃机，就是由汽缸、曲轴、齿轮、凸轮等一系列零件组成的。

但是，从机械实现预期运动和功能的角度看，并不是每个零件都独立起作用，这里将每一个独立影响机械功能并能独立运动的单元体称为构件。构件可以是一个独立运动的零件，如凸轮、齿轮等；构件也可以是由若干个零件固接在一起的组合体，如图 1-1 所示的内燃机中连接活塞与曲轴的连杆 3，就是由图 2-1 所示的单独加工的连杆体、连杆头、轴瓦、螺栓、螺母、轴套等零件装配而成的组合体。这些零件之间不产生相对运动，是一个不可分割的运动单元。

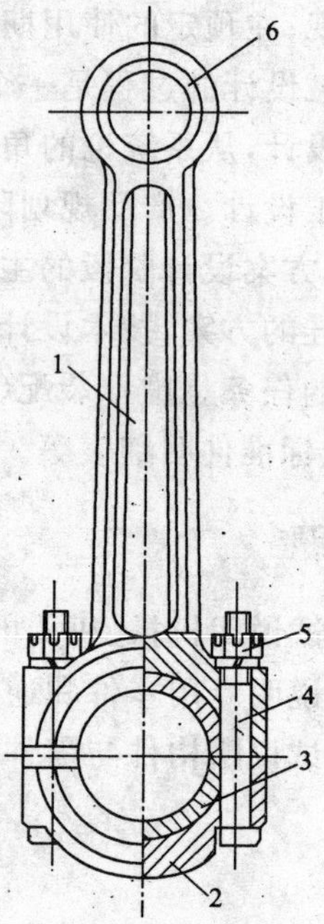

图 2-1 内燃机连杆结构

1. 连杆体；2. 连杆头；3. 轴瓦；4. 螺栓；5. 螺母；6. 轴套

二、运动副

1. 运动副及构件自由度概念

构件是组成机构的一个基本要素，但并非是唯一的要素，因为机构中的每一个构件都是以一定方式与其他构件相连接，这种连接不是刚性的，被连接的两个构件虽然直接接触但仍能产生一定的相对运动。这里将这种由两个构件直接接触所形成的可动连接称为运动副，如图 2-2 所示轴与轴承的配合[图 2-2(a)]、滑块与导轨的接触[图 2-2(b)]、轮齿与轮齿的啮合[图 2-2(c)]、凸轮与推杆的接触[图 2-2(d)]都构成了运动副。

构件之间的接触不外乎点、线、面 3 种，例如图 2-2 中，轴与轴承之间、滑块与导轨之间为面接触，轮齿与轮齿之间为线接触，凸轮与尖顶从动杆之间为点接触。这里将构件上这些直接参与接触而构成运动副的点、线、面称为运动副元素。

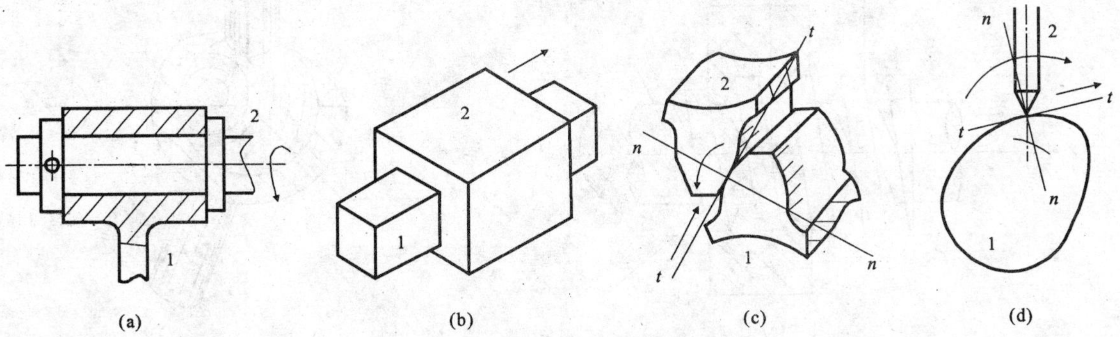

图 2-2　运动副

(a)轴与轴承接触；(b)滑块与导轨接触；(c)轮齿与轮齿接触；(d)凸轮与推杆接触

构件的自由度是指构件所具有的独立运动数目，或是确定构件位置所需要的独立参变量的数目。一个构件若没有与其他构件连接，则作平面运动时有 3 个独立运动(两个移动、一个转动)，而作空间运动时有 6 个独立运动(3 个移动和 3 个转动)。显然前者有 3 个自由度，后者有 6 个自由度。

当一构件与另一构件直接接触构成运动副后，构件的某些独立运动将受到限制，构件自由度数便随之减少。这里将运动副对构件的独立运动所加的限制称为约束，运动副每引入一个约束，构件便失去一个自由度。而运动副引入约束的多少，则取决于运动副的类型。显然，作平面运动的两构件构成运动副后，所受到的约束数最少为 1，但不能超过 2，因为约束数超过 2 时构件将不能作相对运动。

2. 运动副分类

运动副有多种分类方法，主要如下几种。

(1)按运动副引入的约束数分类。引入一个约束的运动副称为Ⅰ级副，引入两个约束的运动副称为Ⅱ级副，以此类推还有Ⅲ级副、Ⅳ级副和Ⅴ级副。

(2)按运动副的接触情况分类。凡两构件通过点或线接触而构成的运动副称为高副，如图 2-2(c)、图 2-2(d)所示的运动副；凡两构件通过面接触而构成的运动副称为低副，如图 2-2(a)、图 2-2(b)所示的运动副。显然高副与低副相比，其接触处的压强较高，因此高副比低副易磨损。

(3)按两构件间的相对运动形式分类。两构件之间的相对运动为转动的运动副称为转动副或回转副，也称铰链，如图 2-2(a)所示；相对运动为移动的运动副称为移动副，如图 2-2(b)所示；相对运动为螺旋运动的运动副称为螺旋副，如图 2-3(a)所示。

此外，还可将构成运动副的两构件之间的相对运动为平面运动的运动副统称为平面运动副(图 2-2)，而两构件间相对运动为空间运动的运动副统称为空间运动副(图 2-3)。

(4)按两构件接触处的几何形状分类。根据构成运动副的两构件接触处的几何形状，可将运动副分为球面副[图 2-3(b)]、球销副、圆柱副等。

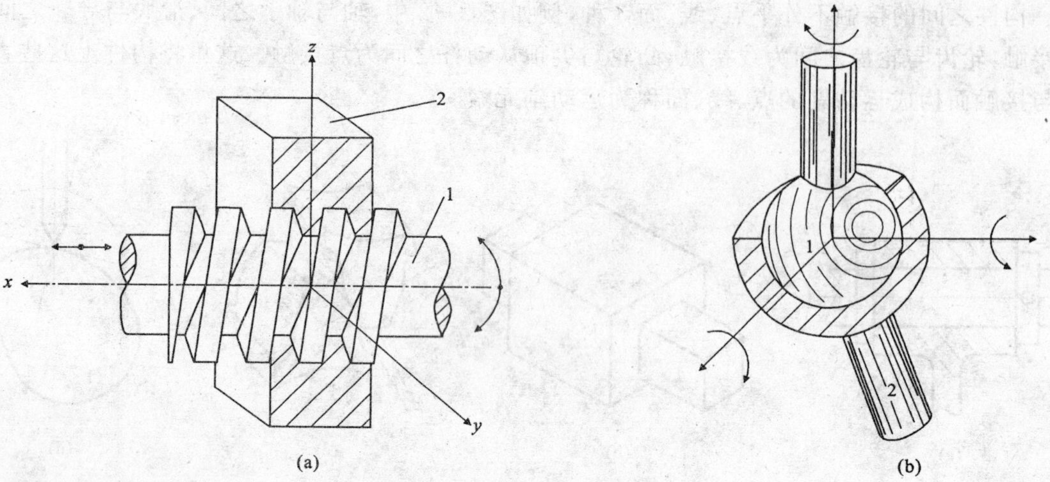

图 2-3　螺旋副和球面副
(a)螺旋副;(b)球面副

为了简化的需要,运动副可用简单的符号表示,常用的一些运动副所对应的基本符号及其类型见表 2-1。更多的运动副的代表符号可以查阅 GB4460-84。

表 2-1　常用运动副的符号及类型

名称	示例图形	符号	运动副类型	引入约束数	
				转动	移动
移动副	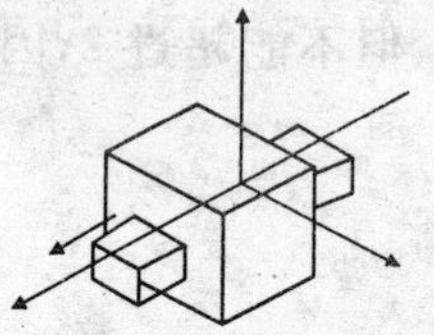	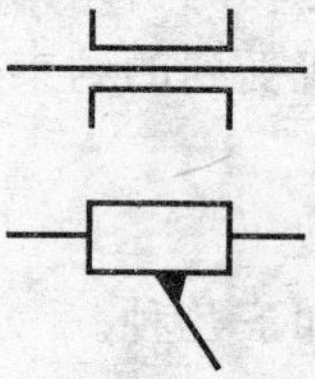	平面Ⅴ级低副	3	2
转动副	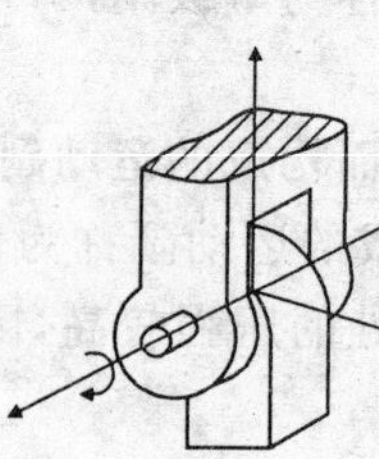	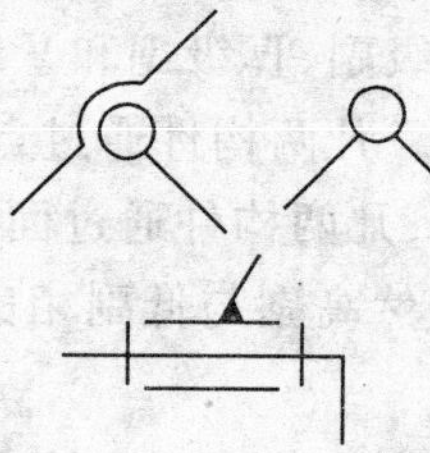	平面Ⅴ级低副	2	3
球面副	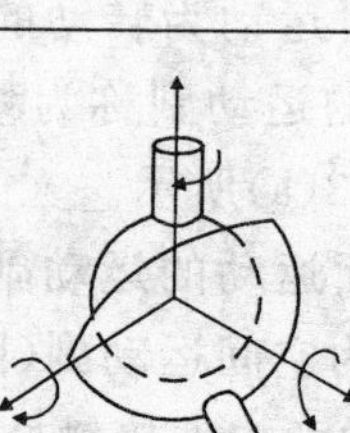	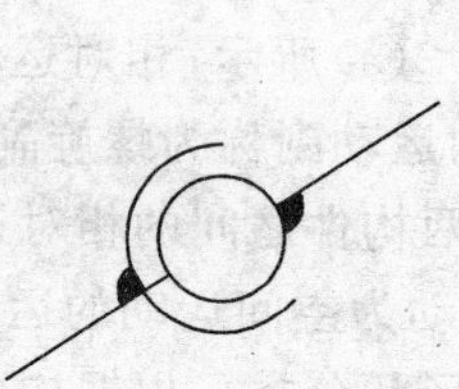	空间Ⅲ级低副	0	3

续表 2-1

名称	示例图形	符号	运动副类型	引入约束数	
				转动	移动
球销副	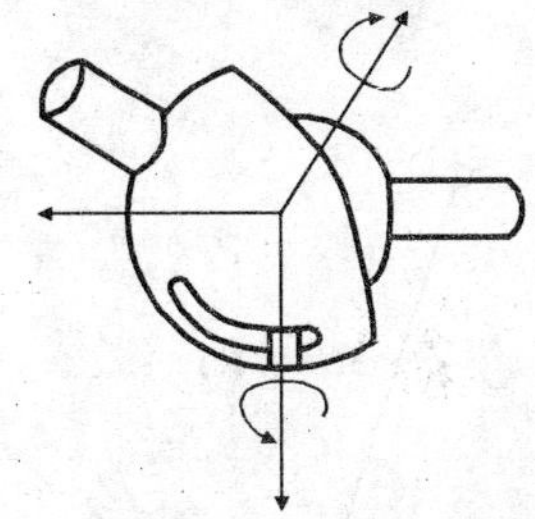	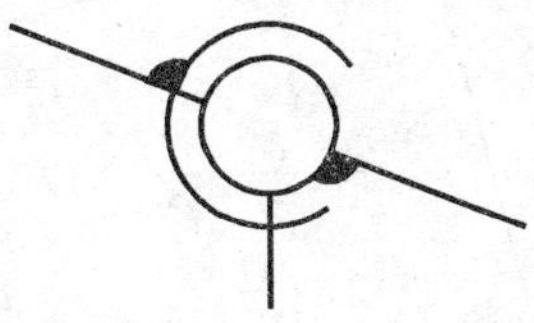	空间Ⅳ级 低副	1	3
圆柱副	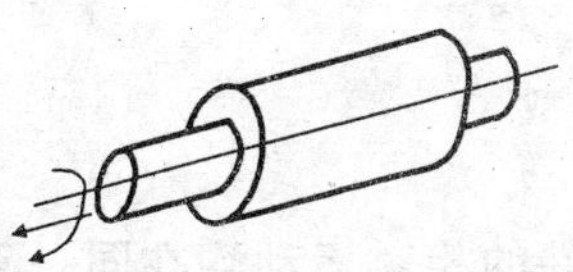	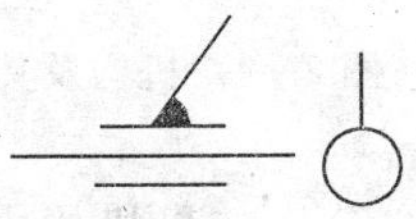	空间Ⅳ级 低副	2	2
平面高副	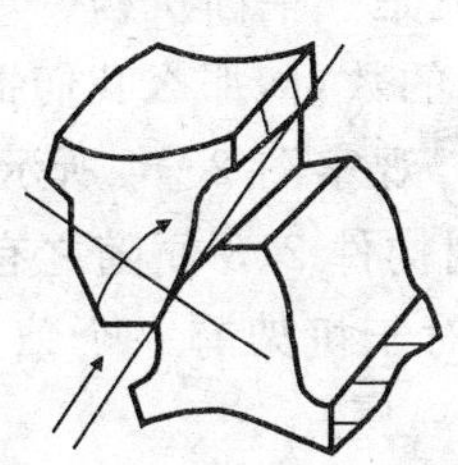	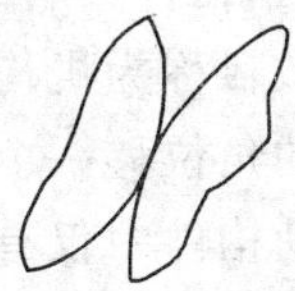	平面Ⅳ级 高副	2	2
螺旋副	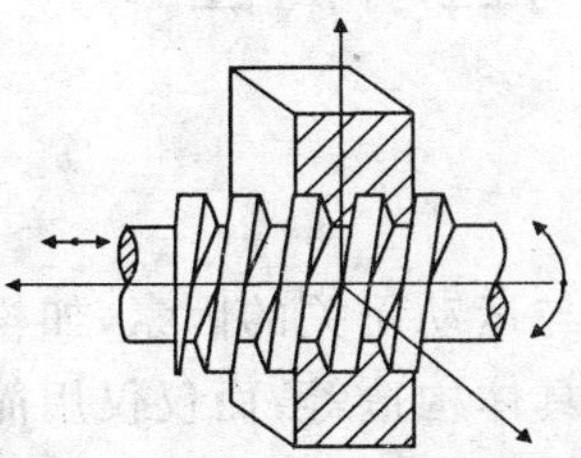	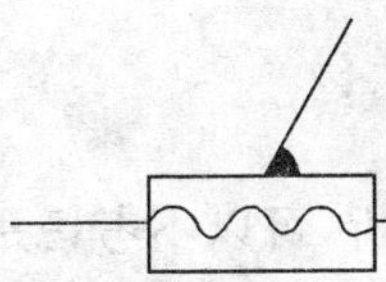	空间Ⅴ级 低副	2 或 3	3 或 2

三、机构及其构件类型和机构的自由度

在由若干个构件通过运动副所构成的构件系统中，若将一个构件固定，则如果当一个或几个构件按给定的运动规律独立运动时，其余构件便随之作确定的运动(即机构有确定的运动)，那么这个构件系统就成为了机构，可以用来传递运动和力。这里，固定的构件称为机架，作独立运动的构件称为原动件，而其余的活动构件则称为从动件，机构中的原动件上常常标有表示运动方向的箭头。例如，在图 2-4 所示的某连杆机构的运动简图(简图的概念见第二节)中，构件 4 为机架，构件 1 为原动件，构件 2、3 为从动件。

显然，机构中的构件有机架、原动件和从动件3类，其中机架仅有一个，而原动件和从动件可以有多个。从这个角度看，机构是由机架、原动件和从动件所组成的构件系统。

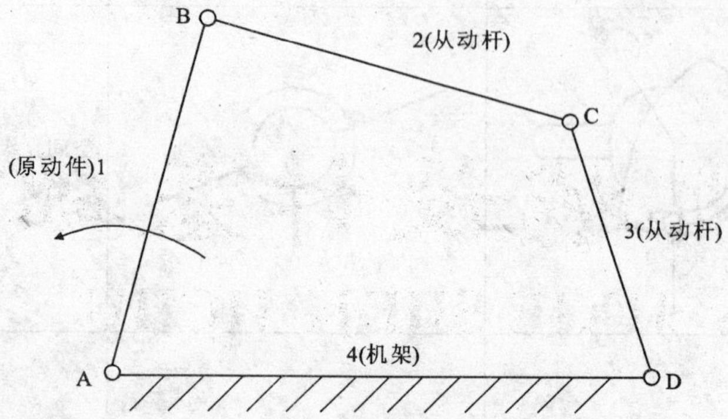

图 2-4　机构及其构件类型

机构有平面机构和空间机构之分。如果机构中各构件的相对运动均在同一平面内或相互平行的平面内，则称该机构为平面机构；若机构中各构件的相对运动不在同一平面内或相互平行的平面内，则称该机构为空间机构。图 2-4 所示的机构就是一平面机构。

我们已经知道，构件的自由度是指构件具有的独立运动的数目，那么我们把机构中各构件相对于机架的所能有的独立运动的数目称为机构的自由度。观察图 2-4 所示的机构，它有 3 个活动构件，容易看出，每给构件 1 的角位移一个定值 φ_1，则构件 2、3 便随之有一个确定的对应位置。这说明这时该机构 3 个活动构件中仅有构件 1 相对于机架有一个独立的运动，因此该机构的自由度为 1。

第二节　平面机构的机构运动简图

一、机构运动简图的定义

在研究机构的运动时，为便于分析，可以不考虑那些与运动无关的因素，如构件的外形和断面尺寸、组成构件的零件数目及其连接方式、运动副的具体构造等，而仅仅用简单的线条和规定的符号来代表构件和运动副，并按一定比例确定各运动副的相对位置。这种能完全表达机构运动特性的简单图形称为机构运动简图。用机构运动简图对机械进行运动及动力分析十分简明和方便，因此它是分析现有机械、设计新机械的重要工具。

如果仅仅是为了表示机械的组成及结构状况，也可以不严格按比例来绘制简图，通常把这样的简图称为机构示意图。

机构运动简图中，常用的一些运动副的符号见表 2-1，一般构件的表达方法见表 2-2，一些常用机构和原动机的简图符号见表 2-3。更多的常用机构符号可以查阅 GB4460-84。

表 2-2　一般构件的常用表示方法

名　称	示例图形符号
杆、轴类构件	
固定构件（机架）	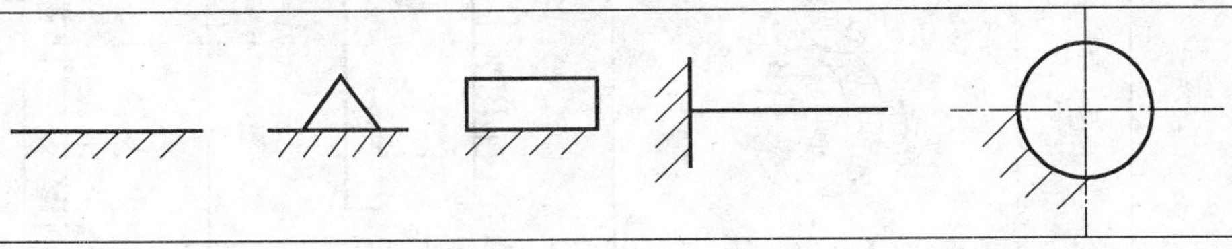
同一构件	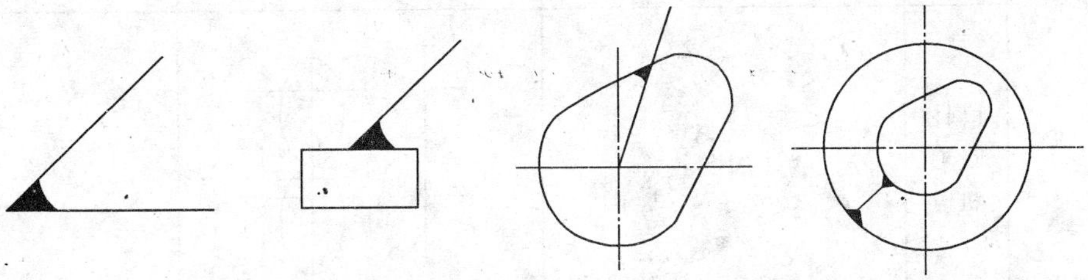
两副构件	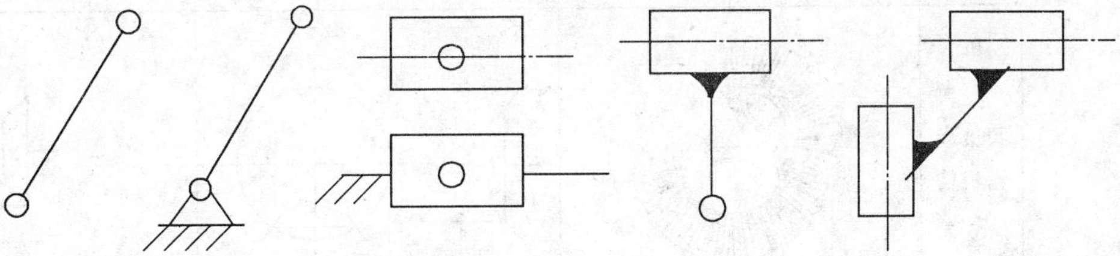
三副构件	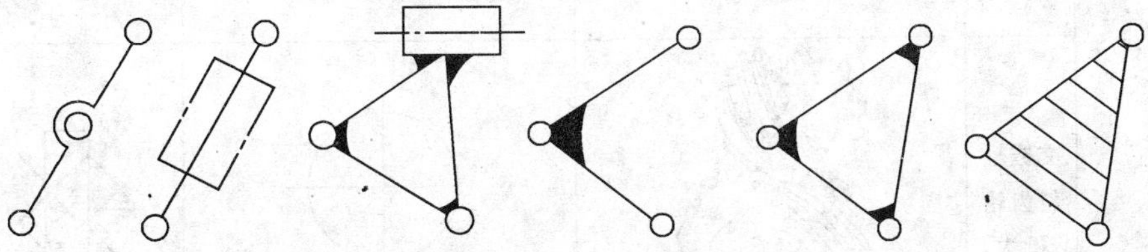

表 2-3　常见机构及原动机的简图符号

名　称		示例图形	基本符号	可用符号
平面凸轮机构	盘形凸轮	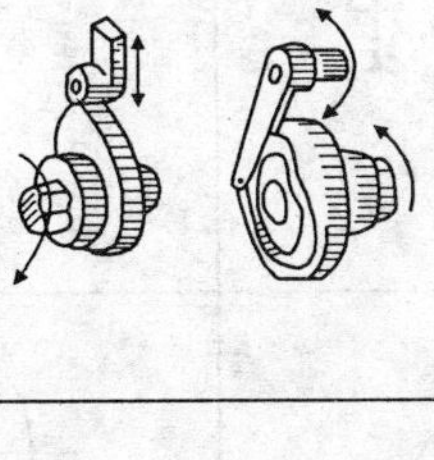	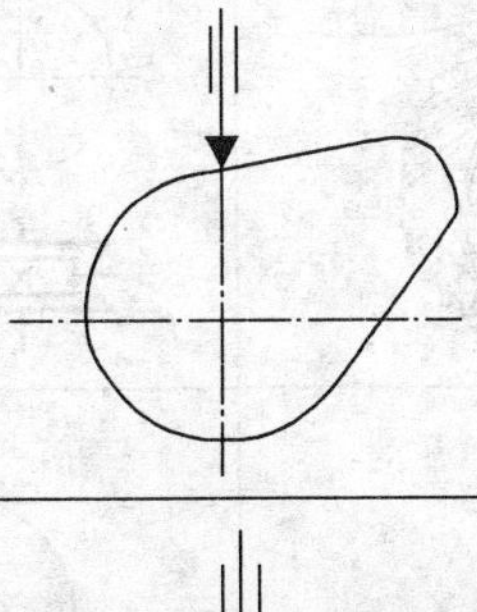	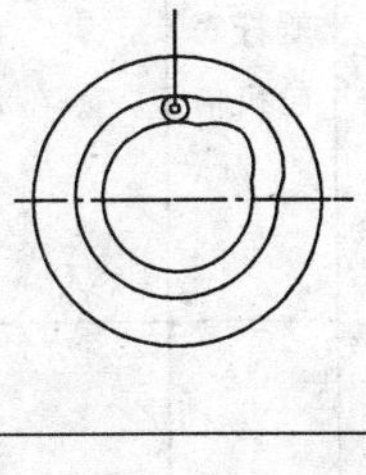
平面凸轮机构	移动凸轮		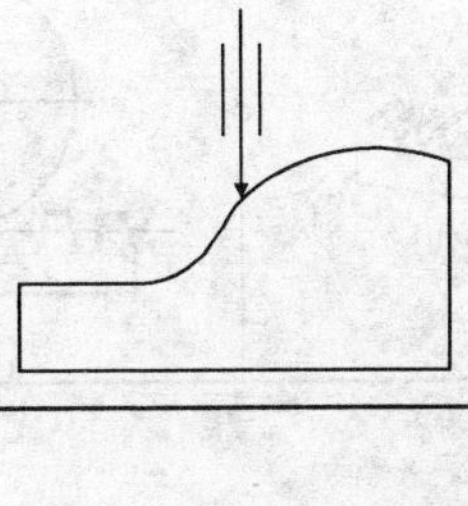	

续表 2－3

名称		示例图形	基本符号	可用符号
齿轮机构	圆柱齿轮	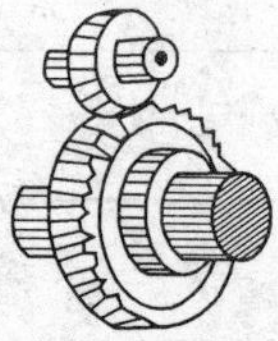	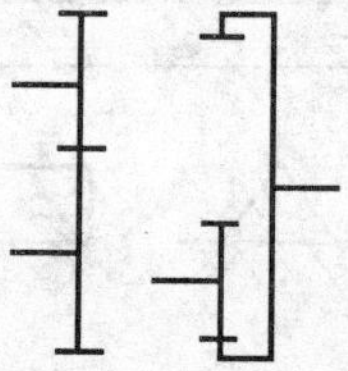	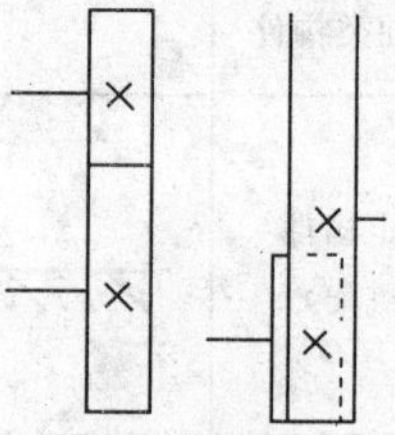
	非圆柱齿轮机构	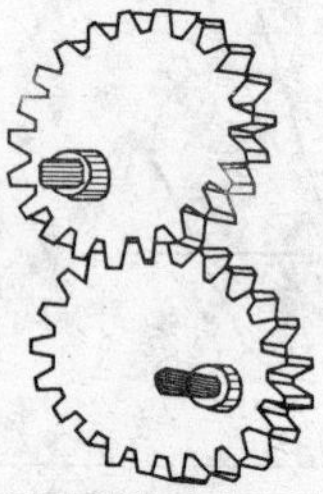	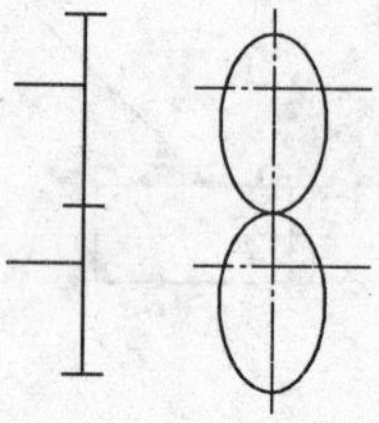	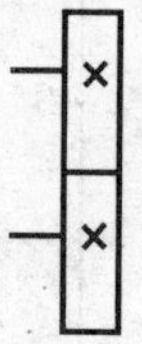
	圆锥齿轮机构	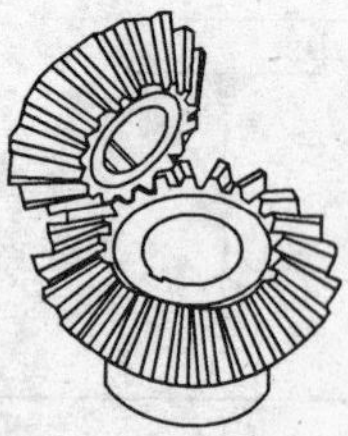	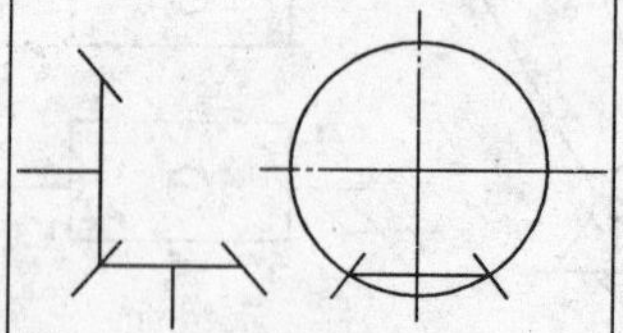	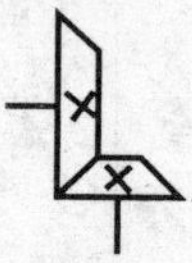
	交错轴斜齿轮机构	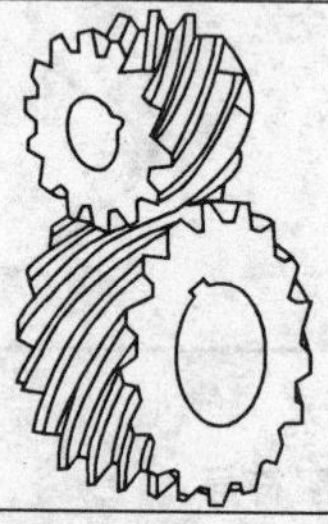	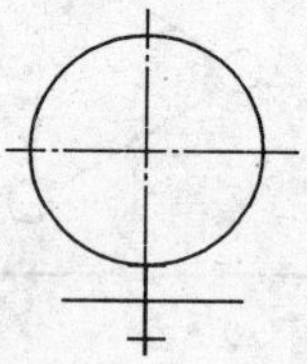	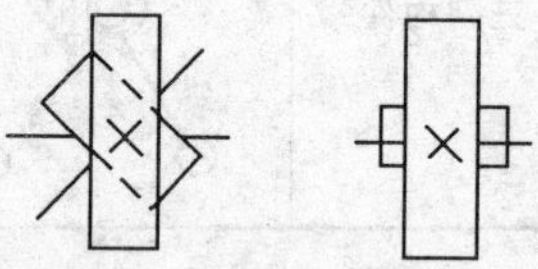
	蜗杆涡轮机构	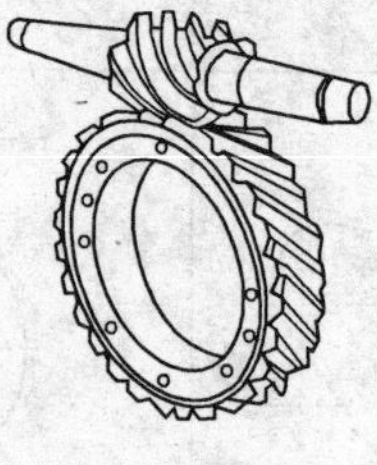	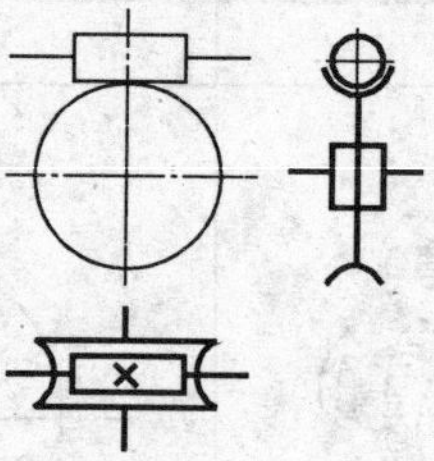	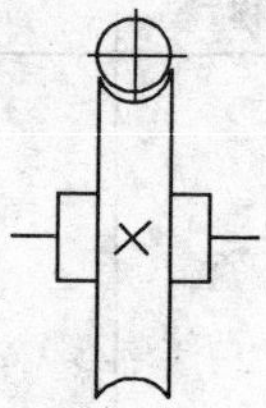
	齿轮齿条机构	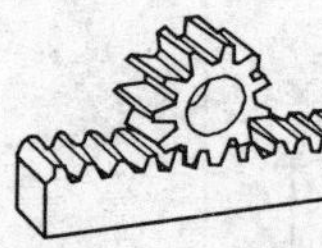	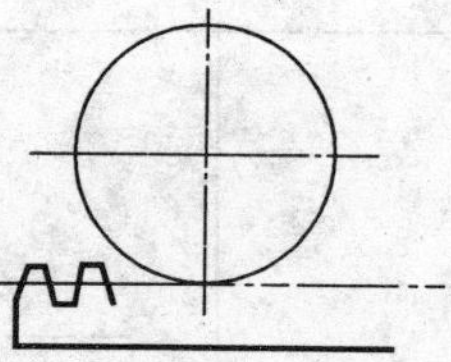	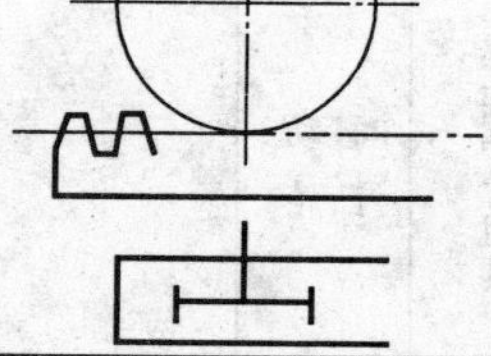

续表 2-3

名称		示例图形	基本符号	可用符号
原动机	通用符号（不指明类型）		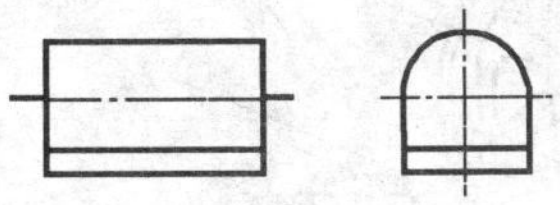	
	电动机（一般符号）	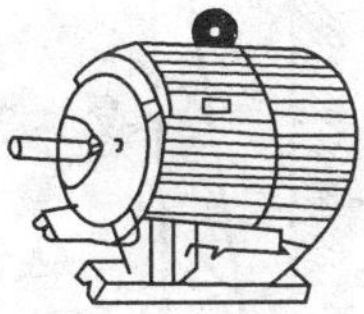	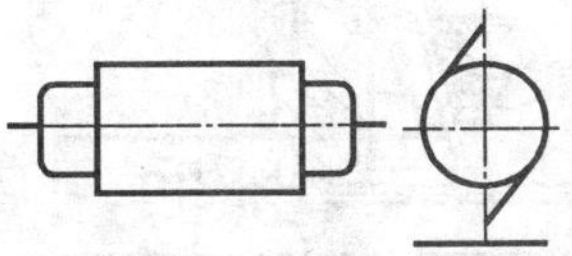	
	装在支架上的电动机		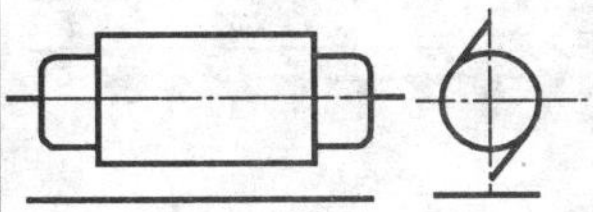	

二、机构运动简图的绘制

绘制机构运动简图的步骤如下：

(1)分析机构的工作情况、结构组成情况和运动传递情况，找出机构的机架、原动件及工作执行构件（即最后输出运动的构件），查明运动传递路线，确定构件数。

(2)沿着运动传递路线，逐一分析每两个构件间相对运动的性质，确定运动副的类型和数目。

(3)合理选择运动简图的视图平面，一般选择平行于多数构件运动的平面作为视图平面。

(4)按适当比例尺，定出各运动副的相对位置，并用各运动副的代表符号和常用机构运动简图符号等绘制出机构运动简图。

下面通过实例来说明绘制机构运动简图的方法与步骤。

例 2-1　图 2-5(a)为一颚式破碎机主机构。当偏心轴 1 绕轴心 O 连续回转时，动颚板 5 绕轴心 F 往复摆动，从而将矿石轧碎。试绘制此破碎机主机构的机构运动简图。

解　(1)分析机构的工作情况、结构组成情况和运动传递情况。

由破碎机的工作情况可知，其原动件为偏心轴（曲轴）1，执行构件为动颚板 5。运动传递路线为曲轴 1→构件 2→构件 3、构件 4→动颚板 5。顺着运动传递的路线可以看出，此破碎机主机构是由偏心轴 1，构件 2、3、4 及动颚板 5 和机架 6 六个构件组成的。

(2)确定运动副的类型和数目。

沿着运动传递的路线通过观察分析可知：偏心轴 1 和机架 6 在 O 点构成转动副，偏心轴 1 和构件 2 也构成转动副，其轴心在 A 点；构件 2 与构件 3、4 在 D、B 两点分别构成转动副，构件 3 与机架 6 在 E 点构成转动副；构件 4 与动颚板 5 在 C 点构成转动副，动颚板 5 与机架 6 在 F 点构成转动副。总共有 7 个转动副。

(3)选择视图平面、比例尺，绘制机构运动简图。

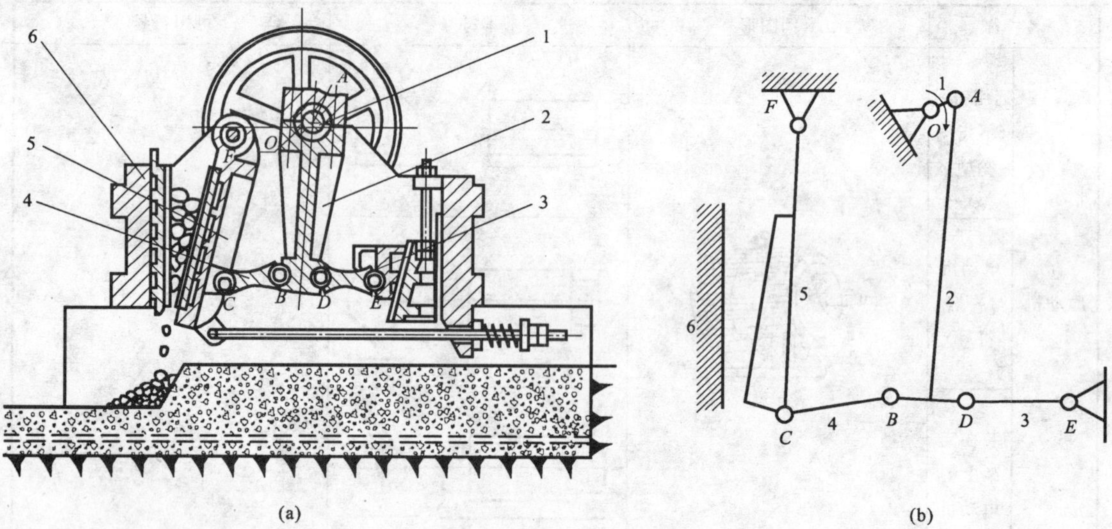

图 2-5 颚式破碎机

(a)颚式破碎机主机构;(b)机构运动简图

对于平面机构,视图平面应选构件的运动平面,在此选图 2-5(a)的视图面为机构运动简图的视图平面。比例尺 μ_l=实际尺寸(m)/图示长度(mm),其应综合考虑图纸的大小、实际机构的大小和能否清楚表达机构的结构等因素,来进行恰当的选择,此例略。在选好视图平面和比例尺后,使机构停在一个恰当的位置(此例略),此时即可确定出各转动副 O、A、B、C、D、E、F 的相对位置,然后用规定的构件和运动副表示符号绘制机构运动简图,并在原动件上标出表示运动方向的箭头,如图 2-5(b)所示。

第三节 平面机构具有确定运动的条件

一、机构具有确定运动的条件

机构是一个构件系统,用来传递运动和力,因此需要其各构件具有确定的相对运动。所以,构件系统是否能成为机构,应该看它是否具有确定的运动。如果机构原动件(一个或多个)的位置确定后,其余从动构件只有唯一的位置与之对应,则可以说该机构具有确定的运动。机构是否具有确定运动,可以用确定运动条件进行判断。

机构具有确定运动的条件是:①机构自由度必须大于零;②机构的自由度数等于机构的原动件数。

机构自由度大于零是保证机构具有可动性。图 2-6(a)所示的构件系统是一个刚性桁架结构,因为若忽略构件的弹性,则容易观察出其各构件没有相对运动的可能,即其是没有自由度的。

机构的自由度数等于机构的原动件数是保证当机构的自由度大于零时其具有确定运动。图 2-6(b)、(c)分别是由 5 个构件和 4 个构件组成的构件系统,如前所述,图 2-6(c)所示构件

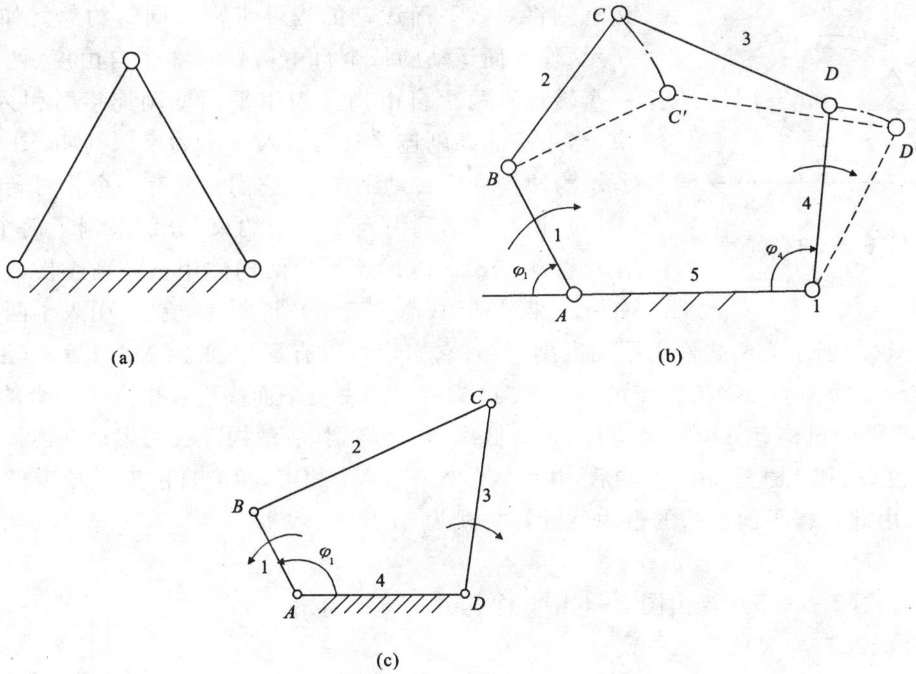

图 2 - 6　构件系统

(a)刚性桁架结构；(b)5 个构件系统；(c)4 个构件系统

系统的自由度可以观察出为 1，那么用同样的观察法可知图 2 - 6(b)所示的构件系统的自由度为 2。对于图 2 - 6(b)所示的构件系统，如果仅有一个原动件(原动件数小于自由度数)，则可以输入一个独立运动。设构件 1 为原动件，则容易观察到当 1 按给定的运动规律 $\varphi_1=\varphi_1(t)$ 占据一个确定的位置(转角为 φ_1)时，其余从动件 2、3、4 是没有相应的确定位置的，就是说该构件系统没有确定的运动，不能成为机构；但是，若同时取构件 1 和 4 为原动件(原动件数等于自由度数)，即输入两个独立运动 $\varphi_1=\varphi_1(t)$、$\varphi_4=\varphi_4(t)$，显然这时所有的从动件(2、3)每一时刻的位置完全确定，说明这时该构件系统能够成为机构。同样的道理，对于图 2 - 6(c)所示的构件系统，若只取一个原动件(如构件 1)，则原动件数等于自由度数，其具有确定的运动；但若同时再取一个原动件(如构件 3)，则原动件数大于自由度数，显然将使各构件的运动发生矛盾，导致其中最薄弱的构件遭到损坏。所以，综上所述，对于自由度数大于零的构件系统，要想其具有确定的运动而成为机构，则必须使其原动件数等于其自由度数。

用确定运动条件完全可以判断机构是否具有确定运动，但其关键点在于机构自由度数的正确确定。

二、平面机构自由度的计算公式

机构自由度是可以用公式计算出来的。由前述可知，若干自由的构件通过运动副连接后，由于运动副引入了约束，其构件自由度将减少；不同种类的运动副所引入的约束数不同。由此可以推出机构自由度计算公式。

对于平面机构来说，其构件是作平面运动的，其运动副是平面运动副且只有移动副、转动

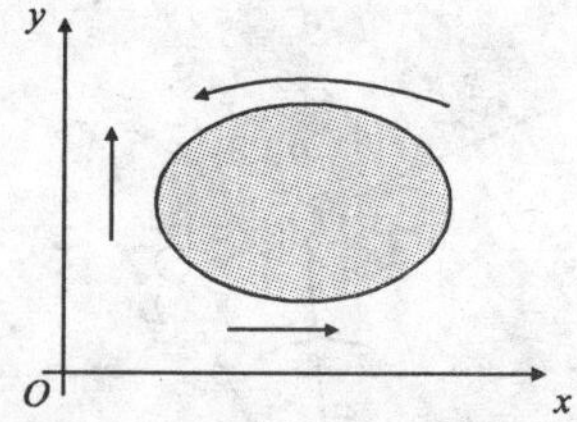

图 2-7　机构自由度的计算

副和平面高副 3 种，其中移动副和转动副属于平面低副，平面运动副将对做平面运动的构件带来不同的约束。如图 2-7 所示，作平面运动的每个自由构件有 3 个自由度（两个移动、一个转动），两个自由构件当用平面低副连接时引入两个约束，当用平面高副连接时则引入一个约束。例如，图 2-2(a)所示为两构件用转动副连接，它们只能有一个相对转动（箭头表示），说明转动副引入了两个约束，分别限制了两个方向的相对移动；图 2-2(b)所示为两构件用移动副连接，它们只能有一个相对移动（箭头表示），说明移动副也引入了两个约束；图 2-2(c)、(d)所示为两构件用平面高副连接，它们均可以有两个独立的相对运动（沿接触点切线方向 $t—t$ 的移动和绕接触点的转动，如箭头所示），说明平面高副仅引入了一个约束。

设一个平面机构有 n 个活动构件、p_1 个低副、p_h 个高副，活动构件在用运动副连接前，共有 $3n$ 个自由度，而用上述运动副连接后，共引入 $(2p_1+p_h)$ 个约束，相应自由度也减少 $(2p_1+p_h)$ 个。显然，由此可得平面机构的自由度计算公式为

$$F=3n-2p_1-p_h \tag{2-1}$$

利用公式(2-1)不难算出图 2-6 中 3 个构件系统的自由度，分别为 0、2、1，与观察结果一致。

例 2-2　试计算图 2-8 所示的凸轮机构的自由度。

解　该机构的活动构件数为 2，O 处有一个转动副，B 处有一个移动副，A 处有一个平面高副，即 $n=2$，$p_1=2$，$p_h=1$，由公式(2-1)得该机构自由度为

$$F=3n-2p_1-p_h=3\times2-2\times2-1=1$$

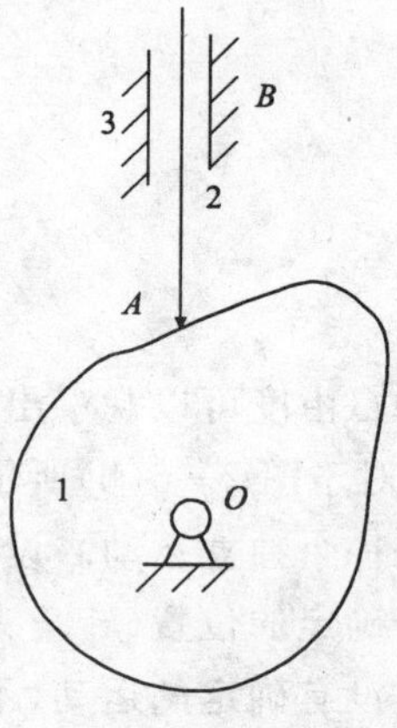

图 2-8　凸轮机构自由度的计算

例 2-3　试计算图 2-5(b)所示的颚式破碎机的自由度。

解　该机构的活动构件数为 5，转动副数为 7，移动副及平面高副均为 0，即 $n=5$，$p_1=7$，$p_h=0$，由公式(2-1)得该机构自由度为

$$F=3n-2p_1-p_h=3\times5-2\times7-0=1$$

三、计算自由度应注意的事项

在计算机构的自由度时，往往会遇到根据式(2-1)计算出的自由度与机构的实际自由度不相符的情况，这是因为计算时忽略了一些该注意的事项，主要有以下 3 个方面。

1. 复合铰链

两个以上的构件在同一处以转动副相连接，所构成的运动副称为复合铰链。图 2-9(a)所示为一六杆机构，显然有 3 个构件在 C 处构成了复合铰链。从图 2-9(b)所示的视图可以看出，实际上 3 个构件在 C 处构成了两个转动副。同理，若有 m 个构件构成复合铰链，则应共有 $(m-1)$ 个转动副。在计算机构自由度时，应注意机构中是否存在复合铰链，以免数错运动副的数目。

对于图 2-9(a)所示机构，在注意了复合铰链后，可以看出：$n=5$，$p_1=7$，$p_h=0$，由式(2-1)得出该机构的自由度为 $F=3n-2p_1-p_h=3\times5-2\times7-0=1$。

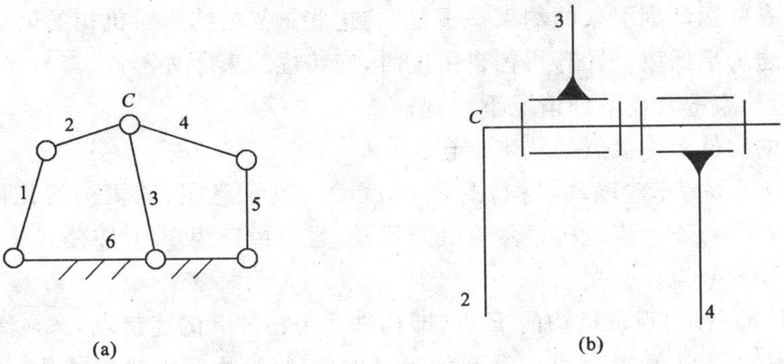

图 2-9　复合铰链

(a)六杆机构；(b)复合铰链

2.局部自由度

机构中某些构件所具有的局部的、不影响其他构件运动的自由度称为局部自由度。例如图 2-10(a)所示的滚子从动件凸轮机构中，为了减少高副元素的磨损，在凸轮 1 和从动件 3 之间装了一个滚子 2。显然，滚子 2 绕自身轴线的转动，没有影响到其他构件的运动，因而是局部自由度。

在计算机构的自由度时，其局部自由度必须去掉。对于图 2-10(a)所示的机构，去掉局部的自由度方法是假想把滚子 2 与构件 3 焊在一起，如图 2-10(b)所示。这时该机构，$n=2$，$p_l=2$，$p_h=1$，由式(2-1)得 $F=3\times2-2\times2-1=1$，可见得到了正确的结果。

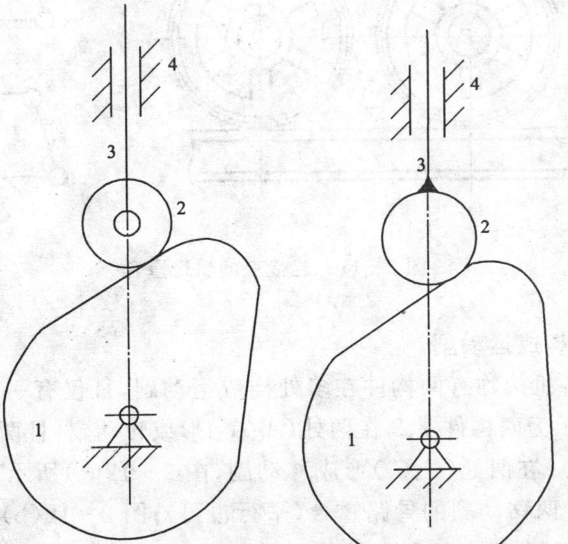

图 2-10　局部自由度

3. 虚约束

在机构中，有些运动副引入的约束是重复的，这些重复的约束对机构的运动实际上不起限制作用，因而称之为虚约束。计算机构自由度时，应将虚约束除去不计。

机构中的虚约束常常在下列情况下出现。

(1)相连接的构件上连接点的轨迹重合。

图 2-11(a)所示为车轮联动机构，图 2-11(b)为其示意图，该机构的几何特点是 $AB /\!/ CD /\!/ EF$，$AB=CD=EF$。该机构显然有确定运动，且自由度为 1，但按公式计算，自由度为 $F=3\times4-2\times6-0=0$，为什么呢？

如图 2-11(b)所示，观察机构的 E 点(即构件 2 与构件 5 的连接点)。显然构件 5 上的 E 点(即 E_5 点)的轨迹是以 F 点为圆心、EF 为半径的圆弧；而由于该机构的几何特点，构件 2 作平动，其上每一点的轨迹均是与 B 点(或 C 点)轨迹一样的圆弧，所以构件 2 上的 E 点(即 E_2 点)的轨迹还是以 F 点为圆心、EF 为半径的圆弧。可见，两连接构件 5、2 上在连接处的点的轨迹重合，说明这时若拿掉构件 5 连同两个转动副 E、F，对机构各构件的运动没有影响。而构件 5 连同两个转动副将提供 $F=3\times1-2\times2=-1$ 个自由度，即引入了一个约束，显然这个约束就是虚约束。

因此，在计算机构的自由度时应去掉这个虚约束。即可将构件 5 连同两个转动副 E、F 去掉，变成图 2-11(c)所示的机构(即平行四边形机构)再进行计算，这时机构的自由度为 $F=3\times3-2\times4-0=1$，与实际相符。

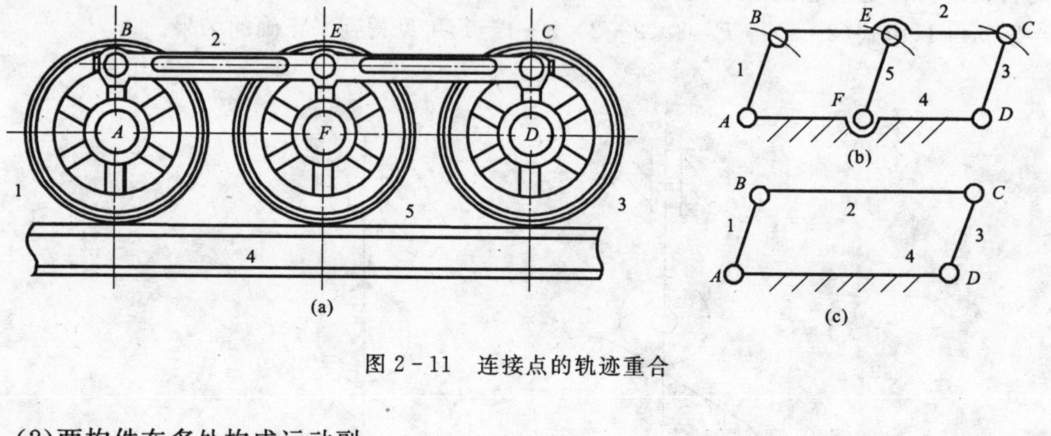

图 2-11　连接点的轨迹重合

(2)两构件在多处构成运动副。

图 2-12 所示的各机构均有两构件在多处构成运动副，且仅有一个运动副起约束作用的情况。图 2-12(a)所示为两构件 1、2 在两处(A、A')形成转动副，且两转动副轴线重合；图 2-12(b)所示为两构件 2、3 在两处(C、C')形成移动副，图 2-12(c)所示为两构件 3、4 也在两处(D、D')形成移动副，且两移动副的导路重合(平行也可)；图 2-12(b)还表示了两构件 1、2 在两处(B、B')形成平面高副，且各接触点的公法线($n-n$，$n'-n'$)重合。上述各情况中，在相应特定的几何条件下，显然仅有一个运动副起实际的约束作用，因此另一运动副所引入的约束为虚约束，在计算机构的自由度时应去掉带入虚约束的运动副。

(3) 机构中对运动不起作用的重复传动部分。

图 2-13(a)所示为 3 个行星轮(其大小相等)的行星轮系，该轮系有确定的运动，且自由度

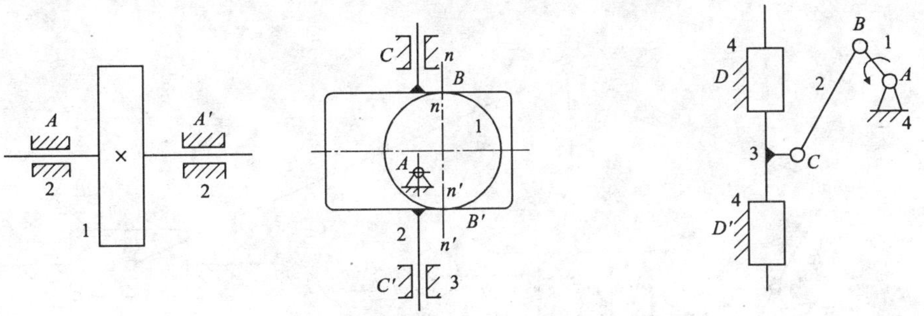

图 2-12　两构件在多处形成运动副

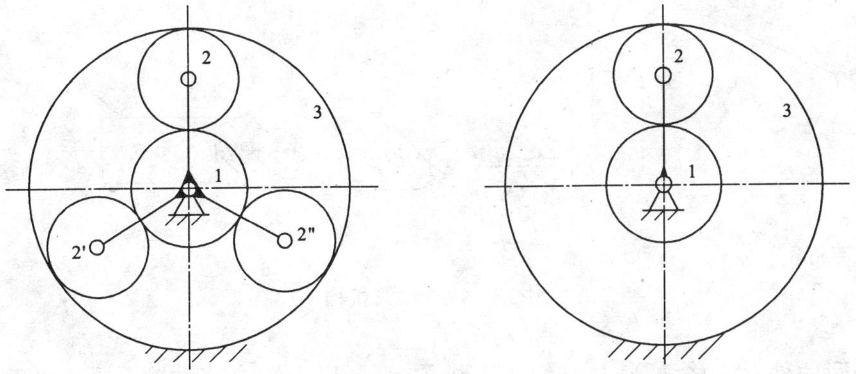

图 2-13　机构重复传动部分

(a)3 个行星轮的行星轮系；(b)1 个行星轮的行星轮系

为 1。但若按公式计算自由度，得 $F=3\times5-2\times5-6=-1$，显然与实际情况不符。其实，从传递运动的角度看，只需要一个行星轮（如构件 2）就够了，见图 2-13(b)，这时机构的自由度为 $F=3\times3-2\times3-2=1$。可见，在圆周上对称布置的 3 个行星轮中，有两个在实现着重复的运动传递，因而对机构的运动没有影响，它们各带入了一个虚约束，因此在计算机构的自由度时应将它们去掉。

需要指出的是，从机构运动的观点分析，机构的虚约束是多余的，但它们并非没有用处。有的是为了改善构件或机构的受力情况[图 2-12(a)、图 2-12(b)]；有的是为了传递较大功率[图 2-13(a)]；有的是为了某种需要[图 2-11(b)、图 2-12(b)]。所以，机械中虚约束是广泛存在的。

由上述的几种虚约束情况可知，机构的虚约束都是在一定的几何条件下出现的，如果不满足这些特定的几何条件或加工误差太大，则虚约束将成为实际约束，从而使机构卡住不能运动。

例 2-4　试计算如图 2-14(a)所示的大筛机构的自由度。

解　对于图 2-14(a)的大筛机构运动简图，分析结构后可知：构件 2、3、5 在 C 处构成复合铰链；滚子 9 为一具有局部自由度的构件，可将其与活塞 4 固结成一体；活塞 4 与缸体 8(机

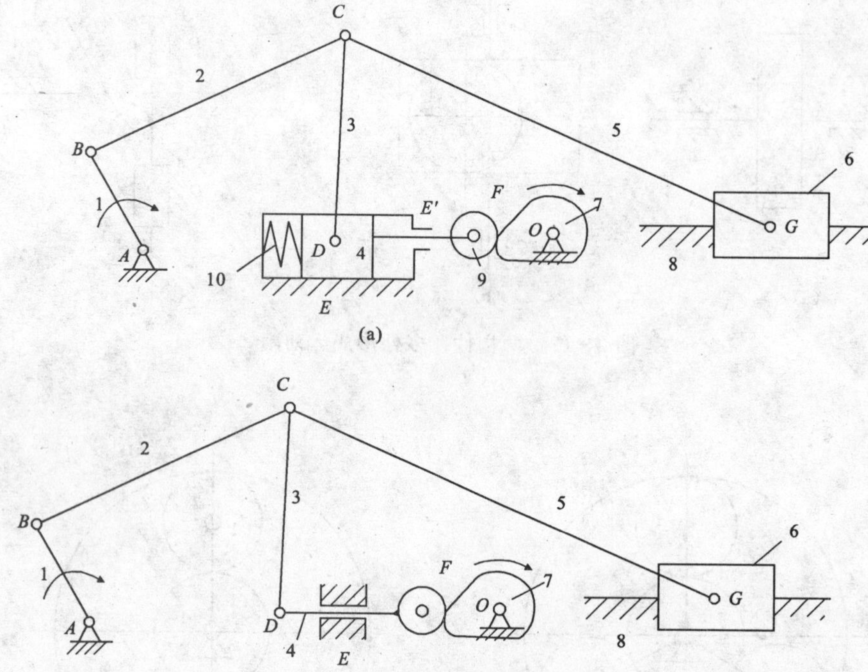

(a)　(b)

图 2-14　大筛机构

架)在 E 和 E' 两处形成移动副,且它们的导路平行,所以有一个移动副是不起约束作用,它带入的虚约束应予以去掉;另外,还要注意到弹簧 10 对运动不起限制作用,它不算机构中的基本构件,所以可略去。

经过上述处理后,得到了如图 2-14(b)所示的机构运动简图。由图可得:$n=7$,$p_1=9$,$p_h=1$,故用公式计算机构自由度为:$F=3n-2p_1-p_h=3\times7-2\times9-1=2$。

由机构运动简图可知,该机构有两个原动件 1 和 7,即原动件数与机构自由度数相等,故知该机构的运动是确定的。

习题

1. 什么是构件、零件?
2. 什么是运动副、运动副元素?运动副是如何分类的?
3. 机构运动简图有何用处?怎样绘制机构运动简图?
4. 机构具有确定运动的条件是什么?当机构的原动件数少于或多于机构的自由度时,机构的运动将发生什么情况?
5. 什么是复合铰链、局部自由度、虚约束?
6. 绘制图 1-1 所示内燃机主机构的机构运动简图,并计算机构自由度。
7. 计算图 2-15 所示机构的自由度,若有复合铰链、局部自由度和虚约束,请指出。
8. 判定图 2-16 所示的机构是否具有确定运动。若否,提出修改方案。

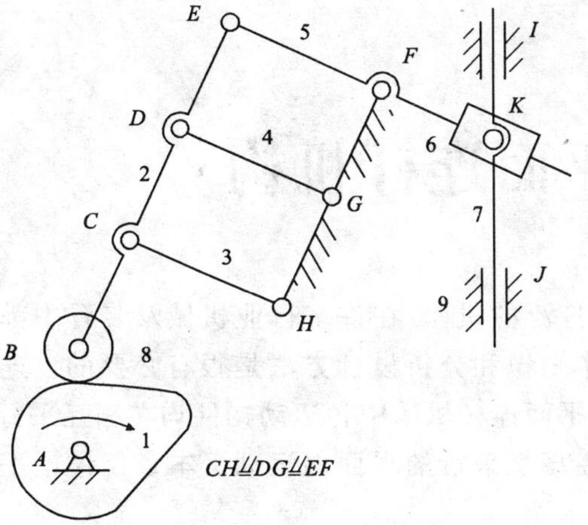

(a)

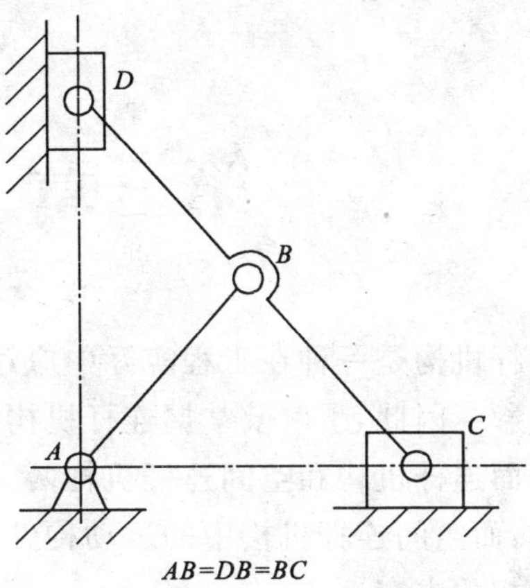

(b)

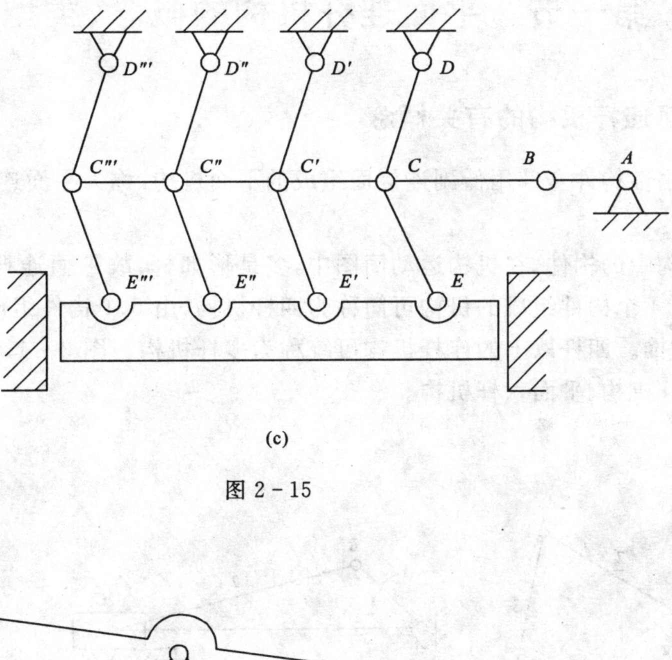

(c)

图 2-15

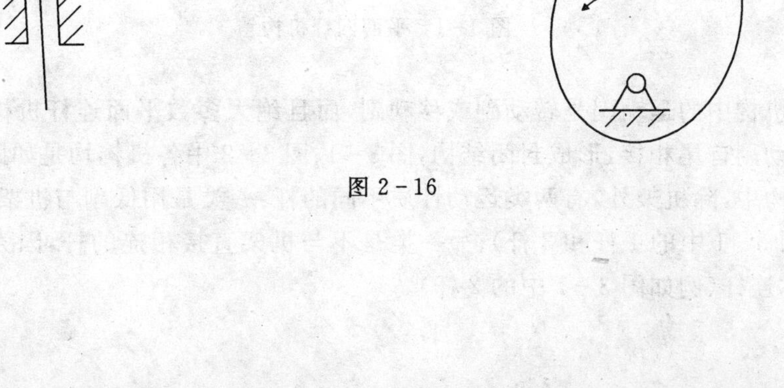

图 2-16

第三章　平面连杆机构

连杆机构是一种在工程实际中应用十分广泛的机构，在许多行业机械及装置中都能见到它的身影。因此，了解及掌握连杆机构的基本知识和分析设计方法是很有必要的。连杆机构分为平面连杆机构和空间连杆机构两大类。平面连杆机构中各运动构件均在相互平行的平面内运动，而空间连杆机构中的运动构件不都在相互平行的平面内运动。本章仅讨论平面连杆机构的相关内容。

第一节　平面连杆机构的概念、类型和特点

一、平面连杆机构的有关概念

将若干刚性构件全部用低副连接而组成的平面机构，称为平面连杆机构，显然它是低副机构。

连杆机构中的构件，在机构运动简图中，多是形如杆，故平面连杆机构中的构件常简称为杆。这样，由 4 个构件组成的机构可简称为四杆机构，由 6 个构件组成的机构可简称为六杆机构，并以此类推。四杆以上的连杆机构可统称为多杆机构。图 3－1、图 3－2 所示为用简图表示的平面四杆机构、平面六杆机构。

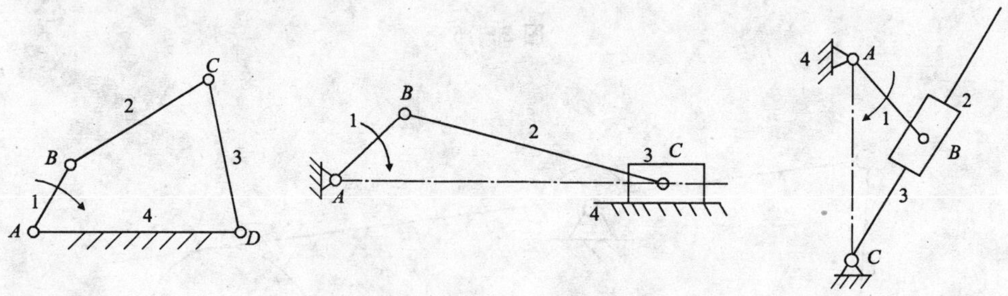

(a)　(b)　(c)

图 3－1　平面四杆机构

平面连杆机构中的运动副是转动副或移动副，而且绝大多数平面连杆机构中的活动构件与机架通过运动副首尾相接，形成封闭结构，图 3－1、图 3－2 中各机构均是如此。在这种封闭的平面连杆机构中，除机架外，有两类运动性质不同的杆：一类是用低副与机架相连的杆，称为连架杆（例如图 3－1 中的 1 杆和 3 杆）；另一类是不与机架直接相连的杆，因为它们是连接连架杆的杆，故称连杆（例如图 3－1 中的 2 杆）。

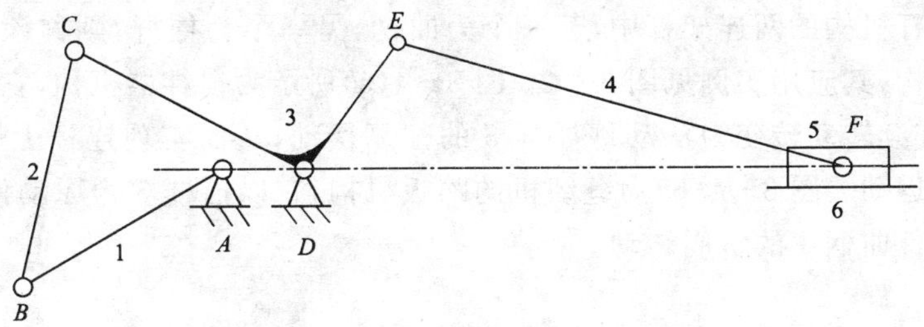

图 3-2　平面六杆机构

连架杆根据其运动特性或特点，有一些不同的定义或称谓。当连架杆与机架用转动副相连时(图 3-1 中的 1 杆与 4 杆)，把相对机架能作整周回转的连架杆定义为曲柄，其转动副称为周转副；而将相对于机架不能作整周回转的连架杆定义为摇杆，其转动副称为摆转副。由于当两构件用移动副连接时，其中的一个构件称为滑块，而约束引导滑块运动方向的另一构件称为导杆，所以，当连架杆用移动副与机架相联时[例如图 3-1(b)中的 3 杆与 4 杆]，连架杆就是滑块(滑杆)，而机架则常称为导轨；当连架杆用移动副与连杆相连时[例如图 3-1(c)中的 3 杆与 2 杆]，连架杆则是导杆，连杆则为滑块(滑杆)。

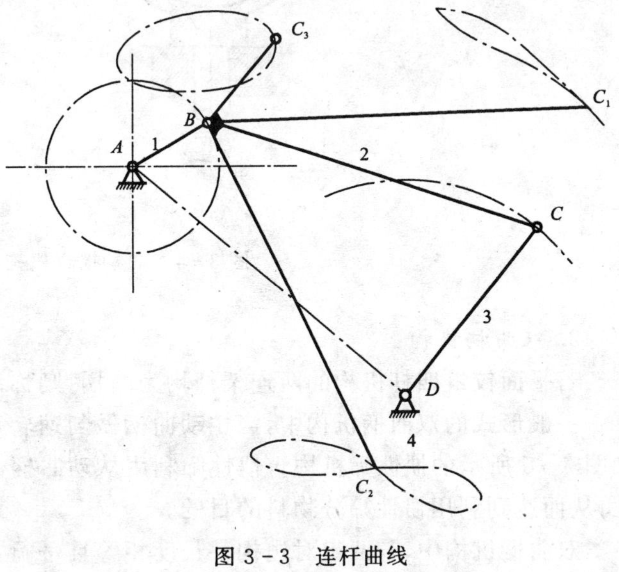

图 3-3　连杆曲线

绝大多数平面连杆机构均有连杆，连杆在一般情况下作复杂的平面运动，特定条件下也可以平动[例如图 2-11(b)中的连杆 2]。连杆上不同位置的点的运动轨迹是形状各异的复杂曲线，称为连杆曲线，见图 3-3 所示。连杆曲线极富应用价值，可用来满足不同轨迹要求的设计。

在平面连杆机构中，平面四杆机构的结构最简单、应用最广泛，而且它是形成多杆机构基础，如图 3-2 所示的六杆机构是由两个四杆机构串联而成的。所以，本章主要讨论平面四杆机构。

二、平面四杆机构的主要类型及应用

如前所述，平面连杆机构中的运动副有移动副和转动副，构件有机架、连架杆、连杆，根据这些要素的不同，可将平面四杆机构分为不同类型。

(一)平面铰链四杆机构及应用举例

平面铰链四杆机构中的 4 个运动副均为转动副，如图 3-1(a)所示。平面铰链四杆机构可根据其两连架杆的运动特性(曲柄或摇杆)进行进一步分类和命名。

1. 曲柄摇杆机构

平面铰链四杆机构的两连架杆中，若一个为曲柄，另一个为摇杆，则称该平面铰链四杆机构为曲柄摇杆机构，其应用实例见图 3-4。图 3-4(a)所示为搅拌器机构，它以曲柄 1 为原动件，将原动件的连续转动转变为从动件摇杆 3 的往复摆动，从而实现连杆上 E 点的所要求的轨迹以完成搅拌运动。图 3-4(b)为缝纫机的踏板机构，它以摇杆 3 为原动件，将摇杆的往复摆动转变为从动件曲柄 1 的整周转动。

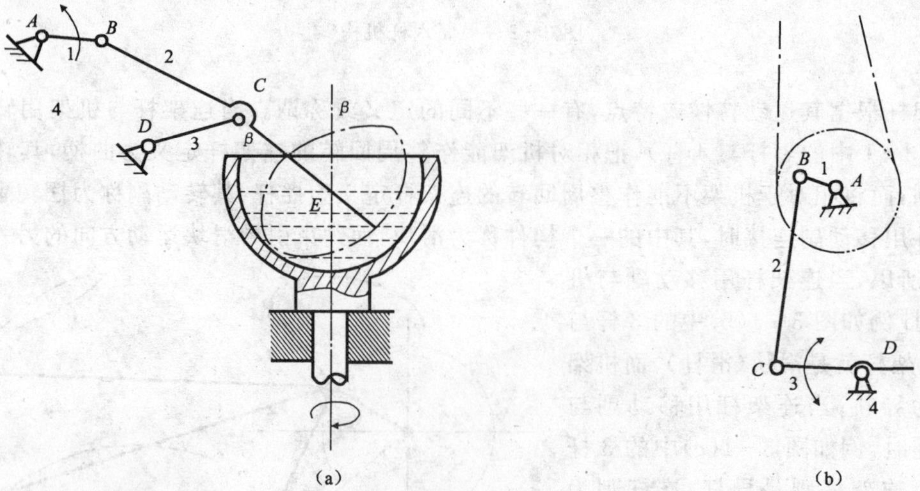

图 3-4　曲柄摇杆机构应用实例

2. 双曲柄机构

若平面铰链四杆机构的两连架杆均为曲柄，则称该平面铰链四杆机构为双曲柄机构。

一般形式的双曲柄机构中，当主动曲柄做匀速转动时，从动曲柄做变速转动，其应用实例如图 3-5 所示的惯性筛机构。惯性筛利用从动曲柄 3 的变速回转，使筛子 6 具有所需的加速度，从而达到利用惯性筛分物料的目的。

双曲柄机构中，若两组对边构件长度相等且平行，则该双曲柄机构称为平行四边形机构，如图 3-6 所示。平行四边形机构的传动特点是其主动曲柄与从动曲柄的转动完全相同，连杆做平动，应用实例见图 3-7 和图 2-11。图 3-7 所示的摄像平台升降机构就是利用平行四边形机构中连杆 2 做平动的特点，使摄像机平台始终水平。而图 2-11 所示的机车车轮联动机构则利用平行四边形机构主从动曲柄的转速及转向完全相同的特点，使机车车轮转动一致。

双曲柄机构中，若两组对边构件长度相等但不平行，则该双曲柄机构称为反平行四边形机构，如图 3-8 所示。反平行四边形机构当以其长边为机架时，主从动曲柄转向相反，应用实例见图 3-9 所示的汽车车门开闭机构。

3. 双摇杆机构

若平面铰链四杆机构的两连架杆均为摇杆，则称该平面铰链四杆机构为双摇杆机构，其应用实例见图 3-10 所示的鹤式起重机，当主动摇杆 AB 摆动时，从动摇杆 CD 也随之摆动，可使吊在连杆上 E 点的重物沿近似水平直线移动。

双摇杆机构中，若两摇杆长度相等，则形成等腰梯形机构，其应用实例见图 3-11 所示的

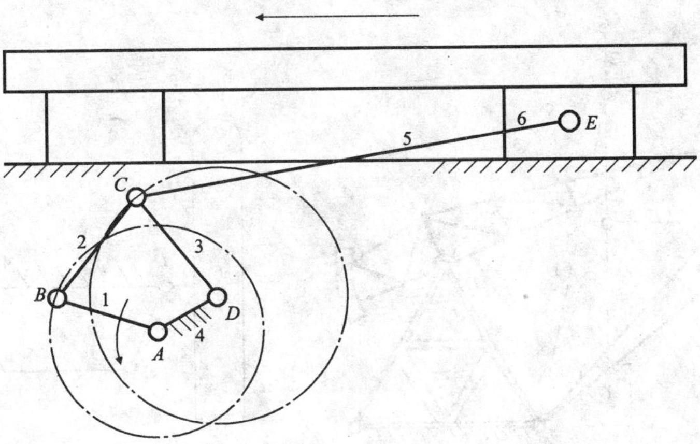

图 3-5 惯性筛机构

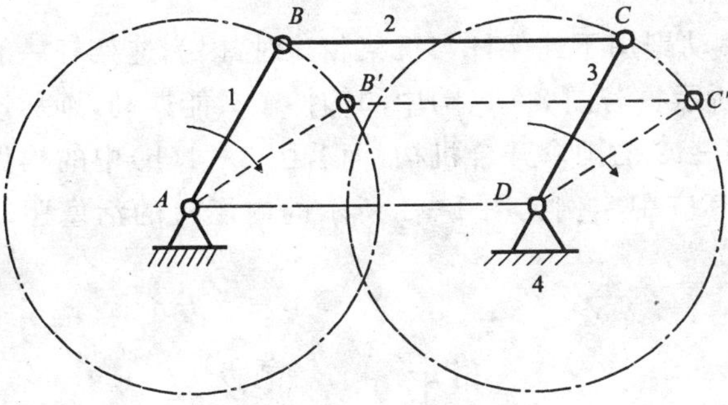

图 3-6 平行四边形机构

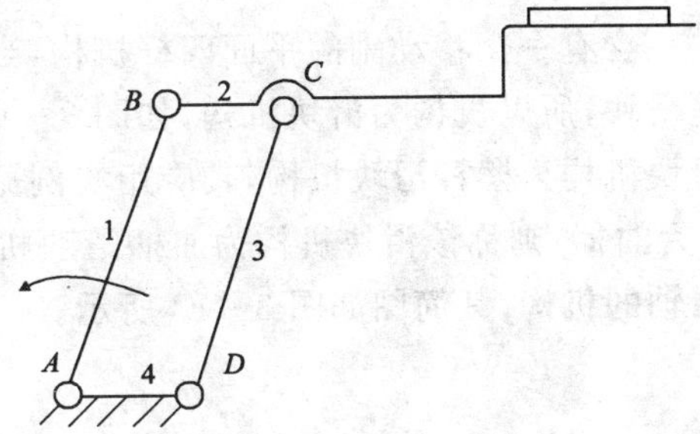

图 3-7 摄像机平台升降机构

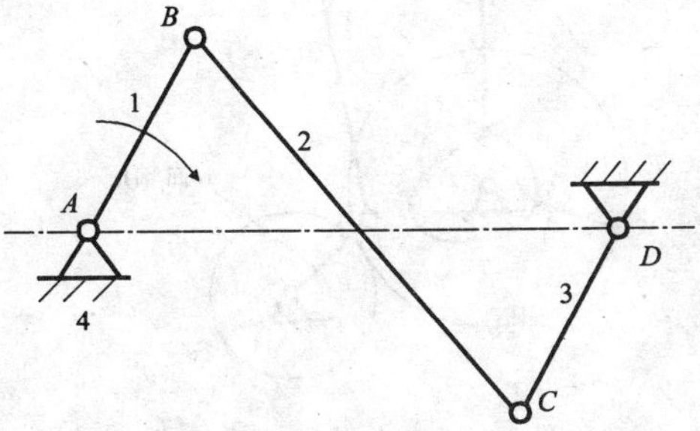

图 3-8 反平行四边形机构

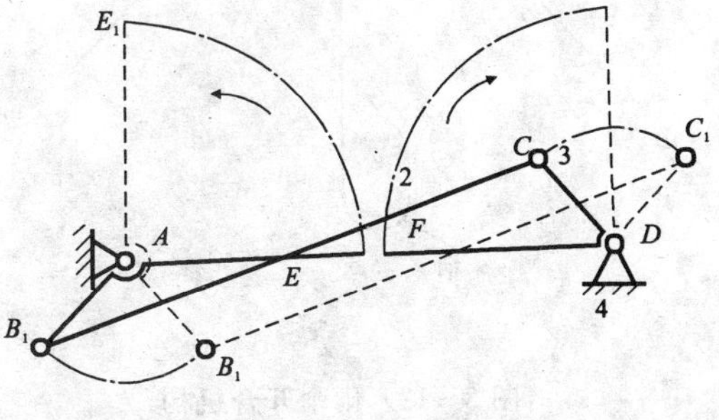

图 3-9 汽车车门开闭机构

汽车前轮转向机构。

(二)含有一个移动副的平面四杆机构及应用举例

含有一个移动副的平面四杆机构,可根据移动副的位置进一步分类,因为如前所述,移动副的位置不同,而连架杆的称谓也不同。

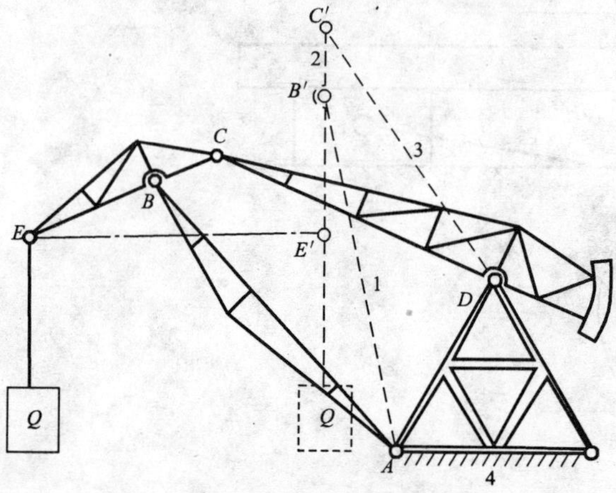

图 3-10 鹤式起重机

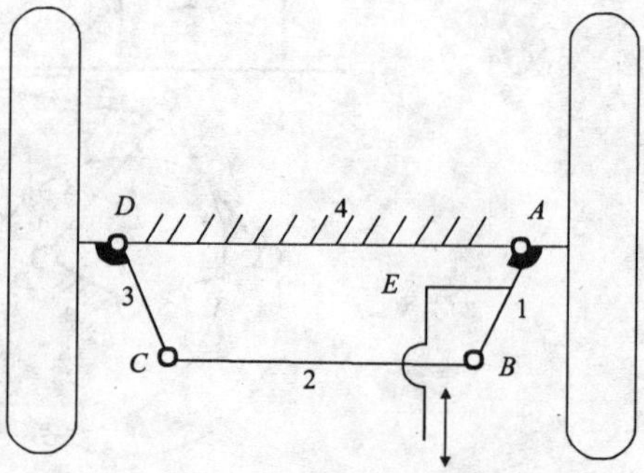

图 3-11 汽车前轮转向机构

1. 滑块机构

含有一个移动副的平面四杆机构，当其移动副用于连架杆与机架相连时，因为连架杆一般是滑块，所以机构为滑块机构，如图 3-1(b)所示。若图 3-1(b)中的构件 1 只能摆动，则称该滑块机构为摆杆滑块机构，其应用实例见图 3-12 的雨伞开合机构；而若图 3-1(b)中的构件 1 为曲柄，则称该滑块机构为曲柄滑块机构，其应用实例见图 1-1 所示的内燃机的活塞驱动曲轴的机构，其简图如图 3-13 所示。

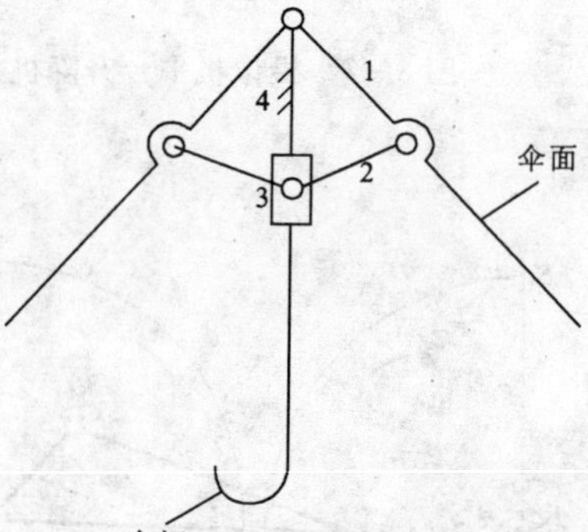

图 3-12 雨伞开合机构

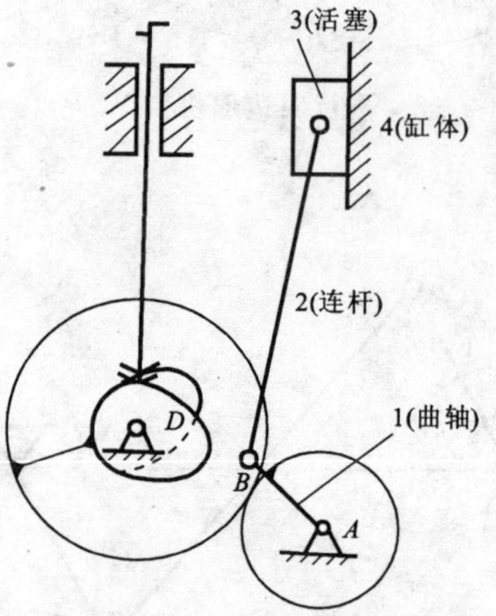

图 3-13 内燃机机构

对于图 3-1(b)所示的滑块机构，若取构件 3 为机架，则仍然是滑块机构，如图 3-14 所示。但习惯上称连架杆 4 为滑杆，因此该滑块机构常称为直动滑杆机构，其应用实例见图 3-15 所示的手压抽水机，该机构是摆动直动滑杆机构。

2. 导杆机构

含有一个移动副的平面四杆机构，当其移动副用于连架杆与连杆相连时，因为连架杆是导

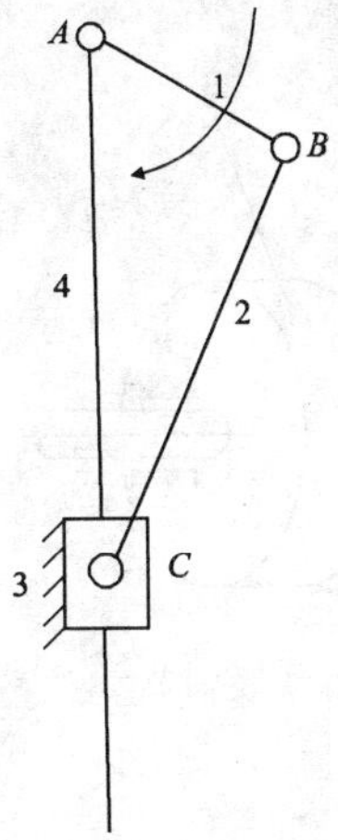

图 3-14　直动滑杆机构

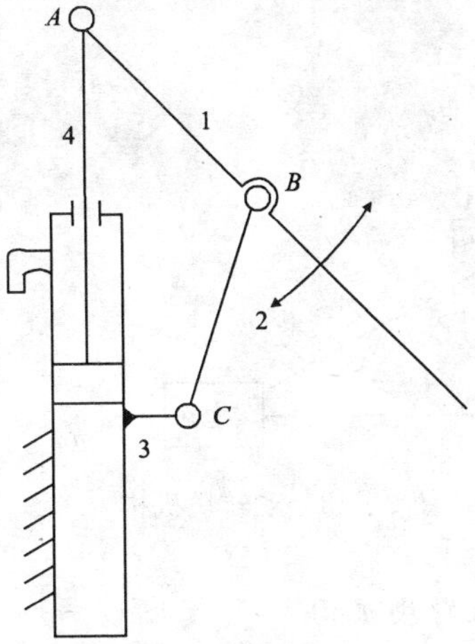

图 3-15　手压抽水机机构

杆，所以这时机构为导杆机构，如图 3-1(c)所示。导杆机构中，若导杆能做整周回转，则称为回转导杆机构，应用实例见图 3-16 所示的小型刨床中的回转导杆机构；若导杆仅能在一定角度范围内摆动，则称为摆动导杆机构，其应用实例见图 3-17 所示的牛头刨床中的摆动导杆机构。

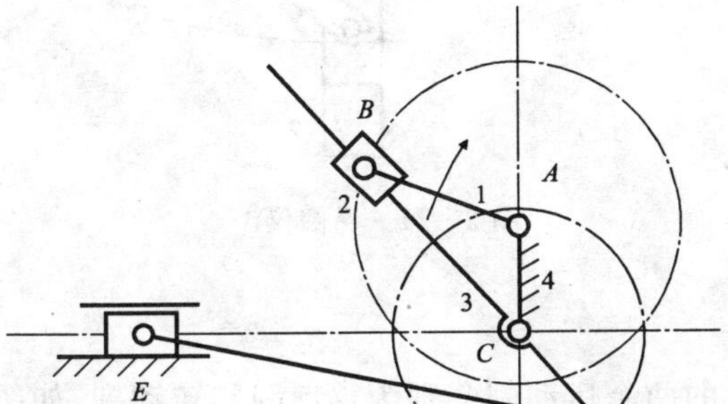

图 3-16　小型刨床的回转导杆机构

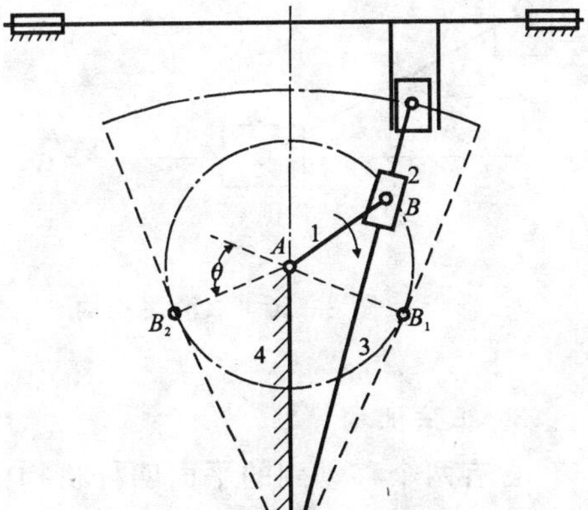

图 3-17　牛头刨床的摆动导杆机构

(三)含有两个移动副的平面四杆机构及应用举例

封闭的平面四杆机构中，每个构件用两个运动副分别与另外两个构件相联，根据机架的两个运动副的不同组合(移动副或转动副)，含有两个移动副的平面四杆机构又可有不同类型，主要有如下三种。

1. 双转块机构

含有两个移动副的平面四杆机构中，若其机架的两个运动副均为转动副，则该机构为双转块机构，如图 3-18 所示，其应用实例见图 3-19 所示的十字滑块联轴节。

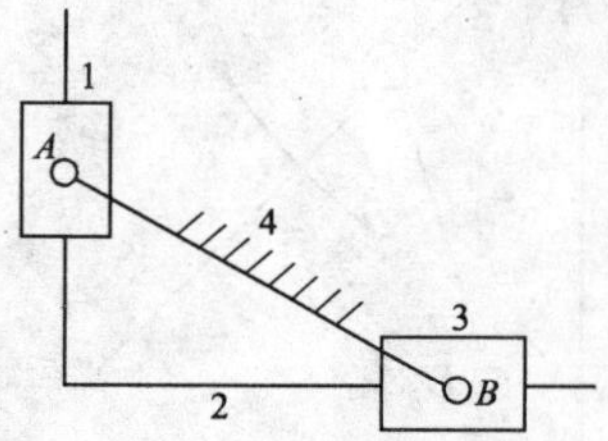

图 3-18 双转块机构

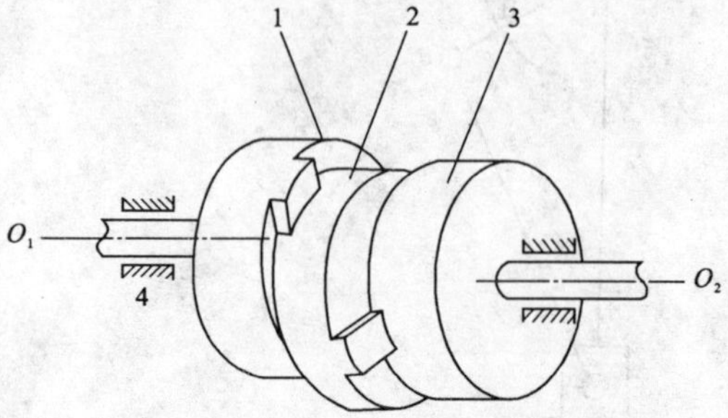

图 3-19 十字滑块联轴节

2. 双滑块机构

含有两个移动副的平面四杆机构中,若其机架的两个运动副均为移动副,则该机构为双滑块机构,如图 3-20 所示,其应用实例见图 3-21 所示的椭圆仪。

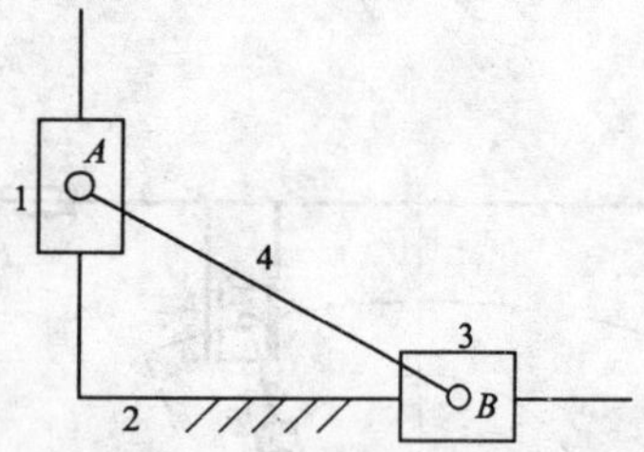

图 3-20 双滑块机构

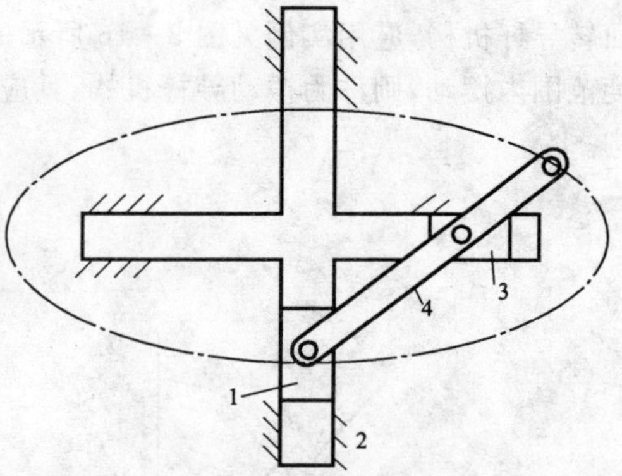

图 3-21 椭圆仪

3. 正弦机构

含有两个移动副的平面四杆机构中,若其机架的两个运动副分别为移动副和转动副,如图 3-22 所示,则当构件 4 转动时,移动构件 2 的位移是构件 4 转角的正弦函数,故称该机构为正弦机构。图 3-23 所示的压缩机就是一正弦机构。

三、平面连杆机构的特点

显然,连杆机构具有以下一些主要特点。

(1)连杆机构是低副机构,由于低副是面接触,接触应力相对高副较小,故承载能力较高,工作可靠。

(2)相对高副机构而言,低副机构的运动副元素的几何形状比较简单(如平面、圆柱面等),故零件容易加工,生产成本相对较低。

(3)连杆机构可以实现多种运动形式要求。连杆机构中有多种运动形式的构件如曲柄、摇杆、滑块、连杆等,因此利用连杆机构可获得各种形式的运动如转动、摆动、移动、平面或空间的

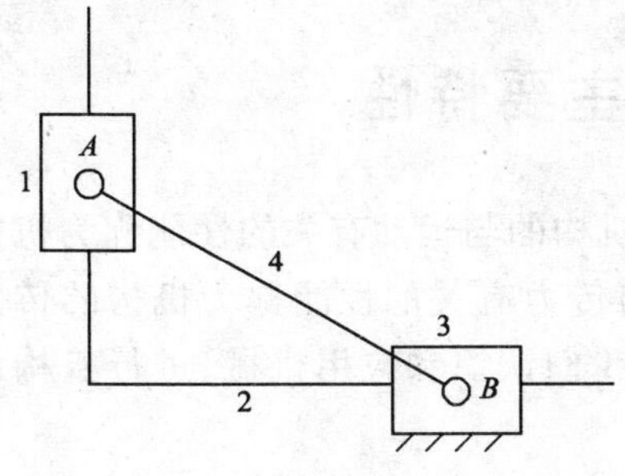

图 3-22　正弦机构

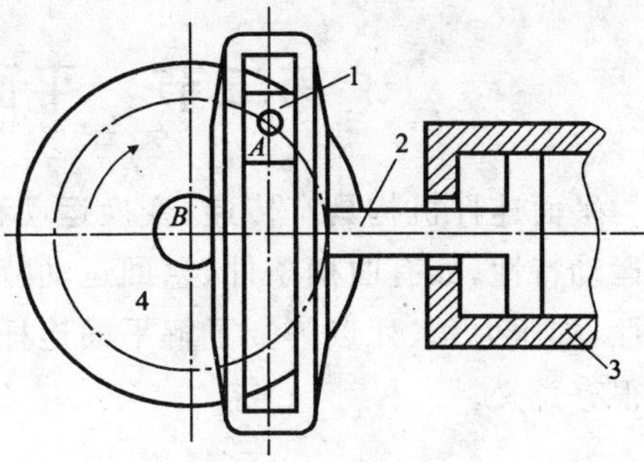

图 3-23　压缩机

复杂轨迹运动以及间歇运动等，其中转动、摆动、移动、点的轨迹运动等运动形式可从前面的应用实例中见到，这里仅举一个能实现间隙运动的连杆机构的例子。图 3-24 所示为一种导杆上带有圆弧曲线导槽的导杆机构，当原动件曲柄 1 连续转动至左侧时，将带动滚子 2 进入导槽的圆弧部分，从而使导杆 3 处于停歇状态，这样就实现了导杆的间歇摆动。

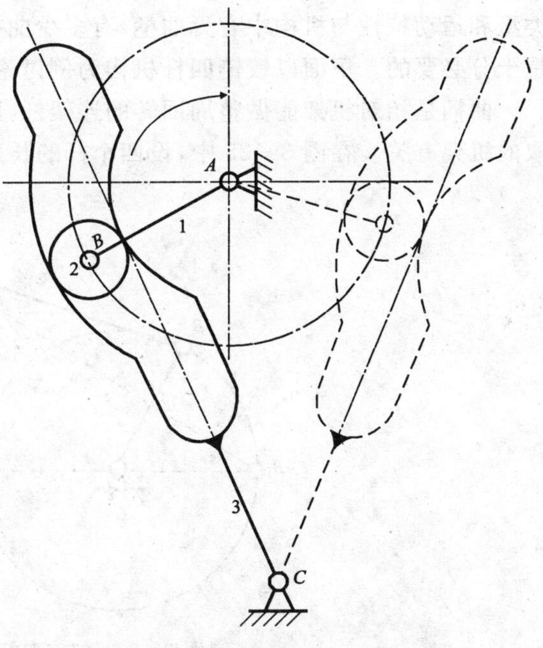

图 3-24　能实现间歇运动的导杆机构

(4)在主动构件运动规律不变的情况下，可通过改变连杆机构各构件的相对尺寸来使从动构件实现不同的运动规律和运动要求。

(5)连杆机构的构件可以做得较长，故可实现较大空间范围的运动。又由于连杆机构中构件的基本形状呈杆状，故容易实现力和运动的远距离传递，如自行车手闸等。

但连杆机构也存在一些缺点，主要为如下几个。

(1)由于有做平面或空间运动的构件，它们在运动中产生的惯性力和惯性力矩不易平衡，容易使机构在运动时产生振动和冲击，严重时还会影响机械产品的工作精度与寿命，因此连杆机构通常不适合于高速工作的场合。

(2)尽管连杆机构可以实现一些复杂的轨迹运动，但要精确实现任意设计要求的复杂曲线轨迹运动是相当困难的，甚至是不可能的，在实现运动要求的灵活性与复杂性方面，它不如某些高副机构，如凸轮机构。

(3)连杆机构的构件和运动副数量越多，则传动效率越低，传动累积误差越大，设计也越复杂。

随着计算机日益普及，计算机辅助设计、优化设计等方法的发展与推广，以及各种新技术、新工艺的采用，一些过去难以解决的设计及工艺问题正逐步得到解决，使连杆机构的应用得到了进一步的发展。

第二节　平面连杆机构的主要特性

平面连杆机构具有传递、变换运动和力的功能，可以把机构的与运动有关的性能称为机构的运动特性，如有曲柄条件、急回运动特性等；而把机构的与传力有关的性能称为机构的传力特性，如压力角、死点等。了解平面连杆机构的这些特性对我们认识和应用机械、进行机构设计很有意义。

一、平面四杆机构存在曲柄的条件

在工程实际中，机器上用作驱动的原动机（如电动机、内燃机等）通常是做整周转动的，因此相应地要求机器的一些机构的主动件也能做整周转动，即要求主动件为曲柄。另外，机构的类型和运动特性与机构中有无曲柄、有多少曲柄有着直接的关系。所以了解机构是否有曲柄是十分必要的。下面以铰链四杆机构为例讨论四杆机构存在曲柄的条件。

曲柄是相对机架能做整周回转的连架杆，四杆机构中是否存在曲柄，与四个杆的长度和所取的机架有关。在图 3-25 中，设四个杆的长度分别为 $l_1=a$、$l_2=b$、$l_3=c$、$l_4=d$，4 杆为机架。

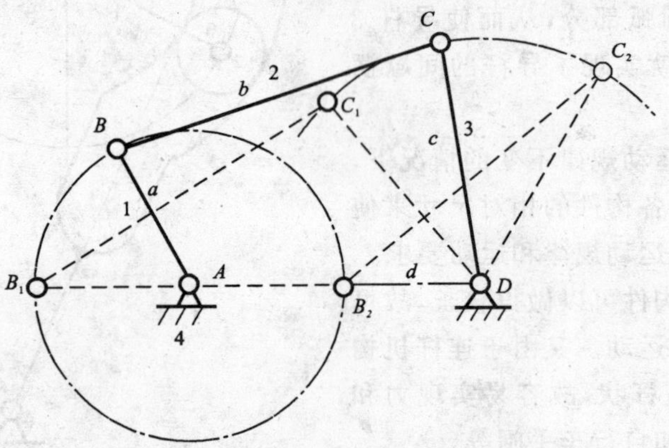

图 3-25　铰链四杆机构存在曲柄的条件

当 $a<d$ 时，若连架杆 1 为曲柄，它就应该能绕铰链 A 做整周转动而达到任意位置上，其中包括 AB_1（B 铰离 D 铰最远时）和 AB_2（B 铰离 D 铰最近时）两个特殊位置，即可以构成三角形 B_1C_1D 和三角形 B_2C_2D。所以根据三角形的形成原理即可推出铰链四杆机构存在曲柄的条件。

由$\triangle B_1C_1D$ 可得

$$a+d\leqslant b+c \tag{3-1}$$

由$\triangle B_1C_1D$ 可得

$$b-c\leqslant d-a$$

或　$$c-b\leqslant d-a$$

整理得　$$a+b\leqslant c+d \tag{3-2}$$

或　$$a+c\leqslant b+d \tag{3-3}$$

将式(3-1)、式(3-2)和式(3-3)分别两两相加，可得

$$a \leqslant c, a \leqslant b, a \leqslant d \tag{3-4}$$

于是可知，连架杆1杆是4个杆中的最短杆。

当$d < a$，若要1杆为曲柄，则通过同样分析可得

$$d \leqslant a, d \leqslant b, d \leqslant c \tag{3-5}$$

即机架4为最短杆。

综合分析上述各不等式，可以得出平面铰链四杆机构存在曲柄的条件如下。

(1)连架杆与机架中必须有一杆是最短杆[式(3-4)、式(3-5)]。

(2)最短杆与最长杆的长度之和必须小于或等于其余二杆的长度之和。此条件通常被简称为杆长条件[式(3-1)、式(3-2)、式(3-3)]。

需要注意的是，上述两个条件必须同时满足，否则，机构中将不存在曲柄，而只能是双摇杆机构。

上述曲柄存在的条件及其推导过程表明，当四杆机构满足杆长条件时，最短杆两端的转动副为周转副，而其他两个转动副只能是摆转副。因此根据曲柄存在的条件，不仅可以判断铰链四杆机构是否有曲柄，还可进而判断铰链四杆机构的类型：在满足杆长条件时，若取与最短杆相邻的杆为机架，将得到曲柄摇杆机构；若取最短杆为机架，则得双曲柄机构；若取最短杆对面的杆为机架，则得双摇杆机构。

二、平面四杆机构的急回运动特性

生产中为了缩短机器的空程(返回行程)时间，常需要设计有急回运动特性的机构。为此，这里将对曲柄摇杆机构的急回特性进行分析。

图3-26所示为一曲柄摇杆机构，设：曲柄1为原动件，它做等速转动。曲柄1在转动一周的过程中，有两次与连杆2共线，这时摇杆3分别处于两极限位置C_1D和C_2D。

当曲柄1从位置AB_1顺时针转过α_1时，摇杆将由位置C_1D摆到C_2D，其摆角为φ，设该行
φ,设该行

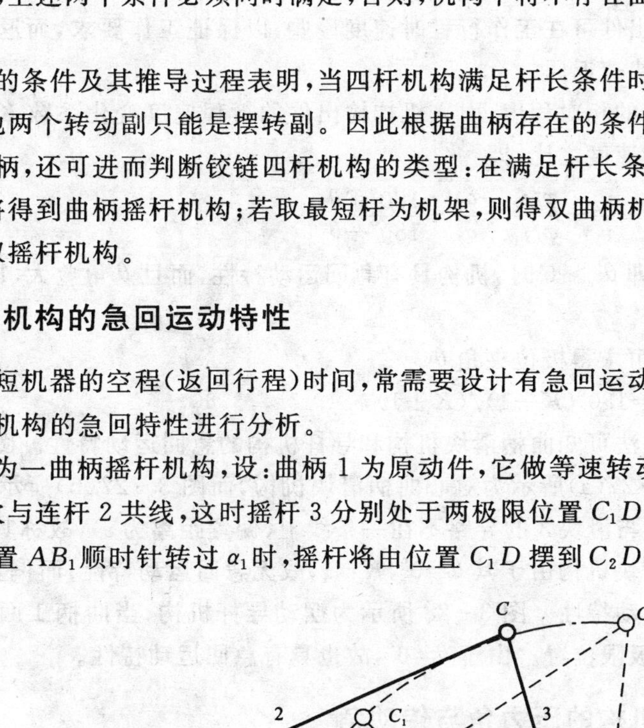

图3-26　曲柄摇杆机构的急回特性

程所需时间为 t_1，则 C 点的平均速度为 $v_1=\varphi/t_1$。

当曲柄继续转过 α_2 时，摇杆又从位置 C_2D 回到 C_1D，摆角仍然是 φ，设此行程所需时间为 t_2，这时 C 点的平均速度为 $v_2=\varphi/t_2$。

由图可见，曲柄的 α_1、α_2 角为

$$\alpha_1=180°+\theta,\alpha_2=180°-\theta$$

显然 $\alpha_1>\alpha_2$。式中 θ 为从动杆摇杆 3 处于两个极限位置时，原动件曲柄 1 与之对应的两位置所夹的锐角，称为极位夹角。

由于 $\alpha_1>\alpha_2$，而曲柄做等速转动（即 α 与 t 成正比），所以有 $t_1>t_2$，$v_2>v_1$。可见，当原动件曲柄等速转动时，从动摇杆往复摆动的两个行程平均速度不等，一慢一快，这样的运动称为急回运动，而机构的这种运动特性称为急回运动特性。

对于有些有往返行程的机器，为了提高生产效率，往往要求其工作机构有急回运动特性。这样，工作机构的输出件可在工作行程时速度慢些，以保证工作要求，而返回行程（空回行程）时速度快些，即实现快速返回。

为了衡量“急回”的相对程度，引入机构输出件的行程速度变化系数 K。K 的值为返回行程和工作行程的平均速度之比，即

$$K=\frac{v_2}{v_1}=\frac{\varphi/t_2}{\varphi/t_1}=\frac{\alpha_1}{\alpha_2}=\frac{180°+\theta}{180°-\theta}$$

显然，当 $K>1$，即 $\theta>0$ 时，机构具有急回运动特性，而且 θ 角愈大，K 值愈大，机构的急回运动特性也愈显著。

如果已知 K，即可求得极位夹角 θ

$$\theta=180°(K-1)/(K+1) \tag{3-6}$$

用类似的分析方法可知曲柄滑块机构和导杆机构的急回运动特性。图 3 - 27 所示为曲柄滑块机构，其中图 3 - 27(a)所示为对心曲柄滑块机构，而图 3 - 27(b)所示的曲柄滑块机构由于曲柄 1 的固定铰链与滑块 3 的导路不在一条线上（偏置距离为 e），故称其为偏置曲柄滑块机构。显然对心曲柄滑块机构由于其 $\theta=0°$，$K=1$，故无急回运动特性；而偏置曲柄滑块机构，因其 $\theta\neq0°$，故有急回运动特性。图 3 - 28 所示为摆动导杆机构，当曲柄 1 两次转到与导杆 3 垂直时，导杆处于两侧极限位置。由于 $\theta\neq0°$，故也具有急回运动特性。

三、平面四杆机构的压力角与传动角

在图 3 - 29 所示的铰链四杆机构中，构件 1 为原动件。若不考虑摩擦力、重力和惯性力的影响，则由原动件 1 经连杆 2 传递到从动杆 3 上的驱动力 F，将沿 BC 方向（即连杆的杆向）。力 F 可分解为两个分力：沿着受力点 C 的速度 v_c 方向的分力 F_t（亦即垂直于从动杆 3 的杆向）和垂直于 v_c 方向的分力 F_n（亦即沿从动杆 3 的杆向）。设力 F 与速度 v_c 方向之间所夹的锐角为 α，则

$$F_1=F\cos\alpha,F_n=F\sin\alpha$$

显然，沿 v_c 方向的分力 F_t 是驱动从动杆 3 转动的有效分力，对从动杆产生有效转动力矩；而分力 F_n 只能在转动副 D 中产生附加径向压力，增加摩擦，因而是有害分力。所以，从传力效果的角度看，希望 F_t 大些，F_n 小些。但由上式可见，α 越大，则 F_t 越小、F_n 越大，故将 α 角称为压力角。可见角 α 的大小决定了机构传力性能的好坏，因此是一个很重要的参数。

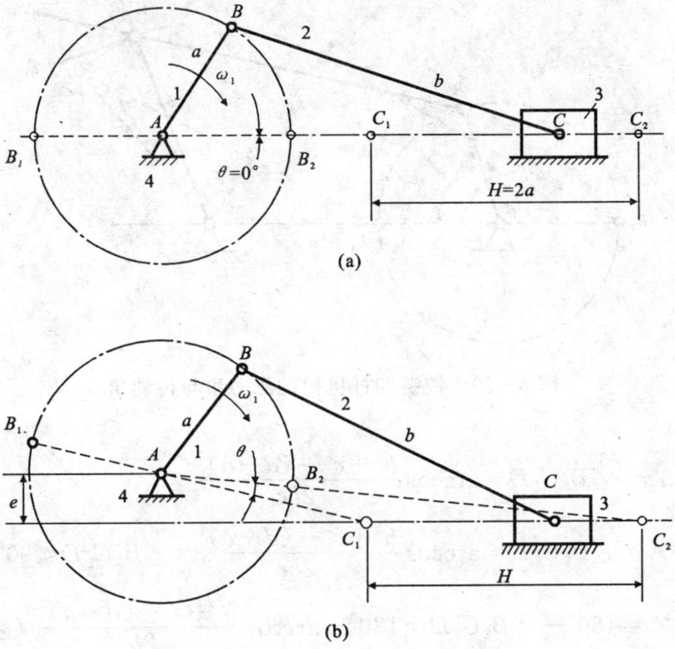

图 3-27　曲柄滑块机构的急回特性

压力角的余角称为传动角，用 γ 表示。因为 $\gamma=90°-\alpha$，因此 γ 越大对机构的传力愈有利。由图 3-29 所示的铰链四杆机构看出，传动角 γ 是连杆 2 和从动件 3 之间所夹的锐角，所以为了方便，在连杆机构中常用传动角的大小来衡量机构传力性能的好坏。

在机构运动过程中，传动角 γ 或压力角 α 的大小是变化的，为了保证机构传力性能良好，应该对传动角 γ 的最小值 γ_{min} 或压力角 α 的最大值 α_{max} 进行限定，即使

$$\gamma_{min}\geqslant[\gamma] \text{或} \alpha_{max}\leqslant[\alpha]$$

式中，$[\gamma]$、$[\alpha]$ 分别为许用传动角和许用压力角。

一般机械中，推荐 $[\gamma]=30°\sim60°$，对于高速和大功率机械，$[\gamma]$ 应取大些，而对于一些受力很小或不常使用的操纵机构，可允许 $[\gamma]$ 取小些，只要不发生自锁即可。

对于图 3-29 所示的铰链四杆机构，显然 γ_{min} 出现在原动件曲柄与机架共线的两位置之一，这时 γ 分别为

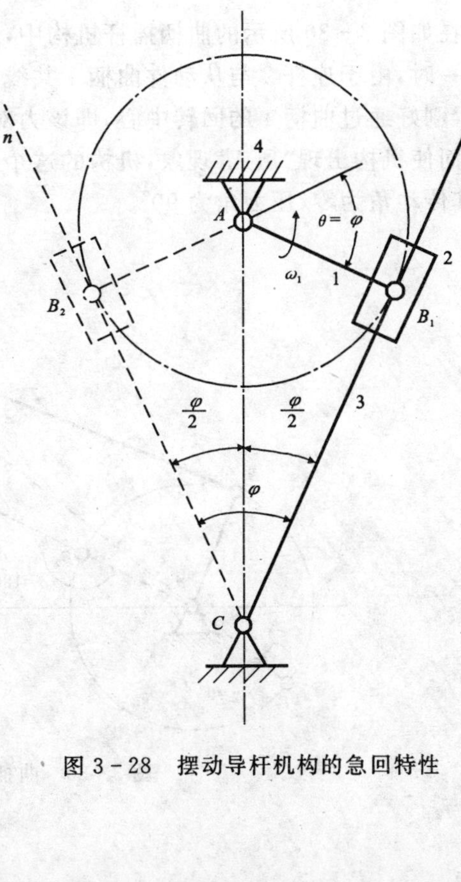

图 3-28　摆动导杆机构的急回特性

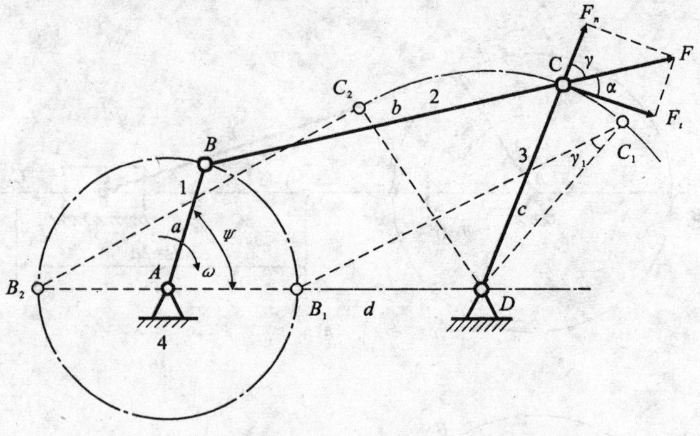

图 3-29 铰链四杆机构的压力角与传动角

$$\gamma_1=\angle B_1C_1D=\arccos\frac{b^2+c^2-(d-a)^2}{2bc}$$

$$\gamma_2=\angle B_2C_2D=\arccos\frac{b^2+c^2-(d+a)^2}{2bc}\ (\angle B_2C_2D<90^\circ)$$

$$\gamma_2=180^\circ-\angle B_2C_2D=180^\circ-\arccos\frac{b^2+c^2-(d+a)^2}{2bc}\ (\angle B_2C_2D>90^\circ)$$

γ_1和γ_2中的较小者即为γ_{min}。

四、平面四杆机构的死点位置

在如图 3-30 所示的曲柄摇杆机构中，若以摇杆 3 为原动件，则当机构位于图示两虚线位置之一时，由于连杆 2 与从动件曲柄 1 共线，致使由原动件摇杆 3 经连杆 2 传给从动件曲柄 1 的力，刚好通过曲柄 1 的回转中心，即该力对曲柄回转中心的力矩为零，故不能使从动件曲柄转动而使机构出现“顶死”现象，机构的这个位置就被称为死点位置。显然，机构处于死点位置时，其传动角为零，压力角为 90°。

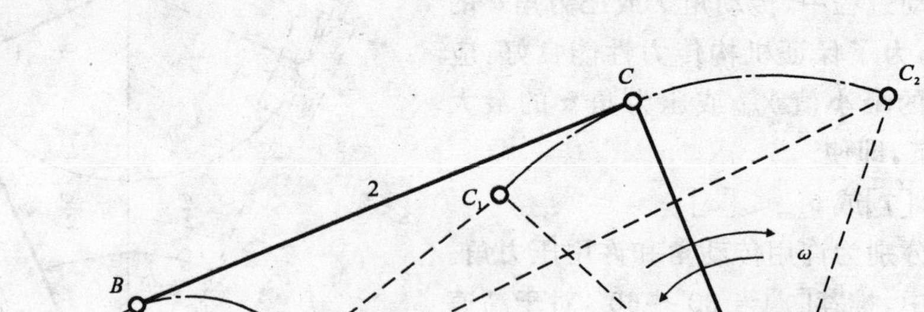

图 3-30 曲柄摇杆机构的死点位置

从上述分析可知，四杆机构中是否存在死点位置，决定于从动杆是否与连杆共线。再例如对于曲柄滑块机构，当以滑块为原动件时，若连杆与从动曲柄共线，机构也处于死点位置，如图3－31所示。

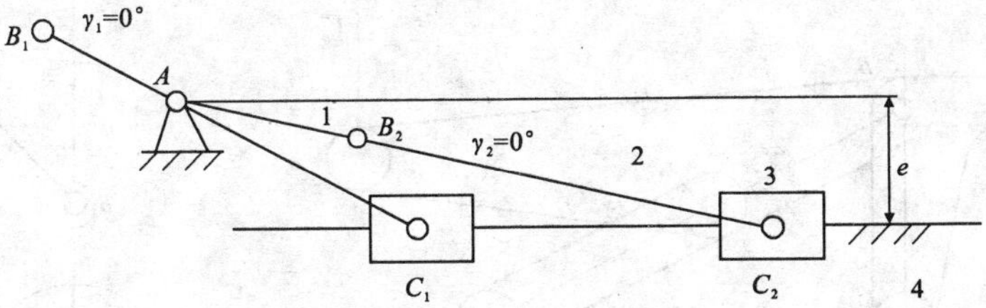

图3－31　曲柄滑块机构的死点位置

对于传动机构来说，机构具有“死点”位置是不利的，应该采取适当的措施使机构顺利通过“死点”位置。对于连续运转的机器，可以利用从动件的惯性来通过死点位置，例如，图3－4(b)所示的缝纫机踏板机构就是借助皮带轮的惯性通过死点位置(图3－32)；也可采用多套相同机构错位排列的办法，使各套机构的死点位置错开，图3－33所示的机车车轮联动机构，其两侧的曲柄滑块机构的曲柄位置就相互错开了90°。

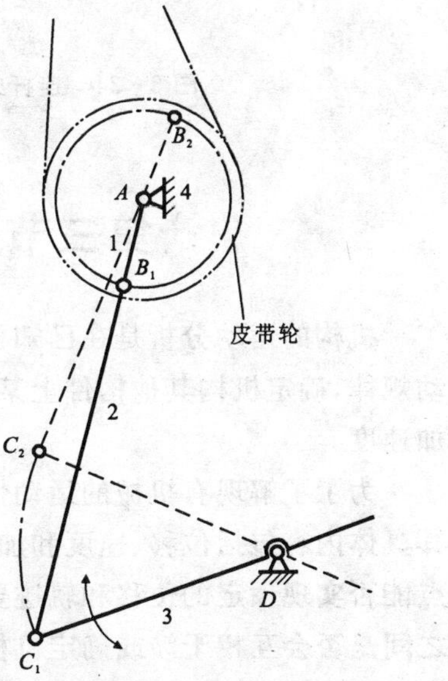

图3－32　缝纫机踏板机构的死点位置

有时，工程上也常利用机构的死点位置来实现某些工作要求。例如，图3－34所示为钻床上夹紧工件的快速夹具，就是利用死点位置来夹紧工件的，工件反弹力T不会导致工件松脱；图3－35所示为飞机起落架处于放下机轮的位置，显然此时机构处于死点位置，机轮着地时产生的巨大冲击力不会使起落架反转(折回)，从而使飞机起落和停放更加可靠。

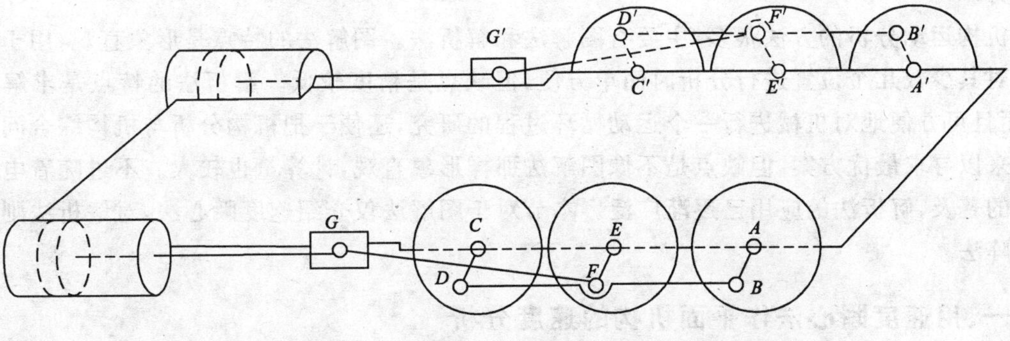

图3－33　蒸汽机车车轮联动机构

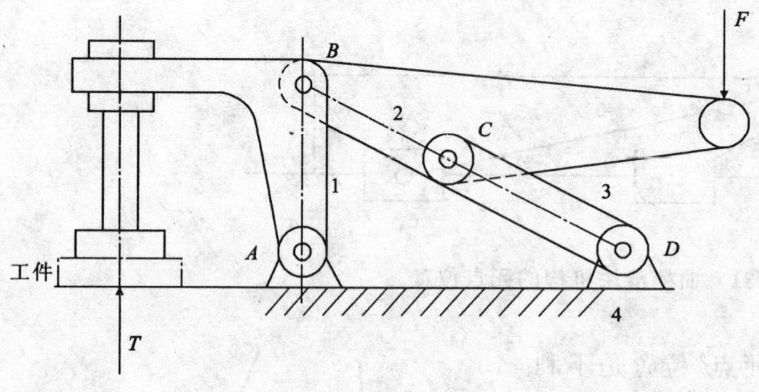

图 3-34 连杆式快速夹具

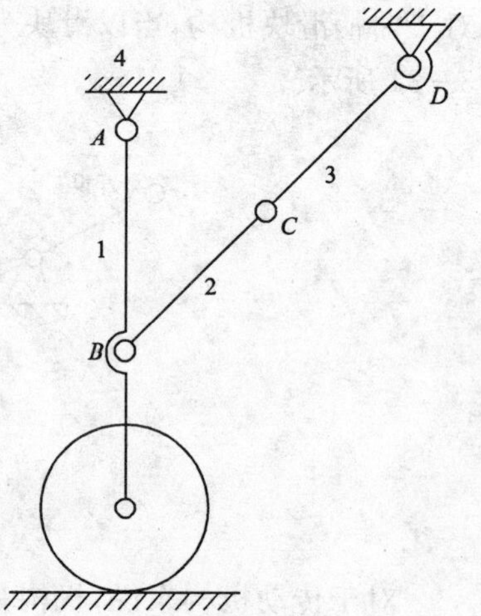

图 3-35 飞机起落架机构

第三节 平面连杆机构的运动分析

机构的运动分析是在已知机构尺寸的情况下，不考虑力的影响，根据机构原动件的已知运动规律，确定机构其他构件上某些点的位移、速度、加速度以及这些构件的角位移、角速度和角加速度。

为了了解现有机械的运动性能，或者为了设计新的机械，都需要对其机构进行运动分析，其具体内容包括位移、速度和加速度分析。对机构进行位移分析，可考察某构件或某构件上某点能否实现预定的位移和轨迹要求，并可确定各构件的运动空间，以判定当机构运动时各构件之间是否会互相干涉或确定机构的外壳尺寸；对机构进行速度分析，可了解从动件速度变化规律，以判断所研究的机械是否能满足工作要求，而且速度分析还是机构加速度分析和确定机器动能及功率的基础；此外，对于高速、重载机械，由于其构件的惯性力往往很大，因此对机械进行强度及动力性能等分析时必须考虑惯性力的影响，这就需要对机构进行加速度分析以确定惯性力。

机构运动分析的方法很多，主要有图解法和解析法。图解法的特点是形象直观，用于平面机构对其少数几个位置进行分析时简单方便，但缺点是精度较低。解析法的特点是求解精度高，而且可方便地对机械进行一个运动循环过程的研究，还便于把机构分析与机构综合问题联系起来以寻求最优方案，但缺点是不像图解法那样形象直观，计算量也较大。不过随着电子计算机的普及，解析法的应用已逐渐广泛。本节对于图解法仅介绍速度瞬心法，对解析法则将介绍矩阵法。

一、用速度瞬心法作平面机构的速度分析

机构速度分析图解法有速度瞬心法和矢量方程图解法两种。对于构件数目较少的简单机构，若仅需要进行速度分析，采用速度瞬心法往往显得十分简便清楚。

1. 速度瞬心的概念及机构中速度瞬心的数目

如图 3-36 所示，当构件 2 相对于构件 1 做平面运动时，在任一瞬时，它们的相对运动可看作是绕某一重合点的转动，此重合点就称为速度瞬心，简称为瞬心，用符号 P_{12}（或 P_{21}）表示。显然，两构件在其瞬心处相对速度为零，因此瞬心可以定义为两构件上瞬时相对速度为零或瞬时绝对速度相等的重合点（即等速重合点）。如果瞬心的绝对速度为零，则称之为绝对瞬心，否则称之为相对瞬心。一般用符号 P_{ij} 表示构件 i 和构件 j 的瞬心。

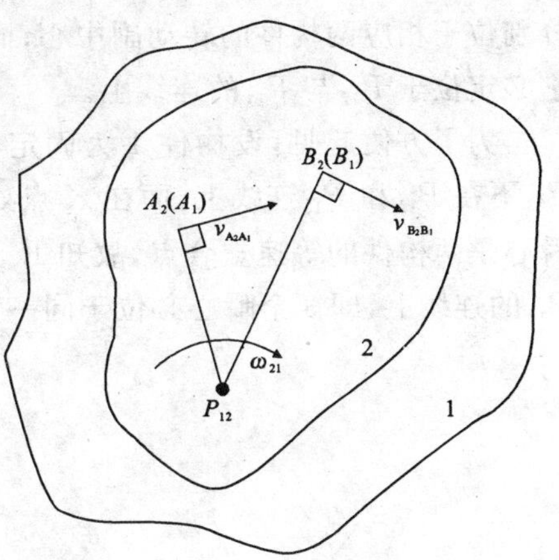

图 3-36 速度瞬心

因为每两个构件之间就存在一个瞬心，故对于具有 n 个构件的机构来说，其瞬心总数根据排列组合原理应为

$$k=n(n-1)/2 \tag{3-7}$$

2. 机构中瞬心位置的确定

在平面机构中，每两构件之间要么是通过运动副直接相连，要么不直接相连，因此需要针对这两种情况分别进行其瞬心位置的确定。

(1)直接以运动副相联的两构件瞬心位置的确定。当平面机构的两构件以运动副（转动副、移动副和平面高副）相连时，因为它们的相对运动关系为已知，故其瞬心位置可根据瞬心定义来确定。若两构件是以转动副相连接的，则转动副的中心即为其瞬心，如图 3-37(a)所示；若两构件是以移动副相连接的，则其速度瞬心应位于垂直于导路的无穷远处，如图 3-37(b)所示；若两构件是以平面高副相连接的，且高副两元素之间的相对运动为纯滚动，则两元素的接触点 K 即为其速度瞬心，如图 3-37(c)所示；若两构件以平面高副相连接，且高副两元素之间既作相对滚动，又作相对滑动，则其速度瞬心应位于高副两元素接触点处的公法线 nn 上，其确切位置还要根据其它条件才能确定，如图 3-37(d)所示。

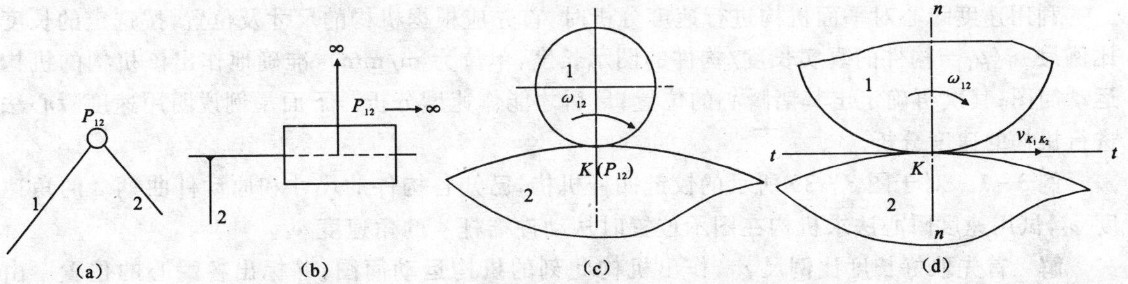

图 3-37 用运动副直接相连两构件的瞬心

(2)不直接接触的两构件瞬心位置的确定。对于平面机构中不通过运动副直接相连的两构件间的瞬心位置，可以借助于三心定理来确定。

所谓三心定理是：3 个彼此作平面相对运动的构件的 3 个瞬心必位于同一条直线上。这一定理是很容易证明的。如图 3-38 所示，设构件 1、2、3 彼此间作平面相对运动，其中 1 与 2、

1 与 3 用转动副相连接。根据式(3-7),它们共有 3 个瞬心,即 P_{12}、P_{13} 和 P_{23}。其中 P_{12} 和 P_{13} 分别位于相应两构件的转动副中心;而对于 P_{23}(即不直接接触的两构件的瞬心),下面将证明它必定位于 P_{12} 与 P_{13} 的连线上。

为了方便起见,设构件 1 为固定构件,故 P_{12} 和 P_{13} 是绝对瞬心,如图 3-38 所示。如果 P_{23} 不在 P_{12} 和 P_{13} 连线上,而在 K 点处,显然绝对速度 v_{K_2} 与 v_{K_3} 首先在方向上就不相同,由于瞬心是两构件的等速重合点,故知 K 不是两构件的瞬心。由此可知,瞬心 P_{23} 只能位于 P_{12} 与 P_{13} 的连线上,即 3 个瞬心必位于同一直线上。

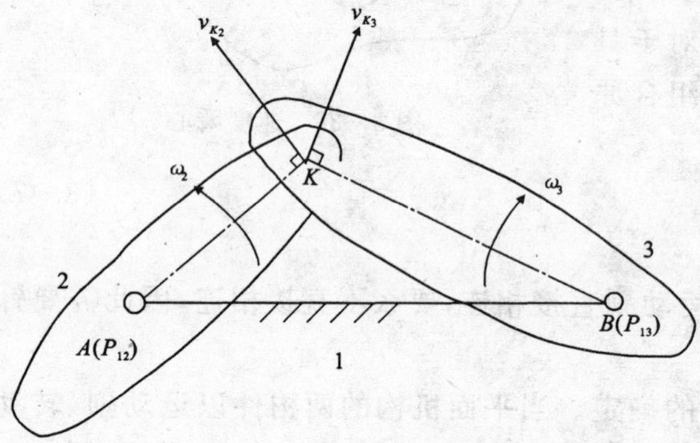

图 3-38 三心定理证明图

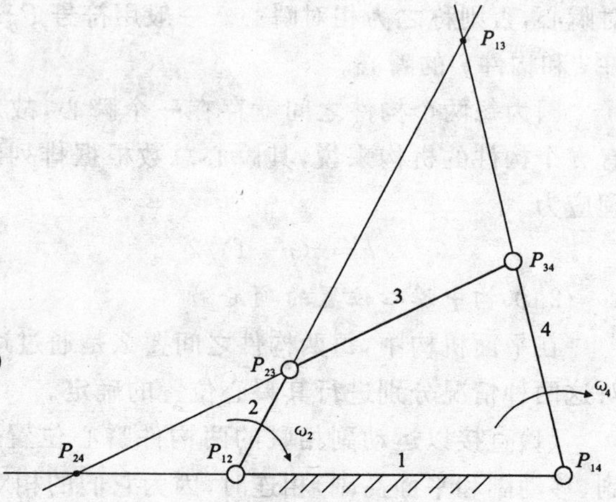

图 3-39 用三心定理求瞬心

利用三心定理可以确定不直接接触的两构件的瞬心。例如图 3-39 所示为一平面铰链四杆机构,其瞬心 P_{12}、P_{23}、P_{34} 和 P_{14} 的位置可以直接确定,而其余瞬心 P_{13} 和 P_{24} 则需由三心定理确定。根据三心定理,对于构件 1、2、3 来说,P_{13} 必在 P_{12} 和 P_{23} 的连线上,而对于构件 1、4、3 来说,P_{13} 又应在 P_{14} 和 P_{34} 的连线上,故这两连线的交点即为瞬心 P_{13}。同理可求得 P_{24}。

3. 用速度瞬心法进行机构的速度分析

利用速度瞬心对平面机构进行速度分析时,首先应根据机构的尺寸及位置,按选定的长度比例尺 μ_1(μ_1=构件的真实长度/构件的图示长度,单位为 m/mm),准确地作出该机构的机构运动简图;其次再确定出其诸瞬心的位置;最后才能作速度分析。下面举例说明用速度瞬心法进行机构的速度分析。

例 3-1 对于图 3-39 所示的铰链四杆机构,已知各构件的尺寸和原动件曲柄 2 的角速度 ω_2,试用速度瞬心法求机构在图示位置时从动件摇杆 4 的角速度 ω_4。

解 首先取好长度比例尺 μ_1,作出机构此刻的机构运动简图,并标出各瞬心的位置。由于构件 2 角速度 ω_2 已知,故可利用瞬心 P_{24} 直接求摇杆 4 的角速度 ω_4。

由于 P_{24} 是构件 2、4 的等速重合点,所以有

$$\omega_2 \overline{P_{12}P_{24}}\mu_1 = \omega_4 \overline{P_{14}P_{24}}\mu_1$$

故得

$$\omega_4 = \omega_2 \overline{P_{12}P_{24}} / \overline{P_{14}P_{24}}$$

可见,利用速度瞬心法对于简单平面机构进行速度分析是十分方便的。但是对于构件数目较多的机构,因其瞬心数目太多,有时求解麻烦,且作图时某些瞬心可能落在图纸之外而带

来求解困难。另外还要注意,这种方法只能用于速度分析,而不能用于加速度分析。

二、用解析法作机构的运动分析

解析法的总体思路是,建立包括机构已知尺寸参数、已知运动变量和未知运动变量的数学表达式,然后求解未知运动变量。解析法的一般步骤是,首先是建立机构的位置方程,然后将位置方程对时间求一阶、二阶导数得机构的速度方程和加速度方程。

解析法由于所用的数学工具不同,解析的方法也就不同。下面以铰链四杆机构为例介绍一种较简便的方法即矩阵法,该方法将速度方程和加速度方程写成矩阵形式以便利用电子计算机的标准程序进行求解。

图 3-40 所示为一平面铰链四杆机构,设已知各杆的杆长 l_1、l_2、l_3和 l_4,又已知原动件 1 的等角速度 ω_1、转角(即位置角)φ_1,要求确定构件 2 及构件 3 的位置角、角速度和角加速度。

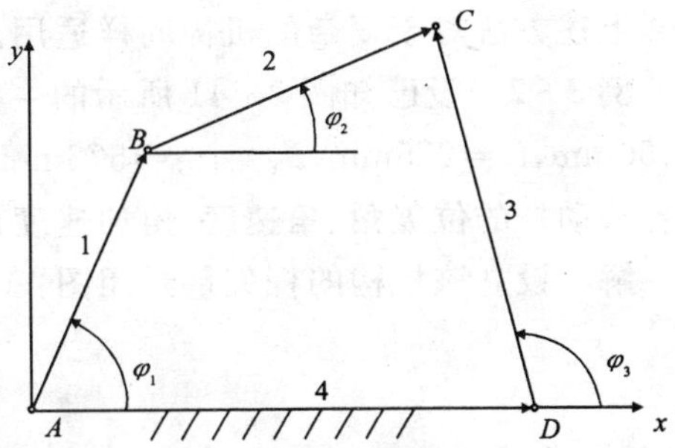

图 3-40　用解析法进行铰链四杆机构运动分析

1. 位置分析

先建立一直角坐标系,并将各构件以矢量形式(即杆矢)表示出来,其转角从 x 轴正向沿逆时针方向度量,如此铰链四杆机构 $ABCD$ 就构成了一个封闭矢量多边形(杆矢量封闭图),如图 3-40 所示,由此可以写出该机构的封闭矢量方程,即

$$\boldsymbol{l}_1+\boldsymbol{l}_2=\boldsymbol{l}_3+\boldsymbol{l}_4$$

它在 x、y 轴上的投影式为位置方程,即

$$\begin{cases} l_1\cos\varphi_1+l_2\cos\varphi_2=l_3\cos\varphi_3+l_4 \\ l_1\sin\varphi_1+l_2\sin\varphi_2=l_3\sin\varphi_3 \end{cases} \tag{3-8}$$

将式(3-8)中不含未知量的项,移到方程的右边,可得

$$\begin{cases} l_2\cos\varphi_2-l_3\cos\varphi_3=l_4-l_1\cos\varphi_1 \\ l_2\sin\varphi_2-l_3\sin\varphi_3=-l_1\sin\varphi_1 \end{cases} \tag{3-9}$$

解此方程即可求得仅有的两个未知的位置角 φ_2、φ_3。

2. 速度分析

将式(3-9)对时间求一次导数,并整理可得

$$\begin{cases} -l_2\sin\varphi_2\omega_2+l_3\sin\varphi_3\omega_3=\omega_1 l_1\sin\varphi_1 \\ l_2\cos\varphi_2\omega_2-l_3\varphi_3\omega_3=-\omega_1 l_1\cos\varphi_1 \end{cases} \tag{3-10}$$

解之可求得 ω_2 和 ω_3。上式可写成矩阵形式,即

$$\begin{pmatrix} -l_2\sin\varphi_2 & l_3\sin\varphi_3 \\ l_2\cos\varphi_2 & -l_3\cos\varphi_3 \end{pmatrix}\begin{pmatrix}\omega_2\\ \omega_3\end{pmatrix}=\omega_1\begin{pmatrix} l_1\sin\varphi_1 \\ -l_1\cos\varphi_1 \end{pmatrix} \tag{3-11}$$

将式(3-11)对时间求导数,并整理可得加速度关系式

$$\begin{pmatrix} -l_2\sin\varphi_2 & l_3\sin\varphi_3 \\ l_2\cos\varphi_2 & -l_3\cos\varphi_3 \end{pmatrix}\begin{pmatrix}\varepsilon_2\\ \varepsilon_3\end{pmatrix}=\begin{pmatrix} l_2\omega_2\cos\varphi_2 & -l_3\omega_3\cos\varphi_3 \\ l_2\omega_2\sin\varphi_2 & -l_3\omega_3\sin\varphi_3 \end{pmatrix}+\omega_1\begin{pmatrix} l_1\omega_1\cos\varphi_1 \\ l_1\omega_1\sin\varphi_1 \end{pmatrix} \tag{3-12}$$

由式(3-12)可解得 ε_2、ε_3。

可见对于速度方程和加速度方程的求解，只需解线性方程组即可。而对于位置方程的求解，则需要解非线性方程组，相对而言较困难一些。在求得各杆的位置角、角速度和角加速度后，还可以求出各杆上任一点的位置、速度和加速度。

通过上述用解析法对四杆机构进行运动分析可知，解析法的关键点在于杆矢量方程的建立。值得一提的是，在设立杆矢量封闭图时，坐标系和各杆的矢量方向的选取，均与解题结果无关，因此可视方便而选取，如对各连架杆矢量可从它们的固定铰链引出，并使机架矢量方向与坐标轴正向一致。

上述方法对于复杂的机构同样适用。

例 3－2 设已知图 3－41 所示的牛头刨床机构中各杆长度为：$l_1=125$mm，$l_3=600$mm，$l_4=150$mm，$l_6=275$mm，$l'_6=l_{CG}=575$mm，原动件 1 的等角速度 $\omega_1=1$rad/s。试用矩阵法求机构各从动杆的位置角、角速度、角加速度及点 E 的位移、速度和加速度。

解 设立该机构的杆矢量封闭图：$ABCA$ 和 $CDEGC$，如图 3－41 所示。

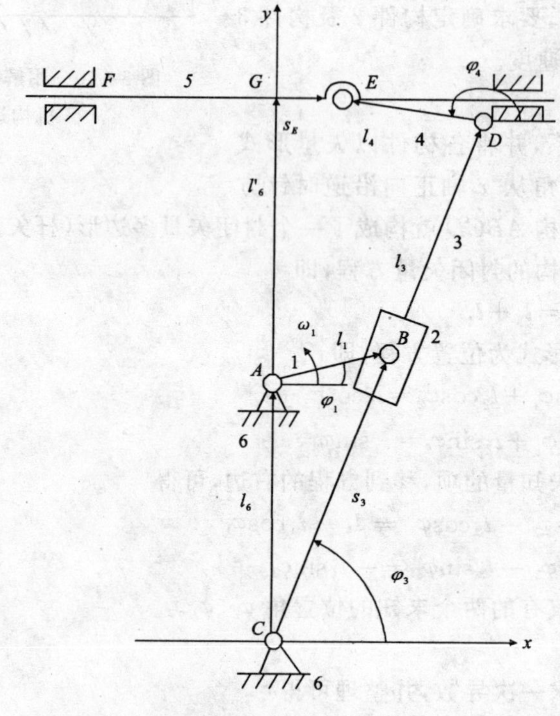

图 3－41 用解析法对牛头刨机构进行运动分析

由这两个矢量封闭图形可得

$$\boldsymbol{l}_6+\boldsymbol{l}_1=\boldsymbol{s}_3$$

$$\boldsymbol{l}_3+\boldsymbol{l}_4=\boldsymbol{l}'_6+\boldsymbol{s}_E$$

将上式向 x、y 轴上投影得位置方程

$$s_3\cos\varphi_3=l_1\cos\varphi_1$$

$$s_3\sin\varphi_3=l_6+l_1\sin\varphi_1$$

$$l_3\cos\varphi_3+l_4\cos\varphi_4-s_F=0$$

$$l_3\sin\varphi_3+l_4\sin\varphi_4=l_6$$

由以上各式即可求得 s_3、φ_3、φ_4 及 s_E 四个运动变量，而滑块 2 的方位角 $\varphi_2=\varphi_3$。

然后分别将上列各式对时间取一次、二次导数，并写成矩阵形式，即得以下速度和加速度方程式：

$$\begin{bmatrix}\cos\varphi_3 & -s_3\sin\varphi_3 & 0 & 0\\ \sin\varphi_3 & s_3\cos\varphi_3 & 0 & 0\\ 0 & -l_3\sin\varphi_3 & -l_4\sin\varphi_4 & -1\\ 0 & l_3\cos\varphi_3 & l_4\cos\varphi_4 & 0\end{bmatrix}\begin{bmatrix}\dot{s}_3\\ \omega_3\\ \omega_4\\ v_E\end{bmatrix}=\omega_1\begin{bmatrix}-l_1\sin\varphi_1\\ l_1\cos\varphi_1\\ 0\\ 0\end{bmatrix}$$

$$\begin{bmatrix}\cos\varphi_3 & -s_3\sin\varphi_3 & 0 & 0\\ \sin\varphi_3 & s_3\cos\varphi_3 & 0 & 0\\ 0 & -l_3\sin\varphi_3 & -l_4\sin\varphi_4 & -1\\ 0 & l_3\cos\varphi_3 & l_4\cos\varphi_4 & 0\end{bmatrix}\begin{bmatrix}\ddot{s}_3\\ \alpha_3\\ \alpha_4\\ \alpha_E\end{bmatrix}=$$

$$\begin{bmatrix}-\omega_3\sin\varphi_3 & -\dot{s}_3\sin\varphi_3-s_3\omega_3\cos\varphi_3 & 0 & 0\\ \omega_3\cos\varphi_3 & \dot{s}_3\cos\varphi_3-s_3\omega_3\sin\varphi_3 & 0 & 0\\ 0 & -l_3\omega_3\cos\varphi_3 & -l_4\omega_4\cos\varphi_4 & 0\\ 0 & -l_3\omega_3\sin\varphi_3 & -l_4\omega_4\sin\varphi_4 & 0\end{bmatrix}\begin{bmatrix}\dot{s}_3\\ \omega_3\\ \omega_4\\ v_E\end{bmatrix}+$$

$$\omega_1\begin{bmatrix}-l_1\omega_1\cos\varphi_1\\ -l_1\omega_1\sin\varphi_1\\ 0\\ 0\end{bmatrix}$$

而 $\omega_2=\omega_3$，$\alpha_2=\alpha_3$。

根据以上各式，将已知参数代入，即可应用计算机进行求解，求得的数值列于表 3-1 中。

表 3-1　各构件的位置、速度和加速度

φ_1	φ_3	φ_4	s_E	ω_3	ω_4	v_E	α_3	α_4	a_E
(°)			(m)	(rad/s)		(m/s)	(rad/s²)		(m/s²)
0	65.556 10	168.942 0	0.101 07	0.171 23	0.288 79	−0.101 84	0.247 70	0.292 66	−0.164 22
10	67.466 88	172.033 0	0.081 38	0.209 27	0.323 91	−0.122 72	0.190 76	0.117 19	−0.134 43
20	69.712 52	175.336 0	0.058 54	0.238 59	0.332 02	−0.138 34	0.147 15	−0.018 53	−0.111 13
…	…	…	…	…	…	…	…	…	…
360	65.556 10	168.938 10	0.101 07	0.171 23	0.288 79	−0.101 84	0.247 70	0.292 67	−0.164 22

三、机构的运动线图

在实际工作中往往需要掌握机构在整个运动循环（如原动件转一转）中某构件或构件上某点的运动变化规律，为此在对机构进行运动分析后，可将其在整个运动循环中一系列位置的位移、速度、加速度（或位置角、角速度、角加速度）与时间（或原动件位移）的关系作成曲线，这些曲线便是机构的运动线图。

现在以图 3-42(a)所示曲柄滑块机构为例介绍其滑块 C 的运动线图的作法。如图 3-42

(b)所示，取一直角坐标系，设曲柄以等角速度回转，因此为画运动线图，可将曲柄转一整周的转角(360°)分为若干等分(如12等分)，用横坐标表示。取位移比例尺 μ_l(m/mm)、速度比例尺 μ_v[(ms^{-1})/mm]、加速度比例尺 μ_a[(ms^{-2})/mm]，用运动分析所求得的 s_c、v_c 和 a_c 的值作出每一等分点的纵坐标，分别将位移、速度、加速度的坐标点连成光滑曲线便得运动线图。由于原动件作等角速转动，所以其转角 φ 与时间 t 成正比，因此同一横坐标也可代表时间 t。

通过运动线图，可以清楚地看出机构在一个运动循环中位移、速度、加速度的变化情况，从而全面了解机构的运动特性。例如图3-42中，速度的正、负表示滑块运动方向的不同。速度为正，滑块向上运动；反之，则向下运动。

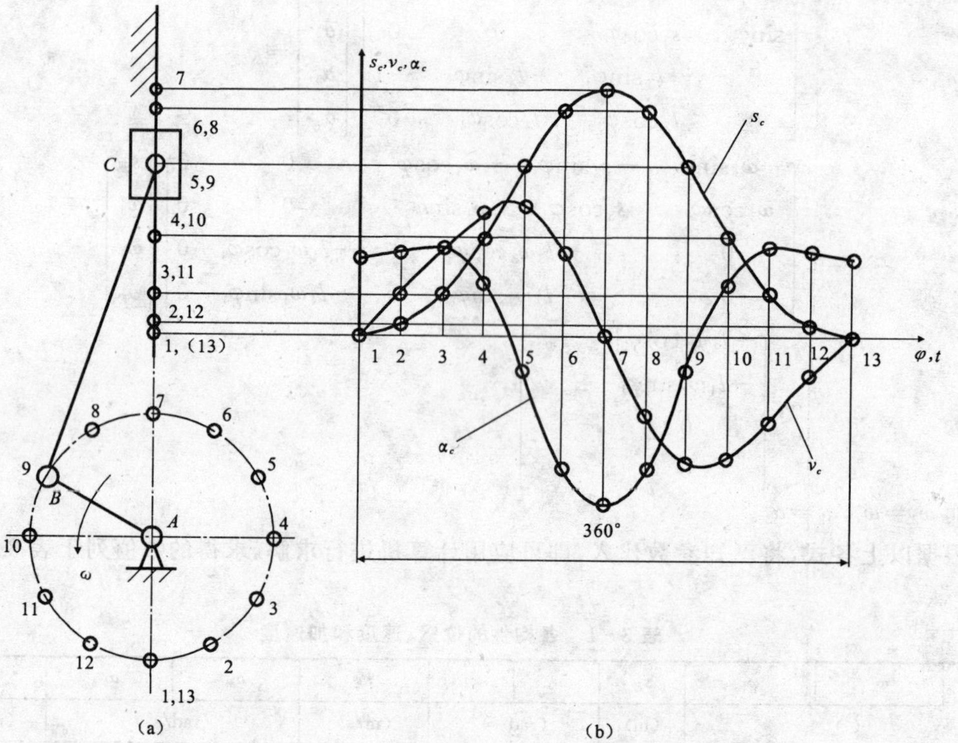

图3-42 曲柄滑块机构的运动线图

第四节 平面连杆机构的运动设计

平面连杆机构的运动设计，主要是根据给定的运动条件确定机构运动简图所需的尺寸参数，并同时满足几何条件(如存在曲柄要求、固定铰链位置等)和动力条件(如传动角要求等)。

一、平面连杆机构设计的基本问题和设计方法

平面连杆机构虽然应用非常广泛，但其设计问题通常可根据其完成工作所对应的运动要求，归纳为3大类。

1. 实现刚体给定位置的设计

在这类设计问题中，要求所设计的机构能引导一个刚体顺利通过一系列给定位置。该刚体一般是连杆，所以具体来说即要求连杆能够占据一系列给定位置。

例如图 3-43 所示的飞机起落架机构，设计时应满足机轮在收起和放下时连杆 BC 所应占据的两个位置 BC、B_1C_1。

2. 实现预定运动规律的设计

在这类设计问题中，要求所设计的机构的两连架杆(主、从动连架杆)之间的运动关系能满足某种给定的函数关系，如满足给定的转角对应关系、实现输出构件的急回要求等。

例如，对于图 3-9 所示的汽车车门开闭机构，其设计时应使两连架杆的转角满足大小相等而转向相反的对应关系；对于图 3-44 所示的汽车前轮转向机构，其设计时则要求两连架杆的转角满足某种函数关系，以保证汽车转弯时各轮均处于纯滚动状态，实现顺利转向；而对于图 3-17 所示的牛头刨的导杆机构，其设计时应满足给定的行程速度变化系数 k 的要求(即满足图 3-28 中的 θ 角)。

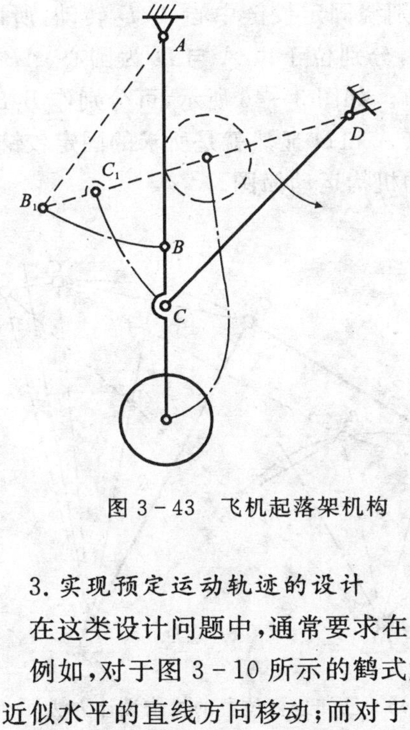

图 3-43　飞机起落架机构

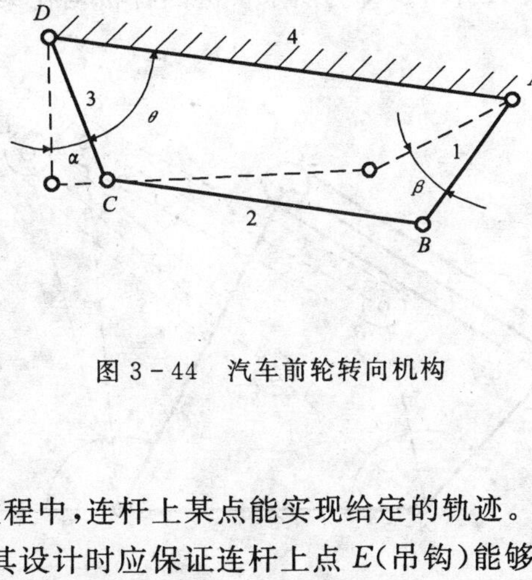

图 3-44　汽车前轮转向机构

3. 实现预定运动轨迹的设计

在这类设计问题中，通常要求在机构运动的过程中，连杆上某点能实现给定的轨迹。

例如，对于图 3-10 所示的鹤式起重机机构，其设计时应保证连杆上点 E(吊钩)能够实现沿近似水平的直线方向移动；而对于图 3-4(a)所示的搅拌机机构，其设计时应保证连杆上某一点可以按预定轨迹 β—β 运动。

平面四杆机构的设计方法主要有几何法、解析法和实验法，其特点如下。

(1)图解法。这种方法是根据运动几何学原理，用几何作图法来求解运动参数。该方法直观、方便、易懂，求解速度一般较快，但精度不高，适用于简单问题求解或精度要求不高的问题求解。

(2)解析法。这种方法是用机构参数(尺寸参数、运动参数)来表达各构件间的运动函数关系，以便按给定条件求解未知参数。这种方法求解精度高，能求解较复杂的问题。随着电子计算机的广泛应用，这种方法正在得到逐步推广。

(3)实验法。这种方法是用作图试凑或利用各种图谱、表格及模型实验等来求得机构运动学参数。此种方法直观简单，但求解精度较低，适用于近似设计或参数预选。

设计时应根据具体情况考虑选用哪种方法。

本节仅以四杆机构为例，介绍针对几种典型运动设计问题的设计方法和步骤，设计方法涉及作图法和解析法。

二、平面四杆机构的设计

(一)按给定的连杆位置设计铰链四杆机构

如图 3-45 所示，设已知连杆 BC 的 3 个位置 B_1C_1、B_1C_2、B_1C_3，要求设计该铰链四杆机构。该机构的设计任务就是要确定两连架杆与机架相连的转动副(固定铰链)中心 A、D，及连架杆与连杆相连的转动副(活动铰链)中心 B、C，因为这些铰链点确定后该四杆机构各构件的长度就确定了。若已经在连杆上选定了活动铰链 B、C 的位置，则设计问题就变成了求固定铰链 A、D 的位置。

由图 3-45 可以看出，连杆上活动铰链中心 B、C 分别绕固定铰链中心 A、D 转动，所以，连杆在其 3 个给定位置上的 B_1、B_2、B_3 点和 C_1、C_2、C_3 点，分别位于以 A 与 D 为圆心、AB 与 DC 为半径的圆周上。因此上述设计问题可用图解法求解。如图 3-46 所示，可分别作 B_1B_2、B_2B_3 及 C_1C_2、C_2C_3 的垂直平分线，相应垂直平分线的交点 A 和 D 显然就是所求的固定铰链中心，而 AB_1C_1D 即为所求铰链四杆机构在第一个位置时的机构运动简图。

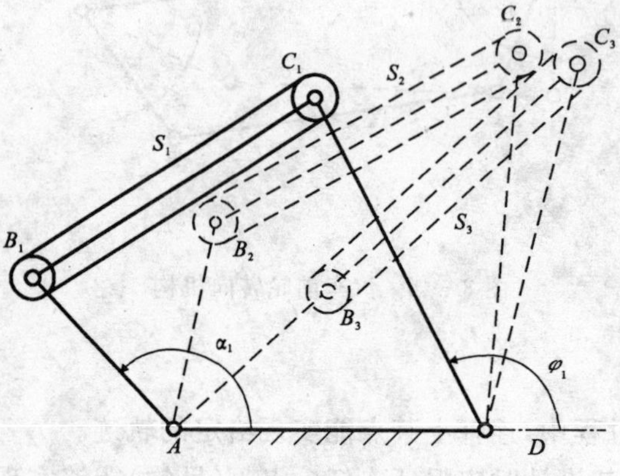

图 3-45 已知连杆位置的机构设计问题

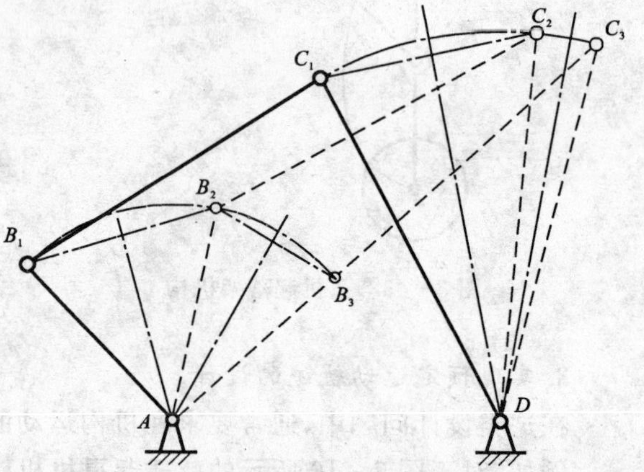

图 3-46 已知连杆位置的机构设计方法

由求解方法可知，当给定连杆 BC 的 3 个位置时，有唯一的确定解，但由于活动铰链中心 B、C 的位置可以改变，所以其解也将随之改变，故可多解。而当给定连杆 BC 的两个位置时，由于只能作出 B_1B_2 和 C_1C_2 的垂直平分线，因而固定铰链中心 A、D 可在各自的垂直平分线上任取，故有无穷多个解，这时可再根据某些附加条件或结构条件来确定 A、D 的位置。

例如，图 3-47 所示为铸造车间的铸造造型机的翻转机构，就是利用一铰链四杆机构实现翻台 8(即连杆 BC)的两个工作位置，即实线所示的翻台在造型振实时的位置 B_1C_1 和虚线所示的翻台翻转 180°后的起模位置 B_2C_2。该机构的工作过程是：当机构处于实线位置时，放有砂箱 7 的翻台 8 在振实台上造型振实；当使摇杆 4 向右摆动时，将翻台转到虚线位置，砂箱倒置 180°，托台 10 上升接触砂箱并起模。若已知连杆 BC 的长度 l_{BC}，以及连杆要实现的两个位置 B_1C_1 和 B_2C_2，要求固定铰链中心 A 和 D 的位置，则用图解法时设计步骤如下（图 3-48）。

（1）根据给定的条件，按比例绘出连杆 BC 的两个位置 B_1C_1 和 B_2C_2。

（2）分别连接 B_1 和 B_2，C_1 和 C_2，并作 B_1B_2 和 C_1C_2 的垂直平分线 b_{12}、c_{12}。

（3）由于固定铰链中心 A 和 D 的位置可在 b_{12} 和 c_{12} 两线上任意选取，则有无穷多个解。可根据机器的合理布局及结构要求，确定固定铰链 A、D 的安放位置。

（4）连 AB_1C_1D 即得所要求的铰链四杆机构。

可见，这类设计问题的求解方法一般并不困难。

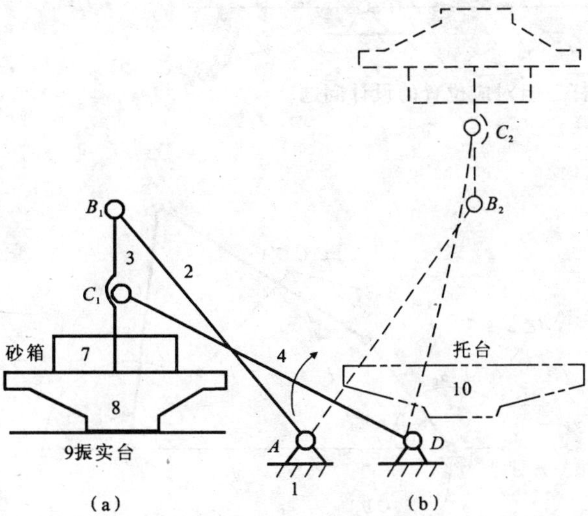

图 3-47　铸造造型机翻转机构

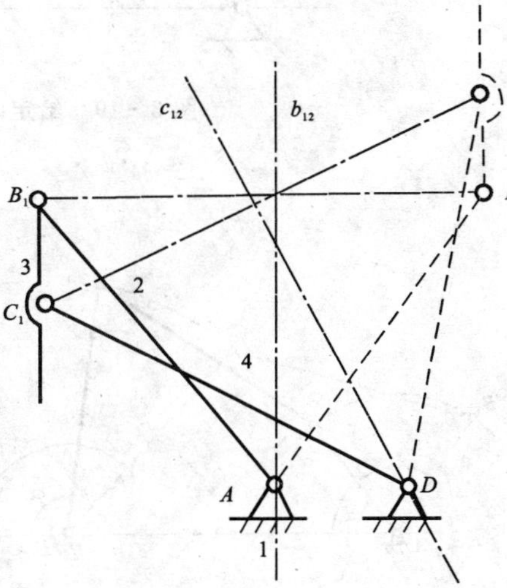

图 3-48　翻转机构设计

（二）按给定两连架杆的转角对应关系设计四杆机构

对于按给定两连架杆的对应位置设计四杆机构的问题，可以用图解法和解析法进行求解，图解法一般用转化机构法实现。

1. 图解法

图 3-49 所示为要求设计一个四杆机构，使两连架杆转角实现三组对应关系，设已知两固定铰链 A 和 D 的位置及连架杆 AB 的长度，图中 DE_i（$i=1,2,3$）为所求杆 DC 上的标线。显然，设计该四杆机构的关键是求出连杆 BC 上活动铰链中心 C 的位置，因为 C 点一旦确定，则未知的两个杆长（即连杆 BC 和连架杆 CD 的长度）随之确定。

对于该设计问题可用转化机构法（或称反转法）求解，该方法就是将给定的两连架杆的转角对应关系转化成一个连架杆相对另一连架杆（设为固定）的给定位置关系，从而可应用前述的按给定的连杆位置设计铰链四杆机构的方法进行设计。为了说明转化机构法，现用一个已知四杆机构进行说明，如图 3-50 所示，图中显示了连架杆转角的两组对应关系。图 3-50(a) 所示为四杆机构在运动过程中两个时刻（对应于两连架杆两组位置时）的四边形图形，其在第一组位置时为虚线即 AB_1C_1D，第二组位置时为实线即 AB_2C_2D。若把第二组位置时的

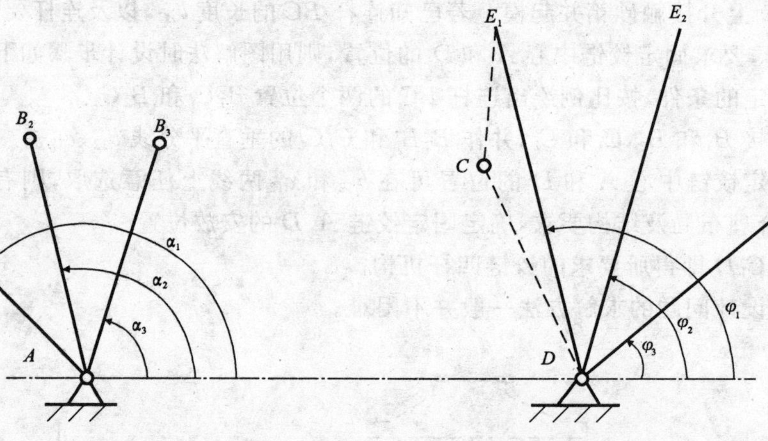

图 3-49 给定两连架杆三组对应位置的设计问题

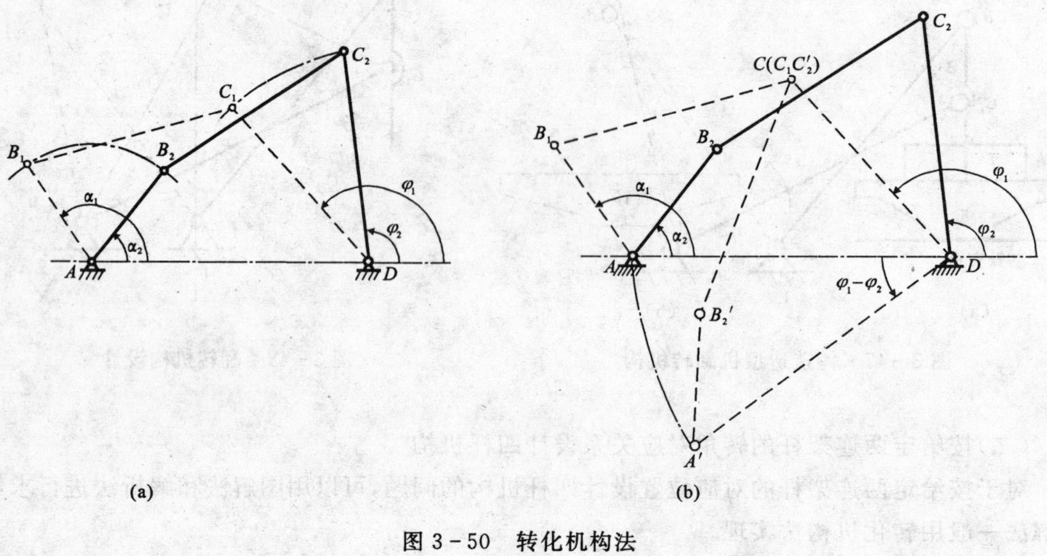

图 3-50 转化机构法

AB_2C_2D看成一刚体(即刚化),并绕点 D 逆时针转($\varphi_1-\varphi_2$)角度(即反转),使从动连架杆 C_2D 与 C_1D 重合,如图 3-50(b)所示,则机构将由位置 AB_2C_2D 转到假想的新位置 $A'B_2'C_2'D$。其结果是,原来的从动连架杆 DC 固定在第一位置上而转化成机架,而原来的主动连架杆 AB 转化成了连杆,它相对于从动连架杆(即新机架)有两个相应的给定位置即 AB_1 和 $A'B_2'$,这样就将实现两连架杆转角对应关系问题转化成实现连杆给定位置问题,从而可求解新固定铰链中心 C(即原活动铰链中心 C_1)的位置。

现在再来看用转化机构法求解图 3-49 所示的设计问题。因要求 C 铰位置,故根据上述转化机构法,可将此设计问题转化为以 CD 为机架、AB 为连杆的已知连杆位置的设计问题求解,设将 CD 杆固定在第一位置。如图 3-51(a)所示,首先,将 AB_2、AB_3绕点 D 分别反转(即逆时针转动)$\varphi_{12}=(\varphi_1-\varphi_2)$角、$\varphi_{13}=(\varphi_1-\varphi_3)$角,得到 $A_2'B_2'$、$A_3'B_3'$,这样就得到了“新连

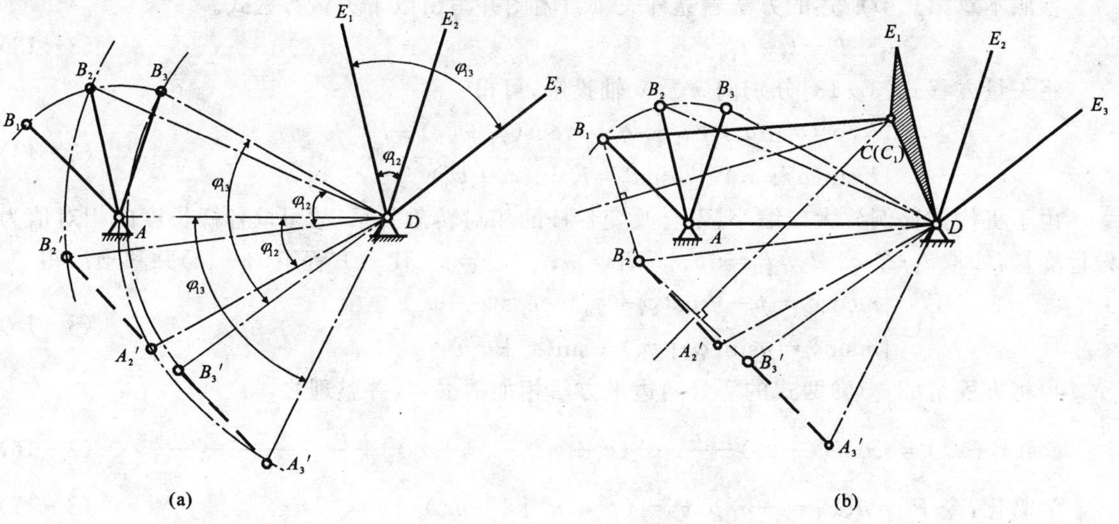

图 3-51　给定两连架杆三组对应位置的设计

杆”的 3 个位置：AB_1、$A_2'B_2'$、$A_3'B_3'$；然后见图 3-51(b)，连接 B_1B_2'、$B_2'B_3'$，并分别作其垂直平分线交于点 C(即 C_1)，则 AB_1CD 即为所求的铰链四杆机构。

从上述求解过程可看出，按给定两连架杆转角三组对应关系的设计问题仅有唯一确定解。但需要说明的是，在实际的设计问题中，主动连架杆上的活动铰链中心 B 的位置是设计者根据具体情况自行选取的。改变 B 点的位置，其解也随之改变，因此该设计问题有多解，可从中选择合适的机构。

显然，也可采用类似方法求解曲柄滑块机构的相关问题。

2. 解析法

按给定两连架杆的若干转角对应关系设计四杆机构的问题，也可用解析法求解。

如图 3-52 所示的铰链四杆机构，设已知从动杆 3 与主动杆 1 的转角之间满足一系列对应关系即 $\varphi_i = f(\alpha_i)(i=1,2,\cdots,n)$，试设计此机构。

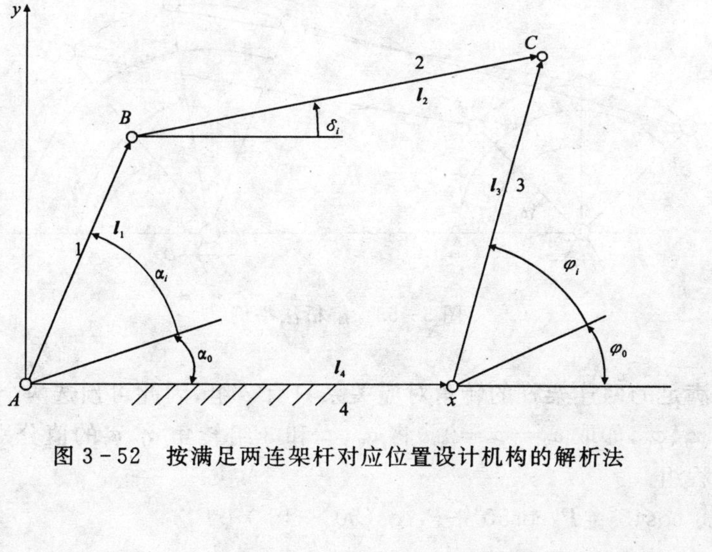

图 3-52　按满足两连架杆对应位置设计机构的解析法

参照本章第三节所述的方法建立杆矢量封闭图并写出以下矢量方程式。

$$\boldsymbol{l}_1+\boldsymbol{l}_2=\boldsymbol{l}_3+\boldsymbol{l}_4 \tag{3-13}$$

将矢量方程式(3-13)分别向 x 及 y 轴投影,可得

$$\begin{cases} l_1\cos(\alpha_i+\alpha_0)+l_2\cos\delta_i=l_3\cos(\varphi_i+\varphi_0)+l_4 \\ l_1\sin(\alpha_i+\alpha_0)+l_2\sin\delta_i=l_3\sin(\varphi_i+\varphi_0) \end{cases} \tag{3-14}$$

由于机构按比例放大或缩小,不会改变各杆的相对转角关系,故可取各杆长度的相对值为设计变量,如取 $l_1/l_1=1$、$l_2/l_1=m$、$l_3/l_1=n$、$l_4/l_1=p$,代入方程组(3-14)并移项后得

$$\begin{cases} m\cos\delta_i=p+n\cos(\varphi_i+\varphi_0)-\cos(\alpha_i+\alpha_0) \\ m\sin\delta_i=n\sin(\varphi_i+\varphi_0)-\sin(\alpha_i+\alpha_0) \end{cases} \tag{3-15}$$

再将方程组(3-15)两式的等号两边平方后相加消去 δ_i,并整理之,得

$$\cos(\alpha_i+\alpha_0)=n\cos(\varphi_i+\varphi_0)-\frac{n}{p}\cos[(\varphi_i+\varphi_0)-(\alpha_i+\alpha_0)]+\frac{p^2+n^2+1-m^2}{2p} \tag{3-16}$$

为简化,令 $P_0=n$、$P_1=-n/p$、$P_2=(p^2+n^2+1-m^2)/2p$ (3-17)

代入式(3-16),得

$$\cos(\alpha_i+\alpha_0)=P_0\cos(\varphi_i+\varphi_0)+P_1\cos(\varphi_i+\varphi_0-\alpha_i-\alpha_0)+P_2 \tag{3-18}$$

式(3-18)包含有 P_0、P_1、P_2、α_0、φ_0 5 个待定参数,这说明该四杆机构所能满足的两连架杆的转角对应关系最多为 5 组,若给出 5 组则有唯一确定解,若少于 5 组则有多解可供选择。例如,若要求机构仅满足两连架杆 3 组转角对应关系,这时设计者可按需要预选两个参数,然后用式(3-18)求解剩余的 3 个未知数。

如果四杆机构需满足的两连架杆的转角对应关系组数超过了需求解的未知数数目,或者需满足的两连架杆的转角对应关系是连续函数 $\varphi=f(\alpha)$,这时问题成为不可解。所以,在这种情况下,设计要求只能近似地得到满足,即所设计的机构只能近似满足所要求的两连架杆的转角对应关系。

例 3-3 设计图 3-53 所示的用于某操纵装置的铰链四杆机构,要求该四杆机构的两连架杆的转角满足 3 组对应关系:$\alpha_1=45°$,$\varphi_1=50°$;$\alpha_2=90°$,$\varphi_2=80°$;$\alpha_3=135°$,$\varphi_3=110°$。

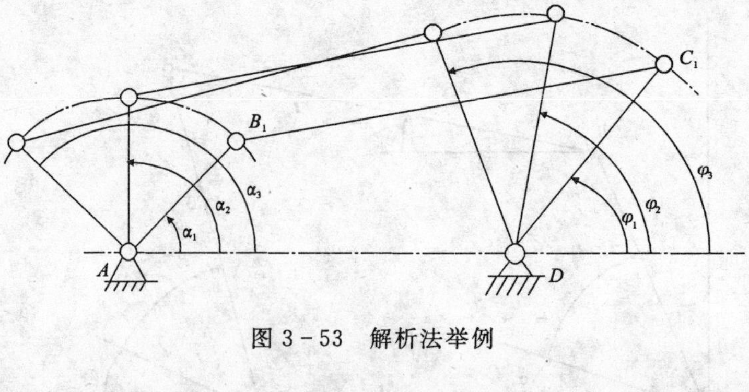

图 3-53 解析法举例

解 由于需满足的两连架杆的转角对应关系只有 3 组,因此可预选两个参数,通常预选两连架杆的起始角 α_0、φ_0,如取 $\alpha_0=\varphi_0=0$。将 α_0、φ_0 和 3 组转角 α_i、φ_i 的值分别代入式(3-18),则得下列线性方程组

$$\cos45°=P_0\cos50°+P_1\cos(50°-45°)+P_2$$

$$\cos 90°=P_0\cos 80°+P_1\cos(80°-90°)+P_2$$

$$\cos 135°=P_0\cos 110°+P_1\cos(110°-135°)+P_2$$

解得：$P_0=1.53$，$P_1=-1.06$，$P_2=0.78$。

由式(3-17)可求得各杆长相对值：$m=1.78$，$n=1.53$，$p=1.44$。

根据结构条件选取曲柄长度，如取 $l_1=200$ mm，则可求得各杆的绝对长度

$$l_2=356\text{mm}；l_3=306\text{mm}；l_4=288\text{mm}。$$

若所求得的解不满意时，可重新选取 α_0、φ_0 的值再算，直至较为满意为止。

(三)按给定的行程速度变化系数 K 设计四杆机构

对于按给定的行程速度变化系数 K 设计四杆机构的设计问题，可利用机构两极限位置的几何关系，并考虑有关附加条件予以解决，这里将以曲柄摇杆机构为例说明设计步骤及方法。

图 3-54 所示为曲柄摇杆机构，设已知摇杆长度 l_{CD}、摇杆摆角 φ 和行程速度变化系数 K，现要求设计该机构，即确定其他 3 个杆 l_{AB}、l_{BC}、l_{AD} 的长度。

由给出的已知条件可知，设计该机构要解决的关键问题是确定曲柄转动中心(即固定铰链中心 A)的位置。如图 3-54 所示，因为只要 A 点一确定，则 $\overline{AD}$ (l_{AD})、$\overline{AC_1}$、$\overline{AC_2}$ 随之确定。而当摇杆处于两极限位置 C_1D 和 C_2D 时，曲柄与连杆共线，这时有 $\overline{AC_1}=\overline{AB_1}+\overline{B_1C_1}$，$\overline{AC_2}=\overline{B_2C_2}-\overline{AB_2}$，所以由该几何条件及比例尺又可求出 l_{AB}、l_{BC}。

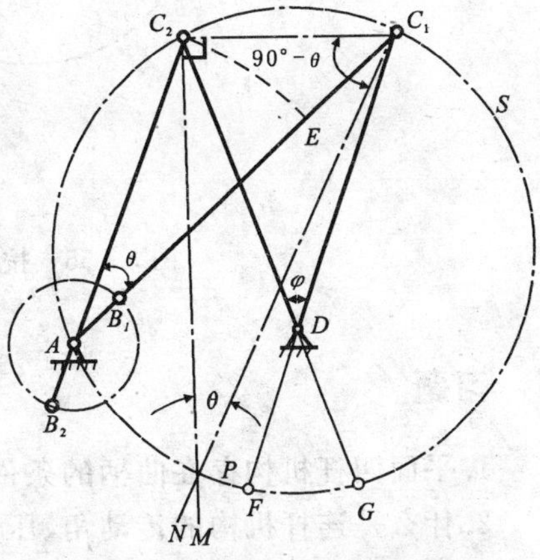

图 3-54　按行程速度变化系数设计曲柄摇杆机构

下面讲述用图解法时具体的设计步骤及方法。

首先，根据行程速度变化系数 K，按公式 $\theta=180°(K-1)/(K+1)$ 算出极位夹角 θ。

其次，选取适当比例尺 μ_l，确定固定铰链中心 A 的位置。具体步骤如下：

①如图 3-54 所示，任取一点 D 作为固定铰链中心，并以此点为顶点、按已知的摇杆长度 l_{CD} 及摆角 φ 作出等腰三角形 DC_1C_2；

②过点 C_2 作线 $\overline{C_2M}$ 使 $\overline{C_2M}\perp\overline{C_1C_2}$，再过点 C_1 作线 $\overline{C_1N}$ 使 $\angle C_2C_1N=90°-\theta$，得到 $\overline{C_1N}$ 与 $\overline{C_2M}$ 的交点 P；

③以线段 $\overline{C_1P}$ 为直径作一圆 S，则显然该圆周上任一点与点 C_1 和点 C_2 的连线所夹的角度均为 θ，故仅就满足行程速度变化系数 K 这个要求来说，在圆 S 的弧 $\overset{\frown}{C_2PF}$ 或 $\overset{\frown}{C_1G}$ 上任取一点都可作为固定铰链点 A，因此有无穷多解。但在实际机械设计中，确定 A 点时还应考虑其他附加条件，如结构上满足给定的两固定铰链点 D、A 间的距离等，并验算最小传动角使 $\gamma_{\min}\geqslant[\gamma]$。若没有给出其他附加条件，则设计时通常以使机构在工作行程中具有较大传动角 γ 为出发点来确定 A 点。

在固定铰链中心 A 确定后，就可得到 l_{AD}、l_{AB}、l_{BC} 的值：

$$l_{AB}=\overline{AB}\mu_l=\frac{\overline{AC_1}-\overline{AC_2}}{2}\mu_l=\frac{\overline{EC_1}}{2}\mu_l$$

$$l_{BC}=\overline{BC}\mu_l=(\overline{AC_1}-\overline{AB_1})\mu_l$$

$$l_{AD}=\overline{AD}\mu_l$$

对于要求具有急回特性的曲柄滑块机构，也可以参照上述步骤和方法进行设计。如图 3-55 所示，这时点 C_1 和 C_2 分别对应于滑块行程的两个端点。

对于要求具有急回特性的导杆机构，设计时注意到导杆的摆角 φ 等于极位夹角 θ 这一特点(图 3-28)后，即可方便地得到设计结果。

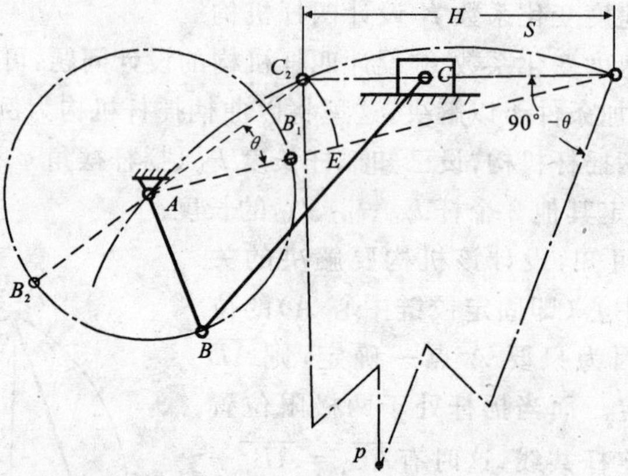

图 3-55 按行程速度变化系数设计曲柄滑块机构

习题

1. 平面四杆机构存在曲柄的条件是什么？

2. 什么是连杆机构的传动角、压力角？它们对连杆机构的工作有什么影响？

3. 对于对心曲柄滑块机构，当以曲柄为主动件时，其传动角在何处最大？何处最小？

4. 什么叫死点？它在什么情况下发生？

5. 用矩阵法进行机构运动分析的思路是什么？

6. 平面连杆机构的设计问题通常有几大类？

7. 对于图 3-56 中各机构，试在图 3-56 上标出此刻全部瞬心的位置。

8. 设已知一铰链四杆机构各杆长度为 $l_1=150\text{mm}$，$l_2=400\text{mm}$，$l_3=250\text{mm}$，$l_4=350\text{mm}$。试问：

(1)当取哪个杆为机架时，可得到曲柄摇杆机构？

(2)当取哪个杆为机架时，可得到双曲柄机构？

(3)当取哪个杆为机架时，可得到双摇杆机构？

9. 一铰链四杆机构如图 3-57 所示，设已知各杆长度为 $l_1=28\text{mm}$，$l_2=52\text{mm}$，$l_3=50\text{mm}$，$l_4=72\text{mm}$。试求该机构的最小传动角 $\gamma_{\min}$、极位夹角 θ、行程速度变化系数 K 和杆 3 的最大摆角 φ。

10. 一铰链四杆机构如图 3-58 所示。已知 $\omega_1=10\text{rad/s}$，各杆长度为 $l_1=60\text{mm}$，$l_2=120\text{mm}$，$l_3=90\text{mm}$，$l_4=120\text{mm}$。请选取适当比例尺后，用瞬心法求：

(1)当 $\varphi_1=165°$时，点 C 的速度 v_C；

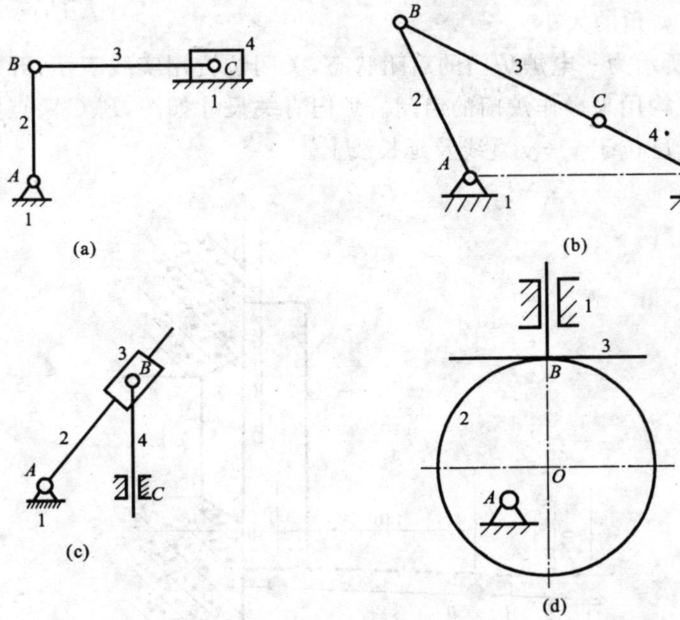

图 3-56

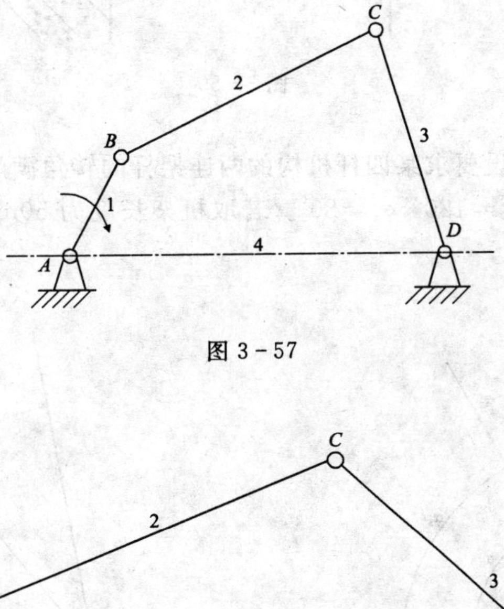

图 3-57

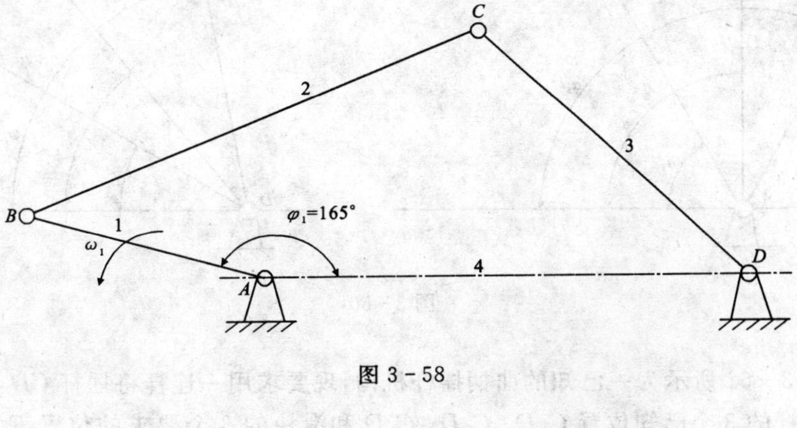

图 3-58

(2)当 $\varphi_1=165°$时，构件 2 的 BC 线或其延长线上速度最小的一点 E 的速度 v_E；

(3)当 $v_C=0$ 时，φ_1 角的大小。

11. 如图 3-59 所示为一电炉炉门的启闭状态，关闭位置用实线表示，开启位置用虚线表示。试设计一四杆机构用来操作炉门的启闭。炉门有关尺寸如图，B、C 两点为活动铰链的位置，固定铰链中心 A、D 位于 y—y 直线及延长线上。

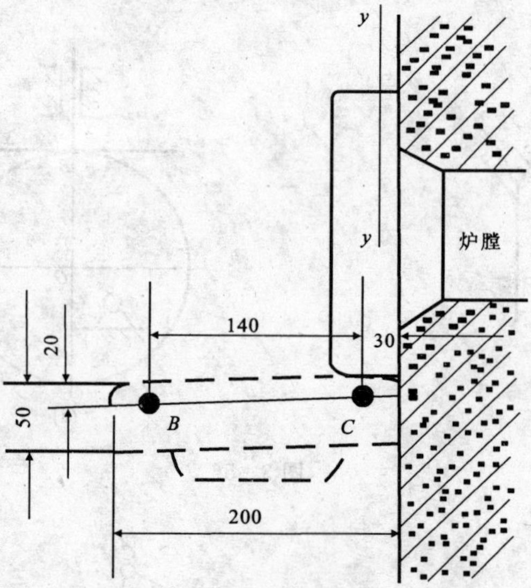

图 3-59

12. 如图 3-60 所示，设要求某四杆机构的两连架杆的转角满足 3 组对应关系：$\alpha_1=60°$，$\varphi_1=30°$；$\alpha_2=90°$，$\varphi_2=50°$；$\alpha_3=120°$，$\varphi_3=80°$。若取机架长度为 50mm，试用解析法设计该铰链四杆机构。

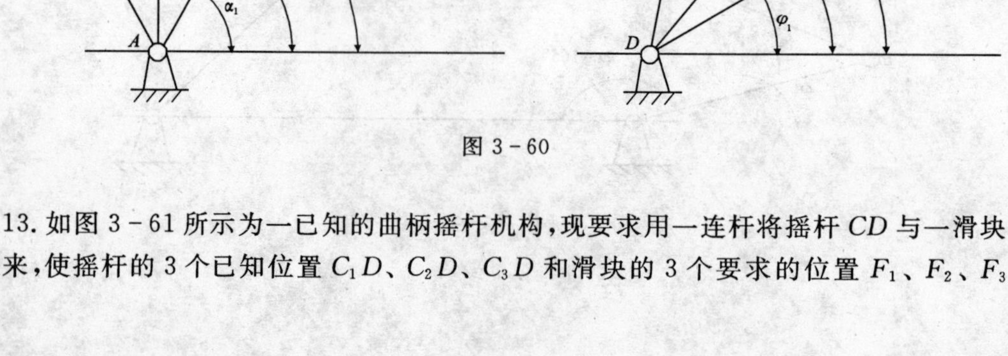

图 3-60

13. 如图 3-61 所示为一已知的曲柄摇杆机构，现要求用一连杆将摇杆 CD 与一滑块 F 连接起来，使摇杆的 3 个已知位置 C_1D、C_2D、C_3D 和滑块的 3 个要求的位置 F_1、F_2、F_3 相对应。试确定该连杆与摇杆 CD 铰接点的位置及连杆的长度。图示尺寸系按比例画出。

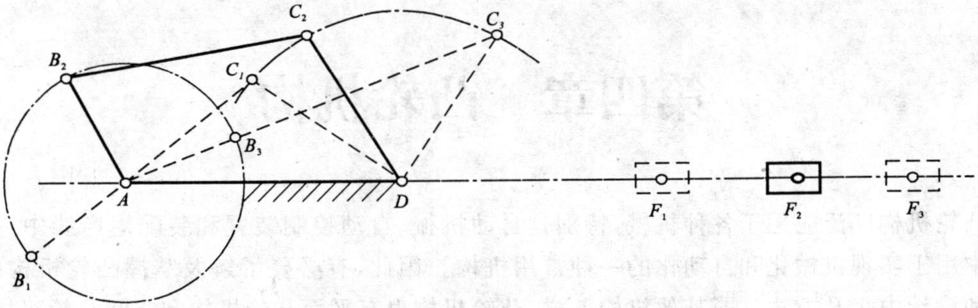

图 3－61

14. 如图 3－62 所示为一颚式破碎机，设已知其行程速度变化系数 $K=1.2$，颚板长度 $l_{CD}=300\text{mm}$，颚板最大摆角 $\varphi=350°$，若取机架的长度 $l_{AD}=320\text{mm}$，试用作图法设计该机构，并验算最小传动角。

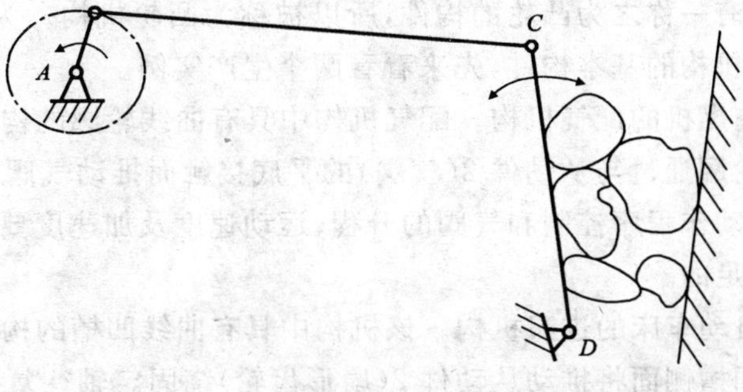

图 3－62

第四章　凸轮机构

凸轮机构广泛应用于各种机械，特别是自动机械、自动控制装置和装配生产线中，是工程实际中用于实现机械化和自动化的一种常用机构。因此，有必要了解及掌握凸轮机构的基本知识和设计内容及方法。同其他机构一样，凸轮机构也有平面凸轮机构和空间凸轮机构之分，本章主要讨论平面凸轮机构。

第一节　凸轮机构的概念、类型和特点

一、凸轮机构的概念

凸轮机构中必含有一称之为凸轮的构件，所以被称为凸轮机构。为了进一步说明凸轮机构的概念和组成凸轮机构的基本构件，先来看看两个生产实例。

图 4-1 所示为内燃机的配气机构。配气机构中具有曲线轮廓的构件 1 被称为凸轮，当它等速转动时，其曲线轮廓通过与从动件 2(气阀)的平底接触而推动气阀 2 往复移动，使之有规律地启和闭。气阀的动作程序控制和气阀的升程、运动速度及加速度要求，都是通过凸轮 1 的轮廓曲线来实现和满足的。

图 4-2 所示为自动车床的进刀机构。该机构中具有曲线凹槽的构件 1 被称为凸轮，当它等速转动时，其曲线凹槽侧面将推动从动件 2(扇形齿轮)绕固定轴往复摆动，从而带动齿条连同刀架 3 往复移动，即进刀和退刀。刀架进刀和退刀的运动规律，取决于凸轮 1 上曲线凹槽的形状。

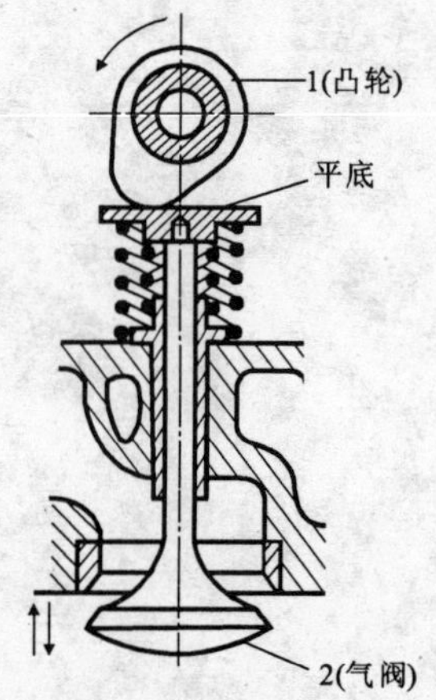

图 4-1　内燃机配气机构

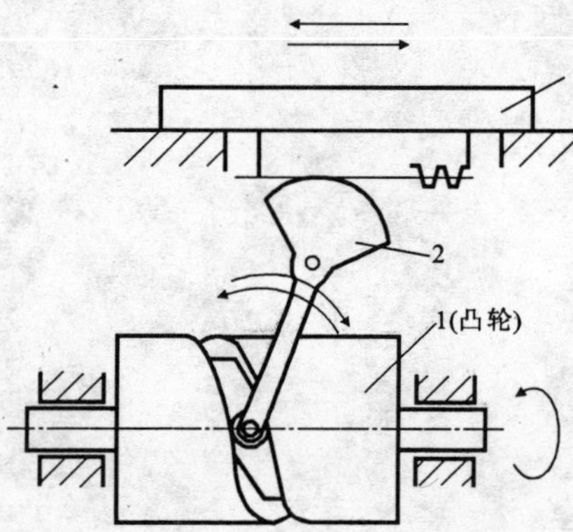

图 4-2　自动机床进刀机构

由实例可见，凸轮机构是由具有曲线轮廓或凹槽的构件即凸轮，通过高副接触带动从动件实现预期运动规律的一种高副机构。换句话说，凸轮机构中必须有凸轮，它与从动件高副接触，从动件的运动规律完全由凸轮的轮廓所决定。

显然，凸轮机构的基本组成构件有凸轮、从动件和机架，其中从动件亦称从动杆，还往往被称作为推杆。凸轮通常作连续的等速转动或移动，而从动杆在凸轮轮廓的推动下作往复移动或摆动，并实现预期的运动规律。

二、凸轮机构的类型

工程实际中应用的凸轮机构的类型有很多，常用的分类方法主要有以下几种。

(一)按凸轮的形状分类

就凸轮的形状来说，常见以下几种。

1. 盘形凸轮

图 4－1 所示的凸轮机构中的凸轮就是一个盘形凸轮，由图可见盘形凸轮是一个具有变化向径的盘状构件。盘形凸轮一般绕固定轴线转动，当它转动时将推动从动杆在垂直于凸轮轴线的平面内运动。这种凸轮机构由于其凸轮与从动杆相对机架做平面运动，故属于平面凸轮机构。

2. 移动凸轮

图 4－3 中的构件 1 为移动凸轮，它具有曲线轮廓并相对机架作往复直线移动。很显然，移动凸轮可以看成回转轴心在无穷远处的盘形凸轮，所以，这种凸轮机构亦属于平面凸轮机构。

3. 圆柱凸轮

图 4－2 所示的凸轮机构中的凸轮就是一圆柱凸轮，由图可见圆柱凸轮的轮廓曲线位于圆柱面上，也有位于圆柱端面上的(图 4－4 所示的为端面圆柱凸轮)。圆柱凸轮可看成将移动凸轮轮廓曲线绕在圆柱体上形成的。圆柱凸轮绕其轴线旋转，推动从动杆在平行于其轴线或包括其轴线的平面内运动。这种凸轮机构由于其凸轮与从动件的运动平面互不平行，所以属于空间凸轮机构。

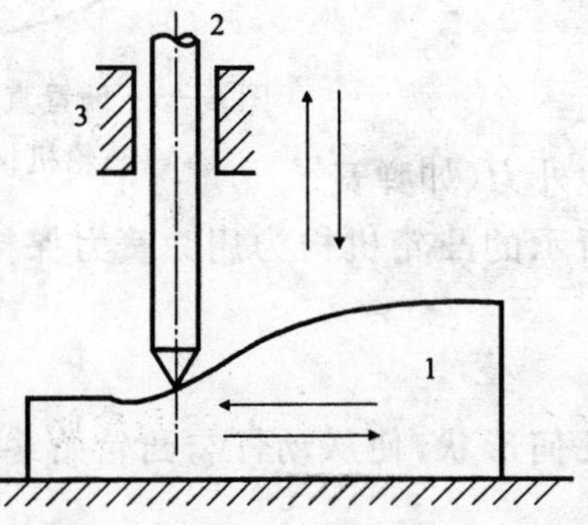

图 4－3　凸轮机构中的移动凸轮

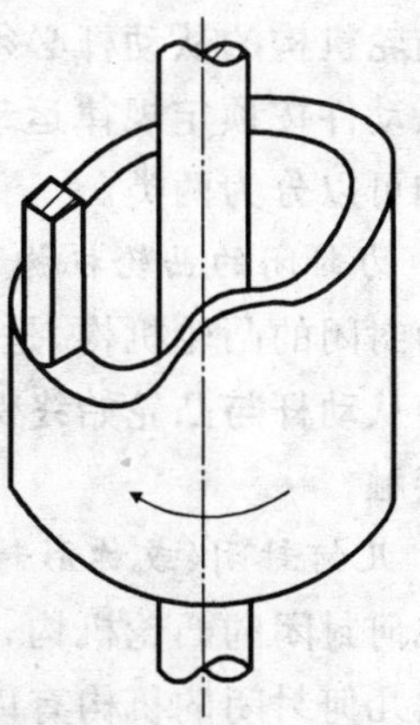

图 4－4　端面圆柱凸轮

(二)按从动件的形状分

就从动杆的形状来说,常见的有以下几种。

1.尖底从动杆

图4-3所示的凸轮机构中的从动杆为尖底从动杆,这种从动杆构造最简单,且其尖底能与任何曲线形状的凸轮轮廓保持接触,从而能保证从动件按预定规律运动。但缺点是易磨损,故在工程实际中很少采用。为了克服尖底从动杆的缺点,常将尖顶做成曲面底。

2.滚子从动杆

图4-2所示的凸轮机构中的从动杆为滚子从动杆,这种从动件端部铰接有滚子,通过滚子与凸轮轮廓接触,将滑动摩擦变成了滚动摩擦。因此,这种从动杆的凸轮机构摩擦、磨损小,可用来传递较大的动力,故应用较广泛。

3.平底从动件凸轮机构

图4-1所示的凸轮机构中的从动杆为平底从动杆,这种从动件以端平面与凸轮接触,运动时接触处易形成润滑油膜,有利于减小摩擦和磨损,而且在不计摩擦时,凸轮对从动杆的作用力始终垂直于从动杆的平底,故受力平稳。因此这种机构可用于高速场合,但不能用于有凹形轮廓的凸轮中。

(三)按从动杆的运动形式分类

凸轮机构中,从动杆不仅可以有不同的形状,也可以有不同的运动形式。从动杆的运动形式只有两种。

1.直动从动杆

图4-1和图4-3等所示的凸轮机构中的从动杆均做往复直线运动,称为直动从动杆。直动从动杆,又可根据其轴线是否通过凸轮回转轴心,分为对心直动从动杆(图4-1)和偏置直动从动杆(图4-5)。

2.摆动从动杆

图4-2所示的凸轮机构中的从动杆做往复摆动,称为摆动从动杆。

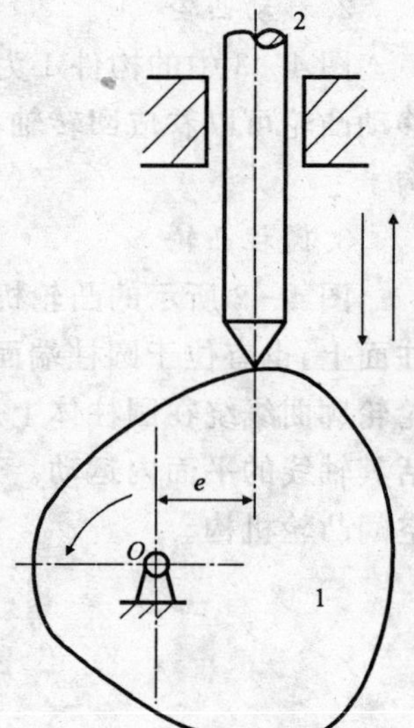

图4-5 偏置直动从动杆凸轮机构

(四)按保持凸轮与从动杆高副接触的方式分类

凸轮机构的从动杆必须始终保持与凸轮轮廓高副接触,才能保证从动件按预定规律运动。根据保持高副接触的方式不同,凸轮机构可以分为两类。

1.力封闭的凸轮机构

力封闭的凸轮机构,是利用从动杆的重力或其他外力(如弹簧力),使从动杆与凸轮始终保持高副接触。图4-1所示的凸轮机构为用弹簧力保持从动杆与凸轮接触。

2.几何封闭(或称形封闭)的凸轮机构

几何封闭的凸轮机构,是依靠高副元素本身的几何形状,使从动杆与凸轮始终保持接触。常见的几何封闭的机构有以下几种形式。

(1)槽凸轮机构。图4-2和图4-6(a)所示的凸轮机构中的凸轮,是利用圆柱、圆盘上的沟槽保持从动杆的滚子与凸轮始终接触的。这种封闭方式结构最简单,且从动杆的运动规律

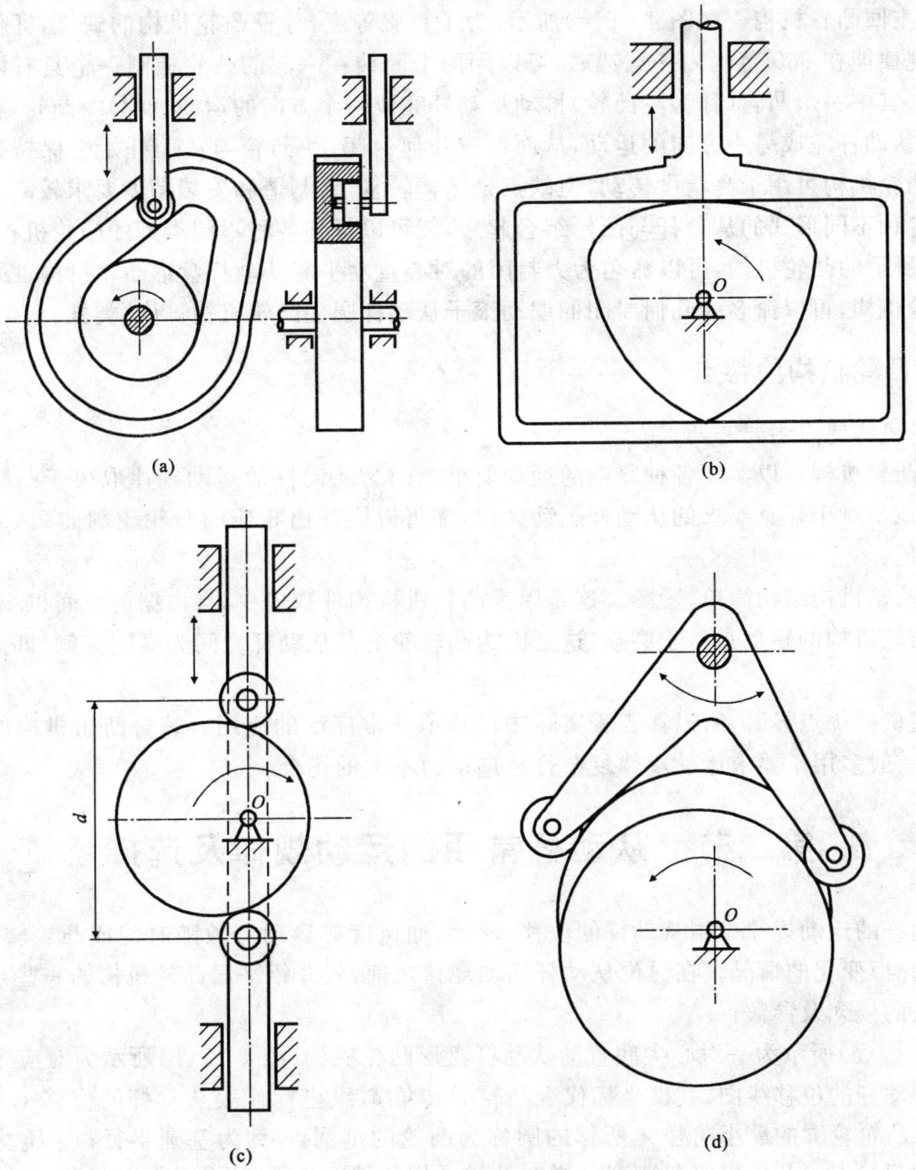

图 4-6　常用的几何封闭的凸轮机构

不受限制，但不足之处是增大了凸轮的尺寸和重量，且不能采用平底从动件。

(2)等宽凸轮机构。图 4-6(b)所示的凸轮机构中的从动杆做成矩形框架形状，而凸轮轮廓线上任意两条平行切线间的距离都相等，且等于从动杆的矩形框架内壁宽度，所以从动杆和凸轮可始终保持接触。这种凸轮的尺寸比沟槽凸轮的小，但缺点是从动杆运动规律受到一定限制，因为只有 180°范围内的凸轮轮廓曲线可根据从动杆的运动规律确定，而其余 180°范围内的凸轮轮廓线必须根据等宽原则确定。

(3)等径凸轮机构。如图 4-6(c)所示凸轮机构中，从动杆上装有两个滚子，由于两滚子中心的相对位置始终不变，所以可使两滚子与凸轮轮廓同时保持接触。该凸轮机构的缺点与等宽凸轮机构相似，即从动杆的运动规律受到一定限制。

(4)主回凸轮机构。如图 4-6(d)所示，为了克服等宽、等径凸轮机构的缺点，即使从动杆的运动规律能在 360°范围内任意选取，可以用两个固结在一起的凸轮控制一个具有两滚子的从动杆。其中一个凸轮(称为主凸轮)推动从动杆完成一个方向的运动，而另一凸轮(称为回凸轮)推动从动杆完成另一方向的运动，从而形成几何封闭，使凸轮与从动杆始终保持接触。这种主回凸轮机构可用于高精度传动，但缺点是结构较复杂，制造和安装精度要求较高。

将各种不同形式的从动杆与凸轮组合起来，就可以得到各种不同类型的凸轮机构。例如，图 4-1 所示的凸轮机构，可以命名为力封闭的对心直动平底从动杆盘形凸轮机构；图 4-2 所示的凸轮机构，可以命名为几何封闭的摆动滚子从动杆圆柱凸轮机构；以此类推。

三、凸轮机构的特点

凸轮机构优点主要有两点。

(1)凸轮机构可以实现各种复杂的运动要求。因为从动杆的运动规律取决于凸轮轮廓曲线，所以几乎对于任意要求的从动杆运动规律，都可以设计出相应的凸轮轮廓曲线(即凸轮廓线)来实现。

(2)凸轮机构结构简单、紧凑。这是因为凸轮机构构件数较少，且占据的空间也小。

而凸轮机构的缺点是易于磨损，这是因为凸轮轮廓与从动杆之间为高副接触(即点接触或线接触)。

凸轮机构优点显著，所以在工程实际中得到了非常广泛的应用。综合凸轮机构的优点和缺点，它一般多用于要求运动规律复杂且传递动力不大的场合。

第二节　从动杆常用的运动规律及选择

从动杆的运动规律是指从动杆的位移、速度、加速度等运动参数随时间或凸轮转角(凸轮等速转动时)变化的情况。在讨论从动杆运动规律之前，先介绍平面凸轮机构的一些与运动和结构有关的概念及参数。

图 4-7(a)所示为一对心尖底直动从动杆盘形凸轮机构，图 4-7(b)所示为对应于凸轮转动一周从动杆的位移线图，其横坐标代表凸轮的转角 δ，纵坐标代表从动杆的位移 s。图 4-7(a)中，以凸轮轮廓的最小向径 r_0 所作的圆称为凸轮的基圆，r_0 称为基圆半径；点 B_0 为凸轮轮廓曲线的起始点。凸轮以等角速度 ω 逆时针转一周的情况如下：当凸轮与从动杆在点 B_0 接触时，从动杆处于最低位置(即从动杆处于距凸轮轴心 O 最近的位置)，其位移为零[图 4-7(b)]；当凸轮转动一个角 δ_0 时(其对应的时间为 T)，从动杆将被推到最高位置(即从动杆处于距凸轮轴心 O 最远的位置)，从动杆的这一行程称为推程，从动杆上升的最大距离 h 称为升距，相应的凸轮的转角 δ_0 称为推程运动角；凸轮继续转动 δ_{01} 角(对应凸轮轮廓为圆弧)，从动杆静止不动，其对应的时间段称为停歇；再当凸轮继续转动 δ_0' 角时，从动杆又从最高位置回到最低位置，从动杆的这一行程称为回程，凸轮转角 δ_0' 称为回程运动角；凸轮再转过其余角度 δ_{02}(对应凸轮轮廓为圆弧)时，从动杆又静止不动。

一、从动杆常用的运动规律

工程实际中常用的运动规律称为常用运动规律，常用的基本运动规律有等速运动规律、等

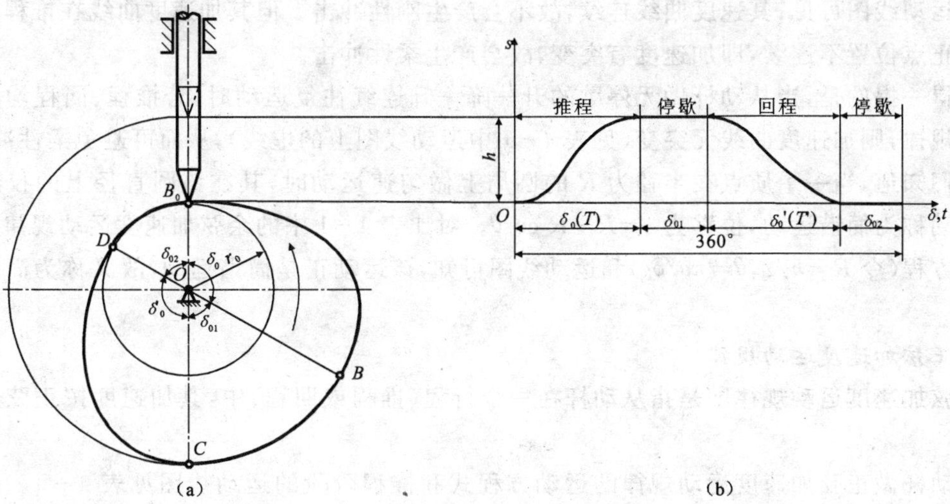

图 4-7　尖底直动从动杆盘形凸轮机构

加等减速运动规律、简谐运动规律、正弦运动规律等，它们具有不同的运动特性，可满足不同的从动杆运动要求。

1.等速运动规律

等速运动规律即是指从动杆在一个行程(推程或回程)中速度为常数。

从动杆做等速运动规律时的运动方程式和推程阶段的运动线图见表 4-1。由推程阶段的运动线图可见，从动杆在运动开始和终止的瞬间，速度有突变，因而这时从动杆的加速度在理论上由零突然变为无穷大，致使其惯性力也无穷大。实际上，由于材料具有弹性，从动杆的加速度和惯性力倒不至于达到无穷大，但尽管如此，仍会使凸轮机构受到极大的冲击，这种冲击，称为刚性冲击。

由于从动杆的位移曲线为一条斜直线，故又称为直线运动规律。

2.等加等减速运动规律

等加速等减速运动规律即是指从动杆在一个行程如推程中，先做等加速运动，后做等减速运动，且一般加速度与减速度的绝对值相等。在此情况下，从动杆在加速运动阶段和减速运动阶段所完成的位移也相等，即各为 $h/2$。

从动杆做等加等减速运动规律的运动方程式和推程阶段的运动线图见表 4-1。由推程阶段的运动线图可见，其速度曲线连续，故不会产生刚性冲击。但其加速度曲线在推程的始末点和中间点位置不连续，即加速度在这些点处有突变。虽然加速度的突变为有限值，但加速度对时间的变化率(称为跃度)理论上为无穷大，这表明惯性力的变化率极大，从而必将引起冲击，这种冲击，称为柔性冲击。

由于从动杆的位移曲线是两段光滑连接的、曲率方向相反的抛物线，故又称为抛物线运动规律。

3.余弦加速度运动规律

余弦加速度运动规律即是指从动杆在一个行程(推程或回程)中，其加速度按余弦规律变化。

从动杆做余弦加速度运动规律的运动方程式和推程阶段的运动线图见表 4-1。由推程阶段的运动线图可见，其速度曲线连续，故不会产生刚性冲击。但其加速度曲线在推程的起始点和终止点位置不连续，即加速度有突变，故会产生柔性冲击。

值得一提的是，当从动杆做无停歇的升—降—升连续往复运动时，若推程、回程均为余弦加速度规律，则加速度曲线无突变(见表 4-1 中运动线图上的虚线)，从而可避免柔性冲击。

我们知道，当一个质点在半径为 R 的圆周上做匀速运动时，其在该圆直径上的投影所构成的运动称为简谐运动，位移为 $s=R-R\cos\theta$。对比表 4-1 中的余弦加速度运动规律推程时的位移方程(令 $R=h/2,\theta=\pi\delta/\delta_0$)和运动线图可知，该运动正是简谐运动，故又称为简谐运动规律。

4. *正弦加速度运动规律*

正弦加速度运动规律即是指从动杆在一个行程(推程或回程)中，其加速度按正弦规律变化。

从动杆做正弦加速度运动规律的运动方程式和推程阶段的运动线图见表 4-1。由推程阶段的运动线图可见，其速度曲线和加速度曲线均连续，即无突变，故既不会产生刚性冲击也不会产生柔性冲击。

表 4-1 中正弦加速度运动规律(推程)的位移方程可写成 $s=R\theta-R\sin\theta$(其中 $R=h/2\pi,\theta=2\pi\delta/\delta_0$)形式，它表示一个滚子圆在直线上做匀速滚动时，圆周上一点 A 的轨迹(这个轨迹为摆线)在纵坐标上的投影，见运动线图。可见正弦加速度运动规律的位移规律正好是产生摆线轨迹时的投影运动规律，故这种运动规律又称为摆线运动规律。

表 4-1 从动杆常用基本运动规律

运动规律	运动方程式		推程运动线图
	推程($0\leqslant\delta\leqslant\delta_0$)	回程($0\leqslant\delta\leqslant\delta'_0$)	
等速运动(直线运动)	$s=\frac{h}{\delta_0}\delta$ $v=\frac{h}{\delta_0}\omega$ $a=0$	$s=h\left(1-\frac{\delta}{\delta'_0}\right)$ $v=-\frac{h}{\delta'_0}\omega$ $a=0$	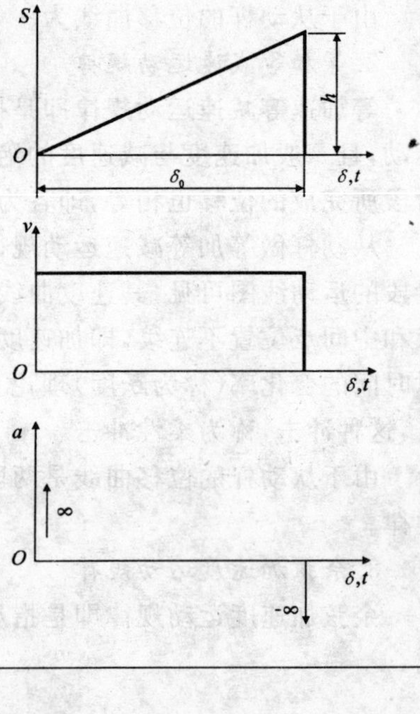

续表 4-1

运动规律		运动方程式 推程($0\leqslant\delta\leqslant\delta_0$)	运动方程式 回程($0\leqslant\delta\leqslant\delta'_0$)	推程运动线图
等加速等减速运动(抛物线运动)	前半行程	等加速段 ($0\leqslant\delta\leqslant\frac{\delta_0}{2}$)	等减速段 ($0\leqslant\delta\leqslant\frac{\delta'_0}{2}$)	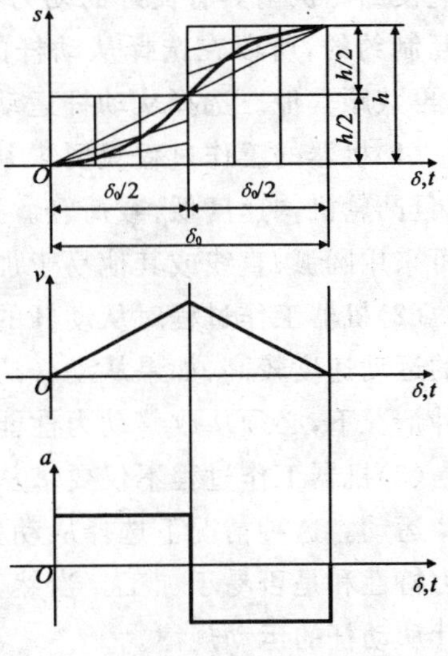
		$s=\frac{2h}{\delta_0^2}\delta^2$ $v=\frac{4h\omega}{\delta_0^2}\delta$ $a=\frac{4h\omega^2}{\delta_0^2}$	$s=h-\frac{2h}{\delta'^2_0}\delta^2$ $v=-\frac{4h\omega}{\delta'^2_0}\delta$ $a=-\frac{4h\omega^2}{\delta_0^2}$	
	后半行程	等减速段 ($\frac{\delta_0}{2}\leqslant\delta\leqslant\delta_0$)	等加速段 ($\frac{\delta'_0}{2}\leqslant\delta\leqslant\delta'_0$)	
		$s=h-\frac{2h}{\delta_0^2}(\delta_0-\delta)^2$	$s=\frac{2h}{\delta'^2_0}(\delta'_0-\delta)^2$	
		$v=\frac{4h\omega}{\delta_0^2}(\delta_0-\delta)$ $a=-\frac{4h\omega^2}{\delta_0^2}$	$v=-\frac{4h\omega}{\delta'^2_0}(\delta'_0-\delta)$ $a=\frac{4h\omega^2}{\delta'^2_0}$	
简谐运动(余弦加速度运动)		$s=\frac{h}{2}\left[1-\cos\left(\frac{\pi}{\delta_0}\delta\right)\right]$ $v=\frac{\pi h\omega}{2\delta_0}\sin\left(\frac{\pi}{\delta_0}\delta\right)$ $a=\frac{\pi^2h\omega^2}{2\delta_0^2}\cos\left(\frac{\pi}{\delta_0}\delta\right)$	$s=\frac{h}{2}\left[1+\cos\left(\frac{\pi}{\delta'_0}\delta\right)\right]$ $v=-\frac{\pi h\omega}{2\delta'_0}\sin\left(\frac{\pi}{\delta'_0}\delta\right)$ $a=-\frac{\pi^2h\omega^2}{2\delta'^2_0}\cos\left(\frac{\pi}{\delta'_0}\delta\right)$	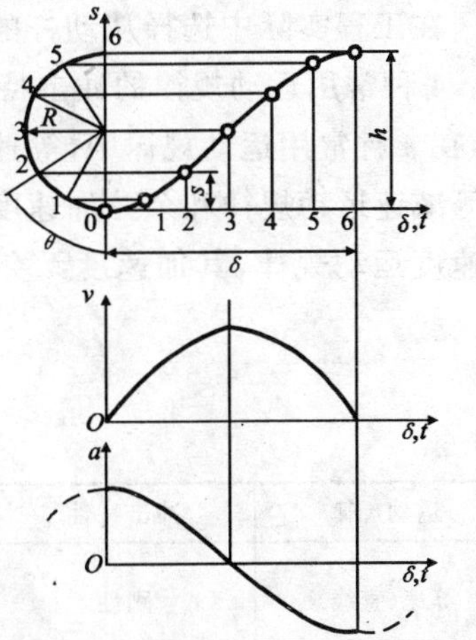
摆线运动(正弦加速度运动)		$s=h\left[\frac{\delta}{\delta_0}-\frac{1}{2\pi}\sin\left(\frac{2\pi}{\delta_0}\delta\right)\right]$ $v=\frac{h\omega}{\delta_0}\left[1-\cos\left(\frac{2\pi}{\delta_0}\delta\right)\right]$ $a=\frac{2\pi h\omega^2}{\delta_0^2}\sin\left(\frac{2\pi}{\delta_0}\delta\right)$	$s=h\left[1-\frac{\delta}{\delta'_0}+\frac{1}{2\pi}\sin\left(\frac{2\pi}{\delta'_0}\delta\right)\right]$ $v=-\frac{h\omega}{\delta'_0}\left[1-\cos\left(\frac{2\pi}{\delta'_0}\delta\right)\right]$ $a=-\frac{2\pi h\omega^2}{\delta'^2_0}\sin\left(\frac{2\pi}{\delta'_0}\delta\right)$	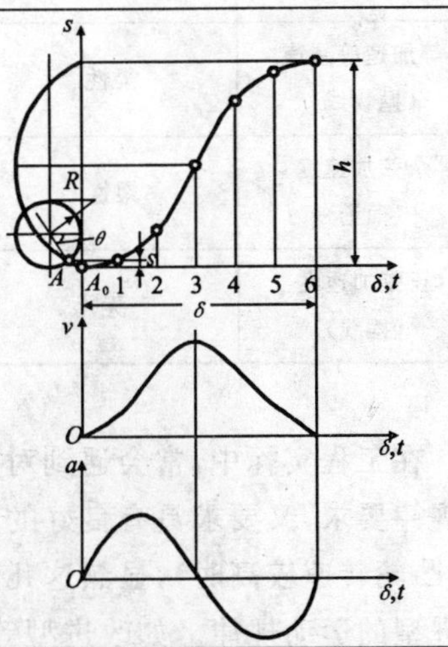

二、从动杆运动规律的选择

从动杆运动规律的选择，涉及到许多问题。总体来说，首先应满足机器的工作要求，同时还应使凸轮机构具有良好的动力特性，并使所设计的凸轮轮廓便于加工。但这些方面往往是相互制约的，所以在选择从动杆的运动规律时，必须根据使用场合、工作要求等，抓住主要矛盾，再兼顾其他。选择从动杆运动规律时，由凸轮机构的工作要求所区分的几种情况如下。

(1)机器的工作过程只要求从动杆实现一定的工作行程，而对其运动规律则不作严格要求，且凸轮机构速度低，载荷轻。这种情况下主要从便于凸轮加工方面来选择，从动件运动规律可采用圆弧、直线或其他易于加工的曲线作为凸轮轮廓曲线。

(2)机器工作过程对从动杆的运动规律并无特定要求，但凸轮机构的速度较高。考虑到机构的运动速度较高，如果从动杆的运动规律选择不当，可能会产生很大惯性力和冲击。所以，这种情况下，必须从改善动力性能角度来选择合适的运动规律。

(3)机器工作过程不仅要求从动杆实现一定的工作行程，而且还要求从动杆按一定的运动规律运动。这种情况下选择从动杆运动规律时，首先必须满足所要求的运动规律，其次再考虑动力特性和是否易于加工。当然，若凸轮的转速较高时，应该兼顾运动规律要求和动力特性来设计从动杆的运动规律。

在工程实际中选择从动杆的运动规律时，常常先考虑前面所述的从动杆常用基本运动规律。4 种常用运动规律的冲击特性数据、可加工性及适用场合见表 4-2，可供选择时参考。例如，在 4 种常用运动规律中，等速运动规律因为有刚性冲击存在，故只宜用于低速的情况；等加速等减速运动规律和余弦加速度运动规律，均有柔性冲击，所以也不宜用于高速的情况；正弦加速度运动规律，其加速度无突变，不存在柔性冲击，故具有较好的动力性能，可用于高速情况。

表 4-2 几种常用运动规律比较

运动规律	冲击特性	$v_{max}=(h\omega/\delta_0)$	$a_{max}=(h\omega^2/\delta_0^2)$	设计制造	适用场合
等速(直线)	刚性	1.00	∞	易	低速轻载
等加速等减速(抛物线)	柔性	2.00	4.00	较难	中速轻载
余弦加速度(简谐)	柔性	1.57	4.93	设计易、制造难	中速中载
正弦加速度(摆线)	无	2.00	6.28	较难	高速轻载

在工程实际中，常会遇到对从动杆的运动和动力特性有多种要求，如既要满足从动杆的运动规律要求，又要求具有良好的动力特性。如上述的第三种由凸轮机构工作要求所决定的情况(凸轮转速较高时)，显然这几种基本运动规律不能同时兼顾这些要求，这时，可以采用一些改进型的运动规律。如改进型等速运动规律，可在等速运动规律的两端用正弦加速度运动规

律与其衔接,这样组合起来的运动规律如图 4-8 所示,它既无刚性冲击又无柔性冲击,还满足了等速运动的要求。

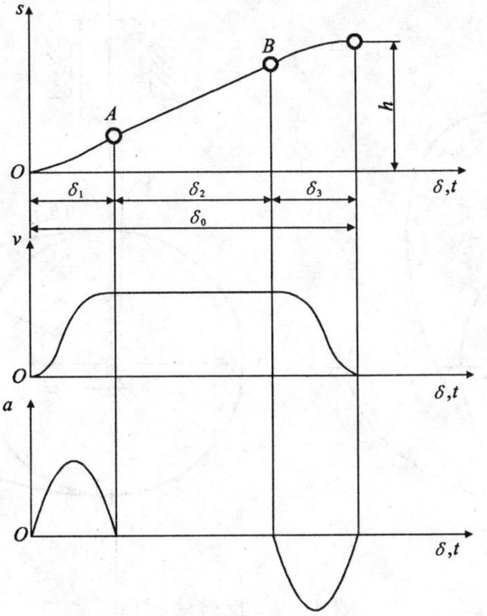

图 4-8　改进型等速运动规律

第三节　盘形凸轮轮廓曲线的设计

如果根据使用场合和工作要求确定了凸轮机构的类型及凸轮的基圆半径,选定了从动件的运动规律,之后即可进行凸轮轮廓曲线(即凸轮廓线)的设计了。凸轮轮廓曲线的设计方法有作图法和解析法,但无论哪种方法,它们所依据的基本原理都是相同的。本节首先介绍凸轮轮廓曲线设计的基本原理,然后分别介绍用作图法和解析法设计凸轮轮廓曲线的方法和步骤。

一、凸轮轮廓曲线设计的基本原理

设计凸轮轮廓时通常都用反转法,它是建立在相对运动原理上的一种方法。用反转法可使凸轮相对于图纸平面保持静止不动,以便于在纸上绘制出凸轮的轮廓曲线。下面以对心尖底直动从动杆盘形凸轮机构为例来说明反转法的原理。

图 4-9 所示为一已知的尖底直动从动件盘形凸轮机构,当凸轮以等角速度 ω 按逆时针方向转动时,便推动从动杆按一定的运动规律沿导路上下移动。

图 4-9(a)中实线为凸轮机构处于任意位置时,虚线为凸轮机构处于起始位置(从动杆处于最低位置)时。当从动杆处于最低位置时,凸轮廓线与从动杆在点 A (也即 B_0点)接触;当凸轮转过任意 δ_1角时,凸轮的向径 OA 将转到 OA'的位置上,而凸轮轮廓将转到图中实线所示的位置,这时从动件尖底从最低位置 A 上升至 B'_1点,上升的距离 $s_1=AB'_1$。这是凸轮转动时从动件的真实运动情况。

若假想给整个凸轮机构加上一个与凸轮角速度 ω 大小相等、方向相反的公共角速度 $-\omega$,

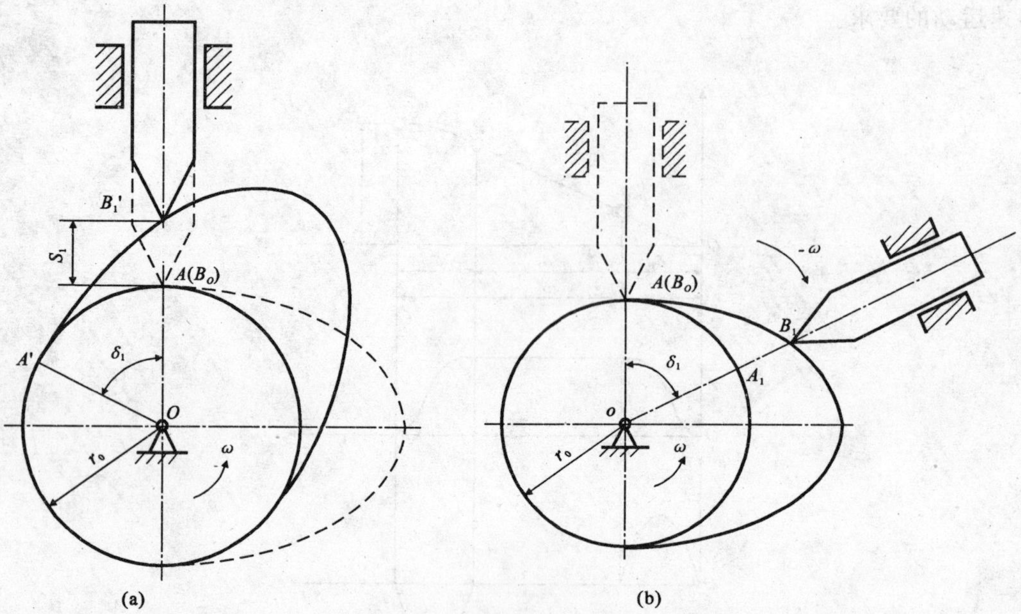

图 4－9 反转法原理

如图 4－9(b)所示，显然，机构中各构件的相对运动关系并不改变。但这样一来，原来以角速度 ω 转动的凸轮将处于静止状态，而从动杆将一方面随导路(机架)一起以－ω 的角速度转动，同时又在导路中与其作相对移动，即从动杆作复合运动。当凸轮反转的角度为 δ_1 时，从动杆便由图中虚线位置运动到实线位置，此时从动件沿导路移动的距离为 A_1B_1(A_1 点在基圆上)。对比图 4－9(b)与图 4－9(a)，显然，$A_1B_1=AB_1'=s_1$，即尖底的尖点所占据的位置 B_1 一定是凸轮轮廓曲线上的一点。所以，用反转法后，从动杆将作复合运动，其尖顶的尖点的运动轨迹便是凸轮轮廓曲线。

二、用作图法设计凸轮轮廓曲线

(一)直动从动杆盘形凸轮廓曲线的设计

1. 尖底从动杆

图 4－10(a)所示为一偏置直动从动杆盘形凸轮机构。已知：凸轮的基圆半径为 r_0；从动杆的轴线偏于凸轮轴心的左侧，且偏距为 e；凸轮以等角速度 ω 顺时针方向转动，从动杆的位移曲线如图 4－10(b)所示。试设计凸轮的轮廓曲线。

根据反转法原理，具体设计步骤如下。

①选取适当的比例尺，作出从动杆的位移线图，如图 4－10(b)所示。将位移线图的横坐标按行程分成若干等份(图中为均分 12 等份)，得分点 1，2，…，12。

②选取同样的比例尺，以 O 为圆心，r_0 为半径画出基圆，并根据从动杆的偏置方向及偏距 e 画出从动杆的起始位置线，该位置线与凸轮基圆的交点 B_0，便是从动杆尖底上尖点的起始位置(即从动杆最低点)。

③以 O 为圆心、偏距 e 为半径作偏距圆，该圆与从动杆的起始位置线切于 K 点。

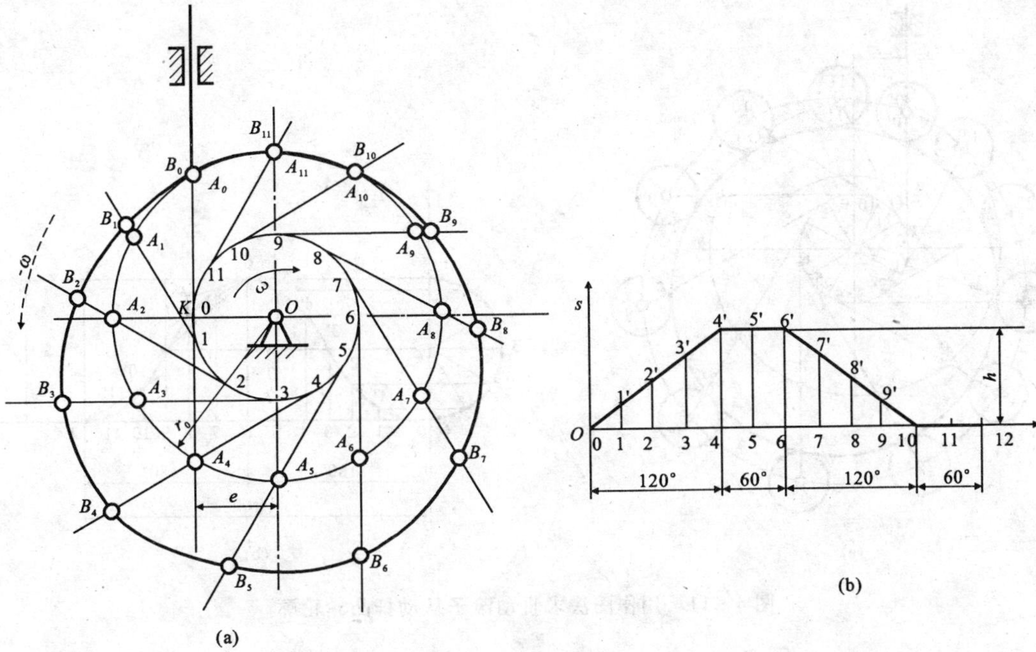

图 4-10　用作图法求尖底直动从动杆凸轮轮廓

④自 K 点开始，沿 $-\omega$ 方向将偏距圆分成与图 4-10(b)的横坐标对应的区间和等份，得12个分点。过各分点作偏距圆的切射线，这些线代表从动杆在反转过程中所依次占据的位置线。它们与基圆的交点分别为 $A_0,A_1,A_2,\cdots,A_{11}$。

⑤在上述切射线上，从基圆起向外截取线段，使其分别等于图 4-10(b)中对应的纵坐标，即 $A_1B_1=11'$，$A_2B_2=22'$，…，得点 $B_1,B_2,\cdots,B_{11}$，而 B_0 与 A_0 重合。这些点即代表反转过程中从动杆尖顶的尖点依次占据的位置。

⑥将点 $B_0,B_1,\cdots$ 连成光滑的曲线，即得所求的凸轮轮廓曲线。显然，图中 $B_4\sim B_6$ 间和 $B_0\sim B_{10}$ 间的曲线均为以 O 为圆心的圆弧，对应着从动杆的停歇时段。

对于对心直动从动杆凸轮机构，方法一样，由于没有偏置，即偏距为零，所以可去掉上述步骤中相应的部分。

2. 滚子从动杆

图 4-11 所示为偏置直动滚子从动杆盘形凸轮机构，从动杆的位移曲线如图 4-11(b)所示。设滚子半径为 r_T，其他已知条件与尖底从动杆的相似，试设计凸轮的轮廓曲线。如图 4-11(a)所示对于偏置直动滚子从动杆盘形凸轮机构，当用反转法使凸轮固定不动后，从动杆的滚子在反转过程中，将始终与凸轮轮廓曲线 η' 保持接触，其中心点将描绘出一条与凸轮轮廓曲线法向等距的曲线 η，该曲线就是反转过程中滚子中心的运动轨迹，称为凸轮的理论廓线。相对于凸轮的理论廓线 η，曲线 η' 称为凸轮的实际廓线。由于滚子中心是从动杆上的一个铰接点，相当于尖底从动杆尖底的尖点，所以可以用与尖底从动杆凸轮机构同样的方法做出理论廓线 η。一旦作出了这条曲线，就可以顺利地绘制出凸轮的实际轮廓曲线了。具体作图步骤如下。

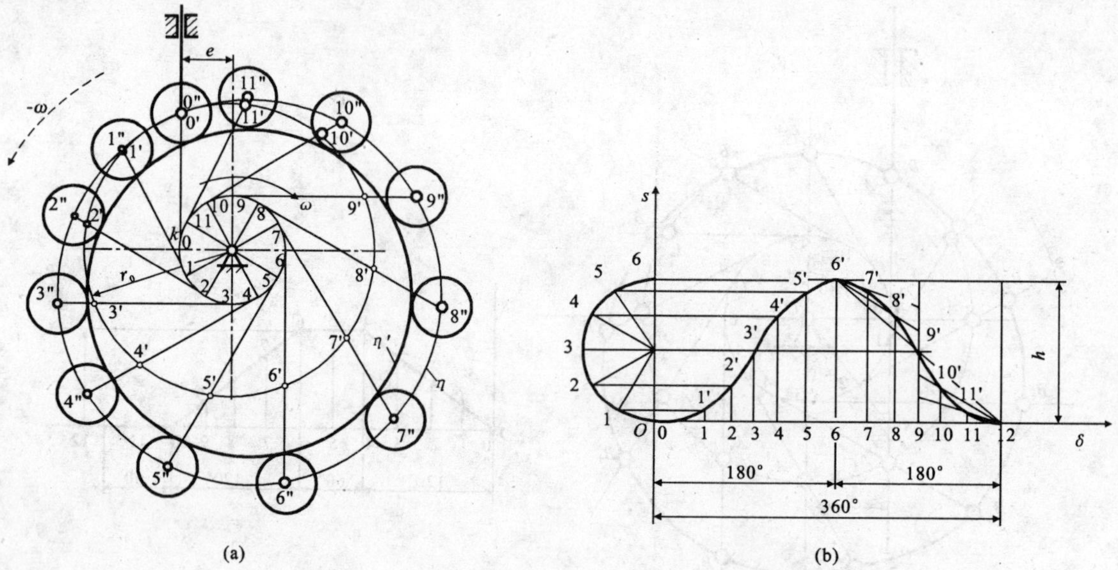

图 4-11 用作图法求直动滚子从动杆凸轮轮廓

①将滚子中心点假想为尖底从动杆尖底的尖点，按照上述尖底从动杆凸轮轮廓曲线的设计方法作出曲线 η，即凸轮的理论廓线。

②以理论廓线上各分点为圆心，以滚子半径 r_T 为半径，作一系列滚子圆，然后作这族滚子圆的内包络线 η'，它即为凸轮的实际廓线。很显然，实际廓线是理论廓线的法向等距曲线，其距离为滚子半径 r_T。

由上述作图过程可知，在滚子从动杆盘形凸轮机构的设计中，基圆（半径为 r_0）是针对理论轮廓线而言的。

3. 平底从动杆

图 4-12 所示为一平底从动杆盘形凸轮机构，其从动杆没有偏置，其他已知条件与前述相似，图 4-12(b)所示为从动杆的位移曲线。用作图法设计平底从动杆盘形凸轮机构的凸轮廓线，其基本思路与上述滚子从动杆盘形凸轮机构的相似，不同的是取从动杆平底表面上的 B_0 点（即平底与导路中心线的交点）作为假想的尖底从动杆尖底的尖点。

设计时，首先按照尖底从动杆凸轮轮廓的绘制方法，求出假想的尖底从动杆反转后其尖底尖点的一系列位置 $B_1, B_2, B_3, \cdots$。然后过这些点画出一系列代表平底的直线，得一直线族，这族直线代表反转过程中从动杆平底依次占据的位置。最后作该直线族的包络线，即可得凸轮的实际廓线。

由图 4-12 可见，平底上与凸轮实际廓线相切的点是随机构位置变化的。因此，为了保证所有位置的从动杆平底都能与凸轮轮廓线相切，凸轮的每处廓线都必须是外凸的，并且平底左右两侧的宽度应分别大于导路中心线至左右最远切点的距离 b' 和 b''。

（二）摆动从动杆盘形凸轮廓线的设计

图 4-13 所示为一摆动尖底从动杆盘形凸轮机构。已知：凸轮轴心 O 与从动杆转轴心 C 之间的距离（即中心距）为 a，从动杆长度为 l；凸轮基圆半径为 r_0；凸轮以等角速度 ω 逆时针方

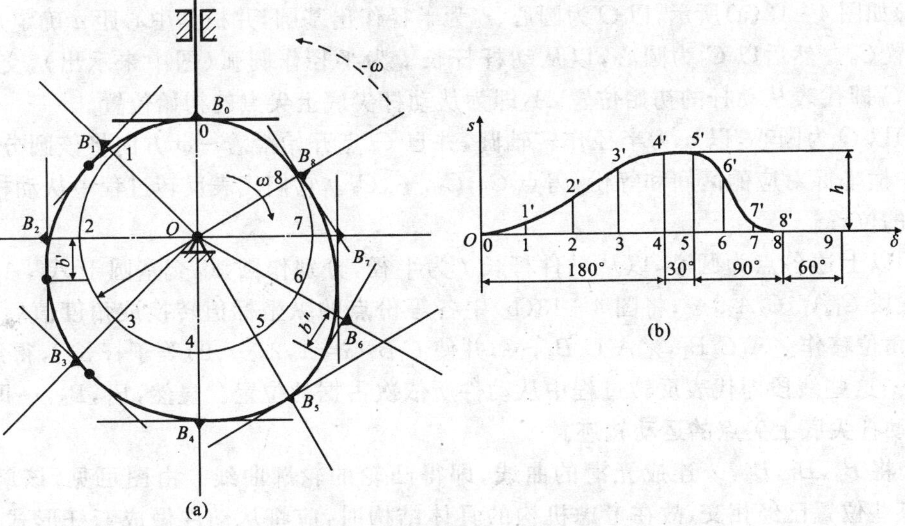

图 4-12　移动平底从动件盘形机构的设计

向转动，从动杆的位移曲线如图 4-13(b)所示。试设计凸轮的轮廓曲线。

反转法原理同样适用于摆动从动杆凸轮机构。反转时，凸轮将固定不动，而从动杆的转轴 C 将以角速度 $-\omega$ 绕 O 点转动，同时从动杆将仍按原有的运动规律绕其转轴心 C 摆动。因此，凸轮轮廓曲线可按下述步骤设计。

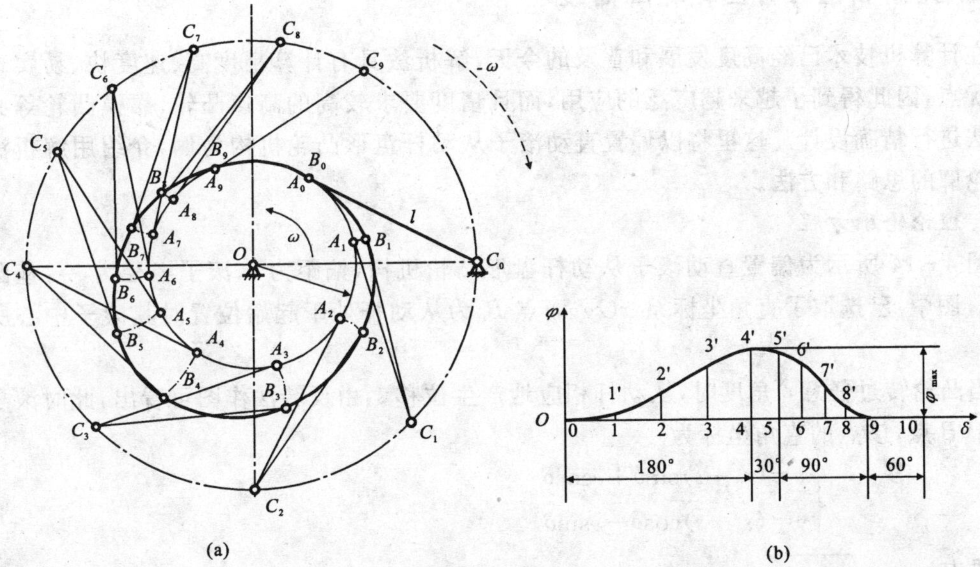

图 4-13　用作图法求摆动从动杆凸轮轮廓

(1)选取适当的比例尺，作出从动件的位移线图，并在推程和回程区间分别将位移曲线的横坐标分成若干等份，如图 4-13(b)所示。与直动从动杆不同的是，这里纵坐标代表从动杆

的摆角 φ，因此纵坐标的比例尺是 1mm 代表若干角度值。

(2)如图 4－13(a)所示，以 O 为圆心、r_0 为半径作出基圆，并根据中心距 a 确定从动杆转轴 C 的位置 C_0。然后以 C_0 为圆心，以从动杆杆长 l 为半径作圆弧(图中未示出)，交基圆于 A_0 点。A_0C_0 即代表从动杆的初始位置，A_0 即为从动杆尖底上尖点的初始位置。

(3)以 O 为圆心，以 a 为半径作转轴圆，并自 C_0 点开始沿着 $-\omega$ 方向将该圆分成与图 4－13(b)中横坐标对应的区间和等份，得点 $C_1, C_2, \cdots, C_9$。它们代表反转过程中从动杆转轴 C 依次占据的位置。

(4)以上述各点为圆心，以从动件杆长 l 为半径，分别作圆弧，交基圆于 $A_1, A_2, A_3, \cdots$ 各点，得线段 $C_1A_1, C_2A_2, \cdots$；将图 4－13(b)中各等份点的纵坐标值转换成角度值后，分别对应于这些角位移作 $\angle A_1C_1B_1, \angle A_2C_2B_2, \cdots$，并使 $C_iB_i (i=1,2,\cdots,9)$ 等于杆长 l，得线段 C_lB_1，$C_2B_2, \cdots$，这些线段即代表反转过程中从动件所依次占据的位置。显然，$B_1, B_2, \cdots$ 即为反转过程中从动杆尖底上尖点的运动轨迹。

(5)将 $B_0, B_1, B_2, \cdots$ 连成光滑的曲线，即得凸轮的轮廓曲线。由图可见，该廓线与线段 CB 在某些位置已经相交，故在考虑机构的具体结构时，应将从动件做成弯杆形式，以避免在机构运动过程中凸轮与从动杆发生干涉。

若采用滚子或平底从动件，则与直动从动杆凸轮机构相类似，上述连接 $B_0, B_1, B_2, \cdots$ 各点所得的光滑曲线为凸轮的理论廓线。过这些点作一系列滚子圆或平底，然后作它们的包络线即可求得凸轮的实际廓线。

由上述设计过程可以看出，作图法比较直观，但所求出的凸轮轮廓曲线，设计精度不高，因此只适用于速度比较低、对从动杆运动规律要求不太严格的凸轮机构。

三、用解析法设计凸轮轮廓曲线

在计算机技术已经高度发展和普及的今天，解析法具有计算精度高、速度快、易实现可视化等优点，因此得到了越来越广泛的应用，而且精度要求较高的高速凸轮、靠模凸轮等必须用解析法进行精确设计。这里将以偏置直动滚子从动杆盘形凸轮机构为例，介绍用解析法设计凸轮轮廓的思路和方法。

1. 理论轮廓方程

图 4－14 所示为偏置直动滚子从动杆盘形凸轮机构，偏距为 e，滚子半径为 r_T，基圆半径为 r_0。图中：已选取了直角坐标系 xOy；而点 B_0 为从动杆处于起始位置时其滚子中心所在的位置。

当凸轮转过任意 δ 角度时，从动杆相应地产生位移 s，由反转法作图可看出，此时滚子中心应处于 B 点，该点的直角坐标为

$$\begin{cases} x=(s_0+s)\sin\delta+e\cos\delta \\ y=(s_0+s)\cos\delta-e\sin\delta \end{cases} \tag{4-1}$$

式中，$s_0=\sqrt{{r_0}^2-e^2}$。

方程组(4－1)即为凸轮的理论廓线方程。若为对心直动从动杆凸轮机构，则将 $e=0$、$s_0=r_0$ 代入上式即可得其凸轮的理论廓线方程。

2. 实际廓线方程

由用作图法设计滚子从动杆凸轮轮廓可知，凸轮的实际廓线与理论廓线是法向等距线，即

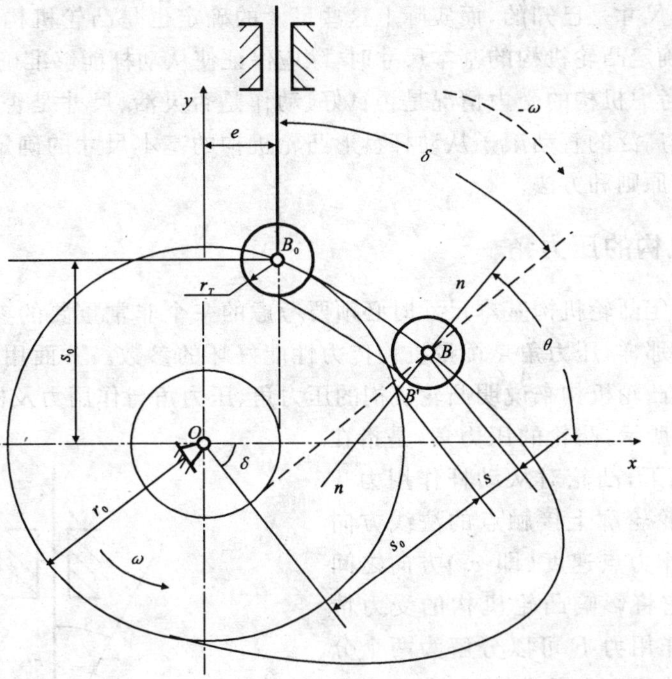

图 4-14 用解析法求偏置直动滚子从动杆凸轮轮廓

实际廓线与理论廓线在法线方向的距离处处相等，且等于滚子半径 r_T。所以，如图 4-14 所示，对于理论廓线上任意一点 $B(x,y)$，只要沿理论廓线在该点的法线方向取距离为 r_T，即得实际廓线上的相应点 $B'(x',y')$。

由高等数学知，理论廓线上任意一点 B 处法线 nn 的斜率（与切线斜率互为负倒数）应为

$$K_{法}=\tan\theta=-\frac{dx}{dy}=-\frac{dx/d\delta}{dy/d\delta} \tag{4-2}$$

式中的 $dx/d\delta$、$dy/d\delta$ 可由式(4-1)求得。

知道 θ 角后，由图 4-14 可求得凸轮实际廓线上 B' 点的坐标

$$\begin{cases}x'=x-r_T\cos\theta\\y'=y-r_T\sin\theta\end{cases} \tag{4-3}$$

式中的 $\cos\theta$、$\sin\theta$ 可由式(4-2)求得。

方程组(4-3)为凸轮实际廓线的方程式。实际廓线乃系列滚子圆的内包络线，若求系列滚子圆的外包络线，则显然地，将式中“－”变为“＋”即可。

用解析法设计凸轮轮廓可以借助于计算机，用计算机辅助设计不仅可根据凸轮廓线的方程式迅速算出凸轮轮廓上各点的坐标值，而且还可以画出凸轮轮廓，并能随时修改设计参数以得到较好方案。

第四节 凸轮机构基本尺寸的确定

在前面讨论凸轮廓线的设计时，都假定基圆半径、滚子从动杆的滚子半径、平底从动杆的

平底尺寸等基本尺寸是已知的，而实际上这些尺寸的确定也是凸轮机构设计中的一个重要内容。一般来讲，确定凸轮机构的基本尺寸时，除应保证使从动杆能够准确地实现预期的运动规律外，还要综合考虑机构的受力情况是否良好、动作是否灵活、尺寸是否紧凑等诸多因素。本节将讨论应用较广泛的直动滚子从动杆盘形凸轮机构的基本尺寸的确定，借此了解凸轮机构基本尺寸的确定原则和方法。

一、凸轮机构的压力角

压力角是确定凸轮机构基本尺寸时必须要考虑的一个非常重要的参数，因为正如连杆机构一章所讨论的那样，压力角是衡量机构传力性能好坏的参数。下面用图 4－15 所示的直动滚子从动杆盘形凸轮机构来说明凸轮机构的压力角、压力角与作用力及机构尺寸之间的关系。

如图 4－15 所示，凸轮的压力角，是指在不计摩擦的情况下，凸轮对从动杆作用力 F 的方向线（即凸轮轮廓上接触点的法线方向 nn）与从动杆上作力点速度（即 v_2）方向之间所夹的锐角 α，它将影响凸轮机构的受力情况。由图可见，作用力 F 可以分解为两个分力，即沿从动杆速度方向的分力 F' 和垂直于速度方向的分力 F''，其中只有 F' 是推动从动杆克服载荷而运动的有效分力，而 F'' 只能增大从动杆与机架导路之间的滑动摩擦，因而是一种有害分力。显然，压力角 α 越大，有害分力就越大，当压力角增大到某一数值时，有害分力所引起的摩擦阻力将大于有效分力 F'，这时无论凸轮给予从动杆多大的作用力 F，都不能推动其运动，即机构发生了自锁。因此，从减少驱动力、避免自锁、改善凸轮机构受力状况来说，压力角越小越好。

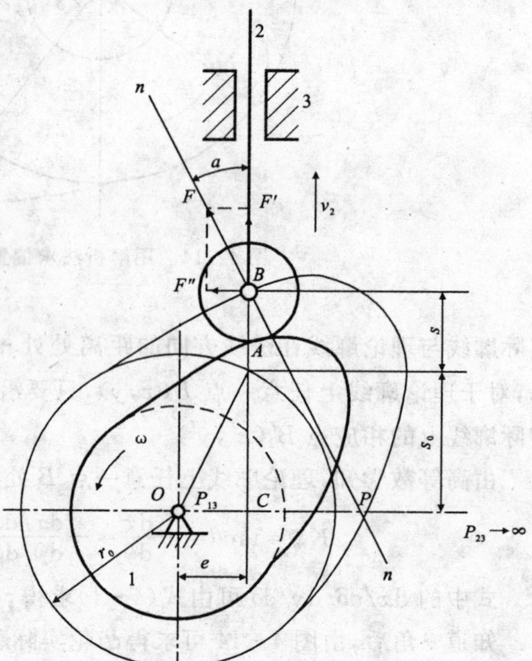

图 4－15　凸轮机构的压力角

当然，在设计凸轮机构时，压力角并非一味地小就好，因为它与机构尺寸有关系。在图 4－15 中，从动件导路偏置在凸轮轴心的右边，偏距为 e；凸轮以逆时针方向转动，等角速度为 ω；凸轮基圆半径为 r_0。图示时刻，从动杆的位移为 s，移动速度为 v_2，$v_2=\mathrm{d}s/\mathrm{d}t=\omega\mathrm{d}s/\mathrm{d}\delta$。显然，图中 P 点为该时刻凸轮 1 和从动杆 2 的速度瞬心，根据瞬心的定义有：$\omega OP=v_2$，即 $\overline{OP}=v_2/\omega=\mathrm{d}s/\mathrm{d}\delta$。由图中△$BCP$ 可知

$$\tan\alpha=\overline{CP}/\overline{BC}=(\overline{OP}-\overline{OC})/(s_0+s)$$

最后可得

$$\tan\alpha=\frac{\dfrac{\mathrm{d}s}{\mathrm{d}\delta}-e}{s+\sqrt{r_0^2-e^2}} \tag{4-4}$$

需要说明的是，式(4－4)是在凸轮逆时针转动、从动杆偏置于凸轮轴心右侧得到的，当凸

轮转动方向和从动杆偏置方向不同时，该式亦不同。例如，当凸轮逆时针转动、而从动杆偏置于凸轮轴心左侧时，仿照上述推导过程则得

$$\tan\alpha=\frac{\frac{ds}{d\delta}+e}{s+\sqrt{r_0^2-e^2}} \tag{4-5}$$

式(4-4)、式(4-5)概括了不同的凸轮转动方向和从动杆偏置方向时的各种情况，表示了压力角与凸轮有关尺寸之间的关系，综合式(4-4)、式(4-5)可得

$$r_0=\sqrt{\left[\frac{\frac{ds}{d\delta}\mp e}{\tan\alpha}-s\right]^2+e^2} \tag{4-6}$$

由式(4-6)可以看出，在其他条件不变的情况下，压力角越大，基圆半径越小，亦即凸轮尺寸越小。因此从机构结构紧凑的角度来看，压力角越大越好。

因此，必须兼顾使凸轮机构有较好的传力性能和较紧凑的结构来进行机构的设计。在工程实际中，从能使凸轮机构顺利工作的角度规定了压力角的许用值，用[α]表示。需要说明的是，在凸轮机构运转过程中，压力角的值是随凸轮与从动杆接触点的法线方向的不同而变化的。设计基本尺寸时，务必使凸轮机构的最大压力角 α_{max} 小于或等于许用压力角[α]，即 $\alpha_{max}\leqslant[\alpha]$，在此前提下，选取尽可能小的基圆半径。

根据工程实践的经验，工作行程和非工作行程的许用压力角推荐值大致如下。

(1)工作行程(即推程)：对直动从动杆，[α]为 30°～38°；对摆动从动杆，[α]为 40°～45°。

(2)非工作行程(即回程)：无论是直动从动杆还是摆动从动杆，[α]为 70°～80°。

二、凸轮基圆半径的确定

如前所述，凸轮的基圆半径与压力角成反比，即基圆半径越大，压力角越小，机构传力性能就越好；但基圆半径大，机构结构尺寸也大。因此，基圆半径应在 $\alpha_{max}\leqslant[\alpha]$ 的前提下选取尽可能小的值，可见在确定基圆半径时必须找出最大压力角 α_{max}。

其实，基圆半径的确定还要受从动杆运动失真问题的影响。后面将专门介绍，对于滚子从动杆凸轮机构，设计时当发现将产生运动失真、但又不能减小滚子半径时，就要考虑增大基圆半径。平底从动杆凸轮机构也有类似的问题。

当然，在实际设计中，凸轮基圆半径的最后确定还需考虑凸轮机构的具体结构条件。例如：当凸轮与凸轮轴做成一体时，凸轮的基圆半径必须大于凸轮轴的半径；而当凸轮是安装在凸轮轴上时，由于必须有足够大的轮毂，在这种情况下(图 4-16)，对于直动尖底从动杆凸轮机构，凸轮的基圆半径 r_0 应大于轮毂的外径 r_h，而对于滚子从动杆凸轮机构，

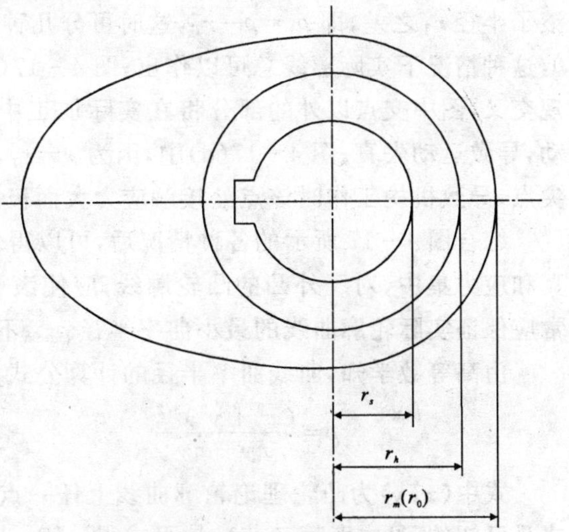

图 4-16 凸轮的结构尺寸

应该是凸轮实际轮廓的最小向径 r_m 大于轮毂外径 r_h。

对于直动滚子从动杆凸轮机构(尖底从动杆时也一样),具体在确定的凸轮基圆半径时,若采用计算机辅助设计,通常的做法是:先根据机构的结构条件初选基圆半径 r_0,然后用式(4-4)或式(4-5)验算压力角,若 $\alpha_{max}>[\alpha]$,则应增大基圆半径重新设计,直至使 $\alpha_{max}\leqslant[\alpha]$ 为止。

三、从动杆偏置方向的确定

由式(4-4)和式(4-5)可知,当凸轮转向相同、而从动杆偏置方向不同时,压力角将增大或者减小。因此,从这个角度来说,对于直动滚子从动杆凸轮机构(尖顶从动杆时也同样),其从动杆的偏置方向的选择原则是:应有利于减小从动杆工作行程(即推程)的最大压力角,以改善机构的传力性能。具体来说,若凸轮逆时针转动,则应使从动杆轴线偏置于凸轮轴心的右侧;而若凸轮顺时针转动时,则应使从动杆轴线偏置于凸轮轴心左侧。在这两种情况下,凸轮机构的压力角的表达式均为式(4-4)。

四、滚子半径的选择

对于滚子从动杆凸轮机构,滚子半径的选择,要考虑滚子的结构、强度及凸轮轮廓曲线的形状等多方面的因素。这里主要分析凸轮轮廓曲线的形状与滚子半径的关系。

如前所述,滚子从动杆盘形凸轮的实际廓线,是以理论廓线上各点为圆心作一系列滚子圆、再做该系列圆的包络线而得到的,因此,凸轮实际廓线的形状将受滚子半径大小的影响。若滚子半径选择不当,有可能使从动件实现不了预期的运动规律,即产生运动失真。这可用图4-17来说明。

图4-17表示了凸轮实际廓线受滚子半径影响的几种情况,图中,η' 为实际廓线,其曲率半径为 ρ_a;η 为理论廓线,其曲率半径为 ρ;r_T 为滚子半径。图4-17(a)所示为内凹的凸轮轮廓曲线,其实际廓线的曲率半径 ρ_a 等于理论廓线的曲率半径 ρ 与滚子半径 r_T 之和,即 $\rho_a=\rho+r_T$,这种情况下不论滚子半径大小如何,实际廓线总可以根据理论廓线作出。对于图4-17(b)、(c)、(d)所示的外凸的凸轮廓线,其凸轮实际廓线的曲率半径 ρ_a 等于理论廓线的曲率半径 ρ 与滚子半径 r_T 之差,即 $\rho_a=\rho-r_T$,这时可分几种情况讨论:图4-17(b)中,因为 $\rho>r_T$,所以 $\rho_a>0$,这种情况下实际廓线总可以作出;图4-17(c)中,因为 $\rho<r_T$,所以 $\rho_a<0$,这时实际廓线出现交叉,图中交点以外的部分将在实际加工中被切去,致使从动杆不能按预期的运动规律运动,导致运动失真;图4-17(d)中,因为 $\rho=r_T$,所以 $\rho_a=0$,显然这种情况下,实际廓线将出现尖点,导致机构工作时该点处接触应力大而极易磨损,磨损后也将引起从动杆运动的失真。

综合图4-17所示的各种情况后,可以得出结论:在确定滚子半径时,为避免出现运动失真和应力集中,对于外凸的凸轮廓线,应使滚子半径 r_T 小于理论廓线的最小曲率半径 ρ_{min},通常应保证实际轮廓曲线的最小曲率半径 ρ_{amin} 不小于1~5mm,即 $\rho_{amin}=\rho_{min}-r_T\geqslant 1\sim 5\text{mm}$。

由高等数学知,曲线曲率半径的计算公式为

$$\rho=\frac{(\dot{x}^2+\dot{y}^2)^{3/2}}{\dot{x}\ddot{y}-\ddot{x}\dot{y}} \tag{4-7}$$

式中(x,y)为凸轮理论轮廓曲线上任一点的坐标,对于已知的凸轮廓线,其坐标参数方程式是已知的(见本章第三节),故可求得 ρ 值。对于简单的运动规律形式,可用求极值的方法确定 ρ_{min} 值;若用求极值的方法比较繁难,则可用计算机进行辅助设计,即逐点用数值解法计算 ρ

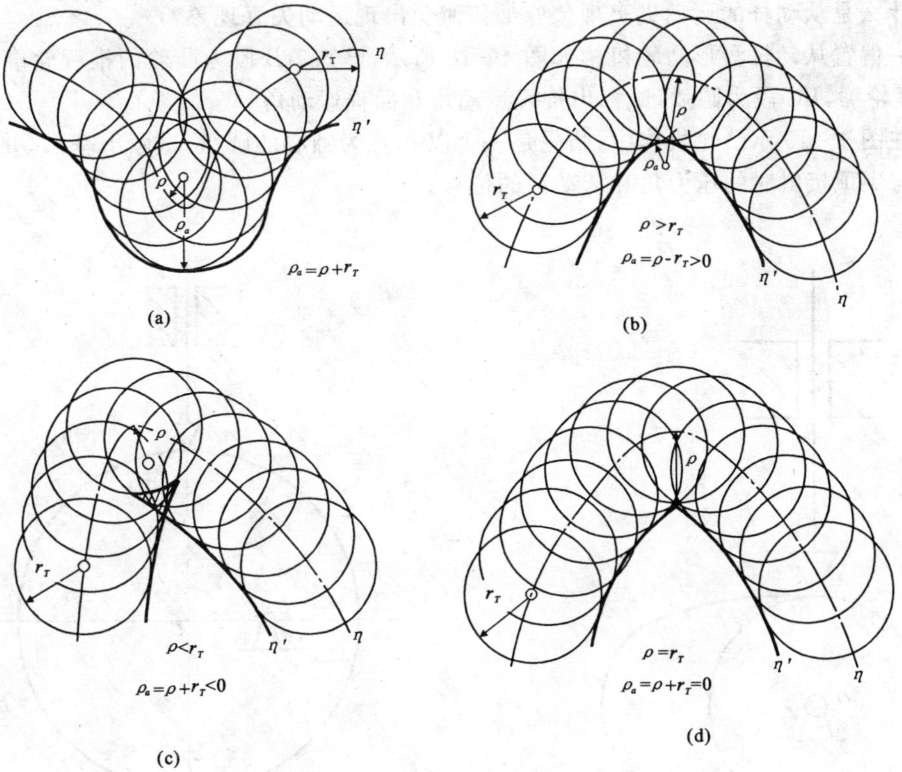

图 4－17　滚子半径的确定

值，最后找出其最小值 $\rho_{\min}$。

设计时，一旦发现 $r_T>\rho$，就应适当减小滚子半径 r_T，或通过增大基圆半径 r_0 来加大理论廓线的曲率半径 ρ。实际中，当滚子的尺寸因受其强度、结构等的限制，不能做得太小而达不到要求时，就可以采取增大基圆半径 r_0 办法来解决。

在用计算机对凸轮机构进行辅助设计时，对于确定滚子半径 r_T 通常的做法是：先根据结构和强度条件选择滚子半径 r_T，然后校核 $\rho_{a\min}$，若不满足 $\rho_{a\min}=\rho_{\min}-r_T\geqslant 1\sim5\text{mm}$，则应增大基圆半径 r_0 重新设计，直至满足要求。

可见，凸轮机构尺寸的确定，应综合考虑机构的传力性能好坏、运动是否失真、结构是否紧凑、具体结构条件等诸多方面的因素。

习题

1. 凸轮机构的类型有哪些？各有何特点？

2. 从动杆常用基本运动规律有哪几种？各有何特点？如何选择从动杆的运动规律？

3. 滚子从动杆盘形凸轮机构凸轮的理论廓线与实际廓线之间有何关系，有何区别？

4. 什么是凸轮机构的压力角？设计直动从动杆盘形凸轮机构时，若发现最大压力角超过许用压力角，可采取什么措施减小压力角？

5. 在偏置直动滚子从动杆盘形凸轮机构的设计中，从减小推程压力角的角度看，偏置方向如何选取?

6. 什么是从动杆的运动失真现象?如何避免出现运动失真现象?

7. 一偏置从动杆盘形凸轮机构如图 4-18 所示,已知 AB 段为凸轮的推程轮廓,CD 段为凸轮回程轮廓,BC 段为圆弧,试标出推程运动角和回程运动角。

8. 在图 4-19 示凸轮机构中,凸轮是一个以 C 点为圆心的圆盘,试画出基圆,并标出轮廓上 B 点与尖顶接触时的压力角和从动杆的位移。

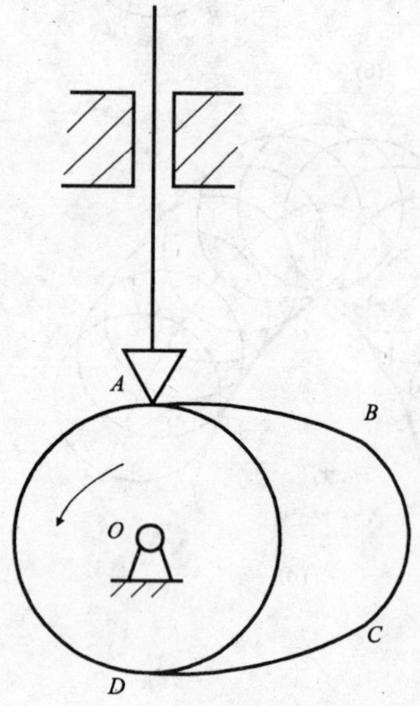

图 4-18

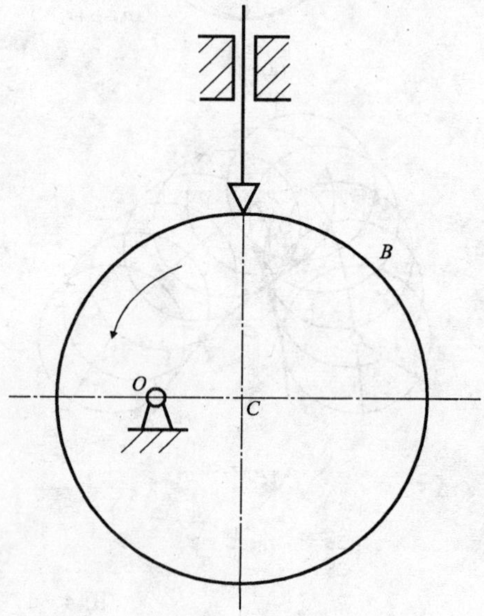

图 4-19

9. 一尖底从动杆盘形凸轮机构从动杆的部分运动线图如图 4-20 所示,试在图上补全 $s-\delta$、$v-\delta$、$a-\delta$ 曲线,并指出哪些位置会发生刚性冲击和柔性冲击。

10. 已知某凸轮机构从动杆的运动规律为:当凸轮转过 120°时,从动杆以余弦加速度运动规律上升 30mm;当凸轮继续转过 30°时,从动杆停歇不动;当凸轮再继续转过 150°时,从动杆以等加速等减速运动规律返回原处;当凸轮再转过其余 60°时,凸轮又停歇不动。试绘制出其运动线图。

11. 试用作图法设计偏置直动滚子从动杆盘形凸轮机构的凸轮廓线。已知凸轮以等角速度 ω 顺时针转动,基圆半径为 $r_0=60$mm,滚子半径为 $r_T=10$mm,从动杆的轴线偏于凸轮轴心的左侧,且偏距为 $e=10$mm;从动杆运动规律见题 10。

12. 试用作图法设计一对心平底直动从动杆盘形凸轮机构的凸轮廓线。已知凸轮以等角速度 ω 顺时针转动,基圆半径为 $r_0=40$mm,滚子半径为 $r_T=10$mm,从动杆的平底与导轨的中心线垂直;从动杆运动规律为:当凸轮转过 120°时,从动杆以余弦加速度运动规律上升 20mm;当凸轮继续转过 150°时,从动杆以余弦加速度运动规律返回原处;当凸轮再转过其余 90°时,凸轮又停歇不动。

13. 试用作图法设计一摆动滚子从动杆盘形凸轮机构的凸轮廓线。如图 4-21 所示,已知凸轮以等角速度 ω 顺时针转动,基圆半径为 $r_0=25$mm,滚子半径为 $r_T=8$mm,$l_{AC}=50$mm,

$l_{OC}=60\text{mm}$。从动杆运动规律为:当凸轮转过 180°时,从动杆以余弦加速度运动规律上摆 25°;当凸轮继续转过 150°时,从动杆以余弦加速度运动规律返回原处;当凸轮再转过其余 30°时,凸轮又停歇不动。

14. 试用解析法设计题 11 的凸轮机构的凸轮廓线。可采用计算机辅助设计,编写程序时,每隔 5°计算凸轮理论廓线和实际廓线上的点的坐标值和压力角值。

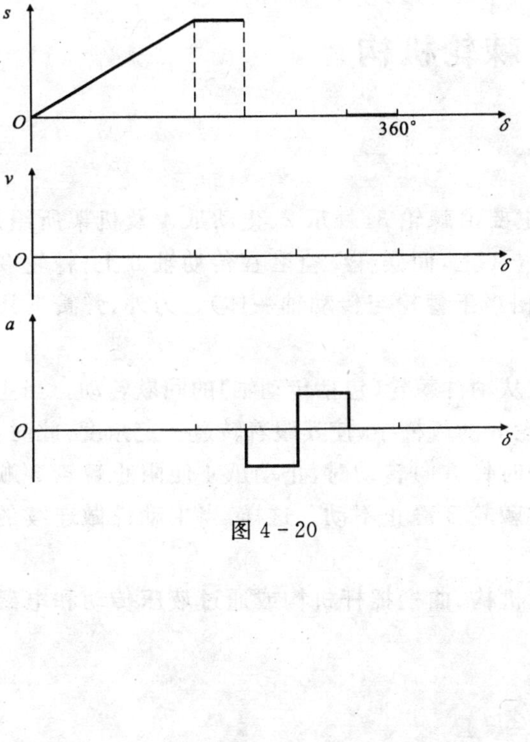

图 4-20

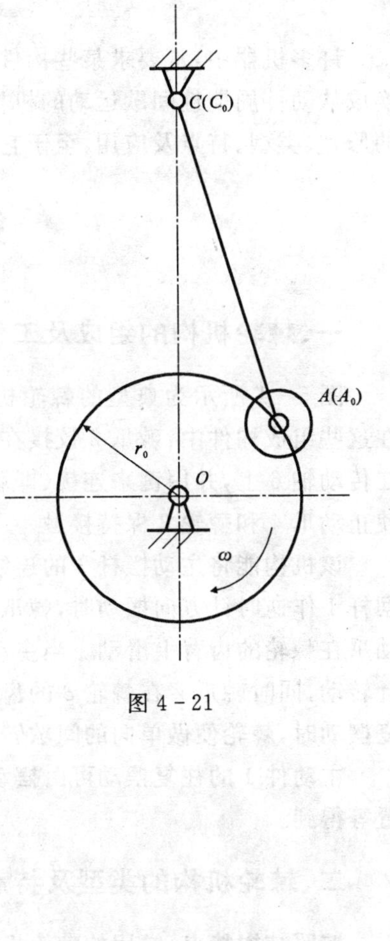

图 4-21

第五章　间歇运动机构

许多机器中，常要求某些构件能实现周期性的运动和停歇。能够将主动件的连续运动转换成从动件周期性间歇运动的机构称为间歇运动机构。本章将介绍几种常用的间歇运动机构的原理、类型、特点及应用，至于它们的设计，可参阅《机械设计手册》和相关书籍。

第一节　棘轮机构

一、棘轮机构的组成及工作原理

图 5－1 所示为典型的棘轮机构，该机构主要由棘轮 3、棘爪 2、止动爪 4 及机架所组成。在这些组成构件中：棘爪 2 铰接在主动件即摆杆 1 上，而摆杆 1 空套在传动轴 6 上；棘轮 3 装在传动轴 6 上，并用键来连接(即就转动来说，相当于棘轮与传动轴一体)。另外，弹簧 5 用来使止动爪 4 和棘轮 3 保持接触。

该机构能将主动摆杆 1 的连续摆动转换成从动件棘轮(包括传动轴)的间歇转动。当主动摆杆 1 作逆时针方向摆动时，棘爪 2 便插入棘轮 3 的齿槽中，使其跟着转过一定角度，此时，止动爪在棘轮的齿背上滑动。当主动摆杆 1 作顺时针方向转动时，止动爪 4 便阻止棘轮 3 顺时针转动，同时棘爪 2 在棘轮 3 的齿背上滑过，故棘轮 3 静止不动。这样，当主动件做连续的往复摆动时，棘轮便做单向的间歇转动。

主动件 1 的往复摆动可由摆动从动件凸轮机构、曲柄摇杆机构或通过液压传动和电磁装置等得到。

二、棘轮机构的类型及特点

按照结构特点，常用的棘轮机构有齿式棘轮机构和摩擦式棘轮机构两大类。

(一)齿式棘轮机构及特点

齿式棘轮机构中，棘轮的齿大多是做在棘轮的外缘上的，也有做在内缘上的。因此，齿式棘轮机构又可分为图 5－1 所示的外棘轮机构和图 5－2 所示的内棘轮机构。其中外棘轮机构应用较广泛。

齿式棘轮机构还可按其运动情况进行分类。

1. 单动式棘轮机构

图 5－1 所示为单动式棘轮机构。此种棘轮机构的特点是，当主动件 1 向一个方向摆动时，棘轮 3 沿同方向转过某一角度；而当主动件反向摆动时，棘轮则静止不动。

当棘轮半径为无穷大时，棘轮便成为棘齿条，如图 5－3 所示。这时，当主动件 1 往复摆动时，棘齿条 3 做单向间歇移动。

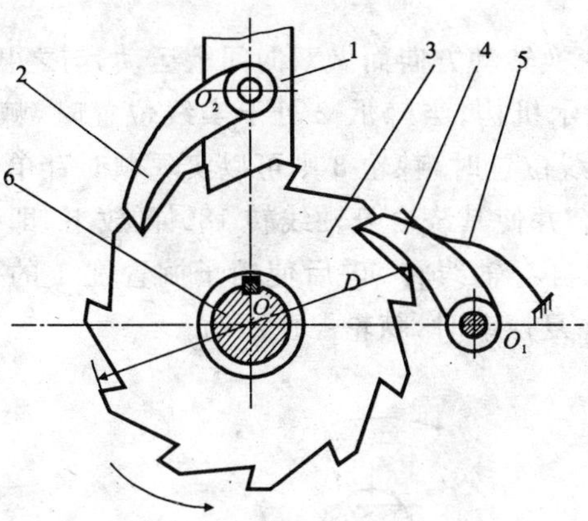

图 5－1　齿式外棘轮机构

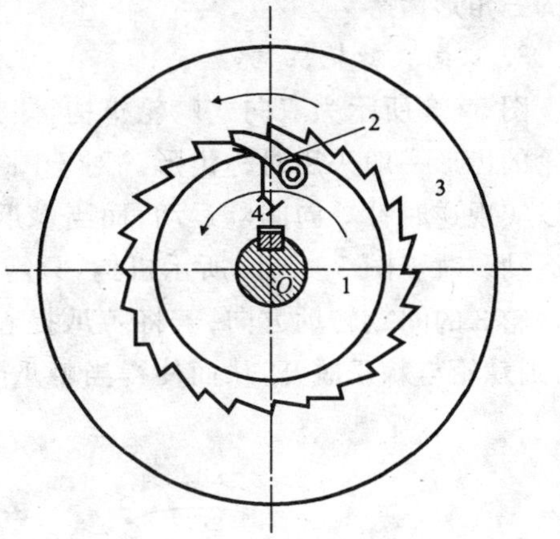

图 5－2　齿式内棘轮机构

2. 双动式棘轮机构

图 5－4 所示为双动式棘轮机构。该机构的主动件上装有两个棘爪，棘爪可制成直的[图 5－4(a)]或带钩头的[图 5－4(b)]。此种棘轮机构的特点是，当主动件 1 往复摆动一次时，棘轮 3 沿同一方向间歇转动两次。双动式棘轮机构常用于载荷较大、棘轮尺寸又受限制、棘轮齿数 z 较少、主动摆杆的摆角小于棘轮齿距角 $2\pi/z$ 的场合。

以上两种棘轮机构，都只能按一个方向做单向间歇运动，其棘轮的齿形可采用图 5－1 所示的不对称梯形齿和图 5－4 所

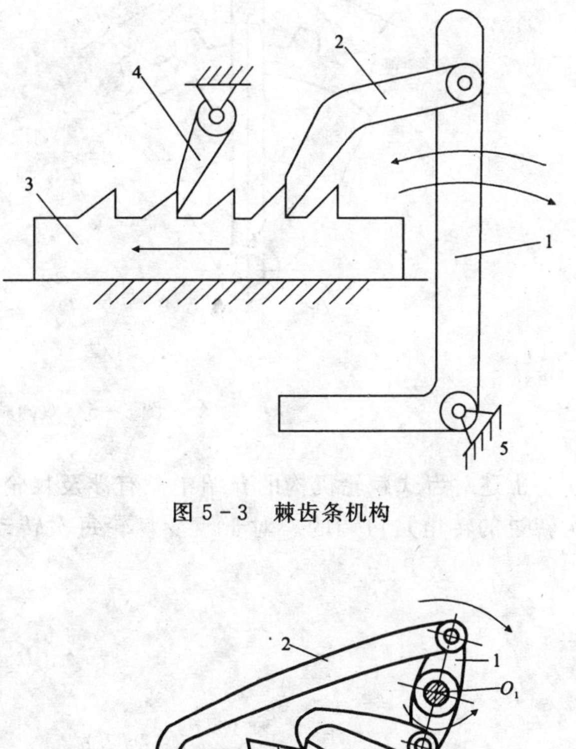

图 5－3　棘齿条机构

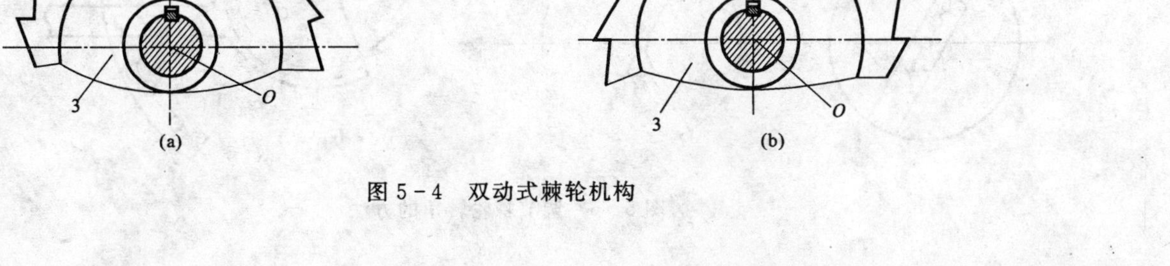

图 5－4　双动式棘轮机构

示的三角形齿等。

3. 双向式棘轮机构

图 5－5 所示为双向式棘轮机构，即其棘轮可变换转动方向而做双向间歇运动，与之相应，棘轮的齿形一般采用对称齿形。对于图 5－5(a)所示机构，当棘爪 2 处于实线位置时，棘轮 3 可以实现逆时针单向间歇运动；而当棘爪 2 处于虚线位置时，棘轮 3 则可以实现顺时针单向间歇运动。对于图 5－5(b)所示机构，只需提起棘爪 2 并使其绕自身轴线转 180°再放下，即可改变棘轮 3 的间歇转动方向；若将棘爪提起并使其绕自身轴线转 90°后使销子搁置在 1 的平台上，则棘轮与棘爪脱开，从而使得当棘爪随主动件往复摆动时，棘轮停住不动。

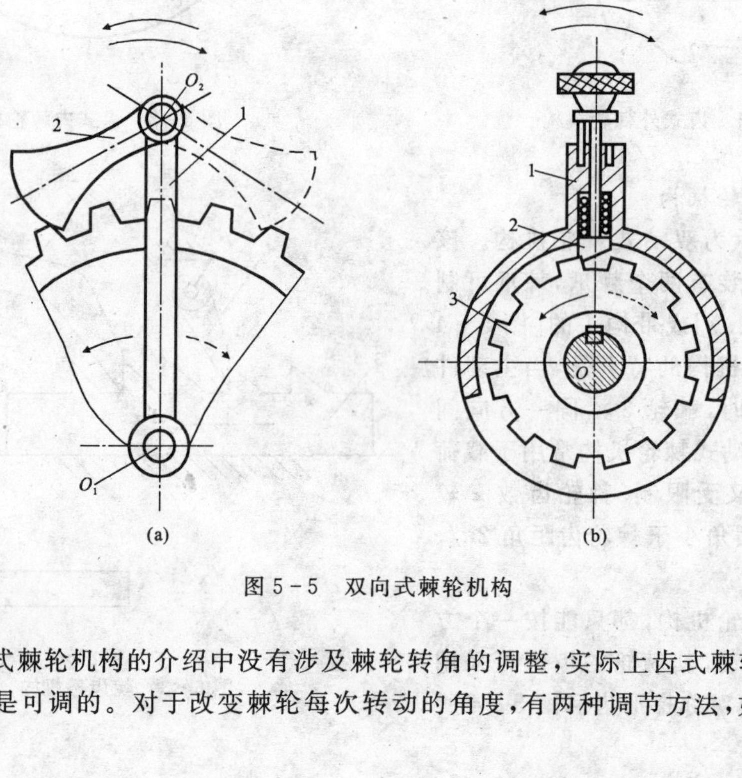

图 5－5 双向式棘轮机构

上述对齿式棘轮机构的介绍中没有涉及棘轮转角的调整，实际上齿式棘轮机构中棘轮每次转过的转角是可调的。对于改变棘轮每次转动的角度，有两种调节方法，如图 5－6 所示。

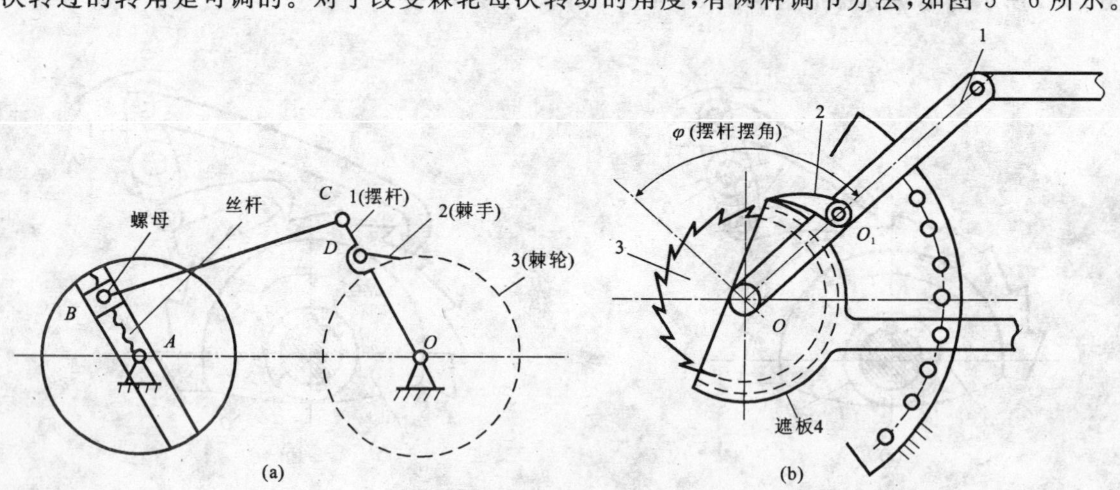

图 5－6 调节棘轮转角的方法

图 5-6(a)所示为采用调节主动摆杆 1 的摆角的方法，而摆杆 1 作为曲柄摇杆机构的输出件，其摆角可以通过调整曲柄 l_{AB} 的长度来实现改变；图 5-6(b)所示为采用在棘轮 3 上装遮板 4 的方法，它通过改变遮板的位置，使棘爪 2 在摆杆 1 的一定行程中在遮板上滑过而不与棘轮的齿接触，从而在摆杆摆角 φ 不变的情况下改变了棘轮的转角。

齿式棘轮机构的特点是，结构简单，制造方便；转角准确，运动可靠；间歇运动时运动的距离即动程可在较大范围内调节等。所以，齿式棘轮机构在各类机械中得到了较广泛的应用。但是，齿式棘轮机构的动程只能以棘轮齿距角为单位作有级调整，而且由于棘爪在棘轮齿背上滑行时，将引起噪声、冲击和磨损，故不宜用于高速。

(二)摩擦式棘轮机构及特点

图 5-7 所示为一种摩擦式棘轮机构。当主动件即外套筒 1 逆时针方向转动时，因摩擦力的作用，使滚子 2 楔紧在棘轮 3 的支承面和外套筒 1 的内圆柱表面所组成的楔形槽内，从而带动从动件即棘轮 3 一起转动；当主动件顺时针方向转动时，同样因为摩擦力，滚子便向楔形槽的大头处移动，而使套筒 1 与棘轮 3 脱开，棘轮便静止不动。

摩擦式棘轮机构的特点是，传动平稳，无噪声；动程可实现无级调节。但是，由于依靠摩擦力传动，会出现打滑现象，故棘轮的转角不如齿式棘轮机构准确。该机构适用于低速轻载的场合。

三、棘轮机构的应用

棘轮机构在工程实际中主要应用在以下几个方面。

1. 间歇送进和转位分度

棘轮机构常用于间歇送进和转位分度等需要做间歇运动的场合。图 5-8 所示为用棘轮机构实现工作台间歇送进的牛头刨床示意图，它是利用类似图 5-5(b)所示的双向式棘轮机构，来实现工作台的双向间歇进给运动。

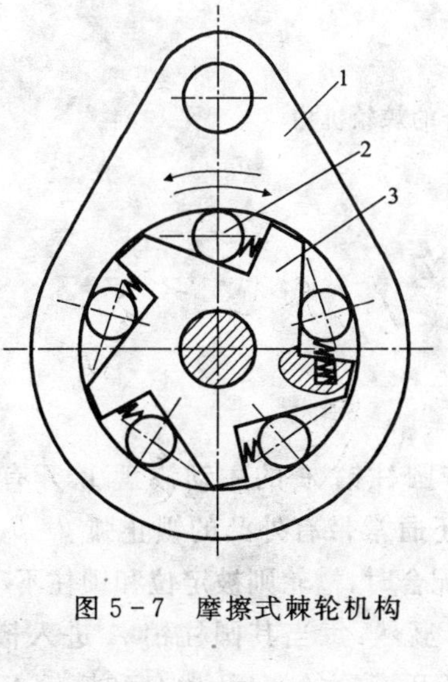

图 5-7 摩擦式棘轮机构

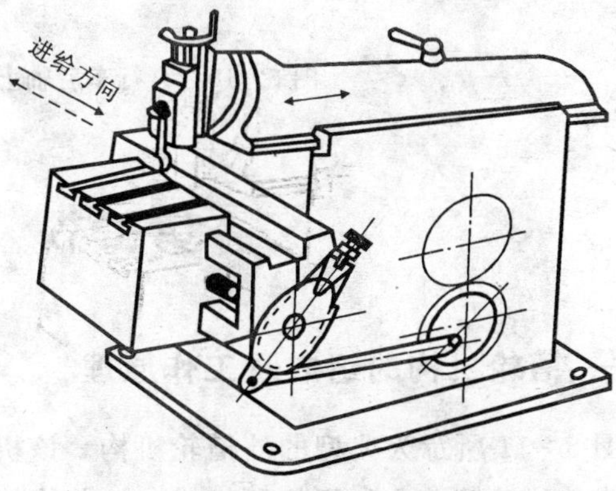

图 5-8 牛头刨床示意图

2. 制动

棘轮机构还可以用于某些需要制动的地方。例如图 5－9 所示的卷扬机制动机构，其卷筒 1、链轮 2 和棘轮 3 为一体，杆 4 和杆 5 以一定角度紧固在一起，杆 5 的端部与链条导板 6 铰接。当链条 7 突然发生断裂时，链条导板由于失去支撑而下摆，使杆 4 的端部与棘轮 3 啮合，从而阻止卷筒逆转，起制动作用。

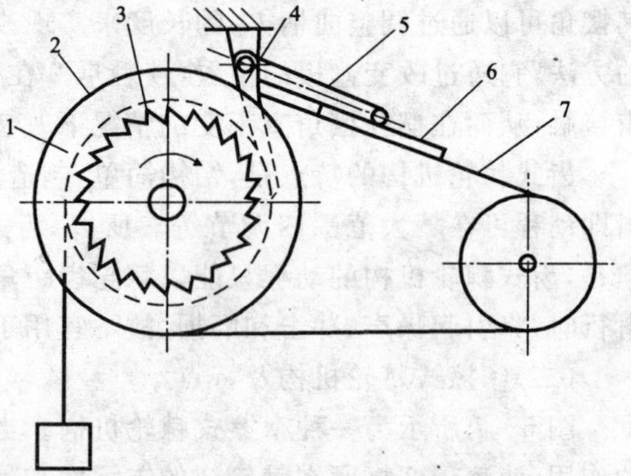

图 5－9 卷扬机制动机构

3. 超越离合

超越是指从动件可以超越主动件而转动。图 5－10 所示为自行车后轴上用于超越离合的棘轮机构，内棘轮 3 与链轮固结一体，棘爪 4 铰接在与后车轮轴 5 成一体转动的圆盘上。当踩动脚蹬通过链条带动内棘轮 3 顺时针转时，通过棘爪 4 使后轮轴 5 顺时针转动，从而驱使自行车前进；若在自行车前进时停止踩动脚蹬，则后轮轴 5 便会超越链轮 3 而转动，让棘爪 4 在棘轮 3 的齿背上滑过，从而自行车能继续前进。

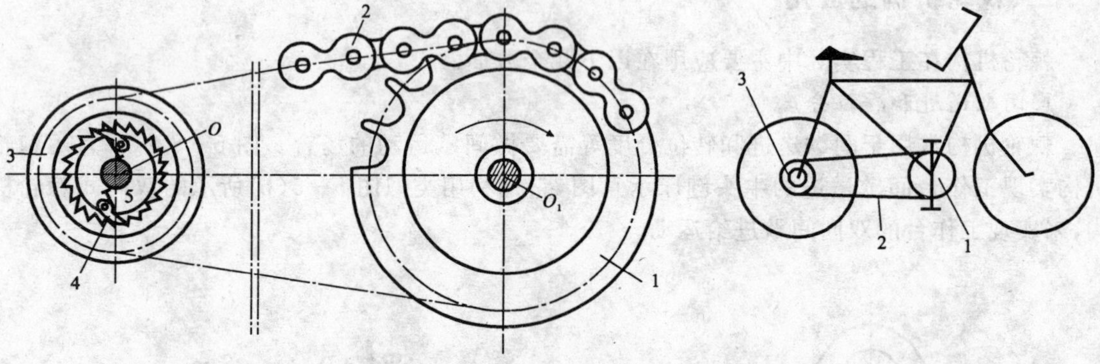

图 5－10 自行车后轴上用于超越离合的棘轮机构

第二节 槽轮机构

一、槽轮机构的组成及工作原理

图 5－11 所示为典型的外槽轮机构。该机构主要由带圆柱销 A 的主动拨盘 1、开有若干径向槽的从动槽轮 2 和机架所组成。这些构件中，拨盘 1 还通常带有外凸的锁止弧 $\beta-\beta$，与之相应槽轮也带有内凹的锁止弧 $\alpha-\alpha$，两者半径一致，当它们配合时，槽轮则被定位和锁住不动。

槽轮机构的主动拨盘 1 是以等角速度 ω_1 连续回转的，显然，每当其圆柱销 A 进入槽轮 2 的槽中而与其啮合时，便驱使槽轮转动；而每当其圆柱销脱开槽轮的槽后，拨盘和槽轮上的锁止弧便配合上，槽轮静止不动。这样，就把主动拨盘 1 的连续回转运动转换成从动槽轮 2 的单向间歇转动。

若槽轮在停歇时需要高精度定位，则还必须设置专门的定位装置。例如图 5-12 所示的装置中，专门设置的定位装置为凸轮机构。图中，工作台 10 的下方是槽轮，它的径向槽是由若干扇形块 9 形成的，主动轴 5 上装有拨销盘 7 和端面凸轮 6。每当拨销盘 7 上的圆柱销 8 一脱开槽轮的径向槽，定位销 2 便在凸轮 6 的推动下插入工作台 10 的定位孔（图 5-12 中未标出）中，使槽轮连同工作台在停歇时实现精确定位。

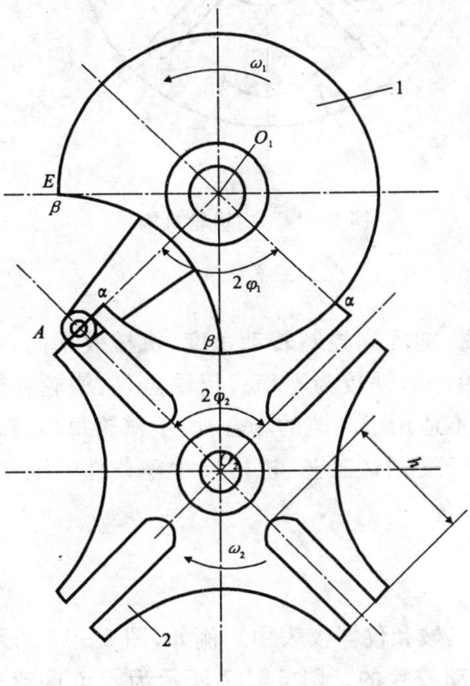

图 5-11　外槽轮机构

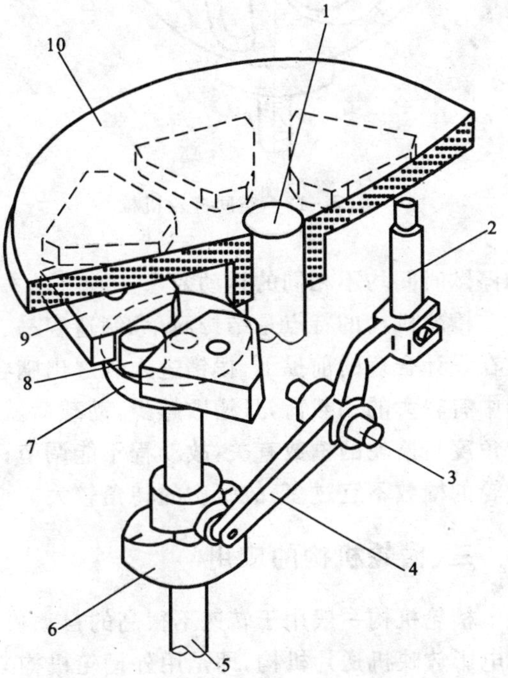

图 5-12　槽轮机构与其定位装置

二、槽轮机构的类型及特点

槽轮机构按其主、从动件的相对运动是平面运动还是空间运动，可分为平面槽轮机构和空间槽轮机构两大类。图 5-11 所示为平面槽轮机构，其主动拨盘和从动槽轮的轴线平行，相对运动为平面运动；图 5-13 所示为空间槽轮机构，从动槽轮 2 呈半球形，其槽和锁止弧 α—α 均分布在球面上；主动销轮 1 和从动槽轮 2 的轴线相交，且与销轮上销 A 的轴线汇交于槽轮球心 O，故又被称为球面槽轮机构。球面槽轮机构主要应用于需要传递相交轴之间运动的机械中。

平面槽轮机构又可分为外槽轮机构和内槽轮机构两类。外槽轮机构如图 5-11 所示，其主动拨盘 1 与槽轮 2 转向相反；内槽轮机构如图 5-14 所示，其主动拨盘 1 与槽轮 2 转向相同。在各类机械中，外槽轮机构应用较广泛。

另外，还有多销的槽轮机构。如图 5-15 所示为不等臂长的多销（A、A'）槽轮机构，其槽轮上径向槽的深度 h 是不同的，拨盘上圆柱销的分布也是不均匀的，它可以实现几个运动时间

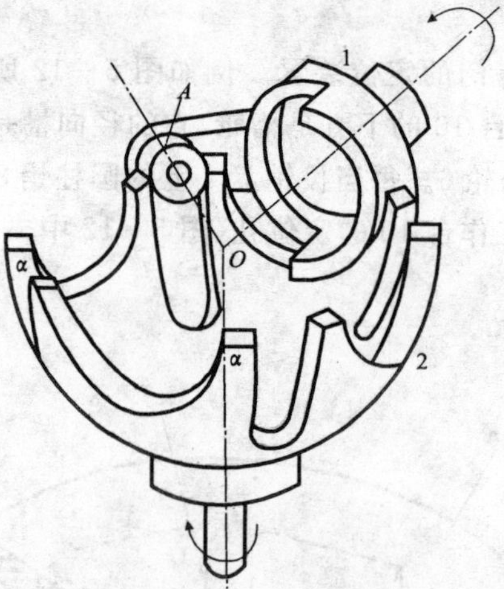

图 5-13 空间槽轮机构

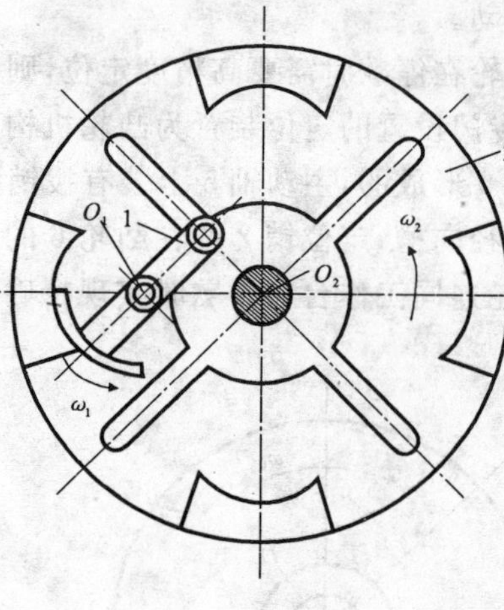

图 5-14 内槽轮机构

和停歇时间均不相同的运动要求。

槽轮机构的特点是结构简单、制造容易、工作可靠,能准确控制转动角度,机械效率高,而且在设计合理的前提下,拨销进入和退出啮合时,槽轮的运动较为平稳。但缺点是:槽轮在运转中有较大的动载荷,且槽数越少,动载荷就越大,故不适用于高速的场合;由于槽轮每次转过的角度与槽轮的槽数有关,故动程不能调节;此外,由于受制造工艺、机构尺寸等条件的限制,槽轮的槽数不宜过多,故每次的转角较大。

三、槽轮机构的应用

槽轮机构一般用于转速不很高的自动机械、轻工机械和仪器仪表中。例如,图 5-16 所示的电影放映机送片机构,即是用外槽轮机构来间歇移动胶片的。图 5-17 所示为六角自动车床驱动转塔刀架的转位机构,其中,由拨盘和槽轮所组成的外槽轮机构是用来驱使转塔刀架转位的;圆柱凸轮机构是用来驱使转塔刀架在停歇时定位的。

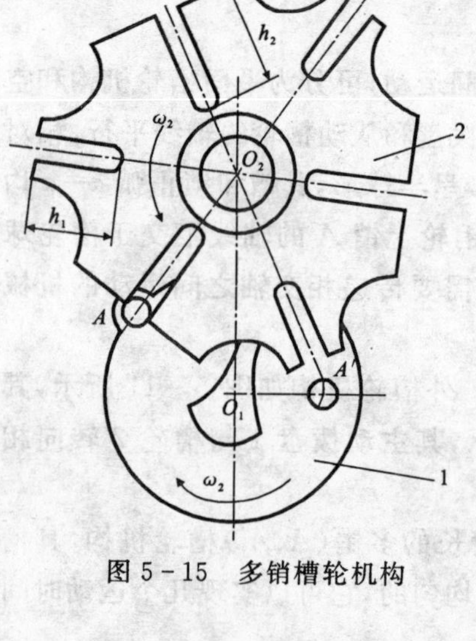

图 5-15 多销槽轮机构

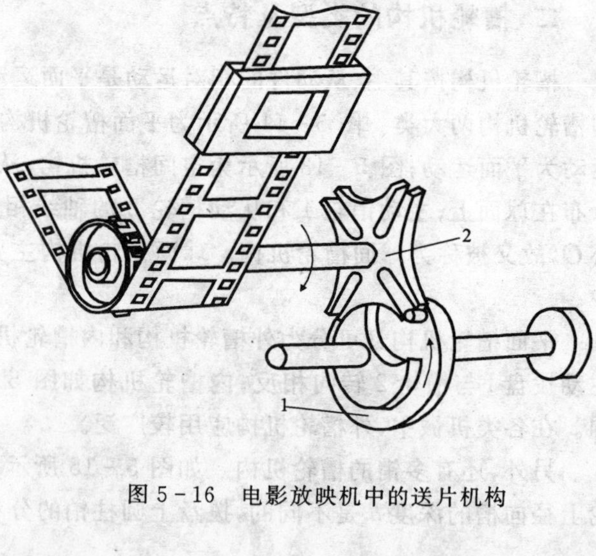

图 5-16 电影放映机中的送片机构

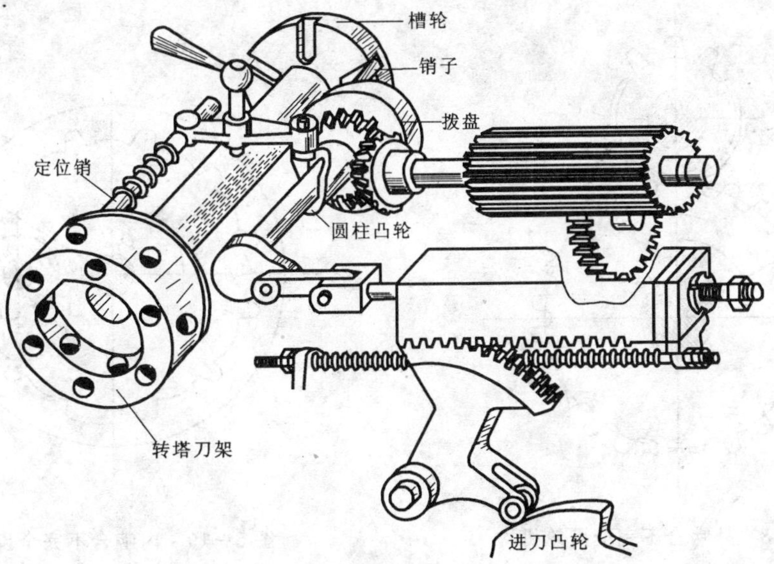

图 5-17　六角自动车床的转位机构

第三节　不完全齿轮机构

一、不完全齿轮机构的工作原理

不完全齿轮机构是由普通齿轮机构(第九章)演变而成的一种间歇运动机构。如图 5-18 所示,与一般齿轮机构不同,不完全齿轮机构的主动轮上只有一个齿或几个齿(此图为 3 个齿),并根据运动时间和停歇时间的要求,在从动轮上做出若干组运动与停歇段,每组运动与停歇段中,运动段是与主动轮齿数相对应的数个齿槽,停歇段是与主动轮上外凸锁止弧相配合的内凹锁止弧。因此,当主动轮做整周连续回转时,从动轮将得到间歇的单向转动。图 5-18 所示的不完全齿轮机构中,主动轮 1 上有 3 个齿,从动轮 2 上有 6 组运动与停歇段,因此主动轮 1 每转 1 转,从动轮 2 只转 1/6 转(即 $\theta=\frac{2\pi}{6}$)。而图 5-19 所示的内啮合不完全齿轮机构中,主动轮 1 上仅有一个齿,从动轮 2 上共有 12 个齿槽(即 12 组运动与停歇段),所以当主动轮 1 转一转时,从动轮只转 1/12 转,即 $\theta=\frac{2\pi}{12}$。

二、不完全齿轮机构的类型及特点

与普通齿轮机构一样,不完全齿轮机构有外啮合不完全齿轮机构、内啮合不完全齿轮机构和不完全齿轮齿条机构 3 种,分别如图 5-18、图 5-19 和图 5-20 所示。需要说明的是,对于不完全齿轮齿条机构(图 5-20),由于齿条只能做往复运动,所以在主动轮 1 推动并脱离齿条 2 后,又与轮 3 啮合使齿条 2 返回原位,以便再进入下一个运动循环。

不完全齿轮机构与其他间歇运动机构相比,其优点是:结构简单,制造容易;设计灵活。这

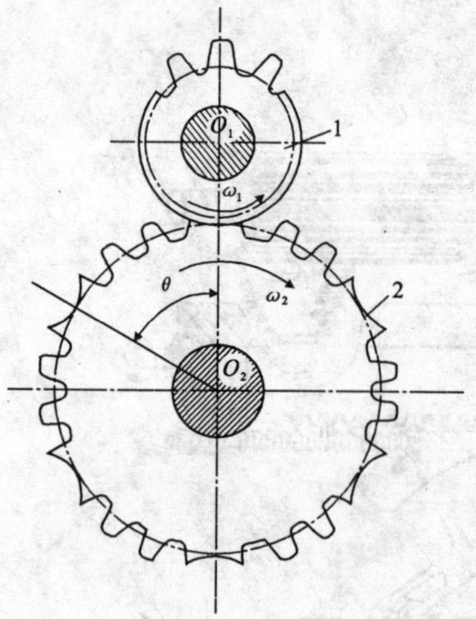

图 5-18　外啮合不完全齿轮机构

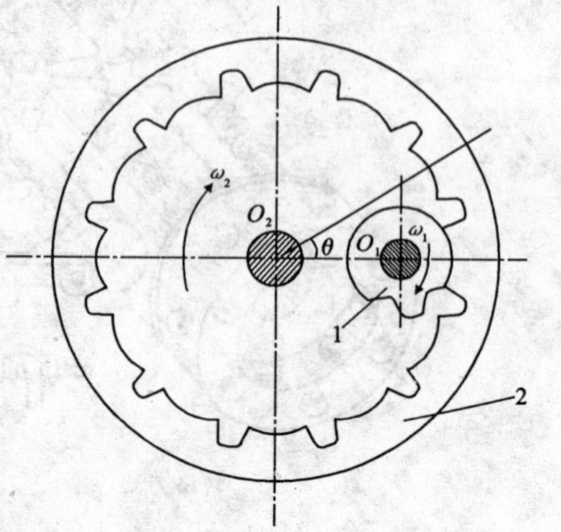

图 5-19　内啮合不完全齿轮机构

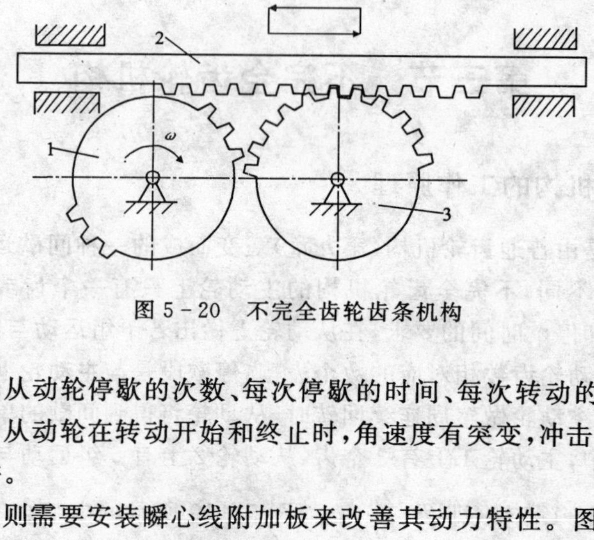

图 5-20　不完全齿轮齿条机构

是因为主动轮转一周,从动轮停歇的次数、每次停歇的时间、每次转动的转角等可选择的范围较大。其缺点主要是:从动轮在转动开始和终止时,角速度有突变,冲击较大,故一般只适用于低速、轻载的工作条件。

如果要用于高速,则需要安装瞬心线附加板来改善其动力特性。图 5-21 所示为安装了瞬心线附加板 K 和 L 的不完全齿轮机构,K 固定在轮 1 上,L 固定在轮 2 上。附加板作用是,在首齿(主动轮 1 上第一个齿)进入啮合之前,让板 K 和 L 先行接触,使从动轮 2 的角速度从一个尽可能小的值逐渐过渡到正常的等角速度值;当末齿(主动轮上最后一个齿)退出啮合时,可借助另一对附加板(图中未示出),使从动轮角速度由正常的等角速度值逐渐减小为零。于是,整个传动过程中都可保持速度变化平稳。图中,p'点为 K、L 板在首齿进入啮合前的接触点,它总是位于中心线 O_1O_2 上,是构件 1、2 的瞬心 P_{12}。

三、不完全齿轮机构的应用

不完全齿轮机构常用于多工位、多工序的自动机和半自动机或生产线上,实现工作台的间歇转位和进给运动,也常用于计数机构和某些具有特殊运动要求的专用机械中。图 5-22 为铣削乒乓球拍周缘的专用靠模铣床(图中构件 3 为靠模凸轮)。铣刀加工球拍时,球拍需由工作轴Ⅲ带动作正、反两个方向的回转,这两个方向的回转运动便由不完整齿轮机构实现(构件 1、2 均为不完全齿轮)。

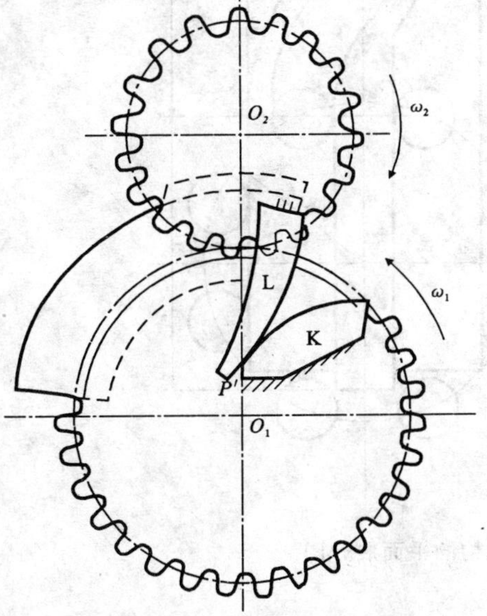

图 5－21　带有瞬心线附加板的不完全齿轮机构

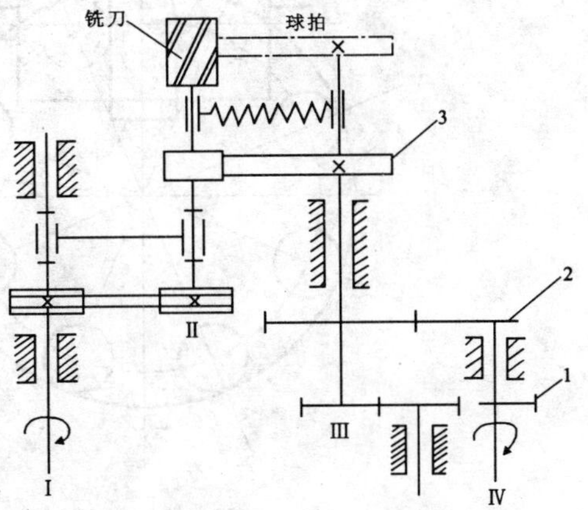

图 5－22　不完全齿轮机构的应用

第四节　凸轮式间歇运动机构

一、凸轮式间歇运动机构的组成和工作原理

如图 5－23 所示,凸轮式间歇运动机构由主动凸轮 1、从动转盘 2 和机架组成。其中,凸轮 1 上带有不闭合的曲线沟槽或曲线凸脊,转盘则是均布着若干柱销的圆盘。

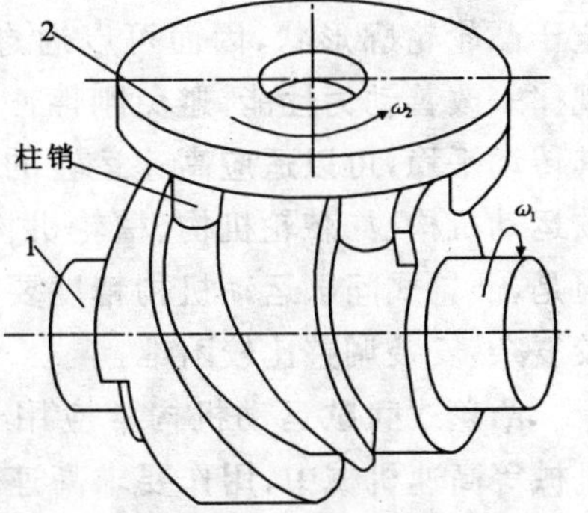

图 5－23　圆柱凸轮间歇运动机构

图 5－23 所示为圆柱凸轮间歇运动机构,其转盘上轴向均布着柱销。当凸轮 1 做等速回转运动时,将通过其曲线沟槽拨动柱销使转盘转动,转盘的运动规律完全取决于凸轮轮廓曲线的形状。在转盘停歇阶段,凸轮 1 继续做等速回转运动,而转盘上两相邻柱销正好卡在凸轮的直线段轮廓(即棱边)的两侧,以实现从动转盘的停歇及定位,这可见图 5－24 所示的平面展开图。这样凸轮 1 做连续等速回转运动时,转盘 2 做单向间歇回转。

图 5－25 所示为蜗杆凸轮间歇运动机构,其主动凸轮 1 上有一条凸脊,犹如圆弧面蜗杆,

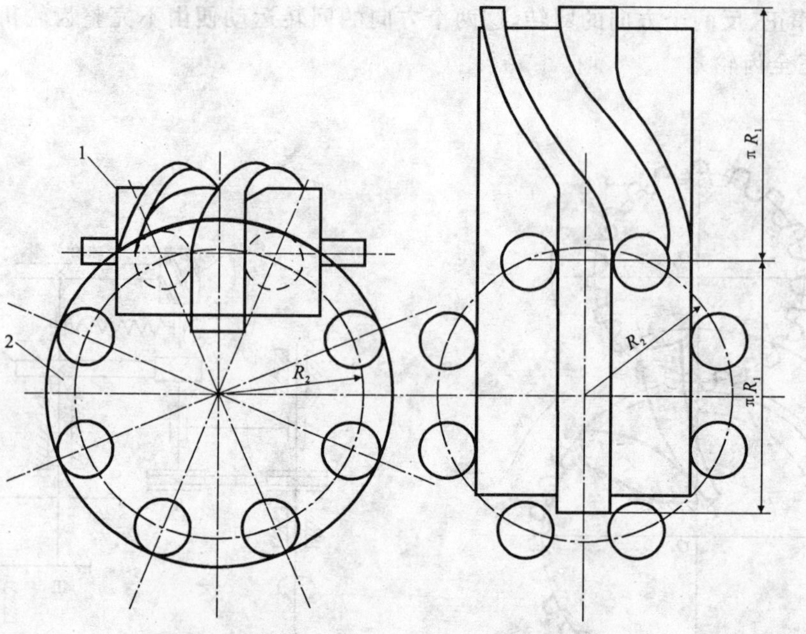

图 5－24　圆柱凸轮间歇运动机构的平面展开图

从动转盘 2 上径向均布着柱销，犹如蜗轮的齿。当蜗杆凸轮 1 作连续等速回转运动时，转盘即作单向间歇转动。

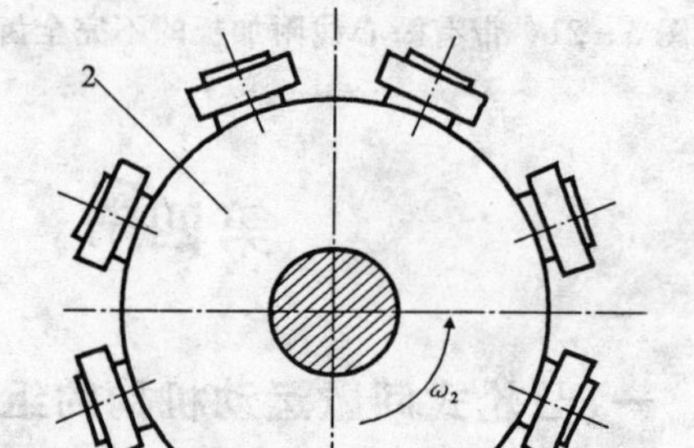

图 5－25　蜗杆凸轮间歇运动机构

二、凸轮式间歇运动机构的特点及应用

凸轮式间歇运动机构的特点是：结构简单、运转可靠、转位精确，特别是由于从动转盘的运动规律决定于凸轮轮廓形状，因而可以通过选择适当的运动规律来改善动力性能，避免刚性冲击和柔性冲击，使其传动平稳，可以适应高速运转的要求，这是其他间歇运动机构（如棘轮机构、槽轮机构等）无法比拟的。但是，凸轮式间歇运动机构精度要求高，凸轮加工比较复杂，安装调整比较困难。

凸轮式间歇运动机构常应用于轻工机械、冲压机械等高速机械中，用作要求高速、高精度的分度转位机构或步进进给机构，例如多工位立式半自动机中工作台的转位机构，某些包装机的间歇供料传动系统等等。

习题

1. 常用的棘轮机构有哪几种类型？各有什么特点？
2. 棘轮机构除常用于实现间歇运动外，还常用于什么方面？

3. 齿式棘轮机构中棘轮每次转过的转角是否可调？如何调整？

4. 槽轮机构有何特点？分为哪几种类型？

5. 不完全齿轮机构有何特点？安装瞬心线附加板的目的是什么？

6. 凸轮式间歇运动机构与棘轮机构、槽轮机构相比，其最大优点是什么？

第六章　齿轮机构

齿轮机构可以用来传递任意两轴间的运动和动力，是现代机器中应用最广泛的一种机械传动机构。齿轮机构的类型很多，本章将以直齿圆柱齿轮为重点，就其啮合原理、传动参数和几何尺寸计算等问题进行讨论，然后在此基础上介绍其他各种齿轮机构。

第一节　齿轮机构的特点和类型

一、齿轮机构的特点

齿轮机构是利用一对具有特殊齿形的轮子，依靠轮齿的直接接触（啮合）来传递运动和动力的。主要优点是：①瞬时传动比恒定不变；②效率高；③寿命长，工作可靠性高；④结构紧凑，使用的圆周速度和功率范围较大等。主要缺点是：①制造和安装精度要求较高，成本较高；②低精度齿轮在传动时会产生噪声和振动；③不宜远距离两轴之间的传动。

二、齿轮机构的类型

齿轮机构按照两轮轴线的相对位置和齿向分类如下（图 6-1）：

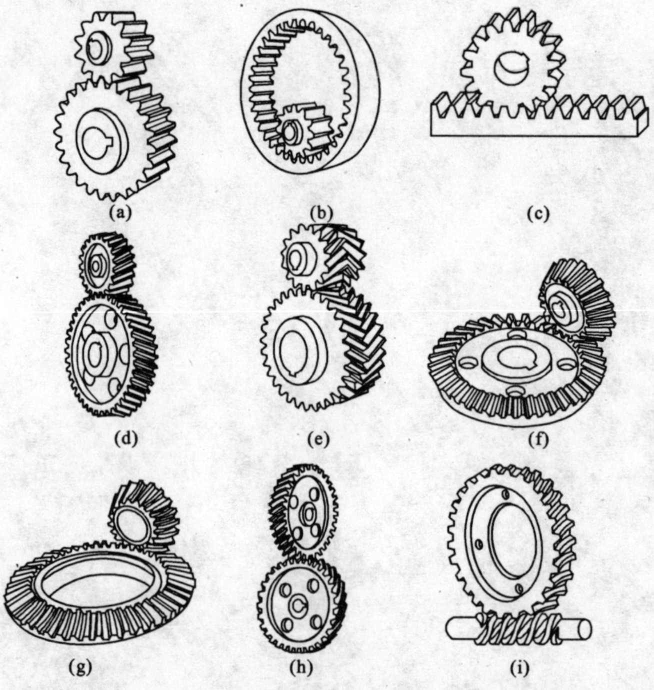

图 6-1　齿轮机构分类

- 齿轮机构
  - 两轴平行的齿轮机构——圆柱齿轮机构（平面齿轮机构）
    - 直　齿[图 6-1(a),(b),(c)]
    - 斜　齿[图 6-1(d)]
    - 人字齿[图 6-1(e)]
  - 两轴不平行的齿轮机构（空间齿轮机构）
    - 两轴相交的齿轮机构（锥齿轮机构）
      - 直齿[图 6-1(f)]
      - 曲齿[图 6-1(g)]
    - 两轴交错的齿轮机构
      - 交错斜轴齿轮[图 6-1(h)]
      - 蜗杆涡轮[图 6-1(i)]

第二节　齿廓实现定角速传动比的条件

齿轮传动的基本要求之一是其瞬时角速度之比（或称传动比）必须保持不变，否则，当主动轮等角速度回转时，从动轮的角速度为变数，从而产生惯性力。这种惯性力不仅影响齿轮的寿命，而且还引起机器的振动和噪声，影响其工作精度。为了阐明一对齿廓实现定角速度比的条件，有必要先探讨角速比与齿廓间的一般规律。

图 6-2 表示两相互啮合的齿廓 E_1 和 E_2 在 K 点接触。过 K 点作两齿廓的公法线 nn，它与连心线 O_1O_2 的交点 C 为节点。C 点也就是齿轮 1、2 的相对速度瞬心，且

$$\frac{\omega_1}{\omega_2}=\frac{O_2C}{O_1C} \tag{6-1}$$

式(6-1)表明，一对传动齿轮的瞬时角速度与其连心线 O_1O_2 被齿廓接触点公法线所分割的两线段长度成反比。这个规律称为齿廓啮合基本定律。

可以推论，欲使两齿轮瞬时角速比恒定不变，必须使 C 点为连心线上的固定点。或者说，欲使齿轮保持定角速比，不论齿廓在任何位置接触，过接触点所作的齿廓公法线都必须与连心线交于一定点。

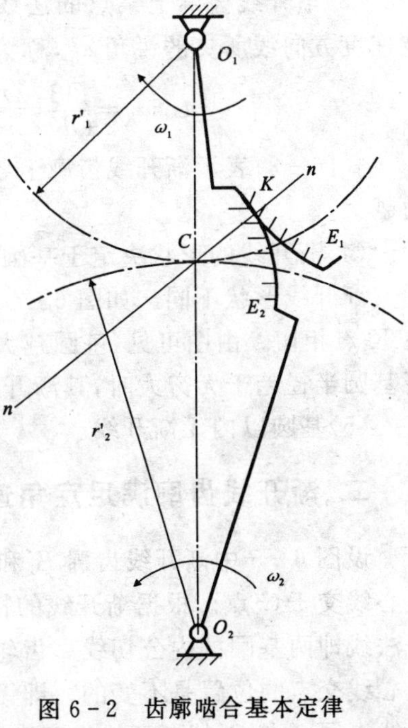

图 6-2　齿廓啮合基本定律

凡能满足上述要求的一对齿廓称为共轭齿廓。齿廓曲线的选择除要求满足定角速比之外，还必须考虑制造、安装和强度等要求。在机械中，常用的齿廓有渐开线齿廓、摆线齿廓和圆弧齿廓，其中以渐开线齿廓应用最广。

过节点 C 所作的两个相切的圆称为节圆，以 r'_1、r'_2 表示两个节圆的半径。由于节点的相对速度等于零，所以一对齿轮传动时，它的一对节圆在作纯滚动。又由图可知，一对外啮合齿轮的中心距恒等于其节圆半径之和。

第三节　渐开线齿廓

一、渐开线齿廓的形成和特性

当一直线在一圆周上作纯滚动时(图 6-3),此直线上任意一点的轨迹称为该圆的渐开线。这个圆称为渐开线的基圆,该直线称为发生线。

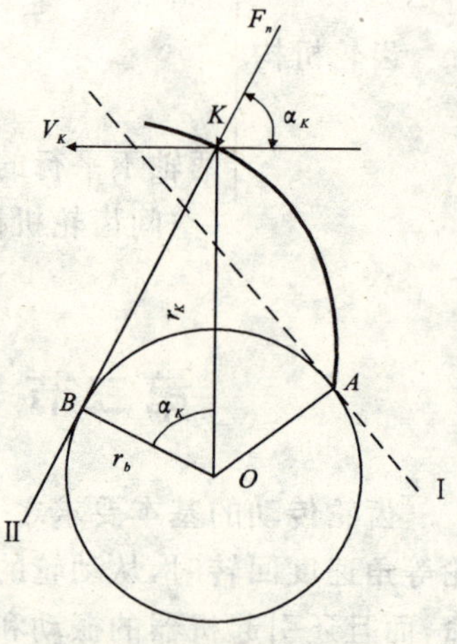

图 6-3　渐开线的形成

由渐开线形成过程可知,渐开线具有下列特性:

(1)当发生线从位置Ⅰ滚到位置Ⅱ时,因它与基圆之间为纯滚动,没有相对滑动,所以

$$\overline{BK}=\widehat{AB}$$

(2)当发生线在位置Ⅱ沿基圆作纯滚动时,B 点是它的速度瞬心,因此直线 BK 是渐开线上 K 点的法线,且线段$\overline{BK}$为其曲率半径、B 点为其曲率中心。又因发生线始终切于基圆,故渐开线上任意一点的法线必与基圆相切;或者说,基圆的切线必为渐开线上某一点的法线。

(3)渐开线齿廓上某点的法线(压力方向线),与齿廓上该点速度方向线所夹的锐角 α_K,称为该点的压力角。今以 r_b表示基圆半径,由图可知

$$\cos\alpha_K=\frac{OB}{OK}=\frac{r_b}{r_K} \tag{6-2}$$

式(6-2)表示渐开线齿廓上各点压力角不等,向径 r_K越大(即 K 点离轮心越远),其压力角越大。

(4)渐开线的形状决定于基圆的大小。大小相等的基圆其渐开线形状相同;大小不等的基圆其渐开线形状不同。如图 6-4 所示,取大小不等的两个基圆使其渐开线上压力角相等的点在 K 点相切。由图可见,基圆越大,它的渐开线在 K 点的曲率半径越大,即渐开线愈趋平直。当基圆半径趋于无穷大时,其渐开线将成为垂直于 B_3K 的直线,它就是渐开线齿条的齿廓。

(5)基圆以内无渐开线。

二、渐开线齿廓满足定角速比要求

设图 6-5 中渐开线齿廓 E_1和 E_2在任意点 K 接触,过 K 点作两齿廓的公法线 nn 与两轮连心线交于 C 点。根据渐开线的特性,nn 必同时与两基圆相切,或者说,过啮合点所作的齿廓公法线即两基圆的内公切线。齿轮传动时基圆位置不变,同一方向的内公切线只有一条,它与连心线交点的位置是不变的。即无论两齿廓在何处接触,过接触点所作齿廓公法线均通过连心线上同一点 C,故渐开线齿廓满足定角速比要求。

对于定角速比传动,角速比 ω_1/ω_2也等于转速比 n_1/n_2。角速比又称传动比,当不计转动方向相同或相反时,传动比的大小常用不带下标的 i 表示,且规定 $i\geqslant1$。

在图 6-5 中,$\Delta O_1N_1C\sim\Delta O_2N_2C$,故一对齿轮的传动比

$$i=\frac{n_1}{n_2}=\frac{\omega_1}{\omega_2}=\frac{r'_2}{r'_1}=\frac{r_{b2}}{r_{b1}} \tag{6-3}$$

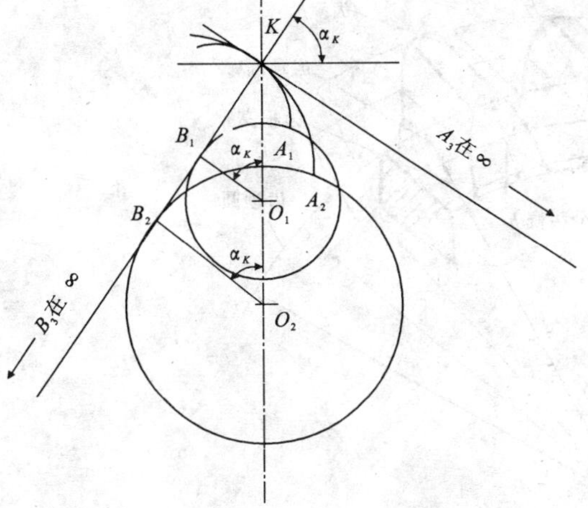

图 6-4　基圆大小对渐开线的影响

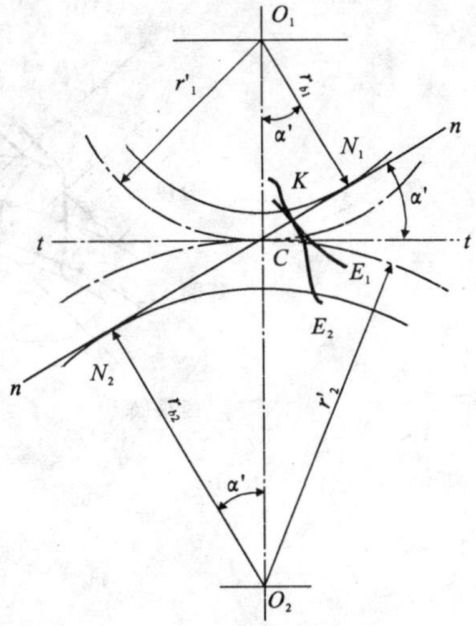

图 6-5　渐开线齿廓定角速比证明

上式表示渐开线齿轮的传动比等于两轮基圆半径的反比。因 $i \geqslant 1$，故在讨论一对齿轮传动时，下标 1 表示小轮，下标 2 表示大轮。在以下各章中，也按这一规则标注。

由图 6-5 还可以看出渐开线齿廓啮合的一些特点。

当一对渐开线齿轮制成之后，其基圆半径是不会改变的，因而由式(6-3)可知，即使两轮的中心距稍有改变，其角速比仍保持原值不变。这种性质称为渐开线齿轮的可分性。实际上，制造安装误差或轴承磨损，常常导致中心距的微小改变，但由于它具有可分性，故仍能保持良好的传动性能。此外，根据渐开线齿轮的可分性还可以设计变位齿轮。因此，可分性是渐开线齿轮的一大优点。

齿轮传动时其齿廓接触点的轨迹称为啮合线。对于渐开线齿轮，无论在哪一点接触，接触齿廓的公法线总是两基圆的内公切线 N_1N_2。因此直线 N_1N_2 就是渐开线齿廓的啮合线。

过节点 C 作两节圆的公切线 tt，它与啮合线 N_1N_2 间的夹角称为啮合角。由图可见，渐开线齿轮传动中啮合角为常数。由图中几何关系可知，啮合角在数值上等于渐开线在节圆上的压力角 α'。啮合角不变表示齿廓间压力方向不变，若齿轮传递的力矩恒定，则轮齿之间、轴与轴承之间压力的大小和方向均不变，这也是渐开线齿轮传动的一大优点。

第四节　齿轮各部分名称及渐开线标准齿轮的基本尺寸

一、直齿圆柱齿轮的各部分名称

图 6-6 所示为一直齿圆柱齿轮的一部分，其各部分名称及符号介绍如下。

齿顶圆——过齿轮各轮齿顶端所连成的圆，其直径用 d_a 表示，半径用 r_a 表示；

齿根圆——过齿轮各轮齿槽底部所连成的圆，其直径用 d_f 表示，半径用 r_f 表示；

齿厚——任意圆周上轮齿两侧间的弧长，用 s_k 表示；

齿槽宽——任意圆周上相邻两齿间的弧长，用 e_k 表示；

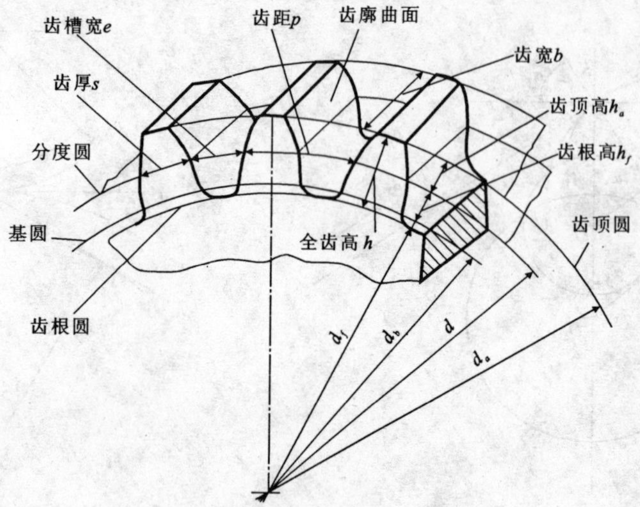

图 6-6 直齿圆柱齿轮的各部分名称

分度圆——对于标准齿轮而言,齿厚与齿槽宽相等的那个圆,其直径用 d 表示。

分度圆上的齿厚和齿槽宽分别用 s 和 e 表示。在设计和制造齿轮时,分度圆是度量齿轮尺寸和分齿的基准圆。

齿距——相邻两齿同侧齿廓在分度圆上对应点间的弧长,用 p 表示。即

$$P=s+e \tag{6-4}$$

齿顶高——分度圆到齿顶圆的径向距离,用 h_a 表示;

齿根高——分度圆到齿根圆的径向距离,用 h_f 表示;

齿全高——齿顶圆到齿根圆的径向距离,用 h 表示,$h=h_a+h_f$。

齿宽——轮齿的轴向宽度,用 b 表示。

二、直齿圆柱齿轮的基本参数

1. 模数 m

分度圆直径 d 与齿数 z 及齿距 p 有如下关系

$$\pi d=pz,\text{或 } d=\frac{p}{\pi}z$$

式中,π 是一个无理数,用上式来计算分度圆直径很不方便,所以在工程上把齿距 p/π 取成有理数(使 p 的数值为 π 的倍数),这个比值称力模数,用符号 m 表示,即

$$m=\frac{p}{\pi} \tag{6-5}$$

则

$$d=mz \tag{6-6}$$

模数是齿轮计算中的一个基本参数,其单位为 mm。模数越大,齿距越大,轮齿也就越大,其抗弯能力越高。我国 GB1357—1987 已规定了标准系列,表 6-1 为其中的一部分。

表 6-1　齿轮模数 m 标准系列(GB1357—1987)　单位:mm

第一系列	1	1.25	1.5	2	2.5	3	4	5	6	
	8	10	12	16	20	25	32	40	50	
第二系列	1.75	2.25	2.75	(3.25)	3.5	(3.75)	4.5	5.5	(6.5)	
	7	9	(11)	14	18	22	28	(30)	36	45

注:1.本表适用于渐开线齿轮。对于斜齿圆柱齿轮是指法向模数,对于直齿圆锥齿轮指大端模数。

2.优先采用第一系列,括号里的模数尽可能不用。

2.压力角 α

如前所述,同一渐开线上各点的压力角是不相等的,离基圆越远的压力角越大(如图 6-7 中的 α_K 和 α)。压力角太大对传动不利。为了便于设计、制造和维修,我国 GB1357—1987 规定分度圆上的压力角 $\alpha=20°$。以后凡是不加以说明的,都是指分度圆上的压力角。

3.齿数 z

齿轮的齿数不仅与传动比有关,而且还与齿轮的分度圆直径 d 有关,当模数 m 一定时,z 越多,d 越大。

4.齿顶高系数 h_a^* 和径向间隙系数 c^*

齿轮的轮齿高度与模数成正比关系。对于标准齿轮,其齿顶高、齿根高分别为

$$h_a=h_a^* m \tag{6-7}$$

$$h_f=(h_a^*+c^*)m \tag{6-8}$$

式中,h_a^* 称为齿顶高系数;c^* 为顶隙系数。

我国标准规定:正常齿制 $h_a^*=1, c^*=0.25$;短齿制 $h_a^*=0.8, c^*=0.3$。

当模数 m、压力角 α、齿顶高系数 h_a^* 及顶隙系数 c^* 为标准值,且分度圆上的齿厚 s 与齿槽宽 e 相等的齿轮,称为标准齿轮。对于标准齿轮

$$s=e=\frac{p}{2}=\pi m \tag{6-9}$$

又根据式(6-2)可知

$$\cos\alpha=\frac{r_b}{r} \tag{6-10}$$

式中,r_b 为基圆半径(mm);r 为分度圆半径(mm)。

因此,分度圆的完整定义为:齿轮上具有标准模数和标准压力角的那个圆,称为分度圆。

当上述的 5 个基本参数已知时,标准直齿圆柱齿轮的各部分尺寸就可以进行计算了。

三、标准直齿圆柱齿轮的几何尺寸计算

渐开线直齿圆柱齿轮分为外齿轮(图 6-6)、内齿轮(图 6-8)、齿条(图 6-9)3 种。

渐开线标准直齿圆柱齿轮几何尺寸计算公式见表 6-2 所示。

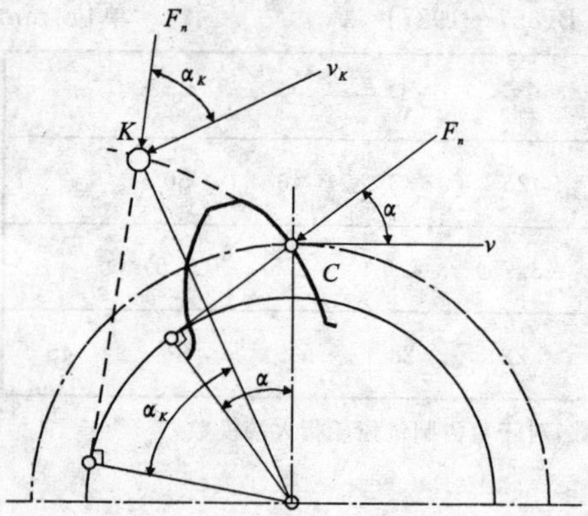

图 6-7 渐开线齿廓在分度圆处的压力角

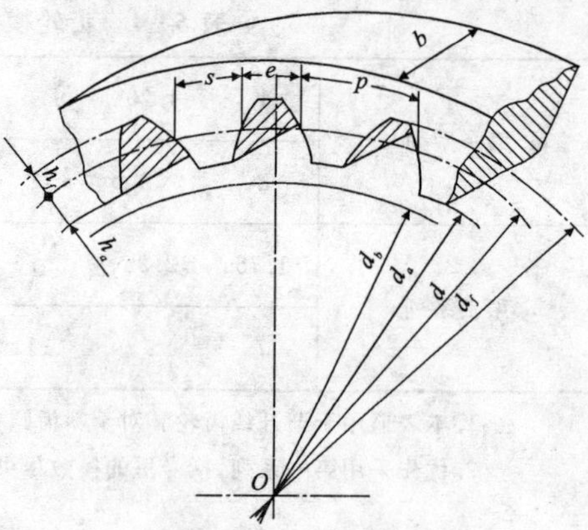

图 6-8 内齿轮

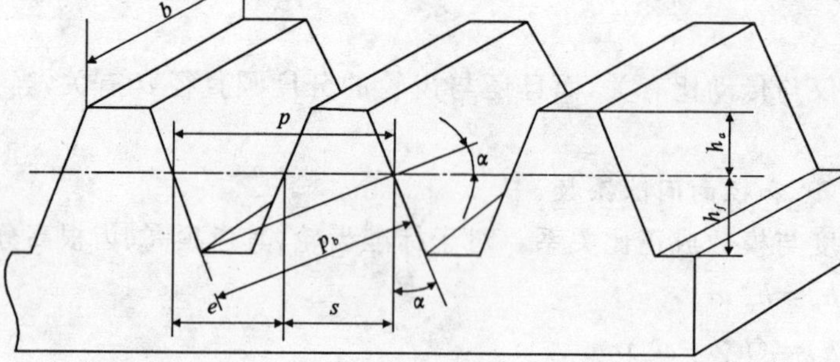

图 6-9 齿条

表 6-2 渐开线标准直齿圆柱齿轮几何尺寸计算公式 单位：mm

名　称	符　号	公　式		
		外齿轮	内齿轮	齿　条
齿顶高	h_a	$h_a=h_a^* m$		
齿根高	h_f	$h_f=(h_a^*+c^*)m$		
齿全高	h	$h=(2h_a^*+c^*)m$		
齿　距	p	$p=\pi m$		
齿　厚	s	$s=\pi m/2$		
齿槽宽	e	$e=\pi m/2$		
径向间隙	c	$c=c^* m$		
分度圆直径	d	$d=zm$		——
齿顶圆直径	d_a	$d_a=(z+2h_a^*)m$	$d_a=(z-2h_a^*)m$	
齿根圆直径	d_f	$d_f=(z-2h_a^*-c^*)m$	$d_f=(z+2h_a^*+c^*)m$	
基圆直径	d_b	$d_b=zm\cos\alpha$		
标准中心距	a	$a=(z_1+z_2)m/2$	$a=(z_1-z_2)m/2$	

第五节　渐开线标准齿轮的啮合

一、正确啮合条件

齿轮传动时，它的每一对齿仅啮合一段时间便要分离，而由后一对齿接替。如图 6-10 所示，当前一对齿在啮合线上 K 点接触时，其后一对齿应在啮合线上另一点 K' 接触，这样，前一对分离时，后一对齿才能不中断地接替传动。为了保证前后两对齿有可能同时在啮合线上接触，轮 1 相邻两齿同侧齿廓沿法线的距离 $K_1K'_1$ 应与轮 2 相邻两齿同侧齿廓沿法线的距离 $K_2K'_2$ 相等。即

$$\overline{K_1K'_1}=\overline{K_2K'_2}$$

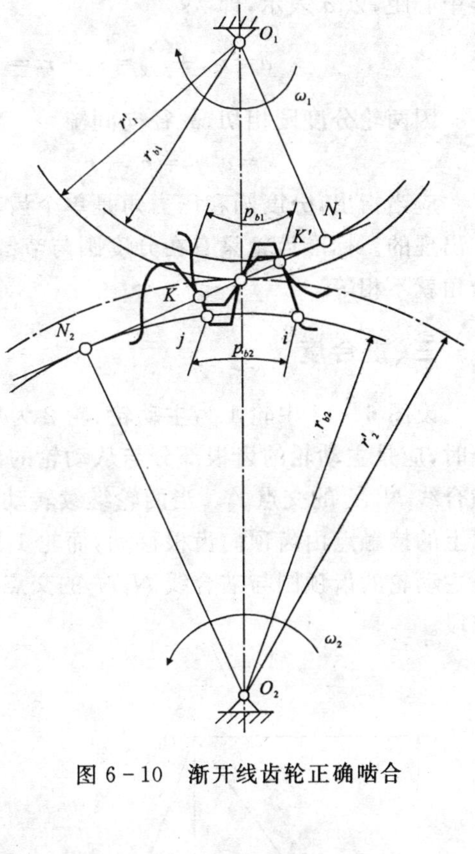

图 6-10　渐开线齿轮正确啮合

设 m_1、m_2、α_1、α_2、p_{b1}、p_{b2} 分别为两轮的模数、压力角和基圆齿距，则根据渐开线的性质，由轮 2 可得

$$\overline{K_2K'_2}=\overline{N_2K'}-\overline{N_2K}=\widehat{N_2i}-\widehat{N_2j}=\widehat{ji}=p_{b2}$$

$$=\frac{\pi d_{b2}}{z_2}=\frac{\pi d_2}{z_2}\frac{d_{b2}}{d_2}=p_2\cos\alpha_2=\pi m_2\cos\alpha_2$$

同理，由轮 1 可得

$$\overline{K_1K'_1}=p_1\cos\alpha_1=\pi m_1\cos\alpha_1$$

因 $\overline{K_1K'_1}=\overline{K_2K'_2}$，则得正确啮合条件

$$m_1\cos\alpha_1=m_2\cos\alpha_2$$

由于模数和压力角已经标准化，事实上很难拼凑满足上述关系，所以必须使

$$\left.\begin{aligned}m_1=m_2=m\\ \alpha_1=\alpha_2=\alpha\end{aligned}\right\}\tag{6-11}$$

式(6-11)表明：渐开线齿轮的正确啮合条件是两轮的模数和压力角必须分别相等。

这样，一对齿轮的传动比可表示为

$$i=\frac{\omega_1}{\omega_2}=\frac{d'_2}{d'_1}=\frac{d_{b2}}{d_{b1}}=\frac{d_2}{d_1}=\frac{z_2}{z_1}\tag{6-12}$$

二、标准中心距

一对齿轮传动时，一轮节圆上的齿槽宽与另一轮节圆上的齿厚之差称为齿侧间隙（简称侧隙）。在齿轮加工时，刀具轮齿与工件轮齿之间是没有齿侧间隙的；在齿轮传动中，为了消除反向传动空程和减少撞击，也要求齿侧间隙等于零。因此，在机械设计中，正确安装的齿轮都按照无齿侧间隙的理想情况计算其名义尺寸①。

---

① 实际上，考虑轮齿热膨胀和润滑、安装的需要，传动齿轮的轮齿间存在微小侧隙。其值由制造公差加以控制。

由前所述已知，标准齿轮分度圆的齿厚与齿槽宽相等，又知正确啮合的一对渐开线齿轮的模数相等，故 $s_1=e_1=s_2=e_2=\pi m/2$。若令分度圆与节圆重合（即两轮分度圆相切，如图 6－11 所示），则 $e'_1-s'_2=e_1-s_2=0$，齿侧间隙为零。一对标准齿轮分度圆相切时的中心距称为标准中心距，以 a 表示，即

$$a=r'_1+r'_2=r_1+r_2=\frac{m}{2}(z_1+z_2) \tag{6-13}$$

因两轮分度圆相切，故径向间隙

$$c=c^* m=h_f-h_a \tag{6-14}$$

应当指出，分度圆和压力角是单个齿轮本身所具有的，而节圆和啮合角是两个齿轮啮合时才出现的。标准齿轮只有在分度圆与节圆重合时，压力角与啮合角才相等；否则，压力角与啮合角就不相等。

三、重合度

设图 6－12 中轮 1 为主动轮，轮 2 为从动轮，它们的转动方向如图所示。一对齿廓开始啮合时，应是主动轮的齿根部分与从动轮的齿顶部分接触，所以开始啮合点是从动轮的齿顶圆与啮合线 N_1N_2 的交点 A。当两轮继续转动时，啮合点的位置沿啮合线 N_1N_2 向下移动，轮 2 齿廓上的接触点由齿顶向齿根移动，而轮 1 齿廓上的接触点则由齿根向齿顶移动。终止啮合点是主动轮的齿顶圆与啮合线 N_1N_2 的交点 E。线段 $\overline{AE}$ 为啮合点的实际轨迹，故称为实际啮合线段。

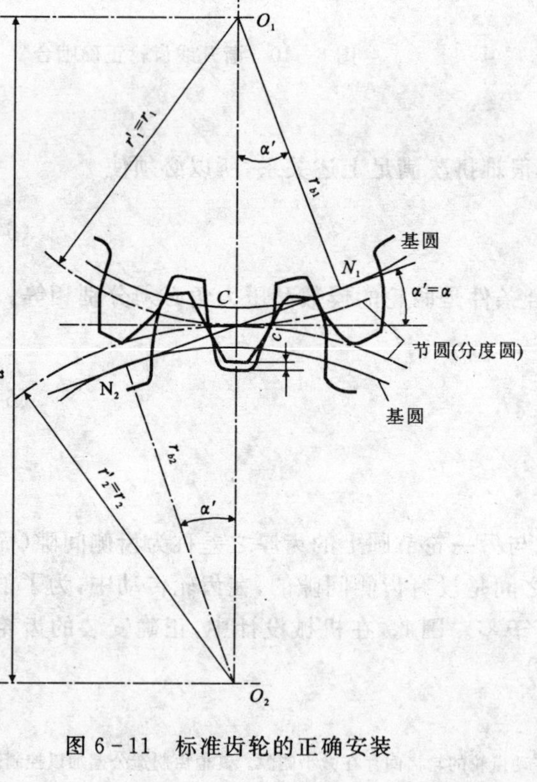

图 6－11　标准齿轮的正确安装

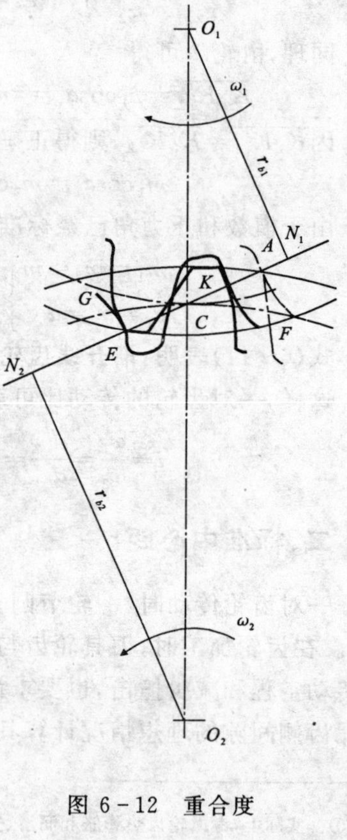

图 6－12　重合度

当两轮齿顶圆加大时，点 A 和 E 趋近于点 N_1 和 N_2，但因基圆以内无渐开线，故线段 $\overline{N_1N_2}$ 为理论上可能的最大啮合线段，称为理论啮合线段。

如前所述，满足正确啮合条件的一对齿轮有可能在啮合线上两点同时啮合。但是，如果这两啮合点间的距离大于实际啮合线段的长度，则两点不会同时啮合，连续传动也不能实现。也就是说，满足正确啮合条件只是连续传动的必要条件，而不是充分条件。为了保证连续传动还必须研究齿轮传动的重合度。

一对齿从开始啮合到终止啮合，分度圆上任一点所经过的弧线距离称为啮合弧，图 6-12 中圆弧 $\widehat{FG}$ 就是啮合弧。

如图 6-12 所示，如果啮合弧 $\widehat{FG}$ 大于齿距 p，当前一对齿正要在终止啮合点 E 分离时，后一对齿已经在啮合线上 K 点啮合，故能保证连续正确传动。如果啮合弧等于齿距，则当前一对齿在啮合线上正要分离时，后一对齿在啮合线上正要进入啮合，处于传动连续和不连续的边界状态。如果啮合弧小于齿距，则当前一对齿在啮合线上的 E 点终止啮合时，后一对齿还未进入啮合。若轮 1 继续回转，则轮 1 前一个齿的齿顶尖角将沿轮 2 渐开线齿廓滑过，这时啮合点不在啮合线上，不能保证定角速比。由此可知，当考虑制造误差影响时，为了保证渐开线齿轮连续以定角速比传动，啮合弧必须大于齿距。

啮合弧与齿距之比称为重合度，用 ε 表示，因比，齿轮连续传动的条件是

$$\varepsilon=\frac{\widehat{FG}}{p}>1 \tag{6-15}$$

重合度越大，表示同时啮合的齿的对数越多。重合度的详细计算公式可参阅有关机械设计手册。对于标准齿轮传动，因其重合度恒大于 1，故可不必验算。

第六节 渐开线齿轮的切齿原理及齿轮精度

齿轮加工的方法很多，如切削法、铸造法、热轧法、冲压法以及电加工法等。目前最常用的是切削法。切削法加工齿轮的设备有多种，但就其原理来说，可分为仿形法（成形法）和展成法（范成法）两种。

一、仿形法

用仿形法加工齿轮所用的刀具有盘状铣刀[图 6-13(a)]和指状铣刀[图 6-13(b)]两种。它们的切削刃在其轴剖面内的形状和被切齿槽的形状相同，故称为成形刀。加工时，铣刀绕本身轴线旋转，同时轮坯沿齿轮的轴向直线移动，铣出一个齿槽后，将轮坯退回原位并转过 $360°/z$，再铣第二个齿槽，这样连续进行，直到切出所有轮齿。

由于渐开线的形状随基圆的大小而改变，而基圆半径 $r_b=r\cos\alpha=(mz/2)\cos\alpha$，故当 m 及 α 一定时，渐开线的形状将随齿轮齿数而变化。因此，要想切出完全准确的渐开线齿廓，当 m、α 相同而齿数 z 不同时，每一种齿数的齿轮就需要一把刀具。显然，这在实际上是不可行的。因此，在工程上切削相同 m、α 的齿轮时，一般只备有 8 种号码的齿轮铣刀，可根据被铣切齿轮的齿数，选择铣刀号码。各号齿轮铣刀切削齿轮的齿数范围见表 6-3。

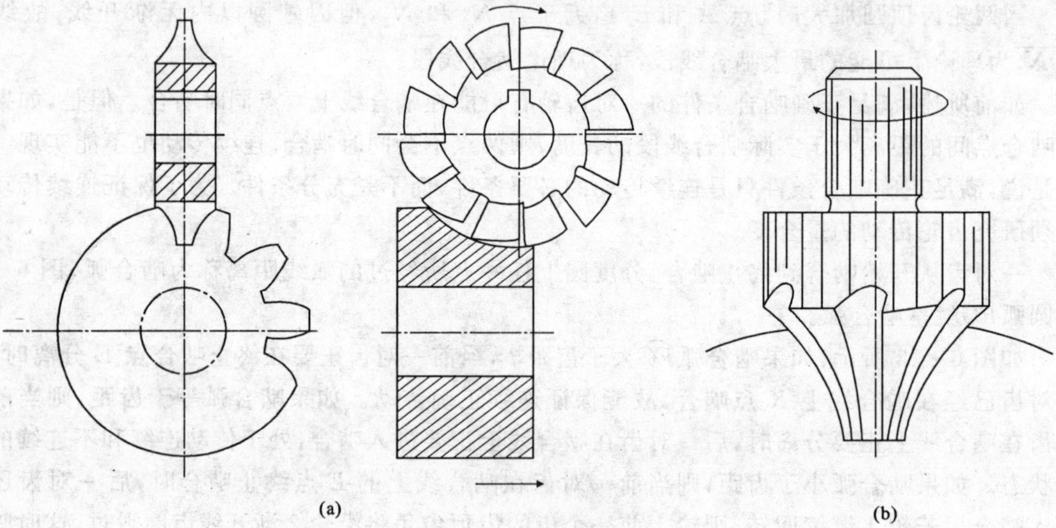

图 6-13 仿形法切齿

表 6-3 各号铣刀切削齿轮的齿数范围

铣刀号码	1	2	3	4	5	6	7	8
切削齿数	12～13	14～16	17～20	21～25	26～34	35～54	55～134	≥135

由于铣刀号码有限，分度也有误差，所以加工精度低，而切削的不连续使生产效率也不高。但仿形法简单，不需专用机床，故适用于单件生产及精度要求不高的齿轮加工。

二、展成法

展成法也称包络法，是利用一对齿轮或齿条齿轮相互啮合时，其共轭齿廓互为包络线的原理来切齿的方法。如果把其中的一个（齿轮或齿条）做成刀具，就可以在轮坯上切出与其共轭的渐开线齿廓。用展成法切齿的常用刀具有齿轮插刀、齿条插刀和齿轮滚刀等。

1. 齿轮插刀

齿轮插刀的形状就像一个有切削刃的外齿轮，但齿顶比齿轮高出 $c^* m$，以便切出齿轮的顶隙部分。图 6-14(a)所示为用齿轮插刀加工齿轮的情形。插齿时，使插刀和轮坯模仿一对齿轮传动那样以恒定的传动比转动，如图 6-14(b)所示，插刀和轮坯之间的这一相对转动称为展成运动。与此同时，插刀沿轮坯的轴向做往复切削运动；为了切出轮齿的高度，插刀还需向轮坯中心进给，直至达到规定的轮齿高度为止。此外，为了防止插刀退刀时损伤已切好的齿面，轮坯还须有一让刀运动。

2. 齿条插刀

图 6-15 所示为用齿条插刀加工齿轮的情形。加工时，刀具与轮坯的展成运动相当于齿轮与齿条的啮合运动。其切齿原理与用齿轮插刀加工齿轮的原理相同。

图 6-16 所示为齿条插刀的齿廓形状。其顶部比传动用的齿条高出 $c^* m$（圆角部分），以便切出齿轮的顶隙部分。切削标准齿轮时，应令轮坯径向进给直至刀具中线与轮坯分度圆相切并保持纯滚动。这样切削成的齿轮，分度圆齿厚与齿槽宽相等，即 $s=e=\pi m/2$，且模数和压

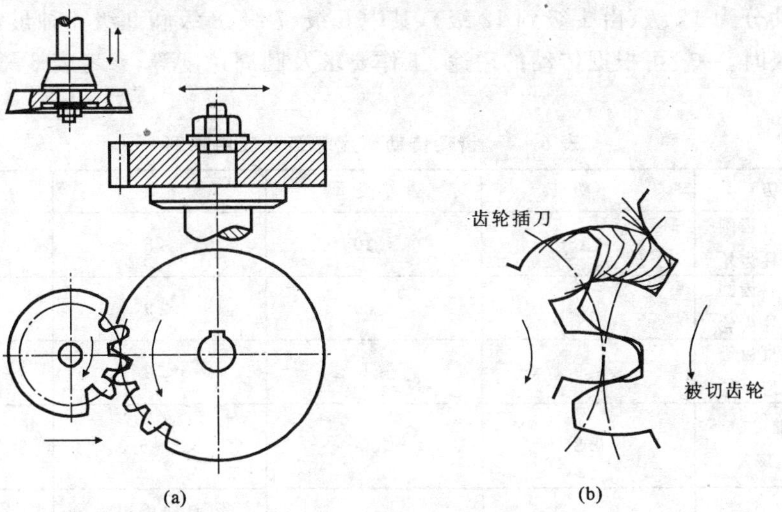

图 6－14　齿轮插刀切齿

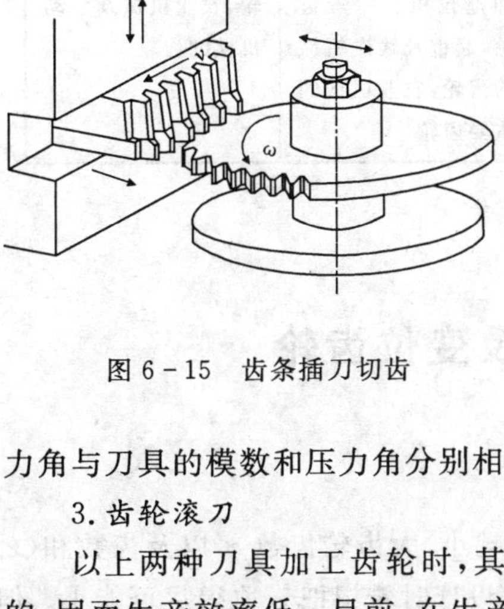

图 6－15　齿条插刀切齿

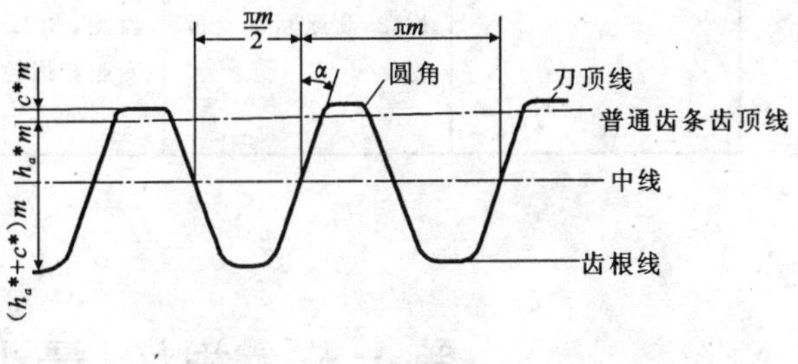

图 6－16　齿条插刀

力角与刀具的模数和压力角分别相等。

3. 齿轮滚刀

以上两种刀具加工齿轮时，其切削都是间断的，因而生产效率低。目前，在生产中广泛采用齿轮滚刀来加工齿轮，它能连续切剖，生产效率较高。

图 6－17 所示为用滚刀加工齿轮时的情况，滚刀是一个在轮坯端面上的投影具有齿条插刀齿形的螺杆。用滚刀加工齿轮时，滚刀的轴线与轮坯的端面所形成的夹角应等于滚刀的螺纹升角 λ，以使滚刀螺纹的切线恰与轮坯的齿向相同。滚刀转动时，就相当于齿条在连续移动。这样，便按展成原理切出轮坯的渐开线齿廓。滚刀除旋转外，还沿轮坯的轴向逐渐移动，以便切出整个齿宽。

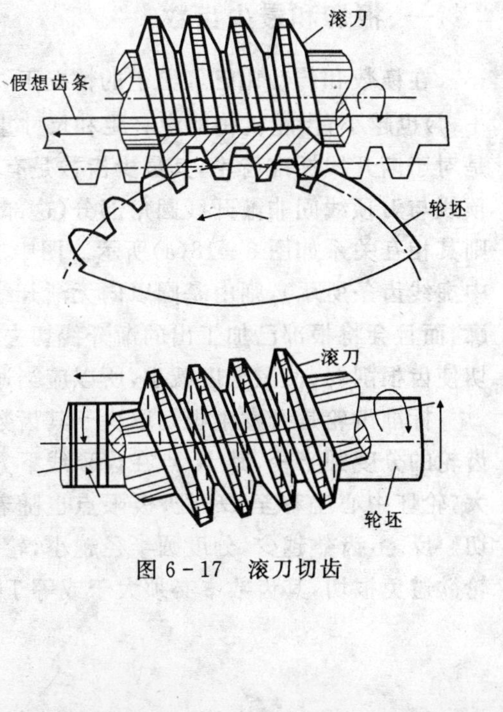

图 6－17　滚刀切齿

按照尺寸精度与表面粗糙度的不同，齿轮的加工精度等级共分为 12 级(由 1 级到 12 级),其中 6 级、7 级、8 级和 9 级 4 种最常用。确定齿轮加工精度等级时,一般可根据传动的用途、工作要求及圆周速度等,参考表 6-4 选取。

表 6-4 齿轮传动精度等级及应用举例

精度等级		6 级	7 级	8 级	9 级
圆周速度 v (m/s)	直齿圆柱齿轮	≤15	≤10	≤5	≤3
	斜齿圆柱齿轮	≤30	≤20	≤9	≤6
	直齿锥齿轮	≤9	≤6	≤3	≤2.5
齿面粗糙度 R_a(μm)		0.8	1.6	3.2~6.3	12.5
应用举例		在高速重载下工作的齿轮传动,如机床、汽车和飞机的重要齿轮,分度机构齿轮,高速减速器齿轮	在高速中载和中速重载下工作的齿轮传动,如中速减速器齿轮,机床进给齿轮,机床、汽车的变速箱齿轮	对精度没有特殊要求的一般机械的齿轮,如普通减速器齿轮,机床、汽车和拖拉机的一般齿轮,起重及输送机械的齿轮,农业机械的重要齿轮	对精度要求不高及低速工作的齿轮,农业机械及手动机械的齿轮

第七节 根切、最少齿数及变位齿轮

一、根切和最少齿数

在模数和传动比已经给定的情况下,小齿轮的齿数 z_1 越小,大齿轮齿数 z_2 以及齿数和(z_1+z_2)也越小,齿轮机构的中心距和尺寸重量也减小。因此设计时希望把 z_1 取得尽可能小。但是对于渐开线标准齿轮,其最少齿数是有限制的。以齿条刀具切削标准齿轮为例,若不考虑齿顶线与刀顶线间非渐开线圆角部分(这部分刀刃主要用于切出径向间隙,它不能范成渐开线),则其相互关系如图 6-18(a)所示。图中 N_1 为啮合线的极限点。若刀具齿顶线超过 N_1 点(图中虚线齿条所示),则由基圆以内无渐开线的性质可知,超过 N_1 的刀刃不仅不能范成渐开线齿廓,而且会将根部已加工出的渐开线切去一部分(如图中虚线齿廓)。这种现象称为根切。根切使齿根削弱,使重合度减小,所以应当避免。

标准齿轮是否发生根切取决于其齿数的多少。如图 6-18(b)所示,线段 CO_1 表示某被切齿轮的分度圆半径,其 N_1 点在齿顶线下方,故该轮必发生根切。当齿数增多时,分度圆半径增大,轮坯中心上移至 O'_1 处,极限点也随着沿啮合线上移至齿顶线上方的 N'_1 处,从而避免根切。反之,齿数越少,分度圆半径越小,轮坯中心越低,极限点越往下移,根切越严重。标准齿轮欲避免根切,其齿数 z 必须大于或等于不根切的最少齿数 $z_{\min}$。根据计算,对于 $\alpha=20°$。和

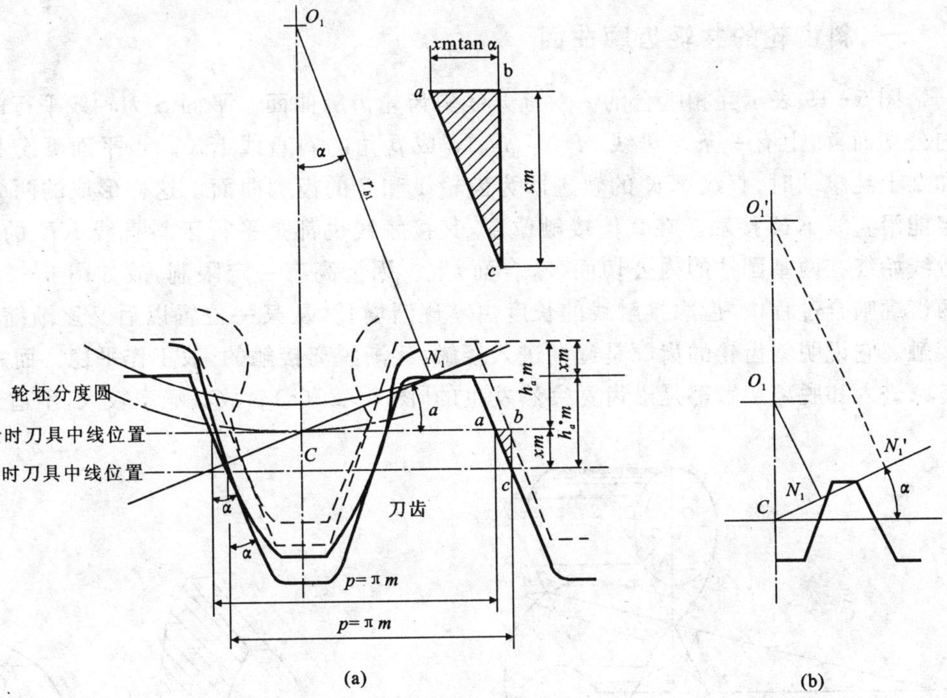

图 6-18　根切和变位齿轮

$h_a^*=1$ 的正常齿制标准渐开线齿轮，当用齿条刀具加工时，其最少齿数 $z_{min}=17$；若允许略有根切，则正常齿标准齿轮的实际最少齿数可取 14。

二、变位齿轮

前面已经谈到，用齿条刀加工标准齿轮时，道具中线与被加工齿轮的分度圆相切并作纯滚动，则所加工出来的齿轮分度圆上的齿厚等于齿条中线的齿槽宽($\pi m/2$)，如图 6-18(a)中虚线所示。但由图可见，当刀具在虚线所示位置时，由于其齿顶线超过了啮合极限点 N_1，故所切制出的标准齿轮发生根切现象。现以切削标准齿轮为基础，改变刀具的位置，使得刀具从切削标准齿轮的位置沿径向平移一段距离，这距离称为刀具的变量位，以 xm 表示。其中 m 为模数，x 为变位系数，并规定刀具远离轮胚中心的变位系数为正(即正变位)，刀具靠近轮胚的中心的变位系数为负(即负变位)。显然，当刀具变位后，与分度圆相切并作纯滚动的已不是刀具的中线而是刀具上与刀具中线相平行的另一条直线(即节线或称机床节线)。这样切出的齿轮称为变位齿轮，如图 6-18 中实线所示。由图可见，要使被切的齿轮不发生根切，则只要刀具向下平移一段距离，使其齿顶线不超过啮合极限点 N_1 即可。故采用变位齿轮可以使齿数 $z<z_{min}$ 的齿轮不产生根切。关于变位修正的详细理论，可参阅有关机械原理书籍。

第八节　平行轴斜齿齿轮机构

平行轴齿轮传动相当于一对节圆柱的纯滚动，所以平行轴斜齿轮又称斜齿圆柱齿轮，简称斜齿轮。

一、斜齿轮的共轭齿廓曲面

图 6－19 表示互相啮合的一对渐开线斜齿轮齿廓曲面。平面 S 为轴线平行的两基圆柱的内公切面，面上有一条与母线 N_1N_1、N_2N_2 成 β_b 角的斜直线 KK。当平面 S 分别在基圆柱 1 和 2 上纯滚动时，直线 KK 的轨迹即为齿轮 1 和 2 的齿廓曲面。这样形成的两个齿廓曲面一定能沿直线 KK 接触。在其他接触位置，其接触线也都是平行于斜直线 KK 的直线，而且接触线始终在两基圆柱的内公切面（啮合面）上。因齿高有一定限制，故如图 6－20(b)所示，在两齿廓啮合过程中，齿廓接触线的长度由零逐渐增长，从某一位置以后又逐渐缩短，直至脱离接触。它说明斜齿轮的齿廓是逐渐进入接触，逐渐脱离接触的，故工作平稳。而一对直齿轮的齿廓进入和脱离接触都是沿齿宽突然发生的[图 6－20(a)]，故其噪声较大，不适于高速传动。

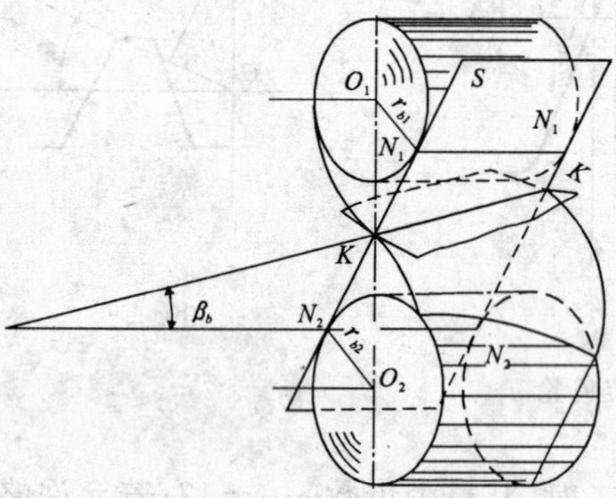

图 6－19　斜齿轮的齿廓曲面

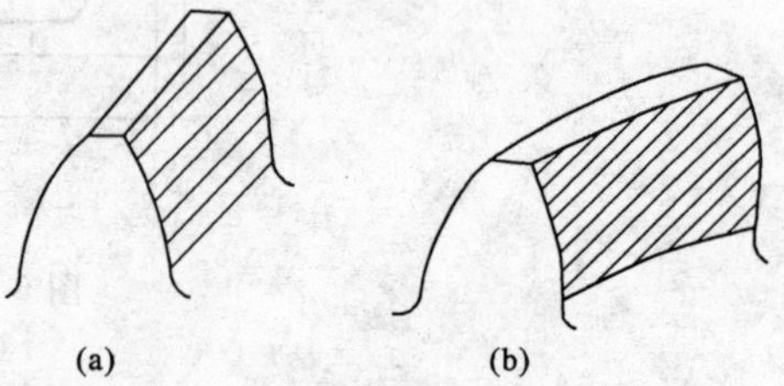

图 6－20　齿廓接触线的比较

由斜齿轮齿廓曲面的形成可见，其端面（垂直于其轴线的截面）的齿廓曲线为渐开线。从端面看，一对渐开线斜齿轮传动就相当于一对渐开线直齿轮传动，所以它也满足定角速比的要求。

一对斜齿轮的正确啮合，除两轮的模数和压力角必须相等以外，两轮分度圆柱螺旋角（以下简称螺旋角）β 也必须大小相等，方向相反，即一为左旋，另一为右旋。

二、斜齿轮各部分名称和几何尺寸计算

斜齿轮的几何参数有端面和法向（垂直于某个轮齿的方向）之分。图 6－21 为斜齿条的分度面截面图。由图可见，法向齿距 p_n 和端面齿距 p_t 之间的关系为

$$p_n = p_t\cos\beta \tag{6-16}$$

因 $p=\pi m$，故法向模数 m_n 和端面模数 m_t 之间的关系为

$$m_n = m_t\cos\beta \tag{6-17}$$

图 6－22 表示斜齿条的法向（AOC 平面）压力角 α_n 和端面（AOB 平面）压力角 α_t，由图可见

$$\tan\alpha_n = \frac{\overline{OC}}{\overline{OA}},\ \tan\alpha_t = \frac{\overline{OB}}{\overline{OA}}$$

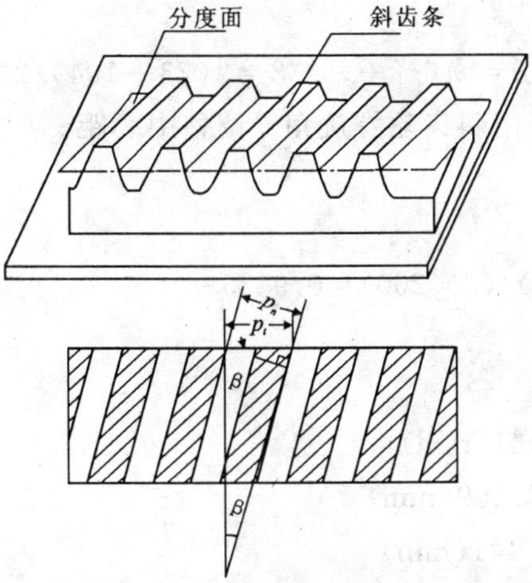

图 6-21 端面齿距与法向齿距

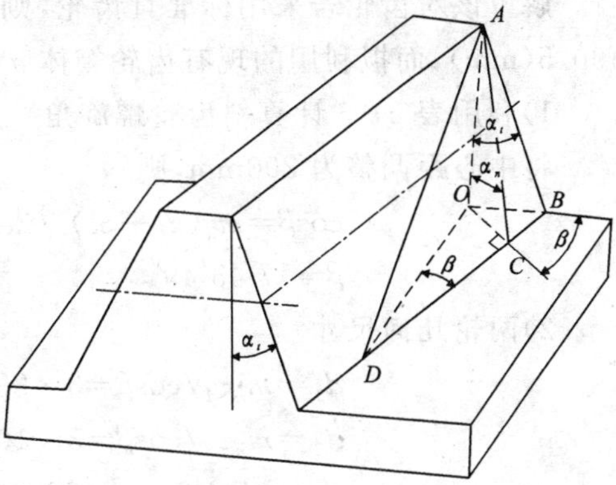

图 6-22 端面压力角与法向压力角

及 $\overline{OC}=\overline{OB}\cos\beta$

所以 $\tan\alpha_n=\tan\alpha_t\cos\beta$ (6-18)

用铣刀切制斜齿轮时，铣刀的齿形应等于齿轮的法向齿形；在强度计算时，也需要研究最小截面——法向齿形，因此，国标规定斜齿轮的法向参数(m_n、α_n、法向齿顶高系数及法向径向间隙系数)取为标准值，而端面参数为非标准值。

一对斜齿轮传动在端面上相当于一对直齿轮传动，故可将直齿轮的几何尺寸计算公式用于斜齿轮的端面。渐开线标准斜齿轮的几何尺寸可按表 6-5 进行计算。

表 6-5 渐开线正常齿标准斜齿圆柱齿轮的几何尺寸计算

序 号	名 称	符 号	计算公式及参数的选择
1	端面模数	m_t	$m_t=\dfrac{m_n}{\cos\beta}$，$m_n$ 为标准值
2	螺旋角	β	一般取 $\beta=8°\sim20°$
3	端面压力角	α_t	$\alpha_t=\arctan\dfrac{\tan\alpha_n}{\cos\beta}$，$\alpha_n$ 为标准值
4	分度圆直径	d_1、d_2	$d_1=m_tz_1=\dfrac{m_nz_1}{\cos\beta}$，$d_2=m_tz_2=\dfrac{m_nz_2}{\cos\beta}$
5	齿顶高	h_a	$h_a=m_n$
6	齿根高	h_f	$h_f=1.25m_n$
7	全齿高	h	$h=h_a+h_f=2.25m_n$
8	齿顶间隙	c	$c=h_f-h_a=0.25m_n$
9	齿顶圆直径	d_{a1}、d_{a2}	$d_{a1}=d_1+2h_a$，$d_{a2}=d_2+2h_a$
10	齿根圆直径	d_{f1}、d_{f2}	$d_{f1}=d_1-2h_f$，$d_{f2}=d_2-2h_f$
11	中心距	a	$a=\dfrac{d_1+d_2}{2}=\dfrac{m_t}{2}(z_1+z_2)=\dfrac{m_n(z_1+z_2)}{2\cos\beta}$

例 6-1 设计一圆柱齿轮机构。已知 $z_1=23$，$z_2=104$，$m_n=3\text{mm}$，拟利用中心距 $a=200\text{mm}$ 的现有齿轮箱体。

解 该对齿轮若采用标准直齿轮，则其标准中心距 $a=m(z_1+z_2)/2=3(23+104)/2=190.5(\text{mm})$，而拟利用的现有齿轮箱体 $a'=200\text{mm}$，故需用斜齿轮螺旋角 β 调整中心距。

1)利用表 6-5 计算斜齿轮螺旋角

将中心距调整为 200mm，则

$$\cos\beta=m_n(z_1+z_2)/(2a')=3(23+104)/(2\times200)=0.9525$$

$$\beta=17°43'49''$$

2)两轮几何尺寸

$$d_1=m_n z_1/\cos\beta=3\times23/0.9525=72.441(\text{mm})$$

$$d_2=m_n z_2/\cos\beta=3\times104/0.9525=327.559(\text{mm})$$

$$d_{a1}=d_1+2m_n=(72.441+2\times3)=78.441(\text{mm})$$

$$d_{a12}=d_2+2m_n=(327.559+2\times3)=333.559(\text{mm})$$

$$d_{f1}=d_1-2.5m_n=(72.441-2.5\times3)=64.941(\text{mm})$$

$$d_{f12}=d_2-2.5m_n=(327.559-2.5\times3)=320.059(\text{mm})$$

三、斜齿轮传动的重合度

图 6-23(a)表示斜齿轮与斜齿条在前端面的啮合情况。齿廓在 A 点开始进入啮合，在 E 点终止啮合，FG 是一对齿啮合过程中齿条分度线上一点所走的距离，即啮合弧。作从动齿条分度面的俯视图，如图 6-23(b)所示。显然，齿条的工作齿廓只在 FG 区间处于啮合状态，FG 区间之外都不可能啮合。由图可见，当轮齿到达虚线所示位置时，其前端面虽已开始脱离啮合，但轮齿后端面仍处在啮合区内，整个轮齿尚未终止啮合，只有当轮齿后端面走出啮合区，该齿才终止啮合。

也即是说，斜齿轮传动的啮合弧比端面齿廓完全相同的直齿轮长 GH，故斜齿轮传动的重合度

$$\varepsilon=\frac{\text{啮合弧}}{\text{端面齿距}}=\frac{FH}{P_t}=\frac{FG+GH}{p_t}=\varepsilon_t+\frac{b\tan\beta}{p_t} \qquad (6-19)$$

式中，ε_t 为端面重合度，即与斜齿轮端面齿廓相同的直齿轮传动的重合度；$b\tan\beta/p_t$ 为轮齿倾斜而产生的附加重合度。由式(6-19)可见，斜齿轮传动的重合度随齿宽 b 和螺旋角 β 的增大而增大，可达到很大的数值，这是斜齿轮传动运转平稳，承载能力较高的主要原因之一。

四、斜齿轮的当量齿数

在进行强度计算和用成形法加工选择铣刀时，必须知道斜齿轮的法向齿形。通常采用下述近似方法进行研究。

如图 6-24 所示，过斜齿轮分度圆柱上齿廓的任一点 C 作轮齿螺旋线的法面 nn，该法面与分度圆柱的交线为一椭圆。其长半轴为 $a=d/(2\cos\beta)$，短半轴为 $b=d/2$。由高等数学可知，椭圆在 C 点的曲率半径为

$$\rho=\frac{a^2}{b}=\frac{d}{2\cos^2\beta}$$

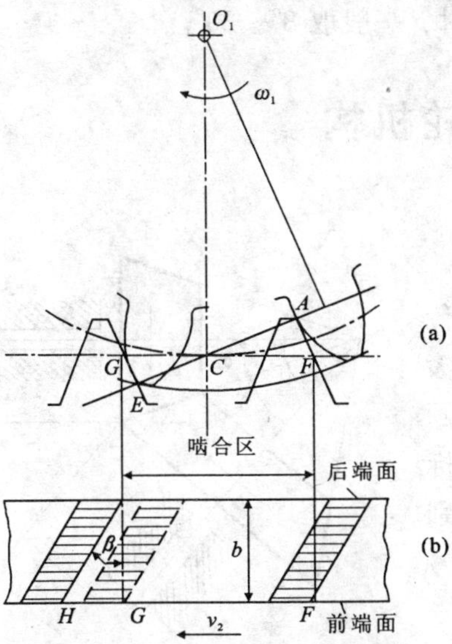

图 6-23　斜齿轮传动的重合度

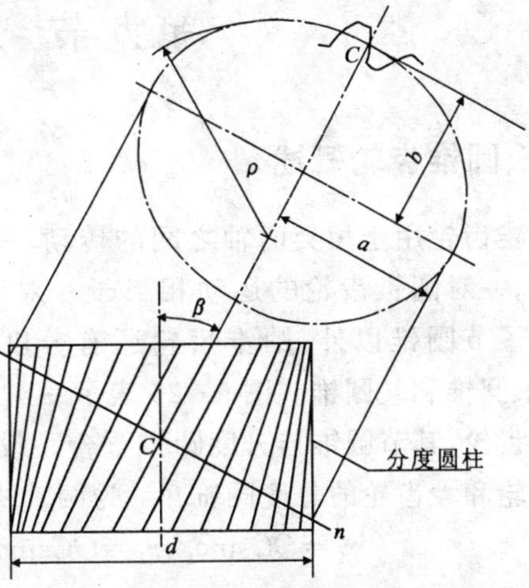

图 6-24　斜齿轮的当量齿轮

以 ρ 为分度圆半径，以斜齿轮法向模数 m_n 为模数，取标准压力角 α_n 作一直齿圆柱齿轮，其齿形即可认为近似于斜齿轮的法向齿形。该直齿圆柱齿轮称为斜齿圆柱齿轮的当量齿轮，其齿数称为当量齿数，用 z_v 表示，故

$$z_v=\frac{2\rho}{m_n}=\frac{d}{m_n\cos^2\beta}=\frac{m_n z}{m_n\cos^3\beta}=\frac{z}{\cos^3\beta} \tag{6-20}$$

式中，z 为斜齿轮的实际齿数。

正常齿标准斜齿轮不发生根切的最少齿数 $Z_{\min}$ 可由其当量直齿轮的最少齿数 $z_{v\min}$（=17）计算出来，即

$$z_{\min}=z_{v\min}\cos^3\beta \tag{6-21}$$

五、斜齿轮的优缺点

与直齿轮相比，斜齿轮具有以下优点。

(1)齿廓接触线是斜线，一对齿是逐渐进入啮合和逐渐脱离啮合的，故运转平稳，噪声小。

(2)重合度较大，并随齿宽和螺旋角的增大而增大。故承载能力较高，运转平稳，适于高速传动。

(3)最少齿数小于直齿轮的 $z_{\min}$。斜齿轮的主要缺点是斜齿受力 F 时会产生轴向分力 F_a［图 6-25(a)］，需要安装推力轴承，从而使结构复杂化。为了克服这一缺点，可以采用人字齿轮［图 6-25(b)］。人字齿轮可看作螺旋角大小相等、方向相反的两个斜齿轮合并而成，因左右对称而使轴向力互相抵消。人字齿轮的缺点是制造较困难，成本较高。

图 6-25　斜齿上的轴向力作用

由上述可知，螺旋角β的大小对斜齿轮传动性能影响很大，若β太小，则斜齿轮的优点不能充分体现；若β太大，则会产生很大的轴向力。设计时β一般取8°～20°。

第九节　圆锥齿轮机构

一、圆锥齿轮概述

圆锥齿轮用于相交两轴之间的传动。和圆柱齿轮传动相似，一对圆锥齿轮的运动相当于一对节圆锥的纯滚动。除了节圆锥以外，圆锥齿轮还有分度圆锥、齿顶圆锥、齿根圆锥和基圆锥。图6-26表示一对正确安装的标准圆锥齿轮，其节圆锥与分度圆锥重合。设δ_1和δ_2分别为小齿轮和大齿轮的分度圆锥角，为两轴线的交角，因

$$r_2=OC\sin\delta_2,\ r_1=OC\sin\delta_1$$

故传动比
$$i=\frac{\omega_1}{\omega_2}=\frac{z_2}{z_1}=\frac{r_2}{r_1}=\frac{\sin\delta_2}{\sin\delta_1} \tag{6-22}$$

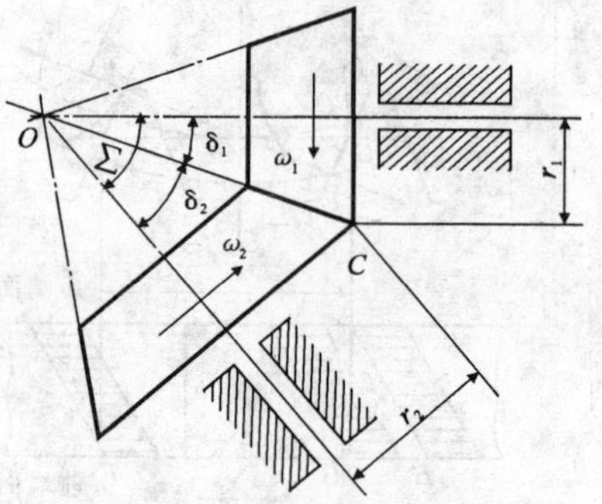

图6-26　圆锥齿轮传动

$\sum=\delta_1+\delta_2$。在大多数情况下，$\sum=90°$，这时

$$i=\frac{\omega_1}{\omega_2}=\frac{z_2}{z_1}=\frac{r_2}{r_1}=\cot\delta_1=\tan\delta_2 \tag{6-23}$$

二、背锥和当量齿数

圆锥齿轮转动时，其上任一点与锥顶O的距离保持不变，所以该点与另一锥齿轮的相对运动轨迹为一球面曲线。直齿圆锥齿轮的理论齿廓曲线为球面渐开线。因球面不能展开成平面，设计计算和制造都很困难，故采用下述近似方法加以研究。

图6-27的上部为一对互相啮合的直齿圆锥齿轮在其轴平面上的投影。$\triangle OCA$和$\triangle OCB$分别为两轮的分度圆锥。线段OC称为锥距。今过大端上C点做OC的垂线与两轮的轴线分别交于O_1和O_2点。分别以OO_1和OO_2为轴线、以O_1C和O_2C为母线作两个圆锥O_1CA和O_2CB，该两圆锥称为背锥。背锥与球面相切于大端分度圆CA和CB，并与分度圆锥直角相截。若在背锥上过C、A和B点沿背锥母线方向取齿顶高和齿根高，则由图可见，背锥面上的齿高部分与球面上的齿高部分非常接近，可以认为一对直齿圆锥齿轮的啮合近似于背锥面上的齿廓啮合。因圆锥面可展开成平面，故最终可以把球面渐开线简化成平面曲线来进行研究。

如图6-27下部所示，将背锥O_1CA和O_2CB展开为两个平面扇形。以O_1C和O_2C为分度圆半径，以圆锥齿轮大端模数为模数，并取标准压力角，按照圆柱齿轮的作图法画出两扇形齿轮的齿廓，该齿廓即为圆锥齿轮大端的近似齿廓，两扇形齿轮的齿数即为两圆锥齿轮的真实齿数。今将两扇形补足为完整的圆柱齿轮，则它们的齿数分别增加到z_{v1}和z_{v2}。

由图可见

$$r_{v1}=\frac{r_1}{\cos\delta_1}=\frac{mz_1}{2\cos\delta_1}$$

而

$$r_{v1}=\frac{mz_{v1}}{2}$$

故

$$\left.\begin{aligned}z_{v1}&=\frac{z_1}{\cos\delta_1}\\z_{v2}&=\frac{z_2}{\cos\delta_2}\end{aligned}\right\}\qquad(6-24)$$

齿数 z_{v1} 和 z_{v2} 称为圆锥齿轮的当量齿数，上述圆柱齿轮称为圆锥齿轮的当量齿轮。

应用背锥和当量齿数就可以把圆柱齿轮的原理近似地用到圆锥齿轮上。例如直齿圆锥齿轮的最少齿数 z_{min}，与当量圆柱齿轮的最少齿数 z_{vmin} 之间的关系为

$$z_{min}=z_{vmin}\cos\delta\qquad(6-25)$$

由上式可见，直齿圆锥齿轮的最少齿数比直齿圆柱齿轮的少。例如当 $\delta=45°$，$\alpha=20°$，$h^*a=1.0$ 时，$z_{vmin}=17$；而 $z_{min}=17\cos45°\approx12$。

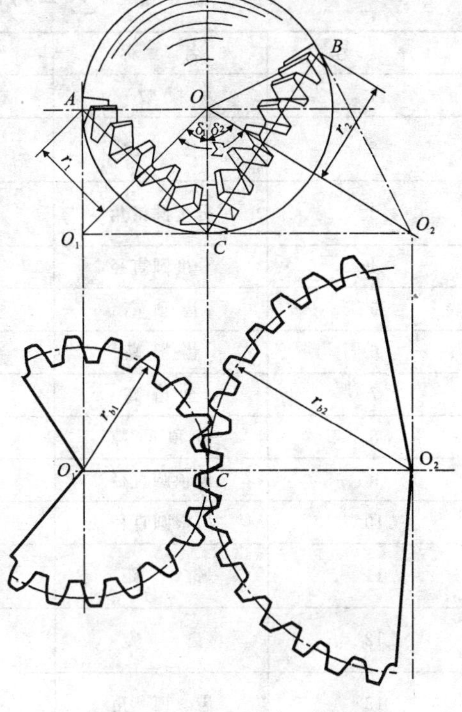

图 6-27 背锥和当量齿轮

直齿圆锥齿轮的正确啮合条件可从当量圆柱齿轮得到，即两轮大端模数必须相等，压力角必须相等。除此以外，二轮的锥距还必须相等。

三、直齿圆锥齿轮几何尺寸计算

图 6-28 表示一对标准直齿圆锥齿轮。其节圆锥与分度圆锥重合，轴交角 $\sum=90°$。它的各部分名称和几何尺寸计算公式见表 6-6。

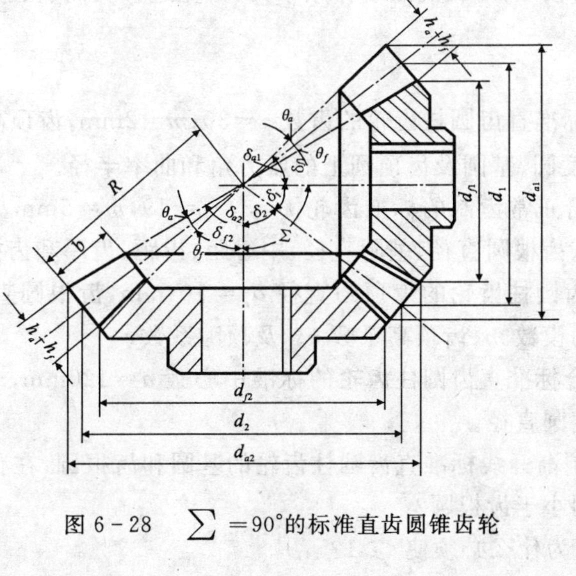

图 6-28 $\sum=90°$的标准直齿圆锥齿轮

表 6-6 $\sum=90°$标准直齿圆锥齿轮的几何尺寸计算

序号	名称	符号	计算公式及参数的选择
1	模数	m	以大端模数为标准
2	传动比	i	$i=\frac{z_2}{z_1}=\tan\delta_2=\cot\delta_1$，单级 $i<6\sim7$
3	分度圆锥角	δ_1,δ_2	$\delta_2=\arctan\frac{z_2}{z_1},\delta_1=90°-\delta_2$
4	分度圆直径	d_1,d_2	$d_1=mz_1,d_2=mz_2$
5	齿顶高	h_a	$h_a=m$
6	齿根高	h_f	$h_f=1.2m$
7	全齿高	h	$h=2.2m$
8	齿顶间隙	c	$c=0.2m$
9	齿顶圆直径	d_{a1},d_{a2}	$d_{a1}=d_1+2m\cos\delta_1,d_{a2}=d_2+2m\cos\delta_2$
10	齿根圆直径	d_{f1},d_{f2}	$d_{f1}=d_1-2.4m\cos\delta_1,d_{f2}=d_2-2.4m\cos\delta_2$
11	锥距	R	$R=\sqrt{{r_1}^2+{r_2}^2}=\frac{m}{2}\sqrt{{z_1}^2+{z_2}^2}=\frac{d_1}{2\sin\delta_1}=\frac{d_2}{2\sin\delta_2}$
12	齿宽	b	$b\leqslant\frac{R}{3},b\leqslant10m$
13	齿顶角	θ_a	$\theta_a=\arctan\frac{h_a}{R}$
14	齿根角	θ_f	$\theta_f=\arctan\frac{h_f}{R}$
15	根锥角	δ_{f1},δ_{f2}	$\delta_{f1}=\delta_1-\theta_f,\delta_{f2}=\delta_2-\theta_f$
16	顶锥角	δ_{a1},δ_{a2}	$\delta_{a1}=\delta_1+\theta_a,\delta_{a2}=\delta_2+\theta_a$

直齿圆锥齿轮的几何尺寸计算以大端为标准。因大端的尺寸较大，计算和测量的相对误差较小；同时也便于确定齿轮机构的外廓尺寸。齿宽 b 不宜太大，其最佳范围是$(0.25\sim0.3)R$，R 是锥距。因小端的齿很小，对提高强度作用不大，齿宽过大反而引起加工困难。

习题

1. 已知一渐开线标准直齿圆柱齿轮的齿数 $z=30$，$m=2$mm，齿顶高系数 $h_a^*=1$，压力角 $\alpha=20°$。求其齿廓在分度圆、基圆及齿顶圆上的压力角和曲率半径。

2. 已知一对外啮合正常齿制的标准齿轮 $i=3$，$z_1=19$，$m=5$mm。试计算这对齿轮的分度圆直径、齿顶圆直径、齿根圆直径、基圆直径、中心距、齿距、齿厚和齿槽宽。

3. 测得一标准直齿圆柱齿轮的齿顶圆直径 $d_a=104$mm，齿根圆直径 $d_f=86$mm，齿数 $z=24$。试确定该齿轮的模数 m、齿顶高系数 h_a^* 及顶隙系数 c^*。

4. 已知一对外啮合标准直齿圆柱齿轮的标准中心距 $a=120$mm，$z_1=20$，$z_2=60$，试确定这对齿轮的模数和分度圆直径。

5. 试比较正常齿制渐开线标准直齿圆柱齿轮的基圆和齿根圆，在什么条件下基圆大于齿根圆？什么条件下基圆小于齿根圆？

6. 何谓重合度 ε？为什么必须使 $\varepsilon\geqslant1$？

7. 现有 3 个压力角相等的渐开线标准直齿圆柱齿轮，其齿数分别为 $z_1=20$，$z_2=z_3=60$；测得齿顶圆直径分别为 $d_{a1}=44\text{mm}$，$d_{a2}=124\text{mm}$，$d_{a3}=139.5\text{mm}$，试从这 3 个齿轮中选取一对，组成一标准直齿齿轮机构，并计算出他们的中心距 a。

8. 根据图 6-18(b)证明：正常齿制标准渐开线直齿圆柱齿轮用齿条刀具加工时，不产生根切的最少齿数 $z_{\min}\approx17$，又短齿制标准渐开线直齿圆柱齿轮用齿条刀具加工时的 $z_{\min}$ 应为若干？

9. 已知一对正常齿渐开线标准斜齿圆柱齿轮的 $a=250\text{mm}$，$z_1=23$，$z_2=98$，$m_n=4\text{mm}$，试计算其螺旋角、端面系数、端面压力角、当量齿数、分度圆直径、齿顶圆直径和齿根圆直径。

10. 已知一对正常渐开线标准直齿圆锥齿轮的 $\sum=90°$，$z_1=17$，$z_2=43$，$m=3\text{mm}$，试求分度圆锥角、分度圆直径、齿顶圆直径、齿根圆直径、锥距、齿顶角、齿根角、顶锥角、根锥角和当量齿数。

第七章 轮 系

第一节 轮系及其分类

一、轮系

由一对齿轮所组成的传动是齿轮传动最简单的形式。但在机械设备中，只用一对齿轮进行传动往往难以满足工作要求。为了获得较大的传动比或变速和换向等，一般需要采用多对齿轮进行传动。这种由多对齿轮（包括蜗杆、蜗轮）所组成的传动系统统称为轮系。

二、轮系的分类

轮系的分类方法有多种。根据轮系传动时，各个齿轮的几何轴线在空间的位置是否固定，可分为定轴轮系和周转轮系。

1. 定轴轮系

轮系在传动中，若各个齿轮的几何轴线位置都是固定不动的，则称这种轮系为定轴轮系（图 7-1）。

2. 周转轮系

轮系在传动中，若至少有一个齿轮的几何轴线是绕另一个齿轮的固定几何轴线转动的轮系，称为周转轮系。在图 7-2 所示的轮系中，当齿轮 1 转动时，齿轮 2 一方面绕自身的轴线转动，同时还随同其轴线绕齿轮 1 的轴线转动，从而带动构件 H 转动。

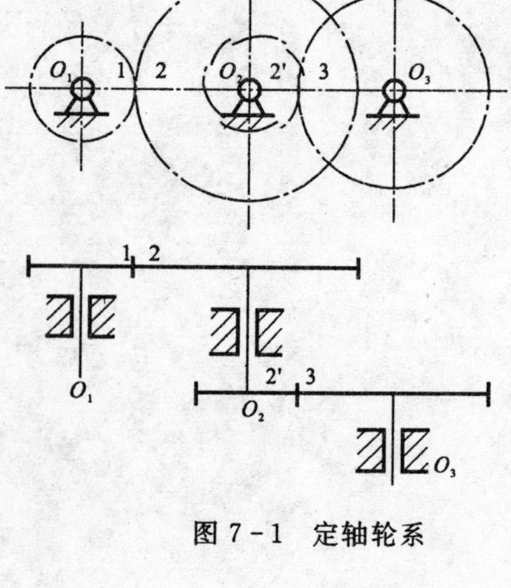

图 7-1 定轴轮系

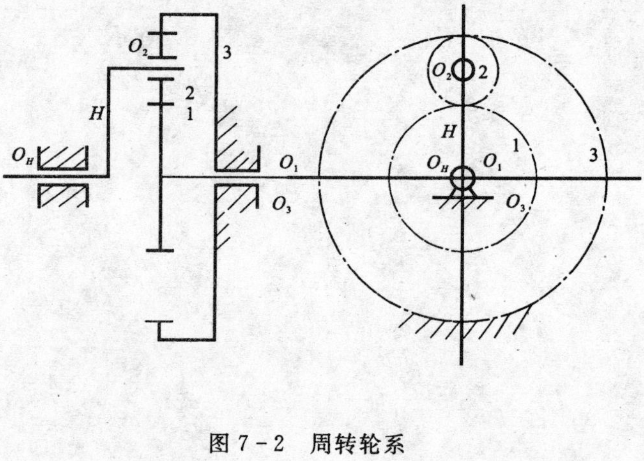

图 7-2 周转轮系

在机械传动中，为满足传动的功能要求，还常将定轴轮系和周转轮系或者把两个以上不共用系杆的周转轮系组合成更复杂的轮系，称为混合轮系。

第二节 定轴轮系传动比

轮系中，首、末两构件的角速度（或转速）之比，称为轮系的传动比。轮系的传动比，包括首、末两构件角速度（或转速）之比的大小和两构件的转向关系两个方面。

一、定轴轮系的传动比大小计算

图 7-3 所示的定轴轮系中，齿轮 1、2 为外啮合圆柱齿轮传动，齿轮 2、3 为内啮合圆柱齿轮传动，3′、4 和 4′、5 为锥齿轮传动。已知各轮齿数分别为 z_1、z_2、z_3、$z_{3'}$、z_4、$z_{4'}$ 和 z_5。齿轮 1 为主动轮（首轮），齿轮 5 为从动轮（末轮）时，该轮系的传动比 i_{15}。由前述知：一对啮合齿轮传动的传动比大小等于该对齿轮齿数的反比。因此，可导出该轮系中各对啮合齿轮传动的传动比为

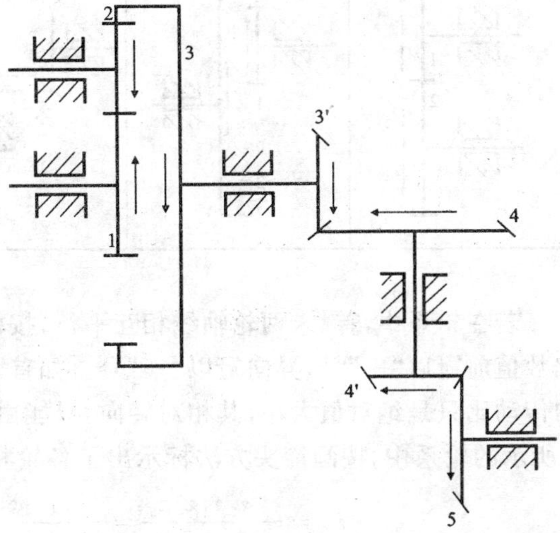

图 7-3 定轴轮系的传动比

$$i_{12}=\frac{\omega_1}{\omega_2}=\frac{z_2}{z_1}$$

$$i_{23}=\frac{\omega_2}{\omega_3}=\frac{z_3}{z_2}$$

$$i_{3'4}=\frac{\omega_{3'}}{\omega_4}=\frac{z_4}{z_{3'}}$$

$$i_{4'5}=\frac{\omega_{4'}}{\omega_5}=\frac{z_5}{z_{4'}}$$

由于齿轮 3 与 3′、4 和 4′各分别固定在同一根轴上，所以 $\omega_3=\omega_{3'}$、$\omega_4=\omega_{4'}$。

将以上各式两边连乘，得

$$i_{12}i_{23}i_{3'4}i_{4'5}=\frac{\omega_1}{\omega_2}\frac{\omega_2}{\omega_3}\frac{\omega_{3'}}{\omega_4}\frac{\omega_{4'}}{\omega_5}=\frac{z_2}{z_1}\frac{z_3}{z_2}\frac{z_4}{z_{3'}}\frac{z_5}{z_{4'}}$$

即
$$i_{15}=\frac{\omega_1}{\omega_5}=i_{12}i_{23}i_{3'4}i_{4'5}=\frac{z_2z_3z_4z_5}{z_1z_2z_{3'}z_{4'}}$$

上式说明，定轴轮系的传动比为组成该轮系的各对啮合齿轮传动的传动比连乘积，其大小等于各对啮合齿轮传动中所有从动轮齿数的连乘积与所有主动轮齿数的连乘积之比。设定轴轮系中轮 1 为主动轮（首轮），K 为从动轮（末轮），则可得定轴轮系传动比大小的一般公式

$$i_{1K}=\frac{\omega_1}{\omega_K}=\frac{n_1}{n_K}=\frac{z_2z_3\cdots z_K}{z_1z_2\cdots z_{K-1}}=\frac{\text{所有从动轮齿数的连乘积}}{\text{所有主动轮齿数的连乘积}} \tag{7-1}$$

二、首、末轮转向关系的确定

轮系的传动比大小确定后，还要确定首、末两轮的转向关系。一般应按各对啮合齿轮的传

动类型，逐对判定其相对转向，并用箭头在图 7-3 上标出。表 7-1 给出了常用的几种一对啮合齿轮传动相对转向关系确定的情况。

表 7-1　一对啮合齿轮传动相对转向确定

两轴平行的齿轮传动		两轴不平行的齿轮传动		
圆柱齿轮传动		锥齿轮传动	蜗杆传动	
外啮合	内啮合		蜗杆为右旋	蜗杆为左旋
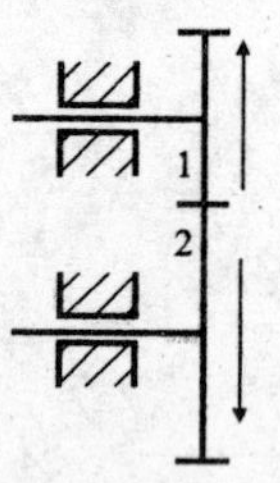	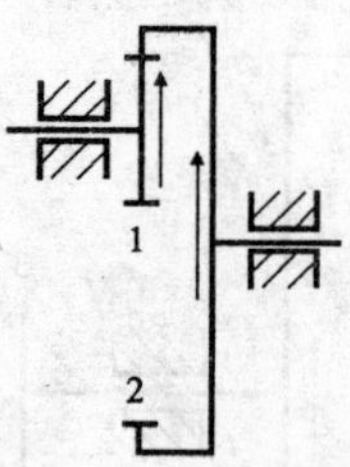	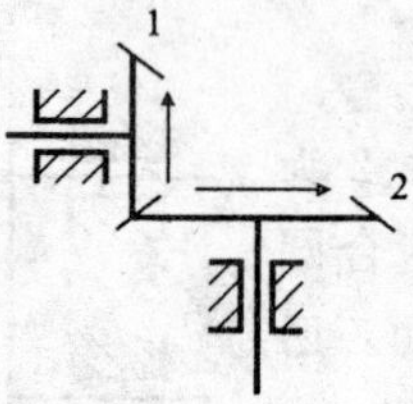	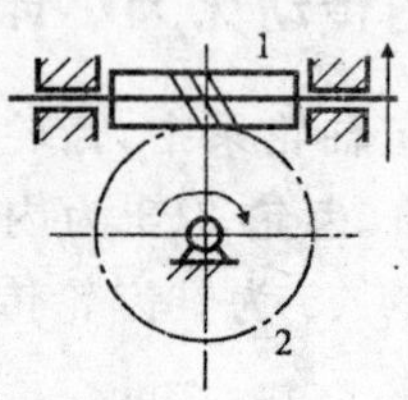	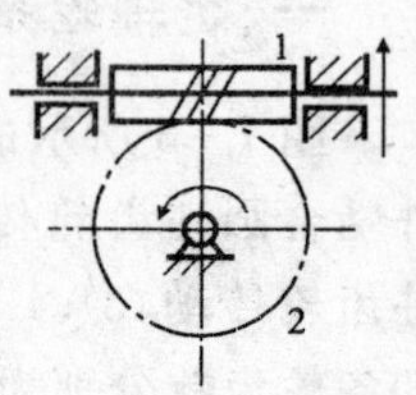

若在轮系中，首、末两轮轴线相互平行，按标出的箭头来判定其方向后，如同向则在其传动比数值前冠以“＋”号，异向冠以“－”号。如首、末两轮轴线不平行，则不能利用上述方法，计算的传动比只是绝对值大小，其相对转向，只能由观察逐对判定，并在图上用箭头标示出。图 7-3 所示的轮系中，按画箭头方法标示出了各轮相对转向关系，由于轮 1 与轮 5 轴线平行，故

$$i_{15}=-\frac{z_2 z_3 z_4 z_5}{z_1 z_2 z_{3'} z_{4'}}=-\frac{z_3 z_4 z_5}{z_1 z_{3'} z_{4'}}$$

注意，本例中齿轮 2 同时与齿轮 1 和齿轮 3 啮合，其齿数 z_2 同时出现在公式的分子和分母上，齿轮 2 的齿数并不影响传动比的大小，而只起到改变转向的作用，故称该齿轮为惰轮（或过桥齿轮）。

第三节　周转轮系传动比的计算

图 7-2 所示为一典型的周转轮系。如前所述，在周转轮系中，由于其行星轮的运动不是绕定轴的简单转动，因此其传动比的计算不能像定轴轮系那样，直接以简单的齿数比的形式来表示。

一、周转轮系的转化机构

周转轮系与定轴轮系的根本区别在于周转轮系中有一个转动的系杆，因此使行星轮既自转又公转。如果能够设法使系杆固定不动，周转轮系就可转化成一个定轴轮系。为此，假如给整个轮系加上一个公共的角速度 $-\omega_H$，根据相对运动原理可知，各构件之间的相对运动关系并不改变，但此时系杆的角速度变成 $\omega_H-\omega_H=0$，即系杆静止不动。于是，周转轮系就转化为一假想的定轴轮系，称其为原周转轮系的转化机构。

在图 7-4 所示的周转轮系中，当给整个轮系加上公共角速度 $-\omega_H$ 后，其各构件的角速度变化情况如表 7-2 所示。

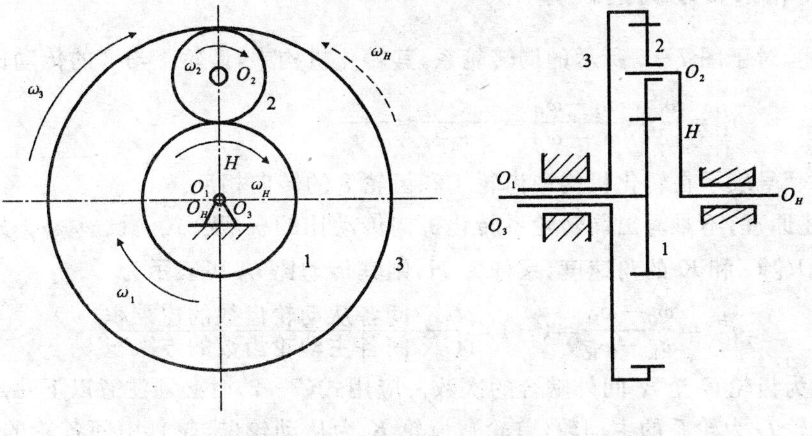

图 7-4　周转轮系的转化机构

表 7-2　周转轮系转化机构中各构件的角速度

构件代号	原有角速度	在转化机构中的角速度(即相对于系杆的角速度)
1	ω_1	$\omega_1^H=\omega_1-\omega_H$
2	ω_2	$\omega_2^H=\omega_2-\omega_H$
3	ω_3	$\omega_3^H=\omega_3-\omega_H$
H	ω_4	$\omega_H^H=\omega_H-\omega_H=0$

表中，ω_1^H、ω_2^H、ω_3^H、ω_H^H 分别表示在转化机构中齿轮 1、2、3 及系杆 H 相对系杆 H 的角速度。由表可见 $\omega_H^H=0$，所以上述周转轮系已转化成如图 7-5 所示的定轴轮系。因此，该转化机构的传动比就可以按照定轴轮系传动比的计算方法来计算。通过对该转化机构传动比的计算，即可得到周转轮系中各构件的真实角速度，进而求得其中任意两构件的传动比。

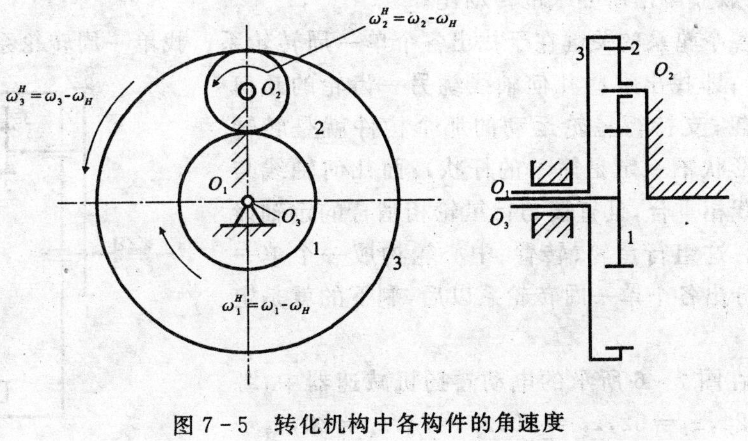

图 7-5　转化机构中各构件的角速度

二、周转轮系传动比的计算

如上所述，对于图 7－5 所示的周转轮系，其转化机构中，齿轮 1 与 3 的传动比 i_{13}^{H} 为

$$i_{13}^{H}=\frac{\omega_1^H}{\omega_3^H}=\frac{\omega_1-\omega_H}{\omega_3-\omega_H}=-\frac{z_2 z_3}{z_1 z_2}=-\frac{z_3}{z_1}$$

式中，"－"号表示在转化机构中齿轮 1 和齿轮 3 的转向相反。

根据上述原理，不难写出周转轮系转化机构传动比的一般公式。设 ω_G、ω_K 分别为周转轮系中两个太阳轮 G 和 K 的角速度，系杆为 H，则其传动比 i_{GK}^{H} 可表示为

$$i_{GK}^{H}=\frac{\omega_G-\omega_H}{\omega_K-\omega_H}=(-1)^m\frac{GK\text{ 间各从动轮齿数的连乘积}}{GK\text{ 间各主动轮齿数的连乘积}} \tag{7-2}$$

式中，m 为齿轮 G 至 K 间外啮合的次数。应用式(7－2)时必须注意以下几点。

(1)视齿轮 G 为轮系的主动轮(首轮)，齿轮 K 为从动轮(末轮)，中间各轮的主从动地位，从齿轮 G 起按顺序判定。

(2)将 ω_G、ω_K 和 ω_H 的已知值代入式(7－2)时，必须带有正号或负号。两构件转向相同时取同号，两构件转向相反时取异号。

(3)$i_{GK}^{H}\neq i_{GK}$。i_{GK}^{H} 为转化机构中 G、K 两轮角速度之比(即(ω_G^H/ω_K^H)，其大小及正负号按定轴轮系传动比的计算方法确定；而 i_{GK} 是周转轮系中 G、K 两轮的绝对角速度之比(即 ω_G/ω_K)，其大小及正负号须按式(7－2)经计算后求出。

(4)只有两轴平行时，两轴的转速才能代数相加，故式(7－2)只适用于齿轮 G、K 和系杆 H 轴线平行的场合。式(7－2)也适用于由锥齿轮组成的周转轮系，不过，两太阳轮和系杆的轴线必须平行，且转化机构的传动比 i_{GK}^{H} 的正负号必须用画箭头的方法来确定。

第四节　混合轮系及其传动比

在机械中，经常用到定轴轮系和周转轮系或几个单一的周转轮系组合而成的混合轮系。由于整个混合轮系不可能转化成一个定轴轮系，所以不能只用一个公式来求解。计算混合轮系时，首先必须将各个单一的周转轮系和定轴轮系正确区分开来，然后分别列出计算这些轮系的方程式，最后联立解出所要求的传动比。

正确区分各个轮系的关键在于找出各个单一周转轮系。找单一周转轮系的一般方法是：先找出行星轮；即找出那些几何轴线绕另一齿轮的几何轴线转动的齿轮；支持行星轮运动的那个构件就是转臂(注意，转臂的形状不一定是简单的杆状)；而几何轴线与转臂的回转轴线相重合，且直接与行星轮相啮合的定轴齿轮就是中心轮。这组行星轮、转臂、中心轮构成一个单一周转轮系。区分出各个单一周转轮系以后，剩下的就是定轴轮系。

例 7－1　在图 7－6 所示的电动卷扬机减速器中，各轮齿数为 $z_1=24$，$z_2=52$，$z_{2'}=21$，$z_{3'}=78$，$z_4=30$，$z_5=78$。求 i_{1H}。

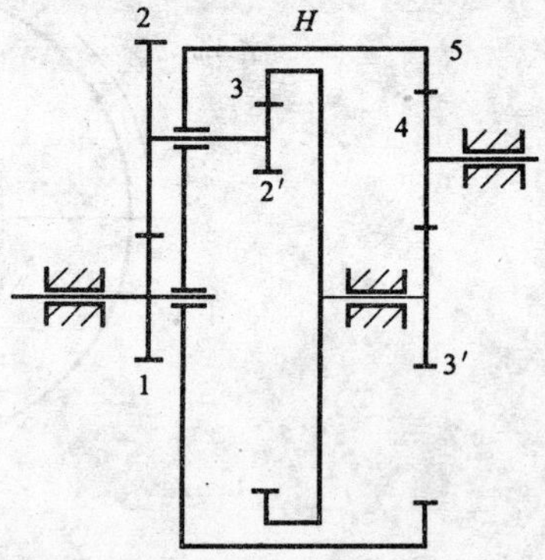

图 7－6　电动卷扬机减速器

解　在该轮系中，双联齿轮 2—2′的几何轴线是绕着齿轮 1 和 3 的轴线转动的，所以是行星轮；支持它运动的构件(卷筒 H)就是转臂；和行星轮相啮合的齿轮 1 和 3 是两个中心轮。这两个中心轮都能转动，所以齿轮 1、2—2′，3 和转臂 H 组成一个差动轮系。剩下的齿轮 3′、4、5 是一个定轴轮系。二者合在一起便构成一个混合轮系。

在差动轮系中　$\dfrac{n_1-n_H}{n_3-n_H}=-\dfrac{z_2z_3}{z_1z_{2'}}=-\dfrac{52\times78}{24\times21}$　(7-3)

在定轴轮系中　$i_{35}=\dfrac{n_3}{n_5}=-\dfrac{z_5}{z_{3'}}=-\dfrac{78}{18}=-\dfrac{13}{3}$　(7-4)

由式(7-3)得　$n_3=-\dfrac{13}{3}n_5=-\dfrac{13}{3}n_H$

代入式(7-4)　$\dfrac{n_1-n_H}{-\dfrac{13}{3}n_H-n_H}=-\dfrac{169}{21}$

得　$i_{1H}=43.9$

第五节　轮系的功用

在各种机械中，轮系的应用是十分广泛的，其主要功用有以下几个方面。

一、实现相距较远的两轴之间的运动

在齿轮传动中，当主动轴和从动轴之间的距离较远时，如果仅用一对齿轮来传动，如图 7-7 中所示的轮 1 和轮 2，齿轮的尺寸势必很大。这样，既增大机器的结构尺寸和重量，又浪费原材料，且制造安装都不方便。若改用若干个齿轮(图 7-7 中的 4 个小齿轮啮合)组成的轮系来传动，显然可以使齿轮尺寸缩小，制造、安装也较方便。

二、实现变速运动

当主动轴以一种转速转动时，利用轮系可使从动轴获得多种工作速度。汽车、机床、起重设备等都需要这种变速传动。

图 7-8 为汽车的变速箱。图中轴Ⅰ为动力输入轴，轴Ⅱ为输出轴，4、6 为滑移齿轮，A、B 为牙嵌式离合器。该变速箱可使输出轴得到 4 种转速：

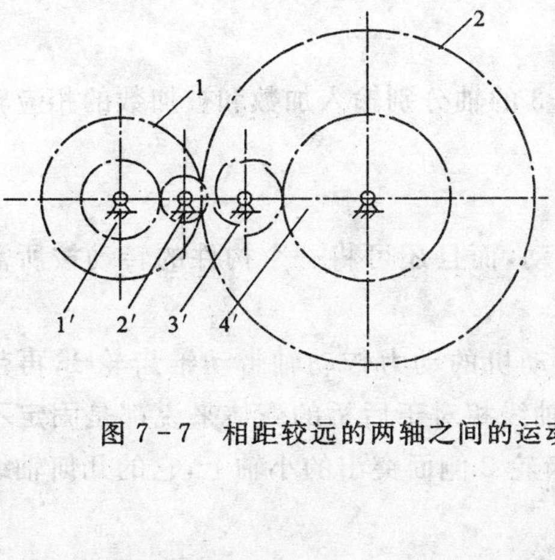

图 7-7　相距较远的两轴之间的运动

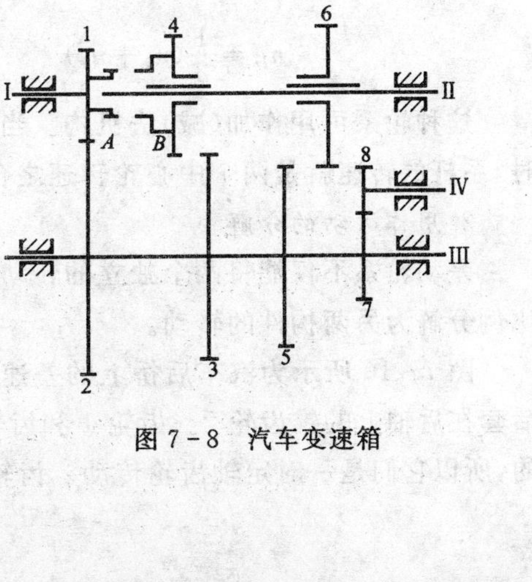

图 7-8　汽车变速箱

第一档：齿轮5、6相啮合而3、4和离合器A、B均脱离，这时汽车以低速前进。

第二档：齿轮3、4相啮合而5、6和离合器A、B均脱离，这时汽车以中速前进。

第三档：离合器A、月相嵌合而5、6和3、4均脱离，这时汽车以高速前进。

倒退档：齿轮6、8相啮合而3、4和5、6以及离合器A、B均脱离。此时，由于惰轮8的作用，输出轴Ⅱ反转，这时汽车以最低的速度倒车。

除用定轴轮系外，还可用周转轮系实现变速传动。

三、获得较大的传动比

当两轴间需要实现很大的传动比时，若采用定轴轮系，会使齿轮和轴增多，机构变得庞大而复杂；若采用行星轮系，则仅需少数齿轮便可获得较大的传动比，而且机构很紧凑。为获得较大传动比，其传动比 i_{H1} 可达10 000。

应当指出，这种类型的行星齿轮传动，用于减速时，减速比越大，其机械效率越低。因此，一般只适用于作为辅助装置的传动机构，不宜传递大功率。如将它用作增速传动，则可能发生自锁。

四、实现运动的合成和分解

机械中采用具有两个自由度的差动轮系来实现运动的合成和分解，这是周转轮系独特的功用。

1. 用作运动的合成

如前所述，差动轮系中系杆和中心轮都是可以转动的，对于具有两个中心轮和一个系杆的差动轮系来说，给出中心轮和系杆的任意两构件的转动后，另一个构件的转动便可确定。因此，第三构件的转动将是那两构件转动的合成。

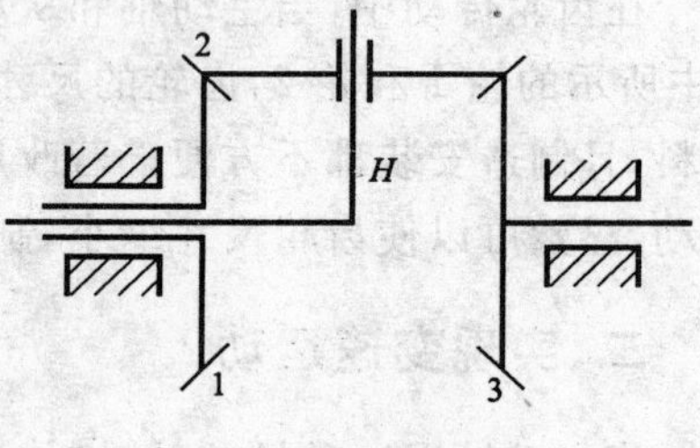

图7-9 加法机构

最简单的用作合成运动的轮系如图7-9所示，其中 $z_1=z_3$。由式(7-2)得

$$\frac{n_1-n_H}{n_3-n_H}=-\frac{z_3}{z_1}=-1$$

所以

$$n_H=\frac{1}{2}(n_1+n_3)$$

这种轮系可用作加(减)法机构。当由轮1和轮3的轴分别输入加数和被加数的相应转速时，系杆的转速就是两个中心轮转速之合成。

2. 用作运动的分解

差动轮系不仅能将两个独立的转动合成一个转动，而且还可将一个构件的转动按所需的比例分解为另两构件的转动。

图7-10所示为汽车后桥上的差速器。汽车发动机的动力传动轴带动锥齿轮1，再带动活套在后轴上的锥齿轮2。齿轮1和齿轮2的几何轴线相对于后桥的壳体来说都是固定不变的，所以它们是一对定轴齿轮传动。齿轮3活套在齿轮2侧面突出的小轴上，它的几何轴线可

随齿轮 2 一起转动，故齿轮 3 为行星轮，齿轮 2 又作系杆用，它们与中心轮 4、5 组成一个差动轮系。

当汽车直线行驶时，前轮的转向机构通过地面的约束作用，要求两后轮有相同的转速，即要求齿轮 4 和齿轮 5 转速相等。这样，行星轮 3 便没有自转运动。此时，齿轮 3、4 和 5 如同一个整体，一起随齿轮 2 转动。

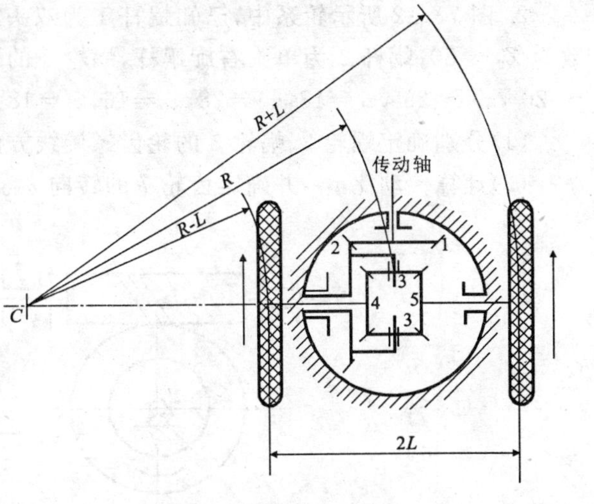

图 7－10　汽车后桥差速器

当汽车转弯时，前轮的转向机构通过地面的约束作用，则要求两后轮具有不同的转速。故此左转弯时，由于右车轮比左车轮滚过的距离大，所以右车轮比左车轮转得快。这时，行星轮 3 除随齿轮 2 转动外，又绕自身的轴线转动。由图 7－10 可知，当汽车绕瞬时回转中心 C 转动时，要使两车轮在地面上做纯滚动，则其转速应与两车轮到中心 C 的距离成正比。即

$$\frac{n_4}{n_5}=\frac{R-L}{R+L} \tag{7-5}$$

由于这一差动轮系与图 7－9 所示的轮系构造相同，故

$$n_4+n_5=2n_H=2n_2 \tag{7-6}$$

当已知轮 2 的转速 n_2，拐弯的曲率半径及以及两车轮的跨度 $2L$ 时，由式(7－5)、式(7－6)即可算出两车轮的转速 n_4 和 n_5。这个例子说明差动轮系可将输入的转速 n_2 按所需比例分解为两个后车轮的转速 n_4 和 n_5。

习题

1. 图 7－11 所示轮系中，已知轮 1 转向 n_1 如图示。各轮齿数为：$z_1=20$，$z_2=40$，$z_3=15$，$z_4=60$，$z_5=z_6=18$，$z_7=1$(左旋蜗杆)，$z_8=40$，$z_9=20$。若 $n_1=1\,000\text{r/min}$，齿轮 9 的模数 $m=3\text{mm}$，试求齿条 10 的速度 v_{10} 及其移动方向(可在图中用箭头标出)。

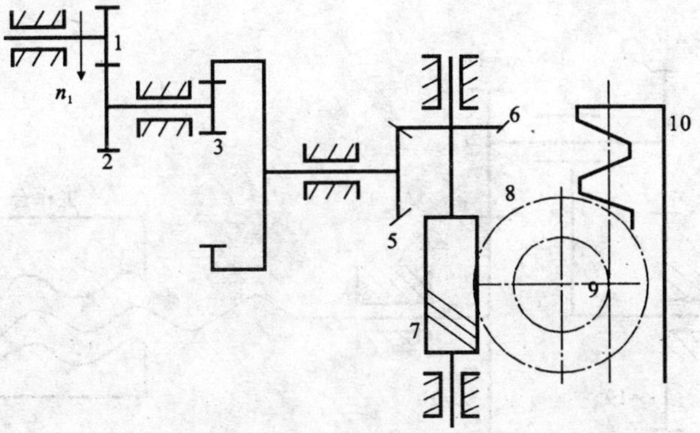

图 7－11

2. 图 7－12 所示轮系中，已知蜗杆 1 为双头左旋蜗杆，转向如图 7－12 所示，蜗轮 2 的齿数为 $Z_2=50$；蜗杆 $2'$为单头右旋蜗杆，蜗轮 3 的齿数为 $Z_3=40$；其余各轮齿数为：$z_{3'}=30$，$z_4=20$，$z_{4'}=26$，$z_5=18$，$z_{5'}=28$，$z_6=16$，$z_7=18$。要求：

(1)分别确定蜗轮 2、蜗轮 3 的轮齿螺旋线方向及转向 n_2、n_3；

(2)计算传动比 i_{17}，并确定齿轮 7 的转向 n_7。

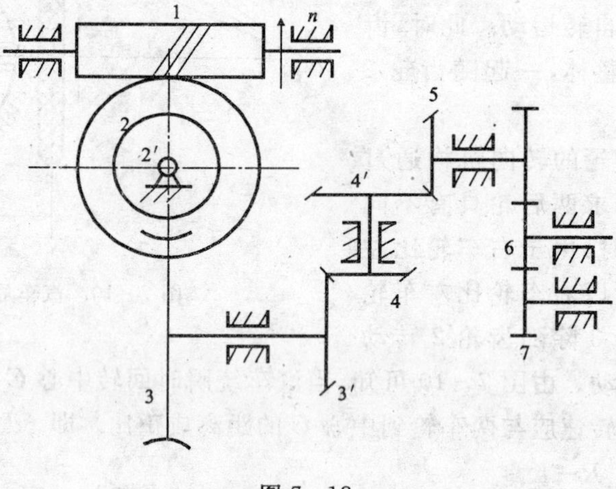

图 7－12

3. 图 7－13 所示轮系中，已知轮 1 转速 $n_1=140\text{r/min}$，$z_1=40$，$z_2=20$。求：

(1)轮 3 齿数 z_3；

(2)当 $n_3=-40\text{r/min}$ 时，系杆 H 的转速 n_H 的大小及方向；

(3)当 $n_H=0$ 时齿轮 3 的转速 n_3。

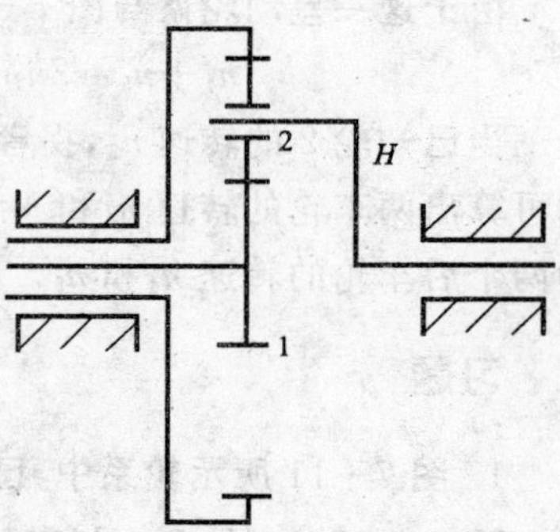

图 7－13

4. 图 7－14 所示万能刀具磨床工作台的进给装置中，运动经手柄输入，由丝杠输出，已知单头丝杠螺距 $L=5\text{mm}$，试计算手柄转动一周时工作台的进给量 S。

5. 图 7－15 所示轮系中，已知各轮齿数为：$z_1=z_2=z_{2'}$

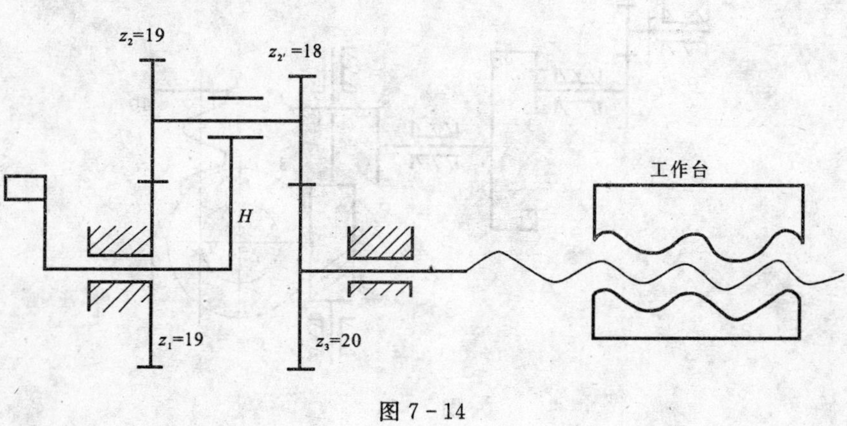

图 7－14

$=24, z_3=72, z_4=89, z_5=95, z_6=24, z_7=30$，试求：$A$ 轴与 B 轴之间的传动比 i_{AB}。

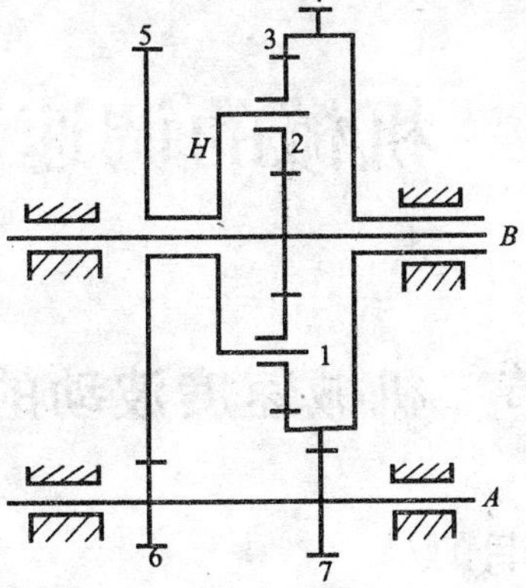

图 7－15

6. 在图 7－16 所示轮系中，已知各轮齿数为：$z_1=z_{2'}=20, z_2=z_3=40, z_4=100, z_5=z_6=z_7=30$，求：传动比 i_{17}。

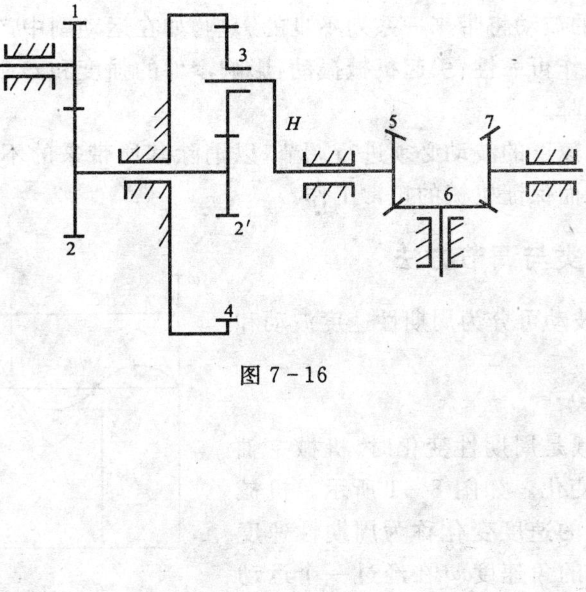

图 7－16

第八章　机械的调速和平衡

第一节　机械速度波动的调节

一、机械速度波动调节的目的

前面介绍齿轮等做回转运动的机构时，为分析方便，总是假定它们是匀速转动的。实际机械总是在外力（驱动力和阻力）作用下运转的。由于各种各样的原因，作用于机械的外力和不可能恒等于零。在一段时间内，若驱动力大于工作阻力，则驱动力所做的输入功大于工作阻力所做的输出功，即出现盈功，那么必然导致机械系统的动能增加；反之，则出现亏功，必然使机械系统的动能减少。机械动能的增减，使其主轴的角速度随之变化，从而产生机械运转速度的波动。机械运转速度的波动将带来一系列不良的影响，如在运动副中产生附加动压力，加剧磨损，降低机械效率和工作可靠性；引起机械振动，影响零件的强度和寿命；降低机械的精度和工艺性能，使产品质量下降。

因此，对机械运转速度的波动必须进行调节，以消除其所带来的不良影响，使机械的转速在允许范围内波动，从而保证机械的正常工作。

二、速度波动分类与调节方法

机械运转速度的波动可分为周期性速度波动和非周期速度波动两类。

1. *周期性速度波动*

当机器动能的增减是周期性变化时，机械主轴的角速度也作周期性变化。如图 8－1 所示。机械的这种有规律的、连续的速度变化称为周期性速度波动。由图可见，主轴的角速度 ω 在经过一个运动周期 T 之后又变回到初始状态，其动能没有增减。也就是说，在一个周期中，驱动力所做的输入功与阻力所做的输出功是相等的，这是周期性速度波动的重要特征。但是，在周期中的每一瞬时输入功与输出功却是不相等的，因而出现速度的波动。运动周期 T 通常对应于机械主轴回转一转（如冲床）、两转（如单缸四冲程内燃机）或数转（如轧钢机）的时间。

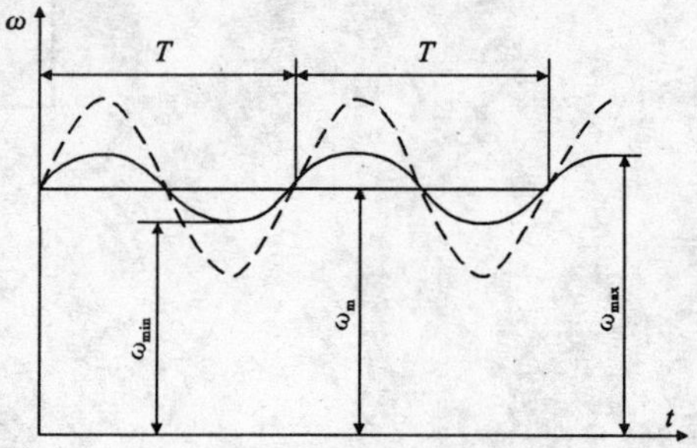

图 8－1　周期性速度波动

调节周期性速度波动的常用方法是在机械中的活动构件上适当地增加质量，通常是在机械的转动构件上加上一个转动惯量很大的盘形回转件——飞轮。飞轮在系统中的作用相当于一个容量很大的储能器。盈功（驱动力所做的功超过克服阻力所需的功）使飞轮的动能增加，亏功(阻力所做的功超过驱动力所做的功)使飞轮的动能减小。飞轮的动能变化为：$\Delta E = 1/2J(\omega^2 - \omega_0^2)$。显然，动能变化数值相同时，飞轮的转动惯量 J 越大，角速度 ω 的波动越小。例如图 8-1 实线所示为没有安装飞轮时主轴的速度波动，虚线所示为安装飞轮后的速度波动。

此外，由于飞轮能利用储蓄的动能克服短时过载，因此在确定原动机额定功率时只需考虑它的平均功率，而不必考虑高峰负荷所需的瞬时最大功率。由此可知，安装飞轮不仅可避免机械运转速度过大的波动，而且可以选择功率较小的原动机。

2. 非周期速度波动

当机械的驱动力或阻力突然发生不规则的较大变化(如电厂发电机负荷的变化)时，若输入功在很长一段时间内总是大于输出功，则机械运转速度将不断升高，直至超越机械强度所允许的极限转速而导致机械损坏；反之，如输入功总是小于输出功，则机械运转速度将不断下降，直至停车。这种速度波动是随机的、不规则的，没有一定的周期，因此称为非周期性速度波动。

非周期性速度波动不能依靠飞轮来进行调节，只能采用特殊的装置使输入功与输出功趋于平衡，以达到新的稳定运转。这种特殊装置称为调速器。图 8-2 所示为机械式离心调速器的工作原理图。原动机 2 的输入功与供汽量的大小成正比。当负荷突然减小时，原动机 2 和工作机 1 的主轴转速升高，由锥齿轮驱动的调速器主轴的转速也随着升高，重球因离心力增大而飞向上方，带动圆筒 N 上升，并通过套环和连杆将节流阀关小，使蒸汽输入量减少；若负荷突然增加，原动机及调速器主轴转速下降，重球下落，节流阀开大，使供汽量增加。用这种方法使输入功和负荷所消耗的功(包括摩擦损失)自动趋于平衡，从而保持速度稳定。机械式离心调速器结构简单、成本低廉，常用于电唱机、录音机等调速系统之中；但它的体积庞大，灵敏度低，近代机器多采用电子调速装置实现自动控制。

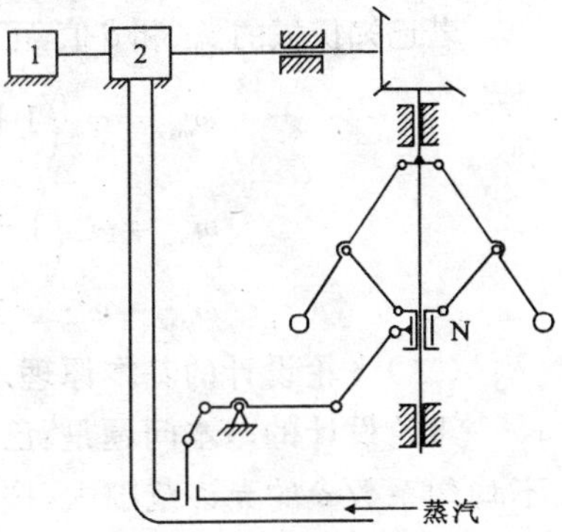

图 8-2　离心调速器

三、飞轮设计的近似方法

(一)机械运转的平均速度和不均匀系数

如图 8-1 所示，周期性运转的机械主轴角速度随时间变化的规律为 $\omega = f(t)$ 时，角速度的平均值 ω_m 为

$$\omega_m = \frac{1}{T}\int_0^T f(t)\mathrm{d}t \tag{8-1}$$

这个实际平均值称为机器的"额定转速"。

由于 ω 的变化规律很复杂，故在工程计算中都以算术平均值作为实际平均值，即

$$\omega_m = \frac{\omega_{\max} + \omega_{\min}}{2} \tag{8-2}$$

式中，$\omega_{\max}$ 和 $\omega_{\min}$ 分别为最大角速度和最小角速度。

工程上常用角速度波动幅度与平均角速度的比值来衡量机器运转的不均匀程度。这个比值称为机械运转速度不均匀系数 δ，即

$$\delta=\frac{\omega_{max}-\omega_{min}}{\omega_m} \tag{8-3}$$

由上式可知，当 ω_m 一定时，δ 越小，则 ω_{max} 与 ω_{min} 之差就越小，主轴越接近匀速转动，运转的平稳性越好。

工作性质不同的机械，其运转的平稳性要求不同，许用的速度不均匀系数[δ]是根据它们的工作要求确定的。设计时要求机械的速度不均匀系数 δ 小于[δ]，几种常见机械的[δ]值可按表 8-1 选取。

表 8-1 机械运转的许用不均匀系数[δ]

机械名称	破碎机	冲床和剪床	压缩机和水泵	减速器	交流发电机
[δ]	0.10～0.20	0.05～0.15	0.03～0.05	0.015～0.020	0.002～0.003

若已知机械的 ω_m 和 δ 值，可由式(8-2)、(8-3)求得最大角速度 ω_{max} 和最小角速度 ω_{min}，即

$$\omega_{max}=\omega_m\left(1+\frac{\delta}{2}\right)$$

$$\omega_{min}=\omega_m\left(1-\frac{\delta}{2}\right)$$

$$\omega_{max}^2-\omega_{min}^2=2\delta\omega_m \tag{8-4}$$

(二)飞轮设计的基本原理

飞轮设计的基本问题是：已知作用在主轴上的驱动力矩和阻力矩的变化规律，要求在速度不均匀系数 δ 的允许范围内，按功能原理确定需安装的飞轮的转动惯量 J。

1. 飞轮转动惯量的计算

在一般机械中，其他构件所具有的动能与飞轮相比，其值甚小，因此近似设计中可以用飞轮的动能来代替整个机械的动能。当机械的主轴转动处于最大角速度 ω_{max} 时，飞轮具有动能最大值 E_{max}；反之，当主轴处于最小角速度 ω_{min} 时，飞轮具有动能最小值 E_{min}。E_{max} 与 E_{min} 之差表示一个周期内从 ω_{max} 到 ω_{min} 的动能最大变化量，称为最大盈亏功，即

$$A_{max}=E_{max}-E_{min}=\frac{1}{2}J(\omega_{max}^2-\omega_{min}^2)=J\omega_m^2\delta$$

式中，A_{max} 为最大盈亏功，用绝对值表示；J 为飞轮的转动惯量。由此得安装在主轴上的飞轮的转动惯量

$$J=\frac{A_{max}}{\omega_m^2\delta}=\frac{900A_{max}}{\pi^2 n^2\ \delta} \tag{8-5}$$

式中，n 为飞轮转速(r/min)。

分析式(8-5)可得到 3 个重要的结论。

(1)当 A_{max} 与 ω_m 一定，且速度不均匀系数 δ 已经很小时，略微减小 δ 的数值就会使飞轮转动惯量激增(图 8-3)。因此，过分追求运转速度均匀将会使飞轮笨重，增加成本。

(2)当 J 与 ω_m 一定时，A_{max} 与 δ 成正比，即最大盈亏功越大，机械运转速度越不均匀。

(3)J 与 ω_m 的平方成反比，即主轴的平均转速越高，所需安装在主轴上的飞轮转动惯量越小。

通常机器的主轴具有良好的刚性，所以多数机器的飞轮安装在主轴上。但由式(8-5)可

知，为了减小飞轮的转动惯量，也可以选取高于主轴转速的轴安装飞轮，应满足如下两个条件：

①安装飞轮的轴与主轴保持定角速度比；

②该轴上安装的飞轮与主轴上安装的飞轮具有相等的动能，即

$$\frac{1}{2}J\omega_m^2=\frac{1}{2}J'\omega'^2_m$$

或

$$J'=J\left(\frac{\omega_m}{\omega'_m}\right)^2 \tag{8-6}$$

式中，ω'_m 为任选飞轮轴的平均角速度，J' 为安装在该轴上的飞轮转动惯量。

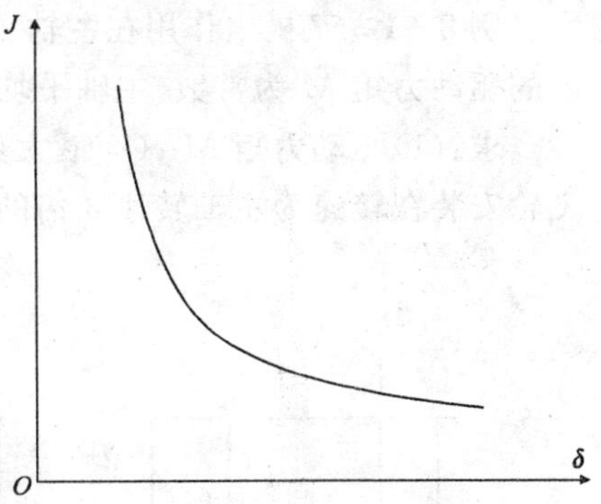

图 8-3　J-δ 关系曲线

2. 最大盈亏功 A_{max} 的确定

计算飞轮转动惯量的关键是确定最大盈亏功 A_{max}。图 8-4(a)所示为某机组稳定运转一个周期中，驱动力矩 M' 和阻力矩 M'' 随主轴转角变化的曲线。μ_M 为力矩比例尺，实际力矩值可用纵坐标高度乘以 μ_M 得到；μ_φ 为转角比例尺，实际转角等于横坐标长度乘以 μ_φ。$(M'-\varphi)$曲线与横坐标轴所包围的面积表示驱动力矩所做的功(输入功)，$(M''-\varphi)$曲线与横坐标轴所包围的面积表示阻力矩所做的功(输出功)。显然，在 oa 区间，输入功与输出功之差为面积 $S_1\times\mu_M\mu_\varphi$，此即 oa 区间的盈亏功 A_{oa}(正值为盈功，负值为亏功)。由图可见，oa 区间阻力矩大于驱动力矩，出现亏功，机器动能减小，故 S_1 标注负号；而 ab 区间驱动力矩大于阻力矩，出现盈功，机器动能增加，故标注正号。同理，bc、do 区间为负，而 cd 区间为正。最大盈亏功 A_{max} 的大小应等于一个周期内全部盈亏功的代数和。

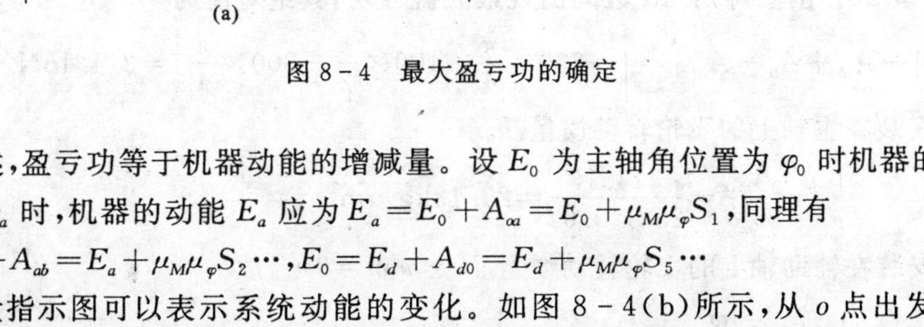

图 8-4　最大盈亏功的确定

如前所述，盈亏功等于机器动能的增减量。设 E_0 为主轴角位置为 φ_0 时机器的动能，则主轴角位置为 φ_a 时，机器的动能 E_a 应为 $E_a=E_0+A_{oa}=E_0+\mu_M\mu_\varphi S_1$，同理有

$$E_b=E_a+A_{ab}=E_a+\mu_M\mu_\varphi S_2\cdots,E_0=E_d+A_{d0}=E_d+\mu_M\mu_\varphi S_5\cdots$$

利用能量指示图可以表示系统动能的变化。如图 8-4(b)所示，从 o 点出发，顺次向量 oa、ab、bc、cd、do 表示盈亏功 A_{oa}、A_{ab}、A_{bc}、A_{cd}、A_{do}，盈功为正，箭头朝上；亏功为负，箭头朝下。各段依次首尾相连，从而得到封闭的向量图。由图可知，b 点具有最大动能，对应于 ω_{max}，c 点具有最小动能，对应于 ω_{min}；b、c 二位置动能之差即是最大盈亏功 A_{max}。

求得最大盈亏功 A_{max} 后，可按式(8-5)计算所设计飞轮的转动惯量，然后可按照不同截面

形状的转动惯量计算公式设计出飞轮的主要尺寸。

例 8-1 某机组作用在主轴上的阻力矩变化曲线($M''-\varphi$)如图 8-5(a)所示。已知主轴上的驱动力矩 M'为常数,主轴平均角速度 $\omega_m=25\text{rad/s}$,机械运转速度不均匀系数 $\delta=0.02$。

求:(1)驱动力矩 M';(2)最大盈亏功 A_{max};(3)安装在主轴上飞轮的转动惯量 J;(4)若将飞轮安装在转速为主轴转速 3 倍的辅助轴上,求飞轮转动惯量 J'。

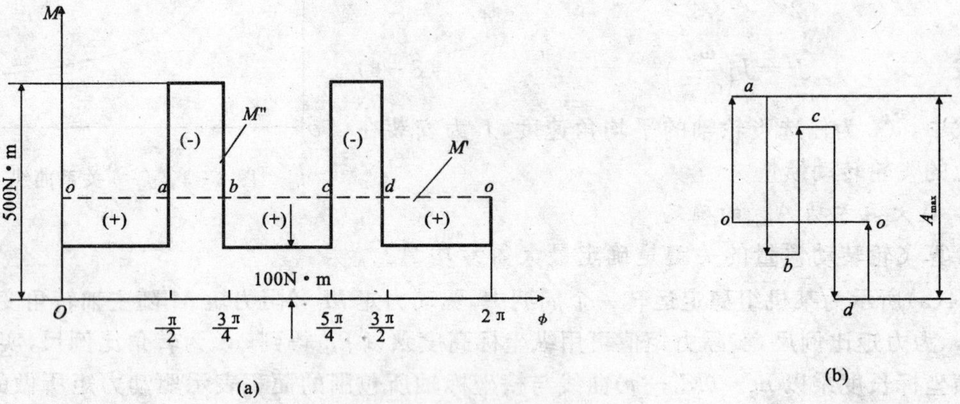

图 8-5 飞轮设计

解 (1)求 M'。因给定 M'为常数,故($M'-\varphi$)关系为一水平直线。在一个运动循环中驱动力矩所做的功为 $2\pi M'$,它应当等于一个运动循环中阻力矩所做的功,即

$$2\pi M'=100\times2\pi+400\times\frac{\pi}{4}\times2(\text{N}\cdot\text{m})$$

解上式得 $M'=200\text{N}\cdot\text{m}$。由此可作出($M'-\varphi$)水平直线。

(2)求 A_{max}将($M'-\varphi$)与($M''-\varphi$)曲线的交点标注 o、a、b、c、d。将各区间($M'-\varphi$)与($M''-\varphi$)所围面积区分为盈功和亏功,并标注"+"号或"-"号。然后根据各区间盈亏的数值大小按比例作能量指示图[图 8-5(b)]如下:首先自 o 向上作 oa 表示 oa 区间的盈功,$A_{oa}=100\times\frac{\pi}{2}\text{N}\cdot\text{m}$;其次,向下作 ab 表示 ab 区间的亏功,$A_{ab}=300\times\frac{\pi}{4}\text{N}\cdot\text{m}$;依此类推,直到画完最后一个封闭向量 do。由图可知,ad 区间出现最大盈亏功,其绝对值为

$$A_{max}=|-A_{ab}+A_{bc}-A_{cd}|=\left|-300\times\frac{\pi}{4}+100\times\frac{\pi}{2}-300\times\frac{\pi}{4}\right|=314.16\text{N}\cdot\text{m}$$

(3)求安装在主轴上的飞轮转动惯量 J。

$$J=\frac{A_{max}}{\omega_m^2\delta}=\frac{314.16}{25^2\times0.02}=25.13\text{kg}\cdot\text{m}^2$$

(4)求安装在辅助轴上的飞轮转动惯量 J'令 $\omega'm=3\omega_m$,故

$$J'=J\left(\frac{\omega_m}{\omega'}\right)^2=25.13\times\frac{1}{9}=2.79\text{kg}\cdot\text{m}^2$$

一般飞轮计算不需要很精确,工程中应用上述简化计算已能满足要求。

3. 飞轮主要尺寸的确定

求出飞轮转动惯量 J 之后,还要确定它的直径、宽度、轮缘厚度等有关尺寸。

图 8-6 所示为带有轮辐的飞轮。这种飞轮的轮毂和轮辐的质量很小，回转半径也较小，近似计算时可以将它们的转动惯量略去，而认为飞轮质量 m 集中于轮缘。设轮缘的平均直径为 D_m，则

$$J=m\left(\frac{D_m}{2}\right)^2=\frac{mD_m^2}{4} \tag{8-8}$$

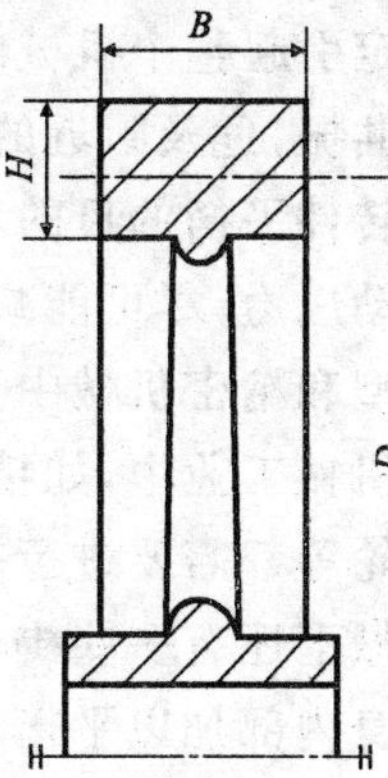

图 8-6　带轮辐的飞轮结构图

当按照机器的结构和空间要求选定轮缘的平均直径 D_m 之后，由式(8-8)便可求出飞轮的质量 m(kg)。设轮缘为矩形断面，它的体积、厚度、宽度分别为 $V(\mathrm{m}^3)$、H(m)、B(m)，材料的密度为 $\rho(\mathrm{kg/m^3})$，则

$$m=V\rho=\pi D_m HB\rho \tag{8-9}$$

选定飞轮的材料与比值 H/B 之后，轮缘的截面尺寸便可以求出。

对于外径为 D 的实心圆盘式飞轮，由理论力学知

$$J=\frac{m}{2}\left(\frac{D}{2}\right)^2=\frac{mD^2}{8} \tag{8-10}$$

选定圆盘直径 D，便可求出飞轮的质量 m。再从

$$m=V\rho=\frac{\pi D^2}{4}B\rho \tag{8-11}$$

选定材料之后，便可求出飞轮的宽度 B。

飞轮的转速越高，其轮缘材质产生的离心力越大，当轮缘材料所受离心力超过其材料的强度极限时，轮缘便会爆裂。为了安全，在选择平均直径 D_m 和外圆直径 D 时，应使飞轮外圆的圆周速度不大于以下安全数值：

对于铸铁飞轮 $v_{\max}<36\mathrm{m/s}$；对于铸钢飞轮 $v_{\max}<50\mathrm{m/s}$。

应当说明，飞轮不一定是专门外加的构件。实际机械中往往用增大带轮(或齿轮)的尺寸和质量的方法，使它们兼起飞轮的作用。这种带轮(或齿轮)也就是机器中的飞轮。还应指出，本章所介绍的飞轮设计方法，没有考虑除飞轮外其他构件动能的变化，因而是近似的。由于机械速度不均匀系数 δ 允许有一个变化范围，所以这种近似设计可以满足一般使用要求。

第二节　回转件的平衡

一、回转件平衡的目的

机械中有许多构件是绕固定轴线回转的，这类作回转运动的构件称为回转件(又称为转子)。每个回转件都可看作是由若干质量组成的。从理论力学可知，一偏离回转中心距离为 r 的质量 m，当以角速度 ω 转动时，产生的离心力 F 为

$$F=mr\omega^2 \tag{8-12}$$

若回转件结构不对称、制造不准确或材质不均匀，便会使整个回转件在转动时产生不平衡的离心力系，使离心力系的合力(主向量)和合力偶矩(主矩)不等于零。它们的方向随着回转

件的转动而发生周期性的变化，不仅在轴承中引起附加的动压力，降低机械效率和使用寿命，而且必定引起整个机械的振动。这种机械振动往往引起机械工作精度和可靠性降低，甚至可能产生共振，危及附近的工作机械及厂房建筑物的安全。

回转件平衡的目的就是调整回转件的质量分布，使回转件工作时离心力系达到平衡，以消除附加动压力，尽可能减轻有害的机械振动。回转件平衡是现代机械的一个重要问题，尤其在高速重型和精密机械中更具有特别重要的意义。

在机械工业中，如精密机床主轴、电动机转子、发动机曲轴、一般汽轮机转子和各种回转式泵的叶轮等都需要进行平衡。

机械上还有一些构件是作移动或复合运动的，根据平衡理论研究指出，其惯性力不可能在构件本身内部加以平衡，故其运动副中的动压力是无法消除的。因此，在机械运转日趋高速的情况下，应尽量采用回转运动的机构，以利于解决平衡问题。

本节讨论的对象限于刚性回转件，即用于一般机械中的回转件。至于高速大型汽轮机和发电机转子等，因构件回转时的变形问题不容忽视，属于挠性回转件，其平衡原理和方法请参阅其他有关书籍。

二、回转件的平衡计算

对于绕固定轴转动的回转件，若已知回转件包含的各质量的大小和位置，可用数学方法分析回转件达成平衡的条件，并求出所需平衡质量的大小和位置。现根据组成回转件各质量的不同分布，分两种情况进行讨论。

1. 质量分布在同一回转面内

对于轴向尺寸较小的盘形回转件（转子轴向宽度 b 与其直径 D 之比 $b/D<0.2$），如飞轮、盘形凸轮、叶轮、砂轮等，可近似认为其质量分布在同一回转面内。当该回转件匀速转动时，这些质量所产生的离心力构成同一平面内汇交于回转中心的力系。如果该力系不平衡，则它们的合力 $\sum F_i$ 不等于零。由汇交力系平衡条件可知，如欲使其平衡，只要在同一回转面内增加一质量（或在相反方向除去一质量），使其质心和回转中心相重合，使它产生的离心力与原有质量所产生的离心力之间的向量和等于零，这个力系就成为平衡力系，该回转件就达到平衡状态，即平衡条件为

$$F = F_b + \sum F_i = 0$$

式中，F 为总离心力；F_b 为平衡质量的离心力；$\sum F_i$ 为原有质量离心力的合力。上式可写成

$$me\omega^2 = m_b r_b \omega^2 + \sum m_i r_i \omega^2 = 0$$

消去公因子 ω^2，可得

$$me = m_b r_b + \sum m_i r_i = 0 \tag{8-13}$$

式中，m、e 为回转件的总质量和总质心的向径；m_b、r_b 为平衡质量及其质心的向径；m_i、r_i 为原有各质量及其质心的向径。

上式中质量与向径的乘积称为质径积，它表达了各个质量所产生的离心力的相对大小和方向。

式(8-13)表明，回转件平衡后，$e=0$，即总质心与回转轴线重合，此时回转件质量对回转轴线的静力矩 $mge=0$，该回转件可以在任何位置保持静止，而不会自行转动，因此这种平衡称为静平衡(工业上也称为单面平衡)。

由上所述可知，静平衡的条件是：分布于回转件上各个质量的离心力(或质径积)的向量和等于零，即回转件的质心与回转轴线重合。

如图 8-7(a)所示，已知同一回转面内的不平衡质量 m_1、m_2、m_3(kg)及其向径 r_1、r_2、r_3(m)，求应加的平衡质量 m_b 及其向径 r_b。

由式(8-13)得

$$m_b r_b + m_1 r_1 + m_2 r_2 + m_3 r_3 = 0$$

式中只有 m_b、r_b 未知，因此可用向量多边形求解。

如图 8-7(b)所示，依次作已知向量 $m_1 r_1$、$m_2 r_2$、$m_3 r_3$，最后将 $m_3 r_3$ 的矢端与 $m_1 r_1$ 的尾部相连得到封闭向量，该封闭向量即为 $m_b r_b$。

根据回转件结构特点选定 r_b 的大小后，所需的平衡质量就随之确定。

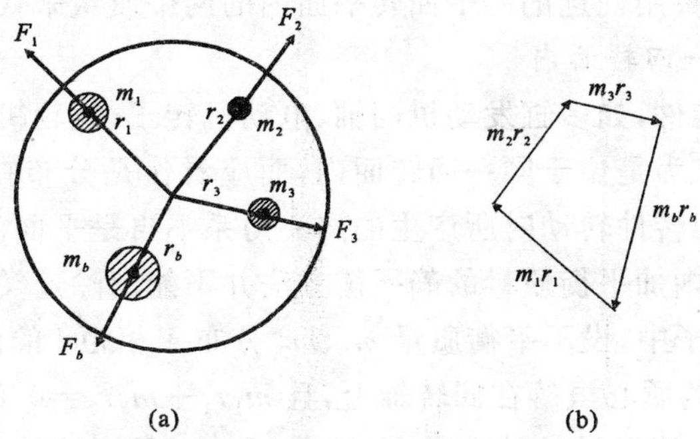

图 8-7　单面平衡向量图解

平衡质量的安装方向为向量图上 $m_b r_b$ 所指的方向(也可在 $m_b r_b$ 所指方向的反方向去掉相同的质量)。通常尽可能将 r_b 的值选大些，以便使 m_b 小些。

图 8-8(a)所示单缸曲轴，在所需平衡的回转面上既不能安装也不能去掉平衡质量。此时可根据力的分解原理，另选两个回转平面分别安装平衡质量来使回转件达到平衡。

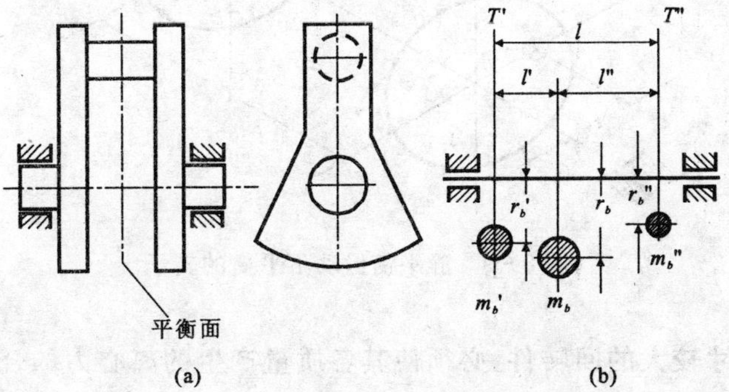

图 8-8　质径分解到两个平面

如图 8-8(b)所示，在原平衡平面两侧选定任意两个回转平面 T' 和 T''，它们与原平衡平面的距离分别为 l' 和 l''。设在 T' 和 T'' 面内分别装上平衡质量 m'_b 和 m''_b，其质心的向径分别为 r'_b 和 r''_b，且 m'_b 和 m''_b 都处于经过 m_b 的质心且包含回转轴线的平面内，则 m'_b、m''_b、和 m_b 在回转时产生的离心力 F'_b、F''_b 和 F_b 成为 3 个互相平行的力。欲使 F'_b 和 F''_b 完全取代 F_b，则必须满足平行力分解的关系式，即

$$F'_b+F''_b=F_b$$
$$F'_b l'=F''_b l''$$

解以上二式，并以 $l=l'+l''$ 代入，去掉等式两边的公因子 ω^2，即得

$$m'_b r'_b=\frac{l''}{l}m_b r_b,\quad m''_b r''_b=\frac{l'}{l}m_b r_b \tag{8-14}$$

若取 $r'_b=r''_b=r_b$，则上式化简成

$$m'_b=\frac{l''}{l}m_b,\quad m''_b=\frac{l'}{l}m_b \tag{8-15}$$

由此可知，任一质径积都可以用任选的两个回转平面 T' 和 T'' 内的两个质径积来代替。若向径不变，任一质量都可用任选的两个回转平面内的两个质量来代替。

2. 质量分布不在同一回转面内

轴向尺寸较大的回转件，如多缸发动机曲轴、电动机转子、汽轮机转子和机床主轴等，其质量的分布不能再近似地认为是位于同一回转面内，而应看作是分布在垂直于轴线的多个互相平行的回转面内。这类回转件转动时所产生的离心力系不再是平面汇交力系，而是空间力系。因此，单靠在某一回转面内加平衡质量的静平衡方法并不能消除这类回转件转动时的不平衡。例如在图 8-9 所示的转子中，设不平衡质量 m_1、m_2 分布于相距 l 的两个回转面内，且有 $m_1=m_2$，$r_1=-r_2$。该回转件的质心虽落在回转轴上，且 $m_1r_1+m_2r_2=0$，满足静平衡条件；但因 m_1 和 m_2 不在同一回转面内，当回转件转动时，在包含 m_1、m_2 及回转轴的平面内存在一个由离心力 F_1 和 F_2 组成的力偶，该力偶的方向随回转件的转动而周期性变化，故回转件在转动时仍处于不平衡状态，这种因离心力系的合力偶不等于零引起的不平衡称为动不平衡。

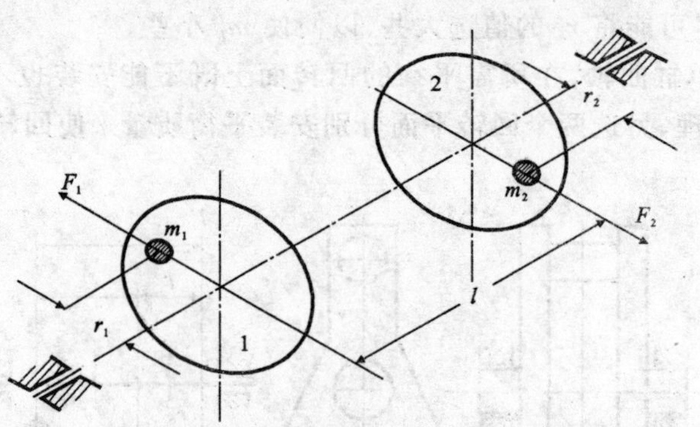

图 8-9 静平衡但动不平衡的转子

因此，对轴向尺寸较大的回转件，必须使其各质量产生的离心力的合力与合力偶矩都等于零，才能达到平衡。

如图 8-10(a)所示，回转件不平衡质量分布在 1、2、3 三个回转面内，依次以 m_1、m_2、m_3 表

示，其向径各为 r_1、r_2、r_3。根据式(8－15)，若向径不变，某平面内的质量 m_i 可由任选的两个平行平面 T' 和 T'' 内的质量 m'_i、m''_i 代替，且 m'_i 和 m''_i 处于回转轴线和 m_i 的质心组成的平面内。

现将平面 1、2、3 内的质量 m_1、m_2、m_3 分别用任选的两个回转面 T' 和 T'' 内的质量 m'_1、m'_2、m'_3 和 m''_1、m''_2、m''_3 来代替，由式(8－15)有

$$m'_1=\frac{l''_1}{l}m_1,\ m''_1=\frac{l'_1}{l}m_1$$

$$m'_2=\frac{l''_2}{l}m_2,\ m''_2=\frac{l'_2}{l}m_2$$

$$m'_3=\frac{l''_3}{l}m_3,\ m''_3=\frac{l'_3}{l}m_3$$

因此，上述回转件的不平衡质量可认为完全集中在 T' 和 T'' 两个面内。对于 T' 面，其平衡方程为

$$m'_b r'_b+m'_1 r'_1+m'_2 r'_2+m'_3 r'_3=0$$

作向量图如图 8－10(b)所示。由此可求出质径积 $m'_b r'_b$。同理，对于 T'' 面，其平衡方程为

$$m''_b r''_b+m''_1 r''_1+m''_2 r''_2+m''_3 r''_3=0$$

作向量图如图 8－10(c)所示。由此求出质径积 $m''_b r''_b$。

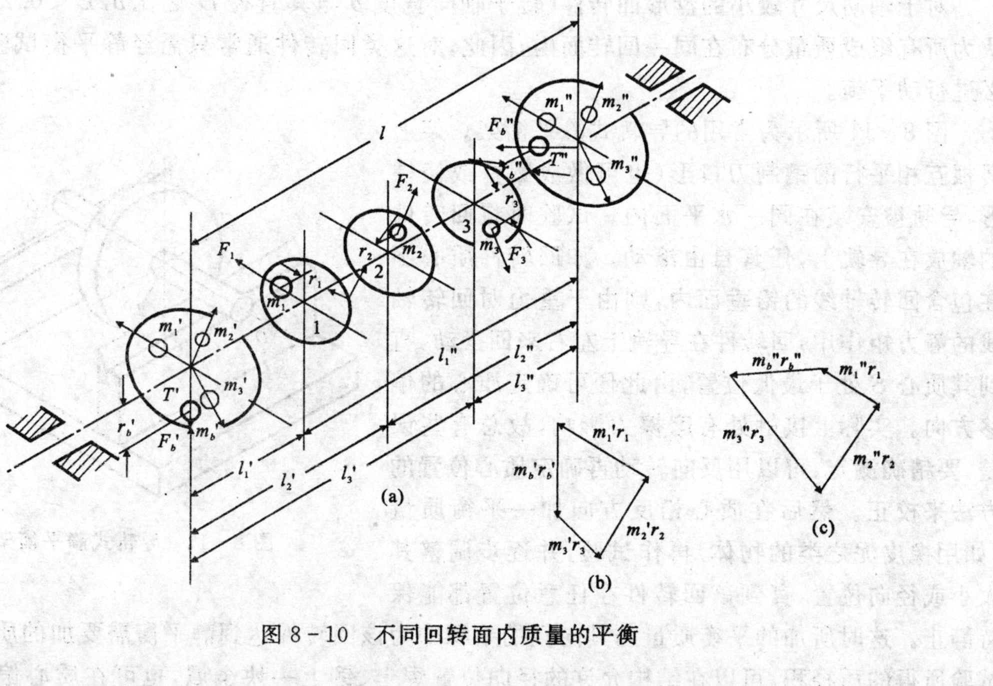

图 8－10　不同回转面内质量的平衡

由以上分析可以推知，不平衡质量分布的回转面数目可以是任意多个。只要按照式(8－15)将各质量所选的回转面 T' 和 T'' 内分解，总可在 T' 和 T'' 面内求出相应的平衡质量 m'_b 和 m''_b。因此可得结论如下：质量分布不在同一回转面内的回转件，只要分别在任选的两个回转面(即平衡平面或称为校正平面)内各加上适当的平衡质量就能达到完全平衡。这种类型的平

衡称为动平衡(工业上称双面平衡)。所以动平衡的条件是:回转件上各个质量的离心力的向量和等于零,且离心力所引起的力偶矩的向量和也等于零。

显然,动平衡包含了静平衡的条件,故经动平衡的回转件一定也是静平衡的。但是必须注意,静平衡的回转件却不一定是动平衡的,图 8-8 所示回转件即属此例。对于质量分布在同一回转面内的回转件,因离心力在轴面内不存在力臂,故这类回转件静平衡后也满足了动平衡条件。磨床砂轮和煤气泵叶轮等长径比很小的回转件,都可看作质量基本分布在同一回转面内,所以经静平衡后不必再作动平衡即可使用。也可以说,第一类回转件属于第二类回转件的特例。

三、回转件的平衡试验

结构上关于回转轴线不对称的回转件,可根据质量分布情况计算出所需的平衡质量,使它满足平衡条件。这样,它就和对称于回转轴线的回转件一样在理论上达到完全平衡;但由于制造和装配的误差,以及材料内部的不均匀等原因,实际上回转件并不完全平衡,因此在生产过程中还需要用试验的方法加以平衡。根据质量分布的特点,平衡试验也分两种。

1. *静平衡试验法*

在静平衡试验时,可将回转件放在平衡架上,由于静不平衡的回转件质心偏离回转轴线,故将产生一静力矩。利用静平衡架,找出不平衡质径积的大小和方向,并由此确定质量的大小和位置,通过补偿,使其质心移到回转轴线上以达到静平衡。这种方法称为静平衡试验法。

对于轴向尺寸较小的盘形回转件(转子轴向宽度 b 与其直径 D 之比 $b/D<0.2$),可近似认为所有组成质量分布在同一回转面内,因此,对这类回转件通常只需经静平衡试验校正,不必进行动平衡。

图 8-11 所示为常用的导轨式静平衡架。架上两根互相平行的钢制刀口形(也可做成圆柱或棱柱形)导轨被安装在同一水平面内。试验时将回转件的轴放在导轨上,任其自由滚动。如回转件质心不在包含回转轴线的铅垂面内,则由于重力对回转轴线的静力矩作用,回转件在导轨上左右来回摆动,直到其质心 S 处于最低位置,由此便可确定质心的偏移方向。实际上接触处有摩擦力影响,故总有些误差,要精确测定,可以用反向转动再确定质心位置的方法来校正。然后在质心相反方向加一平衡质量(如用橡皮泥之类的物体)再作试验,并逐步调整其大小或径向位置,直到该回转件在任意位置都能保持静止。这时所加的平衡质量与其向径的乘积即为该回转件达到静平衡需要加的质径积。按试验所得的质径积,可以在结构允许的径向位置焊上、铆上一块金属,也可在质心偏移方向去掉同等大小的质径积来实现静平衡。

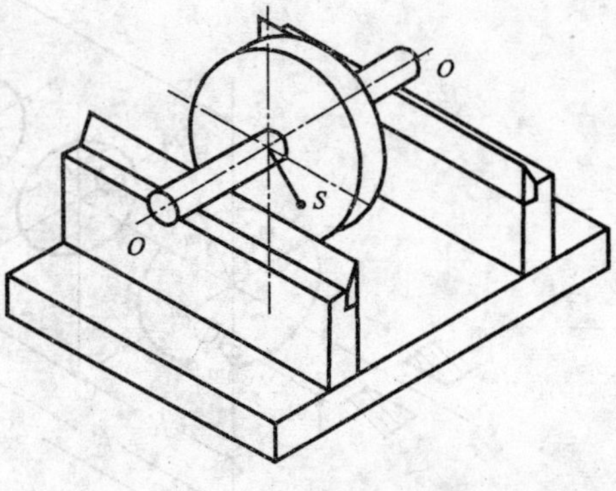

图 8-11 导轨式静平衡架

导轨式静平衡架简单可靠,其精度也能满足一般生产需要,其缺点是它不能用于平衡两端轴径不等的回转件。

2. 动平衡试验法

由动平衡原理可知，轴向尺寸较大的回转件，必须分别在任意两个校正平面 T' 和 T'' 内各加一个适当的质量，才能使回转件达到平衡。令回转件在动平衡试验机上运转，然后在两个选定的平面内分别找出所需平衡质径积的大小和方位，从而使回转件达到动平衡的方法称为动平衡试验法。

$b/D>0.2$ 的回转件或有特殊要求的重要回转件一般都要进行动平衡。

生产中的动平衡试验机种类很多，虽然其构造及工作原理不尽相同，但其作用都是用来确定需加于两个平衡平面中的平衡质量的大小及方位。图 8-12 所示为一电测式动平衡机的工作原理示意图。它由驱动系统、试件的支承系统和不平衡量的测量系统 3 个主要部分所组成。动平衡试验机的支撑是浮动的。当待平衡回转件在试验机上回转时，两端的浮动支撑便产生机械振动，传感器把机械振动变为电信号，即可在仪表上读出二校正平面应加质径积的大小和相位。近代动平衡机采用电子检测、激光去质量等先进技术，大大提高了平衡精度和试验过程的自动化程度。动平衡试验机的具体构造和操作方法可参看有关文献和产品说明书。

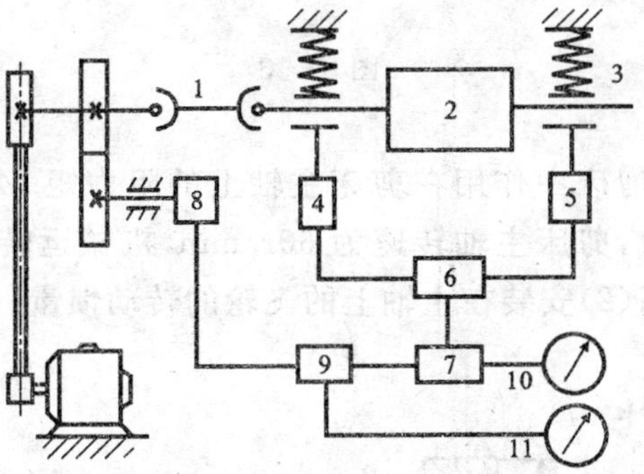

图 8-12　电测式动平衡机的工作原理示意图

1. 双万向联轴节；2. 回转构件；3. 弹簧支架；4. 传感器；5. 传感器；6. 解算电路；7. 放大器；8. 发生器；9. 鉴相器；10. 不平衡质径积的大小指示仪表；11. 不平衡质径积的相位指示仪表

应当说明，任何转子，即使经过平衡试验，也不可能达到完全平衡。实际应用中，为满足不同设备的平衡要求，对不同的工作条件的转子规定有不同的许用不平衡量。

转子的许用不平衡量可用质径积[mr]或偏心距[e]（单位 μm）来表示。考虑到角速度 ω 是影响转子平衡效应的重要参数，工程上常用 $e\omega$ 值表示平衡精度。国际标准化组织制定了用 G 表示的相应等级标准。$G=\frac{[e]\omega}{1000}$(mm/s)。如汽车发动机曲轴的平衡精度为 $G40$，电机转子 $G6.3$，精密磨床主轴 $G0.4$，G 值愈小，平稳精度愈高。已知转子的最高工作转速 ω，便可由 G 值求出许用偏心距[e]。

习题

1. 何谓周期性速度波动？何谓非周期性速度波动？它们各用何种装置进行调节？
2. 在机器中安装飞轮的目的是什么？为什么通常把飞轮安装在机器的高速轴上？
3. 什么是机械运转速度不均匀系数 δ？

4. 机械平衡的目的是什么？在什么情况下转动构件可以只进行静平衡？在什么情况下应该进行动平衡？

5. 如图 8-13 所示为作用在多缸发动机曲轴上的驱动力矩 M' 和阻力矩 M'' 的变化曲线，其阻力矩等于常数，其驱动力矩曲线与阻力矩曲线围成的面积顺次为 $+580\text{mm}^2$、-320mm^2、$+390\text{mm}^2$、-520mm^2、$+190\text{mm}^2$、-390mm^2、$+260\text{mm}^2$ 及 -190mm^2，该图的比例尺为 $\mu_M=100\text{N}\cdot\text{m/mm}$，$\mu_\varphi=0.01\text{rad/mm}$，设曲柄平均转速为 120r/min，其瞬时角速度不超过其平均角速度的 $\pm3\%$，求装在该曲柄轴上的飞轮的转动惯量。

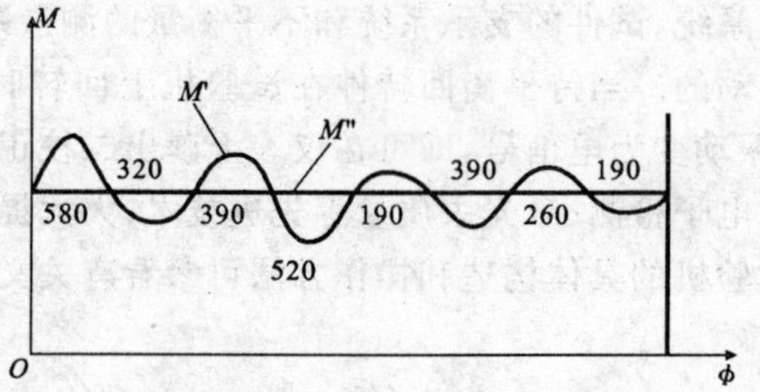

图 8-13

6. 已知电动机驱动的剪床中作用在剪床主轴上的阻力矩 M'' 的变化规律如图 8-14 所示，设驱动力矩 M' 等于常数，剪床主轴转速为 60r/min，机械运转速度不均匀系数 $\delta=0.15$。求：(1)驱动力矩 M' 的数值；(2)安装在主轴上的飞轮的转动惯量。

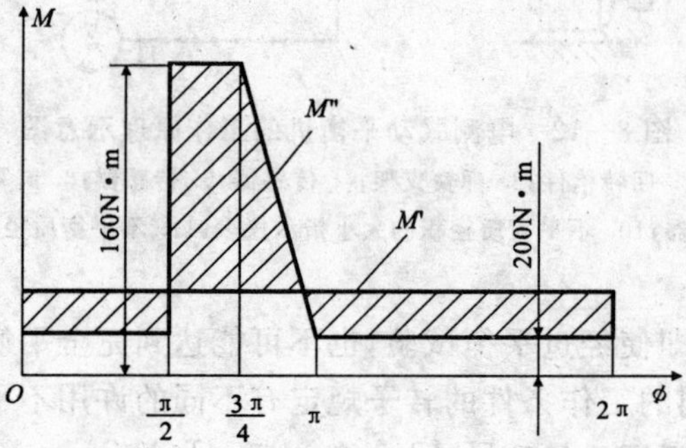

图 8-14

7. 某汽轮机转子质量为 1t，由于材质不均匀及叶片安装误差致使质心偏离回转轴线0.5mm，当该转子以 5000r/min 的转速转动时，其离心力有多大？离心力是它本身重力的几倍？

8. 图 8-15 所示盘形回转件上有 4 个偏置质量，已知 $m_1=10\text{kg}$，$m_2=14\text{kg}$，$m_3=16\text{kg}$，$m_4=10\text{kg}$，$r_1=50\text{mm}$，$r_2=100\text{mm}$，$r_3=75\text{mm}$，$r_4=50\text{mm}$，设所有不平衡质量分布在同一回转面内，问应在什么方位上加多大的平衡质量径积才能达到平衡？

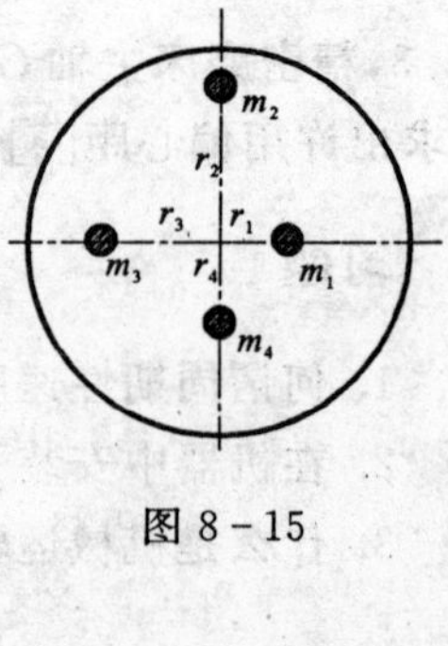

图 8-15

9. 高速水泵的凸轮轴由 3 个互相错开 120°的偏心轮组成。每一偏心轮的质量为 0.4kg，其偏心距为 12.7mm。设在校正平面 A 和 B 中各装一个平衡质量 m_A 和 m_B 使之平衡，其回转半径为 10mm，其他尺寸如图 8－16（单位为 mm），试用向量图解法求 m_A 和 m_B 的大小和位置，并用解析法进行校核。

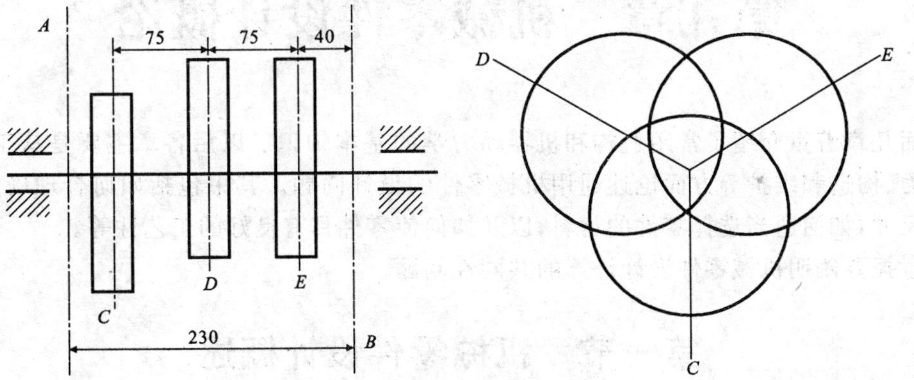

图 8－16

10. 图 8－17 所示转鼓存在着空间分布的不平衡质量。已知：$m_1=10\text{kg}$，$m_2=15\text{kg}$，$m_3=20\text{kg}$，$m_4=10\text{kg}$，各不平衡质量的质心至回转轴线的距离 $r_1=50\text{mm}$，$r_2=40\text{mm}$，$r_3=60\text{mm}$，$r_4=50\text{mm}$，轴向距离 $l_{12}=l_{23}=l_{34}$。设向径 $r_A=r_B=100\text{mm}$，试求在校正平面 A 和 B 内需加的平衡质量 m_A 和 m_B 及其相位。

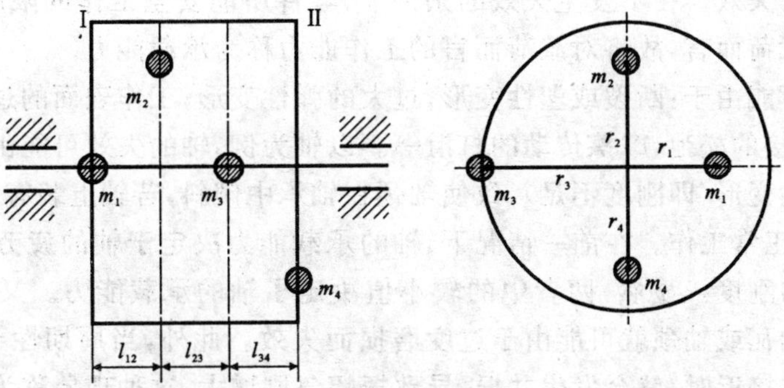

图 8－17

第九章 机械零件设计概论

前面几章着重介绍了常用机构和机器动力学的基本知识。以后各章主要是从工作原理、承载能力、构造和维护等方面论述通用机械零件的设计问题。其中包括如何合理确定零件的形状和尺寸，如何适当选择零件的材料，以及如何使零件具有良好的工艺性等。

本章扼要阐明机械零件设计计算的共同性问题。

第一节 机械零件设计概述

设计机器时应满足技术条件所规定的各项要求。对机器的要求是：在满足预期功能的前提下，性能好、效率高、制造和运转成本低，在预定使用期限内安全可靠，操作方便、维护简单和造型美观等。

设计机械零件时，也必须认真考虑上述要求。对机械零件的基本要求是：要有足够的强度和刚度、有一定的耐磨性、无强烈的振动以及具有耐热性等，既要工作可靠，又要成本低廉。

上述要求中某些要求得不到满足，机器就不能正常工作。机械零件因某种原因而不能正常工作的现象称为失效。在不发生失效的条件下，零件所能安全工作的限度，称为工作能力。通常此限度是对载荷而言，故将对载荷而言的工作能力称为承载能力。

零件的失效可能由于：断裂或塑性变形；过大的弹性变形；工作表面的过度磨损或损伤；发生强烈的振动；连接的松弛，摩擦传动的打滑等。以轴为例，轴的失效可能由于疲劳断裂；也可能由于过大的弹性变形（即刚度不足），致使轴颈在轴承中倾斜，若轴上装有齿轮则轮齿受载便不均匀，以致影响正常工作。在前一情况下，轴的承载能力决定于轴的疲劳强度；而在后一情况下则取决于轴的刚度。显然，两者中的较小值决定了轴的承载能力。又如，滑动轴承的润滑、密封不良时，轴瓦或轴颈就可能由于过度磨损而失效。此外，当周期性干扰力的频率与轴的自振频率相等或接近时，就会发生共振，导致振幅急剧增大，这种现象称为失去振动稳定性。共振可能在短期内使零件损坏，所以对于重要的、特别是高速运转的轴，还应验算其振动稳定性。

设计机械零件时，常根据一个或几个可能发生的主要失效形式，运用相应的判定条件，确定零件的形状和主要尺寸。

一、机械零件的工作能力计算准则

机械零件虽然有多种可能的失效形式，但归纳起来最主要的为强度、刚度、耐磨性、稳定性和温度的影响等几个方面的问题。在设计机械零件时，必须进行相应的计算，如强度计算、刚度计算、耐磨性计算等。

对于各种不同的失效形式，相应地有各种工作能力判定条件。例如，当强度为主要问题时，按强度条件判定，即应力≤许用应力；当刚度为主要问题时，按刚度条件判定，即变形量≤许用变形量；……这种为防止失效而制定的判定条件，通常称为工作能力计算准则。

1. 强度

强度是机械零件工作能力的最基本准则。如果零件的强度不足，就会产生断裂或过大的残余变形，这将影响机器的正常工作。为保证机械零件具有足够的强度，零件的结构和尺寸必须合理，同时要避免不必要地加大零件尺寸，致使机器的重量和外廓尺寸增加。

强度准则为零件计算截面的计算应力(σ、τ)不得超过零件材料的许用应力($[\sigma]$、$[\tau]$)。机械零件的强度将在本章第二节中详细叙述。

2. 耐磨性

运动副中，摩擦表面物质不断损失的现象称为磨损。零件抗磨损的能力称为耐磨性。零件磨损后会改变结构形状和尺寸，因而使机械的精度降低、机械的效率下降、零件的强度减弱及振动、冲击和噪声增大。据统计，约有80%的损坏零件是因磨损而报废的，可见研究零件耐磨性具有重要意义。

零件的磨损现象是相当复杂的，有物理、化学、机械等方面原因。根据磨损机理，磨损分为以下主要类型。

(1)磨粒磨损。硬质颗粒或摩擦表面上硬的凸峰，在摩擦过程中引起的材料脱落现象称为磨粒磨损。硬质颗粒可能是零件本身磨损造成的金属微粒，也可能是外来的尘土杂质等。摩擦面间的硬粒，能使表面材料脱落而留下沟纹。

(2)粘着磨损。加工后的零件表面总有一定的粗糙度。摩擦表面受载时，实际上只有部分峰顶接触，接触处压强很高，能使材料产生塑性流动。若接触处发生粘着，滑动时会使接触表面材料由一个表面转移到另一个表面，这种现象称为粘着磨损(胶合)。所谓材料转移是指表面擦伤和撕脱，严重时摩擦表面能相互咬死。

(3)疲劳磨损。在滚动或兼有滑动和滚动的高副中(如凸轮、齿轮等)，受载时材料表层有很大的接触应力，当载荷重复作用时，常会出现表层金属呈小片状剥落，而在零件表面形成小坑，这种现象称为疲劳磨损或点蚀。

(4)腐蚀磨损。若运动副处于腐蚀环境中，则在摩擦过程中，与周围介质发生化学反应或电化学反应的磨损，称为腐蚀磨损。

实用耐磨计算是限制运动副的压强p(也就是限制摩擦力)，即

$$p \leqslant [p] \tag{9-1}$$

式中，$[p]$是由实验或同类机器使用经验确定的许用压强。

相对运动速度较高时，还应考虑运动副单位时间接触面积的发热量fpv。在摩擦系数一定的情况下，可将pv值与许用值$[pv]$进行比较，即

$$pv \leqslant [pv] \tag{9-2}$$

3. 刚度

刚度是指在一定工作条件下，零件抵抗弹性变形的能力。有些零件除了具有足够的强度以外，还要有一定的刚度，即其变形不能超过容许的限度。例如机床的主轴、电动机的轴、变速箱的轴等，都必须具有一定的刚度，以保证正常工作。所以，有些零件的最终尺寸往往是由刚度条件确定的。相反的，也有些零件(如弹簧等)是不允许有过大的刚度的，即要求零件具有一定的柔度。

4. 振动稳定性

机器发展的趋势是提高工作速度及减轻结构重量，这样，在机器中就容易发生振动。当机器的自振频率与周期性干扰力变化频率相同时，就要发生共振，这时振幅急剧增大，会造成破坏事故。所谓振动稳定性，是指机器在工作时不能发生振幅超过容许值的振动现象。

关于机械系统振动的计算及防止振动的方法可参考专门书籍。

5. 耐热性

在高温环境中，或者在摩擦生热形成高温的条件下，对零件工作是不利的。首先，零件的承载能力会降低，例如，根据观察，钢零件在300～400℃以上，轻合金在100～150℃以上时，强度极限和疲劳极限都有所下降，并且出现蠕变（即金属的应力数值不变，但发生缓慢而连续的塑性变形）。其次，会引起热变形和附加热应力，同时在高温下又会破坏正常的润滑条件，改变连接零件间的间隙，降低机器的精度等。

在高温下工作的零件需要进行蠕变计算。有些零件（如蜗杆传动）通常就是根据热平衡条件来判断其工作温度是否低于许用值的，如果温升过高，就必须采取降温措施。

二、机械零件的设计步骤

零件的设计常按下列步骤进行。

(1)拟定零件的计算简图。在图中通常把零件的构造与零件间的连接情况简化，并将作用在零件上的载荷视为集中载荷或按一定规律分布的载荷。

(2)确定作用在零件上载荷的大小。

(3)选择合适的材料。

(4)根据零件可能出现的失效形式，选用相应的判定条件，确定零件的形状和主要尺寸，应当注意，零件尺寸的计算值一般并不是最终采用的数值，设计者还要根据制造零件的工艺要求和标准、规格对计算值加以圆整。

(5)绘制工作图并标注必要的技术条件。

以上所述为设计计算。上述设计步骤不是固定不变的，在实际工作中，也常采用相反的方式——校核计算。这时先根据经验数据以及零件与机器结构协调一致的原则，初步拟定零件的结构和尺寸，然后再用有关的判定条件进行验算，最后修改并确定零件的形状和尺寸。

还应注意，在一般机器中，只有一部分零件是通过计算确定其形状和尺寸的，而其余的零件则仅根据工艺要求和结构要求进行设计。

第二节 机械零件的强度

一、机械零件的体积强度

通常，零件受载时是在较大的体积内产生应力，这种应力状态下的零件强度称为体积强度。

理想、平稳的工作条件下作用在零件上的载荷称为名义载荷，按照名义载荷用力学公式求得的零件截面上的应力，称为名义应力。由于机器运转时，零件会受到各种附加载荷的作用，通常用引入载荷系数 K（有时只考虑工作情况的影响，则用工作情况系数 K_A）的办法来估计这些因素的影响。载荷系数与名义载荷的乘积，称为计算载荷。按照计算载荷(必要时还要引入应力集中等影响系数)计算出的应力，称为计算应力。

当机械零件按照强度条件判定时，可采用许用应力法或安全系数法。许用应力法是比较零件危险截面处的计算应力(σ、τ)是否小于零件材料的许用应力($[\sigma]$、$[\tau]$)。即

$$\left.\begin{aligned}\sigma\leqslant[\sigma],[\sigma]=\frac{\sigma_{\lim}}{S}\\ \tau\leqslant[\tau],[\tau]=\frac{\tau_{\lim}}{S}\end{aligned}\right\}\tag{9-3}$$

式中，$\sigma_{\lim}$、$\tau_{\lim}$分别为极限正应力和极限切应力；其值与应力类型、材料种类及热处理方法有关；S为安全系数。

安全系数法是判断零件危险截面处的安全系数S是否大于许用的安全系数$[S]$。即

$$\left.\begin{aligned}S=\frac{\sigma_{\lim}}{\sigma}\geqslant[S]\\ S=\frac{\tau_{\lim}}{\tau}\geqslant[S]\end{aligned}\right\}\tag{9-4}$$

由于材料的极限应力一般都是在简单应力状态下用实验方法测出的，因此，对于在简单应力状态下(拉、压、弯曲、扭转)工作的零件，可直接按式(9-3)进行计算；对于在复杂应力状态下工作的零件，则应根据材料力学中所述的强度理论确定其强度是否满足强度条件；许用应力取决于应力类型、零件材料的极限应力和安全系数等。

为了简便，以下论述中应力σ是广义的应力。对简单应力状态，σ代表正应力或切应力；对复杂应力状态，σ代表按某种强度理论计算出的计算应力。

二、许用应力和安全系数

(一)应力分类

应力的特性对零件的强度有直接的影响。按照随时间变化的情况，应力可分为静应力和变应力，如图9-1所示。

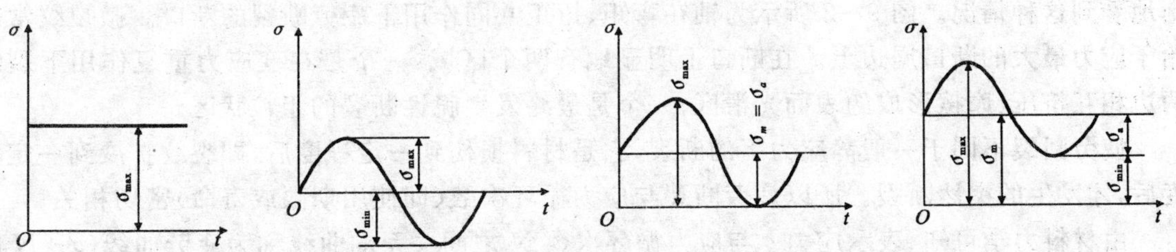

图9-1 几种典型的变应力变化规律

(a)静应力；(b)对称循环变应力；(c)脉动循环变应力；(d)非对称循环变应力

不随时间变化的应力，称为静应力，纯粹的静应力是没有的，但如果变化缓慢，就可以看作是静应力。例如，锅炉的内压力所引起的应力，拧紧螺母所引起的应力等。

随时间变化的应力，称为变应力。具有周期性的变应力称为循环变应力。按应力循环特

性 r(r 定义为最小应力 σ_{min} 与最大应力 σ_{max} 之比)值,可分为对称循环变应力、非对称循环变应力及脉动循环变应力。

理论和实践都证明,在各种循环特性的周期性变应力中,$r=-1$ 的变应力对材料的损伤最大。

(二)许用应力

许用应力是设计零件时所依据的条件应力,正确选用许用应力是保证得到轻巧、紧凑、经济且可靠耐久的零件结构的重要条件。

1. 静应力下零件的许用应力

静应力作用下,零件材料有两种损坏形式:断裂或塑性变形。对于用塑性材料制成的零件,可按不发生塑性变形的条件进行计算。这时应取材料的屈服极限 σ_s 作为极限应力,故许用应力为

$$[\sigma]=\frac{\sigma_s}{S} \tag{9-5}$$

对于用脆性材料制成的零件,则应取材料的强度极限 σ_B 作为极限应力,故许用应力为

$$[\sigma]=\frac{\sigma_B}{S} \tag{9-6}$$

对于组织均匀的脆性材料,例如淬火后低温回火的高强度钢,还应考虑应力集中的影响。灰铸铁虽属脆性材料,但由于本身有夹渣、气孔及大石墨存在,其内部组织的不均匀性远远大于外部应力集中的影响,故计算时不考虑应力集中。

表 9-1 至表 9-5 列举了一些常用钢铁材料的牌号及极限应力。

2. 变应力下零件的许用应力

在变应力条件下,零件的损坏形式是疲劳断裂。疲劳断裂具有以下特征:①疲劳断裂的最大应力远比静应力下材料的强度极限低,甚至比屈服极限低;②不管脆性材料或塑性材料,其最终的断口均表现为无明显塑性变形的脆性突然断裂;③疲劳断裂是损伤的积累,它的初期现象是在零件表面或表层形成微裂纹,随着应力循环次数的增加裂纹逐渐扩展,材料逐渐硬化,直至余下的未裂开的截面积不足以承受外载荷时,零件就突然断裂。在零件的断口上可以清晰地看到这种情况。图 9-2 所示为轴在弯矩、扭矩共同作用下疲劳断裂的断口。微裂纹常起始于应力最大的断口周边上。在断口上明显地有两个区域:一个是在变应力重复作用下裂纹两边相互挤压、摩擦形成的表面光滑区;一个是最终发生脆性断裂的粗粒状区。

疲劳断裂不同于一般静应力下的断裂,它是材料损伤到一定程度后,即裂纹扩展到一定程度后,才发生的突然断裂。所以疲劳断裂与应力循环次数(即使用期限或寿命)密切相关。

由材料力学可知,表示应力 σ 与应力循环次数 N 之间关系的曲线称为疲劳曲线($\sigma-N$ 曲线)。典型的疲劳曲线如图 9-3 所示,横坐标为循环次数 N,纵坐标为断裂时的极限循环应力 σ。从图中可以看出,应力越小,试件能经受的循环次数就越多。

材料经过 N 次应力循环后,不发生破坏的应力最大值称为材料的疲劳极限。从大多数黑色金属材料的疲劳试验可知,当循环次数 N 超过某一数值 N_0 以后,曲线趋向水平,即疲劳极限不再随循环次数的增加而降低,故把 $N \geqslant N_0$ 的区域称为无限寿命区,把 $N<N_0$ 的区域称为有限寿命区。N_0 称为循环基数,对于钢通常取 $N_0=1\times10^7 \sim 25\times10^7$。对应于 N_0 的应力即为材料的疲劳极限。通常用 σ_{-1} 表示材料在对称循环变应力下的弯曲疲劳极限,用 σ_0 表示

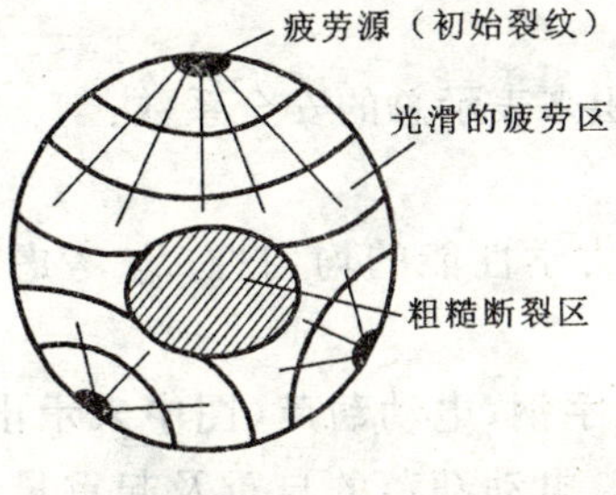

图 9-2　弯、扭作用下的疲劳断裂断口

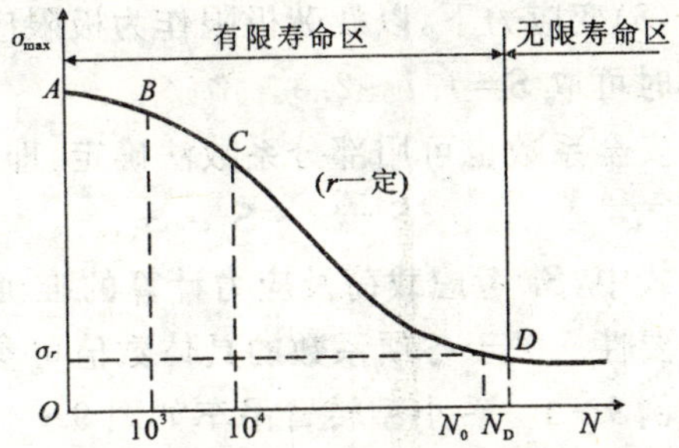

图 9-3　疲劳曲线

材料在脉动循环变应力下的弯曲疲劳极限。

显然，在变应力情况下，应取材料的疲劳极限作为极限应力。并考虑到以下影响因素。

(1)应力集中的影响。由于结构要求，实际零件一般都有截面形状的突然变化处（如孔、圆角、键槽、缺口等），零件受载时会引起应力集中，从而显著降低零件的疲劳强度。

(2)绝对尺寸的影响。当其他条件相同时，零件尺寸越大，则其疲劳强度越低。其原因是由于尺寸大时，材料晶粒粗，出现缺陷（内部裂纹）的概率大。

(3)表面状态的影响。零件的表面状态包括表面粗糙度和表面处理的情况，零件表面光滑或经过各种强化处理（如喷丸、表面热处理和表面化学处理等），可以提高零件的疲劳强度。因此，应引入表示疲劳强度真正降低程度的有效应力集中系数 K_σ、衡量绝对尺寸对疲劳极限影响的绝对尺寸系数 ε_σ 和衡量表面状态对疲劳极限影响的表面状态系数 β 等。

当应力是对称循环变化时，许用应力为

$$[\sigma_{-1}]=\frac{\varepsilon_\sigma\beta\sigma_{-1}}{K_\sigma S} \tag{9-7}$$

当应力是脉动循环变化时，许用应力为

$$[\sigma_0]=\frac{\varepsilon_\sigma\beta\sigma_0}{K_\sigma S} \tag{9-8}$$

式中，S 为安全系数；σ_0 为材料的脉动循环疲劳极限；K_σ、ε_σ 及 β 分别为有效应力集中系数、绝对尺寸系数及表面状态系数，其数值可在材料力学或有关设计手册中查得。

(三)安全系数

安全系数定得正确与否对零件尺寸有很大影响。如果安全系数定得过大则结构笨重；如定得过小，又可能不够安全。

在各个不同的机械制造部门，通过长期生产实践，都制定了适合本部门的安全系数（或许用应力）的表格。这类表格具有简单、具体及可靠等优点，但适用范围较窄。本教程中主要采用查表法选取安全系数（或许用应力）。

在缺少资料的情况下，可参考下述原则选择安全系数。

(1)静应力下，塑性材料以屈服极限为极限应力。由于塑性材料可以缓和过大的局部应力，故可取安全系数 $S=1.2\sim1.5$；对于塑性较差的材料（如 $\sigma_S/\sigma_B>0.6$）或铸钢件可取 $S=1.5\sim2.5$。

(2)静应力下，脆性材料以强度极限为极限应力，这时应取较大的安全系数。例如，对于高强度钢或铸铁件可取 $S=3\sim4$。

(3)变应力下，以疲劳极限作为极限应力，可取 $S=1.3\sim1.7$；若材料不够均匀、计算不够精确时可取 $S=1.7\sim2.5$。

安全系数也可用部分系数法确定，即用几个系数的连乘积来表示总的安全系数：

$$S=S_1\cdot S_2\cdot S_3。$$

式中，S_1 考虑载荷及应力计算的准确性；S_2 考虑材料的力学性能的均匀性；S_3 考虑零件的重要性。关于各项系数的具体数值可参阅有关书籍。

例 9-1 一小型转臂吊车如图 9-4 所示。横梁采用工字钢，电动葫芦(图中未示出)与横梁上的小车相连。小车移动和横梁转动用人力操纵。小车、电动葫芦的自重及起重量总计为 $W=20\text{kN}$。试分析：(1)拉杆、横梁及支承 B 的作用力；(2)拉杆、横梁可能出现的主要失效形式及其判定条件。

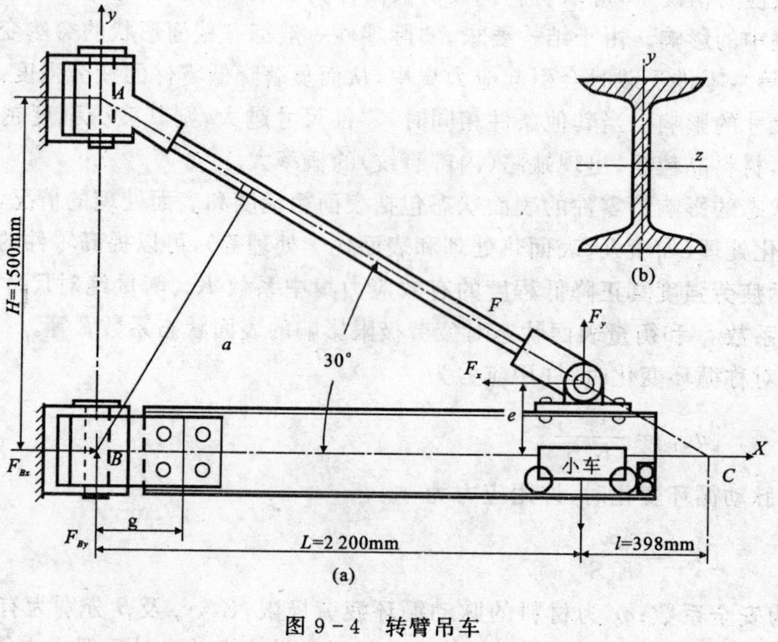

图 9-4 转臂吊车

解 (1)如图所示，已知尺寸 L、l、H 后，即可进行受力分析。取横梁为示力体，若略去横梁自重，其上作用有力 W、F 及支承 B 的约束反力 F_{Bx}、F_{By}，这些力处于同一平面内。

由 $\sum M_B=0$ 得 $F=\dfrac{WL}{H\cos30^\circ}=\dfrac{20\times2.2}{1.5\times0.866}=33.87\text{kN}$(拉力)

拉力 F 可分解为 F_x 和 F_y：

$$F_y=F\sin30^\circ=33.87\times0.5=16.94\text{kN}$$

$$F_x=F\cos30^\circ=33.87\times0.866=29.33\text{kN}$$

由 $\sum M_C=0$ 得 $F_{By}=\dfrac{WL}{L+l}=\dfrac{20\times0.398}{2.2+0.398}=3.06\text{kN}$

由 $\sum M_A=0$ 得 $F_{Bx}=\dfrac{WL}{H}=\dfrac{20\times2.2}{1.5}=29.33\text{kN}$

顺便指出，后两个方程改写成 $\sum F_x$ 和 $\sum F_y=0$，同样可以求解。

小型起重设备，一般工作不频繁，满载起重次数不多，故本题可按承受静载荷考虑，以最大起重量（包括小车、电动葫芦自重）作为计算载荷。

（2）拉杆、横梁材料均选用 Q235 钢。失效形式分析及判定条件，列表如下。

项目	载荷	可能出现的主要失效形式	判定条件
拉杆	拉力 F	强度不足，出现塑性变形或断裂	$\sigma\leqslant[\sigma]$ σ、$[\sigma]$为拉应力、许用拉应力。
横梁（即压杆）	主要有：移动载荷 W 及压力 F_x	当移动载荷 W 位于横梁中部时：弯曲变形（挠度 y）过大，即刚度不足，可能引起小车在横梁上行走困难	$y\leqslant[y]$ y、$[y]$为变形量、许用变形量。
		强度不足，弯曲应力与由 F_x 引起的压应力的合成应力过大，可能出现塑性变形或断裂	$\sigma\leqslant[\sigma]$， σ、$[\sigma]$ 为拉应力、许用拉应力。
		若压杆长细比值较大时，可能出现侧弯，即抗侧弯刚度不足，属于压杆稳定性问题。本题中，在 xOz 平面内，工字梁抗侧弯刚度最小，在此平面内引起侧弯的载荷只有 F_x	$S=\dfrac{F_{cr}}{F_x}\geqslant S_{min}$ F_{cr}为压杆的临界载荷，S_{min}为最小安全系数。

横梁上铆钉组承受的载荷及可能出现的主要失效形式，读者可自己分析。

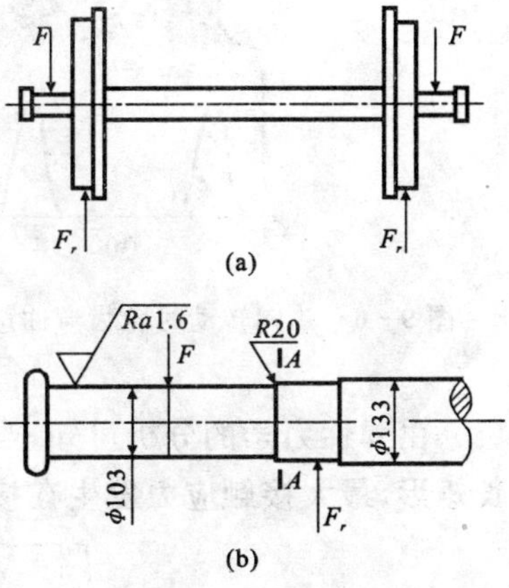

图 9-5　车轴

例 9-2　一车轴如图 9-5 所示。已知 $F_r=F=110$kN，轴的材料为 Q275 钢，$\sigma_B=550$MPa，$\sigma_{-1}=240$MPa，规定的安全系数 $S_{min}=1.5$。试校核 $A-A$ 截面的疲劳强度。

解　（1）车轴转动时，载荷 F 的大小、方向都不变，故轴受对称循环弯曲变应力，循环特性为 $r=-1$。

（2）$A-A$ 截面的弯曲应力

弯矩　$M=110\times10^3\times82=9.02\times10^6\,\text{N}\cdot\text{mm}$

截面系数　$W=\pi d^3/32=\pi\times108^3/32=124\times10^3\,\text{mm}^3$

弯曲应力　$\sigma_b=M_A/W=9.02\times10^6/(124\times10^3)=72.7$MPa

（3）求各项系数（可由材料力学或机械设计手册中查取）

由 $\sigma_B=550$MPa，$D/d=133/108=1.23$，$r/d=0.185$ 查得

弯曲时的有效应力集中系数　$k_\sigma=1.34$

尺寸系数　$\varepsilon_\sigma=0.68$

按表面粗糙度 MRRRa1.6 及 $\sigma_B=550$MPa，查得表面状态系数 $\beta=0.95$

（4）疲劳强度校核

弯曲时安全系数 $S_\sigma=\dfrac{\sigma_{-1}}{\dfrac{k_\xi}{\varepsilon_\sigma\beta}\sigma_{\max}}=\dfrac{240}{\dfrac{1.34}{0.68\times0.95}\times72.7}=1.6>S_{\min}$

安全。用另一种形式的判定条件 $\sigma\leqslant[\sigma_{-1}]$，可得同样结论。

三、机械零件的接触强度

当机器中的两个零件在受载前是点接触或线接触时，受载后，由于变形其接触处为一小面积，通常此面积甚小而表层产生的局部应力却很大，这种应力称为接触应力。这时零件强度称为接触强度。如齿轮、滚动轴承等机械零件，都是通过很小的接触面积传递载荷的，因此它们的承载能力不仅取决于整体强度，还取决于表面的接触强度。

零件的接触应力通常是随时间作周期性变化的(如图 9-6)，在载荷重复作用下，首先在表层内约 20μm 处产生初始疲劳裂纹，然后裂纹逐渐扩展(如有润滑油，油被挤进裂纹中产生高压，使裂纹加快扩展)，终于使表层金属呈小片状剥落下来，而在零件表面形成一些小坑(图 9-7)。这种现象称为疲劳点蚀。发生疲劳点蚀后，减小了接触面积，损坏了零件的光滑表面，因而也降低了承载能力，并引起振动和噪声。疲劳点蚀常是齿轮、滚动轴承等零件的主要失效形式。

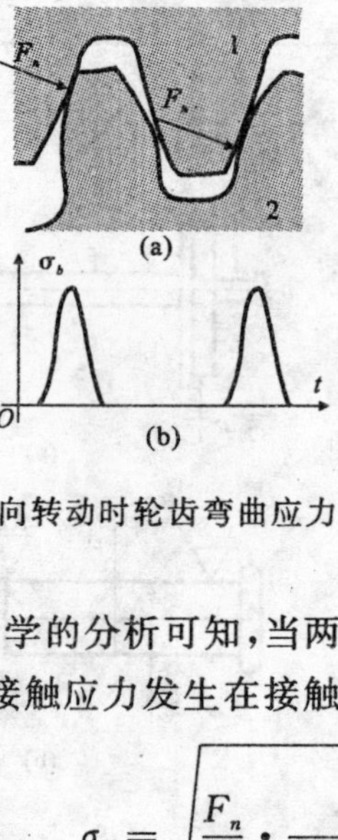

图 9-6 单向转动时轮齿弯曲应力的循环特性

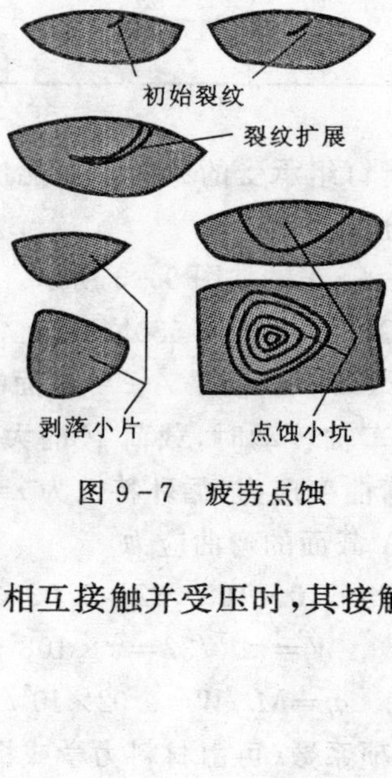

图 9-7 疲劳点蚀

由弹性力学的分析可知，当两个轴线平行的圆柱体相互接触并受压时，其接触面积为一狭长矩形，最大接触应力发生在接触区中线上，其值为

$$\sigma_H=\sqrt{\frac{F_n}{\pi b}\cdot\frac{\dfrac{1}{\rho_1}\pm\dfrac{1}{\rho_2}}{\dfrac{1-\mu_1^2}{E_1}+\dfrac{1-\mu_2^2}{E_2}}}\tag{9-9}$$

令 $\dfrac{1}{\rho_1}\pm\dfrac{1}{\rho_2}=\dfrac{1}{\rho}$ 及 $\dfrac{1}{E_1}+\dfrac{1}{E_2}=2\,\dfrac{1}{E}$，对于钢或铸铁取泊松比 $\mu_1=\mu_2=\mu_3=0.3$，则上式可化简为

$$\sigma_H=\sqrt{\frac{1}{2\pi(1-\mu^2)}\cdot\frac{F_nE}{b\rho}}=0.418\sqrt{\frac{F_nE}{b\rho}}\tag{9-10}$$

式(9-9)、式(9-10)称为赫兹(H. Hertz)公式。

式中，σ_H 为最大接触应力或赫兹应力；b 为接触长度；F_n 为作用在圆柱体上的载荷；ρ 为综合曲率半径，$\rho=\dfrac{2\rho_1\rho_2}{\rho_2\pm\rho_1}$，正号用于外接触[图 9-8(a)]，负号用于内接触[图 9-8(b)]；E 为综合弹性模量 $E=\dfrac{2E_1E_2}{E_1+E_2}$，$E_1$、$E_2$ 分别为两圆柱体材料的弹性模量。

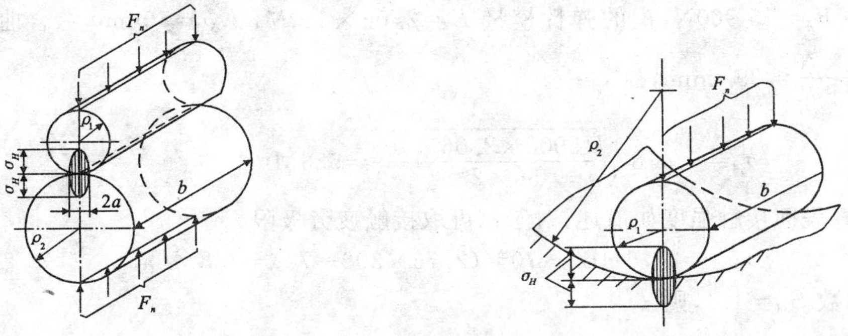

图 9-8　两圆柱体的接触应力

(a)外接触；(b)内接触

接触疲劳强度判定条件为

$$\sigma_H\leqslant[\sigma_H]，而[\sigma_H]=\frac{\sigma_{H\lim}}{S_H} \tag{9-11}$$

式中，$\sigma_{H\lim}$ 为实验测得的材料的接触疲劳极限，对于钢，其经验公式为

$$\sigma_{H\lim}=2.76\text{HBS}-70\text{MPa}$$

若两零件的硬度不同时，常以较软零件的接触疲劳极限为准。由图 9-8 可看出，作用在两圆柱体上的接触应力具有大小相等，方向相反，且左右对称及稍离接触区中线即迅速降低等特点。由于接触应力是局部性的应力，且应力的增长与载荷 F_n 并不成直线关系，而要缓慢得多[见式(9-9)或式(9-10)]，故安全系数 S_H 可取得等于或稍大于 1。

例 9-3　图 9-9 所示的摩擦轮传动，由两个相互压紧的钢制摩擦轮组成。已知 $D_1=100\text{mm}$，$D_2=140\text{mm}$，$b=50\text{mm}$，小轮主动，主动轴传递功率 $P=5\text{kW}$、转速 $n_1=500\text{r/min}$，传动较平稳，载荷系数 $K=1.25$，摩擦系数 $f=0.15$。试求：(1)所需的法向压紧力 F_n；(2)两轮接触处最大接触应力；(3)若摩擦轮材料的硬度为 300HBS，表面接触强度是否足够。

解　(1)求法向压紧力 F_n 传动在接触处的最大摩擦力为 fF_n，拖动从动轮所需的圆周力为 F，考虑到附加载荷的影响和保证摩擦传动的可靠性，计算圆周力为 KF。为了防止打滑，应使 $fF_n\geqslant KF$。

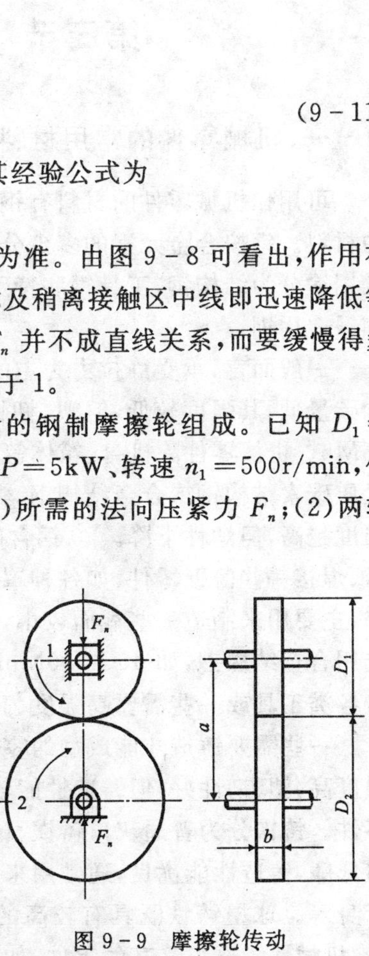

图 9-9　摩擦轮传动

小轮转矩为

$$T_1=9.55\times10^6\,\frac{P}{n_1}=9.55\times10^6\times\frac{5}{500}=95500\text{N}\cdot\text{mm}$$

圆周力　　$F=\dfrac{2T_1}{D_1}=\dfrac{2\times95500}{100}=1910\text{N}$，

法向压紧力 $F_n=\frac{KF}{f}=\frac{1.25\times1910}{0.15}=15\ 900\text{N}$

(2)接触应力接触应力的最大值按式(9-10)计算

$$\sigma_H=0.418\sqrt{\frac{F_nE}{b\rho}}$$

本题中 $F_n=15\ 900\text{N}$,钢的弹性模量 $E=2.06\times10^5\text{MPa}$,$b=50\text{mm}$,综合曲率半径 $\rho=\frac{2\rho_1\rho_2}{\rho_2\pm\rho_1}=\frac{50\times70}{50+70}=29.2\text{mm}$,故

$$\sigma_H=0.418\sqrt{\frac{15900\times2.06\times10^5}{50\times29.2}}=626\text{MPa}$$

(3)验算表面接触强度如前述,对于钢可取接触疲劳极限

$$\sigma_{H\lim}=2.76\text{HBS}-70=(2.76\times300-70)=758\text{MPa}$$

安全系数 $S_H=1.1$,则

$$[\sigma_H]=\frac{\sigma_{H\lim}}{S_H}=\frac{758}{1.1}=689\text{MPa}$$

$\sigma_H<[\sigma_H]$,合宜。

第三节 机械制造常用材料及选择

一、机械零件的常用材料

可用作机械零件的材料有钢、铸铁、有色金属、工程塑料和工程陶瓷等。其中钢是最常用的材料。钢按合金元素的多少分为碳钢和合金钢;按含碳量高低分为低碳钢、中碳钢、高碳钢;按用途分为结构钢、工具钢和特殊性能钢;按质量分为普通钢、优质钢。按成型方法分为铸钢和锻造用钢。

一般而言,承受静拉力为主的零件通常用普通碳素结构钢或低碳合金结构钢,这类钢由于含碳量低,其强度较低,但塑、韧性及加工工艺性良好,且价格相对较低。典型牌号为Q235、16Mn。机械零件除机身、箱体等非运动零件常选用普通钢、铸铁等材料外,运动零件一般选用优质碳素结构钢或合金结构钢。常用的优质碳素结构钢有20钢、45钢等。钢的含碳量越高,强度越高,但塑性下降。20钢含碳量低,强度也很低,但塑性和加工工艺性良好,主要用来冲压、焊接一些薄壁零件,如各种罩、壳等。45钢含碳量适中,其综合机械性能较好,但淬透性较差,主要用来制造一些截面较小,强度要求不高的零件。强度要求高、截面较大的零件通常应选用合金结构钢,如40Cr、40MnB等。高碳钢虽具有高强度、高硬度,但脆性大,主要用来制造各类工具或一些需要高强度、高硬度和高耐磨性的零件。

一些需要铸造才能成型的零件则应选用铸造材料,包括铸钢、铸铁和铸造有色金属。铸钢强度高,塑、韧性好,但铸造性能较差,通常用来制造一些形状相对简单、机械性能要求较高的零件。铸铁分为普通灰口铸铁、球墨铸铁、可锻铸铁等。普通灰口铸铁强度较低,塑性差,但价格低廉,铸造性能优良,通常用来制造形状复杂、机械性能要求不高的一些零件,如机座、机床床身等。球墨铸铁既具有较高的强度,也具有良好的铸造性能,故用来制造一些形状相对复杂、机械性能要求又高的零件,如内燃机曲轴等。铸造有色金属主要用来制造一些对导热、导

电、耐蚀等有特殊要求的零件。

常见的有色金属有铝合金、铜合金、钛合金等。铝合金和铜合金都具有良好的导电、导热和耐蚀性能，其塑性良好，但是强度较低。工程上使用铝合金和铜合金往往出于导热、导电、耐蚀等方面的考虑。铝合金的突出优点是比强度（强度和密度的比值）高，故广泛用于飞机制造业中。汽车工业常用铝合金来制造发动机机体、活塞、轮毂等零件。铝合金分为形变铝合金和铸造铝合金两大类。前者往往以棒料、板材等型材供应。后者以铝锭供应。铜合金的主要特点是减摩性和耐腐蚀性能好。机械零件所用的铜合金主要是青铜。青铜又分为锡青铜和无锡青铜两种。青铜具有较高的减摩性和耐磨性，且铸造性能和切削加工性能良好，但其价格较贵。

在机械零件的制造中，除使用金属材料外，还可使用非金属材料，包括高分子材料和无机非金属材料。高分子材料主要有工程塑料和橡胶；无机非金属材料主要是工程陶瓷。工程塑料的突出优点是密度小，且具有良好的耐蚀性、绝缘性、减摩性和减振性。缺点是强度和硬度低、不耐高温、尺寸和形状稳定性差、容易老化等。工程塑料按照性能可分为热固性塑料和热塑性塑料两类。热固性塑料受热后不软化，也不溶于溶剂，且强度和硬度高，可用于制造轻载、薄壳零件；热塑性塑料可以重复加工，但使用温度较低，不宜用于承载零件。橡胶的摩擦系数大，弹性和减振性能好，能吸收冲击能量，但强度低，常用来制造传动带、减振元件和联轴器弹性元件等，还可用来制造密封零件和用水润滑的轴承衬。工程陶瓷则主要用来制造耐高温、耐腐蚀和高耐磨的零件。

二、钢的常用热处理工艺及其应用

钢的性能与其热处理工艺有很大的关系，选用钢必须确定其热处理工艺。钢的热处理分为普通热处理和表面热处理。前者主要包括退火、正火、淬火、回火、调质；后者包括表面淬火和表面化学热处理。

（一）普通热处理

1. 退火

退火是将钢加热到一定温度，然后缓慢冷却（随炉冷却）的一种热处理工艺，钢进行退火的目的主要是消除应力、降低硬度、改善切削加工性能。

2. 正火

正火是将钢加热到一定温度，然后取出在空气中冷却的一种热处理工艺。由于正火工艺的周期比退火短，故工艺成本较退火低，对一些塑性良好的低碳钢零件常采用正火来代替退火；当钢的含碳量太低，造成硬度太低难以切削加工时，利用正火也能适当提高硬度，从而改善切削加工性能；对不重要的机械零件，可用正火作为最后热处理方法来代替成本较高的调质处理；对中碳钢的大型零件，在受设备限制不能进行调质时，也可考虑用正火代替；对一些重要零件，正火可作为淬火前的预备热处理，以减少淬火时的变形和开裂倾向。

3. 淬火

淬火是将钢加热到一定温度，然后迅速冷却，使其获得高硬度、高强度的一种热处理工艺。只有中、高碳钢才具有良好的淬硬性，故淬火也主要用于中、高碳钢。但由于淬火冷却速度快，会形成很大的淬火应力，另外淬火提高钢的强度的同时，也使钢的塑性严重下降，故钢淬火后还需要进行适当的回火来消除应力，提高塑、韧性。

4. 回火

回火是将淬火后的钢再加热到一定温度来消除应力，提高塑、韧性的热处理工艺。按回火温度的高低把回火分为低温、中温和高温回火。碳钢和低合金结构钢的低温回火温度约为250℃，进行低温回火的目的常常是为了消除淬火应力；中温回火的温度约为 400℃，进行中温回火的目的是为了获得较高的强度和较高的塑、韧性；高温回火的温度约为 600℃，进行高温回火的目的是为了在提高强度的同时也保证有足够高的塑、韧性。中碳钢经淬火和高温回火后既具有比较高的强度，也具有比较高的塑、韧性，综合机械性能较好，故将淬火后再进行高温回火的热处理工艺称为调质。

（二）表面热处理

有些机械零件要求表面有较高的硬度和强度，中心部分有足够的塑性和韧性，这时就应对零件进行表面热处理。零件的表面热处理有表面淬火和表面化学热处理两类。

1. 表面淬火

钢的表面淬火是指用高能量密度加热方式将工件表面迅速升温，在热量尚未传至内部时立即冷却使表面硬化而内部组织保持不变的热处理工艺。这种热处理主要用于中碳钢或中碳合金钢零件，中碳钢调质后具有良好的综合机械性能，但表面硬度和耐磨性较低，为提高其表面硬度而不降低心部的塑、韧性，只有进行表面淬火才能做到。另外对一些大型零件，常用工频淬火来取代普通淬火，对一些需要淬火的薄壳零件，为避免在一般加热过程中氧化脱碳，常采用高频淬火。

2. 表面化学热处理

表面化学热处理是将某些化学元素渗入钢的表层，以改变钢的表层化学成分、组织和性能，从而获得高的硬度、耐磨性和抗疲劳强度的一种热处理方法。常用的化学热处理有渗碳、渗氮、碳氮共渗、硫化、渗金属等。最常用的是渗碳和渗氮。

渗碳是将钢在含碳介质中加热，使碳原子渗入工件表面，从而提高工件表面的含碳量。这种热处理工艺主要用于低碳钢或低碳合金钢工件。当工件需要尽可能高的塑、韧性时，通常应选用低碳钢或低碳合金钢。但若该工件表面需要高硬度和高耐磨性，则必须进行表面渗碳来提高其淬硬性，然后再进行淬火。由于渗碳温度高达 930℃，因此渗碳件的变形较大。

渗氮是将工件在氮化气氛中加热，使氮原子渗入工件表面与工件内的 Al、V、Ti 等原子结合形成高硬度的氮化物，从而提高工件的表面硬度和耐磨性。由于氮化温度低（普通氮化温度为 700℃左右，离子氮化温度为 300℃左右），工件变形或开裂倾向极小，故广泛用于不便于磨削加工的零件的表面处理。碳氮共渗又叫氰化，是将碳原子和氮原子同时渗入工件表面，这样可以降低渗碳温度，缩短渗碳周期。渗硫可提高金属表面的自润滑能力和抗黏着磨损能力，渗铝、铬等金属则可提高工件的抗氧化能力和耐蚀性能。

三、机械零件材料的选用原则

机械设计中选择材料是一个重要问题。设计者在选择材料时，应充分了解材料的性能和适用条件，并考虑零件的使用、工艺和经济性等要求。

1. 使用要求

选用材料时应首先考虑材料的性能应能满足使用要求。一般主要考虑材料的机械性能，如强度、刚度、弹性、塑性、冲击韧性等。必要时还要考虑到零件对工作环境等方面的要求，如密度、导热性、导电性、抗腐蚀性、热稳定性等物理性能和化学性能方面的要求。

2. 工艺要求

选择零件材料时必须考虑到制造工艺的影响。如材料的铸造性能、焊接性能、切削加工性能等。需要热处理时还要考虑材料的淬硬性、淬透性及淬火变形的倾向等；对于切削加工的零件应考虑材料的易切削性、切削后能达到的表面粗糙度和表面性质的变化等。

3. 经济性

当使用要求和工艺要求都能达到要求的材料不止一种时，就需要全面考虑其综合成本。

一般来说，在满足性能要求的前提下，应尽可能选用价廉的材料和简单的加工工艺，以降低生产成本。另外还应综合考虑到生产批量等因素的影响，大量生产宜用锻压、铸造毛坯；单件生产采用焊接件可以降低制造费用。

表 9－1 是常用钢铁材料的机械性能。

表 9－2 是常用材料的相对价格。

表 9－1 常用钢铁材料的机械性能

材料		机械性能		
名称	牌号	抗拉强度 σ_b(MPa)	屈服强度 σ_s(MPa)	硬度 HBS
普通碳素结构钢	Q215	335～410	215	
	Q235	375～460	235	
	Q255	410～510	255	
	Q275	490～610	275	
优质碳素结构钢	20	410	245	156
	35	530	315	197
	45	600	355	220
合金结构钢	18Cr2Ni4W	118	835	260
	35SiMn	785	510	229
	40Cr	981	785	247
	40CrNiMo	980	835	269
	20CrMnTi	1079	834	≤217
	65Mn	735	430	285
铸钢	ZG230－450	450	230	≥130
	ZG270－500	550	270	≥143
	ZG310－570	570	310	≥153
灰铸铁	HT150	145	—	150～200
	HT200	195	—	170～220
	HT250	240	—	190～240
球墨铸铁	QT450－10	450	310	160～210
	QT500－7	500	320	170～230
	QT600－3	600	370	190～270
	QT700－2	700	420	225～305

表 9-2 常用材料的相对价格

材料	种类、规格	相对价格
热轧圆钢	普通碳素钢 Q235(Φ33～Φ42)	1
	优质碳素钢(Φ29～Φ50)	1.5～1.8
	合金结构钢(Φ29～Φ50)	1.7～2.5
	滚动轴承钢(Φ29～Φ50)	3
	合金工具钢(Φ29～Φ50)	3～20
铸件	灰铸铁铸件	0.85
	碳素钢铸件	1.7
	铜合金、铝合金铸件	8～10

第四节 互换性与优先数系

一、互换性的概念

制造业的产品或机器是由许多零部件装配而成，而这些零部件是由不同的工厂和车间制成的。零部件的互换性是指在同一规格的一批零部件中任意取一件，且不需修配，装入机器就能满足产品的装配技术要求，并能达到规定的使用要求。现代化的机械工业，要求机器零件具有互换性，从而有利于广泛、高效地组织协作和专业化的生产。

二、公差的概念

为了实现零件的互换性，必须保证零件的尺寸、几何形状和相对位置以及表面粗糙度的一致性。就零件几何量而言，它不可能做得绝对准确，只要求其在某一规定的范围内变动，这个允许几何量变动的范围称为几何量公差。为了保证零件的互换性，要用公差来控制误差。只要把零件的各种实际参数(如尺寸、几何形状等)的公差限制在规定的范围内，零件就可以具有互换性。在满足功能要求的前提下，公差值应尽量规定大一些，以便获得最大经济效益。

三、极限与配合

对于相互结合的零件，零件尺寸的变动范围既要保证相互结合的尺寸之间形成一定的关系，以满足不同的使用要求，又要在制造上是经济合理的。这样就形成了“极限与配合”的概念。“极限”用于协调机器零件的使用要求与制造经济之间的矛盾，而“配合”则反映零件结合时相互之间的关系。

互换性要求建立标准化的极限与配合制度。我国的极限与配合采用国际公差制，它既能适应于我国生产发展的需要，也有利于国际间的技术交流与经济协作。圆柱体结合的极限与配合是机械工程的重要基础标准。它不仅用于圆柱体内、外表面的结合，也适用于其他由单一尺寸确定的结合关系，如键与花键的配合等。

（一）基本概念与术语

两个相互配合在一起的零件称为配合零件，其配合处的尺寸称为配合尺寸，配合处的表面称为配合表面。按照配合表面的相互位置不同，又可分为包容面和被包容面。在极限和配合制度中，将包容面统称为孔，而被包容面统称为轴。

根据强度、刚度计算或结构设计等方法而得出的孔与轴的配合尺寸称为基本尺寸（D、d）。制造零件时不可能也没有必要绝对准确地制成基本尺寸，因此，在实际生产中常规定一个最大极限尺寸（D_{max}、d_{max}）和一个最小极限尺寸（D_{min}、d_{min}），零件可以做成这两个尺寸间的任何尺寸。对已制成的零件量得的尺寸称为实际尺寸。

在图纸上，极限尺寸用偏差（某一尺寸与其基本尺寸的代数差）表示。如图 9－10 所示，偏差分为上偏差（孔用 ES，轴用 es 表示）和下偏差（孔用 EI，轴用 ei 表示），而最大极限尺寸与最小极限尺寸的差称为尺寸公差 T。偏差与公差用下式表示：

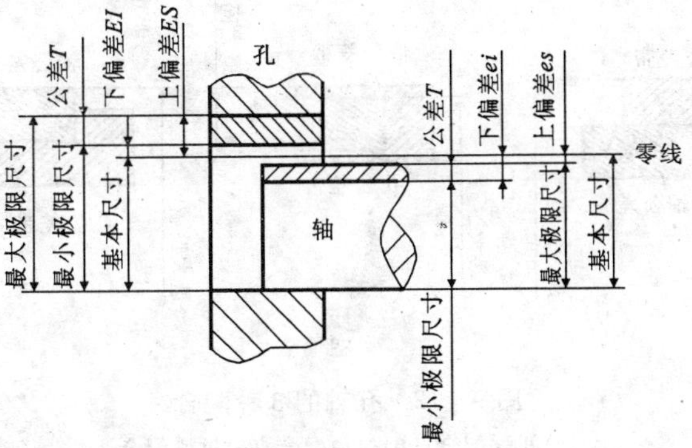

图 9－10　极限与配合示意图

孔的偏差：$ES=D_{max}-D$，$EI=D_{min}-D$

轴的偏差：$es=d_{max}-d$，$ei=d_{min}-d$

孔、轴的尺寸公差：$T=D_{max}-D_{min}$ 或 $T=d_{max}-d_{min}$

现以孔、轴为例，简要介绍圆柱体结合的极限与配合。同一基本尺寸的孔与轴的结合称为配合。如图 9－11 所示，零线代表基本尺寸的位置。由代表上、下偏差的两条直线所限定的区域称为尺寸公差带。公差带是尺寸允许变动的区域，由两个要素决定：一是公差带的大小；二是公差带偏离零线的位置。公差带的大小指公差带在零线垂直方向上的宽度，由上、下偏差两条线段的垂直距离即尺寸公差确定；公差带的位置指公差带沿零线垂直方向的坐标位置，由公差带中距离零线最近的极限偏差（上偏差或者下偏差），即基本偏差来确定。在进行精度设计时，必须既给出尺寸公差以确定尺寸公差带的大小，又给出（一个）极限偏差以确定尺寸公差带的位置，才能完整地表达对尺寸的设计要求。

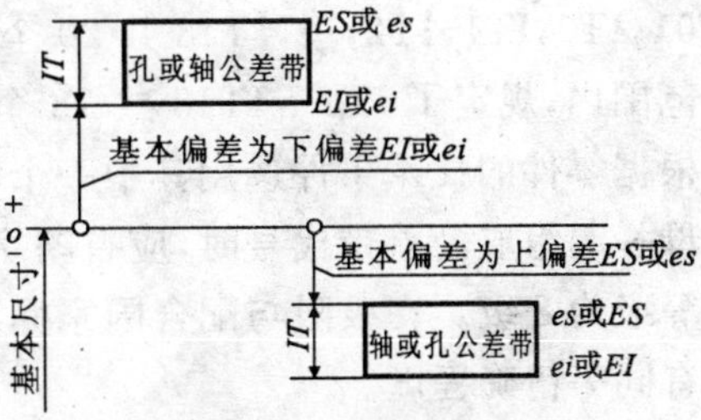

图 9－11　公差带图解

根据孔、轴公差带的相对位置，配合分为间隙配合、过渡配合和过盈配合三大类（图 9－

12)。间隙配合的孔比轴大，用于动连接（构成转动副），如轴颈与滑动轴承孔。过盈配合的孔比轴小，用于需要承受较大载荷的静连接，如火车车轮与轴。过渡配合可能具有间隙，也可能具有过盈，用于要求具有良好同轴性而又便于装拆的静连接，如齿轮与轴。

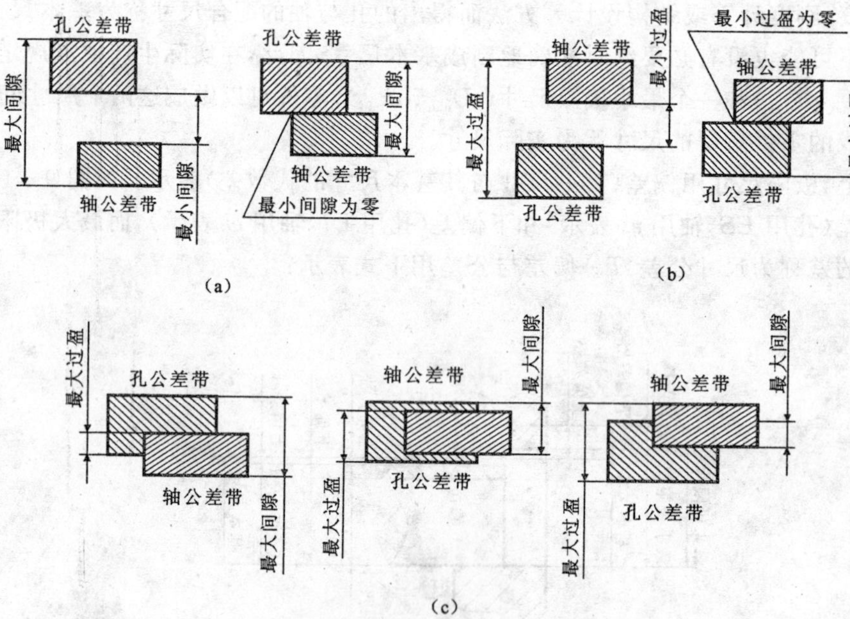

图 9-12　孔轴的 3 种配合

(a)间隙配合；(b)过盈配合；(c)过渡配合

极限制是指经标准化的公差和偏差制度。

(二)极限与配合制度

1. 标准公差的等级

为了将公差数值标准化，以减少刀具和量具的规格，同时又能满足各种机器所需的不同精度要求，国家标准按照标准公差数值增大的顺序，在基本尺寸至 500mm 常用尺寸范围内规定 IT01，IT0，IT1，IT2，…，IT18 共 20 个标准公差等级；在基本尺寸大于 500～3 150mm 的大尺寸范围内，规定了 IT1～IT18 共 18 个标准公差等级。从 IT01 到 IT18，公差等级依次降低。可根据零件的技术条件选用其中一个较经济的精度等级。当标准公差等级与代表基本偏差的字母一起组成公差带代号时，应省略字母 IT，如 H8，表示孔的基本偏差为 H，后继数字表示公差等级为 8 级。在极限与配合国家标准中，同一公差等级对所有基本尺寸的一组公差被认为具有同等精确程度。

机械制造中最常用的公差等级是 4～11 级。4 级、5 级用于特别精密的零件。6 级、7 级、8 级用于重要的零件。10～11 级用于低精度零件，主要用于低速机器中；这些精度等级允许直接采用棒材、管材或精密锻件而不需要再作切削加工。精度等级愈高，其制造成本也愈高。所以设计人员应在保证配合质量的前提下，尽可能选用低的精度等级。

2. 基孔制配合与基轴制配合

配合制度有基孔制和基轴制两种。

基孔制的孔是基准孔，代号为 H，其下偏差为零，上偏差即公差。各种配合特性靠改变轴的公差带位置来实现(图 9－13)。基轴制的轴是基准轴，代号为 h，其上偏差为零，下偏差即公差。各种配合特性靠改变孔的公差带位置来实现(图 9－14)。

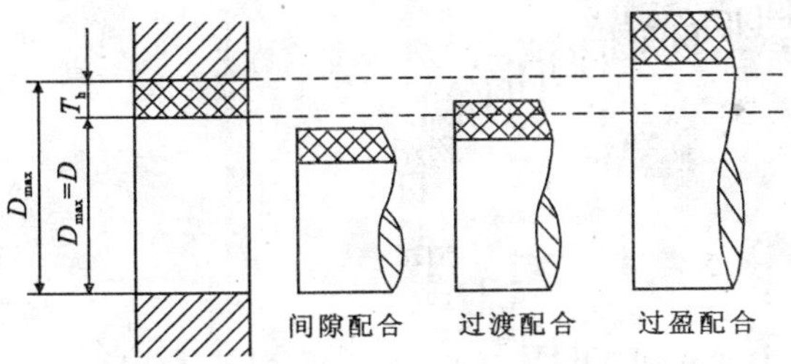

图 9－13　基孔制配合

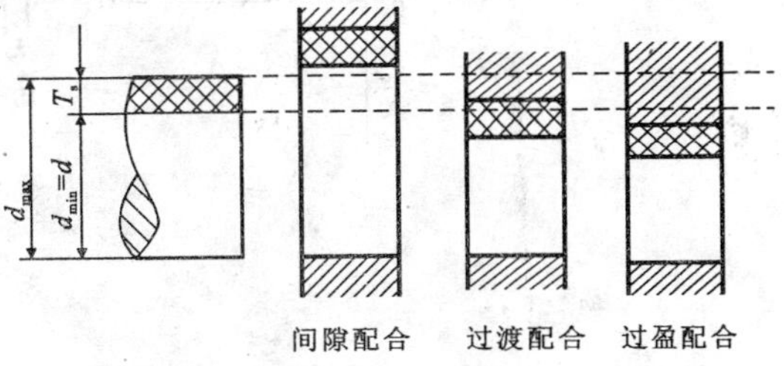

图 9－14　基轴制配合

设计时按具体情况不同，可以采用基孔制配合或基轴制配合。由于孔加工相对较难，为了减少加工孔用的刀具(如铰刀、拉刀)品种，工程中广泛采用基孔制。但有时选用基轴制配合较为经济合理，例如，有些光轴常常使用具有一定精度的冷拉钢材，不需要再加工时；由于结构的需要，同一基本尺寸的轴上需要装配多个配合性质不同的零件时；当与标准件配合时(滚动轴承外圈与机座孔的配合采用基轴制配合)等。

3. 配合类别与标注方法

为了满足机器中各种不同配合的需要，国家标准中规定基孔制和基轴制各有三类配合，即间隙配合、过渡配合及过盈配合。各类配合又按松紧程度不同分成若干种配合。

在《极限与配合》国标中，对孔和轴分别规定了 20 个公差等级和 28 种基本偏差，形成如图 9－15 所示的基本偏差系列。基本偏差的代号用拉丁字母表示，大写表示孔(A，B，C，CD，D，E，EF，F，FG，G，H，JS，J，K，M，N，P，R，S，T，U，V，X，Y，Z，ZA，ZB，ZC)，小写表示轴(a，b，…，zc)。不同的基本偏差和不同的公差等级，可获得不同位置和大小的公差带，组成各种不同性质、不同松紧程度的配合，以满足机器各种各样功能的需求。

基准孔 H 与基本偏差为 a～zc 的轴构成基孔制配合；基准轴 h 与基本偏差为 A～ZC 的孔构成基轴制配合。配合用分式表示，分子为孔的公差带代号，分母为轴的公差带代号。如 $\frac{H7}{f7}$，$\frac{H6}{g5}$等。

为减少定值刀具、量具和工艺装备的品种及规格，国标 GB/T 1801—1999 对基本尺寸至 500mm 的孔、轴分别规定了一般、常用和优先选用公差带。表 9－3 与表 9－4 列出基孔制与基轴制的常用与优先配合，表 9－5 所示为优先配合的特征及应用说明。选用公差带时，应按优先、常用、一般公差带的次序选用。当一般公差带也不能满足使用要求时，允许按国标规定的基本偏差和公差带等级组成所需要的公差带。在选用配合时，必须考虑多种因素综合分析，并参考同类机器的经验来进行。除首先要考虑采用标准规定的优先配合外，还要考虑工作速度、定心要求、装拆要求、生产水平与批量大小、表面粗糙度以及工作温度等因素。

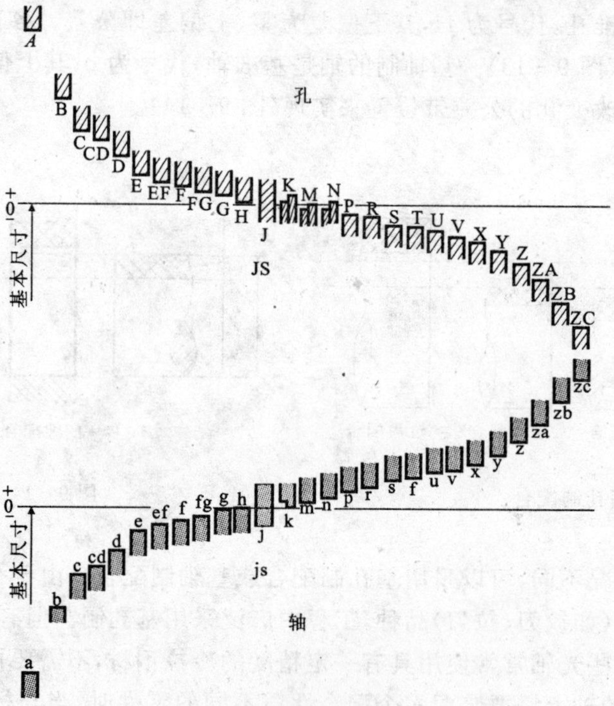

图 9－15　基本偏差系列

表 9－3　基孔制优先、常用配合

基准轴	孔																				
	A	B	C	D	E	F	G	H	JS	K	M	N	P	R	S	T	U	V	X	Y	Z
	间隙配合								过渡配合				过渡配合								
h5						F6/h5	G6/h5	H6/h5	JS6/h5	K6/h5	M6/h5	N6/h5	P6/h5	R6/h5	S6/h5	T6/h5					
h6						F7/h6	◤G7/h6	◤H7/h6	JS7/h6	◤K7/h6	M7/h6	◤N7/h6	◤P7/h6	R7/h6	◤S7/h6	T7/h6	◤U7/h6				
h7					E8/h7	◤F7/h7		◤H7/h7	JS8/h7	K8/h7	M8/h7	N8/h7									
h8				D8/h8	E8/h8	F8/h8		H8/h8													
h9				◤D9/h9	E9/h9	F9/h9		◤H9/h9													
h10				D10/h10				H10/h10													
h11	A11/h11	B11/h11	◤C11/h11	D11/h11				◤H11/h11													
h12		B12/h12						H12/h12													

注：1. $\frac{H6}{n5}$、$\frac{H7}{p6}$在基本尺寸小于或等于 3mm 和$\frac{H8}{r7}$在小于或等于 100mm 时，为过渡配合。

2. 标注◤的配合为优先配合。

表 9－4　基轴制优先、常用配合

基准轴	孔																				
	A	B	C	D	E	F	G	H	JS	K	M	N	P	R	S	T	U	V	X	Y	Z
	间隙配合								过渡配合			过渡配合									
h5						F6/h5	G6/h5	H6/h5	JS6/h5	K6/h5	M6/h5	N6/h5	P6/h5	R6/h5	S6/h5	T6/h5					
h6						F7/h6	◤G7/h6	◤H7/h6	JS7/h6	◤K7/h6	M7/h6	◤N7/h6	◤P7/h6	R7/h6	◤S7/h6	T7/h6	◤U7/h6				
h7					E8/h7	◤F7/h7		◤H7/h7	JS8/h7	K8/h7	M8/h7	N8/h7									
h8				D8/h8	E8/h8	F8/h8		H8/h8													
h9				◤D9/h9	E9/h9	F9/h9		◤H9/h9													
h10				D10/h10				H10/h10													
h11	A11/h11	B11/h11	◤C11/h11	D11/h11				◤H11/h11													
h12		B12/h12						H12/h12													

注：标注◤的配合为优先配合。

表 9－5　优先配合的特征及应用说明

优先配合		特征及应用说明
基孔制	基轴制	
H11/c11	C11/h11	间隙非常大，液体摩擦情况差，用于要求大公差和大间隙的外露组件；要求装配方便的、很松的配合；高温工作和很松的转动配合
H9/d9	D9/h9	间隙比较大，液体摩擦情况尚好，用于公差等级较低、温度变化大、高转速或径向压力较大的自由转动配合
H8/f7	F8/h7	液体摩擦情况良好，配合间隙适中，能保证旋转时有较好的润滑条件。用于中等转速的一般精度转动，也可用在长轴或多支撑的中等精度的定位配合
H7/g6	G7/h6	间隙比较小，用于不回转的精密滑动配合或用于缓慢回转的精密配合，也可用于保证配合件间具有较好的同轴精度和定位精度，又需经常拆装的配合
H7/h6	H7/h6	均为间隙配合，其最小间隙为零，最大间隙等于孔、轴公差之和用于具有缓慢的轴向移动或摆动的配合；有同轴度和导向精度要求的定位配合
H8/h7	H8/h7	
H9/h9	H9/h9	
H11/h11	H11/h11	
H7/k6	H7/h6	过渡配合，拆装尚方便，用木槌打入或取出，用于要求稍有过盈的精密定位配合。当传递扭矩较大时，就加紧固件
H7/n6	H7/h6	过渡配合，拆装困难，需要钢锤费力打入，用于允许有较大过盈的精密定位配合；在加紧固件的情况下，可承受较大的扭矩、冲击和振动；用于装配后不需拆卸或大修理时才拆卸的配合
H7/p6	p7/h6	过盈量小，用于定位精密特别重要时，能以最好的定位达到部件的刚性及同轴度要求，当传递大扭矩时应加紧固件
H7/s6	S7/h6	过盈量属于中等，用于钢和铸铁零件的永久性和半永久性结合，在传递中等负荷时，不需加紧固件
H7/u6	U7/h6	过盈量较大，用于传递大的扭矩或承受大的冲击负荷，不加紧固件便能得到牢固的配合的场合

(三)极限与配合的选择原则

极限与配合的选用是机械设计和制造中的一项重要工作。极限与配合的选用是否合理，对机器的使用性能和制造成本有很大的影响，有时甚至起决定性的作用。在设计工作中，极限与配合的选用主要包括基准制选择、精度等级确定和配合选择三方面的内容。选择的原则是：能保证机械、机电产品的性能优良并且制造经济可行，即极限与配合的正确选择应能使产品的使用价值和制造成本的综合经济效益达到最佳。

四、表面粗糙度

表面粗糙度的主要评定参数有轮廓算术平均偏差 Ra 和轮廓的最大高度 Rz，共分 14 个等级。其中最常用的是轮廓算术平均偏差 Ra，它是指在取样长度 l 内，被测轮廓上各点至轮廓中线偏距绝对值的算术平均值(图 9-16)，即

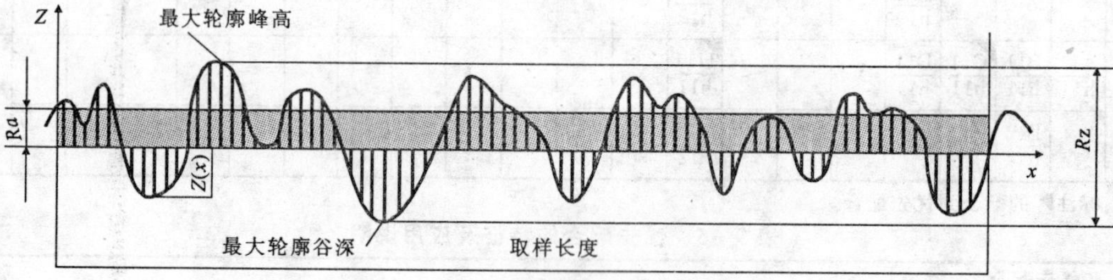

图 9-16 表征表面粗糙度的参数

$$Ra = \frac{1}{l}\int_0^l |Z|\,\mathrm{d}x$$

近似为 $$Ra = \frac{1}{n}\sum_{i=1}^{n}|Z_i|$$

表 9-6 列出了表面粗糙度的等级、代号以及对应的加工方法和应用举例。选择表面粗糙度的原则是在保证零件功能的前提下，选择最大的表面粗糙度值，以节省加工费用。设计时，一般是根据过去的经验用类比法来确定。

五、优先数系

优先数系用来使型号、直径、转速、承载量和功率等量值得到合理的分级。这样便于组织生产和降低成本。

GB321—80 规定的优先数系有 4 种基本系列，即：R5 系列，公比为 $\sqrt[5]{10}\approx1.6$；R10 系列，公比为 $\sqrt[10]{10}\approx1.25$；R20 系列，公比为 $\sqrt[20]{10}\approx1.12$；R40 系列，公比为 $\sqrt[40]{10}\approx1.06$。例如，R10 系列的数值为 1，1.25，1.6，2，2.5，3.15，4，5，6.3，8，10。其他系列的数值详见一般设计手册。优先数系中任何一个数值称为优先数。对于大于 10 的优先数，可将以上数值乘以 10、100 或 1 000 等。优先数和优先数系是一种科学的数值制度，在确定量值的分级时，必须最大限度地采用上述优先数及优先数系。

表 9－6　表面粗糙度分级、加工方法和应用举例

表面粗糙度级别	代号	加工方法举例		应用举例
1 2 3	√Ra50 √Ra25 √Ra12.5	粗加工	粗车、粗铣、粗刨、钻孔及用粗锉刀加工	不接触表面及不重要的接触面，如螺栓孔、基座底面等
4 5 6	√Ra6.3 √Ra3.2 √Ra1.6	半精加工	精车、精铣、精刨、粗铰、粗拉、粗镗、粗磨、粗刮	不产生相对运动的接触面或相对运动速度很低的接触面，如键和键槽的工作面、机盖与机体的结合面等
7 8 9	√Ra0.8 √Ra0.4 √Ra0.2	精加工	金刚石车刀的精车、精镗、精磨、精刮、精铰、精拉	相对运动速度较高的接触面、要求密合的接触面，如齿轮、轴承的重要表面等
10 11 12 13 14	√Ra0.1 √Ra0.05 √Ra0.025 √Ra0.012 √Ra0.008	光加工	抛光、细磨、精研、精珩、超精加工	极重要的摩擦表面，如发动机汽缸内表面、精密量具的工作表面等

注：1. 代号中的数值为轮廓算术平均偏差 Ra，单位为 μm。

2. 不切削的加工面，如锻、铸、轧、气割等用符号√表示。

第五节　机械零件的工艺性与标准化

一、工艺性

零件的结构既能满足使用要求，又能满足生产要求，在具体生产条件下制造和装配时耗费的时间、劳动量及费用最少，则这样的零件结构就称为具有良好的工艺性。

有关零件结构工艺性的基本要求如下。

1. 毛坯选择合理

机械制造中毛坯制备的方法有：直接利用型材、铸造、锻造、冲压和焊接等。毛坯的选择与具体的生产技术条件有关，一般取决于生产批量、材料性能和加工可能性等。

2. 结构简单合理

设计零件的结构形状时，最好采用便于加工的简单表面(如平面、圆柱面、螺旋面)及其组合，同时还应当尽量使加工表面数目最少和加工面积最小。

3. 规定适当的制造精度及表面粗糙度

零件的加工费用随着精度的提高而增加，尤其在精度较高的情况下，这种增加极为显著。因此，在没有充分根据时，不应当追求高的精度。同理，零件的表面粗糙度也应当根据配合表面的实际需要，作出适当的规定。

要正确设计零件的结构，设计者就必须熟悉零件制造工艺的各种方法及工艺要求，并虚心听取工艺技术员的意见，使零件的结构设计得更加合理，符合工艺性要求。此外，在机械制造基础课程和有关手册中也都提供了一些有关工艺性的基本知识，可供参考。

二、标准化

标准化是指以制订标准和贯彻标准为主要内容的全部活动过程。标准化的研究领域十分宽广，就工业产品标准化而言，它是指对产品的品种、规格、质量、检验或安全、卫生要求等制订标准并加以实施。

产品标准化本身包括3个方面的含义：①产品品种规格的系列化。将同一类产品的主要参数、型式、尺寸、基本结构等依次分档，制成系列化产品，以较少的品种规格满足用户的广泛需要；②零部件的通用化。将同一类型或不同类型产品中用途结构相近的零部件(如螺栓、轴承座、联轴器和减速器等)，经过统一后实现通用互换；③产品质量标准化。产品质量是一切企业的“生命线”，要保证产品质量合格和稳定，就必须做好设计、加工工艺、装配检验，甚至包装、储运等环节的标准化，这样，才能在激烈的市场竞争中立于不败之地。

对产品实行标准化具有重大的意义：在制造上可以实行专业化大量生产，既可提高产品质量又能降低成本；在设计方面可减少设计工作量，使设计人员可以集中精力来创造新的重要的结构；在管理维修方面，可减少库存量和便于更换损坏的零件。

按照标准的层次，我国的标准分为国家标准、行业标准、地方标准和企业标准四级。按照标准实施的强制程度，标准又分为强制性(GB)和推荐性(GB/T)两种。例如《渐开线圆柱齿轮模数》(GB1357－87)是强制性标准，必须执行。《普通螺纹基本尺寸》(GB/T196－2003)、《带传动—普通V带传动》(GB/T13575.1－92)，即为推荐性标准，鼓励企业自愿采用。

为了增强在国际市场的竞争能力，我国鼓励积极采用国际标准和国外先进标准。近年发布的我国国家标准，许多都采用了相应的国际标准。零件标准是在总结了先进生产技术和经验的基础上而制定出来的，设计人员必须熟悉现行的有关标准，如无特殊要求，就应当采用国家标准。一般机械设计手册或机械工程手册(以后简称手册)中都收录摘编了常用的标准和资料，以供查阅。

习题

1. 设计机械零件时应满足哪些基本要求？

2. 按时间和应力的关系，应力可分为几类？实际应力、极限应力和许用应力有什么不同？

3. 根据应力循环特性，应力分为哪几种？图9－17中齿轮1、2、3的齿根弯曲应力各为什么循环特性？齿轮1、2、3的齿面接触应力又是什么循环特性？

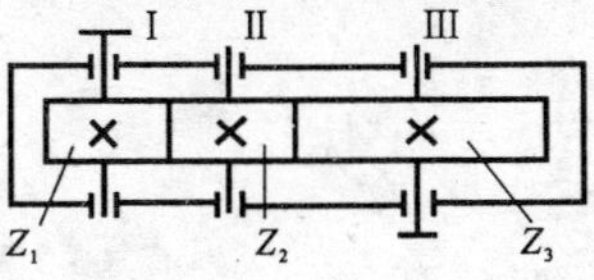

图 9－17

4. 简述提高零件疲劳强度(体积强度)的因素。

5. 试根据赫兹公式和接触强度判定条件简述提高零件接触疲劳强度的措施。

6. 在强度计算时如何确定许用应力?

7. 简述提高零件耐磨性的原则措施。

8. 机械制造中选用材料时应考虑那些原则?

9. 钢的常用热处理方法有:退火、正火、淬火、调质、表面淬火和渗碳淬火等。试选择其中3种加以解释并简述其应用。

10. 写出下列材料名称并按小尺寸试件查出该材料的抗拉强度 σ_B(MPa)、屈服极限 σ_s(MPa)、伸长率 δ(%):Q235,45,40MnB,ZG270－500,HT200,QT500－7,ZCuSn10P1,ZA1Si12。

11. 为例1中支座B选择材料,并徒手绘制其结构草图(不注尺寸,用平面图或立体图均可)。支座上应备有4个孔以便用螺栓将支座固定在建筑物的立柱上。说明支承B可能出现的主要失效形式及其判定条件。

12. 一对齿轮作单向传动,试问:(1)轮齿弯曲应力可看成哪类循环变应力?(2)两轮齿数为 $z_1=19$,$z_2=80$,小齿轮主动,$n_1=200$r/min,预定使用期限为500h,在使用期限终了时,大齿轮应力循环总次数 N 是多少?(3)设大齿轮材料疲劳极限为 σ_{-1},循环基数 $N_0=10^7$,那么对应于循环总次数 N 的疲劳极限能提高到多少?

13. 一直径 $d=40$mm,长度 $l=300$mm 的钢制圆轴嵌入两刚性支承之间(图9－18)。材料的线膨胀系数 $\delta=1.1\times10^{-5}$ 1/℃,弹性模量 $E=2.06\times10^5$ MPa。当轴的温升 $\Delta t=50$℃时,(1)若支承可以自由移动时,轴的伸长量是多少?(2)若两支承距离仍维持不变,因轴的温度升高而加在支承上的压力是多少?

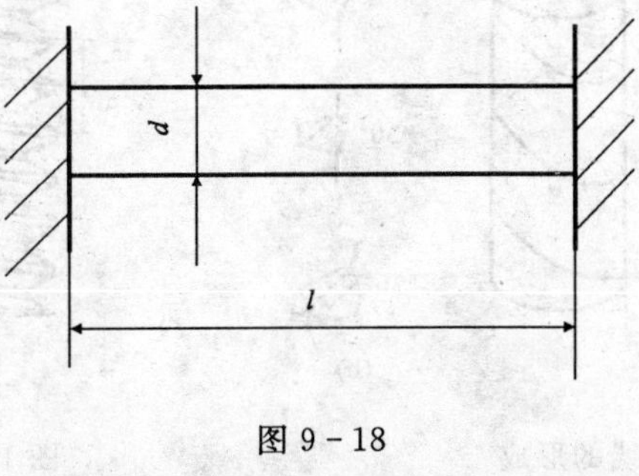

图 9－18

14. 试说明基孔制配合与基轴制配合的不同点,设计时如何选用。

15. 试说明下列几种配合:40 $\frac{H7}{p6}$,$\phi60\ \frac{H7}{k6}$,$\phi50\ \frac{H8}{f7}$,50 $\frac{K7}{h6}$。

第十章　连　　接

机械制造中，连接是指被连接零件之间的固定接合。就机械零件而言，被连接件有轴与轴上零件（如齿轮、飞轮）、轮缘与轮心、箱体与箱盖、焊接零件中的钢板与型钢等。

专门用于连接的零件称为连接件，也称为紧固件，如螺栓、螺母、销等。有些连接则没有专门的紧固件，如靠被连接件本身变形组成的过盈连接、利用分子结合力组成的焊接和粘接等。

连接分为可拆的和不可拆的。允许多次装拆而无损于使用性能的连接称为可拆连接，如螺纹连接、键连接和销连接；若不损坏组成零件就不能拆开的连接则称为不可拆连接，如焊接、粘接、铆接和过盈配合连接等。

本章只讨论可拆连接。

第一节　螺纹的形成与参数

将一倾斜角为 ψ 的直角三角形绕在圆柱体上，则三角形的斜边就形成一条螺旋线[图 10－1(a)]。取图 10－1(b)中的任一平面图形，使它沿着螺旋线运动运动时保持该图形通过圆柱的轴线，就得到螺纹。按照平面图形的形状，螺纹分为三角形螺纹、梯形螺纹和锯齿形螺纹等。按照螺旋线的旋向，螺纹分为左旋和右旋螺纹。机械制造中一般采用右旋螺纹。只有特殊要求时，才采用左旋螺纹。按照螺旋线的数目，螺纹还分为单线螺纹和等距排列的多线螺纹（图 10－2）。为了制造方便，螺纹的线数一般不超过 4。

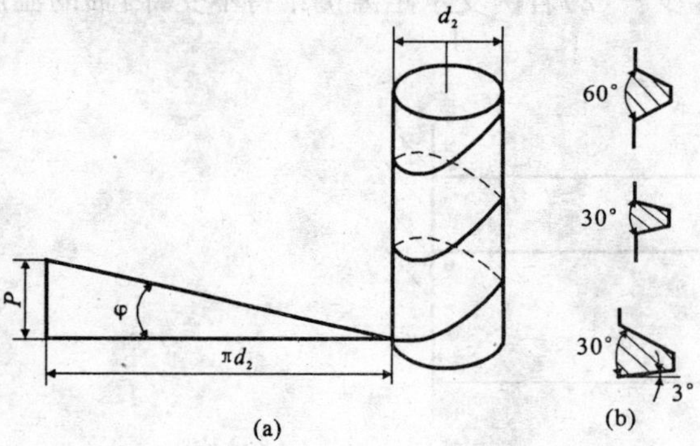

图 10－1　螺旋线的形成

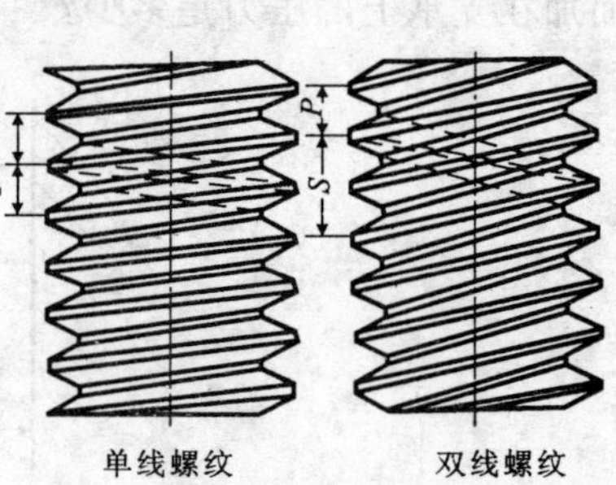

图 10－2　不同线数的右旋螺纹

螺纹有内螺纹和外螺纹之分，两者旋合组成螺旋副或称螺纹副。

用于连接的螺纹称为连接螺纹；用于传动的螺纹称为传动螺纹，相应的传动称为螺旋传动。由于螺旋传动也是利用螺纹零件工作的，它的受力情况、几何关系与螺纹连接相似，所以也列入本章论述。

按照母体形状，螺纹分为圆柱螺纹和圆锥螺纹。现以圆柱螺纹为例，说明螺纹的主要几何参数(图 10－3)。

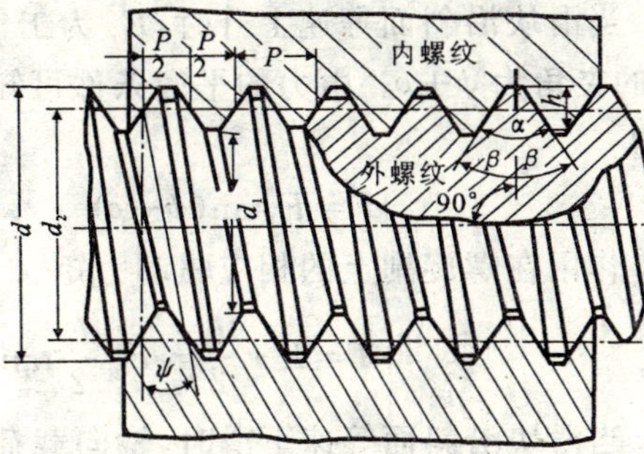

图 10－3　圆柱螺纹的主要几何参数

(1)大径 d——与外螺纹牙顶(或内螺纹牙底)相重合的假想圆柱体的直径。

(2)小径 d_1——与外螺纹牙底(或内螺纹牙顶)重合的假想圆柱体的直径。

(3)中径 d_2——假想圆柱的直径，该圆柱的母线上牙型沟槽和凸起宽度相等。

(4)螺距 P——相邻两牙在中径线上对应两点间的轴向距离。

(5)导程 S——同一条螺旋线上的相邻两牙在中径线上对应两点间的轴向距离。设螺旋线数为 n，则 $S=np$。

(6)螺纹升角 ψ——中径 d_2 圆柱上，螺旋线的切线与垂直螺纹轴线的平面间的夹角(图 10－1)。

$$\mathrm{tg}\psi=\frac{S}{\pi d_2}=\frac{np}{\pi d_2} \tag{10-1}$$

(7)牙型角 α——轴向截面内构成螺纹牙型的两侧边的夹角称为牙型角。牙型侧边与垂直于螺纹轴线的平面之间的夹角称为牙侧角 β。对于对称牙型，$\beta=\dfrac{\alpha}{2}$。

第二节　螺纹副受力分析、效率和自锁

一、矩形螺纹($\beta=0$)

螺纹副在力矩和轴向载荷作用下的相对运动，可看成作用在中径的水平力推动滑块(重物)沿螺纹运动，如图 10－4(a)所示。将矩形螺纹沿中径 d_2 展开可得一斜面[图 10－4(b)]，图中 ψ 为螺纹升角，F_a 为轴向载荷，F 为作用于中径处的水平推力，F_n 为法向反力；f 为摩擦系数，ρ 为摩擦角，$f=\mathrm{tg}\rho$。

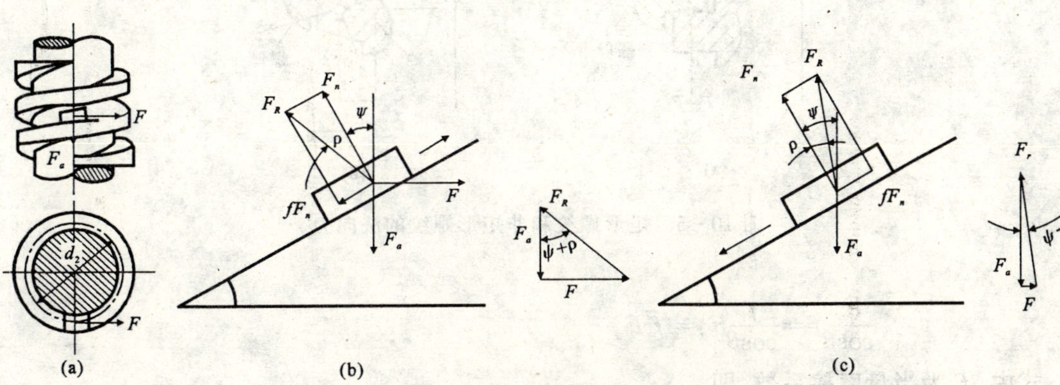

图 10－4　矩形螺纹的受力分析

当滑块沿斜面等速上升时，F_a 为工作阻力，F 为驱动力。因摩擦力向下，故总反力 F_R 与 F_a 的夹角为 $\psi+\rho$。由力的平衡条件可知，F_R、F 和 F_a 三力组成力多边形[图 10-4(b)]，由图可得

$$F=F_a\tan(\psi-\rho) \tag{10-2a}$$

作用在螺旋副上的相应驱动力矩

$$T=F\cdot\frac{d_2}{2}=F_a\frac{d_2}{2}\tan(\psi-\rho) \tag{10-2b}$$

当滑块沿斜面等速下滑时，轴向载荷 F_a 变为驱动力，而 F 变为阻力，它也是维持滑块等速运动所需的平衡力[图 10-4(c)]，由力多边形可得

$$F=F_a\tan(\psi-\rho) \tag{10-3a}$$

作用在螺旋副上的相应力矩

$$T=F_a\frac{d_2}{2}\tan(\psi-\rho) \tag{10-3b}$$

式(10-3a)求出的 F 值可为正，也可为负。当斜面倾角 ψ 大于摩擦角 ρ 时，滑块在重力作用下有向下加速运动的趋势。这时由式(10-3a)求出的平衡力 F 为正，方向如图 10-4(c)所示。它阻止滑块加速以便保持等速下滑，故 F 是阻力；当斜面倾角 ψ 小于摩擦角 ρ 时，滑块不能在重力作用下自行下滑，即处于自锁状态，这时由式(10-3a)求出的平衡力 F 为负，说明其方向与图相反，F 成为驱动力，说明在自锁条件下，必须施加反向驱动力 F 才能使滑块等速下滑。

二、非矩形螺纹

非矩形螺纹是指牙侧角 $\beta\neq0°$ 的三角形螺纹、梯形螺纹和锯齿形螺纹。

对比图 10-5(a)和 10-5(b)可知，若略去螺纹升角的影响，在轴向载荷 F_a 作用下，非矩形螺纹的法向压力比矩形螺纹的大。若把法向力的增加看作摩擦系数的增加，则非矩形螺纹的摩擦阻力可写为

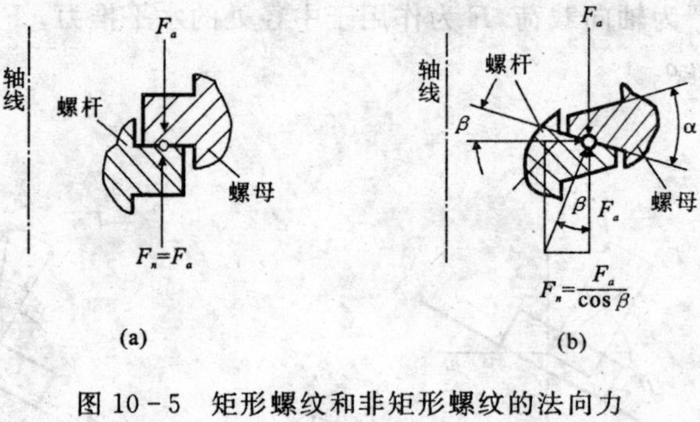

图 10-5　矩形螺纹和非矩形螺纹的法向力

$$\frac{F_a}{\cos\beta}f=\frac{f}{\cos\beta}F_a=f'F_a$$

式中，f' 为当量摩擦系数，即

$$f'=\frac{f}{\cos\beta}=\mathrm{tg}\rho' \tag{10-4}$$

式中，ρ'为当量摩擦角，β为牙侧角。因此，将图 10-4 的 f 改为 f'、ρ 改为 ρ'，就可像矩形螺纹那样对非矩形螺纹进行力的分析。

当滑块沿非矩形螺纹等速上升时，可得水平推力

$$F=F_a\tan(\psi+\rho') \tag{10-5a}$$

相应的驱动力矩

$$T=F\cdot\frac{d_2}{2}=F_a\frac{d_2}{2}\tan(\psi+\rho') \tag{10-5b}$$

滑块沿非矩形螺纹等速下滑时，可得

$$F=F_a\tan(\psi-\rho') \tag{10-6a}$$

相应的力矩为

$$T=F\cdot\frac{d_2}{2}=F_a\frac{d_2}{2}\tan(\psi-\rho') \tag{10-6b}$$

与矩形螺纹分析相同，若螺旋升角 ψ 小于当量摩擦角 ρ'，则螺旋具有自锁特性，如不施加驱动力矩，无论轴向驱动力 F_a 多大，都不能使螺旋副相对运动。考虑到极限情况，非矩形螺纹的自锁条件可表示为

$$\psi\leqslant\rho' \tag{10-7}$$

为了防止螺母在轴向力作用下自动松开，用于连接的紧固螺纹必须满足自锁条件。

以上分析适用于各种螺旋传动和螺纹连接。

归纳起来就是：当轴向载荷为阻力，阻止螺旋副相对运动时（例如车床丝杆走刀时，切削力阻止刀架轴向移动；螺纹连接拧紧螺母时，材料变形的反弹力阻止螺母轴向移动；螺旋千斤顶举升重物时，重力阻止螺杆上升），相当于滑块沿斜面等速上升，应使用式(10-2b)或(10-5b)。当轴向载荷为驱动力，与螺旋副相对运动方向一致时（例如旋松螺母时，材料变形的反弹力与螺母移动方向一致；用螺旋千斤顶降落重物时，重力与下降方向一致），相当于滑块沿斜面等速下滑，应使用式(10-3b)或式(10-6b)。

螺旋副的效率是有效功与输入功之比。若按螺旋转动一圈计算，输入功为 $2\pi T$，此时升举滑块（重物）所作的有效功为 F_aS，故螺旋副的效率为

$$\eta=\frac{F_aS}{2\pi T}=\frac{\tan\psi}{\tan(\psi+\rho')} \tag{10-8}$$

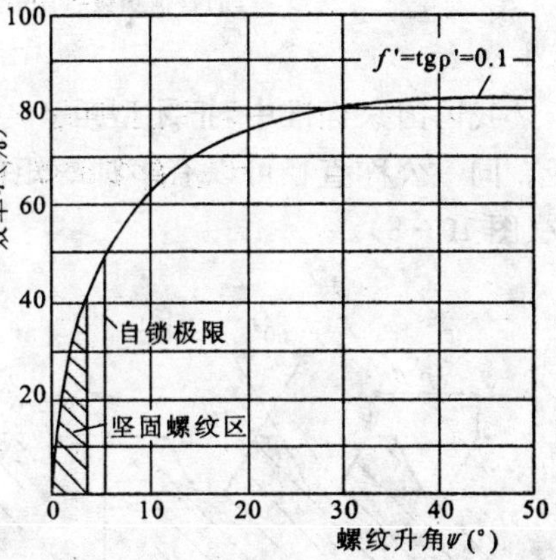

图 10-6　螺旋副的效率

由上式可知，当量摩擦角 ρ'（$\rho'=\arctan f'$）一定时，效率只是升角 ψ 的函数。由此可绘出效率曲线（图 10-6）。取 $\frac{d\eta}{d\psi}=0$，可求得：当 $\psi=45°-\frac{\rho'}{2}$时效率最高。

由于过大的螺纹升角使制造困难，且效率增高也不显著，所以一般 ψ 角不大于 25°。

第三节　机械制造常用螺纹

机械制造中的螺纹按用途分为连接螺纹和传动螺纹。

连接常用三角形螺纹，主要有普通螺纹[10－7(a)]和管螺纹[10－7(b)]。前者多用于紧固连接，后者用于各种管道的紧密连接(有密封要求)。

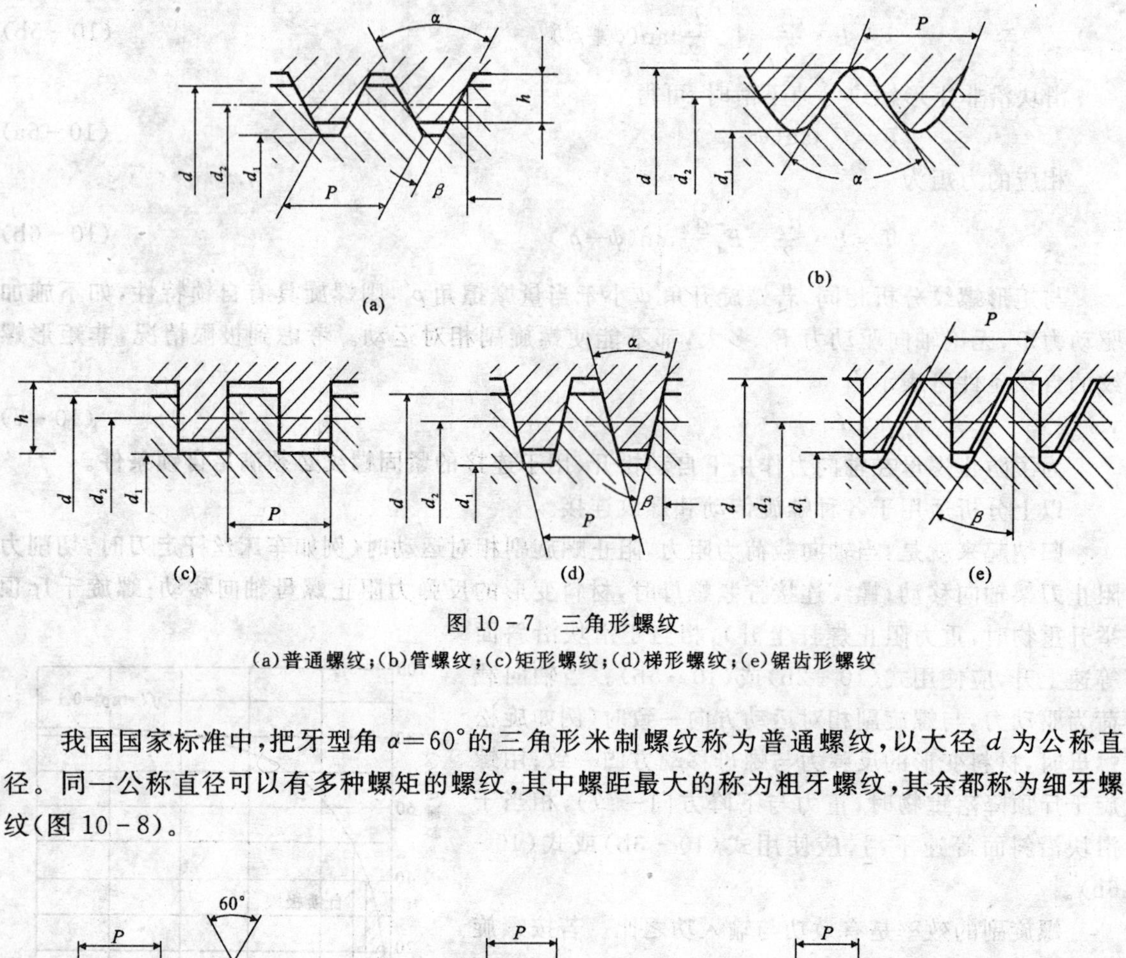

图 10－7　三角形螺纹

(a)普通螺纹；(b)管螺纹；(c)矩形螺纹；(d)梯形螺纹；(e)锯齿形螺纹

我国国家标准中，把牙型角 $\alpha=60^\circ$ 的三角形米制螺纹称为普通螺纹，以大径 d 为公称直径。同一公称直径可以有多种螺矩的螺纹，其中螺距最大的称为粗牙螺纹，其余都称为细牙螺纹(图 10－8)。

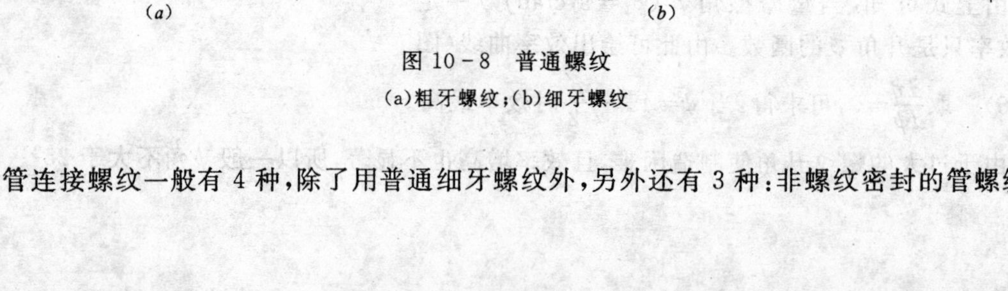

图 10－8　普通螺纹

(a)粗牙螺纹；(b)细牙螺纹

管连接螺纹一般有 4 种，除了用普通细牙螺纹外，另外还有 3 种：非螺纹密封的管螺纹(圆柱管壁，$\alpha=55$)，用螺纹密封的管螺纹(圆锥管壁，$\alpha=55$)和60°圆锥管螺纹。管螺纹的公称直径是管子的公称通径。圆柱管螺纹广泛应用于水、煤气、润滑管路系统中。圆锥管螺纹不用填料即能保证紧密性而且旋合迅速，适用于密封要求较高的管路连接中。

传动常用矩形螺纹[10－7(c)]、梯形螺纹[10－7(d)]和锯齿形螺纹[10－7(e)]。它们的牙型角分别为$\alpha=0°$、$\alpha=30°$和$\alpha=33°$，效率较三角形螺纹高，而且有较大的间隙以便贮存润滑油。梯形螺纹的牙侧角$\beta=15°$，比矩形螺纹容易切削。当采用剖分螺母时还可以消除因磨损而产生的间隙，因此应用较广。锯齿形螺纹工作面牙侧角$\beta=3°$，效率比梯形螺纹高，但只适用于承受单方向的轴向载荷。

表 10－1　直径与螺距、粗牙普通螺纹基本尺寸(GB/T196—2003)　　单位：mm

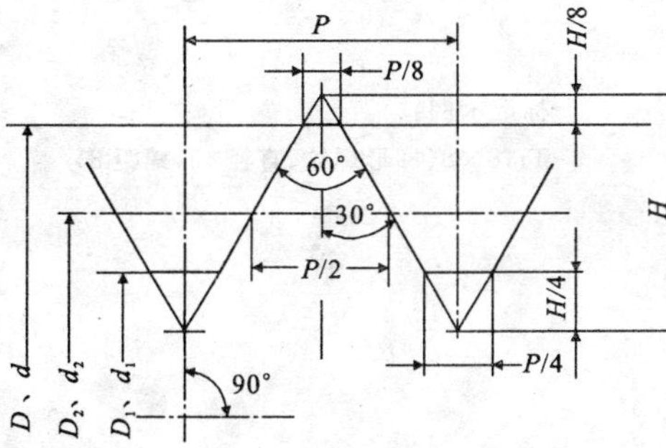

$H=0.866P$

$d_2=d-0.6495P$

$d_1=d-1.0825P$

D、d——内外螺纹大径；

D、d_2——内外螺纹中径；

D、d_1——内外螺纹小径；

P——螺距。

标记示例：M24(粗牙普通螺纹，直径24，螺距3)

M24×1.5(细牙普通螺纹，直径24，螺距1.5)

公称直径(大径)	粗　牙			细　牙
	螺距 P	中径 D_2、d_2	小径 D_1、d_1	螺距 P
3	0.5	2.675	2.459	0.35
4	0.7	3.545	3.242	0.5
5	0.8	4.480	4.134	0.5
6	1	5.350	4.918	0.75
8	1.25	7.188	6.647	1,0.75
10	1.5	9.026	8.376	1.25,1,0.75
12	1.75	10.863	10.106	1.5,1.25,1
(14)	2	12.701	11.835	1.5,1
16	2	14.701	13.835	1.5,1
(18)	2.5	16.376	15.294	2,1.5,1
20	2.5	18.376	17.294	
(22)	2.5	20.376	19.294	
24	3	22.052	20.752	
(27)	3	25.052	23.752	
30	3.5	27.727	26.211	

表 10-2　细牙普通螺纹的基本尺寸　　单位:mm

螺距 P	中径 D_2、d_2	小径 D_1、d_1	螺距 P	中径 D_2、d_2	小径 D_1、d_1
0.35	$d-1+0.773$	$d-1+0.621$	1.5	$d-1+0.026$	$d-2+0.376$
0.5	$d-1+0.675$	$d-1+0.459$	2	$d-2+0.701$	$d-3+0.835$
0.75	$d-1+0.513$	$d-1+0.188$	3	$d-2+0.052$	$d-4+0.752$
1	$d-1+0.350$	$d-1+0.917$	4	$d-3+0.402$	$d-5+0.670$
1.25	$d-1+0.188$	$d-2+0.647$	6	$d-4+0.103$	$d-7+0.505$

表 10-3　梯形螺纹的基本尺寸(摘自 GB/T 5976.1—2005 和 GB/T 5976.3—2005)　单位:mm

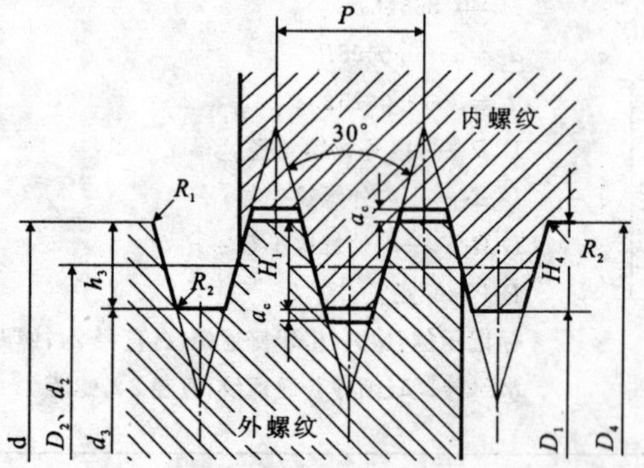

标记示例:

Tr48×8(梯形螺纹、直径 48,螺距 8)

螺距 P	螺纹牙高 $h_3=H_4$	牙顶间隙 a_c	公称直径 d		中径 D_2、d_2	内螺纹小径 D_1
			第 1 系列	第 2 系列		
4	2.25	0.25	16、20	18	$d-2$	$d-4$
5	2.75	0.25	24、28	22、26	$d-2.5$	$d-5$
6	3.5	0.5	32、36	30、34	$d-3$	$d-6$
8	4.5	0.5	48、52	46、50	$d-4$	$d-8$
10	5.5	0.5	40、70、80	38、42、65	$d-5$	$d-10$
12	6.5	0.5	90、100	85、95	$d-6$	$d-12$

例 10-1　试计算粗牙普通螺纹 M10 和 M30 的螺纹升角,并说明在静载荷下这两种螺纹能否自锁(已知摩擦系数 $f=0.10$)。

解　(1)螺纹升角。由表 10-1 查得 M10 的螺距 $P=1.5$mm,中径 $d_2=9.026$mm;M30 的 $P=3.5$mm,$d_2=27.727$mm。对于 M10

$$\psi=\arctan\frac{P}{\pi d_2}=\arctan\frac{1.5}{9.026\pi}=3.03^\circ$$

对于 M30

$$\psi=\arctan\frac{P}{\pi d_2}=\arctan\frac{3.5}{27.727\pi}=2.30^\circ$$

(2)自锁性能。普通螺纹的牙侧角 $\beta=\frac{\alpha}{2}=30°$，按摩擦系数 $f=0.10$ 计算，相应的当量摩擦角为

$$\rho'=\arctan\frac{f}{\cos\beta}=\arctan\frac{0.1}{\cos30°}=6.59°$$

$\psi<\rho'$，故能自锁。

事实上，单线普通螺纹的升角约在 1.5°～3.5°之间，远小于当量摩擦角，因此在静载荷下都能保证自锁(见图 10-6 的紧固螺纹区)。

第四节　螺纹连接的类型及连接件

一、螺纹连接的基本类型

螺纹连接有以下 4 种基本类型：

1. 螺栓连接

螺栓连接的结构特点是被连接件的孔中不切制螺纹(图 10-9)，装拆方便。图 10-9(a)所示为普通螺栓连接，螺栓与孔之间有间隙。这种连接的优点是加工简便，成本低，故应用最广。图 10-9(b)为铰制孔用螺栓连接，其螺杆外径与螺栓孔(由高精度铰刀加工而成)的内径具有同一基本尺寸，并常采用过渡配合。它适用于承受垂直于螺栓轴线的横向载荷。

2. 螺钉连接

螺钉直接旋入被连接件的螺纹孔中，省去了螺母[图 10-10(a)]，因此结构上比较简单。但这种连接不宜经常装拆，以免被连接件的螺纹孔磨损而使连接失效。

3. 双头螺柱连接

双头螺柱多用于较厚的被连接件或为了结构紧凑而采用盲孔的连接[图 10-10(b)]。双头螺柱连接允许多次装拆而不损坏被连接零件。

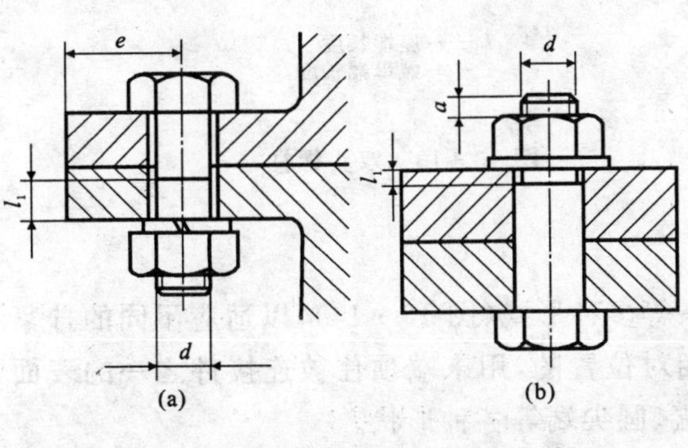

图 10-9　螺栓连接

螺栓余留长度 l_1；静载荷：$l_1\geqslant(0.3\sim0.5)d$；变载荷：$l_1\geqslant0.75d$；冲击载荷或弯曲载荷：$l_1\geqslant d$；铰制孔用螺栓 $l_1\approx0$；螺纹伸出长度 $a=(0.2\sim0.3)d$；螺栓轴线到边缘的距离 $e=d+(3\sim6)$mm

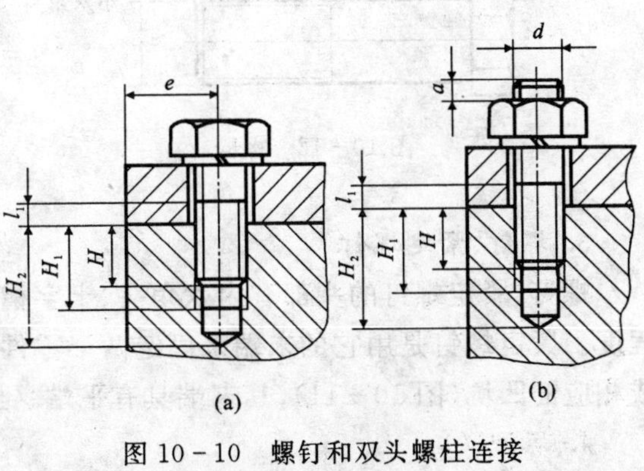

图 10-10　螺钉和双头螺柱连接

座端拧入深度 H，当螺孔材料为钢或青铜：$H\approx d$；铸铁：$H=(1.25\sim1.5)d$；铝合金：$H=(1.5\sim2.5)d$。螺纹孔深度：$H_1=H+(2\sim2.5)P$；钻孔深度：$H_2=H_1+(0.5\sim1)d$；l_1，a，e 值同图 10-9

图 10－10(b)中尺寸 a、l_1、H、H_1、H_2 有一定要求，结构设计时请参考手册。

4. 紧定螺钉连接

紧定螺钉连接(图 10－11)常用来固定两零件的相对位置，并可传递不大的力或转矩。

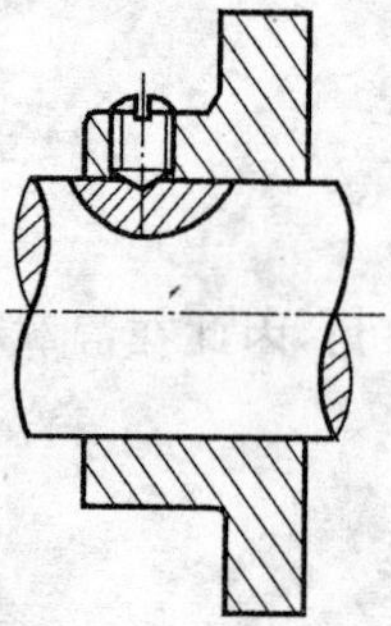

图 10－11 紧定螺钉连接

二、螺纹紧固件

螺纹紧固件的品种很多，有螺栓、双头螺柱、螺钉、螺母和垫圈等，如图 10－12 所示。这类零件大都已标准化，它是一种商品性零件，经合理选择其规格、型号后，可直接到五金商店购买。

1. 螺栓

螺栓的头部形状很多，最常用的有六角头和小六角头两种(图 10－12)。冷镦工艺生产的小六角头螺栓具有材料利用率高，生产率高，力学性能高和成本低等优点，但由于头部尺寸较小，不宜用于装拆频繁、被连接件强度低和易锈蚀的地方。

螺栓也应用于螺钉连接中[图 10－10(a)]。

2. 双头螺柱

双头螺柱没有钉头，两端都制有螺纹。双头螺柱(图 10－13)旋入被连接件螺纹孔的一端称为座端，另一端为螺母端，其公称长度为 L。

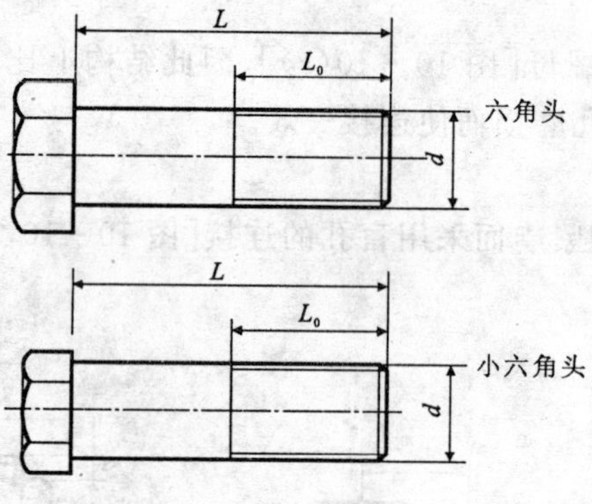

图 10－12 螺栓

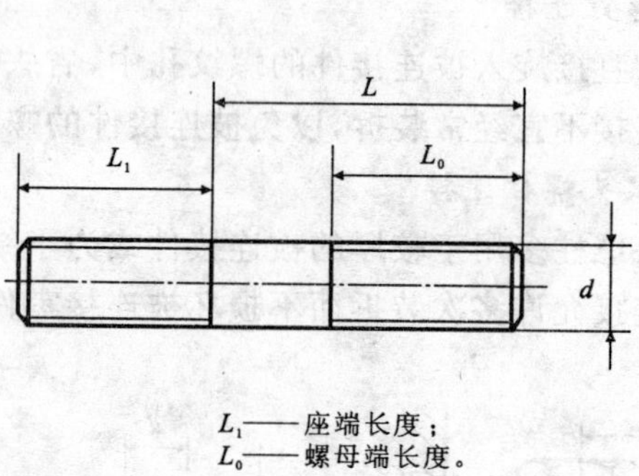

图 10－13 双头螺柱

3. 螺钉、紧定螺钉

螺钉、紧定螺钉的头部有内六角头、十字槽头等多种形式(图 10－14)，以适应不同的拧紧程度。紧定螺钉是用它的末端来固定两个零件相对位置的，用末端顶住被连接件之一的表面或相应的凹坑(图 10－11)，其末端具有平端、锥端、圆尖端等各种形状。

4. 螺母

所有的螺栓和双头螺柱都需要和螺母配合使用。螺母的形状有六角形[图 10－15(a)]、圆形[图 10－15(b)]等。六角螺母有 3 种不同厚度，薄螺母用于尺寸受到限制的地方，厚螺母用于经常装拆易于磨损之处。圆螺母常用于轴上零件的轴向固定。

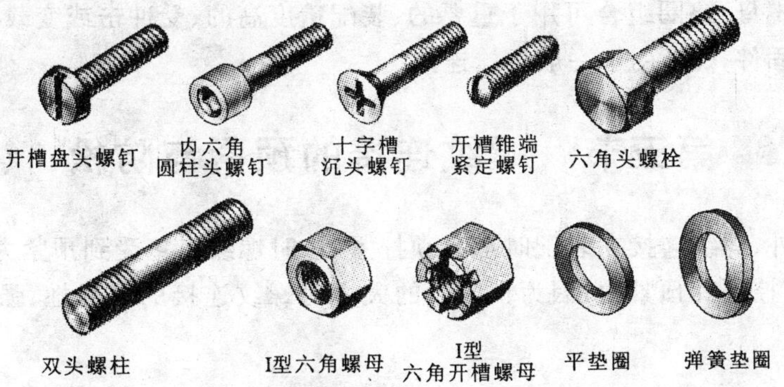

图 10－14　螺纹紧固件

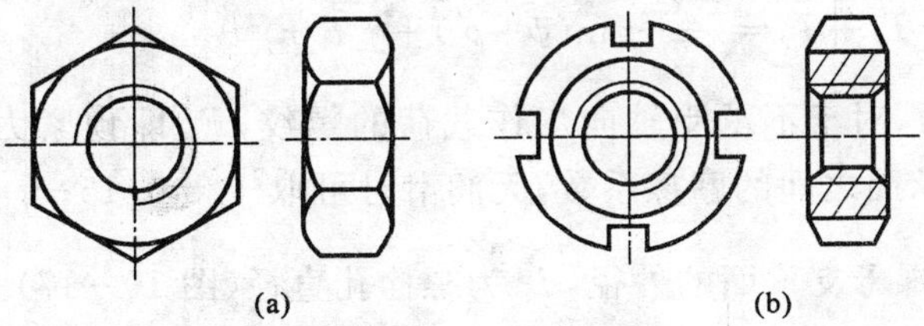

图 10－15　螺母

5. 垫圈

垫圈的作用是增加被连接件的支承面积以减小接触处的挤压应力(尤其当被连接件材料强度较差时)和避免拧紧螺母时擦伤被连接件的表面。常用的平垫圈呈环状[图 10－16(a)]、倒角型垫圈[图 10－16(b)]、斜垫圈[图 10－16(c)、(d)]和有防松作用的垫圈见本章第五节。

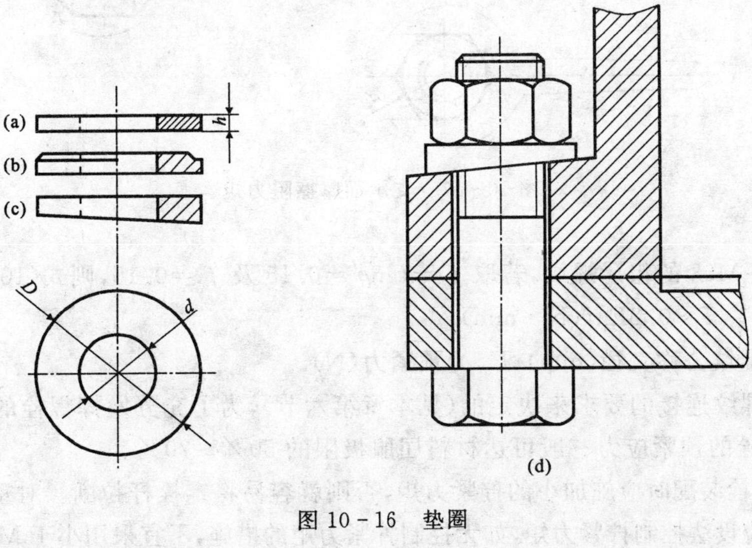

图 10－16　垫圈

螺纹紧固件按制造精度分A、B、C三级(不一定每个类别都备齐A、B、C三级,详见有关手册)。A级螺栓、螺母、垫圈组合可用于重要的、装配精度高的、受冲击或变载荷的连接;B级用于较大尺寸的紧固件;C级用于一般螺栓连接。

第五节 螺纹连接的预紧与防松

除个别情况外,螺纹连接在装配时都必须拧紧,这时螺纹连接受到预紧力的作用。对于重要的螺纹连接,应控制其预紧力,因为预紧力的大小对螺纹连接的可靠性、强度和密封性均有很大的影响。

一、拧紧力矩

螺纹连接的拧紧力矩 T 等于克服螺纹副相对转动的阻力矩 T_1 和螺母支承面上的摩擦阻力矩 T_2 之和,即

$$T=T_1+T_2=\frac{F_a d_2}{2}\tan(\psi+\rho')+f_c F_a r_f \qquad (10-9)$$

式中,F_a 为轴向力,对于不承受轴向工作载荷的螺纹,F_a 即预紧力;d_2 为螺纹中径;f_c 为螺母与被连接件支承面之间的摩擦系数,无润滑时可取 $f_c=0.15$;r_f 为支承面摩擦半径,$r_f\approx\frac{d_w+d_0}{4}$,其中 d_w 为螺母支承面的外径,d_0 为螺栓孔直径(图10-17)。

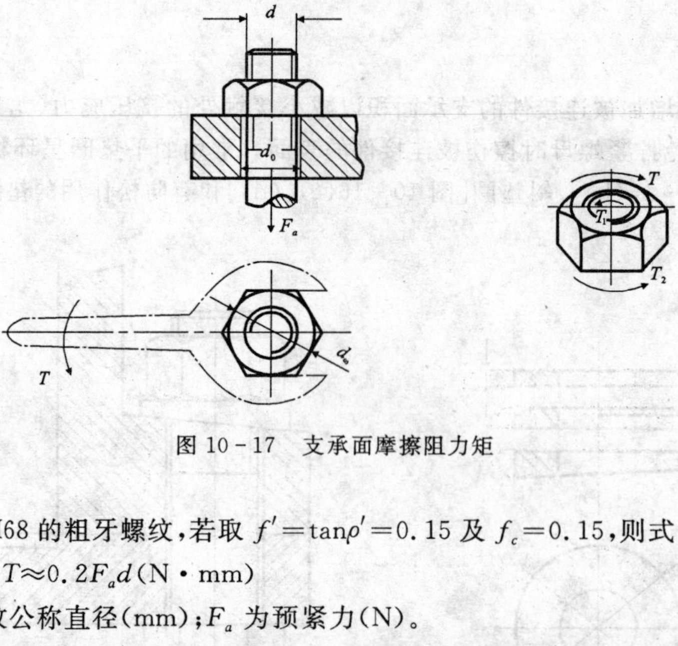

图10-17 支承面摩擦阻力矩

对于M10~M68的粗牙螺纹,若取 $f'=\tan\rho'=0.15$ 及 $f_c=0.15$,则式(10-9)可简化为

$$T\approx 0.2F_a d(\mathrm{N\cdot mm}) \qquad (10-10)$$

式中,d 为螺纹公称直径(mm);F_a 为预紧力(N)。

F_a 值是由螺纹连接的要求来决定的(见本章第六节),为了充分发挥螺栓的工作能力和保证预紧可靠,螺栓的预紧应力一般可达材料屈服极限的50%~70%。

小直径的螺栓装配时应施加小的拧紧力矩,否则就容易将螺栓杆拉断。对重要的有强度要求的螺栓连接,应设法控制拧紧力矩,如无控制拧紧力矩的措施,不宜采用小于M12的螺栓。

二、螺纹连接的防松

如例1所述，连接用的三角形螺纹都具有自锁性，在静载荷和工作温度变化不大时不会自动松脱。但是在冲击、振动和变载的作用下，预紧力可能在某一瞬间消失，连接仍有可能松脱。高温的螺纹连接，由于温度变形差异等原因，也可能发生松脱现象，因此设计时必须考虑防松。

螺纹连接防松的根本问题在于防止螺纹副的相对转动。防松的方法很多，按防松原理不同，可分为3类。

1. 利用附加摩擦力防松

它的原理是在螺纹间经常保持一定的摩擦力，且附加摩擦力尽可能不随载荷大小而变化。

(1)弹簧垫圈[图10-18(a)]。弹簧垫圈材料为弹簧钢(通常用65Mn钢)，装配后垫圈被压平，其反弹力能使螺纹间保持压紧力和摩擦力。此外，垫圈切口处的尖角，也有阻止螺母松脱的作用。

(2)对顶螺母[图10-18(b)]。利用两螺母的对顶作用，使螺栓始终受到附加的拉力和附加的摩擦力。结构简单，适用于平稳、低速和重载的固定装置上的连接。

(3)尼龙圈锁紧螺母[图10-18(c)]。螺母中嵌有尼龙圈，拧上后椭圆孔和尼龙圈内孔被胀大，箍紧螺栓。

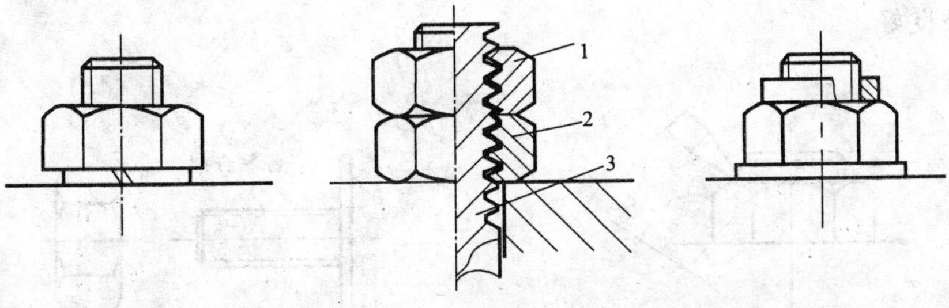

(a)单簧垫圈　　(b)双螺母　　(c)尼龙圈锁紧螺母

图10-18 附加摩擦力防松

2. 机械方法防松

它的原理是用机械装置把螺母和螺栓连成一体，消除了它们之间相对转动的可能性。这种方法最为可靠。

(1)槽形螺母和开口销[图10-19(a)]。槽形螺母拧紧后，用开口销穿过螺栓尾部小孔和螺母的槽，然后将销的尾部分开，这样便消除了它们之间松转的可能。也可以用普通螺母拧紧后再配钻开口销孔。这种防松装置可靠、装拆方便，常用于有振动的高速机器上。

(2)圆螺母与带翅垫片[图10-19(b)]。在外螺纹零件的端部沿轴向铣一凹槽，使垫片内翅嵌入螺栓(轴)的槽内，拧紧四周开有小槽的圆螺母，然后将垫片外翅之一折嵌于圆螺母的一个槽内，从而将螺母锁住。这种防松装置多用于滚动轴承组合中。

(3)止动垫片[图10-19(c)]。拧紧螺母后，将垫片的一边弯到螺母的侧边上，另一边弯到被连接件的侧边上，用折边固定螺母和被连接件的相对位置。

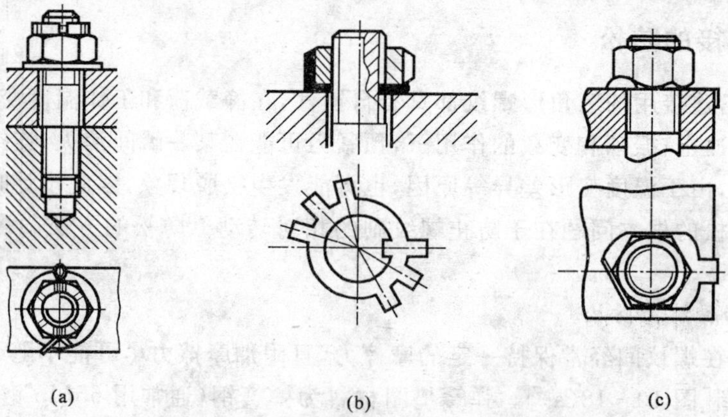

图 10-19 机械方法防松图

(a)槽型螺母和开口销；(b)圆螺母用带翅垫圈；(c)止动垫圈

3. 破坏螺纹副

(1)焊接法防松。拧紧螺母后，将螺母与螺栓点焊。

(2)冲点法防松[图 10-20(a)]。拧紧螺母后，用冲头冲 2～3 点。

(3)粘合法防松[图 10-20(b)]用粘合剂涂于螺纹旋合表面，拧紧螺母后粘合剂能自行固化，防松效果良好。

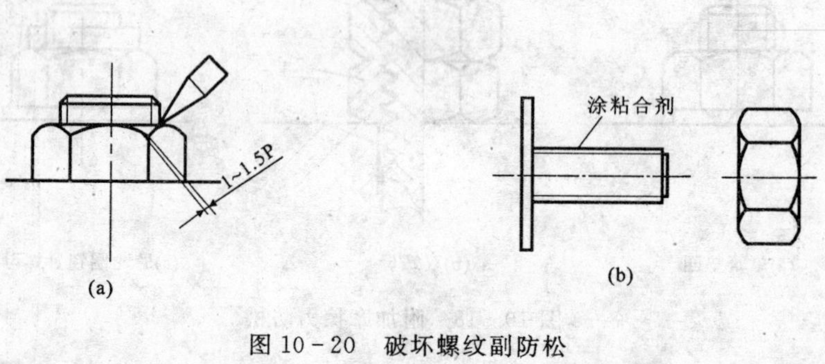

图 10-20 破坏螺纹副防松

例 10-2 已知 M12 螺栓用碳素结构钢制成，其屈服极限为 240MPa，螺纹间的摩擦系数 $f=0.10$，螺母与支承面间的摩擦系数 $f_c=0.15$，螺母支承面外径 $d_w=16.6$mm，螺栓孔直径 $d_0=13$mm，欲使螺母拧紧后螺杆的拉应力达到材料屈服极限的 50%，求应施加的拧紧力矩，并验算其能否自锁。

解 (1)求当量摩擦系数及当量摩擦角

$$f'=\frac{f}{\cos\beta}=\frac{0.10}{\cos30^\circ}=0.115$$

$$\rho'=\arctan f'=6.59^\circ$$

(2)求螺纹升角 ψ

由表 10-2 查 M12 螺纹，$P=1.75$mm，$d_2=10.863$mm，$d_1=10.106$mm

$$\psi=\arctan\frac{1.75}{10.863\pi}=2.94^\circ$$

$\psi<\rho'$，故具有自锁性。

(3)求螺杆总拉力(预紧力) F_a

$$F_a=\frac{\pi d_1^2}{4}\times\frac{\sigma_s}{2}=\frac{10.106^2\times240\pi}{4\times2}=9625\text{N}$$

(4)求拧紧力矩 T

依式(10－9)

$$T=F_a\frac{d_2}{2}\tan(\psi+\rho')+f_cF_ar_f=\frac{9.625\times10.863}{2}\tan(2.94°+6.59°)$$
$$+0.15\times9625\times\frac{16.6+13}{4}=19.5\text{N}\cdot\text{m}$$

第六节　连接螺栓的强度计算

螺栓的主要失效形式有：①螺栓杆拉断；②螺纹牙的压溃和剪断；③经常装拆时会因磨损而发生滑扣现象。螺栓和螺母的螺纹牙及其他各部尺寸是根据等强度原则及使用经验规定的。采用标准件时，这些部分都不需要进行强度计算。所以，螺栓连接的计算主要是确定螺纹小径 d_1，然后按照标准选定螺纹公称直径(大径)d 及螺距 P 等。

根据装配完毕连接还未承受工作时螺栓理论上受力与否，可把螺栓连接分为松螺栓连接和紧螺栓连接两大类。

一、松螺栓连接

松螺栓连接装配时不需要把螺母拧紧，在承受工作载荷前，除承受有关零件的自重(自重一般很小，强度计算时可略去。)外，连接并不受力。图 10－21 所示吊钩尾部的连接是其应用实例。当承受轴向工作载荷 F_a(N)时，其强度条件为

$$\sigma=\frac{F_a}{\pi d_1^2/4}\leqslant[\sigma]\tag{10-11}$$

式中，d_1 为螺纹小径(mm)；$[\sigma]$为许用拉应力(MPa)。

例 10－3　如图 10－21 所示，已知载荷 $F_a=25\text{kN}$，吊钩材料为 35 钢，许用拉应力$[\sigma]=60\text{MPa}$(吊钩是涉及人身安全的特种设备，其许用应力比一般机械低)，试求吊钩尾部螺纹直径。

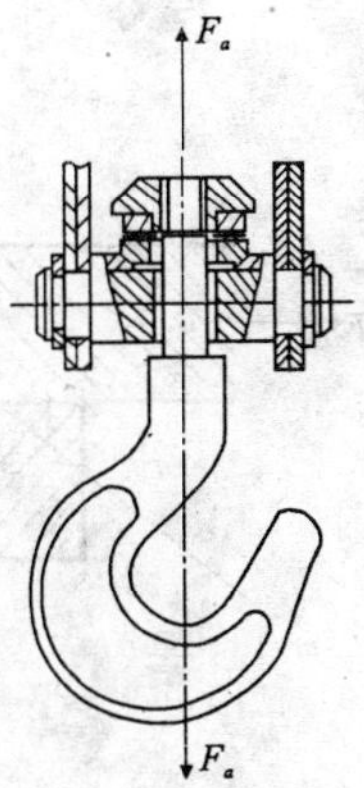

图 10－21　起重吊钩

解　由式(10－11)得螺纹小径

$$d_1=\sqrt{\frac{4F_a}{\pi[\sigma]}}=\sqrt{\frac{4\times25\times10^3}{60\pi}}=23.033\text{mm}$$

由表 10－2 得，$d=27\text{mm}$ 时，$d_1=23.752\text{mm}$，比根据计算求得的 d_1 值略大，合宜。故吊钩尾部螺纹可以采用 M27。

二、紧螺栓连接

紧螺栓连接装配时需要拧紧，在工作状态下可能还需要补充拧紧。设拧紧螺栓时螺杆承受的轴向拉力为 F_a(不承受轴向工作载荷的螺栓，F_a 即预紧力)。这时螺栓危险截面(即螺纹

小径 d_1 处)除受拉应力 $\sigma=\dfrac{F_a}{\pi d_1^2/4}$外,还受到螺纹力矩 T_1 所引起的扭切应力

$$\tau=\frac{T_1}{\pi d_1^3/16}=\frac{F_a\tan(\psi+\rho')\cdot d_2/2}{\pi d_1^3/16}=\frac{2d_2}{d_1}\tan(\psi+\rho')\frac{F_a}{\pi d_1^2/4}$$

对于M10～M68的普通螺纹,取 d_2/d_1 和 ψ 的平均值,并取 $\tan\rho'=f'=0.15$,得 $\tau=0.5\sigma$。按第四强度理论(最大变形能理论),当量应力 σ_e 为

$$\sigma_e=\sqrt{\sigma^2+3\tau^2}=\sqrt{\sigma^2+3(0.5\sigma)^2}\approx 1.3\sigma$$

故螺栓螺纹部分的强度条件为

$$\sigma_e=\frac{1.3F_a}{\pi d_1^2/4}\leqslant[\sigma] \tag{10-12}$$

式中,$[\sigma]$为螺栓的许用应力,单位为MPa,其值见本章第七节。

1. 受横向工作载荷的螺栓连接

图10-22所示的螺栓连接,螺栓与孔之间留有间隙,承受垂直于螺栓轴线的横向工作载荷 F,它靠被连接件间产生的摩擦力保持连接件无相对滑动。若结合面间的摩擦力不足,在横向载荷作用下发生相对滑动,则认为连接失效。因此所需的螺栓轴向压紧力(即预紧力)应为

$$F_a=F_0\geqslant\frac{CF}{mf} \tag{10-13}$$

式中,F_0 为预紧力;C 为可靠性系数,通常取 $C=1.1\sim1.3$;m 为结合面数目;f 为结合面摩擦系数。对于钢或铸铁被连接件可取 $f=0.1\sim0.15$。求出 F_a 值后,可按式(10-12)计算螺栓强度。

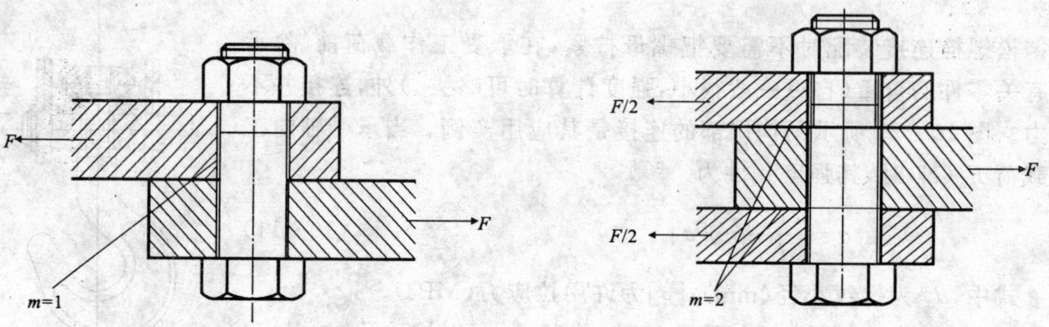

图10-22 受横向载荷的螺栓连接

从式(10-13)来看,当 $f=0.15$、$C=1.2$、$m=1$ 时,$F_0\geqslant 8F$。即预紧力应为横向工作载荷的8倍,所以螺栓连接靠摩擦力来承担横向载荷时,其尺寸是较大的。

为了避免上述缺点,可用键、套筒或销承担横向工作载荷,而螺栓仅起连接作用(图10-23)。也可以采用螺杆与孔之间没有间隙的铰制孔用螺栓来承受横向载荷。这些减载装置中的键、套筒、销应按受剪切和受挤压进行强度核算。现以图10-21为例,其强度条件如下:

$$\tau=\frac{F}{m\dfrac{\pi d_0^2}{4}}\leqslant[\tau] \tag{10-14}$$

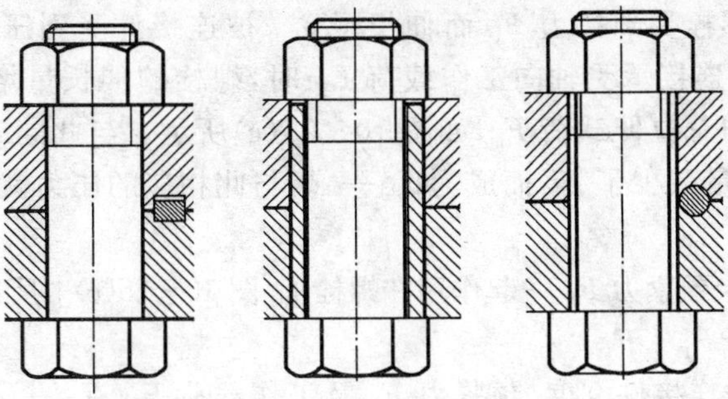

图 10-23 承受横向载荷的减载装置

(a)用减载键;(b)用减载套筒;(c)用减载销

$$\sigma_p=\frac{F}{d_0\delta}\leqslant[\sigma_p] \tag{10-15}$$

式中,δ 取 δ_1 和 $2\delta_2$ 两者之小值,许用应力$[\tau]$和许用挤压应力 $[\sigma_p]$见表 10-4。

2. 受轴向工作载荷的螺栓强度

在图 10-24 所示的缸体中,设流体压强为 p,螺栓数为 z①,则缸体周围每个螺栓平均承受的轴向工作载荷为 $F_E=\frac{p\cdot\pi D^2/4}{z}$。

在受轴向载荷的螺栓连接中,螺栓实际承受的总拉伸载荷 F_a 并不等于预紧力 F_0 与 F_E 之和,现说明如下:

螺栓和被连接件受载前后的情况见图 10-25。图 10-25(a)是连接还没有拧紧时的情

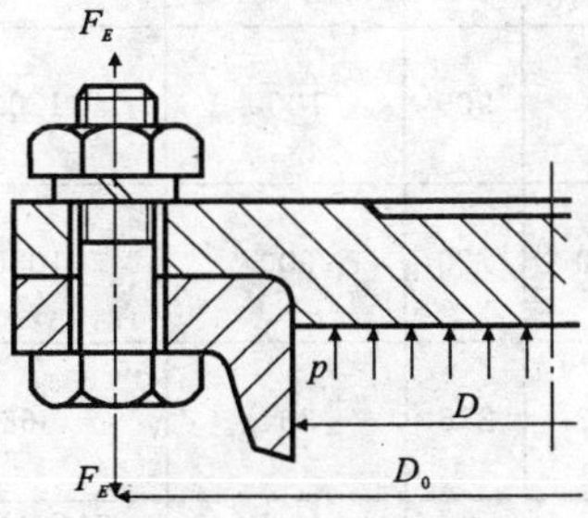

图 10-24 压力容器的螺栓连接

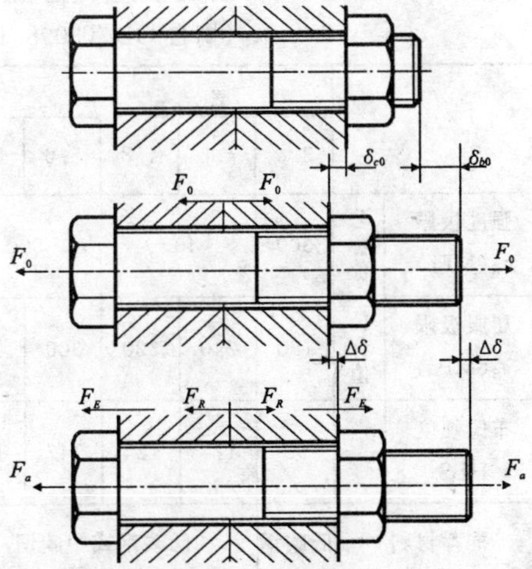

图 10-25 载荷与变形的示意图

① 为保证容器结合面密封可靠,允许的螺栓最大间隙 $l(=\frac{\pi D_0}{z})$为 $l\leqslant 7d$(当 $p\leqslant 1.6$MPa 时);$l\leqslant 4.5d$(当 $p\leqslant 1.6\sim 10$MPa 时);$l\leqslant 4\sim 3d$(当 $p=10\sim 30$MPa 时);d 为螺栓公称直径。确定螺栓数 z 时,应使其满足上述条件。

况。螺栓连接拧紧后螺栓受到拉力 F_0 而伸长了 δ_{b0}，被连接件受到压缩力 F_0 而缩短了 δ_{c0} 如图 10-25(b)所示。在连接承受轴向工作载荷 F_E 时，螺栓的伸长量增加 $\Delta\delta$ 而成为 $\delta_{b0}+\Delta\delta$，相应的拉力就是螺栓的总拉伸载荷 F_a，如图 10-25(c)所示。与此同时，被连接件则随着螺栓的伸长而弹回，其压缩量减少了 $\Delta\delta$ 而成为 $\delta_{c0}-\Delta\delta$，与此相应的压力就是残余预紧力 F_R[图 10-25(c)]。

工作载荷 F_E 和残余预紧力 F_R 一起作用在螺栓上[图 10-25(c)]，所以螺栓的总拉伸载荷为

$$F_a=F_E+F_R \tag{10-16}$$

F_R 与螺栓刚度、被连接件刚度、预紧力 F_0 及工作载荷 F_E 有关。

紧螺栓连接应能保证被连接件的接合面不出现缝隙，因此残余预紧力 F_R 应大于零。当工作载荷 F_E 没有变化时，可取 $F_R=(0.2\sim0.6)F_E$，当 F_E 有变化时，$F_R=(0.6\sim1.0)F_E$；对于有紧密性要求的连接(如压力容器的螺栓连接)，$F_R=(1.5\sim1.8)F_E$。

在一般计算中，可先根据连接的工作要求规定残余预紧力 F_R，其次由式(10-16)求出总拉伸载荷 F_a，然后按式(10-12)计算螺栓强度。

若轴向工作载荷 F_E 在 $0\sim F_E$ 间周期性变化，则螺栓所受总拉伸载荷应在 $F_0\sim F_a$ 间变化。受变载荷螺栓的粗略计算可按拉伸载荷 F_a 进行，其强度条件仍为式(10-12)，所不同的是许用应力应按表 10-6 和表 10-7 在变载荷项内查取。

第七节　螺栓材料和许用应力

螺栓常用材料为低碳钢和中碳钢，重要和特殊用途可采用力学性能较高的合金钢这些材料的力学性能分级见表 10-4。

表 10-4　螺栓、螺钉、螺柱和螺母的力学性能等级

(摘自 GB/T3098.1—2000 和 GB/T3098.2—2000)

			力学性能级别										
			3.6	4.6	4.8	5.6	5.8	6.8	8.8 ≤M16	8.8 >M16	9.8	10.9	12.9
螺栓、螺钉、螺柱	强度极限 σ_B(MPa)	公称值	300	400		500		600	800		900	1000	1200
	屈服极限 σ_S(MPa)	公称值	180	240	320	300	400	480	640	640	720	900	1080
	布氏硬度 HBS		90	114	124	147	152	181	238	242	276	304	366
	推荐材料		低碳钢	低碳钢或中碳钢				低碳合金钢或中碳钢				40Cr 15MnVB	30CrMnSi 15MnVb
相配合螺母	性能级别		4 或 5			5		6	8 或 9		9	10	12
	推荐材料		低碳钢					低碳合金钢或中碳钢				40Cr 15MnvB	30CrMnSi 15MnVb

注：1. 9.8 级仅适用于螺纹大径 $d\leqslant16$mm 的螺栓、螺钉和螺柱。

2. 规定性能的螺纹连接件在图样中只标注力学性能等级，不应再标出材料。

表中共有 10 个等级，从 3.6～12.9。小数点前的数字代表强度极限 σ_B 的 1/100，小数点后的数字代表屈服极限 σ_S 与强度极限 σ_B 比值的 10 倍。

螺纹连接的许用应力及安全系数见表 10－5 和表 10－6。

表 10－5　螺纹连接的许用应力

<table>
<tr><td colspan="3">螺纹连接的受载情况</td><td colspan="2">许用应力</td></tr>
<tr><td colspan="3">松螺栓连接</td><td rowspan="2">$[\sigma]=\sigma_s/S$</td><td>$S=1.2\sim1.7$</td></tr>
<tr><td rowspan="3">紧螺栓连接</td><td colspan="2">受轴向、横向载荷</td><td>控制预紧力时 $S=1.2\sim1.5$；不控制预紧力时 S 查表 10－7。</td></tr>
<tr><td rowspan="2">铰制孔用螺栓受横向载荷</td><td>静载荷</td><td colspan="2">$[\tau]=\sigma_s/2.5$
$\sigma_p=\sigma_s/1.25$(被连接件为钢)
$\sigma_p=\sigma_{bp}/2\sim25$(被连接件为铸铁)</td></tr>
<tr><td>变载荷</td><td colspan="2">$[\tau]=\sigma_s/3.5\sim5$
$[\sigma_p]$按静载荷的$[\sigma_p]$值降低 20%～30%</td></tr>
</table>

表 10－6　螺纹连接的安全系数 S（不能严格控制预紧力时）

材料	静载荷		变载荷	
	M 6～M 16	M 16～M 30	M 6～M 16	M 16～M 30
碳素钢	4～3	3～2	10 ～ 6.5	6.5
合金钢	5～4	4～2.5	7.6～5	5

例 10－4　一钢制液压油缸如图 10－24 所示，油缸壁厚为 10mm，油压 $p=1.6$MPa，$D=160$mm，试计算其上盖的螺栓连接和螺栓分布圆直径 D_0。

解　(1)决定螺栓工作载荷 F_E。暂取螺栓数 $Z=8$，则每个螺栓承受的平均轴向工作载荷 F_E 为

$$F_E=\frac{p\cdot\pi D^2/4}{z}=1.6\times\frac{\pi\times160^2}{4\times8}=4.02\text{kN}$$

(2) 决定螺栓总拉伸载荷 F_a。对于压力容器取残余预紧力 $F_R=1.8F_E$，则由式(10－16)可得

$$F_a=F_E+1.8F_E=2.8\times4.02=11.3\text{kN}$$

(3) 求螺栓直径。按表 10－3 选取螺栓材料性能等级为 4.8 级，$\sigma=320$MPa，装配时不要求严格控制预紧力，按表 10－5 暂取安全系数 $S=3$，螺栓许用应力为

$$[\sigma]=\frac{\sigma_s}{S}=\frac{320}{3}=107\text{MPa}$$

由式(10－12)得螺纹的小径为

$$d_1\geqslant\sqrt{\frac{4\times1.3F_a}{\pi[\sigma]}}=\sqrt{\frac{4\times1.3\times11.3\times10^3}{\pi\div107}}=13.22\text{mm}$$

查表 10－1，取 M16 螺栓(小径 $d_1=13.835$mm)。按照表 10－5 可知所取安全系数 $S=3$

是正确的。

(4)决定螺栓分布圆直径。螺栓置于凸缘中部。从图 10-9 可以决定螺栓分布圆直径 D_0 为

$$D_0=D+2e+2\times10=\{160+2\times[16+(3\sim6)]+2\times10\}=218\sim224\text{mm}$$

取 $D_0=220$mm。

螺栓间距 l 为

$$l=\frac{\pi D_0}{z}=\frac{\pi\times220}{8}=86.4\text{mm}$$

由第 171 页的脚注可知，当 $p\leqslant1.6$MPa 时，$l\leqslant7d=7\times16=112$mm，所以选取的 D_0 和 z 是合宜的。

在本例题中，求螺纹直径时要用到许用应力[σ]，而[σ]又与螺纹直径有关，所以常需采用试算法。这种方法在其他零件设计计算中还要经常用到。

第八节 提高螺栓连接强度的措施

螺栓连接在承受轴向变载荷时，其损坏形式多为疲劳断裂，断裂通常都发生在应力集中较严重之处，如螺栓头部、螺纹收尾部和螺母支承平面所在处(旋合的第一圈)等。各处失效的大致百分比见图 10-26。以下简要说明影响强度的因素和提高强度的措施。

一、降低螺栓总拉伸载荷 F_a 的变化范围

螺栓所受的轴向工作载荷 F_E 在 $0\sim F_E$ 间变化时，则从式(10-18)可知，螺栓总拉伸载荷 F_a 也作相应的变化。减小螺栓刚度 k_b、增大被连接件刚度 k_c 或双管齐下都可以减小 F_a 的变化范围，从而降低应力幅，提高螺栓的疲劳强度，防止螺栓的疲劳损坏。

为了减小螺栓刚度，可减小螺栓光杆部分直径或采用空心螺杆[图 10-27(a)和图 10-27(b)]，有时也可酌情增加螺栓的长度。

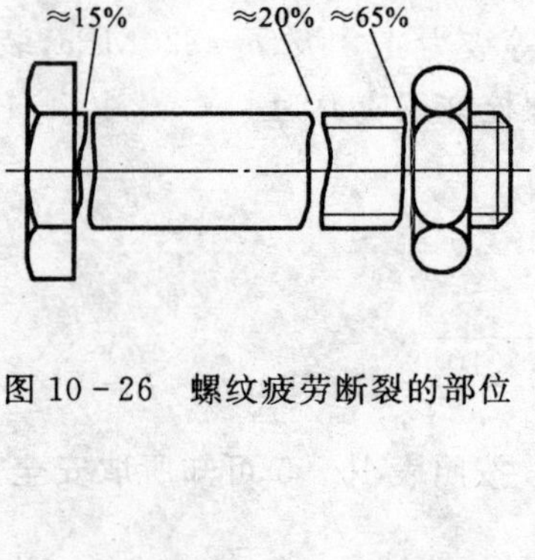

图 10-26 螺纹疲劳断裂的部位

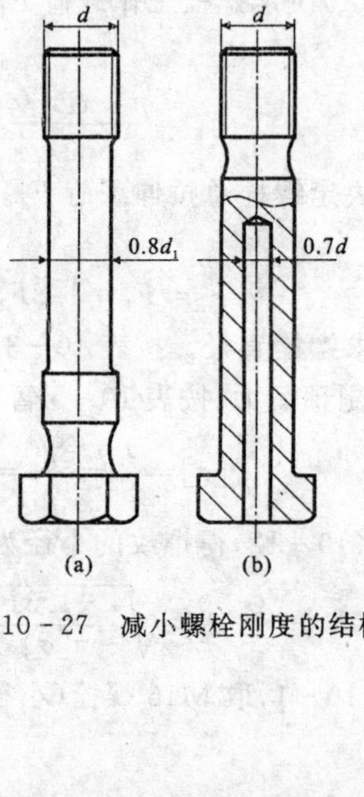

图 10-27 减小螺栓刚度的结构

被连接件本身的刚度是较大的，但被连接件的接合面因需要密封而采用软垫片时（图 10－28）将降低其刚度，这将降低疲劳强度。若采用金属薄垫片或采用 O 型密封圈作为密封元件（图 10－29），则可保持被连接件原来的刚度值。

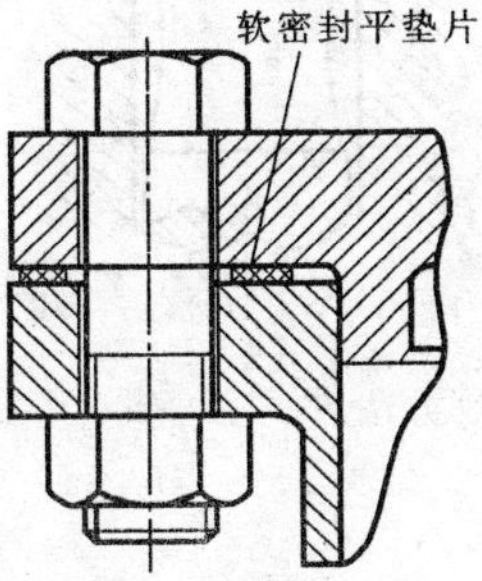

图 10－28 用软垫片密封

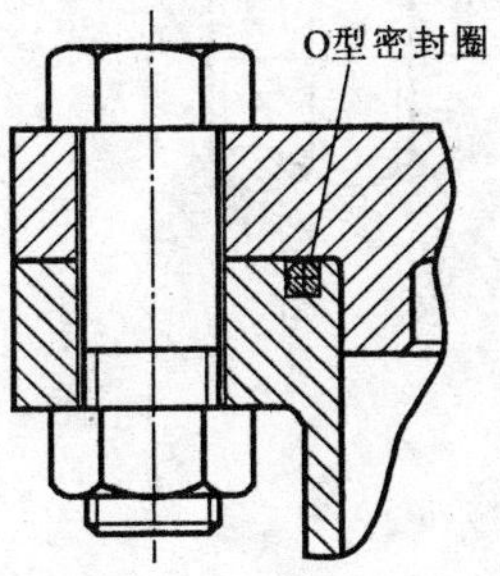

图 10－29 用 O 型密封圈密封

二、改善螺纹牙间的载荷分布

采用普通螺母时，轴向载荷在旋合螺纹各圈间的分布是不均匀的，如图 10－30(a)所示，从螺母支承面算起，第一圈受载最大，以后各圈递减。理论分析和实验证明，旋合圈数越多，载荷分布不均的程度越显著，到第 8～10 圈以后，螺纹牙几乎不受载荷。所以，采用圈数多的厚螺母，并不能提高连接强度。采用图 10－30(b)所示的悬置（受拉）螺母，则螺母锥形悬置段与螺栓杆均为拉伸变形，有助于减少螺母与螺栓杆的螺距变化差，从而使载荷分布比较均匀。图 10－30(c)为环槽螺母，其作用和悬置螺母相似。

图 10－30 改善螺纹牙的载荷分布

三、减小应力集中

如图 10－31 所示，增大过渡圆角处的圆角［图 10－31(a)］、切制卸载槽［图 10－31(b)、(c)］都是使螺栓截面变化均匀、减小应力集中的有效方法。

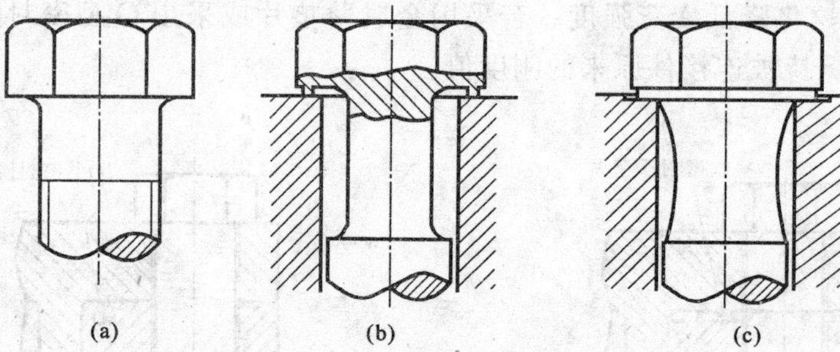

图 10-31 减小应力集中的有效方法

四、避免或减小附加应力

还应注意，由于设计、制造或安装上的疏忽，有可能使螺栓受到附加弯曲应力[图 10-32(a)]，这对螺栓强度影响很大，应设法避免。与螺栓头部或螺母接触的被连接件表面应平整，螺纹孔轴线应垂直于螺母或螺栓头部支承面，以避免螺栓受附加载荷。例如，在铸件或锻件等未加工表面上安装螺栓时，常采用凸台或沉头座等结构，经切削加工后可获得平整的支承面[图 10-32(b)]。

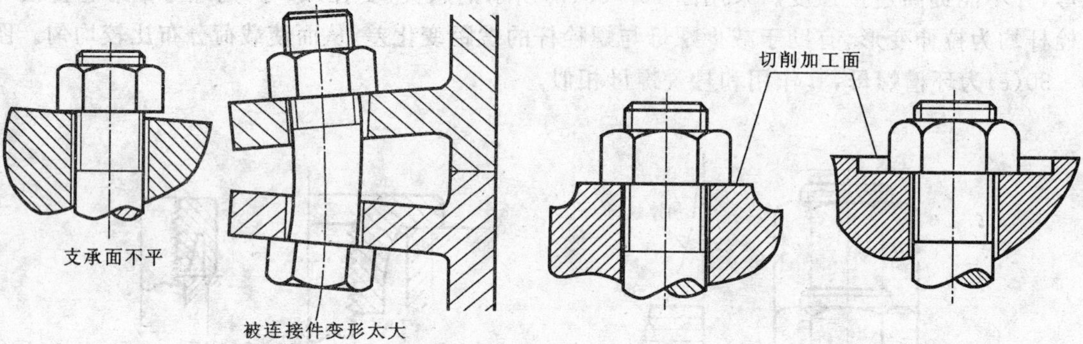

图 10-32 引起附加应力的原因以及避免附加应力的方法举例

(a)引起附加应力的原因举例；(b)避免附加应力的方法举例

除上述方法外，在制造工艺上采取冷镦头部和辗压螺纹的螺栓，由于螺栓的金属流线是连续的，因而其疲劳强度比车制螺栓约高 30%，氰化、氮化等表面硬化处理也能提高疲劳强度。

五、螺纹连接设计时应注意的问题

螺栓组连接机构设计的目的是根据载荷情况确定连接结合面的几何形状和螺栓组布置形式，以使各螺栓受力均匀，避免螺栓产生附加载荷，便于加工和装配。

设计时应遵循以下原则：

1.形状简单

连接结合面尽量采用轴对称的简单几何形状，如圆形、矩形、环形、三角形等，螺栓组的中心与连接结合面的形心重合，并与整台机器的外形协调一致，这样便于对称布置螺栓。

2.便于分度

同一圆周上的螺栓数目应采用3,4,6,8,12,…，以便加工时进行分度。如图10－33(a)所示。

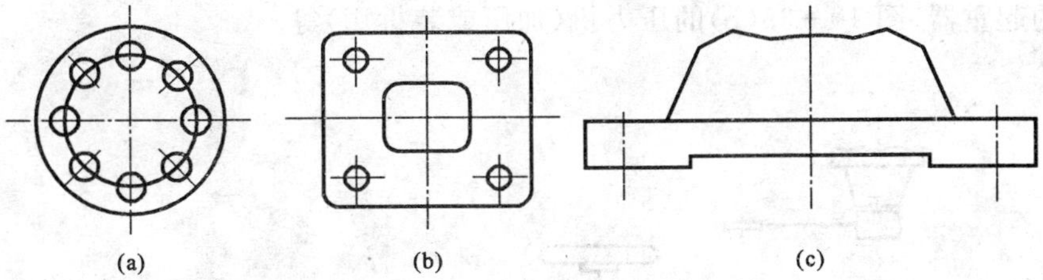

图10－33　螺栓组连接机构设计

3.尽量减少加工面

结合面较大时应采用环状结构、条状结构或凸台结构，可以减少加工面，且能提高连接的平稳性和连接刚度。如图10－33(b)、图10－30(c)所示。

4.各螺栓受力均匀

受转矩L和翻转力矩M作用的螺栓组，螺栓布置应尽量远离回转中心或对称轴线，以使各螺栓受力均匀，如图10－34所示。

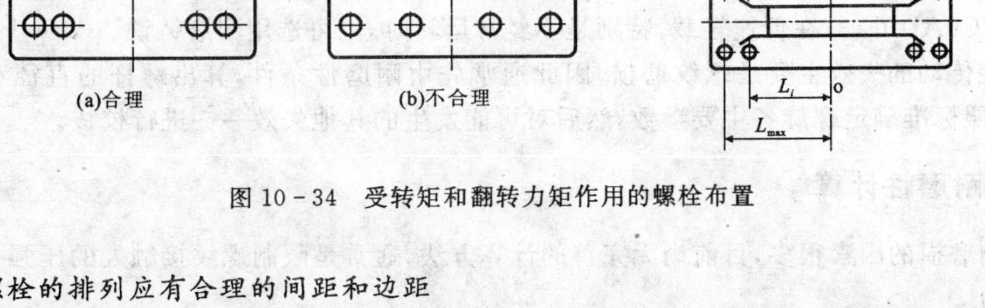

图10－34　受转矩和翻转力矩作用的螺栓布置

5.螺栓的排列应有合理的间距和边距

为了装配方便和保证支承强度，螺栓的各轴线之间以及螺栓轴线和机体壁之间应有合理的间距和边距，间距和边距的最小尺寸根据扳手空间确定，其尺寸请查阅有关设计手册。

6.减少螺纹连接件的规格

为减少螺纹连接件的规格，以便加工和装配，同一组螺纹连接件除非受结构限制或受力相差过大，其材料、直径、长度、结构形状等应尽量一致。

第九节 螺旋传动

螺旋传动主要用来把回转运动变为直线运动。按使用要求的不同可分为 3 类：

(1)传力螺旋。这种螺旋以传递动力为主，要求用较小的力矩转动螺杆(或螺母)，而使螺母(或螺杆)产生轴向运动和较大的轴向力，这个轴向力可用来做起重和加压等工作。例如图 10-35(a)的起重器、图 10-35(b)的压力机(加压或装拆用)等。

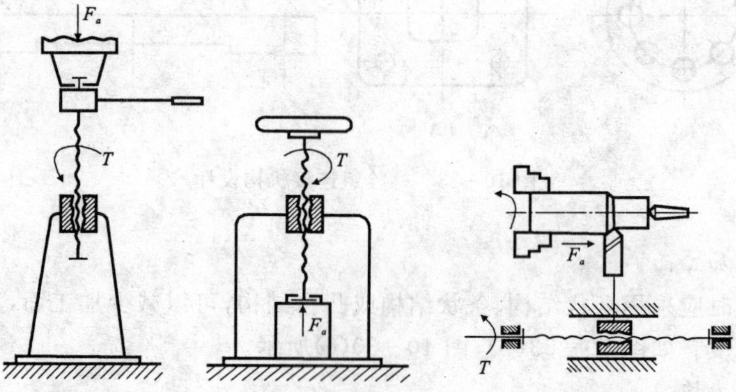

图 10-35 螺旋传动

(2)传导螺旋。以传递运动为主，并要求具有很高的运动精度，它常用作机床刀架或工作台的进给机构[图 10-35(c)]。

(3)调整螺旋。用于调整并固定零件或部件之间的相对位置(如第十二章图所示用于调整带传动初拉力)。调整螺旋不经常转动。

螺杆和螺母的材料除要求有足够的强度、耐磨性外，还要求两者配合时摩擦系数小。一般螺杆可选取用 Q275、45、50 钢等；重要螺杆可选用 T12、40Cr、65Mn 钢等，并进行热处理。常用的螺母材料有铸造锡青铜 ZCuSn10P1 和 ZCuSn5Pb5Zn5，重载低速时可选用强度高的铸造铝青铜 ZCuAl10Fe3；在低速轻载，特别是不经常运转时，也可选用耐磨铸铁。

螺旋传动的失效主要是螺纹磨损，因此通常先由耐磨性条件，算出螺杆的直径和螺母高度，并参照标准确定螺旋各主要参数，然后对可能发生的其他失效一一进行校核。

一、耐磨性计算

影响磨损的因素很多，目前尚无完善的计算方法，通常是限制螺纹接触处的压强 p。其校核公式为

$$p=\frac{F_a}{\pi d_2 hz}\leqslant[p]\text{MPa} \tag{10-17}$$

式中，F_a 为轴向力(N)；z 为参加接触的螺纹圈数；d_2 为螺纹中径(mm)；h 为螺纹牙工作高度(mm)；$[p]$为许用压强，见表 10-7。

表 10-7　螺旋副的许用压强[p]

配对材料		钢对铸铁	钢对青铜	淬火钢对青铜
许用压强	速度 $v<12\text{m/min}$	4～7	7～10	10～13
	低速，如人力驱动等	10～18	15～25	—

注：对于精密传动或要求使用寿命长时，可取表中值的 $\frac{1}{2}\sim\frac{1}{3}$。

为了设计方便，令 $\phi=\frac{H}{d_2}$，H 为螺母高度，又因 $z=\frac{H}{P}$，P 为螺距，梯形螺纹的工作高度 $h=0.5P$，锯齿形螺纹的工作高度 $h=0.75P$，将这些关系代入式(10-17)整理后，可得决定螺纹中径 d_2 的设计公式为

梯形螺纹　$$d_2\geqslant 0.8\sqrt{\frac{F_a}{\phi[p]}}\text{mm} \qquad (10-18)$$

锯齿形螺纹　$$d_2\geqslant 0.65\sqrt{\frac{F_a}{\phi[p]}}\text{mm} \qquad (10-19)$$

ϕ 值的取法：对整体式螺母由于磨损后不能调整间隙，为使受力比较均匀，螺纹接触圈数不宜太多，ϕ 取为 1.2～2.5；剖分式螺母 ϕ 取为 2.5～3.5。但应注意，螺纹圈数 z 一般不应超过 10 圈，因为螺纹各圈受力是不均匀的，第 10 圈以上的螺纹实际上起不到分担载荷的作用。

求出中径 d_2 后，应按标准选取相应的公称直径 d 及螺距 P。对有自锁要求的螺旋，还需验算所选螺纹参数能否满足自锁条件。

二、螺杆强度的校核

螺杆受有轴向力 F_a，因此在螺杆轴向产生压(或拉)应力；同时由于扭矩 T 使螺杆截面内产生扭切应力，T 按螺杆实际的受力情况确定。根据压(或拉)应力和扭切应力，按第四强度理论可求出危险截面的当量应力 σ_e，强度条件为

$$\sigma_e=\sqrt{\sigma^2+3\tau^2}=\sqrt{\left(\frac{4F_a}{\pi d_1^2}\right)^2+3\left(\frac{T}{\pi d_1^3/16}\right)^2}\leqslant[\sigma]\text{MPa} \qquad (10-20)$$

式中，d_1 为螺纹小径；$[\sigma]$为螺杆材料的许用应力，对于碳素钢可取为 $0.2\sim0.33\sigma_s$。

三、螺杆稳定性的校核

细长螺杆受到较大轴向压力时，可能丧失稳定，其临界载荷与材料、螺杆长细比(或称柔度) $\lambda=\frac{\mu l}{i}$有关。

第六章当 $\lambda\geqslant100$ 时，临界载荷 F_c 由欧拉公式决定

$$F_c=\frac{\pi^2 EI}{(\mu l)^2}\text{N} \qquad (10-21)$$

式中，E 为螺杆材料的弹性模量，对于钢 $E=2.06\times10^5\text{MPa}$；$I$ 为危险截面的惯性矩，对螺杆可按螺纹小径 d_1 计算，则 $I=\frac{\pi d_1^4}{64}(\text{mm})$；$l$ 为螺杆的最大工作长度(mm)；μ 为长度系数，与

螺杆端部结构有关，对于起重器可视为一端固定、一端自由，取 $\mu=2$，对于压力机，可视为一端固定，一端铰支，取 $\mu=0.7$；对于传导螺杆可视为两端铰支，取 $\mu=1$。i 为螺杆危险截面惯性半径，若螺杆危险截面面积

$$A=\frac{\pi d_1^2}{4}(\mathrm{mm})，则\ i=\sqrt{\frac{I}{A}}=\frac{d_1}{4}(\mathrm{mm})$$

第七章当 $40<\lambda<100$ 时，对于 $\sigma_B\geqslant370\mathrm{MPa}$ 的碳素钢取

$$F_c=(304-1.12\lambda)\frac{\pi d_1^2}{4}\mathrm{N} \tag{10-22}$$

对于 $\sigma_B\geqslant470\mathrm{MPa}$ 的优质碳素钢(如 35、40 钢)取

$$F_c=(461-2.57\lambda)\frac{\pi d_1^2}{4}\mathrm{N} \tag{10-23}$$

(3)当 $\lambda<40$ 时，不必进行稳定性校核。

稳定性校核应满足的条件为

$$F_a\leqslant\frac{F_c}{S} \tag{10-24}$$

S 为稳定性校核的安全系数，通常取 $S=2.5\sim4$，当不能满足上述条件时应增大螺纹小径。

四、螺纹牙强度的校核

防止沿螺母螺纹牙根部剪断的校核式为

$$\tau=\frac{F_a}{\pi Dbz}\leqslant[\tau]\mathrm{MPa} \tag{10-25}$$

式中，b 为螺纹牙根部的宽度，对梯形螺纹取 $b=0.65P$，对锯齿形螺纹取 $b=0.74P$。

若需校核螺杆螺纹牙的强度时，将式(10-28)中螺母的大径 D 换为螺杆的小径 d_1 即可。

对于铸铁螺母取$[\tau]=40\mathrm{MPa}$；对于青铜螺母取$[\tau]=30\sim40\mathrm{MPa}$。

第十节　滚动螺旋传动

用滚动体在螺纹工作面间实现滚动摩擦的螺旋传动称为滚动螺旋传动，又称滚动丝杠副或滚珠丝杠传动。

滚动螺旋传动的主要优点是：①摩擦损失小，效率在 90%以上；②磨损很小，还可以用调整方法消除间隙并产生一定的预变形来增加刚度，因此其传动精度很高；③不自锁，具有传动的可逆性，可以变直线运动为旋转运动，其效率也可达到 80%以上。

滚动螺旋传动的缺点是：①结构复杂，制造精度要求高，抗冲击性能差；②有些机构中为防止逆转需要另加自锁机构。

滚动螺旋传动的摩擦系数、效率、磨损、寿命、抗爬行性能、传动精度和轴向刚度等虽比静压螺旋传动稍差，但远比滑动螺旋传动为好。

由于其明显的优点，滚动螺旋传动早已在汽车和拖拉机的转向机构中得到应用。目前，在机床、飞机、船舶和汽车等要求高精度或高效率的场合多已广泛应用滚动螺旋传动，例如飞机机翼和起落架的控制、水闸的升降、数控机床和机器人等。

滚动螺旋副已形成定型产品，由专业生产厂家制造，应用中关键是根据实际工作情况，正确选择其类型和尺寸，其设计计算为校核计算。计算中所取有关滚动螺旋数据（如额定动载荷C_a、额定静载荷C_{0a}及结构尺寸等）因生产厂家不同而有所差别，一定要参照生产厂家的产品样本。

一、工作原理及结构类型

（一）工作原理

如图10－36所示，在螺杆1与旋合螺母2之间设有封闭循环的螺纹滚道，滚道间充以适量滚动体3（绝大多数滚动螺旋采用钢球，也有少数采用滚子），这样就使螺旋面的摩擦成为滚动摩擦，这种螺旋称为滚动螺旋或滚珠丝杠。多数滚动螺旋的螺母（或螺杆）上有滚动体的循环通道，与螺纹滚道形成闭合回路。当螺杆（或螺母）转动时，使滚动体在螺纹滚道内循环。由于螺杆和螺母之间为滚动摩擦，从而提高了螺旋副的效率和传动精度。

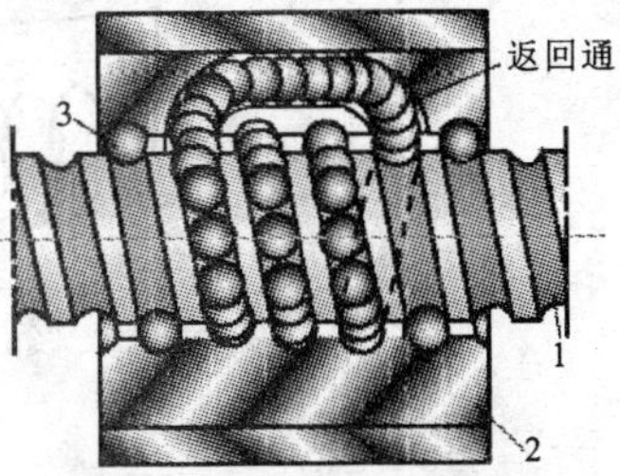

图10－36　滚动螺旋传动

1. 螺杆；2. 螺母；3. 滚动体

（二）结构类型及特点

1. 按用途分类

（1）定位滚动螺旋副（P类）。通过旋转角度或导程控制轴向位移量的滚动螺旋副。

（2）传动滚珠丝杆副（T类）。用于传递动力的滚动螺旋副，与旋转角度无关。

2. 按螺纹滚道截面形状分类

螺纹滚道法向截面形状有矩形、单圆弧和双圆弧3种。

矩形截面螺纹滚道制造简单，接触应力高，只用于轴向载荷小，要求不高的传动；单圆弧截面螺纹滚道可用磨削得到较高的加工精度，有较高的接触强度，为保证接触角$\alpha=45°$，必须严格控制径向间隙；双圆弧截面螺纹滚道加工较复杂，但有较高的接触强度，理论上轴向间隙和径向间隙为零，接触角稳定。

3. 按滚动体在滚道中的循环方式分类

滚动螺旋按滚道回路型式的不同，钢球的循环方式分为内循环和外循环两种（图10－37）。

钢球在回路过程中，其返回通道离开螺旋表面的称为外循环，不离开螺旋表面的称为内循环。

（1）内循环方式。如图10－37(b)所示，在螺母上开有侧孔，孔内装有返向器，将相邻两螺纹滚道连通起来，钢球从螺纹滚道进入返向器，越过螺杆牙顶进入相邻螺纹滚道，形成一个循环回路。因此一个循环回路里只有一圈钢珠和一个反向器。一个螺母常设置2～4个回路。该种循环方式，螺母径向尺寸较小，和滑动螺旋副大致相同。钢球循环通道短，有利于减少钢球数量，减小摩擦损失，提高传动效率，但返向器回行槽加工要求高，不适宜重载传动。

（2）外循环方式。如图10－36(a)所示，分为螺旋槽式和插管式。螺旋槽式是在螺母外圆柱表面有螺旋形回球槽，槽的两端有通孔与螺母的螺纹滚道相切，形成钢球循环通道；插管式

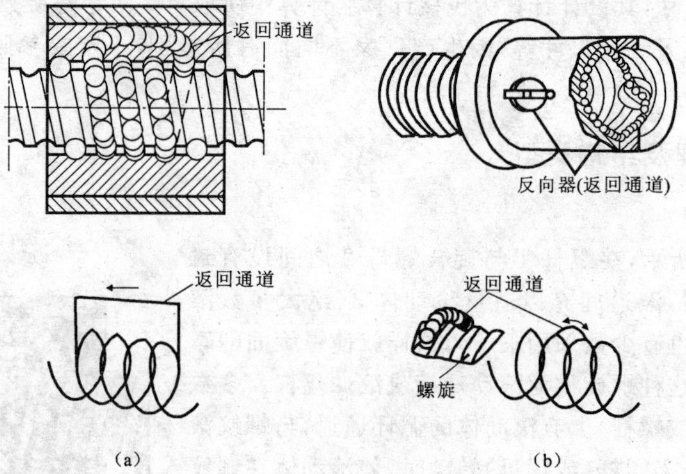

图 10-37 滚动螺旋循环方式

(a)外循环;(b)内循环

和螺旋槽式原理相同,是采用外接套管作为钢球的循环通道,但无论是哪种结构,为引导钢球在通孔内顺利出入,在孔口都置有挡球器。外循环方式结构简单,但螺母的结构尺寸较大,特别是插滚动螺旋传动管式,同时挡球器端部易磨损。外循环螺母为了缩短回路滚道的长度也可在一个螺母中分为两个或 3 个回路。

二、主要参数及标注方法

1. *主要参数*

滚动螺旋的主要参数包括公称直径 d_0(即钢球中心所在圆直径)和导程 P_h、螺纹旋向、钢球直径 D_w,接触角 α(滚动体合力作用线和螺旋轴线垂直平面间的夹角),负载钢球的圈数和精度等级等。

GB/T17587.3—1998 规定了公称直径 6～200mm、适用于机床的滚动螺旋副和性能要求等,精度分为 7 个等级,即 1、2、3、4、5、7 和 10 级,其中 1 级精度最高,10 级精度最低,其他机械可参照选用。

2. *标注方法*

滚动螺旋副的型号,根据其结构、规格、精度等级、螺纹旋向等特征,用代号和数字组成,形式如下:

□ □ □ □ □ □ — □ — □ □

方格表示顺序依次为循环方式、预紧方式、结构特征、公称直径、公称导程、螺纹旋向—负载钢球圈数—类型、精度等级等代号和数字。

滚动螺旋传动其各种特征代号的表示方法见表 10-8。

表 10-8　滚动螺旋副特征代号

特征			代号	特征		代号
循环方式	内循环	浮动式	F	结构特征	埋入式外插管	M
		固定式	G		凸出式外插管	T
	外循环	插管式	C	精度等级	精度性能增高方向 ↑	1
		端盖式	D			2
预紧方式	单螺母变位导程预紧		B			3
	单螺母增大钢球直径预紧		Z			4
	双螺母垫片预紧		D			5
	双螺母齿差预紧		C			7
	双螺母圆螺母预紧		L			10
	单螺母无预紧		W			
螺纹旋向	右旋		不标注	类型	定位滚动螺旋副	P
	左旋		LH		传力滚动螺旋副	T

标注示例：

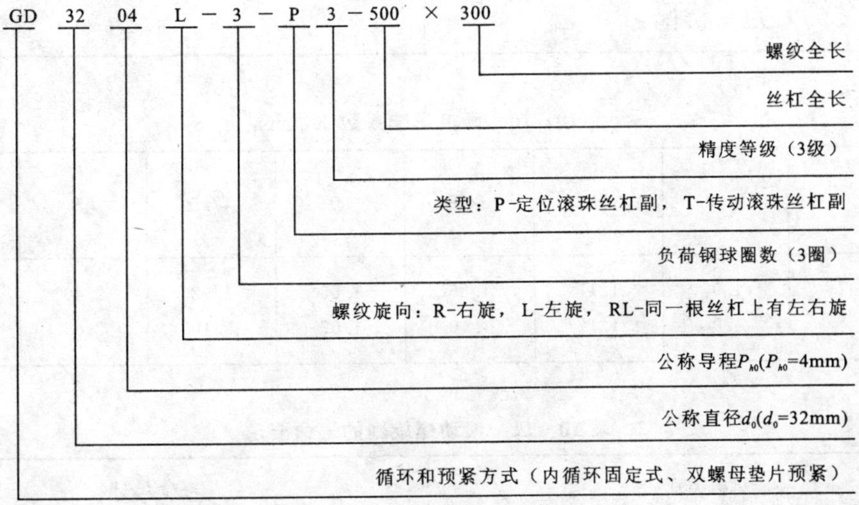

三、滚动螺旋副的选用计算

滚动螺旋副由专业生产厂家制造，在选用时，设计者根据工作条件，受载情况选择合适的类型，确定尺寸后进行组合结构设计。滚动螺旋组合结构设计可参见滚动轴承章节。滚动螺旋精度的有关内容可参阅《机械设计手册》(新版)第 2 卷有关内容。

当滚动螺旋副在较高转速下工作时，应按寿命条件选择其尺寸，并校核其载荷是否超过额定静载荷；低速工作时，应按寿命和额定静载荷两种方式确定其尺寸，选择其中尺寸较大的；静止状态或转速低于 10r/min 时，可按额定静载荷选择其尺寸。

滚动螺旋副的选用计算包括螺旋副寿命计算、静载荷计算、螺杆强度计算、螺杆稳定性计算、横向振动计算、驱动转矩计算等。

1. 滚动螺旋寿命计算

滚动螺旋的受载情况同推力滚动轴承，若螺旋轴向载荷为 F(N)，基本额定动载荷为 C_a(N)，则滚动螺旋的额定寿命 L(10^6转)为

$$L=\left(\frac{C_a}{F}\right)^3 \tag{10-26}$$

在实际选用时，常用小时数表示额定寿命，同时再考虑载荷情况以及螺旋副材料硬度，则有

$$L_h=\frac{10^6 L}{60n}K_F K_H \tag{10-27}$$

式中，L_h 为滚动螺旋的寿命(h)；K_F 为载荷系数，见表 10-9；K_H 为硬度影响系数，见表 10-10；n 为螺杆转速(r/min)，变转速时，应取其平均转速。

对于滚动螺旋的寿命要求可参照表 10-11，基本额定动载荷 C_a 值可参考有关手册或工厂样本。

表 10-9 载荷系数 K_F

载荷性质	系数 K_F
平稳和轻微冲击	1.0～1.2
中等冲击	1.2～1.5
较大冲击和振动	1.5～2.5

表 10-10 硬度影响系数 K_H、K_H'

硬度 HRC	≥58	55	52.5	50	47.5	45	40
系数 K_H	1.0	1.11	1.35	1.56	1.92	2.40	3.85
K_H'	1.0	1.11	1.40	1.67	2.10	2.65	4.50

表 10-11 滚动螺旋副的寿命要求

机械类别	寿命 L_h(h)
普通机械	5000～10 000
普通金属切削机床	10 000
数控机床、精密机械	15 000
测试机械、仪器	15 000
航空机械	1 000

2. 滚动螺旋静载荷计算

滚动螺旋副在静态或转速 $n\leqslant 10$r/min 条件下，如其滚动接触面上的接触应力过大，将产生永久性过大凹坑，为其失效形式，因此要进行静载荷计算。

静载荷计算公式为

$$C_{0a} \geqslant K_F K_H{}' F \tag{10-28}$$

式中，C_{0a}为基本额定静载荷(N)，参考机械设计手册或工厂样本；K_F为载荷系数，见表10-9；$K_H{}'$为硬度影响系数，见表10-10；F为轴向载荷(N)。

滚动螺旋传动其余计算项目则根据工作机械类别和工作需要进行选择性计算。如传力螺旋副应进行螺杆强度计算；长径比大的受压螺杆应进行稳定性计算；转速较高、支承距离较大的螺杆应校核其临界转速等。计算方法可参照机械设计手册。

四、设计中应注意的问题

为保证滚动螺旋副的正常工作，除了要正确选择滚动螺旋副的类型和尺寸外，还要针对滚动螺旋的传动特点，在设计中应注意以下问题。

1. 防止逆转

滚动螺旋副不能自锁，设计中为防止螺旋副受力后逆转，需设置防止逆转的装置，如采用制动电机、步进电机，在传动系统中设置自锁机构或离合器。

2. 限位装置

设置限位装置，既可防止螺母的脱出、滚动体的脱落，同时也可避免螺母卡死。限位装置可采用传感器、限位开关、限位挡块等，为保险起见，一般可将几种同时组合使用。

3. 润滑和密封

为提高螺旋传动效率，延长使用寿命，应保持螺旋副良好的润滑状态，为此，要做好防护和密封，使滚动螺旋传滚动体运转顺畅，以免因磨损而使滚动螺旋丧失精度。可根据传动的用途和转速合理选择润滑剂

设计中还应注意，不要使丝杠、螺母承受径向载荷和力矩载荷，否则会大大缩短滚珠丝杠寿命或引起不良运行。

第十一节　键连接和花键连接

一、键连接的类型

键主要用来实现轴和轴上零件之间的周向固定以传递转矩。有些键还可实现轴上零件的轴向固定或轴向移动。

键是标准件，分为平键、半圆键、楔键和切向键等。设计时应根据各类键的结构和应用特点进行选择。

1. 平键连接

平键的两侧面是工作面，上表面与轮毂槽底之间留有间隙[图10-38(a)]。这种键定心性较好、装拆方便。常用的平键有普通平键和导向平键两种。

普通平键的端部形状可制成圆头(A型)、方头(B型)或单圆头(C型)，如表10-12所示。圆头键的轴槽用指形铣刀加工，键在槽中固定良好，但轴上键槽端部的应力集中较大；方头键用盘形铣刀加工，轴的应力集中较小。单圆头键常用于轴端。普通平键应用最广。普通平键和键槽的尺寸见表10-12。

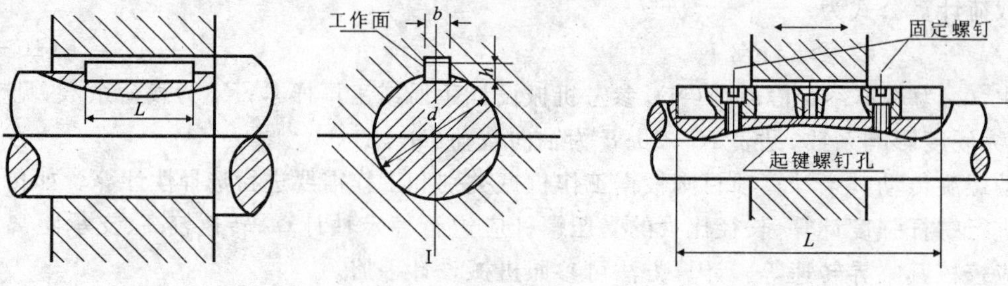

(a)　　　　(b)

图 10-38　平键连接

(a)普通平键；(b)导向平键

导向平键较长，需用螺钉固定在轴槽中，为了便于装拆，在键上制出起键螺纹孔[图 10-38(b)]。这种键能实现轴上零件的轴向移动，构成动连接。如变速箱的滑移齿轮即可采用导向平键。

表 10-12　普通平键和键槽的尺寸(摘自 GB/T1095—2003、GB/T1096—2003)　　单位：mm

轴的尺寸	键的尺寸				键槽		
	b	h	C或r	L	t	t_1	半径 r
自 6~8	2	2		6~20	1.2	1	
>8~10	3	3	0.16~0.25	6~36	1.8	1.4	0.08~0.16
>10~12	4	4		8~45	2.5	1.8	
>12~17	5	5		10~56	3.0	2.3	
>17~22	6	6	0.25~0.4	14~70	3.5	2.8	0.16~0.25
>22~30	8	7		18~90	4.0	3.3	
>30~38	10	8		22~110	5.0	3.3	
>38~44	12	8	0.4~0.6	28~140	5.0	3.3	0.25~0.40
>44~50	14	9		36~160	5.5	3.8	
>50~58	16	10	0.4~0.6	45~180	6.0	4.3	0.25~0.40
>58~65	18	11		50~200	7.0	4.4	
>65~75	20	12	0.6~0.8	56~220	7.5	4.9	0.40~0.60
>75~85	22	14		63~250	9.0	5.4	

标记示例：

圆头普通平键(A 型)，$b=16$，$h=10$，$L=100$ 的标记为：键 16×100GB1095—2003

平头普通平键(B 型)，$b=16$，$h=10$，$L=100$ 的标记为：键 16×100GB1096—2003

单圆头普通平键(C 型)，$b=16$，$h=10$，$L=100$ 的标记为：键 C16×100GB1096—2003

注：1. 在工作图中，轴槽深度用 $d-t$ 或 t 标注，毂槽深用 $d+t_1$ 标注。

2. 系列为：6,8,10,12,14,18,22,25,28,32,36,40,45,50,63,70,80,90,100,110,125,140,160,180,200,250,…

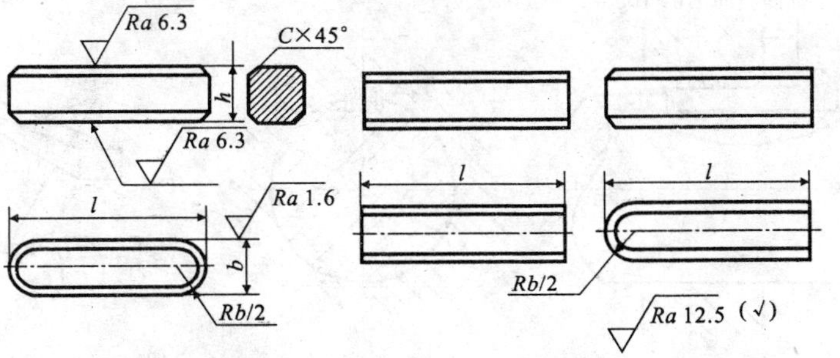

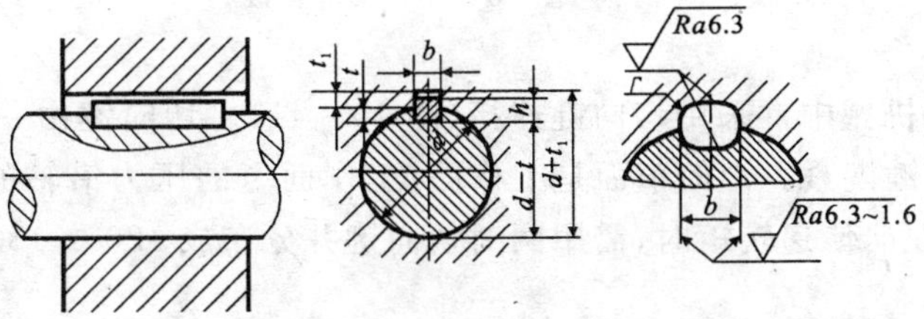

2. 半圆键连接

半圆键的工作面也是两侧面(图 10－39),它与平键一样具有定心较好的优点。半圆键能在槽中摆动以适应毂槽底面,装配方便,特别适合用于锥形轴段。其缺点是键槽对轴的削弱较大,只适用于轻载。

图 10－39　半圆键连接

3. 楔键连接和切向键连接

楔键的上下面是工作面(图 10－40),键的上表面和轮毂键槽的底面都有 1∶100 的斜度,把楔键打入轴槽和毂槽内时,其工作面上产生很大的预紧力 F_n。工作时,主要靠摩擦力 fF_n(f 为接触面间的摩擦系数)传递转矩 T,并能承受单方向的轴向力。

由于楔键打入时会迫使轴和轮毂产生偏心 e[(图 10－40(a)],因此楔键仅适用于定心精度要求不高、载荷平稳和低速的连接。

楔键分为普通楔键和钩头楔键两种[图 10－40(b)]。钩头楔键的钩头是为了拆键用的。

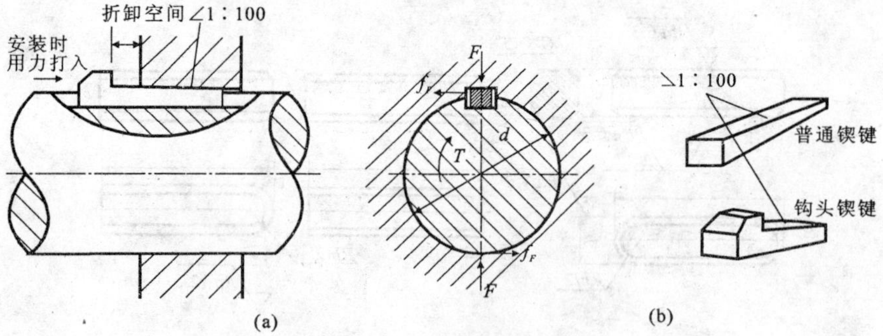

图 10-40 楔键连接

此外，在重型机械中常采用切向键连接(图 10-41)。切向键由一对楔键组成[图 10-41(a)]，装配时将两键楔紧。键的窄面是工作面，工作面上的压力沿轴的切线方向作用，能传递很大的转矩。当双向传递转矩时，需用两对切向键并分布成 120°～130°[图 10-41(b)]。

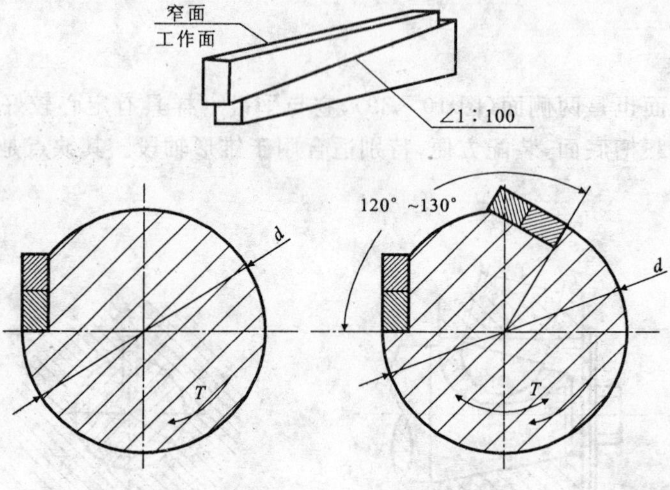

图 10-41 切向键

二、平键连接的强度校核

键的材料采用强度极限 σ_B 不小于 600MPa 的碳素钢，通常用 45 钢。当轮毂用非铁金属或非金属材料时，键可用 20 或 Q235 钢。键的截面尺寸应按轴径 d 从键的标准中查取；键的长度 L 可略小于轮毂长度，从标准中选取(见表 10-7 注)。必要时应进行强度校核。

平键连接的主要失效形式是工作面的压溃和磨损(对动连接)。除非有严重过载，一般不会出现键的剪断(如图 10-42 所示，沿 $a-a$ 面剪断)。

设载荷为均匀分布，由图 10-42 得平键连接的挤压强度条件

$$\sigma_p=\frac{4T}{dhl}\leqslant[\sigma_p] \tag{10-29}$$

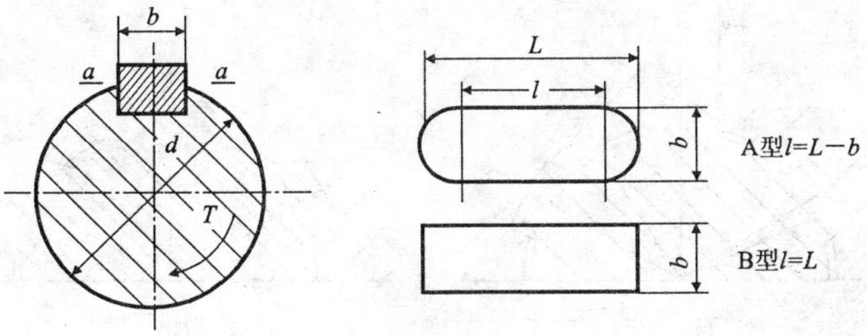

图 10－42　平键连接的受力情况

对于导向平键连接(动连接),计算依据是磨损,应限制压强。即

$$p=\frac{4T}{dhl}\leqslant[p] \tag{10-30}$$

式中,T 为转矩(N·mm);d 为轴径;h 为键的高度;l 为键的工作长度(mm);$[\sigma_p]$为许用挤压应力(MPa);$[p]$为许用压强(MPa)(见表 10－13)。

表 10－13　键连接的许用挤压应力和许用压强　　单位:MPa

许用值	轮毂材料	载荷性质		
		静载荷	轻微冲击	冲击
$[\sigma_p]$	钢	125～150	100～120	60～90
	铸铁	70～80	50～60	30～45
$[p]$	钢	50	40	30

注:在键连接的组成零件(轴、键、轮毂)中,轮毂材料较弱。

若强度不够时,可采用两个键按 180°布置(图 10－43)。考虑到载荷分布的不均匀性,在强度校核中可按 1.5 个键计算。

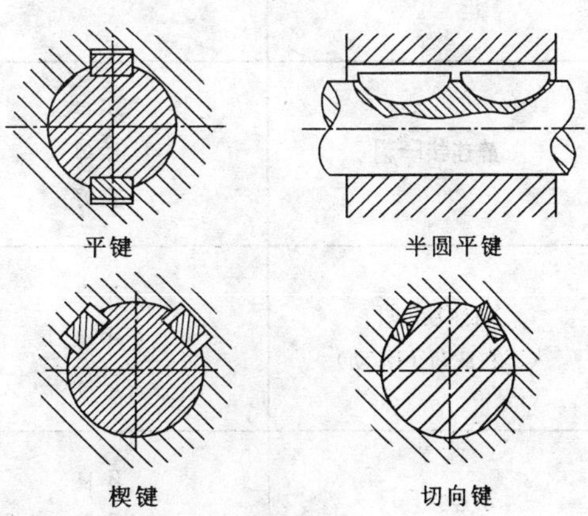

图 10－43　双键的合理布置

三、花键连接

轴和毂孔周向均布的多个键齿构成的连接称为花键连接。齿的侧面是工作面。由于是多齿传递载荷,所以花键连接比平键连接具有承载能力高,对轴的强度削弱小(齿浅、应力集中小),定心好和导向性能好等优点。它适用于定心精度要求高、载荷大或经常滑移的连接。

花键连接按其齿形的不同,可分为一般常用的矩形花键[图 10－44(a)]和强度高的渐开线花键[图 10－44(b)]。

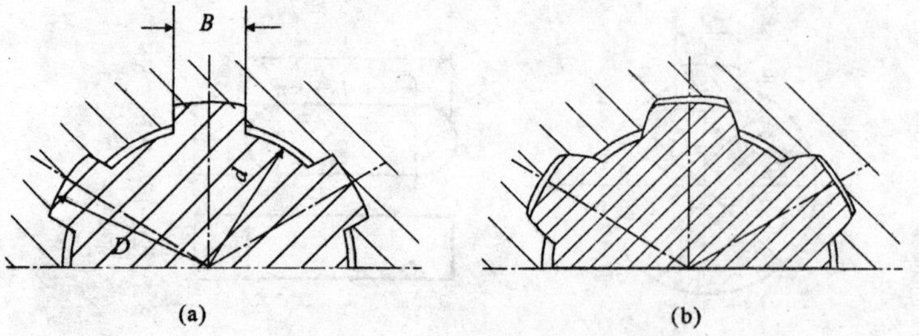

图 10-44 花键连接

花键连接可做成静连接，也可做成动连接，一般只验算挤压强度和耐磨性。以矩形花键为例，由国标可查得大径 D、小径 d、键宽 B（以上单位为 mm）和齿数 z，设各齿压力的合力作用在平均半径 r_m 处，载荷不均匀系数 $K=0.7\sim0.8$，则连接所传递的扭矩

$$\left.\begin{aligned}&\text{静连接}\quad T=Kzhl'r_m[\sigma_p]\\&\text{动连接}\quad T=Kzhl'r_m[p]\end{aligned}\right\}\qquad(10-31)$$

式中，l' 为齿的接触长度（mm）；h 为齿面工作高度（mm）；$[\sigma_p]$ 为许用挤压应力（MPa）；$[p]$ 为许用压强（MPa）。

对于矩形花键，$h=\dfrac{D-d}{2}-2C$，$r_m=\dfrac{D+d}{4}$，此处 C 为齿顶的倒圆半径。

花键连接的零件多采用强度极限不低于 600MPa 的钢材制造，多数需热处理，特别是在载荷作用下频繁移动的花键齿，应通过热处理获得足够的硬度以抗磨损。花键连接的许用挤压应力和许用压强可由表 10-14 查取。

表 10-14 花键连接的许用挤压应力 $[\sigma_p]$ 和许用压强 $[p]$

连接工作方式	使用和制造情况	$[\sigma_p]$ 或 $[p]$	
		齿面未经热处理	齿面经过热处理
静连接 $[\sigma_p]$	不良 中等 良好	35～50 60～100 80～120	40～70 100～140 120～200
动连接 $[p]$（不在载荷下移动）	不良 中等 良好	15～20 20～30 25～40	20～35 30～60 40～70
动连接 $[p]$（在载荷下移动）	不良 中等 良好	— — —	3～10 5～15 10～20

第十二节　销连接

销的主要用途是固定零件之间的相互位置，并可传递不大的载荷。

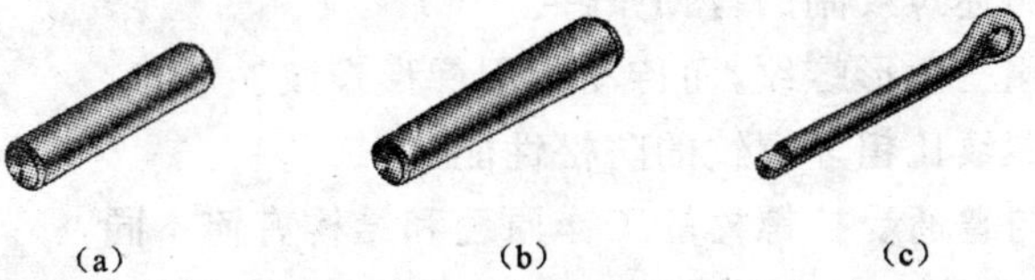

图 10-45　常用的销

(a)圆柱销；(b)圆锥销；(c)开门销

销的基本形式为圆柱销和圆锥销[图 10-46(a)、(b)]。圆柱销经过多次装拆，其定位精度会降低。圆锥销有 1∶50 的锥度，安装比圆柱销方便，多次装拆对定位精度的影响也较小。

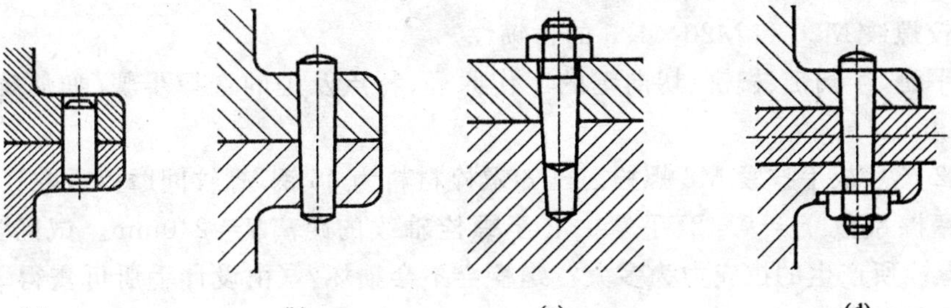

(a)　(b)　(c)　(d)

图 10-46　圆柱销和圆锥销

销的常用材料为 35、45 钢。

销还有许多特殊形式。图 10-46(c)是大端具有外螺纹的圆锥销，便于拆卸，可用于盲孔；图 10-46(d)是小端带外螺纹的圆锥销，可用螺母锁紧，适用于有冲击的场合(防松)。图 10-47(a)是带槽的圆柱销，销上有 3 条压制的纵向沟槽，图 10-47(b)是放大的俯视图，其细线表示打入销孔前的形状，实线表示打入销孔后变形的结果，这使销与孔壁压紧，不易松脱，能承受振动和变载荷。使用这种销连接时，销孔不需要铰制，且可多次装拆。

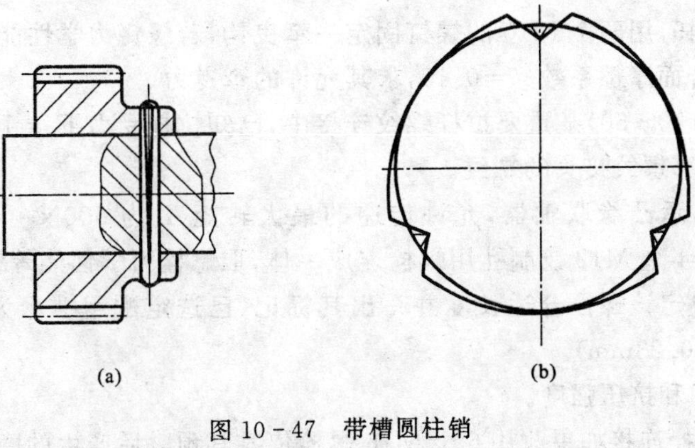

(a)　(b)

图 10-47　带槽圆柱销

空心带开口的弹性柱销也能起到和槽销一样的作用。需要指出的是，后两种销由于存在排气空间，特别适合于盲孔。

习题

1. 何谓“自锁”？简述螺纹副的自锁条件。

2. 为什么连接常用三角形螺纹，而传动常用梯形螺纹？

3. 为什么说细牙螺纹比粗牙螺纹的防松性能好？

4. 铰制孔用螺栓与普通受拉螺栓的工作原理和结构有何不同？

5. 在螺栓连接中，为什么有时要采用细光杆螺栓或空心杆螺栓？

6. 有一螺栓组连接。测得被连接件的刚度 C_2 是螺栓刚度 C_1 的 3 倍，而预紧力 $F'=5\,000N$。问：

(1)螺栓承受的总拉力 F_0 为多大时，螺栓的伸长量刚好是被连接件压缩量的 5 倍。

(2)螺栓承受的工作载荷 F 为多大时，被连接件的弹性变形等于零？

7. 试证明具有自锁性的螺旋传动，其效率恒小于 50%。

8. 试比较螺纹 M20 和 M20×1.5 的自锁性。

9. 简述平键、半圆键、楔键、切向键的工作原理、特点及键的选择步骤(如何确定键类型、截面尺寸、长度)。

10. 用 12 英寸扳手拧紧 M8 螺栓。已知螺栓材料为 35 钢，螺纹间摩擦系数 $f=0.1$，螺母与支承面间摩擦系数 $f_c=0.12$，手掌中心至螺栓轴线的距离 $l=240mm$。试问当手臂施力 125N 时，该螺栓所产生的拉应力为多大？螺栓会不会损坏？(由设计手册可查得 M8 螺母 $d_w=11.5mm$，$d_0=9mm$)。

11. 如图 10-48，一升降机构承受载荷为 $F_a=100kN$，采用梯形螺纹，$d=70mm$，$d_2=65mm$，$P=10mm$，线数 $n=4$。支承面采用推力球轴承，升降台上下移动处采用导向滚轮，它们的摩擦阻力近似为零。试计算：

(1)工作台稳定上升时的效率，已知螺旋副当量摩擦系数为 0.10。

(2)稳定上升时加于螺杆上的力矩。

(3)若工作台以 800mm/min 的速度上升，试按稳定运转条件求螺杆所需转速和功率。

(4)欲使工作台在载荷 F_a 作用下等速下降，是否需要制动装置？加于螺杆上的制动力矩应为多少？

12. 如图 10-49，用两个 M10 的螺钉固定一牵曳钩，若螺钉力学性能等级为 4.6 级，装配时控制预紧力，接合面摩擦系数 $f=0.15$，求其允许的牵曳力。

13. 在图示(图 10-50)某重要拉杆螺纹连接中，已知拉杆受力 $F_a=13kN$，载荷稳定，拉杆材料为 Q275，试计算螺纹接头的螺纹。

14. 图 10-51 示凸缘联轴器，允许传递的最大转矩 T 为 500N·m(静载荷)，材料为 HT250。联轴器用 4 个 M12 铰制孔用螺栓连成一体，取螺栓力学性能等级为 8.8 级。

(1)试查手册决定该螺栓合适长度并写出其标记(已选定配用螺母为带尼龙圈的防松螺母，其厚度不超过 10.23mm)。

(2)校核其剪切和挤压强度。

15. 题 14 中螺栓连接如果改用 6 个 M16 螺栓依靠其预紧后产生的摩擦力来传递转矩，接

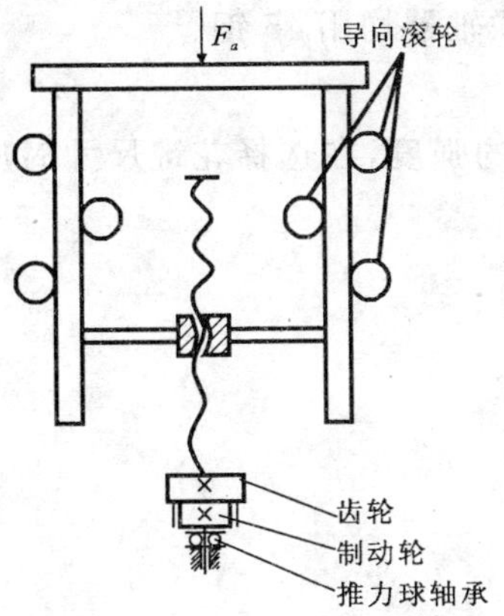

图 10 - 48

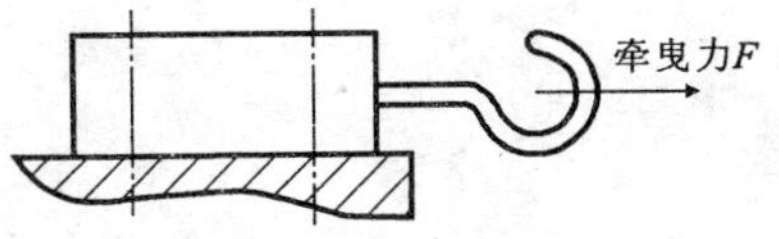

图 10 - 49

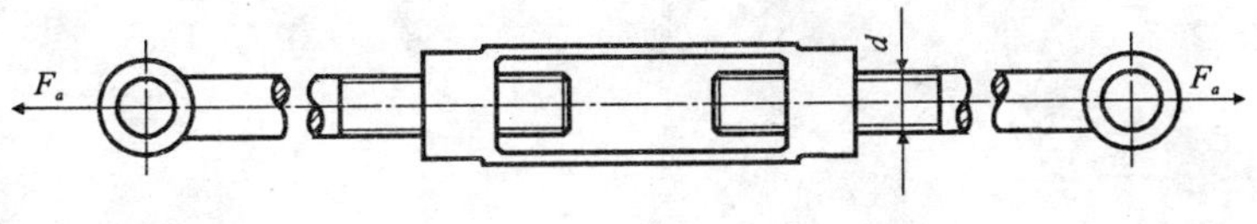

图 10 - 50

合面摩擦系数 $f=0.15$，安装时不要求严格控制预紧力，试选用合适的螺栓和螺母力学性能等级。

16. 一钢制液压油缸(图 10 - 52)，油压 $p=3$MPa，内径 $D=160$mm，为保证气密性要求，螺柱间距 l 不得大于 $4.5d$(d 为螺柱大径)，若取螺柱力学性能等级为 5.8 级，试计算此油缸的螺柱连接和螺柱分布圆直径 d_0。

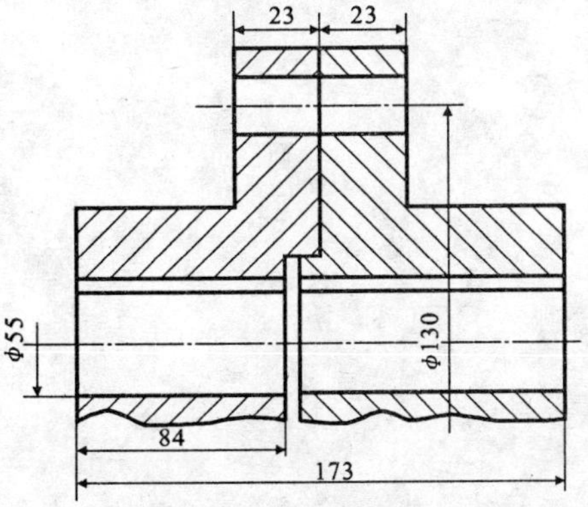

图 10 - 51

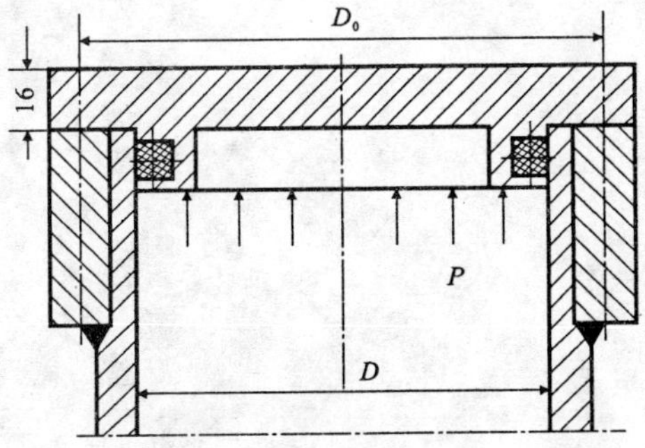

图 10 - 52

17. 试计算一起重器的螺杆和螺母的主要尺寸。已知起重量 $F_a=30$kN，最大举起高度 $l=550$mm，螺杆用 45 钢，螺母用铝青铜 ZCuAl10Fe3。

18. 试为题 14 中的联轴器选择平键并验算键连接的强度。

19. 题 14 中的联轴器若改成矩形花键连接,轴和联轴器均用 45 钢。

(1)试选择花键并验算该连接的强度。

(2)与题 18 的计算结果作比较。(提示:为保证轴的强度,在选择花键尺寸时应使花键的小径接近 $\phi55$)。

第十一章　带传动和链传动

第一节　带传动的类型和应用

一、带传动的类型

带传动由主动轮1、从动轮2和挠性带3组成，如图11－1所示。按工作原理，带传动可分为摩擦型带传动和啮合型带传动两种。

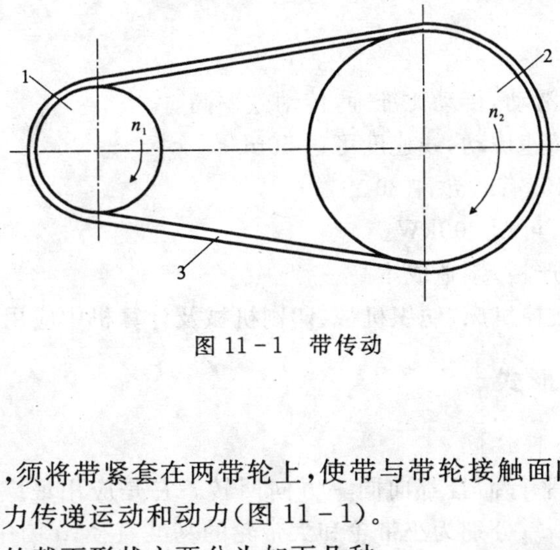

图11－1　带传动

1.摩擦带传动

摩擦带传动安装时，须将带紧套在两带轮上，使带与带轮接触面间产生压紧力，工作时依靠带与带轮之间的摩擦力传递运动和动力(图11－1)。

摩擦式带传动按带的截面形状主要分为如下几种。

(1)平带传动。平带的截面为扁平矩形，带的内表面与轮缘接触[图11－2(a)]。平带传动用于中心距较大的传动、高速传动和物料输送等。

(2)V带传动。V带的截面为梯形，带两侧面与带轮槽侧面接触[图11－2(b)]，在同样的张紧力下，能比平带产生更大的摩擦力，传递更大的功率。V带传动用于传递功率较大、中心距较小、传动比较大的场合。

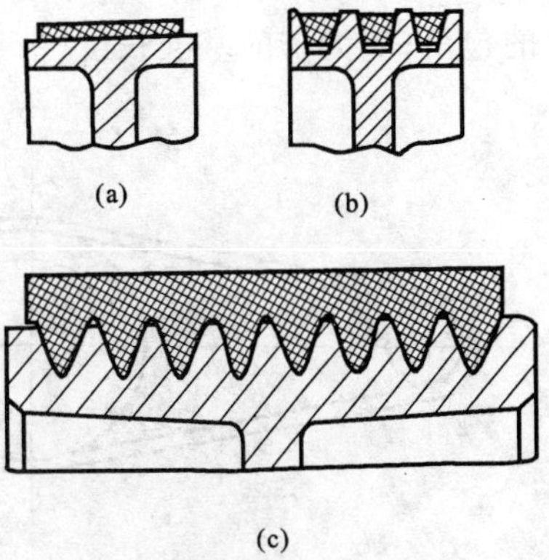

图11－2　摩擦带横截面

(3)多楔带传动。多楔带的截面为多根V带的组合[图12－2(c)]，兼有平带和V带的优点，传递功率大，传动平稳、结构紧凑，避免了多根V带传动带间载荷分布不均匀的缺陷。

在摩擦带转动中，应用最多的是 V 带传动。

2. 啮合型带传动

啮合型带传动依靠同步带上的齿与带轮齿槽之间的啮合来传递运动和动力，如图 11－3 所示，通常称为同步带传动。

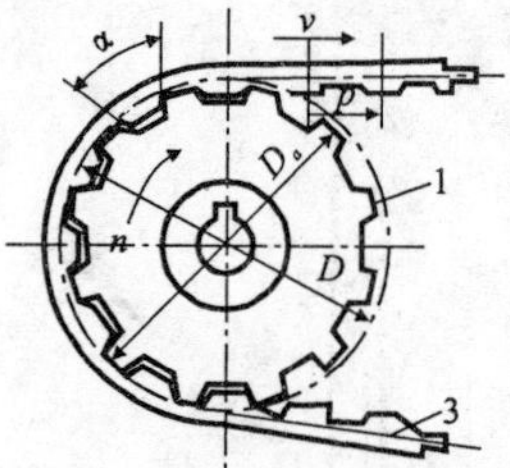

图 11－3 啮合型带传动

二、带传动的特点及应用

由于带传动具有中间挠性件，所以能缓和冲击、吸收振动，传动平稳无噪声。带传动因工作原理不同，其特点也不相同。

1. 摩擦带传动的特点

(1)过载时带在带轮上打滑，可保护其他机件免受损坏。

(2)结构简单、成本低廉，安装和维护方便。

(3)有弹性滑动和打滑，使传动比不准确，效率降低。

(4)外廓尺寸较大，带必须张紧，轴上受力较大。

摩擦带传动适于对传动比准确性要求不高、中心距较大，要求传动平稳的场合。

2. 同步齿形带传动的特点

(1)带与轮间无相对滑动，传动比准确，传动效率高。

(2)带轻而薄，适于高速传动，线速度可达 50m/s。

(3)传动比大，可达 10，有时允许 20。

(4)传递功率范围广，可达 200kW。

(5)对中心距要求较严格，制造成本高。

同步齿形带传动在数控机床、纺织机械、印刷机械及计算机中应用较多。

三、带传动的主要形式

1. 开口传动[图 11－4(a)]

在这种传动中，两轴平行而且都向同一方向回转。它是应用最广泛的一种带传动形式。在图 11－4(b)中，设 d_{d1}、d_{d2} 分别为小带轮和大带轮的基准直径；a 为中心距；α_1 为带在小带轮上的包角；L_d 为带的基准长度(节线长度)，则

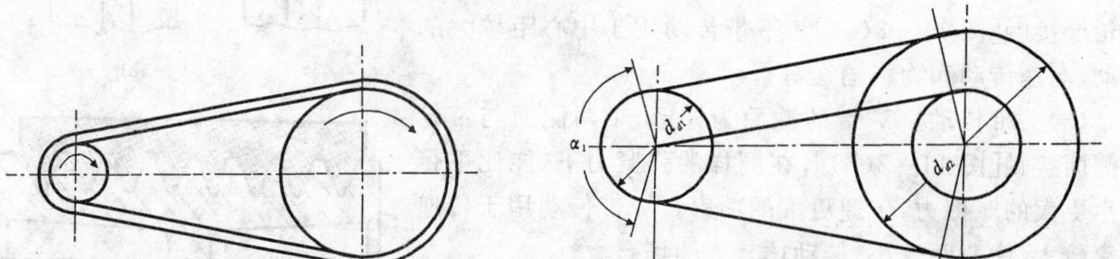

图 11－4 开口带传动

$$\alpha_1 \approx 180° - \frac{d_{d2}-d_{d1}}{a} \times 57.3° \tag{11-1}$$

$$L_d \approx 2a + \frac{\pi}{2}(d_{d2}+d_{d1}) + \frac{(d_{d2}-d_{d1})^2}{4a} \tag{11-2}$$

两带轮直径不相等时，两轮上的包角也不相等，其中小带轮上的包角较小。当其他条件相同时，小轮上的包角愈大，摩擦力就愈大，则传递的转矩也愈大。

2. 交叉传动[图 11-5(a)]

交叉传动用来改变两平行轴的回转方向。由于带在交叉处互相摩擦，使带很快地磨损，因此，采用这种传动时，应选取较大的中心距($a_{min} \geqslant 20b$，式中 b 为带宽度)和较低的带速($v_{max} \leqslant 15m/s$)。

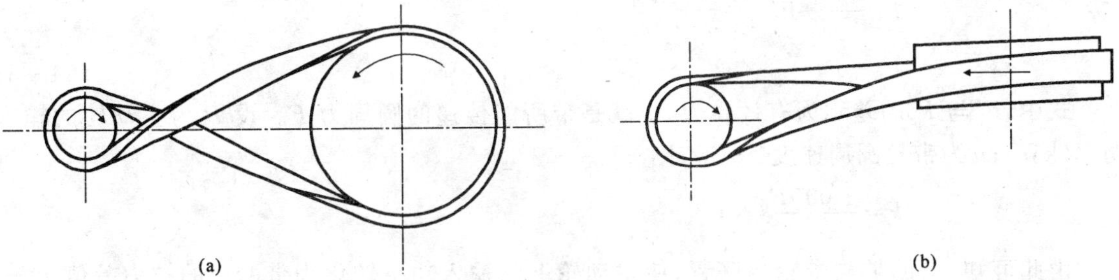

图 11-5　交叉带传动和半交叉带传动

(a)交叉带传动；(b)半交叉带传动

3. 半交叉传动[图 11-5(b)]

半交叉传动用来传递空间两交错轴间的回转运动，通常两轴交错角为 90°。它只能进行单向传动。

交叉传动和半交叉传动只用于平带传动。

第二节　带传动工作情况的分析

一、带传动的受力分析

在带传动中，带以一定的初拉力张紧在带轮 1 和 2 上[图 11-6(a)]。静止时，带由于张紧，带两边的拉力相等，均为初拉力(张紧力)F_0。传递载荷时，由于带与带轮接触面间产生的摩擦力的关系，两边带的拉力将发生变化。图 11-6(b)所示的摩擦力表示主、从动轮作用于带上的摩擦力。在主动轮上，轮 1 为主动件，带是从动件，因此轮 1 作用于带上的摩擦力方向与轮 1 的转动方向一致(顺时针)；在从动轮上则相反，带是主动件，轮 2 是从动件，因此轮 2 作用于带上的摩擦力方向与 n_2 方向相反(逆时针)。

带传动工作时，由于上述摩擦力的作用带的两边拉力发生变化，紧边由 F_0 增大到 F_1，松边由 F_0 减小到 F_2。在带传动工作时，可以清楚地观察到带松边松弛下垂的现象。现取主动轮上的带为研究对象，并用 F 表示轮作用于带的摩擦力之和，其方向切于主动轮圆周。由平衡条件可得

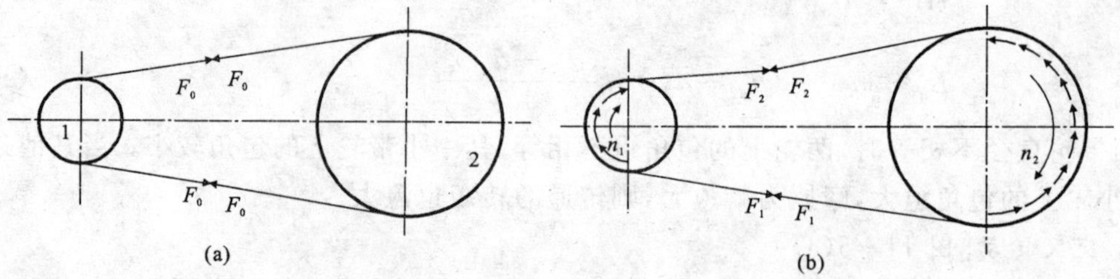

图 11-6 带传动的受力分析

$$F_1\frac{d_{d1}}{2}-F_2\frac{d_{d2}}{2}=F\frac{d_{d1}}{2}$$

$$F_1-F_2=F \tag{11-3}$$

式中，F_1与F_2的差称为有效拉力，也就是带所能传递的圆周力F。设P为主动轮的输入功率(kW)；v为带轮圆周速度(m/s)，则

$$F=\frac{1\ 000P}{v}(\text{N})$$

由此可知，借助带与带轮的张紧，使主动轮上的输入功率转化为带两边的拉力差值$F_1-F_2=F$，从而克服从动轮上的阻力矩，带动从动轮工作，这就是带传动的工作原理。

显然，当F_0、P及v一定时，带能传递的圆周力F有个极限值。如果由于某种原因机器出现过载，则圆周力F不能克服从动轮上的阻力矩，带将沿轮面发生全面滑动，从动轮转速急剧降低甚至不动，这种现象称为打滑。打滑不仅使带丧失工作能力，而且使带急剧磨损发热。打滑是带传动的主要失效形式之一，因此设计带传动时，应保证带传动不发生打滑。

带传动工作时，数值(F_1-F_0)表示紧边拉力的增加量，而数值(F_0-F_2)表示松边拉力的减少量。设带的总长度并未改变，则可以认为上述两个数值是相等的，即

$$F_1-F_0=F_0-F_2$$

故
$$F_1+F_2=2F_0 \tag{11-4}$$

解式(11-3)、式(11-4)得

$$\begin{cases}F_1=F_0+\dfrac{F}{2}\\[2ex]F_2=F_0-\dfrac{F}{2}\end{cases} \tag{11-5}$$

当带沿带轮有打滑趋势时，摩擦力达到最大值。根据理论力学的推导，开始打滑时，F_1和F_2有如下的关系

$$F_1=F_2e^{f\alpha} \tag{11-6}$$

式(11-6)称为柔韧体摩擦的欧拉公式，式中e为自然对数的底(e=2.718…)；f为摩擦系数(对V带，用当量系数f_V代替f)；α为带在带轮上的包角(rad)。

将式(11-6)代入式(11-5)整理后，可得到带所能传递的最大圆周力为

$$F=2F_0\frac{1-1/e^{f\alpha}}{1+1/e^{f\alpha}} \tag{11-7}$$

从式(11-7)可知，带所能传递的圆周力F与初拉力F_0成正比，亦随包角α及摩擦系数f

的增大而增大。F_0过小，带的传动能力下降；F_0过大，虽可提高传动能力，但带易松弛使寿命降低。保证正常工作时不发生打滑而带又具有足够寿命的条件下，所需的最佳张紧力F_0可计算。此外，为了保证所需的圆周力F，必须对带传动的包角α_1加以限制，α_1一般不应小于120°。再由式(11－1)可知，为了保证所需的α_1值，必须对带的传动比$i=n_1/n_2=d_{d2}/d_{d1}$加以限制，一般，传动比$i\leqslant5\sim7$。由于V带外层的包布均用胶帆布，而带轮材料一般为铸铁或钢，因此摩擦系数f的变化范围较小，对圆周力F的影响不明显。

带传动工作时，带沿带轮转动的部分将产生离心力，因此，带两边除了受拉力F_1、F_2作用外，还有离心力F_c。

二、带的应力分析

带工作时，其截面上的应力有：拉力F_1和F_2，产生的拉应力σ_1和σ_2；离心力F_c产生的离心应力σ_c；带与带轮接触部分由于弯曲变形而产生的弯曲应力σ_{b1}、σ_{b2}。图11－7表示带截面各点应力的分布情况。在图中用垂直于带中心线的线段长短表示相应横截面中应力的大小。由图可知，带工作时，其任一截面上的应力是随其位置的不同而变化的。

因此，带是在变应力下工作的。最大应力发生在紧边进入小带轮接触处的a_0点，此最大应力为

$$\sigma_{max}=\sigma_1+\sigma_{b1}+\sigma_c$$

由于带是在变应力下工作的，因此，带的耐久性取决于最大应力的大小和应力循环的总次数。当传递的功率一定时，应力循环次数达到一定值后，将使带疲劳损坏，即带将分层脱开或断裂。σ_{max}越大，则允许的应力循环总次数就愈少。为保证带有足够的寿命，必须使

$$\sigma_{max}=\sigma_1+\sigma_{b1}+\sigma_c\leqslant[\sigma]$$

或

$$\sigma_1\leqslant[\sigma]-\sigma_{b1}-\sigma_c \tag{11-8}$$

式中，$[\sigma]$为带在一定寿命下的许用应力(MPa)。

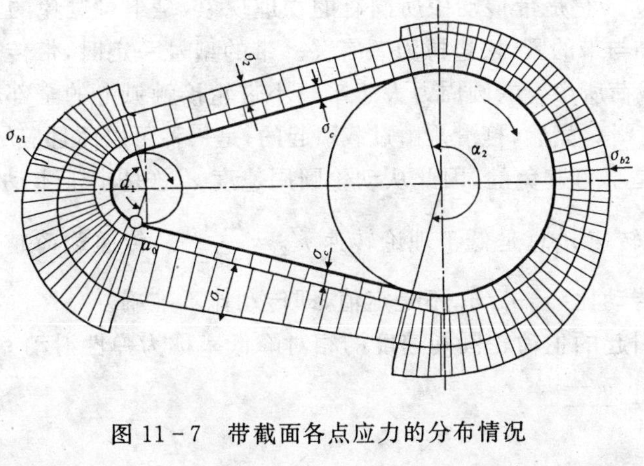

图11－7　带截面各点应力的分布情况

一般情况下，弯曲应力所占比例越大，它对带的寿命影响越大。以B型带为例，根据实验结果，$d_{d1}=200$mm时，带的相对寿命为1，则$d_{d1}=160$mm时，其相对寿命为0.3。为此，在确定小轮直径时，应使$d_{d1}\geqslant d_{dmin}$。

三、带传动的弹性滑动与打滑

1. 弹性滑动与传动比

带传动工作时，由于带的紧边与松边所受的拉力不等，使两边带的单位伸长量也不等，从而导致带与轮接触面之间的微量相对滑动。现以图 11－8 中的主动轮为例加以说明。带的 a_0 点绕上主动轮 1 的 a 点并一起转动，假设在时间 t 内，主动轮上 a 点转过弧长$\widehat{aa'}$，如果在同一时间内，带上 a_0 点亦转过弧长$\widehat{aa'}=\widehat{a_0a'}$，则说明带与轮之间无相对滑动。但是，由于紧边拉力 F_1 大于松边拉力 F_2，因此，带上 a_0 点一方面与轮上 a 点一起转动，另一方面由于带所受的拉力 F_1 逐渐减小为 F_2，故单位伸长量逐渐减小，带逐渐回缩，其转过的实际弧长$\widehat{a_0a'_0}=\widehat{aa'}$。说明在主动轮上带滞后于轮，即主动轮圆周速度 v_1 大于带速 v。

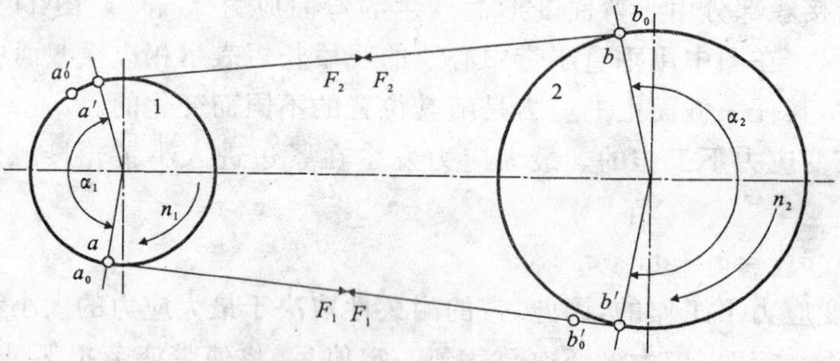

图 11－8　带传动的弹性滑动

同理，在从动轮上也发生类似现象。由于带所受的拉力从 F_2 逐渐增大为 F_1，带的单位伸长量增加，故带超前于轮，即带速 v 大于从动轮圆周速度 v_2。

这种由于带的紧边与松边拉力不等，使带的两边弹性变形不等所引起带与轮面的微量相对滑动称为弹性滑动。它是带传动中所固有的物理现象，是不可避免的。

弹性滑动的大小与带的紧、松边拉力差有关。带的型号一定时，带传递的圆周力愈大，弹性滑动也愈大。当外载荷所产生的圆周力大于带与小带轮接触弧上的全部摩擦力时，弹性滑动就转变为前面提到的打滑。显然，打滑是由过载引起的，是一种可以而且应尽量避免的滑动现象。

由于弹性滑动是不可避免的，因此从动轮圆周速度 v_2 总是小于主动轮圆周速度 v_1。换句话说，从动轮的实际转速 n_2 总是低于理论转速 $n'_2=\dfrac{n_1 d_{d1}}{d_{d2}}$。传递载荷越大，实际转速 n_2 越低，因此带传动的实际传动比 $i=n_1/n_2$ 不是定值，即传动比不准确。

由于弹性滑动引起的主动轮圆周速度的相对降低率称为弹性滑动 ε，即

$$\varepsilon=\frac{v_1-v_2}{v_1}$$

因

$$v_1=\frac{\pi d_{d1} n_1}{60\times 1000}(\mathrm{m/s})$$

$$v_2=\frac{\pi d_{d2} n_2}{60\times 1000}(\mathrm{m/s})$$

代入上式可得带传动的传动比

$$i=\frac{n_1}{n_2}=\frac{d_{d2}}{d_{d1}(1-\varepsilon)} \tag{11-9}$$

及从动轮转速

$$n_2=\frac{n_1 d_{d1}(1-\varepsilon)}{d_{d2}} \tag{11-10}$$

对于 V 带传动，$\varepsilon=0.01\sim0.02$。在一般带传动计算中可以不考虑滑动率 ε。

2. 打滑

打滑是指由于传递载荷的需要，当带传动所需有效圆周力超过带与带轮面间摩擦力的极限时，带与带轮面在整个接触弧段发生显著的相对滑动。打滑将使带传动失效并加剧带的磨损，因而在正常工作中应当避免出现打滑现象。

但是，当带传动所传递功率突然增大而超过设计功率时，这种打滑却可以起到过载保护作用。

第三节　V 带传动的结构和传动计算

V 带有多种类型：普通 V 带、窄 V 带、联组 V 带、大楔角 V 带及汽车 V 带等。最常用的是普通 V 带，本书只介绍普通 V 带的设计计算。

一、V 带的结构

如图 11-9 所示，V 带的两侧面与轮槽接触，靠两侧面所产生的摩擦力（垂直于图面）工作。当带被张紧时，带以力 F_v 压向轮槽，两侧面间的法向力为

$$F_n=\frac{F_v}{2\sin\frac{\varphi}{2}}$$

摩擦力为

$$F_f=2fF_n=\frac{f}{\sin\frac{\varphi}{2}}F_v=f_vF_v$$

式中，f_v 称为当量摩擦系数，$f_v=\dfrac{f}{\sin\frac{\varphi}{2}}$。

因 $\varphi=40^\circ$，$\sin\frac{\varphi}{2}$小于 1，所以 f_v 大于 f，这表明 V 带传动的摩擦力比平带大，能传递较大的功率。

常用的 V 带的截面结构如图 11-10 所示，它由 4 部分组成：①顶胶 1。由橡胶组成，当带在带轮上弯曲时承受拉伸。②抗拉体 2。由几层帘布或一层粗绳组成，分别称为帘布芯结构和绳芯结构的 V 带，抗拉体承受基本的拉力。③底胶 3。由橡胶组成，带弯曲时承受压缩。④包布 4。由几层橡胶布组成，是 V 带的保护层。帘布芯结构制造方便，型号齐全，应用最广。绳芯结构柔性好，抗弯强度高。

二、普通 V 带标准

普通 V 带是标准件，制成无接头的环形带，截面形状为楔角 40°的梯形。采用基准宽度制的普通 V 带，按截面尺寸大小分为 Y、Z、A、B、C、D、E7 种型号，具体尺寸见表 11-1。

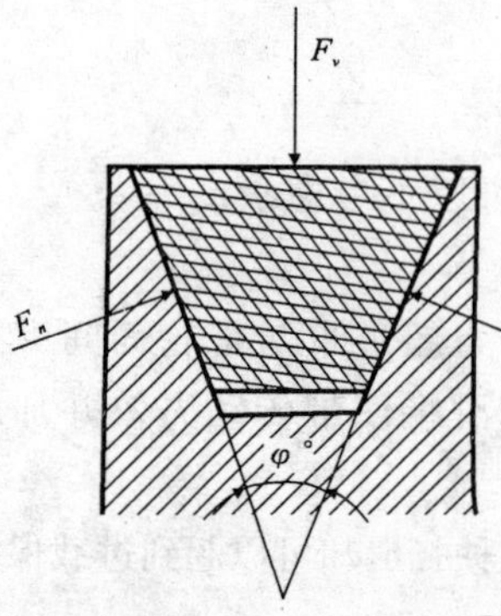

图 11-9　V 带截面受力图

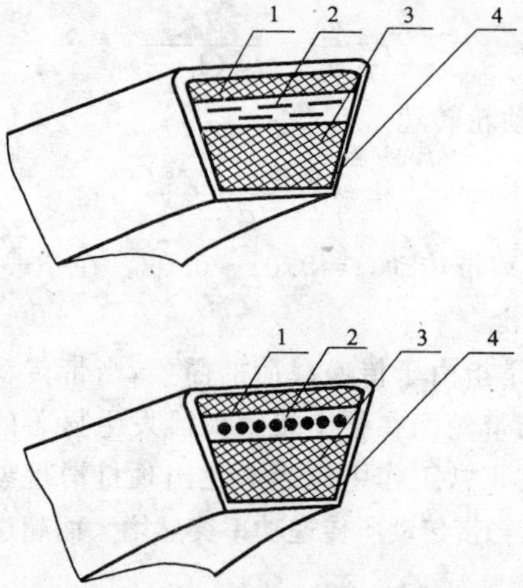

图 11-10　V 带的结构

表 11-1　普通 V 带型号、截面尺寸和基准长度系列　单位：mm

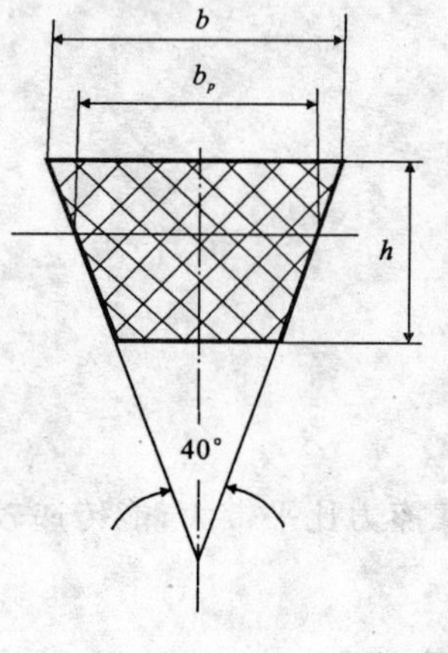

截型	截面尺寸			基准长度（节线长度）L_d
	b_p	b	h	
Y	5.3	6	4	200，224，250，280，315，355，400，450，500
Z	8.5	10	6	400，450，500，560，630，710，800，900，1 000，1 120，1 250，1 400，1 600
A	11.0	13	8	630，710，800，900，1 000，1 120，1 250，1 400，1 600，1 800，2 000，2 240，2 500，2 800
B	14.0	17	10.5	900，1 000，1 120，1 250，1 400，1 600，1 800，2 000，2 240，2 500，2 800，3 150，3 550，4 000，4 500，5 000
C	19.0	22	13.5	1 600，1 800，2 000，2 240，2 500，2 800，3 150，3 550，4 000，4 500，5 000，5 600，6 300，7 100，8 000，9 000，10 000
D	27.0	32	19	2 800，3 150，3 550，4 000，4 500，5 000，5 600，6 300，7 100，8 000，9 000，10 000，11 200，12 500，14 000
E	32.0	38	23.5	4 500，5 000，5 600，6 300，7 100，8 000，9 000，10 000，11 200，12 500，14 000，16 000

注：1. b_p 是指 V 带中性层的宽度，称为节宽。节宽在带轮轮槽内相应位置的槽宽是带轮的基准宽度 b_d，即 $b_d=b_p$，它不受公差的影响，是带轮与带标准化的基本尺寸。在轮槽基准宽度处的直径是带轮的基准直径 d_d。

2. 基准长度 L_d 是在规定的张紧力下，V 带位于测量带轮基准直径处的周长，它是 V 带的公称长度。

3. 选用时，应标明带的型号及基准长度 L_d。

三、单根 V 带能传递的功率

由前面的分析可知，带传动主要的失效形式是打滑和带的疲劳损坏。所以带传动设计的主要依据是：在保证不打滑的条件下，应使带有一定的疲劳强度或寿命。由式(11-3)和式(11-6)，可推导出带传动有打滑趋势时所能传递的最大圆周力(即临界值)为

$$F=F_1-F_2=F_1\left(1-\frac{1}{e^{f_v\alpha}}\right)$$

如果超出这一临界值，带与带轮间产生打滑，致使传动失效。

单根 V 带能传递的功率为

$$P_0=\frac{Fv}{1000}=F_1\left(1-\frac{1}{e^{f_v\alpha}}\right)\frac{v}{1000}(\text{kW})$$

因　$F_1=\sigma_1 A$

式中，σ_1 为紧边拉应力；A 为带截面的面积。

所以　$$P_0=\sigma_1\left(1-\frac{1}{e^{f_v\alpha}}\right)\frac{vA}{1000}$$

又将式(11-8)代入，得 $$P_0=([\sigma]-\sigma_{b1}-\sigma_c)\left(1-\frac{1}{e^{f_v\alpha}}\right)\frac{vA}{1000}(\text{kW}) \qquad (11-11)$$

式中的符号及使用的单位同前。带的许用应力$[\sigma]$与带的基准长度 L_d、带的速度 v 以及传动比 i(考虑带在大、小带轮上弯曲程度的不同)等有关，可由实验确定。根据上式可求出单根 V 带所能传递的功率。表 11-2 列出包角 $\alpha=180°$、载荷平稳、特定基准长度的单根 V 带所能传递的功率 P_0的数值。由表 11-2 可知，一定型号的单根 V 带所能传递的功率值，随小带轮直径 d_{d1}和带速 v 的增大而增加。

表 11-2　单根普通 V 带的基本额定功率 P_0　　单位：kW

带型	小带轮基准直径 d_{d1}(mm)	小带轮转速 n						
		400	730	800	980	1 200	1 460	2 800
Z	50	0.06	0.09	0.10	0.12	0.14	0.16	0.26
	56	0.06	0.11	0.12	0.14	0.17	0.19	0.33
	63	0.08	0.13	0.15	0.18	0.22	0.25	0.41
	71	0.09	0.17	0.20	0.23	0.27	0.31	0.50
	80	0.14	0.20	0.22	0.26	0.30	0.36	0.56
	90	0.14	0.22	0.24	0.28	0.33	0.37	0.60
A	75	0.27	0.42	0.45	0.52	0.60	0.68	1.00
	90	0.39	0.63	0.68	0.79	0.93	1.07	1.64
	100	0.47	0.77	0.83	0.97	1.14	1.32	2.05
	112	0.56	0.93	1.00	1.18	1.39	1.62	2.51
	125	0.67	1.11	1.19	1.40	1.66	1.93	2.98
	140	0.78	1.31	1.41	1.66	1.96	2.29	3.48
B	125	0.84	1.34	1.44	1.67	1.93	2.20	2.96
	140	1.05	1.69	1.82	2.13	2.47	2.83	3.85
	160	1.32	2.16	2.32	2.71	3.17	3.64	4.89
	180	1.59	2.61	2.81	3.30	3.85	4.41	5.76
	200	1.85	3.05	3.30	3.86	4.50	5.15	6.43

续表 11-2

带型	小带轮基准直径 d_{d1}(mm)	小带轮转速 n						
		400	730	800	980	1 200	1 460	2 800
C	200	2.41	3.80	4.07	4.66	5.29	5.86	5.01
	224	2.99	4.87	5.12	5.89	6.71	7.47	6.08
	250	3.62	5.82	6.23	7.18	8.21	9.06	6.56
	280	4.32	6.99	7.52	8.65	9.81	10.74	6.13
	315	5.14	8.34	8.92	10.23	11.53	12.48	4.16
	400	7.06	11.52	12.10	13.67	15.04	15.51	——

注:包角 $\alpha=180°$,特定带长,工作平稳。

表 11-3 单根普通 V 带额定功率的增量 ΔP_0 单位:kW

带型	小带轮转速 n_1 (r/min)	传动比 i								
		1.02~1.04	1.05~1.08	1.09~1.12	1.13~1.18	1.19~1.24	1.25~1.34	1.35~1.51	1.52~1.99	≥2.0
Z	400								0.01	0.01
	730						0.01	0.01	0.01	0.02
	800				0.01	0.01	0.01	0.01	0.02	0.02
	980			0.01	0.01	0.01	0.01	0.02	0.02	0.02
	1 200		0.01	0.01	0.01	0.01	0.02	0.02	0.02	0.03
	1 460		0.01	0.01	0.01	0.02	0.02	0.02	0.02	0.03
	2 800	0.01	0.02	0.02	0.03	0.03	0.02	0.04	0.04	0.04
A	400	0.01	0.01	0.02	0.02	0.03	0.03	0.04	0.04	0.05
	730	0.01	0.02	0.03	0.04	0.05	0.06	0.07	0.08	0.09
	800	0.01	0.02	0.03	0.04	0.05	0.06	0.08	0.09	0.10
	980	0.01	0.03	0.04	0.05	0.06	0.07	0.08	0.10	0.11
	1 200	0.02	0.03	0.05	0.07	0.08	0.10	0.11	0.13	0.15
	1 460	0.02	0.04	0.06	0.08	0.09	0.11	0.13	0.15	0.17
	2 800	0.04	0.04	0.11	0.15	0.19	0.23	0.26	0.30	0.34
B	400	0.01	0.03	0.04	0.06	0.07	0.08	0.10	0.11	0.13
	730	0.02	0.05	0.07	0.10	0.12	0.15	0.17	0.20	0.22
	800	0.03	0.06	0.08	0.11	0.14	0.17	0.20	0.23	0.25
	980	0.03	0.07	0.10	0.13	0.17	0.20	0.23	0.26	0.30
	1 200	0.04	0.08	0.13	0.17	0.21	0.25	0.30	0.34	0.38
	1 460	0.05	0.10	0.15	0.20	0.25	0.31	0.36	0.40	0.46
	2 800	0.10	0.20	0.29	0.39	0.49	0.59	0.69	0.79	0.89
C	400	0.04	0.08	0.12	0.16	0.20	0.23	0.27	0.31	0.35
	730	0.07	0.14	0.21	0.27	0.34	0.41	0.48	0.55	0.62
	800	0.08	0.16	0.23	0.31	0.39	0.47	0.55	0.63	0.71
	980	0.09	0.19	0.27	0.37	0.47	0.56	0.65	0.74	0.83
	1 200	0.12	0.24	0.35	0.47	0.59	0.70	0.82	0.94	1.06
	1 460	0.14	0.28	0.42	0.58	0.71	0.85	0.99	1.14	1.27
	2 800	0.27	0.55	0.82	1.10	1.37	1.64	1.92	2.19	2.47

四、V带传动的设计步骤及方法

设计带传动时，下列数据通常是已知的：传动的用途、工作条件、传递的功率及主动轮和从动轮的转速等。计算的目的主要是确定V带的型号、长度和根数，传动的中心距，带轮的结构和尺寸等。其计算步骤如下：

1. 确定计算功率，选择V带的型号

计算功率 P_c 由传递的功率 P，并考虑载荷性质和每天运转的时间来确定，即

$$P_c = K_A P(\mathrm{kW}) \tag{11-12}$$

式中，P 为传递的名义功率(kW)；K_A 为工况系数，见表11-4。

表11-4　工况系数 K_A

工况		原动机					
		空、轻载启动			重载启动		
		每天工作小时数(h)					
		<10	10～16	>16	<10	10～16	>16
载荷变动最小	液体搅拌机、通风机和鼓风机(≤7.5kW)、离心式水泵和压缩机、轻负载输送机	1.0	1.1	1.2	1.1	1.2	1.3
载荷变动小	带式输送机(不均匀负荷)、通风机(>7.5kW)、旋转式水泵和压缩机(非离心式)、发电机、金属切削机床、印刷机、旋转筛、锯木机和木工机械	1.1	1.2	1.3	1.2	1.3	1.4
载荷变动较大	制砖机、斗式提升机、往复式水泵和压缩机、起重机、磨粉机、冲剪机床、橡胶机械、振动筛、纺织机械、重载输送机	1.2	1.3	1.4	1.4	1.5	1.6
载荷变动很大	破碎机(旋转式等)、破碎机(球磨、棒磨、管磨)	1.3	1.4	1.5	1.5	1.6	1.8

注：1. 空、轻载启动——电动机(交流启动、三角启动、直流并励)、四缸以上的内燃机、装有离心式离合器、液力联轴器的动力机。

2. 重载启动——电动机(联机交流启动、直流复励或串励)、四缸以下的内燃机。

3. 反复起动，正反转频繁，工作条件恶劣等场合，K_A 按表值再乘以1.1。

根据计算功率 P_c 和小带轮转速 n_1(r/min)，由图11-11选取V带的型号。

2. 确定带轮的基准直径 d_{d1} 和 d_{d2}

带轮的基准直径是指V带横截面中性层所在处的直径。小带轮的基准直径 d_{d1}，可按表11-4选取，如对外廓尺寸无特殊要求时，应取较大的值，以减低带的弯曲应力，一般不应小于表中的最小基准直径 $d_{d\min}$。

如不计及带在带轮上的滑动，则大带轮的计算直径为

$$d_{d2} = \frac{n_1}{n_2} d_{d1}$$

算出 d_{d2} 的数值后，可按表11-5圆整。

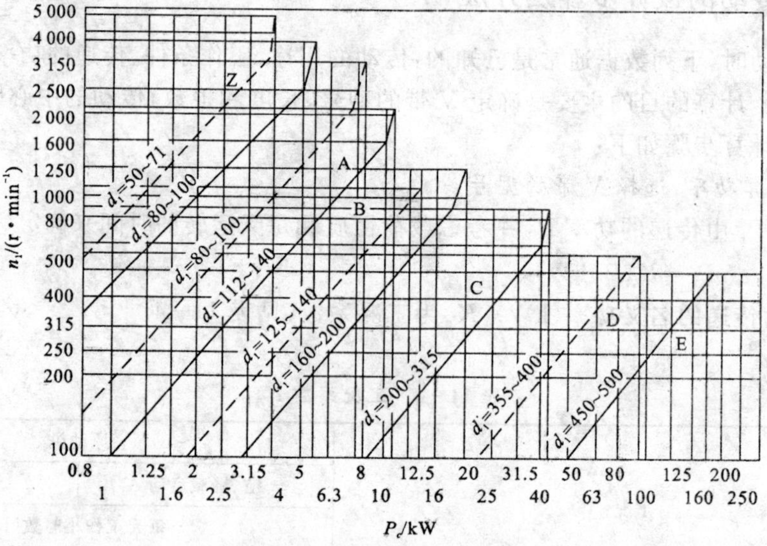

图 11-11 普通 V 带选型图

表 11-5 V 带轮最小基准直径及基准直径系列 单位:mm

型号	Y	Z	A	B	C	D	E
$d_{d\min}$	20	50	75	125	200	355	500
基准直径 d_d 系列							
22,22.4,25,28,31.5,35.5,40,45,50,56,63,71,75,80,85,90,95,100,106,112,118,125,132,140,150,160,170,180,200,212,224,236,250,265,280,315,355,375,400,425,450,475,500,530,560,630,710,800,900,1 000,1 120,1 250,1 600,2 000,2 500							

3. 验算带速

$$v=\frac{\pi d_{d1} n_1}{60\times 1\ 000}(\mathrm{m/s})$$

一般应使 $v=5\sim25\mathrm{m/s}$ 为宜,不能满足时,可改选 d_{d1}。

若考虑到弹性滑动的影响,从动轮的实际转速为

$$n_2=(1-\varepsilon)n_1\frac{d_{d1}}{d_{d2}}$$

式中,ε 为滑动率,$\varepsilon=0.01\sim0.02$。

4. 计算传动的中心距 d 和带的基准长度

V 带传动中,中心距的极限值为

$$a_{\min}=\frac{1}{2}(d_{d1}+d_{d2})+3h$$

$$a_{\max}=2(d_{d1}+d_{d2})$$

式中,h 为 V 带横截面高度,见表 11-1。

设计计算时,如果中心距未给出,可初取 $a_0=(1\sim1.5)d_{d2}$。a_0 确定后,按式(11-2)初步

计算带的基准长度 L_0，根据 L_0 的计算值按表 11－1 选取与 L_0 值相近的基准长度 L_d 值，然后，根据 L_d 值按下式求出实际的中心距

$$a=\frac{1}{8}\left[H+\sqrt{H^2-8(d_{d2}-d_{d1})^2}\right] \tag{11-13}$$

式中，$H=2L_d-\pi(d_{d2}+d_{d1})$。

当带传动的中心距设计成可以调整时，中心距可按下式近似计算

$$a\approx a_0+\frac{L_d-L_0}{2} \tag{11-14}$$

5. 验算小轮的包角 α_1

按式(11－1)求出的 α_1 值一般不应小于 120°(极限值为 90°)。

6. 确定 V 带的根数 z

$$z\geqslant\frac{P_c}{(P_0+\Delta P_0)K_\alpha K_L} \tag{11-15}$$

式中，P_0 的意义同前，查表 11－2；ΔP_0 是考虑带轮直径 d_{d1} 和 d_{d2} 不同时，单根 V 带所能传递功率的增量。因 P_0 是按照 $\alpha_1=\alpha_2=180°$，即 $d_{d1}=d_{d2}$ 条件得到的，这时，带绕过主动轮和从动轮时所产生的弯曲变形是相同的，故弯曲应力亦相同，即 $\sigma_{b1}=\sigma_{b2}$。如传动比 $i>1$，则 $d_{d1}>d_{d2}$，这时带绕过从动轮 d_{d2} 时的弯曲变形比绕过主动轮 d_{d1} 时的弯曲变形小，故弯曲应力 σ_{b2} 亦小，$\sigma_{b1}>\sigma_{b2}$。弯曲应力 σ_{b2} 小，可减缓带的疲劳，延长带的寿命。若规定 $i=1$ 与 $i>1$ 时带具有相同的寿命，那么，$i>1$ 时带传动可以传递更大的功率，于是引入功率增量 ΔP_0，ΔP_0 可由表 11－3 查得。

K_α 是包角系数，考虑小轮上的包角 α_1 减小时对传动能力的影响，查表 11－6。

表 11－6　包角系数 K_α

α(°)	180	170	160	150	140	130	120	110	100	90
K_α	1.00	0.98	0.95	0.92	0.89	0.86	0.82	0.78	0.73	0.68

K_L 是长度系数，查表 11－7，考虑实际带长与特定带长不同时，对 V 带寿命的影响。当实际带长大于特定带长时，单位时间内的应力循环次数将减少，故寿命可提高。若从与特定带长等寿命出发，则可以增大单根 V 带传递的功率，故 $K_L>1$；反之 $K_L<1$。

7. 计算作用在轴上的力

为了设计轴和轴承，必须计算出作用在轴上的力。作用在轴上的力 F_Σ 可近似地由下式求出(图 11－12)

$$F_\Sigma=2zF_0\cos\frac{\beta}{2}=2zF_0\cos\left(\frac{\pi}{2}-\frac{\alpha_1}{2}\right)$$

$$=2zF_0\sin\frac{\alpha_1}{2}(\mathrm{N}) \tag{11-16}$$

式中，z 为 V 带的根数；F_0 为单根 V 带的张紧力(N)；α_1 为小带轮上的包角。

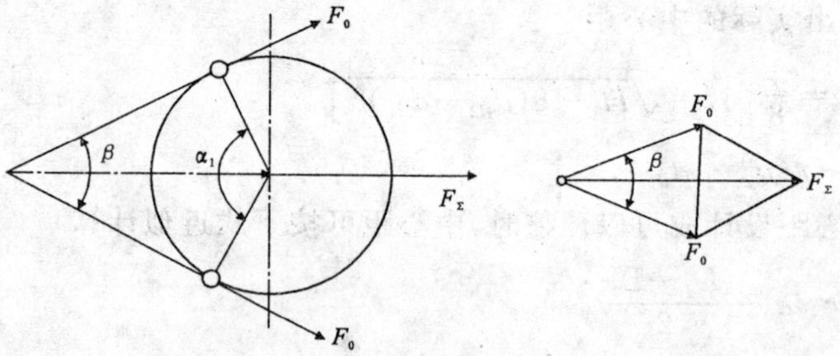

图 11-12　V带作用在轴上的力

表 11-7　长度系数 K_L

基准长度 L_d(mm)	K_L			
	Z	A	B	C
400	0.79			
450	0.80			
500	0.81			
560	0.82			
630	0.84	0.81		
710	0.86	0.83		
800	0.90	0.85		
900	0.92	0.87	0.82	
1 000	0.94	0.89	0.84	
1 120	0.95	0.91	0.86	
1 250	0.98	0.93	0.88	
1 400	1.01	0.96	0.90	
1 600	1.04	0.99	0.92	0.83
1 800	1.06	1.01	0.95	0.86
2 000	1.08	1.03	0.98	0.88
2 240	1.10	1.06	1.00	0.91
2 500	1.30	1.09	1.03	0.93
2 800		1.11	1.05	0.95
3 150		1.13	1.07	0.97
3 550		1.15	1.09	0.99
4 000		1.17	1.13	1.02
4 500			1.15	1.04
5 000			1.17	1.07

第四节　V带轮的结构

带传动一般安装在传动系统的高速级，带轮的转速较高，故要求带轮要有足够的强度。带轮常用灰铸铁铸造，有时也采用铸钢、铝合金或非金属材料。当带轮圆周速度 $v<25\text{m/s}$ 时，采用 HT150；当 $v=25\sim30\text{m/s}$ 时，采用 HT200；速度更高时，可采用铸钢或钢板冲压后焊接；传递功率较小时，带轮材料可采用铝合金或工程塑料。

带轮的结构一般由轮缘、轮毂、轮辐等部分组成。轮缘是带轮具有轮槽的部分。轮槽的形状和尺寸与相应型号的带截面尺寸相适应。规定梯形轮槽的槽角有 32°、34°、36°和 38°等 4 种，都小于 V 带两侧面的夹角 40°。这是由于带在带轮上弯曲时，截面变形将使其夹角变小，以使胶带能紧贴轮槽两侧。

在 V 带轮上，与所配用 V 带的节宽 b_d 相对应的带轮直径，称为带轮的基准直径，以 d 表示。V 带轮的设计主要是根据带轮的基准直径选择结构形式，根据带的型号确定轮槽尺寸。普通 V 带轮轮缘的截面图及各部分尺寸见表 11-7。

表 11-7　普通 V 带轮的轮槽尺寸

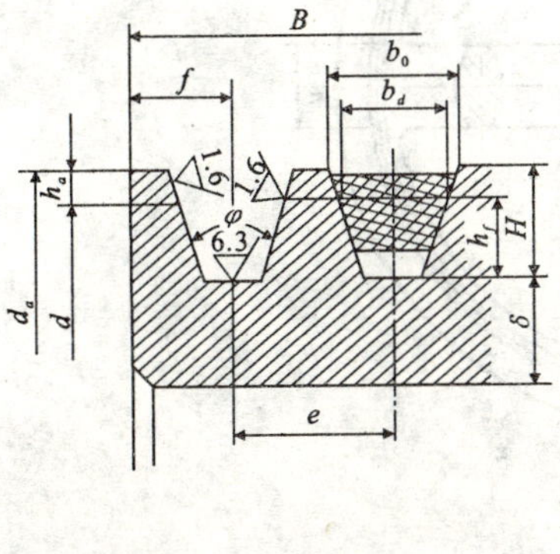

槽型			Y	Z	A	B	C
b_d			5.3	8.5	11	14	19
$h_{a\min}$			1.6	2.0	2.75	3.5	4.8
e			8±0.3	12±0.3	15±0.3	19±0.4	25.5±0.5
$f_{\min}$			6	7	9	11.5	16
$h_{f\min}$			4.7	7.0	8.7	10.8	14.3
$\delta_{\min}$			5	5.5	6	7.5	10
φ/(°)	32	对应的 d	≤60	—	—	—	—
	34		—	≤80	≤118	≤190	≤315
	36		>60	—	—	—	—
	38		—	>80	>118	>190	>315

注：$\delta_{\min}$ 是轮缘最小壁厚推荐值。

带轮直径 $d\leqslant200\text{mm}$ 时，可采用实心式[图 11-13(a)]；带轮直径 $d<400\text{mm}$ 时，可采用腹板式[图 11-13(b)]；带轮直径 $d>400\text{mm}$ 时，可采用轮辐式[图 11-13(c)]。

$$d_h=(1.8\sim2)d_s,\ d_0=\frac{d_h+d_r}{2},\ d_r=d_a-2(H+\delta),\ H、\delta \text{见表 11-3}$$

$$s=(0.2\sim0.3)B,\ s_1\geqslant1.5s,\ s_2\geqslant0.5s,\ L=(1.5\sim2)d_s$$

$$h_1=290\sqrt[3]{\frac{P}{nA}},\ P\text{ 为传递功率(kW)}；n\text{ 为带轮转速(r/min)}；A\text{ 为轮辐数}$$

$$h_2=0.8h_1,\ a_1=0.4h_1,\ a_2=0.8a_1,\ f_1=0.2h_1,\ f_2=0.2h_2$$

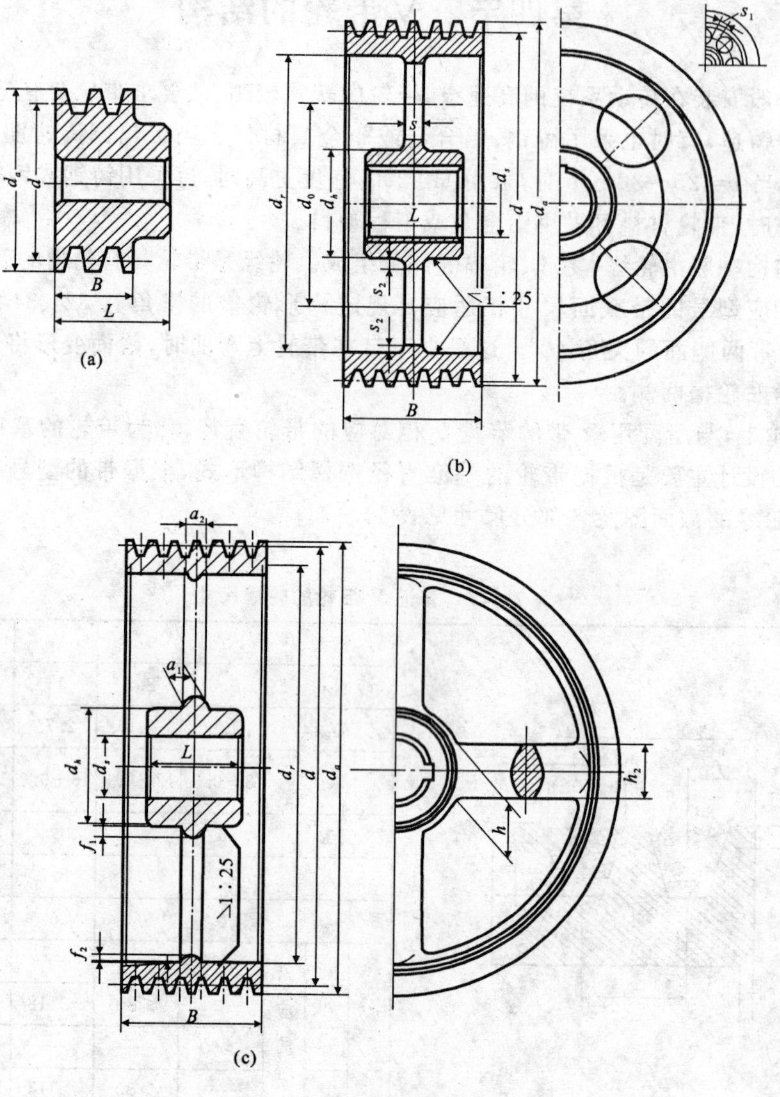

图 11-13 V 带轮的结构形式

第五节 同步带传动

同步带是以钢丝为强力层，外面包覆聚氨脂或橡胶而组成。它是横截面为矩形、带面具有等距横向齿的环形传动带。带轮轮面也制成相应的齿形；工作时靠带齿与轮齿啮合传动。由于带与带轮无相对滑动，能保持两轮的圆周速度同步，故称为同步带传动。它具有如下优点：①传动比恒定；②结构紧凑；③由于带薄而轻、强力层强度高，故带速可达 40m/s，传动比可达 10，传递功率可达 200kW；④效率较高，约为 0.08，因而应用日益广泛。它的缺点是带及带轮价格较高，对制造安装要求高。

当带垂直其底边弯曲时，在带中保持原长度不变的任意一条周线称为节线（图 11-14），节线长度为同步带的公称长度。在规定的张紧力下带的纵截面上，相邻两齿对称中心线的直线距离称为带节距 P_b，它是同步带的一个主要参数。

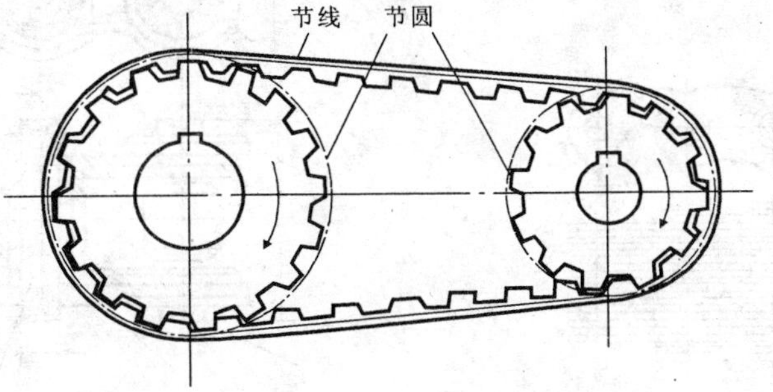

图 11-14　同步带传动

第六节　链传动的特点和应用

链传动是以链条为中间传动件的啮合传动。如图 11-15 所示链传动由主动链轮 1、从动链轮 2 和绕在链轮上并与链轮啮合的链条 3 组成。

按照用途不同，链可分为起重链、牵引链和传动链三大类。起重链主要用于起重机械中提起重物，其工作速度 $v\leqslant 0.25$m/s；牵引链主要用于链式输送机中移动重物，其工作速度 $v\leqslant$ 4m/s；传动链用于一般机械中传递运动和动力，通常工作速度 $v\leqslant$15m/s。

传动链有齿形链和滚子链两种。齿形链是利用特定齿形的链片和链轮相啮合来实现传动的，如图 11-16 所示。齿形链传动平稳，噪声很小，故又称无声链传动。齿形链允许的工作速度可达 40m/s，但制造成本高，重量大，故多用于高速或运动精度要求较高的场合。本章重点讨论应用最广泛的套筒滚子链传动。如图 11-17 所示。

与带传动相比较，链传动平均传动比准确，效率高，结构紧凑，对工况适应性强，作用在轴上的压力小且可以传递较大功率。

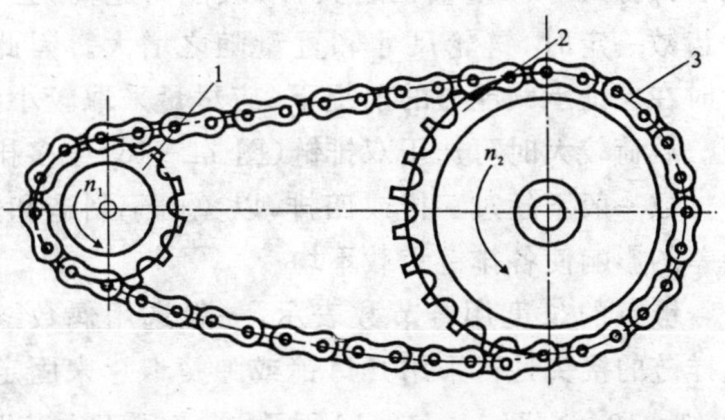

图 11-15　链传动

与齿轮传动相比较，链传动制造安装要求精度低，成本低，能适于较大中心距传动且结构简单，能吸收振动，缓和冲击。

链传动的主要缺点是：瞬时传动比不恒定，传动平稳性差；磨损后易脱链，高速时尤为严重。

链传动主要用于两轴中心距较大，要求平均传动比不变，但不要求瞬时传动比准确或不宜采用带传动和齿轮传动的场合，尤其适合于在温度较高、有油污等条件下工作。

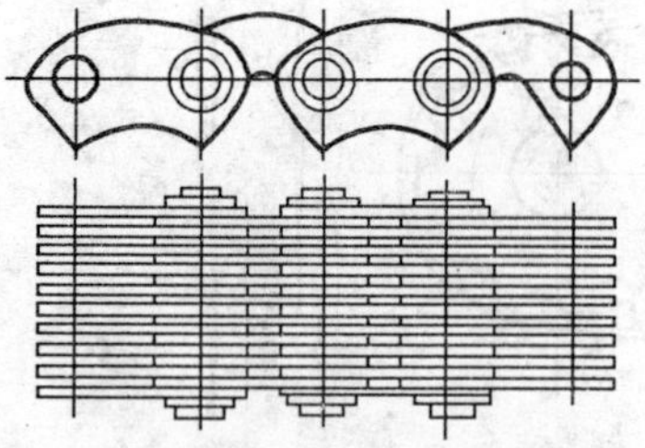

图 11-16 齿形链

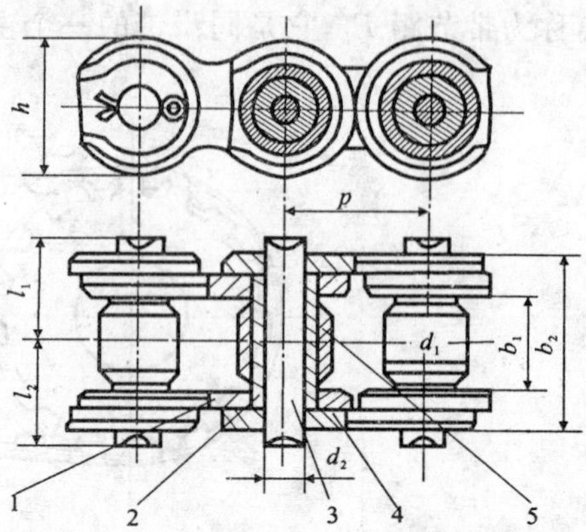

图 11-17 滚子链

第七节 滚子链和链轮

一、滚子链的结构和规格

滚子链由内链板 1、套筒 2、销轴 3、外链板 4 和滚子 5 组成，如图 11-17 所示。内链板和套筒、外链板和销轴用过盈配合固定，构成内链节和外链节。销轴和套筒之间为间隙配合，构成铰链，将若干内外链节依次铰接形成链条。滚子松套在套筒上可自由转动，链轮轮齿与滚子之间的摩擦主要是滚动摩擦。链条上相邻两销轴中心的距离称为节距，用 p 表示，节距是链传动的重要参数。节距 p 越大，链的各部分尺寸和重量也越大，承载能力越高，且在链轮齿数一定时，链轮尺寸和重量随之增大。因此，设计时在保证承载能力的前提下，应尽量采取较小的节距。载荷较大时可选用双排链(图 11-18)或多排链，但排数一般不超过三排或四排，以免由于制造和安装误差的影响使各排链受载不均。

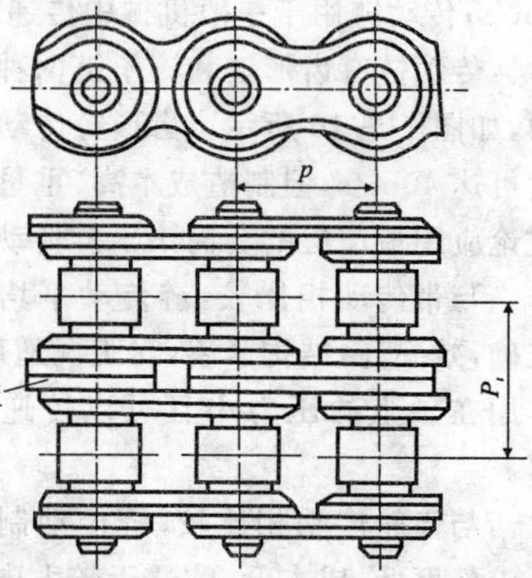

图 11-18 双排滚子链

链条的长度用链节数表示，一般选用偶数链节，这样链的接头处可采用开口销或弹簧卡片来固定，如图 11-19(a)、图 11-19(b)所示，前者用于大节距链，后者用于小节距链。当链节为奇数时，需采用过渡链节如图 11-19 所示。由于过渡链节的链板受附加弯矩的作用，一般应避免采用。

GB/T1243—97 规定滚子链分为 A、B 系列，其中 A 系列较为常用，其主要参数如表 11-8 所示。表中链号和相应的国际标准号一致，链号乘以 25.4/16mm 即为节距值。

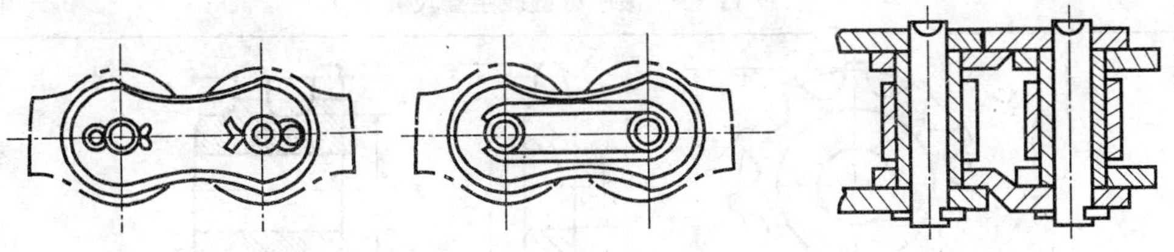

(a)　(b)　(c)

图 11－19　滚子链接头形式

表 11－8　A 系列滚子链的基本参数和尺寸（GB/T1243—97）

链号	节距 p (mm)	排距 p_t (mm)	滚子外径 d_1(mm)	内链节内宽 b_1(mm)	销轴直径 d_2(mm)	内链板高度 h_2(mm)	单排极限拉伸载荷 F_Q(kN)	单排质量 q(kg/m)
08A	12.70	14.38	7.92	7.85	3.98	12.07	13.8	0.60
10A	15.875	18.11	10.16	9.40	5.09	15.09	21.8	1.00
12A	19.05	22.78	11.91	12.57	5.96	18.08	31.1	1.50
16A	25.40	29.29	15.88	15.75	7.94	24.13	55.6	2.60
20A	31.75	35.76	19.05	18.90	9.54	30.18	86.7	3.80
24A	38.10	45.44	22.23	25.22	11.11	36.20	124.6	5.60
28A	44.45	48.87	25.40	25.22	12.71	42.24	169.0	7.50
32A	50.80	58.55	28.58	31.55	14.29	48.26	222.4	10.10
40A	63.50	71.55	39.68	37.85	19.85	60.33	347.0	16.10
48A	76.20	87.83	47.63	47.35	23.81	72.39	500.4	22.60

滚子链的标记为：链号-排数-链节数标准号。例如，16A－1－82GB/T1243－97 表示：A 系列滚子链、节距为 25.4mm、单排、链节数为 82、制造标准 GB/T1243－97。

二、滚子链链轮

1. 链轮的基本参数及主要尺寸

链轮的基本参数为：链轮的齿数 z、配用链条的节距 p、滚子外径 d_1 及排距 p_t。链轮的主要尺寸及计算公式如表 11－9 所示。

2. 链轮的齿形

链轮的齿形应能保证链节平稳而自由地进入和退出啮合，不易脱链，且形状简单便于加工。GB/T1243—97 规定了滚子链链轮的端面齿形（表 11－10）和轴面齿形（表 11－11），由于滚子表面齿廓与链轮齿廓为非共轭齿廓，故链轮齿形设计有较大的灵活性，即在最大、最小范围内均可使用。

若链轮采用标准齿形，在链轮工作图上可不绘制出端面齿形，只须注明按 GB/T1243—97 制造即可。但为了车削毛坯，需将轴面齿形画出。

表 11-9 滚子链链轮主要尺寸 单位:mm

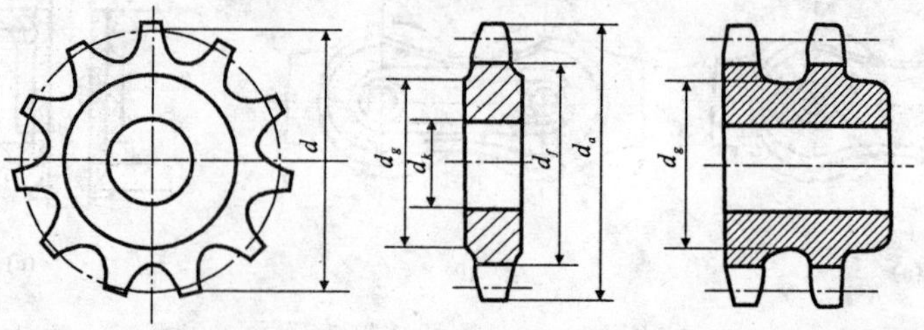

名 称	代 号	计 算 公 式	备 注
分度圆直径	d	$d=p/\sin\frac{180^\circ}{z}$	
齿顶圆直径	d_a	$d_{a\max}=d+1.25p-d_1$ $d_{a\min}=d+(1-\frac{1.6}{z})p-d_1$	可在 $d_{a\max}$、$d_{a\min}$ 范围内任意选取，但选用 $d_{a\max}$ 时，应考虑采用展成法加工时有发生顶切的可能性。
分度圆弦齿高	h_a	$h_{a\max}=(0.625+\frac{0.8}{z})p-0.5d_1$ $h_{a\min}=0.5(p-d_1)$	h_a 是为简化放大齿形图的绘制而引入的辅助尺寸(见表 11-10) $h_{a\max}$ 相应于 $d_{a\max}$，$h_{a\min}$ 相应于 $d_{a\min}$
齿根圆直径	d_f	$d_f=d-d_1$	
齿侧凸缘(或排间槽)直径	d_g	$d_g\leqslant p\cot\frac{180^\circ}{z}-1.04h_2-0.76$ h_2 为内链板高度(见表 9-1)	

注:d_a、d_g 值取整数，其他尺寸精确到 0.01mm。

表 11-10 滚子链链轮的齿槽尺寸计算公式

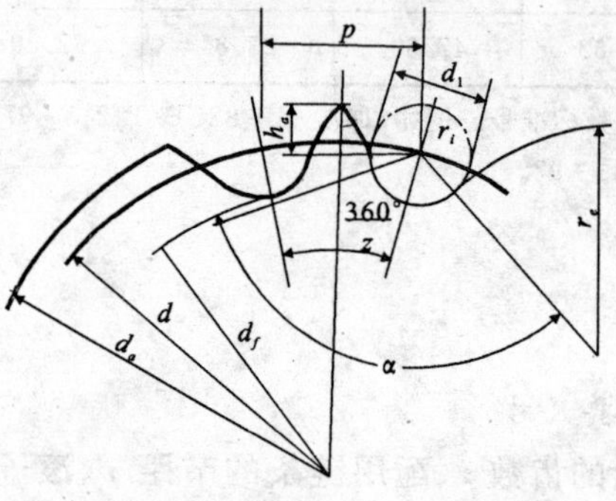

名 称	单 位	计算公式	
		最大齿槽形状	最小齿槽形状
齿面圆弧半径 r_e	mm	$r_{e\min}=0.008d_1(z^2+180)$	$r_{e\max}=0.12d_1(z+2)$
齿沟圆弧半径 r_i	mm	$r_{i\max}=0.505d_1+0.069\times\sqrt[3]{d_1}$	$r_{i\min}=0.505d_1$
齿沟角 α	(°)	$\alpha_{\min}=120^\circ-\frac{90^\circ}{z}$	$\alpha_{\max}=140^\circ-\frac{90^\circ}{z}$

注:链轮的实际齿槽形状，应在最大齿槽形状和最小齿槽形状范围内。

表 11-11　滚子链链轮轴向齿廓尺寸

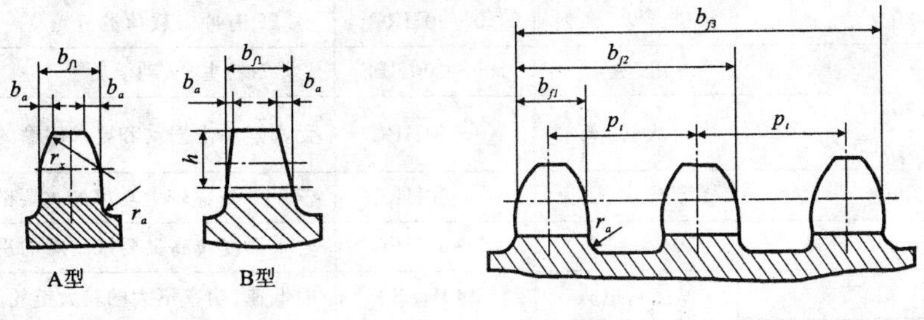

名　称		代　号	计　算　公　式		备　注
			$p\leqslant12.7$	$p>12.7$	
齿宽	单排	b_{f1}	$0.93b_1$	$0.95b_1$	$P>12.7$ 时，经制造厂同意亦可使用 $P\leqslant12.7$ 时的齿宽。 b_1——内链节内宽(见表 11-8)
	双排、三排		$0.91b_1$	$0.93b_1$	
	四排以上		$0.88b_1$	$0.93b_1$	
倒角宽		b_a	$b_a=(0.1\sim0.15)\ p$		仅适用于 B 型
倒角半径		r_x	$r_x\geqslant p$		
倒角深		h	$h=0.5p$		
圆角半径		r_a	$r_a\approx0.04p$		
链轮齿总宽		b_{fm}	$b_{fm}=(m-1)p_t+b_{f1}$，m——排数		

3. 链轮的结构和材料

链轮的结构如图 11-20 所示。直径小的链轮常制成实心式(图 11-20a)；中等直径的链轮常制成辐板式[图 11-20(b)]；大直径($d>200$mm)的链轮常制成组合式，可将齿圈焊接在轮毂上[图 11-20(d)]或采用螺栓连接[图 11-20(c)]。

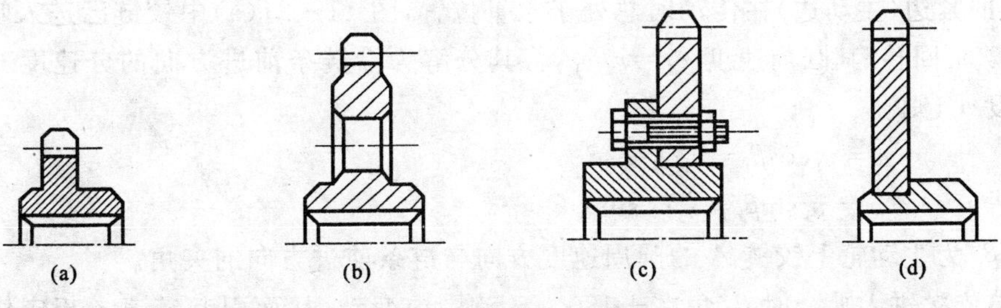

图 11-20　链轮的结构

链轮的材料应有足够的强度和耐磨性，齿面要经过热处理。由于小链轮轮齿的啮合次数比大链轮轮齿的啮合次数多，受冲击也比较大，因此所用材料应优于大链轮。链轮所用材料及热处理工艺见表 11-12。

表 11-12 链轮材料及热处理

材料	热处理	齿面硬度	应用范围
15、20	渗碳淬火、回火	50～60HRC	$z \leqslant 25$ 有冲击载荷的链轮
35	正火	160～200HBS	$z>25$ 的主、从动链轮
45、50 45Mn、ZG310－570	淬火、回火	40～50HRC	无剧烈冲击振动和要求耐磨的主、从动链轮
15Cr、20Cr	渗碳淬火、回火	55～60HRC	$z<30$ 传递较大功率的重要链轮
40Cr、35SiMn、35CrMo	淬火、回火	40～50HRC	要求强度较高又要求耐磨的重要链轮
Q235－A、Q275	焊接后退火	140HBS	中低速、功率不大的较大链轮
灰铸铁(不低于 HT200)	淬火、回火	260～280HBS	$z>50$ 的从动链轮及外形复杂或强度要求一般的链轮
夹布胶木			$P<6$kW，速度较高，要求传动平稳和噪声小的链轮

第八节 链传动的主要参数及其选择

一、链传动的传动比及运动的不均匀性

链传动的运动情况和绕在多边形轮子上的带很相似，如图 11-21 所示。多边形边长相当于链节距 p，边数相当于链轮的齿数 z。链轮每转过一周，链条转过的长度为 pz，当两链轮的转速分别为 n_1 和 n_2 时，链条的平均速度为

$$v=\frac{z_1 p n_1}{60\times1000}=\frac{z_2 p n_2}{60\times1000}\quad(\mathrm{m/s}) \tag{11-17}$$

由上式得链传动的平均传动比为

$$i_{12}=\frac{n_1}{n_2}=\frac{z_2}{z_1} \tag{11-18}$$

虽然链传动的平均速度和平均传动比不变，但它们的瞬时值却是周期性变化的。为便于分析，设链的紧边(主动边)在传动时总处于水平位置，图 11-21(a)中铰链已进入啮合。主动轮以角速度 ω_1 回转，其圆周速度 $v_1=r_1\omega_1$，将其分解为沿链条前进方向的分速度 v 和垂直方向的分速度 v'，则

$$v=v_1\cos\beta_1=r_1\omega_1\cos\beta_1$$
$$v'=v_1\sin\beta_1=r_1\omega_1\sin\beta_1$$

式中，β_1 为主动轮上铰链 A 的圆周速度方向与链条前进方向的夹角。

当链节依次进入啮合时 β_1 角在 $\pm180°/z_1$ 范围内变动，从而引起链速 v 相应作周期性变化。当 $\beta_1=\pm180°/z_1$ 时[图 11-21(b)、(d)]链速最小，$v_{\min}=r_1\omega_1\cos(180°/z_1)$；当 $\beta_1=0°$时[图 11-21(c)]链速最大，$v_{\max}=r_1\omega_1$。故即使 ω_1 为常数，链轮每送走一个链节，其链速 v 也经历“最小—最大—最小”的周期性变化。同理链条在垂直方向的速度 v' 也作周期性变化，使链条上下抖动[图 11-21(b)、(c)、(d)]。

用同样的方法对从动轮进行分析可知，从动轮角速度 ω_2 也是变化的，故链传动的瞬时传

动比（$i_{12}=\omega_1/\omega_2$）也是变化的。

链速和传动比的变化使链传动中产生加速度，从而产生附加动载荷、引起冲击振动，故链传动不适合高速传动。为减小动载荷和运动的不均匀性，链传动应尽量选取较多的齿数 z_1 和较小的节距 p（这样可使 β_1 减小），并使链速在允许的范围内变化。

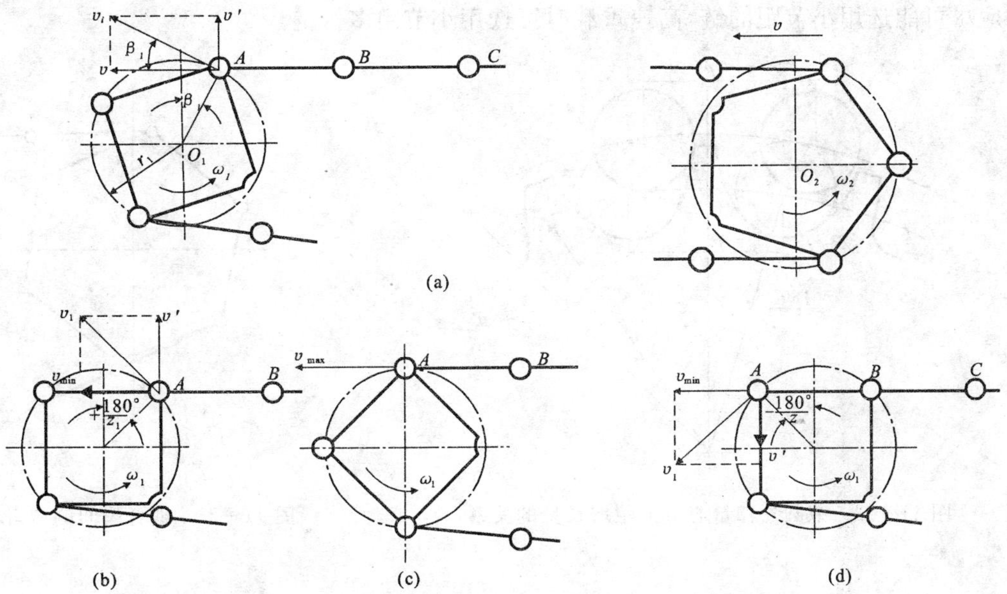

图 11－21　链传动运动分析

二、链轮齿数

为使链传动的运动平稳，小链轮齿数不宜过少。对于滚子链，可按链速由表 11－13 选取 z_1，然后按传动比确定大链轮齿数 $z_2=iz_1$。

表 11－13　小链轮齿数 z_1

链速 v(m/s)	0.6～3	3～8	>8
z_1	≥17	≥21	≥25

若链条的铰链发生磨损，将使链条节距变长、链轮节圆 d' 向齿顶移动（图 11－22）。节距增长量 Δp 与节圆外移量 $\Delta d'$ 的关系为：$\Delta d'=\dfrac{\Delta p}{\sin\dfrac{180^\circ}{z_1}}$。由此可知 Δp 一定时，齿数越多节圆外移量 $\Delta d'$ 就越大，因此传动容易发生跳齿和脱链现象。所以大齿数不宜过多，一般应使 $z_2\leqslant 120$。

一般链条节数为偶数，而链轮齿数最好选奇数，这样可使磨损较均匀。

三、链的节距

链的节距越大，其承载能力越高。但应注意：当链节以一定的相对速度与链轮齿啮合的瞬间将产生冲击和动载荷。如图 11-23 所示，根据相对运动原理，把链轮看作静止的，链节就以角速度 ω 进入轮齿而产生冲击。根据分析，节距越大、链轮转速越高时冲击也越大。因此，设计时应尽可能选用小节距的链，高速重载时可选用小节距多排链。

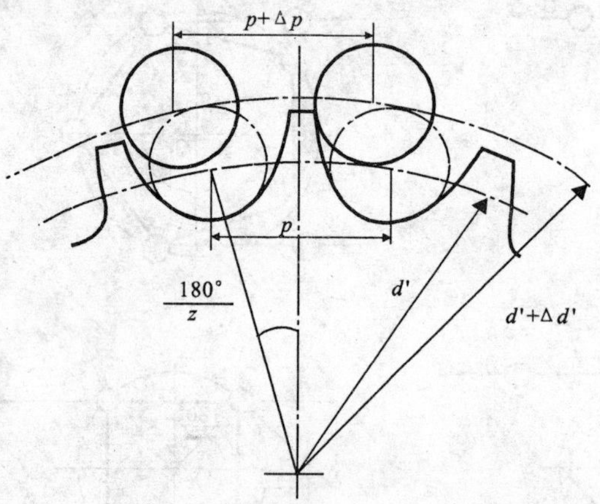

图 11-22 节圆外移量与链节距增长量的关系

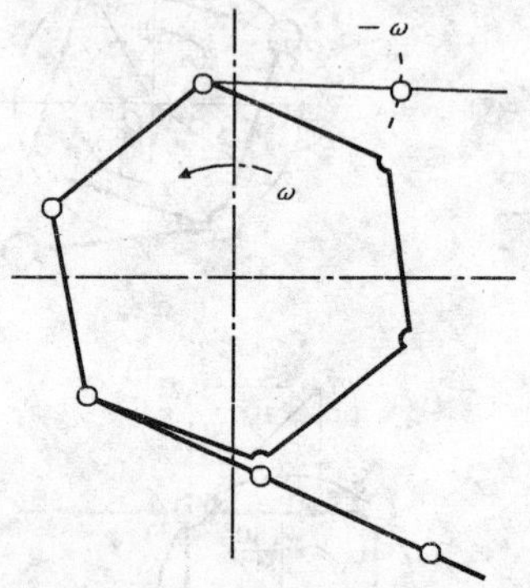

图 11-23 啮合瞬间的冲击

四、中心距和链的节数

若链接传动中心距过小，则小链轮上的包角也小，同时啮合的链轮齿数也减少；若中心距过大，则易使链条抖动。一般可取中心距 $a=(30\sim50)p$，最大中心距 $a_{\max}\leqslant 80p$。

链条长度用链的节数 L_p 表示。按带传动求带长的公式可导出

$$L_p=2\frac{a}{p}+\frac{z_1+z_2}{2}+\frac{p}{a}\left(\frac{z_2-z_1}{2\pi}\right)^2 \tag{11-19}$$

由此算出链的节数，须圆整为整数，最好取为偶数。

运用上式可解得由节数 L_p 求中心距 a 的公式

$$a=\frac{p}{4}\left[\left(L_p-\frac{z_2-z_1}{2}\right)+\sqrt{\left(L_p-\frac{z_1+z_2}{2}\right)^2-8\left(\frac{z_2-z_1}{2\pi}\right)^2}\right] \tag{11-20}$$

为了便于安装链条和调节链的张紧程度，一般中心距设计成可以调节的。若中心距不能调节而又没有张紧装置时，应将计算的中心距减小 2～5mm。这样可使链条有小的初垂度，以保持链传动的张紧。

第九节 滚子链传动的计算

一、链传动的失效形式

由于链条的强度比链轮的强度低，故一般链传动的失效主要是链条失效，其失效形式主要

有以下几种：

(1)链条铰链磨损。链条铰链的销轴与套筒之间承受较大的压力且又有相对滑动，故在承压面上将产生磨损。磨损使链条节距增加，极易产生跳齿和脱链。

(2)链板疲劳破坏。链传动紧边和松边拉力不等，因此链条工作时，拉力在不断地发生变化，经一定的应力循环后，链板发生疲劳断裂。

(3)多次冲击破断。链传动在启动、制动、反转或重复冲击载荷作用下，链条、销轴、套筒发生疲劳断裂。

(4)链条铰链的胶合。链速过高时销轴和套筒的工作表面由于摩擦产生瞬时高温，使两摩擦表面相互粘结，并在相对运动中将较软的金属撕下，这种现象称为胶合。链传动的极限速度受到胶合的限制。

(5)链条的静力拉断。在低速($v<0.6$m/s)重载或突然过载时，载荷超过链条的静强度，链条将被拉断。

二、功率曲线图

链传动有多种失效形式。在一定的使用寿命下，从一种失效形式出发，可得出一个极限功率表达式。

为了清楚，常用线图来表示。在图11-24所示的极限功率曲线中，1是在正常润滑条件下，铰链磨损限定的极限功率；2是链板疲劳强度限定的极限功率；3是套筒、滚子冲击疲劳强度限定的极限功率，4是铰链胶合限定的极限功率。图中阴影部分为实际使用的区域。若润滑密封不良及工况恶劣时，磨损将很严重，其极限功率大幅度下降。如图中虚线所示。

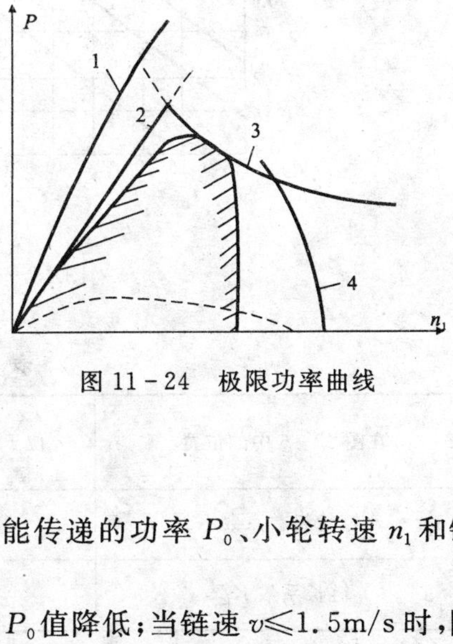

图11-24 极限功率曲线

图11-25所示为A系列滚子链所能传递的功率。它是在特定条件下制定的，即：①两轮共面；②小轮齿数$z_1=19$；③链长$L_p=100$节；④载荷平稳；⑤按推荐的方式润滑(图11-25)；⑥工作寿命为15 000h；⑦链条因磨损而引起的相对伸长量不超过3%。

图11-25表明，当采用推荐的润滑方式时，链传动所能传递的功率P_0、小轮转速n_1和链号三者之间的关系。

若润滑不良或不能采用推荐的润滑方式时，应将图中P_0值降低；当链速$v\leqslant1.5$m/s时，降低至50%；当1.5m/s$<v\leqslant$7m/s时，降低到25%。当$v>$7m/s而又润滑不当时，传动不可靠。

实际工作条件与上述特定条件不同时，应对P_0加以修正。故实际工作条件下链条所能传递的功率，即许用功率$[P_0]$可表示为

$$[P_0]=P_0K_zK_LK_m \tag{11-21}$$

式中，K_z为小链轮齿数$z_1\neq19$时的修正系数，见表11-14；K_L为链长$L_p\neq100$时的修正系数，见表11-14；K_m为多排链系数，见表11-15。

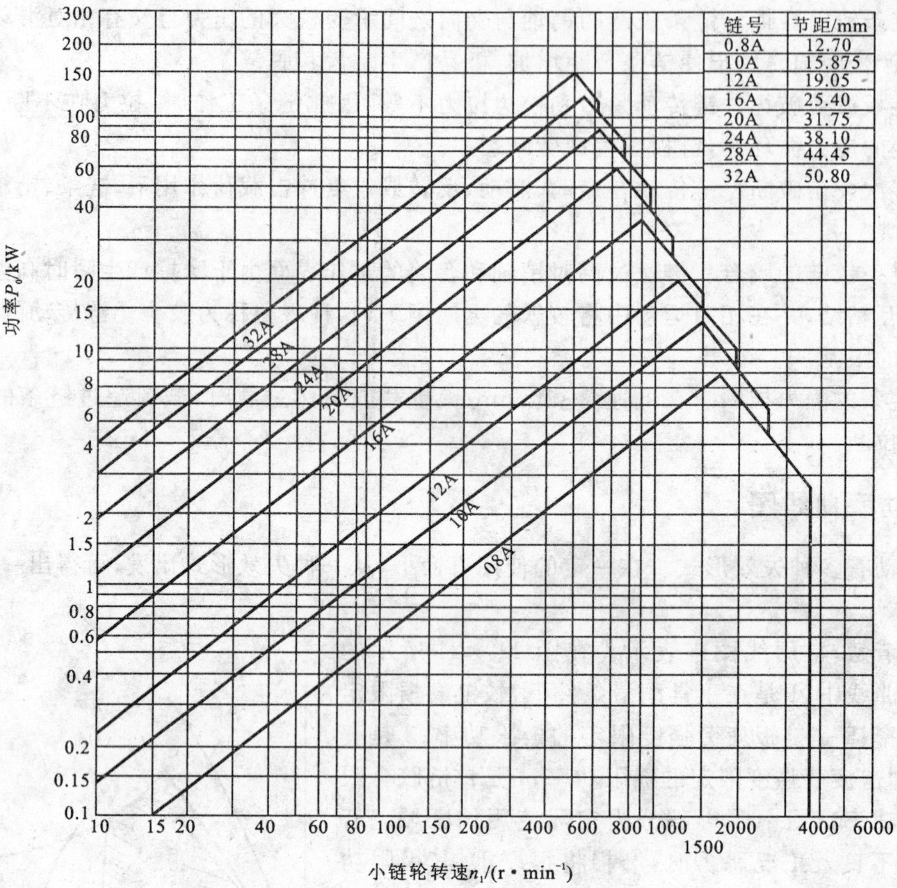

图 11-25 A 系列滚子链额定功率曲线

表 11-14 修正系数 K_z 和 K_L

在图 12-6 中的位置	位于功率曲线顶点左侧时(链板疲劳)	位于功率曲线顶点右侧时 (滚子套筒冲击疲劳)
小链轮齿数系数 K_z	$\left(\frac{z_1}{19}\right)^{1.08}$	$\left(\frac{z_1}{19}\right)^{1.5}$
链长系数 K_L	$\left(\frac{L_p}{100}\right)^{0.26}$	$\left(\frac{L_p}{100}\right)^{0.5}$

表 11-15 系数 K_m

排　　数	1	2	3	4	5	6
K_m	1.0	1.7	2.5	3.3	4.0	4.6

设计链传动时应使

$$P_c \leqslant [P_0] = P_0 K_z K_L K_m \tag{11-22}$$

或
$$\frac{P_c}{K_z K_L K_m} \leqslant P_0 \tag{11-23}$$

式中，计算功率 $P_c = K_A P$，此处 K_A 为工作情况系数，见表 11-16；P 为名义功率(kW)。

表 11-16　工作情况系数 K_A

载荷种类	工作机械举例	原动机	
		电动机或汽轮机	内燃机
载荷平稳	液体搅拌机、离心泵、离心式鼓风机、纺织机械、轻型运输机、链式运输机、发电机	1.0	1.2
中等冲击	一般机床、压气机、木工机械、食品机械、印染纺织机械、一般造纸机械、大型鼓风机	1.3	1.4
较大冲击	锻压机械、矿山机械、工程机械、石油钻井机械、振动机械、橡胶搅拌机	1.5	1.7

当 $v \leqslant 0.6$m/s 时，主要失效形式为链条的过载拉断，设计时必须验算静力强度的安全系数

$$\frac{F_Q}{K_A F_1} \geqslant S \tag{11-24}$$

式中，F_Q 为链的极限载荷，见表 11-8；F_1 为紧边拉力；S 为安全系数，$S = 4 \sim 8$。

链传动推荐使用的润滑方式见图 11-26。

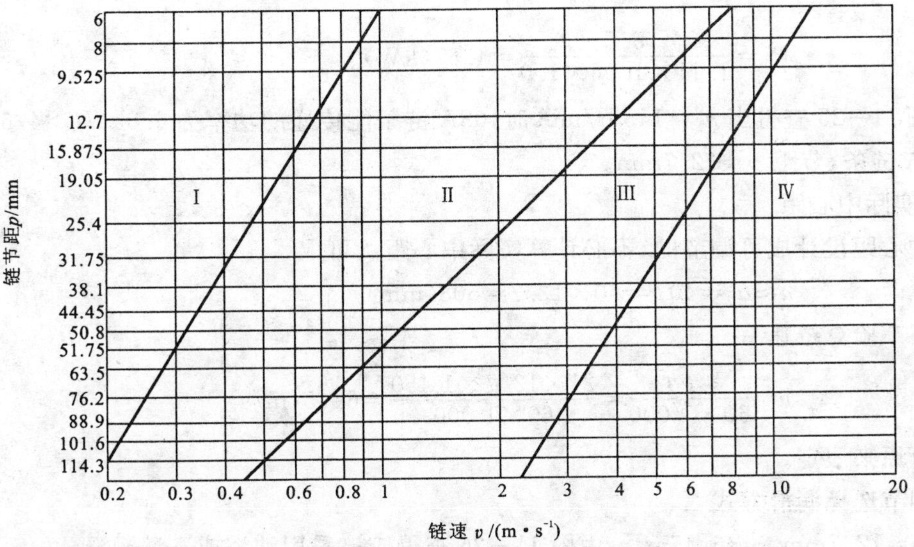

图 11-26　推荐使用的润滑方式

Ⅰ. 人工定期润滑；Ⅱ. 滴油润滑；Ⅲ. 油浴式飞溅润滑；Ⅳ. 压力喷油润滑

例 11-1　用 $P = 5.5$kW，$n_1 = 1450$r/min 的电动机，通过一级链传动驱动一液体搅拌器，载荷平稳，传动比为 $i = 3.2$，试设计此链传动。

解　(1)链轮齿数

假定 $v=3\sim8\text{m/s}$，由表 11－13 选 $z_1=21$。

大链轮齿数 $z_2=iz_1=3.2\times21=67.2$，取 $z_2=67$。

实际的传动比 $i=67/21=3.19$，误差远小于 $\pm5\%$，故允许。

(2)链条节数初定中心距 $a_0=40p$。

$$L_p=2\frac{a}{p}+\frac{z_1+z_2}{2}+\frac{p}{a}\left(\frac{z_2-z_1}{2\pi}\right)^2$$

$$=2\frac{40p}{p}+\frac{21+67}{2}+\frac{p}{40p}\left(\frac{67-21}{2\pi}\right)^2$$

$$\approx125(\text{节})$$

选取 $L_p=126$。

(3)计算功率

由表 11－16 查得 $K_A=1.0$，故

$$P_c=K_AP=1.0\times5.5=5.5(\text{kW})$$

第一节链条节距

$$P_0=\frac{P_c}{K_zK_LK_m}$$

估计此链传动工作于图 11－24 所示曲线的左侧(即可能出现疲劳破坏)，由表 11－14 得 $K_z=\left(\frac{z_1}{19}\right)^{1.08}=\left(\frac{21}{19}\right)^{1.08}=1.11$，$K_L=\left(\frac{L_p}{100}\right)^{0.26}=\left(\frac{126}{100}\right)^{0.26}=1.06$。采用单排链，$K_m=1.0$。

得

$$P_0=\frac{5.5}{1.11\times1.06\times1.0}=4.67(\text{kW})$$

由图 11－25 查得当 $n_1=1450\text{r/min}$ 时，08A 链条能传递的功率为 6.8kW(>4.67kW)，故采用 08A 链条，节距 $p=12.7\text{mm}$。

(5)实际中心距

将中心距设计成可调节的，不必计算实际中心距。可取

$$a\approx a_0=40p=40\times12.7=508(\text{mm})$$

第三节验算链速

$$v=\frac{z_1pn_1}{60\times1\,000}=\frac{21\times12.7\times1\,450}{60\times1\,000}=6.45(\text{m/s})$$

符合原来假定。

第四节选择润滑方式

按 $p=12.7\text{mm}$，$v=6.45\text{m/s}$，由图 11－26 查得应该采用油浴或飞溅润滑。

第五节作用在轴上的压力

如前所述 $Q=(1.2\sim1.3)F$，取

$$F=1\,000\times\frac{p}{v}=1\,000\times\frac{5.5}{6.45}=853(\text{N})$$

$$Q=1.3\times853=1\,110(\text{N})$$

第六节链轮主要尺寸(略)

第十节　链传动的润滑和布置

一、链传动的润滑

链传动的润滑至关重要。合宜的润滑能显著降低链条铰链的磨损，延长使用寿命。

链传动的润滑方式有 4 种：①人工定期用油壶或油刷给油[图 11－27(a)]；②用油杯通过油管向松边内外链板间隙处滴油[图 11－27(b)]；③油浴润滑[图 11－27(c)]或用甩油盘将油甩起，以进行飞溅润滑[图 11－27(d)]；④用油泵经油管向链条连续供油，循环油可起润滑和冷却的作用[图 11－27(e)]。如图所示，封闭于壳体内的链传动，可以防尘、减轻噪声及保护人身安全。润滑油可选用 20、30 或 40 号机械油，环境温度高或载荷大时宜取黏度高者；反之黏度宜低。

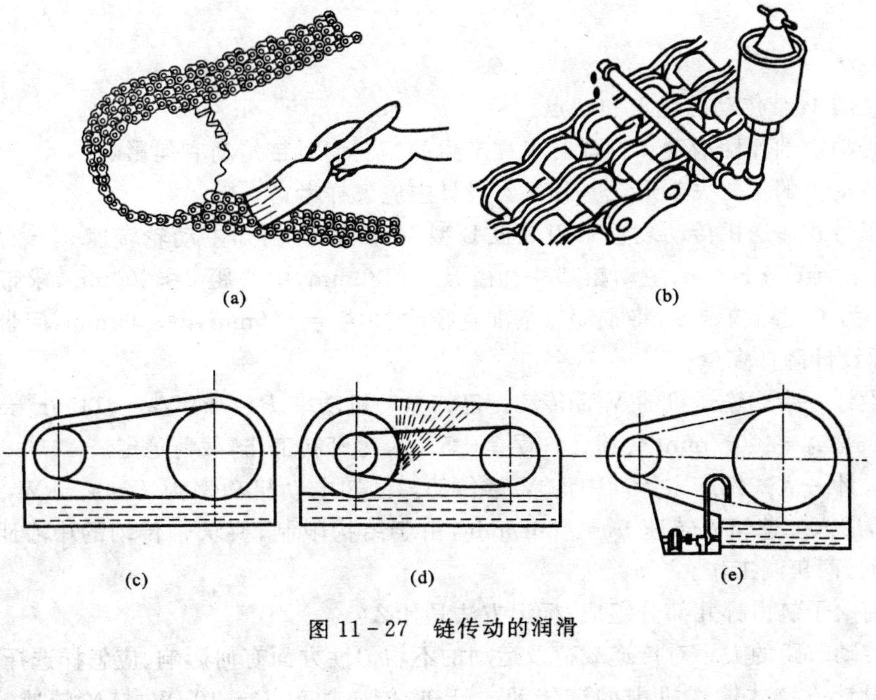

图 11－27　链传动的润滑

二、链传动的布置

链传动的布置按两轮中心连线的位置可分为：水平布置[图 11－28(a)]、倾斜布置[图 11－28(b)]和垂直布置[图 11－28(c)]3 种。通常情况下两轴线应在同一水平面(水平布置)。两轮的回转平面应在同一平面内，否则易引起脱链和不正常磨损。应是链条紧边在上松边在下，以免松边垂度过大使链与轮齿相干涉或紧松边相碰。倾斜布置时，两轮中心线与水平面夹角 φ 应尽量小于 45°。应尽量避免垂直布置，以防止下链轮啮合不良。

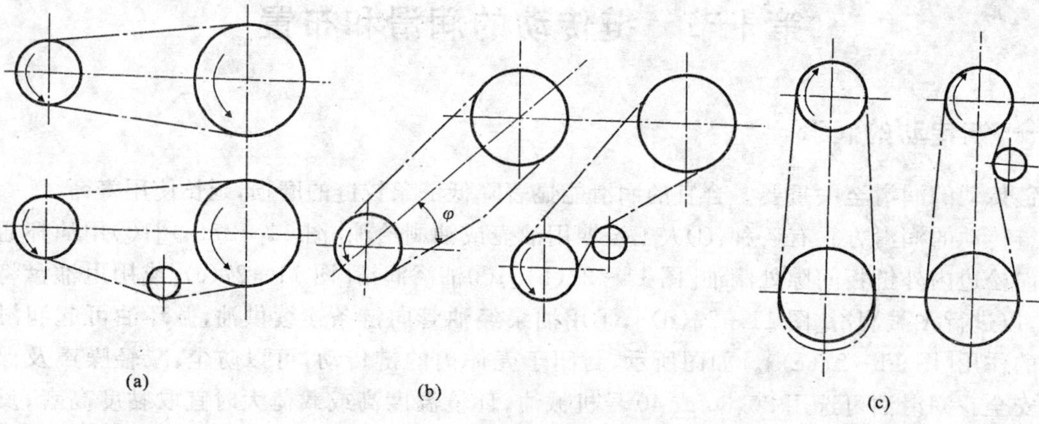

图 11-28 链传动的布置和张紧

习题

1. 试说明 V 带传动的优点和缺点。

2. 带传动中的弹性滑动和打滑时怎样产生的？它们对带传动有何影响？

3. 带传动中的主要失效形式是什么？设计中应怎样考虑。

4. 一根带式输送机传动装置采用 3 根 B 型 V 带传动，已知主动轮转速 $n_1=1450$r/min，从动轮转速 $n_2=600$ r/min，主动轮基准直径 $d_{d1}=180$mm，中心距 $a\approx900$mm，求带能传递的最大功率。为了使结构紧凑，将主动轮基准直径改为 $d_{d1}=125$mm，$a\approx400$mm，问带所能传递的功率比原设计降低多少？

5. 试设计一带式输送机的 V 带传动。已知电动机功率 $P=7$kW，$n_1=1450$r/min，带式传动输出轴转速 $n_2=400$r/min（转速允许误差±5%），两班制工作，载荷稳定。

6. 试设计一立式铣床主传动中的 V 带传动。已知电动机功率为 $P=4.5$kW，转速 $n_1=1450$r/min，进入变速箱的转速 $n_2=480$r/min，由于结构限制，要求带传动的中心距在 480～550mm 之间，两班制工作。

7. 套筒滚子链由哪几部分组成、标记方法是什么？

8. 链传动节距的大小对传递载荷及运动的不均匀性方面有何影响、应怎样选择节距？

9. 试设计一链式输送机中的链传动。已知：传递功率 $P=10$kW，链轮转速 $n_1=970$r/min、$n_2=330$r/min，载荷平稳。

第十二章　齿轮传动

第一节　轮齿的失效形式及计算准则

一、轮齿的失效形式

1. 轮齿折断

当载荷作用于轮齿上时，轮齿根部将产生相当大的弯曲应力，若轮齿单侧工作，弯曲应力是按照脉冲循环变化的；若轮齿双侧工作，则弯曲应力是按对称循环变化的。由于轮齿根部产生弯曲应力，并且在齿根的过渡圆角处具有较大的应力集中，因此在载荷重复作用下就会出现疲劳裂纹（图 12-1）。随着裂纹的不断扩展，终于招致轮齿折断，这种折断称为弯曲疲劳折断。

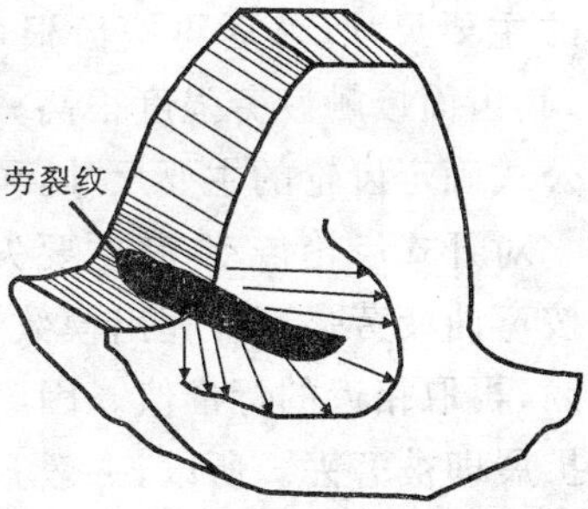

图 12-1　轮齿的疲劳裂纹

用脆性材料（如铸铁、淬火钢）制成的齿轮，由于材料抵抗冲击和过载能力较差，因此，当受到过载或冲击时，常会引起轮齿的突然折断。

此外，由于齿轮制造或安装不精确，以及轴的变形，而使载荷集中在齿的一端，也会造成轮齿局部折断。

2. 齿面磨粒磨损

磨粒磨损是由于金属微粒、灰尘、污物等进入轮齿工作表面在齿轮运转时引起的。开式齿轮传动由于轮齿暴露在外，所以磨粒磨损最为严重。轮齿磨损变薄后就会折断。为了避免齿面的磨粒磨损，可采用闭式传动或加防护罩等。

3. 齿面点蚀

齿面点蚀是闭式齿轮传动的主要失效形式。当轮齿工作时，其工作表面上任一点所产生的接触应力系由零（当该点未进入啮合时）变到最大值（当在该点啮合时），亦即表面接触应力是按脉动循环变化的。当接触应力超过表层材料的接触疲劳极限时，齿面就会出现微小的疲劳裂纹。裂纹的蔓延扩展，导致齿面表层金属呈点状剥落，形成麻点状小坑，齿面这种疲劳损伤称为点蚀。

从观察得知，如图 12-2 所示，疲劳点蚀 3 一般出现在齿根表面靠近节线 1 处。随着点蚀的不断扩展，致使啮合情况恶化，从而导致传动失效。

4. 齿面胶合

当齿面所受的压力很大且润滑不良，或压力很大而速度很高时，由于发热大使润滑油黏度

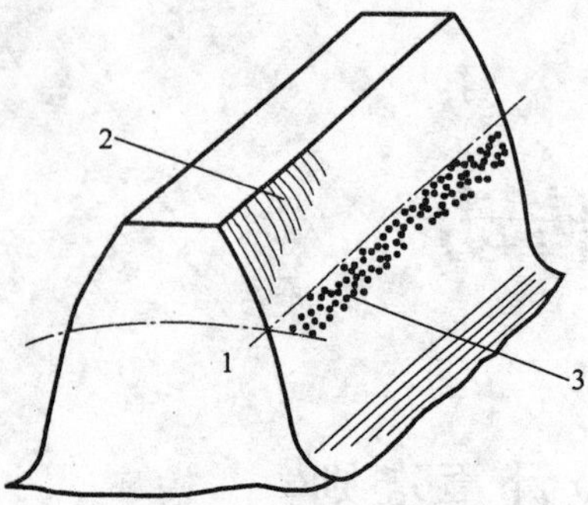

图 12－2　轮齿面的点蚀、沟痕

降低而被挤出，此时，两相互接触的轮齿表面会相互粘连。随着两轮齿的相对滑动较软的轮齿表面上的金属被撕下，形成宽度不等的条状粗糙沟痕 2(图 12－2)。这种失效形式称为胶合。胶合主要发生在高速重载齿轮传动中。

为了防止胶合的出现，必须采用黏度大的润滑油(低速传动)或抗胶合能力强的润滑油(高速传动)。

二、计算准则

上面介绍了轮齿的几种失效形式，但在工程实践中，对于一般用途的齿轮传动，通常只作齿根弯曲疲劳强度及齿面接触疲劳强度的计算。

对闭式齿轮传动，若一对齿轮或其中一齿轮的齿面硬度为≤350HBS 的软齿面时，其齿面接触疲劳强度较低，故按接触疲劳强度的设计公式确定齿轮的主要尺寸，然后再按齿根弯曲疲劳强度进行校核。若一对硬齿面齿轮，且齿面硬度很高时，其齿面接触疲劳强度很高，而齿根弯曲疲劳强度可能相对较低，则可按弯曲疲劳强度的设计公式确定齿轮的主要尺寸，再校核其齿面疲劳强度。

对开式齿轮传动，其主要失效形式是磨粒磨损和弯曲疲劳折断。因目前磨损还无法计算，故按弯曲疲劳强度计算出模数 m。考虑到磨损后轮齿变薄，一般把计算的模数 m 增大 10%～15%，再取相近的标准值。因磨粒磨损速率远比齿面疲劳裂纹扩展速率快，即齿面疲劳裂纹还未扩展即被磨去。所以，一般开式传动不会出现疲劳点蚀，因而也无需验算接触强度。

第二节　齿轮的材料及热处理

机械制造业中，常用的齿轮材料有下列几种：

一、锻钢

锻钢是制造齿轮的主要材料，一般用含碳量为 0.1%～0.6%的碳素钢或合金钢。按照加工技术及承载能力，钢齿轮可以分两类。

1. 轮齿工作表面硬度≤350HBS 的齿轮

这类齿轮的轮齿是在热处理(其热处理方法为调质或正火)后进行精加工的(切削加工)，因此其工作表面硬度就受到限制，通常在 180～280HBS 之间。一对齿轮中，若两齿轮的材料和齿面硬度相同时，因小齿轮转速高，应力循环次数多，故寿命较短，为了使大、小齿轮的寿命接近，应使小齿轮的齿面硬度比大齿轮高 25～50HBS。这类齿轮常用的材料是 45、35SiMn、42SiMn、40Cr、35CrMo 及 40MnB 等，有时也采用 Q275 等普通碳素钢。成批或小量生产的，以及一般减速器的齿轮，其齿面硬度多为≤350HBS 的。

2. 轮齿工作表面硬度＞350HBS 的齿轮

这类齿轮的轮齿是在精加工后进行最终热处理的，其热处理方法常为淬火、表面淬火等。通常硬度为 40～60HRC。在最终热处理后，轮齿不可避免地会产生变形，必要时可用磨削或研磨的方法加以消除。这类齿轮常用的材料是 20Cr、20CrMnTi 或 20Mn2B(表面渗碳淬火)；

45、35SiMn、42SiMn、40Cr(表面淬火或整体淬火)等。齿面硬度大于350HBS的齿轮多为大量生产的及尺寸和重量要求较小的齿轮，例如航空发动机、机床、汽车及拖拉机中的齿轮。由于齿面硬度高，承载能力大，尺寸紧凑，而且耐磨性好，因此，近年来我国生产的ZDY、ZLY及ZSY渐开线圆柱齿轮减速器均采用硬齿面齿轮，其体积小，承载能力高。

二、铸钢

当齿轮较大(一般 $d>400\sim600$mm)而轮坯不宜锻出时，可采用铸钢齿轮。常用的铸钢有ZG310－570、ZG340－640等。钢铸件由于铸造时收缩性大、内应力大，故应进行正火或回火处理以消除其内应力。

三、铸铁

铸铁齿轮主要用于开式的低速齿轮传动中，其抗弯强度与抗冲击能力都较低，因而铸铁齿轮尺寸较大。优质铸铁的弯曲强度及接触强度均较普通铸铁高，故有时用来代替铸钢。常用的铸铁有HT200、HT300以及球墨铸铁QT500－7等。

四、非金属材料

为了消除高速运转时齿轮传动的噪声，可采用非金属材料制造齿轮。常用的非金属材料有塑料、皮革等。制造齿轮的塑料有布质塑料、木质塑料以及尼龙等。这种齿轮多与另一个由锻钢或铸铁制造的齿轮配合使用，它们的承载能力较低。

常用的齿轮材料列于表12－1、表12－2、表12－3为齿面硬度组合的应用例子，可供设计时参考。

表12－1　常用的齿轮材料

材料牌号	热处理	硬度
Q275		150～200HBS
45	正火	170～210HBS
45	调质	210～280HBS
45	表面淬火	40～50HRC
35SiMn、42SiMn	调质	210～280HBS
35SiMn、42SiMn	表面淬火	45～55HRC
40MnB	调质	240～280HBS
40Cr	调质	230～280HBS
35CrMo	调质	210～280HBS
35CrMo	表面淬火	40～50HRC
20Cr	渗碳淬火、回火	56～62HRC
20CrMnTi	渗碳淬火、回火	56～62HRC
ZG310～570	正火	163～197HBS
ZG340～640	正火	179～209HBS
HT300		180～250HBS
QT500－7		170～230HBS

表 12-2 齿轮工作齿面硬度及其组合

齿面类型	齿轮种类	热处理		两轮工作齿面硬度差
		小齿轮	大齿轮	
软齿面 (≤350HBS)	直齿	调质	正火调质	$(HBS_1)_{min}-(HBS_1)_{min}\geqslant(20\sim50)HBS$
	斜齿及人字齿	调质	正火调质	$(HBS_1)_{min}-(HBS_1)_{min}\geqslant(40\sim50)HBS$
硬软组合齿面 ($>350HBS_1$、$\leqslant350HBS_2$)	斜齿及人字齿	表面淬火	调质	齿面硬度差很大
		渗碳	调质	
硬齿面 (>350HBS)	直齿、斜齿及人字齿	表面淬火	表面淬火	齿面硬度大致相同
		渗碳	渗碳	

表 12-3 工作齿面硬度举例

齿面类型	工作齿面硬度举例		备注
	小齿轮	大齿轮	
软齿面	240～270HBS 260～290 HBS 280～310 HBS 300～330 HBS	180～220 HBS 220～240 HBS 240～260 HBS 260～280 HBS	用于重载中低速固定式传动装置
	240～270 HBS 260～290 HBS 270～300 HBS 300～330 HBS	160～190 HBS 180～210 HBS 200～230 HBS 230～260 HBS	
软硬组合齿面 ($>350HBS_1$、$\leqslant350HBS_2$)	45～50HRC	200～230HBS 230～260HBS 270～300HBS 300～330HBS	用于负载冲击及过载都不大的重载中低速固定式传动装置
	56～62HRC		
硬齿面(>350HBS)	45～50HRC		用于在传动尺寸受结构条件限制的情形和运输机器上的传输装置
	56～62HRC		

注：1. 重要齿轮的表面淬火，应采用高频或中频感应淬火；模数较大时，应沿齿沟加热和淬火。

2. 通常渗碳后的齿轮要进行磨齿。

3. 为了提高抗胶合性能，建议小轮和大轮采用不同牌号的钢来制造。

第三节　直齿圆柱齿轮传动

一、直齿圆柱齿轮传动的受力分析

为了计算齿轮的强度，进行轴和轴承的设计，首先要分析作用于轮齿上力的大小、方向和性质。

1. 名义载荷

若忽略齿面间的摩擦力，并以作用在节点 C 处的集中力代替沿齿宽上的均布载荷，则齿轮间的作用力为垂直于齿面的即沿啮合线 $\overline{N_1N_2}$ 方向的法向力 F_n[图 12－3(a)]。将法向力 F_n 分解为圆周力 F_t 和径向力 F_r[图 12－3(b)]其单位均为 N，则

$$\left.\begin{aligned} F_t &= \frac{2T_1}{d_1} \\ F_r &= F_t \tan\alpha \\ F_n &= \frac{F_t}{\cos\alpha} \end{aligned}\right\} \tag{12-1}$$

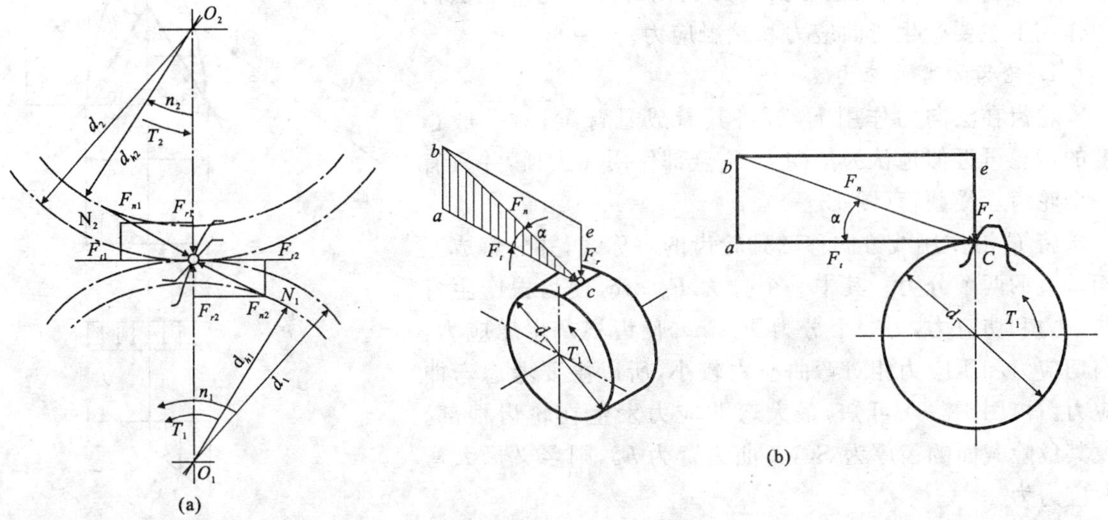

图 12－3　直齿圆柱齿轮传动的受力分析

式中，T_1 为小齿轮传递的名义转矩，单位为 N·mm。当已知小齿轮传递的名义功率 P_1(kW)和转速 n_1(r/min)时，则

$$T_1 = 9\ 550\ 000\frac{P_1}{n_1} \tag{12-2}$$

式中，d_1 为小齿轮的节圆直径，对标准安装的标准直齿圆柱齿轮传动即为分度圆直径，单位为 mm；α 为啮合角，对标准安装的标准直齿圆柱齿轮传动即为分度圆处的压力角 $\alpha=20°$。

由于两轮所受的法向力 F_n 大小相等，方向相反，所以两轮的圆周力 F_t 和径向力 F_r 也分别

大小相等,方向相反。

圆周力 F_t 与节圆相切。主动轮圆周力 F_{t1} 方向与主动轮节点处的速度方向相反,从动轮圆周力 F_{t2} 的方向与从动轮节点处的速度方向相同。主、从动轮径向力的方向分别为由节电指向各自轮心(内齿圈为远离轮心)。

2. 计算载荷

法向力 F_n 是齿轮传动在理想状态下的名义载荷,而在实际工作时,由于原动机和工作机的性能齿轮的加工误差,轮齿、轴和轴承受载后的变形,以及传动中工作载荷的变化等都会使齿轮上所受的实际载荷大于名义载荷。所以,齿轮的强度计算应考虑上述因素,将名义载荷乘以载荷系数,则得计算载荷

$$F_{nc}=KF_n \tag{12-3}$$

式中,K 为载荷系数。一般取 $K=1.3\sim1.7$。当原动机为电动机、工作机载荷较平稳、齿轮支承为对称布置或齿轮制造精度较高时取较小值;当齿轮速度较高或开式齿轮传动时取较大值。

二、齿轮传动的应力分析

为分析齿轮轮齿的失效形式,必须先进行轮齿的应力分析,找出其所受最大应力及应力变化特征。轮齿在法向力作用下主要产生弯曲应力和接触应力。

1. 轮齿的弯曲应力

轮齿在法向力作用下,可将其看成悬臂梁,对一般精度的齿轮可近似地认为法向力 F_n 全部作用在齿顶,并只有一个轮齿承受载荷(图 12-4)。

将 F_n 沿作用线方向移动到轮齿的对称线,并分解成互相垂直的两个分力。其中一个分力 $F_n\cos\alpha_F$ 使齿根产生弯曲应力和切应力,另一个分力 $F_n\sin\alpha_F$ 使齿根产生压应力,因切应力和压应力相对弯曲应力较小,所以主要考虑弯曲应力。由图 12-4 可知,最大弯曲应力发生在轮齿根部。设其危险截面的齿厚为 S_F,弯曲力臂为 h_F,则名义最大弯曲应力为

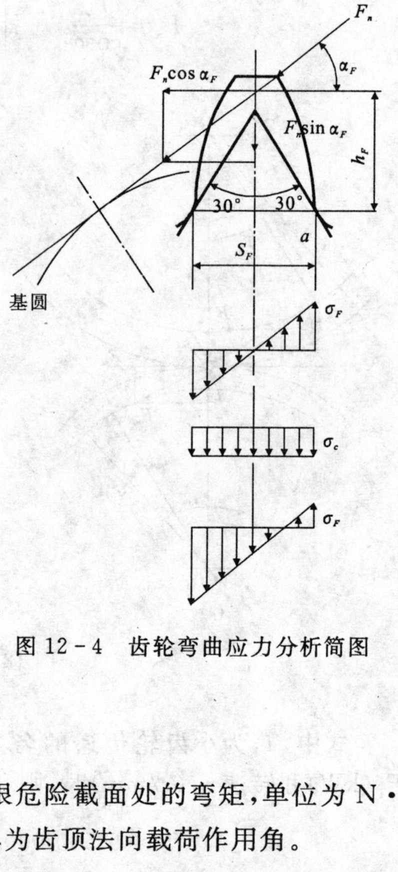

图 12-4 齿轮弯曲应力分析简图

$$\sigma_{F0}=\frac{M}{W}=\frac{F_n\cos\alpha_F h_F}{\dfrac{bS_F^2}{6}}=\frac{F_{t1}6\left(\dfrac{h_F}{m}\right)\cos\alpha_F}{bm\left(\dfrac{S_F}{m}\right)^2\cos\alpha} \tag{12-4}$$

式中,σ_{F0} 为齿轮的名义弯曲应力,单位为 MPa;M 为齿根危险截面处的弯矩,单位为 N·mm;W 为齿根危险截面处的抗弯截面系数,单位为 mm^3;α_F 为齿顶法向载荷作用角。

令

$$Y_{Fa}=\frac{6\left(\dfrac{h_F}{m}\right)\cos\alpha_F}{\left(\dfrac{S_F}{m}\right)^2\cos\alpha}$$

Y_{Fa}表示轮齿的几何形状抵抗弯曲能力的影响系数，Y_{Fa}值越小，轮齿的抗弯能力越高。对标准齿轮传动的Y_{Fa}值，只与影响齿轮形状的齿数z有关，而与模数m无关。此外考虑齿根危险截面处过渡圆角引起的应力集中，以及齿根处切应力和压应力的影响，引入应力修正系数Y_{Sa}，并令$Y_{FS}=Y_{Fa}Y_{Sa}$。将$F_t=\dfrac{2T_1}{mz_1}$代入式(12-4)，并考虑载荷系数K，则得齿根处的计算弯曲应力(单位为MPa)

$$\sigma_F=\frac{2KT_1}{bm^2z_1}Y_{FS} \tag{12-5}$$

式中，Y_{FS}为复合齿形系数，是量纲一的数。外啮合标准齿轮传动的Y_{FS}值可根据齿数z由表12-4查出。b为工作齿宽，单位为mm。为防止两轮因安装后产生轴向错位而导致工作齿宽减小，一般将小齿轮齿宽作宽些，即$b_1=b_2+(5\sim10)$mm，$b_2=b$。b_1、b_2分别为小齿轮和大齿轮的齿宽。

表12-4　复合齿形系数Y_{FS}

$z(z_v)$	17	18	19	20	21	22	23	24	25	26	27	28	29
Y_{FS}	4.51	4.45	4.39	4.34	4.30	4.27	4.24	4.19	4.16	4.14	4.11	4.10	4.09
$z(z_v)$	30	35	40	45	50	60	70	80	90	100	150	200	∞
Y_{FS}	4.09	4.04	4.01	4.00	4.00	3.94	3.92	3.92	3.91	3.90	3.91	3.95	4.05

注：基准齿形参数为$\alpha=20°$、$h_a^*=1$、$c^*=0.25$、$\rho=0.38m$(m为齿轮模数，ρ为齿顶圆角半径)。

由上述分析可知，当两轮齿数不相等时，复合齿形系数Y_{FS1}和Y_{FS2}也不相等，由式(12-5)知，两轮的弯曲应力σ_{F1}和σ_{F2}也不相等。

弯曲应力的变化特征与齿轮在工作时运转的方向有关。当齿轮单向运转时，齿根处最大弯曲应力σ_F由零逐渐变到最大，离开啮合时，又由最大逐渐变化到零。此变化可简化为脉动循环变应力[图12-5(a)]。当双向运转时，对a点而言(图12-4)，法向力F_n作用在轮齿的右侧时，a点受拉，法向力F_n作用在轮齿的左侧时，a点受压，此时a点的应力变化特征可简化为对称循环变化[图12-5(b)]。

2. 轮齿的表面接触应力

在法向力作用下，轮齿表面产生接触应力。因齿轮传动时在节点处多为一对齿啮合，此时轮齿受载最大，所以以节点处的接触应力为计算对象。

两轮齿在节点处啮合，可看成是半径分别为ρ_1和ρ_2的两个圆柱体在F_n作用下，沿圆柱体长度方向的互相接触(图12-6)。由于弹性变形，两圆柱体的接触区实际是一条窄平面，最大接触应力发生在窄平面的中线处，其值可根据弹性力学的赫兹公式求出

$$\sigma_H=0.418\sqrt{\frac{qE}{\rho}} \tag{12-6}$$

式中，q为接触线单位长度上的载荷，单位为N/mm。$q=\dfrac{F_n}{b}$，其中F_n为圆柱体所承受的

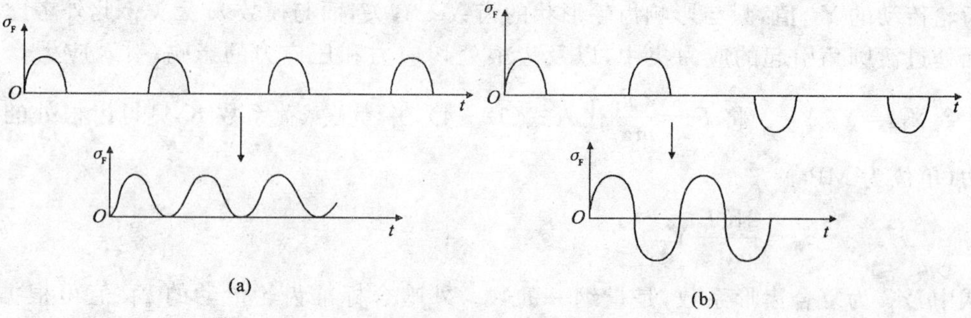

图 12-5 轮齿弯曲应力的变化特征

(a)单向运转;(b)双向运转

载荷(N);b 为两圆柱体接触的长度(mm)。E 为综合弹性模量,单位为 MPa。$E=\dfrac{2E_1E_2}{E_1+E_2}$,其中 E_1、E_2分别为两圆柱体的弹性模量。ρ 为综合曲率半径,单位为 mm。$\rho=\dfrac{\rho_1\rho_2}{\rho_2\pm\rho_1}$,其中 ρ_1、ρ_2 分别为两圆柱体的曲率半径,"+"号用于外接触,"-"号用于内接触。

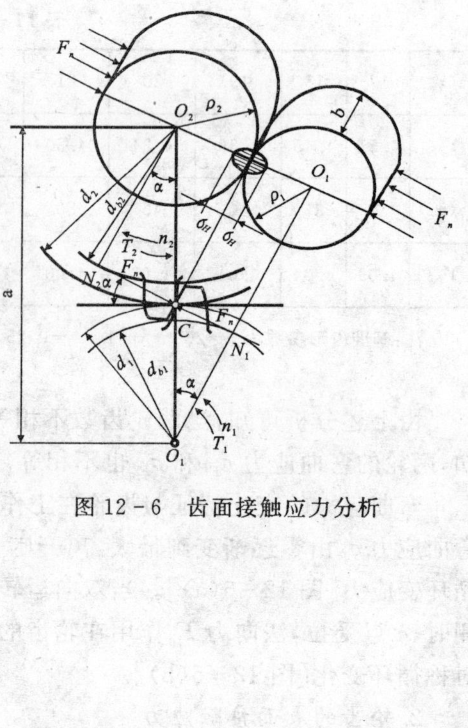

图 12-6 齿面接触应力分析

现以两齿轮节点处的相应参数代入式(12-6),由图 12-6 可知

$$\rho_1=\frac{d_1}{2}\sin\alpha \qquad \rho_2=\frac{d_2}{2}\sin\alpha$$

$$u=\frac{z_2}{z_1}=\frac{d_2}{d_1} \qquad a=\frac{d_1}{2}(u\pm1)$$

$$d_1=\frac{2a}{u\pm1} \qquad d_1=\frac{2au}{u\pm1}$$

则

$$\rho=\frac{\rho_1\rho_2}{\rho_2\pm\rho_1}=\frac{au\sin\alpha}{(u\pm1)^2}$$

$$q=\frac{F_n}{b}=\frac{F_{t1}}{b\cos\alpha}=\frac{T_1(u\pm1)}{ab\cos\alpha}$$

对于啮合角 $\alpha=20^\circ$的一对钢制齿轮($E=E_1=E_2=20.6\times10^4$ MPa),考虑载荷系数 K,则得齿轮节点处的计算接触应力

$$\sigma_H=\frac{335}{a}\sqrt{\frac{KT_1}{b}\cdot\frac{(u\pm1)^3}{u}} \qquad (12-7)$$

式中,u 为齿数比,$u=\dfrac{z_2}{z_1}\geqslant1$;"+"号用于外啮合,"-"号用于内啮合。

由式(12-7)可知,一对互相啮合的大小齿轮,其接触应力值相等。而应力变化特征与齿轮的运转方向无关,对轮齿上的某啮合点而言,当轮齿在此点啮合时,接触应力由零变到最大,离开啮合时,接触应力又由最大变化到零,因此,接触应力的变化特征可简化为脉动循环变化。

三、直齿圆柱齿轮传动的强度计算

1. 直齿圆柱齿轮传动的弯曲疲劳强度计算

齿轮不产生弯曲疲劳折断的强度条件为

$$\sigma_F \leqslant [\sigma_F]$$

将式(12－5)代入上式得弯曲疲劳强度的校核式

$$\frac{2KT_1}{bm^2 z_1} Y_{FS} \leqslant [\sigma_F] \tag{12-8}$$

以 $b=\psi_a a$，$a=\dfrac{mz_1(u\pm1)}{2}$代入上式，得弯曲疲劳强度的设计式

$$m \geqslant \sqrt[3]{\frac{4KT_1}{\psi_a z_1^2 (u\pm1)} \cdot \frac{Y_{FS}}{[\sigma_F]}} \tag{12-9}$$

使用式(12－8)和式(12－9)的几点说明。

(1)m——模数，单位为 mm。用式(12－7)计算出的 m 值应按表 6－1 取标准值，对开式齿轮传动应将计算的 m 值加大 5%～10%后，再取标准值。

(2)ψ_a——齿宽系数，$\psi_a=b/a$。当 a 一定时，ψ_a值越大，轮齿越宽，承载能力越高，但易发生载荷沿齿宽分布不均而产生偏载，反而影响其承载能力，因此齿宽系数应选择适当。圆柱齿轮齿宽系数 Ψ_a的荐用值见表 12－5。

表 12－5　齿宽系数 Ψ_a 的推荐值

传递载荷类型	轻型	中型	重型
ψ_a	0.2～0.4	0.3～0.61	>0.8

注：齿轮对称布置时取大值，悬臂布置时取小值。

(3)z_1——小齿轮齿数，$z_1=d_1/m$。当齿轮分度圆直径 d_1一定时，齿数 z_1越大，模数 m 越小。

z_1值越大，重合度越大，传动越平稳。对闭式软齿面齿轮传动，小齿轮齿数可取 $z_1=20\sim40$。对闭式硬齿面齿轮传动及开式齿轮传动，考虑疲劳折断及磨损失效，可取 $z_1=17\sim20$。对标准直齿圆柱齿轮传动，为避免根切，$z_1\geqslant17$。

模数 m 越小，齿顶圆直径越小，可节约材料，减轻重量；模数小则齿槽小，可减少切削加工量，节约工时，降低成本。但模数不可过小，否则齿厚过薄，易发生断齿，对传递动力的齿轮，一般 $m\geqslant(1.5\sim2)$mm。

(4)$[\sigma_F]$——许用弯曲应力，单位 MPa。许用弯曲应力与齿轮材料、热处理、轮齿表面硬度和弯曲应力的变化特征有关，其值见表 12－6。

表 12-6 许用弯曲应力$[\sigma_F]$值

材料	热处理方法	齿面硬度	$[\sigma_F]$
普通碳钢	正火	150～210HBS	130＋0.15HBS
碳素钢	调质,正火	170～270 HBS	140＋0.2 HBS
合金钢	调质	200～350 HBS	155＋0.3 HBS
铸钢		150～200 HBS	100＋0.15 HBS
碳素铸钢	调质,正火	170～230 HBS	120＋0.2 HBS
合金铸钢	调质	200～350 HBS	125＋0.25 HBS
碳素钢,合金钢	表面淬火	45～58HRC	160＋2.5 HBS
合金钢	渗碳淬火	54～63HRC	5.8HRC
灰铸铁		150～250 HBS	30＋0.1HRC
球墨铸铁		200～300 HBS	130＋0.2 HBS

注:1.$[\sigma_F]$算式是根据 GB3480—83 的应力区域图拟定的。

2. 当齿轮受对称循环变应力时,应将式中$[\sigma_F]$乘以 0.7。

由表 12-6 知,两齿轮硬度不等时,许用弯曲应力不等。由式(12-8)知,两齿轮齿数不等时,弯曲应力也不等。因此,当用式(12-9)计算模数时,为同时满足大、小齿轮的弯曲疲劳强度,应将$\dfrac{Y_{FS1}}{[\sigma_F]_1}$和$\dfrac{Y_{FS2}}{[\sigma_F]_2}$的较大值代入式中。在用式(12-8)进行弯曲疲劳强度校核时,两齿轮应分别进行校核计算,即$\sigma_{F1}\leqslant[\sigma_F]_1$,$\sigma_{F2}\leqslant[\sigma_F]_2$,其中有一式不成立,说明弯曲强度不符合要求,应将模数 m 加大后,再进行返算。

(5)由式(12-8)可知,当工作齿宽 b 一定时,影响轮齿弯曲强度的主要几何参数是模数 m。

(6)公式中凡有右下标的参数,例如 T_1、d_1,在计算时不可更改。

(7)转矩 T 单位为 N·mm;工作齿宽 b、模数 m 单位为 mm;许用应力$[\sigma_F]$单位为 MPa。

(8)其他参数取法同前述。

2. 直齿圆柱齿轮传动的接触疲劳强度计算

轮齿不产生齿面疲劳点蚀的强度条件为

$$\sigma_H\leqslant[\sigma_H]$$

将式(12-7)代入上式,得一对钢制直齿圆柱齿轮传动的接触疲劳强度的校核式

$$\frac{335}{a}\sqrt{\frac{KT_1(u\pm1)^3}{bu}}\leqslant[\sigma_H] \tag{12-10}$$

将 $b=\psi_a a$ 代入上式,得接触疲劳强度的设计式

$$a\geqslant48(u\pm1)\sqrt[3]{\frac{KT_1}{u\psi_a[\sigma_H]^2}} \tag{12-11}$$

使用式(12-10)和式(12-11)的几点说明。

(1)$[\sigma_H]$为许用接触应力,单位为 MPa。据材料和轮齿硬度由表 12-7 查出。两轮齿硬度不同,其许用接触应力不等,为保证一对轮齿的接触疲劳强度,计算时应代入较小值。

表 12-7　许用接触应力[σ_H]值　单位:MPa

材料	热处理方法	齿面硬度	[σ_H]
普通碳钢	正火	150～210HBS	240+0.8HBS
碳素钢	调质,正火	170～270HBS	380+0.7HBS
合金钢	调质	200～350HBS	380+HBS
铸钢		150～200HBS	180+0.8HBS
碳素铸钢	调质,正火	170～230HBS	310+0.7HBS
合金铸钢	调质	200～350HBS	340+HBS
碳素钢,合金钢	表面淬火	45～58HRC	500+11HRC
合金钢	渗碳淬火	54～64HRC	23HRC
灰铸铁		150～250HBS	120+HBS
球墨铸铁		200～300HBS	170+1.4HBS

注:[σ_H]算式是根据 GB3480—1983 拟定的。

(2)式(12-10)和式(12-11)只适用于钢制齿轮传动的计算。如配对材料改变时,式中常数项应作如下修改:钢对灰铸铁时改为 290 及 44;钢对球墨铸铁时改为 320 及 47;灰铸铁对灰铸铁时改为 258 及 40。

(3)由式(12-10)知,当工作齿宽 b 一定时,影响接触疲劳强度的主要几何参数是中心距 a。

(4)其他使用说明与疲劳弯曲强度计算公式的使用说明相同。

例 12-1　试设计带式输送机用单级直齿圆柱齿轮减速器。已知小齿轮转速 $n_1=750$ r/min,功率 $P_1=10$kW,传动比 $i=4$。

解题分析:据题意,本题是设计题。此减速器传递的功率不大,又无尺寸限制,所以两齿轮材料可选用软齿面。闭式软齿面齿轮传动的主要失效形式是齿面疲劳点蚀,但也可能出现轮齿的弯曲疲劳折断。因此应按接触疲劳强度进行设计,再按弯曲疲劳强度进行校核,最后进行几何尺寸计算和结构设计。

设计步骤

计算项目	计算内容和说明	主要计算结果
1. 选择齿轮材料,确定许用应力		
小齿轮材料	35SiMn,调质,硬度为 210～280HBS$_1$,计算中用 260 HBS$_1$	
大齿轮材料	45 钢,正火,硬度为 170～210 HBS$_2$,计算中用 180 HBS$_2$ (表 12-1,表 12-2)	
小齿轮许用接触应力	$[\sigma_H]_1=380+0.7\text{HBS}_1=380+0.7\times260=562$MPa(表 12-5)	
大齿轮许用接触应力	$[\sigma_H]_2=380+0.7\text{HBS}_2=380+0.7\times180=506$MPa(表 12-5)	
小齿轮许用弯曲应力	$[\sigma_F]_1=140+0.2\text{HBS}_1=140+0.2\times260=192$MPa(表 12-4)	
大齿轮许用弯曲应力	$[\sigma_F]_2=140+0.2\text{HBS}_2=140+0.2\times180=176$MPa(表 12-4)	
2. 按接触疲劳强度设计的中心距		
小齿轮转矩	$T_1=9550000P_1/n_1=9550000\times10/750=127300\text{N}\cdot\text{mm}$	$T_1=127300\text{N}\cdot\text{mm}$
载荷系数	根据工作平稳,单级直齿圆柱齿轮减速器一般为对称布置,取 $K=1.35$	$K=1.35$

续

计算项目	计算内容和说明	主要计算结果
齿宽系数	根据中等载荷，对称布置，取 $\psi_a=0.4$（表 12-3）	$\psi_a=0.4$
齿数比	因为是减速传动，所以 $u=i=4$	$u=4$
许用接触应力	选用$[\sigma_H]_1$和$[\sigma_H]_2$中的小值，即$[\sigma_H]=506\text{MPa}$代入设计式	
中心距	$a=48(u+1)\sqrt[3]{\dfrac{KT_1}{u\psi_a[\sigma_H]^2}}=48(4+1)\sqrt[3]{\dfrac{1.35\times127300}{4\times0.4\times506^2}}=179.6(\text{mm})$	
3. 配凑几何参数		
小齿轮齿数	$z_1=36$	$z_1=36$
大齿轮齿数	$z_2=uz_1=4\times36=144$	$z_2=144$
模数	$m=\dfrac{2a}{z_1+z_2}=\dfrac{2\times179.6}{36+144}=1.99(\text{mm})$，取标准值 $m=2\text{mm}$（表 6-1）	$m=2\text{mm}$
中心距	$a=m(z_1+z_2)/2=2\times(36+144)/2=180(\text{mm})$，比强度计算值大，可以	$a=180\text{mm}$
工作齿宽	$b=\Psi_a a=0.4\times180=72(\text{mm})$	
大齿轮齿宽	$b_2=b=72\text{mm}$	$b_2=72\text{mm}$
小齿轮齿宽	$b_1=b_2+8=72+8=80(\text{mm})$	$b_1=80\text{mm}$
4. 按照弯曲疲劳强度校核		
小齿轮复合齿形系数	$Y_{FS1}=4.03$（表 12-4）	
大齿轮复合齿形系数	$Y_{FS2}=3.91$（表 12-4）	
小齿轮弯曲疲劳强度校核	$\sigma_{F1}=\dfrac{2K_{T1}Y_{FS1}}{bz_1m^2}=\dfrac{2\times1.35\times127300\times4.03}{72\times36\times2^2}=134(\text{MPa})<[\sigma_F]_1$	
大齿轮弯曲疲劳强度校核	$\sigma_{F2}=\sigma_{F1}\dfrac{Y_{FS2}}{Y_{FS1}}=134\times\dfrac{3.91}{4.03}=130\text{MPa}<[\sigma_F]_2$	
5. 几何参数的计算		
小齿轮分度圆直径	$d_1=mz=2\times36=72(\text{mm})$	$d_1=72\text{mm}$
小齿轮齿顶圆直径	$d_{a1}=d_1+2h_a=d_1+2m=72+2\times2=76(\text{mm})$	$d_{a1}=76\text{mm}$
小齿轮齿根圆直径	$d_{f1}=d_1-2h_f=d_1-2.5m=72-2.5\times2=67(\text{mm})$	$d_{f1}=67\text{mm}$
大齿轮分度圆直径	$d_2=mz_2=2\times144=288(\text{mm})$	$d_2=288\text{mm}$
大齿轮齿顶圆直径	$d_{a2}=d_2+2m=288+2\times2=292(\text{mm})$	$d_{a2}=292\text{mm}$
大齿轮齿根圆直径	$d_{f2}=d_2-2.5m=288-2.5\times2=283(\text{mm})$	$d_{f2}=283\text{mm}$
校核分度圆直径取值是否与中心距相符	$a=(d_1+d_2)/2=(72+288)/2=180(\text{mm})$	$a=188\text{mm}$；与原配凑值相符
6. 确定齿轮传动的精度等级		
齿轮圆周速度	$v=\dfrac{\pi d_1n_1}{60\times100}=\dfrac{\pi\times72\times750}{6\,000}=2.82(\text{m/s})$	$v=2.82\text{m/s}$
精度等级	选用 8 级精度 （表 6-4）	精度选用 8 级
7. 结构设计	（略）	

第四节　斜齿圆柱齿轮传动

一、轮齿受力分析

图 12－7 所示为斜齿圆柱齿轮轮齿的受力情况。作用、在轮齿上的法向力 F_n可以分解为3个分力：

$$\left.\begin{aligned}&\text{圆周力}\quad F_1=\frac{2T_1}{d_1}\\&\text{径向力}\quad F_r=F'_n\tan\alpha=\frac{F_t\tan\alpha}{\cos\beta}\\&\text{轴向力}\quad F_a=F_t\tan\beta\end{aligned}\right\}\qquad(12-12)$$

圆周力 F_t的方向，在主动轮上和回转方向相反，在从动轮上和回转方向一致。径向力方向对两轮都是指向轮心。轴向力的方向可以用“主动轮左、右手方法”来判断：若主动轮为右旋，则握紧右手，以四指弯曲方向表示主动轮的回转方向，拇指的指向即为作用在主动轮上轴向力 F_a的方向；若主动轮为左旋，则以左手来判断。知道主动轮上的轴向力方向之后，则从动轮轴向力的方向与其相反、大小相等。在图 12－7(a)中，小齿轮（主动轮）为左旋，用左手可以判断轴向力 F_a向左。图 12－7(b)所示为与图 12－7(a)相对应的一对斜齿圆柱齿轮之间的作用力的方向。

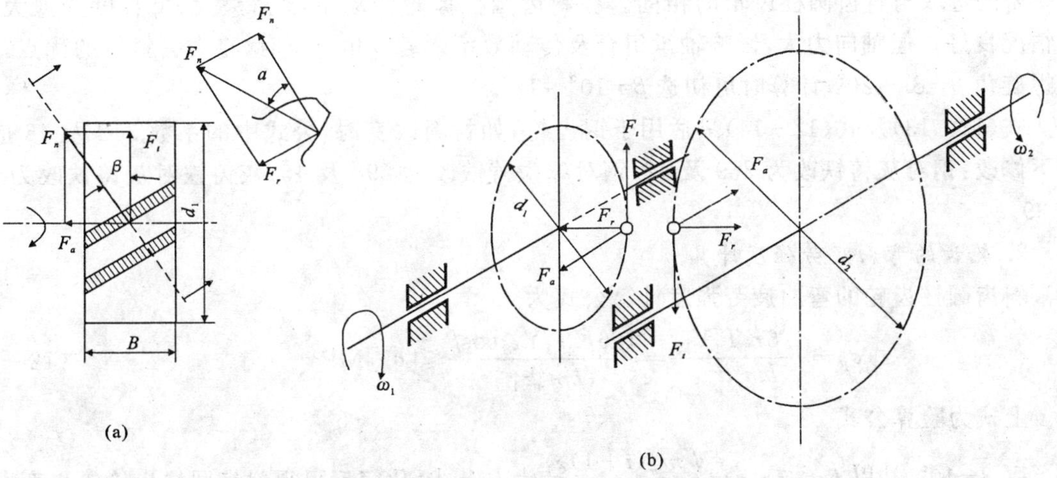

图 12－7　斜齿圆柱齿轮轮齿的受力情况

(a)主动轮轴向力；(b)相啮合的一对斜齿圆柱齿轮受力

二、强度计算

1. 轮齿表面的接触疲劳强度计算

用分析直齿圆柱齿轮传动类似的方法，并考虑到斜齿轮传动本身的特点（重合度大、接

触线较长及节线附近的载荷集中等),可以得到斜齿圆柱齿轮轮齿表面接触疲劳强度的计算公式

$$\sigma_H=\frac{312}{a}\sqrt{\frac{KT_1}{b}\cdot\frac{(i+1)^3}{i}}\leqslant[\sigma_H]\text{MPa} \tag{12-13}$$

$$a=46(i+1)\sqrt[3]{\frac{KT_1}{i\psi_a[\sigma_H]^2}}\text{mm} \tag{12-14}$$

式(12-13)为验算公式,式(12-14)为设计公式,其中各参数的意义及单位均与直齿圆柱齿轮的相同。许用接触应力$[\sigma_H]$的计算亦与直齿圆柱齿轮的相同。在简化计算时,载荷系数K亦可按直齿圆柱齿轮的数据选用。斜齿圆柱齿轮的啮合情况较好,故齿宽系数以可选得较直齿圆柱齿轮的大些。

按式(12-14)求出中心距以后,再选择齿数z_1及螺旋角β,求出法向模m_n数,最后应选取标准模数。

由于
$$a=\frac{d_1+d_2}{2}=\frac{m_t(z_1+z_2)}{2}=\frac{m_n(z_1+z_2)}{2\cos\beta}$$

故
$$m_n=\frac{2a\cos\beta}{z_1+z_2} \tag{12-15}$$

因为z_1及z_2应为整数,m_n亦应符合标准,若中心距已预先决定或需要圆整,则必须利用式(12-16)调整螺旋角β。

$$\beta=\arccos\frac{m_n(z_1+z_2)}{2a} \tag{12-16}$$

z_1的选取与直齿圆柱齿轮的相同。在斜齿圆柱齿轮传动中,β角愈大,重合度亦愈大,传动情况良好。但轴向力大,影响轴承组合及传动效率。若β角过小时,将失去斜齿的优点。一般螺旋角$\beta=8°\sim20°$,计算时可初选$\beta=10°\sim12°$。

式(12-13)及式(12-14)只适用于钢齿轮,如材料改变时,公式中的系数312及46应作如下修改:钢对灰铸铁改为269及42;钢对球墨铸铁改为298及45;灰铸铁对灰铸铁改为240及39。

2. 轮齿的弯曲疲劳强度计算

斜齿圆柱齿轮的弯曲疲劳强度计算公式为

$$\sigma_F=\frac{1.6KT_1Y_{FS}}{bm_nd_1}=\frac{1.6KT_1Y_{FS}\cos\beta}{bm_n^2z_1}\leqslant[\sigma_F]\text{MPa} \tag{12-17}$$

上式为验算公式。

取$\beta=10°$,并以$b=\psi_a\cdot a=\dfrac{\psi_a m_n(i+1)z_1}{2\cos\beta}$代入上式,化简后可得斜齿圆柱齿轮轮齿弯曲疲劳强度的设计公式

$$m_n=\sqrt[3]{\frac{3.1KT_1Y_{FS}}{\psi_a(i+1)z_1^2[\sigma_F]}}\text{mm} \tag{12-18}$$

式(12-17)及式(12-18)中的Y_{FS}是斜齿圆柱齿轮的当量齿轮的齿形系数,可根据当量齿数$z_v=\dfrac{z}{\cos^3\beta}$由表12-4查得。许用弯曲应力$[\sigma_F]$按表12-6确定。其他参数的意义及单位同直齿圆柱齿轮。

关于斜齿圆柱齿轮强度计算公式的简要说明如下：

国标 GB3480—83 中的公式为

$$\sigma_H = Z_E Z_H Z_\varepsilon Z_\beta \sqrt{\frac{2KT_1}{\psi_d d_1^3}\frac{u\pm1}{u}} \leqslant [\sigma_H]$$

以 $Z_E=189.8\sqrt{\text{MPa}}$（钢对钢），螺旋角 $\beta=8°\sim20°$，取 Z_H 的平均值，$Z_H=2.43$；取 Z_ε 的最大值，$Z_\varepsilon=0.91$。忽略 β 角的影响，即 $Z_\beta=1$，再以 $\psi_d=\psi_a\left(\frac{i+1}{2}\right)$，并将齿数比 u 换成传动比 i，将上述有关数据及参数代入上式，再考虑国标中的载荷系数 K 比常用的 K 值大，因此将公式前的系数增大 5%，于是可得式(12-13)

$$\sigma_H = \frac{311.5}{a}\sqrt{\frac{KT_1}{b}\frac{(i+1)^3}{i}} \leqslant [\sigma_H]$$

$$\approx \frac{312}{a}\sqrt{\frac{KT_1}{b}\frac{(i+1)^3}{i}} \leqslant [\sigma_H]$$

在弯曲疲劳强度计算中，考虑斜齿轮传动接触线是倾斜的，重合度大，一般为斜向断齿，实际弯曲应力要小些，故将弯曲应力约降低 20%，再以当量齿轮的有关参数代入直齿轮弯曲强度计算公式中，便可得到式(12-17)。

例题 12-3　试设计带宽式输送机用单级斜齿圆柱齿轮减速器，已知小齿轮转速 $n_1=750\text{r/min}$，功率 $p_1=10\text{kW}$，速比 $i=4$，要求设计尽量紧凑。

解题分析：据题意，本体为设计题，是闭式齿轮传动，因要求结构紧凑，选用一对硬齿面齿轮，闭式硬齿面齿轮传动的主要失效形式是轮齿的疲劳折断，但也可能产生表面疲劳点蚀。所以应按弯曲疲劳强度设计模数，然后再进行表面疲劳强度的校核计算，最后进行几何尺寸计算结构设计。

设计步骤

计算项目	计算内容和说明	主要计算结果
1. 选择齿轮材料，确定许用应力		
小齿轮材料	20CrMnTi，渗碳淬火、回火，硬度为 56～62HRC_1，计算中用 59HRC_1	
大齿轮材料	20CrMnTi，渗碳淬火、回火，硬度为 56～62HRC_2，计算中用 59HRC_2	
小齿轮许用弯曲应力	$[\sigma_F]_1=5.8\text{HRC}_1=5.8\times59=342(\text{MPa})$（表 12-5）	
大齿轮许用弯曲应力	$[\sigma_F]_2=5.8\text{HRC}_2=5.8\times59=342(\text{MPa})$（表 12-5）	
小齿轮许用接触应力	$[\sigma_H]_1=23\text{HRC}_1=23\times59=1357(\text{MPa})$（表 12-4）	
大齿轮许用接触应力	$[\sigma_H]_2=23\text{HRC}_2=23\times59=1357(\text{MPa})$（表 12-4）	
2. 按接触疲劳强度设计的中心距		
小齿轮转矩	$T_1=9550000P_1/n_1=9550000\times10/750=127300(\text{N}\cdot\text{mm})$	$T_1=127300\text{N}\cdot\text{mm}$
载荷系数	根据工作平稳，对称布置，取 $K=1.35$	$K=1.35$

计算项目	计算内容和说明	主要计算结果
齿宽系数	根据中等载荷，对称布置，取 $\psi_a=0.4$（表 12-3）	$\psi_a=0.4$
齿数比	因为是减速传动，所以 $u=i=4$	$u=4$
初取螺纹角	$\beta=13°$	$\beta=13°$
小齿轮齿数	取 $z_1=21$	$z_1=21$
大齿轮齿数	取 $z_2=uz_1=4\times21=84$	$z_2=84$
小齿轮当量齿数	$z_{v1}=\dfrac{z_1}{\cos^3\beta}=\dfrac{21}{\cos^3 13°}=22.7$	
大齿轮当量齿数	$z_{v2}=\dfrac{z_2}{\cos^3\beta}=\dfrac{84}{\cos^3 13°}=90.8$	
小齿轮复合齿形系数	$Y_{FS1}=4.23$（表 12-2）	
大齿轮复合齿形系数	$Y_{FS2}=3.91$（表 12-2）	
$\dfrac{Y_{FS}}{[\sigma_F]}$ 值	$\dfrac{Y_{FS1}}{[\sigma_F]_1}=\dfrac{4.23}{342}=0.012$ $\dfrac{Y_{FS2}}{[\sigma_F]_2}=\dfrac{3.91}{342}=0.011$ 因 $\dfrac{Y_{FS1}}{[\sigma_F]_1}>\dfrac{Y_{FS2}}{[\sigma_F]_2}$，所以应以小齿轮为设计依据	
模数	$m_n=\sqrt[3]{\dfrac{3.1KT_1\cos^2\beta}{\psi_a(u+1)z_1^2[\sigma_F]}Y_{FS1}}=\sqrt[3]{\dfrac{3.1\times1.35\times127\ 300\times\cos^2 13°}{0.4(4+1)\times21^2\times342}\times0.012}=$ 1.9(mm) 取 $m_n=2$mm	
3. 配凑几何参数		
中心距	$a=\dfrac{(z_1+z_2)m_n}{2\cos\beta}=\dfrac{(21+84)\times2}{2\cos13°}=107.7$(mm) 取 $a=108$mm	$a=108$mm
实际螺旋角	$\beta=\arccos\dfrac{(z_1+z_2)m_n}{2a}=\arccos\dfrac{(21+84)\times2}{2\times108}=13°32'10''$	$\beta=13°32'10''$
4. 按照接触疲劳强度校核		
中心距	$a=46(i+1)\sqrt[3]{\dfrac{KT_1}{i\psi_a[\sigma_H]^2}}=46(4+1)\sqrt[3]{\dfrac{1.35\times127\ 300}{4\times0.4\times1\ 357^2}}=$ 89.2(mm)<108mm	满足接触强度要求
5. 几何尺寸计算		
小齿轮分度圆直径	$d_1=\dfrac{m_n}{\cos\beta}z_1=\dfrac{2}{\cos13°32'10''}\times21=43.20$(mm)	$d_1=43.20$mm
大齿轮分度圆直径	$d_2=\dfrac{m_n}{\cos\beta}z_2=\dfrac{2}{\cos13°32'10''}\times84=172.80$(mm)	$d_2=172.80$mm
校核分度圆直径取值是否与中心距相符	$a=(d_1+d_2)/2=(43.2+172.8)/2=108$(mm)	与计算 β 值时所用的 a 值相符
小齿轮齿顶圆直径	$d_{a1}=d_1+2m_n=43.2+2\times2=47.2$(mm)	$d_{a1}=47.20$mm

计算项目	计算内容和说明	主要计算结果
小齿轮齿根圆直径	$d_{f1}=d_1-2.5m_n=43.2-2.5\times2=38.30$(mm)	$d_{f1}=38.30$mm
大齿轮齿顶圆直径	$d_{a2}=d_2+2m_n=172.8+2\times2=176.80$(mm)	$d_{a2}=176.80$mm
大齿轮齿根圆直径	$d_{f2}=d_2-2.5m=172.8-2.5\times2=167.80$(mm)	$d_{f2}=167.80$mm
工作齿宽	$b=\psi_a a=0.4\times108=43.20$(mm)　$b=45$mm	$b=45$mm
大齿轮齿宽	$b_2=b=45$(mm)	$b_2=45$mm
小齿轮齿宽	$b_1=b_2+5=45+5=50$(mm)	$b_1=50$mm
6.确定齿轮传动的精度等级		
齿轮圆周速度	$v=\dfrac{\pi d_1 n_1}{60\times100}=\dfrac{\pi\times43.2\times750}{6\,000}=1.69$(m/s)	$v=1.69$m/s
精度等级	选用8级精度（表6-4）	精度选用8级
7.结构设计	（略）	

第五节　直齿锥齿轮传动

一、轮齿受力分析

如图12-8所示为直齿锥齿轮传动的受力情况，略去摩擦力，法向力可视为集中作用于分度圆锥中点处的法向截面内，法向力可分解为3个相互垂直的分力：圆周力 F_t、径向力 F_r、轴向力 F_a。

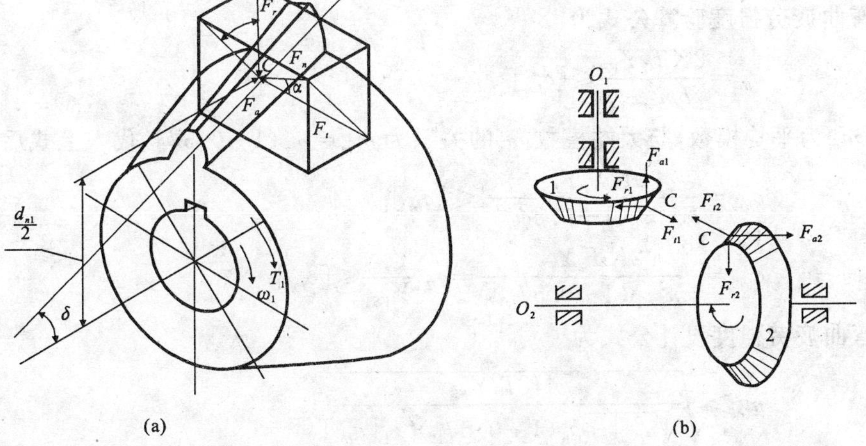

图12-8　直齿锥齿轮传动的受力分析

$$\left.\begin{aligned}F_t&=\frac{2T_1}{d_{m1}}\\F_r&=F_t\tan\alpha\cos\delta\\F_a&=F_t\tan\alpha\cos\delta\end{aligned}\right\}\tag{12-19}$$

式中，d_{m1}为小齿轮齿宽中点的分度圆直径，$d_{m1}=d_1-b\sin\delta_1$，δ_1 为小齿轮节锥角。

各分力方向的判别如下：

(1)圆周力 F_t。主动轮上的圆周力 F_{t1}是阻力，其方向与主动轮回转方向相反；从动轮上的圆周力 F_{t2}是驱动力，其方向与从动轮回转方向相同。

(2)径向力 F_r。两轮的径向力 F_{r1}和 F_{r2}其方向分别指向各自的轮心。

(3)轴向力 F_a。两轮的轴向力 F_{a1}和 F_{a2}方向分别由各轮的小端指向大端。

即：$F_{t1}=-F_{t2}$、$F_{r1}=-F_{a2}$、$F_{a1}=-F_{r2}$(式子中负号表示方向相反)。

二、强度计算

因为锥齿轮轮齿沿齿宽方向从大端到小端逐渐缩小，轮齿刚度从大端到小端逐渐变小，所以锥齿轮的载荷沿齿宽分布不均匀。为了简化计算，通常用当量齿轮的概念，将一对直齿锥齿轮传动转化为一对当量直齿圆柱齿轮传动进行强度计算。一般以齿宽中点处的当量直齿圆柱齿轮作为计算基础，有关直齿锥齿轮的强度计算均可引用直齿圆柱齿轮的类似公式。

1. 齿面接触疲劳强度计算

一对轴交角为90°的钢制直齿锥齿轮齿面接触疲劳强度的验算公式为

$$\sigma_H=\frac{335}{R_e-0.5b}\sqrt{\frac{\sqrt{(u^2+1)^3}KT_1}{ub}}\leqslant[\sigma_H]\tag{12-20}$$

若取齿宽系数 $\psi_R=\frac{b}{R_e}$，则可导出齿面接触强度的设计公式为

$$R_e\geqslant\sqrt[3]{\left(\frac{335}{(1-0.5\psi_R)[\sigma_H]}\right)^2\frac{KT_1}{\psi_R u}}\tag{12-21}$$

式中，R_e为外锥距(mm)，其他符号的意义同直齿圆柱齿轮。

2. 齿根弯曲疲劳强度计算

齿根弯曲疲劳强度验算公式为

$$\sigma_{bb}=\frac{2KT_1Y_{FS}}{bm_m^2z_1}\leqslant[\sigma_{bb}]\tag{12-22}$$

式中，m_m为平均模数，与大端模数 m_e的关系为 $m_m=m_e(1-0.5\psi_R)$代入上式后得

$$\sigma_{bb1}=\frac{2KT_1Y_{FS1}}{bm_e^2z_1(1-0.5\psi_R)^2}\leqslant[\sigma_{bb}]_1\tag{12-23}$$

$$\sigma_{bb2}=\frac{2KT_2Y_{F2}}{bm_e^2z_2(1-0.5\psi_R)^2}=\sigma_{bb1}\frac{Y_{FS2}}{Y_{FS1}}\leqslant[\sigma_{bb}]_2\tag{12-24}$$

齿根弯曲疲劳强度设计公式为

$$m_e\geqslant\sqrt[3]{\frac{4KT_1Y_{FS}}{\sqrt{u^2+1}\psi_R(1-0.5\psi_R)^2z_1^2[\sigma_{bb}]}}$$

式中，Y_{FS}为齿形系数，按 $z_v=\frac{z}{\cos\delta}$查取。

3.参数的选择

(1)模数 m_e。大端模数 m_e 为标准值，模数过小时，加工、检验都不方便，一般取 $m_e \geqslant 2$mm。

(2)齿数 z。锥齿轮不产生根切的齿数比圆柱齿轮少，可用下式进行计算

$$z_{min} \geqslant 17\cos\delta$$

常取小齿轮齿数 $z_1 \geqslant 20$。

(3)齿宽系数 ψ_R。直锥齿轮因轮齿由大端向小端渐缩，载荷沿齿宽分布不均匀，齿越宽，偏载越严重，故齿宽系数 ψ_R 宜取大。一般取 $\psi_R = b/R_e = 0.15 \sim 0.35$。传动比大时，$\psi_R$ 取小值，常用 $\psi_R = 0.25 \sim 0.3$。

例题 12-4　试设计一圆盘给料机的开式直齿锥齿轮传动。已知小锥齿轮转轴 $T_1 = 65\ 000$N·mm，传动比 $i = 3.24$。

解题分析　开式齿轮传动的主要实效形式是磨损和疲劳折断，因此只要按疲劳弯曲强度设计即可。

设计步骤

计算项目	计算内容和说明	主要的计算结果
1.选择齿轮材料，确定许用应力		
小齿轮材料	40Cr，调质，硬度为 210～280HBS_1，计算中用 240 HBS_1	
大齿轮材料	45 钢，正火，硬度为 170～210HBS_2，计算中用 180 HBS_2(表 12-1，表 12-2)	
小齿轮许用弯曲应力	$[\sigma_F]_1 = 140 + 0.2HBS_1 = 140 + 0.2 \times 240 = 188$(MPa)(表 12-6)	
大齿轮许用弯曲应力	$[\sigma_F]_2 = 140 + 0.2HBS_2 = 140 + 0.2 \times 1\ 800 = 176$(MPa)(表 12-6)	
2.按照弯曲疲劳强度设计中心距		
载荷系数	据载荷有轻微冲击，取 $K = 1.45$	$K = 1.45$
齿宽系数	取 $\psi_R = 0.3$(表 12-5)	$\psi_R = 0.3$
齿数比	$u = i = 3.24$	$u = 3.24$
小齿轮齿数	取 $z_1 = 17$	$z_1 = 17$
大齿轮齿数	$z_2 = uz_1 = 3.24 \times 17 = 55.08$，取 $z_2 = 55$	$z_2 = 55$
实际速比	$i = u = z_2/z_1 = 55/17 = 3.235$	
小齿轮分锥角	$\delta_1 = \arctan(1/i) = \arctan(1/3.235) = 17°10'33''$	
大齿轮分锥角	$\delta_2 = 90° - \delta_1 = 72°49'27''$	
小齿轮当量系数	$z_{v1} = z_1/\cos\delta_1 = 17/\cos 17°10'33'' = 17.79$	
大齿轮当量系数	$z_{v2} = z_2/\cos\delta_2 = 55/\cos 72°49'27'' = 186.24$	
小齿轮复合齿形系数	$Y_{FS1} = 4.45$(表 12-4)	
大齿轮复合齿形系数	$Y_{FS2} = 3.94$(表 12-4)	
$Y_{FS}/[\sigma_F]$值	$Y_{FS1}/[\sigma_F]_1 = 4.45/188 = 0.023\ 6$ $Y_{FS2}/[\sigma_F]_2 = 3.94/176 = 0.022$ 因为 $Y_{FS1}/[\sigma_F]_1 > Y_{FS2}/[\sigma_F]_2$，所以应以小齿轮为设计依据	

续

计算项目	计算内容和说明	主要的计算结果
平均模数	$m_m=\sqrt[3]{\dfrac{4KT_1Y_{FS1}(1-0.5\psi_R)}{\psi_R z_1^2[\sigma_F]_1\sqrt{u^2+1}}}=\sqrt[3]{\dfrac{4\times1.45\times65000\times4.45\times(1-0.5\times0.3)}{0.3\times17^2\times188\sqrt{3.24^2+1}}}=$ 2.95(mm)	
大端模数	$m=\dfrac{m_m}{1-0.5\psi_R}=\dfrac{2.95}{1-0.5\times0.3}=3.47$ 考虑磨损，取大端模数 $m=3.5$mm	$m=3.5$mm
3. 计算几何尺寸		
小齿轮分度圆直径	$d_1=mz=3.5\times17=59.5$(mm)	$d_1=59.5$mm
小齿轮齿顶圆直径	$d_{a1}=d_1+2m\cos\delta_1=59.5+2\times3.5\cos17°10'33''=66.178$(mm)	$d_{a1}=66.178$mm
小齿轮齿根圆直径	$d_{f1}=d_1-2.4m\cos\delta_1=59.5-2.4\times\cos17°10'33''=51.475$(mm)	$d_{f1}=51.475$mm
大齿轮分度圆直径	$d_2=mz_2=3.5\times55=192.5$(mm)	$d_2=192.5$mm
大齿轮齿顶圆直径	$d_{a2}=d_2+2m\cos\delta_2=192.5+2\times3.5\cos72°49'27''=194.567$(mm)	$d_{a2}=194.567$mm
大齿轮齿根圆直径	$d_{f2}=d_2-2.4m\cos\delta_2=192.5-2.4\times3.5\cos72°49'27''$ $=190.019$(mm)	$d_{f2}=190.019$mm
锥距	$R=\sqrt{\left(\dfrac{d_1}{2}\right)^2+\left(\dfrac{d_2}{2}\right)^2}=\sqrt{\left(\dfrac{59.5}{2}\right)^2+\left(\dfrac{192.5}{2}\right)^2}$ $=100.27$(mm)	$R=100.27$mm
小齿轮齿顶角	$\theta_{a1}=\arctan^2\dfrac{2\sin\delta_1}{z_1}=\arctan^2\dfrac{2\sin17°10'33''}{17}=1°59'23''$	$\theta_{a1}=1°59'23''$
大齿轮齿顶角	$\theta_{a2}=\theta_{a1}=1°59'23''$	$\theta_{a2}=1°59'23''$
小齿轮顶锥角	$\delta_{a1}=\delta_1+\theta_{a1}=17°10'33''+1°59'23''=19°09'56''$	$\delta_{a1}=19°09'56''$
大齿轮顶锥角	$\delta_{a2}=\delta_2+\theta_{a2}=72°49'27''+1°59'23''=74°48'50''$	$\delta_{a2}=74°48'50''$
4. 结构设计	（略）	

第六节　齿轮的结构

一、圆柱齿轮结构

通过齿轮强度计算和几何尺寸计算，已经确定了齿轮的主要参数和尺寸，但为了制造齿轮，还必须设计出全部的结构形状和尺寸。圆柱齿轮常用的结构形式有如下 4 种：

1. 齿轮轴

对于直径较小的钢制齿轮，其齿根圆直径与轴径相差很小，若齿根圆到键槽底部的径向距离 $x<2.5m_n$ 时，可将齿轮与轴制成一体，成为齿轮轴（图 12－9）。如果齿轮的直径比轴的直径大得多，则应把齿轮和轴分开制造。

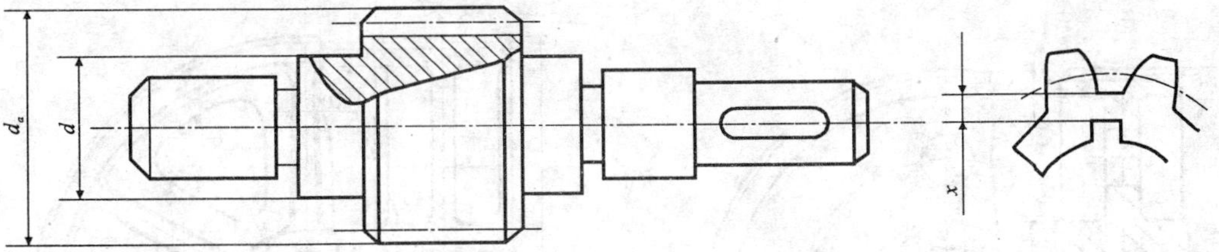

图 12-9 齿轮轴

2. 实心式齿轮

当齿顶圆直径 $d_a \leqslant 200$mm 时，若齿根圆到键槽底部的径向距离 $x > 2.5m_n$时，则可做到实心式结构的齿轮(图 12-10)。单件或小批量生产而直径小于 100mm 时，可用轧制圆钢制造齿轮毛坯。

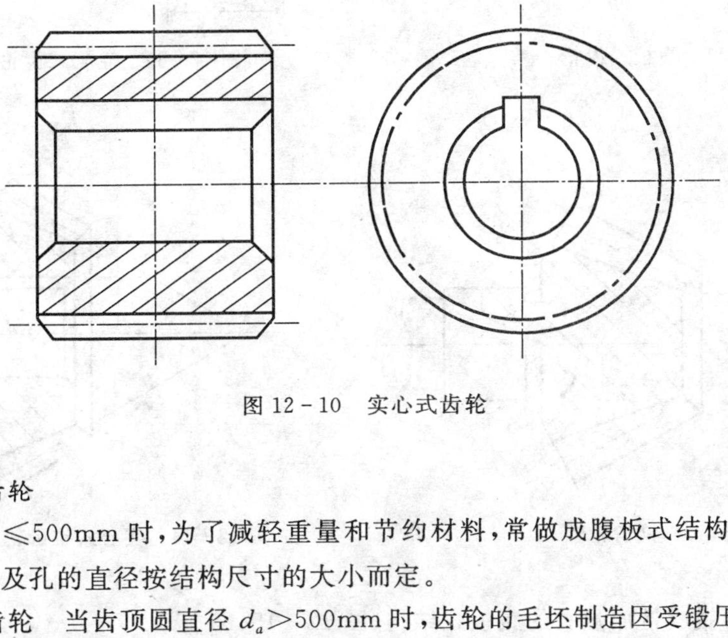

图 12-10 实心式齿轮

3. 腹板式齿轮

200mm$\leqslant d_a \leqslant$500mm 时，为了减轻重量和节约材料，常做成腹板式结构(图 12-11)，腹板上开孔的数目及孔的直径按结构尺寸的大小而定。

4. 轮辐式齿轮 当齿顶圆直径 $d_a >$500mm 时，齿轮的毛坯制造因受锻压设备的限制，往往改为铸铁或铸钢浇铸而成。铸造齿轮常做成轮辐式结构(图 12-12)。

二、锥齿轮结构

1. 锥齿轮轴

锥齿轮轴当锥齿轮的小端根圆到键槽根部的距离 $x < 1.6$m 时，需将齿轮和轴做成一体，称为锥齿轮轴(图 12-13)。

2. 实心式锥齿轮

当 $x \geqslant 1.6$m 时，应将齿轮与轴分开翻造，常采用实心式结构(图 12-14)。

3. 腹板式锥齿轮

当 200mm$< d_a \leqslant$500mm 的锻造锥齿轮，可做成腹板式结构[图 12-15(a)]；$d_a >$300mm

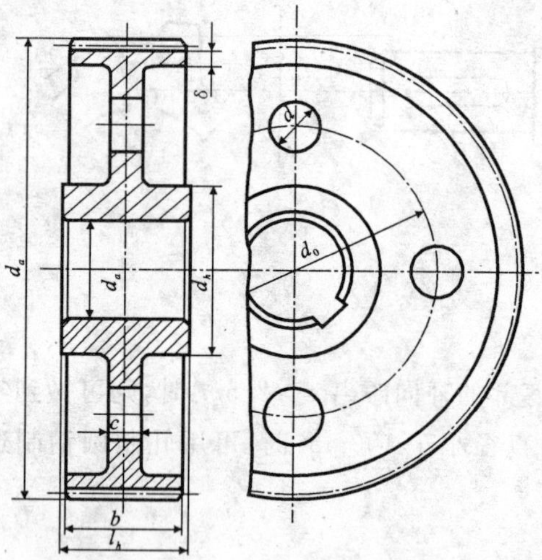

图 12-11 腹板式齿轮

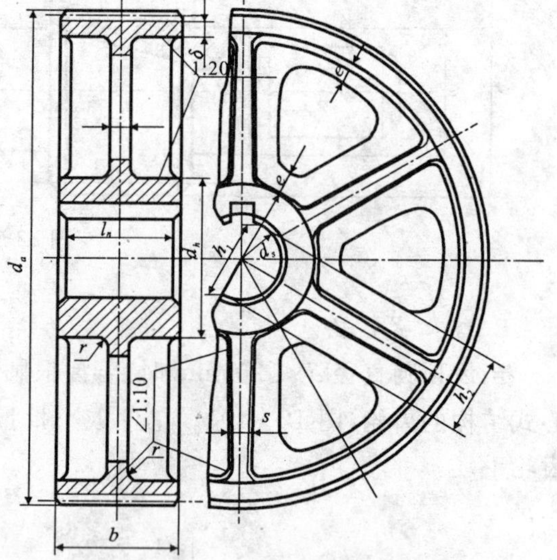

图 12-12 轮辐式齿轮

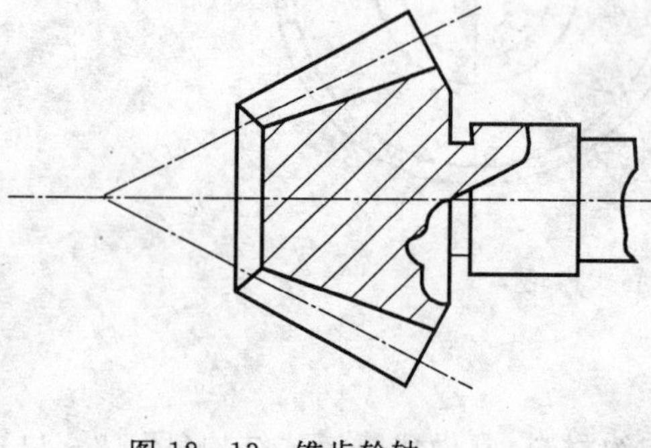

图 12-13 锥齿轮轴

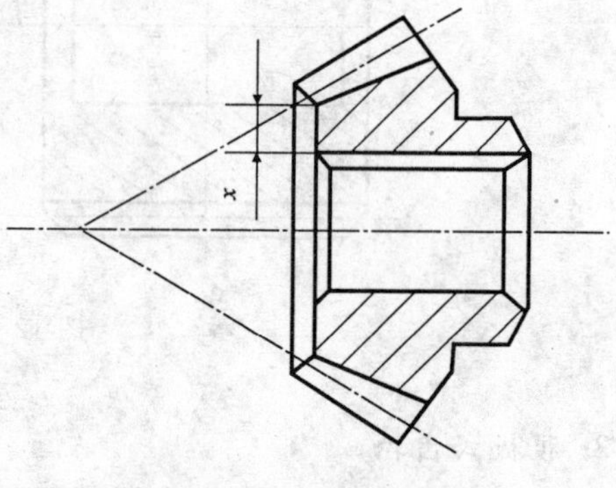

图 12-14 实心式锥齿轮

的铸造锥齿轮，可做成带加强肋的腹板式结构[图 12-15(b)]。

第七节 齿轮传动的润滑和效率

开式齿轮传动通常采用人工定期加油润滑。可采用润滑油或润滑脂。

一般闭式齿轮传动的润滑方式根据齿轮的圆周速度 v 的大小而定。当 $v\leqslant 12\text{m/s}$ 时多采用油池润滑(图 12-16)，大齿轮浸入油池一定的深度，齿轮运转时就把润滑油带到啮合区，同时也甩到箱壁上，借以散热；当 v 较大时，浸入深度约为一个齿高；当 v 较小时(0.5～0.8m/s)，可达到 1/6 的齿轮半径。

在多级齿轮传动中，当几个大齿轮直径不相等时，可以采用惰轮蘸油润滑(图 12-17)。

当 $v>12\text{m/s}$ 时，不宜采用油池润滑，这是因为：①圆周速度过高，齿轮上的油大多被甩出

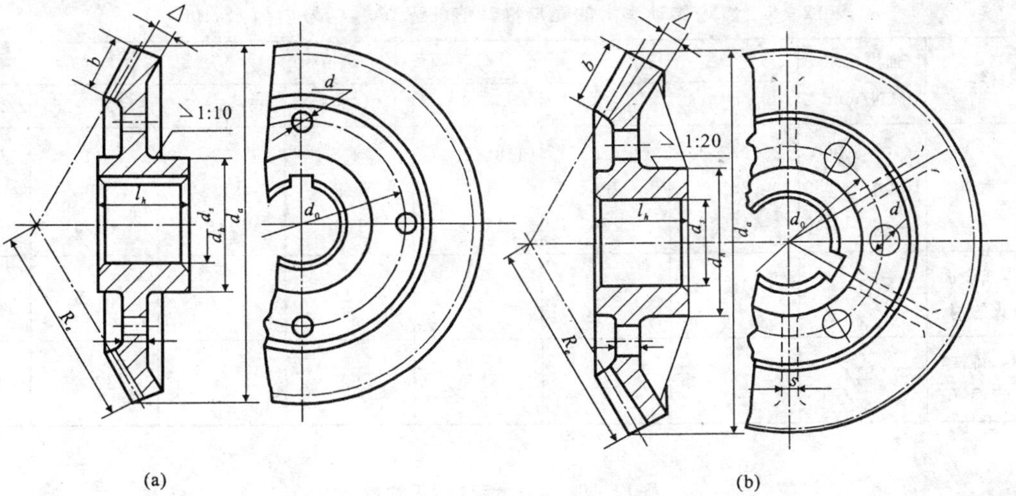

图 12-15　腹板式锥齿轮

(a)$d_h=(1.6\sim1.8)d_s$；$l_h=(1.2\sim1.5)d_s$；$c=(0.2\sim0.3)b$；$\Delta=(2.5\sim4)m_e$，但不小于 10mm；d_0 和 d 按结构取定；(b)$d_h=(1.6\sim1.8)d_s$；$l_h=(1.2\sim1.5)d_s$；$c=(0.2\sim0.3)b$；$s=0.8c$；$\Delta=(2.5\sim4)m$，但不小于 10mm；d_0 和 d 按结构取定

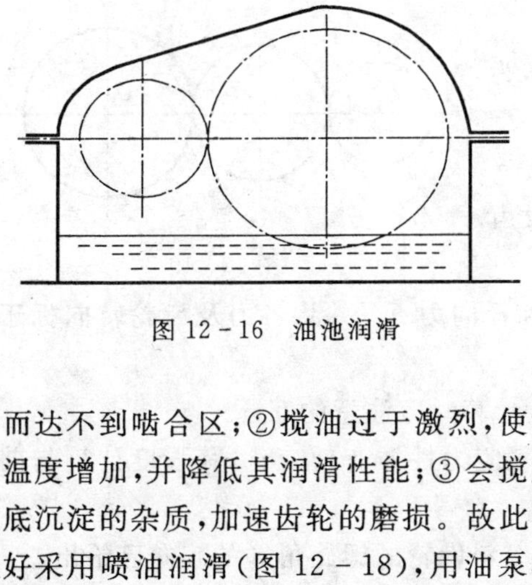

图 12-16　油池润滑

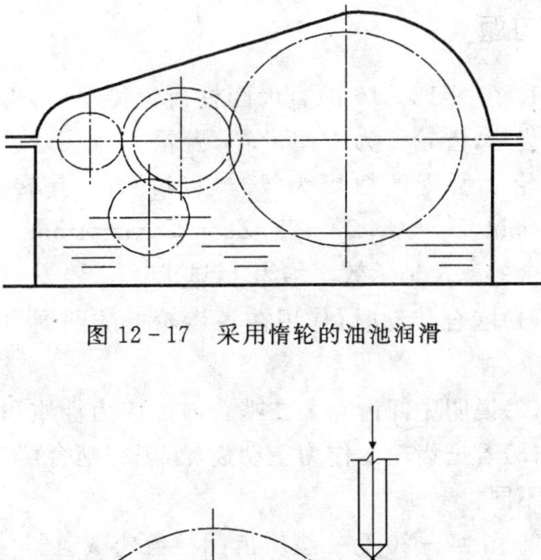

图 12-17　采用惰轮的油池润滑

去而达不到啮合区；②搅油过于激烈，使油的温度增加，并降低其润滑性能；③会搅起箱底沉淀的杂质，加速齿轮的磨损。故此时最好采用喷油润滑(图 12-18)，用油泵将润滑油直接喷到啮合区。

润滑油的黏度根据齿轮传动的工作条件、齿轮材料及其圆周速度来选择，见表 12-8。

齿轮传动的功率损耗主要包括：①啮合中摩擦损耗；②搅动润滑油的油阻损耗；③轴承的摩擦损耗。计入上述损耗时，齿轮传动(采用滚动轴承)的平均效率见表 12-9。

图 12-18　喷油润滑

表 12-8 齿轮传动润滑油黏度推荐值(cSt50℃,括号内为 cSt100℃)

材料	强度极限 σ_B(N/mm²)	圆周速度 v(m/s)						
		<0.5	0.5~1	1~2.5	2.5~5	5~12.5	12.5~25	>25
钢	470~1 000	266(32.4)	177(20.5)	118(11.4)	81.5	59	44	32.4
	1 000~1 250	266	266	177	118	81.5	59	44
	1 250~1 580	444(52)	266	266	177	118	81.5	59
渗碳或表面淬火的钢	—	444	266	266	177	118	81.5	59
塑料、铸铁、青铜	—	177	118	81.5	59	44	32.4	—

表 12-9 齿轮传动的平均效率

传动装置	6 级或 7 级精度的闭式传动	8 级精度的闭式传动	开式传动
圆柱齿轮	0.98	0.97	0.95
圆锥齿轮	0.97	0.96	0.93

习题

1. 在图 12-19 的直齿圆柱齿轮传动中,齿轮 1 为主动齿轮,齿轮 2 为中间齿轮,齿轮 3 为从动齿轮。已知齿轮 3 所受的扭矩为 $T_3=98\text{N}\cdot\text{m}$,其转速 $n_3=180\text{r/min}$,$Z_3=45$,$Z_2=25$,$Z_1=22$,$m=4\text{mm}$。假设齿轮啮合效率及轴承效率均为 1,试求:

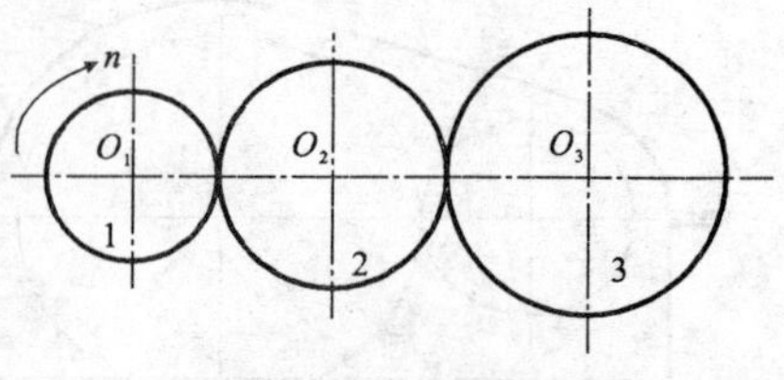

图 12-19

(1)啮合传动时,作用在各齿轮上的圆周力 F_t 和径向力 F_r,并将各力及齿轮转向标于图上;

(2)说明中间齿轮 2 在啮合时的应力性质和强度计算时应注意的问题;

(3)若把齿轮 2 作为主动齿轮,则在啮合传动时其应力性质有何变化,其强度计算与前面有何不同?

2. 图 12-20 为二级斜齿圆柱齿轮减速器,第一级斜齿轮的螺旋角 β_1 的旋向已给出。

(1)为使Ⅱ轴轴承所受轴向力较小,试确定第二级斜齿轮螺旋角 β 的旋向,并画出各轮轴向力、径向力及圆周力的方向。

(2)若已知第一级齿轮的参数为:$Z_1=19$,$Z_2=85$,$m_n=5\text{mm}$,$\alpha_n=20^\circ$,$a=265\text{mm}$,轮 1 的传动功率 $P=6.25\text{kW}$,$n_1=275\text{r/min}$。试求轮 1 上所受各力的大小。

3. 图 12-21 为直齿圆锥齿轮-斜齿圆柱齿轮减速器,为使Ⅱ轴上的轴向力抵消一部分,试确定一对斜齿圆柱齿轮螺旋线的方向,并画出各齿轮轴向力、径向力及圆周力的方向。

4. 有闭式软齿面直齿圆柱齿轮传动,传递的扭矩 $T_1=120\text{N}\cdot\text{m}$,按其接触疲劳强度计算,小齿轮分度圆直径 $d_1\geqslant 60\text{mm}$。已知:载荷系数 $K=1.8$,齿宽系数 $\Psi_d=1$,两轮许用弯曲应力 $\sigma_{FP1}=315\text{MPa}$,$\sigma_{FP2}=300\text{MPa}$,现有 3 种方案:

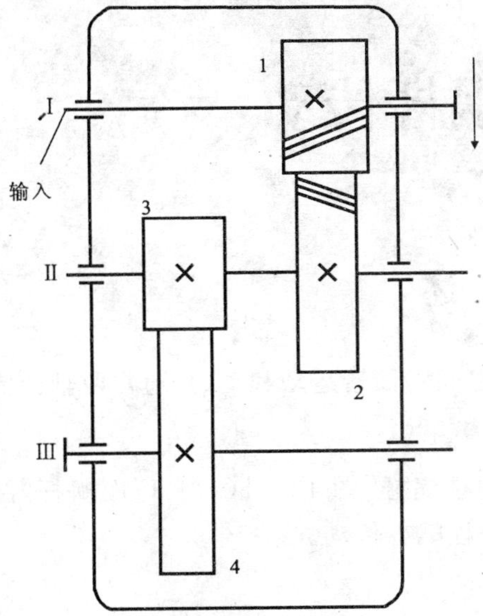

图 12-20

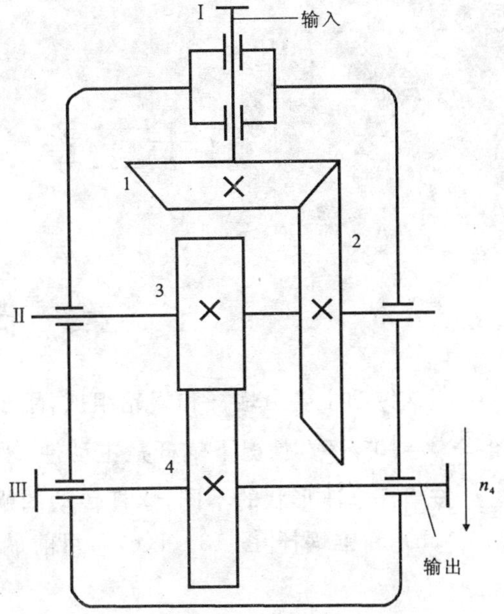

图 12-21

(a) $z_1=40$, $z_2=80$, $m=1.5$mm, $Y_{Fa1}Y_{Sa1}=4.07$, $Y_{Fa2}Y_{Sa2}=3.98$；

(b) $z_1=30$, $z_2=60$, $m=2$mm, $Y_{Fa1}Y_{Sa1}=4.15$, $Y_{Fa2}Y_{Sa2}=4.03$；

(c) $z_1=20$, $z_2=40$, $m=3$mm, $Y_{Fa1}Y_{Sa1}=4.37$, $Y_{Fa2}Y_{Sa2}=4.07$。

请选择一最佳方案，并简要说明原因。

5. 设计一直齿圆柱齿轮传动，原来所用材料的许用接触应力为 $\sigma_{HP1}=800$MPa，$\sigma_{HP2}=700$MPa，求得中心距 $a=100$mm，现改为 $\sigma_{HP1}=700$MPa，$\sigma_{HP2}=500$MPa 的材料，若齿宽和其他条件不变，为保证接触疲劳强度不变，试计算改用材料后的 a'。

6. 设计一台由电动机驱动的单级直齿圆柱齿轮减速器中的齿轮传动。已知：传动比 $i=5$，齿轮按 7 级精度加工，单向回转，单班制工作，要求使用 10 年，主动轮传递的功率 $P_1=20$kW，$n_1=1\ 470$r/min，齿轮相对于轴承为对称布置，载荷有中等冲击，设备可靠度要求较高。（建议两轮材料都选 45 号钢）

第十三章　蜗轮蜗杆传动

第一节　概　　述

蜗杆传动主要由蜗杆和蜗轮组成，用于传递交错轴之间的回转运动和动力，通常两轴交错角 $\sum=90°$，多数情况下蜗杆是主动件，蜗轮是从动件。

按蜗杆母体形状的不同，蜗杆传动的蜗杆可分为：圆柱蜗杆[图 13-1(a)]、环面蜗杆[图 13-1(b)]和锥蜗杆[图 13-1(c)]，目前最为常用的是圆柱蜗杆传动。

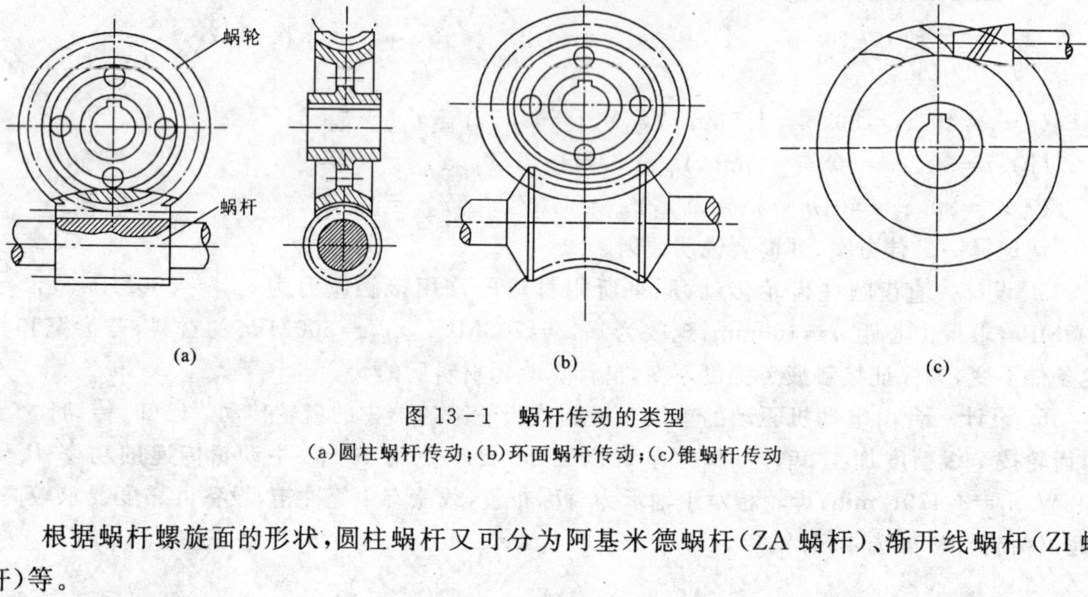

图 13-1　蜗杆传动的类型

(a)圆柱蜗杆传动；(b)环面蜗杆传动；(c)锥蜗杆传动

根据蜗杆螺旋面的形状，圆柱蜗杆又可分为阿基米德蜗杆（ZA 蜗杆）、渐开线蜗杆（ZI 蜗杆）等。

阿基米德蜗杆（图 13-2）的切制通常在普通车床上进行，切制原理与加工梯形螺纹类似，加工时切削刃平面通过蜗杆轴线。在通过轴线的平面内蜗杆的齿形为侧边呈直线的齿条；而在垂直于蜗杆轴线的截面内为阿基米德螺旋线。阿基米德蜗杆容易制造，故应用广泛，其缺点是不易得到高的精度。

渐开线蜗杆（图 13-3）的齿形在垂直于蜗杆轴线的截面内为渐开线，加工时刀具切削刃切于基圆，也可用加工圆柱齿轮的专用设备来切制和磨削，制造精度较高，适用于成批生产以及功率较大的高速传动，其缺点是要专用设备加工。

和螺纹一样，蜗杆有左右旋、单线和多线之分。右旋蜗杆使用较多。

由于蜗杆的齿数很少并且蜗杆的轮齿是连续的，因此蜗杆传动具有如下优点：传动比 i 很

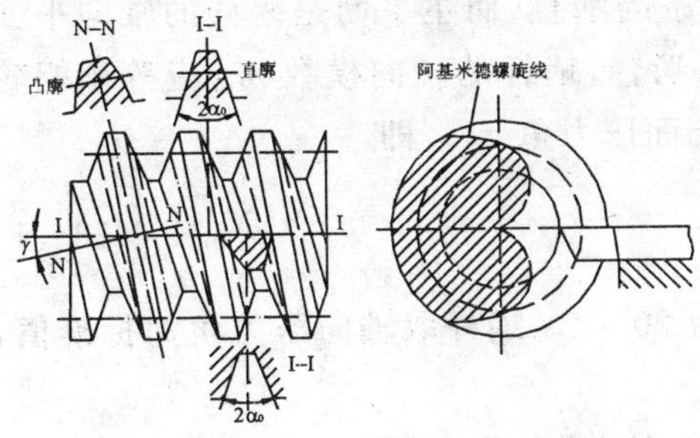

图 13-2　阿基米德蜗杆

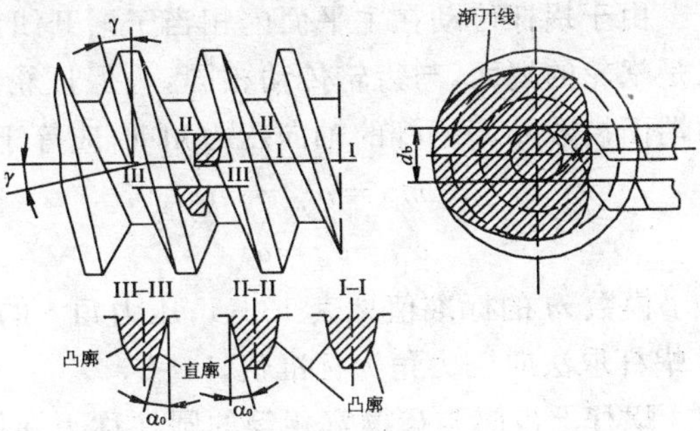

图 13-3　渐开线蜗杆

大(传递动力时 $i=10\sim80$,分度传动时 i 可达 1 000)、结构紧凑、传动平稳和噪声较小,当蜗杆导程角小于齿面间的当量摩擦角时,可以实现自锁等。蜗杆传动的主要缺点是传动效率较低,发热量较大(不适于传递大功率),为了减小摩擦、磨损和提高齿面抗胶合能力,蜗轮齿圈常需用价格较贵的青铜制造,成本较高。

蜗杆传动广泛应用于各种机器和仪表中,传递功率可达 200kW,一般在 50kW 以下。对于一般动力传动,蜗杆传动常用的精度等级是 7 级精度(适用于蜗杆圆周速度 $v_1<7.5\text{m/s}$)、8 级精度($v_1<3\text{m/s}$)和 9 级精度($v_1<1.5\text{m/s}$)。

第二节　蜗杆传动的主要参数和几何尺寸计算

一、圆柱蜗杆的主要参数

1. 模数和压力角

如图 13-4 所示,通过蜗杆轴线并垂直于蜗轮轴线的平面称为中间平面。由于蜗轮是用与蜗杆形状相仿的滚刀(为保证轮齿啮合时的径向间隙,滚刀的外径稍大于蜗杆齿顶圆直径)按范成原理切制而成的,所以在中间平面内蜗轮与蜗杆的啮合相当于渐开线齿轮和齿条的啮合。蜗杆传动的设计计算都以中间平面的参数和几何关系为准。

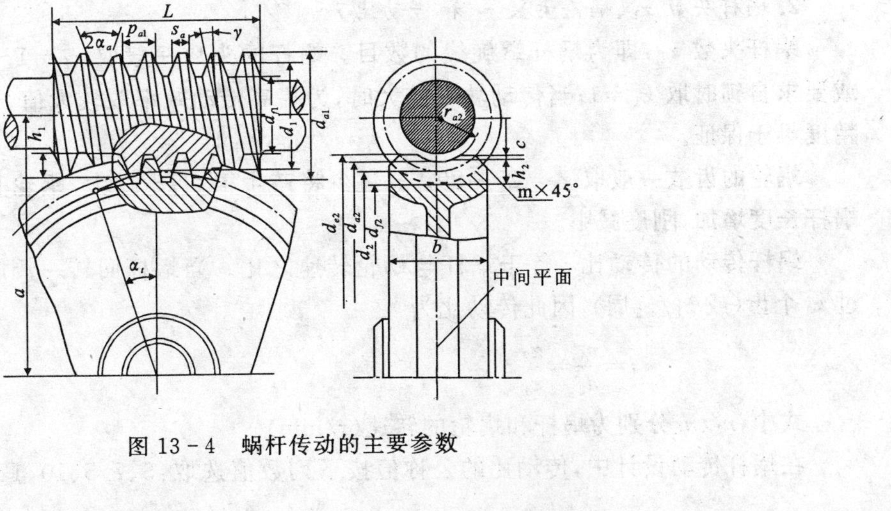

图 13-4　蜗杆传动的主要参数

由于蜗杆传动在主平面内相当于渐开线齿轮与齿条的啮合，而主平面是蜗杆的轴向平面又是蜗轮的端面，与齿轮传动相同，为保证轮齿的正确啮合，蜗杆的轴向模数 m_{a1} 应等于蜗轮的端面模数 m_{t2}；蜗杆的轴向压力角 α_{a1} 应等于蜗轮的端面压力角 α_{t2}。即

$$\begin{aligned} m_{a1} &= m_{t2} = m \\ \alpha_{a1} &= \alpha_{t2} = \alpha \end{aligned} \qquad (13-1)$$

模数 m 的标准值见表 13-1；压力角 α 的标准值为 20°，ZA 蜗杆取轴向压力角为标准值，ZI 蜗杆取法向压力角为标准值。

蜗杆上齿厚与齿槽宽相等的圆柱称为蜗杆的分度圆柱（或称为中圆柱）。蜗杆分度圆（中圆）直径以 d_1 表示，其值见表 13-1。蜗轮分度圆直径以 d_2 表示。

表 13-1　蜗杆传动的模数和中圆直径

m(mm)	d_1(mm)	z_1	q	m^2d_1(mm³)	m(mm)	d_1(mm)	z_1	q	m^2d_1(mm³)
1	18	1	18.000	18	6.3	63	1,2,4,6	10.000	2500
1.25	20	1	16.000	31.25		112	1	17.778	4445
	22.4	1	17.920	35	8	80	1,2,4,6	10.000	5120
1.6	20	1,2,4	12.500	51.2		140	1	17.500	8960
	28	1	17.500	71.68	10	90	1,2,4,6	9.000	9000
2	22.4	1,2,4,6	11.200	89.6		160	1	16.000	16000
	35.5	1	17.750	142	12.5	112	1,2,4	8.960	17500
2.5	28	1,2,4,6	11.200	175		200	1	16.000	31250
	45	1	18.000	281	16	140	1,2,4	8.750	35840
3.15	35.5	1,2,4,6	11.270	352		250	1	15.625	64000
	56	1	17.778	556	20	160	1,2,4	8.000	64000
4	40	1,2,4,6	10.000	640		315	1	15.750	126000
	71	1	17.750	1136	25	200	1,2,4	8.000	125000
5	50	1,2,4,6	10.000	1250		400	1	16.000	250000
	90	1	18.000	2250					

注：1. 本表取材于 GB10085－1988，本表所得的 d 值为国际规定的优先使用值。

2. 表中同一模数有两个 d_1 值。较大的 d_1 值对应的蜗杆导程角 $\gamma < 3°30'$，这样的蜗杆有较好的自锁性能。

2. 蜗杆头数 z_1、蜗轮齿数 z_2 和传动比 i

蜗杆头数 z_1，即为蜗杆螺旋线的数目。蜗杆的头数一般取 $z_1 = 1 \sim 6$。当传动比大于 40 或要求自锁时取 $z_1 = 1$；当传动功率较大时，为提高传动效率取较大值，但蜗杆头数过多，加工精度难于保证。

蜗轮的齿数一般取 $z_2 = 27 \sim 80$。z_2 过少将产生根切；z_2 过大，蜗轮直径增大，与之相应的蜗杆长度增加，刚度减小。

蜗杆传动的传动比 i 等于蜗杆与蜗轮转速之比。当蜗杆回转一周时，蜗轮被蜗杆推动转过 z_1 个齿（或 z_1/z_2 周），因此传动比为

$$i = \frac{n_1}{n_2} = \frac{z_2}{z_1} \qquad (13-2)$$

式中，n_1、n_2 分别为蜗杆和蜗轮的转速（r/min）。

在蜗杆传动设计中，传动比的公称值按下列数值选取：5、7.5、10、12.5、15、20、25、30、40、

50、60、70、80。其中10、20、40、80为基本传动比应优先选用。z_1、z_2可根据传动比i按表13-2选取。

表13-2　z_1和z_2的推荐值

i	7～8	9～13	14～24	25～27	28～40	>40
z_1	4	3～4	2～3	2～3	1～2	1
z_2	28～32	27～52	28～72	50～81	28～80	>40

3. 蜗杆直径系数q和导程角γ

如图13-5所示，将蜗杆分度圆柱展开，其螺旋线与端平面的夹角γ称为蜗杆的导程角。可得

$$\mathrm{tg}\gamma=\frac{z_1 p_{a1}}{\pi d_1}=\frac{z_1 m}{d_1} \tag{13-3}$$

式中，p_{a1}为蜗杆轴向齿距(mm)；d_1为蜗杆分度圆直径(mm)。

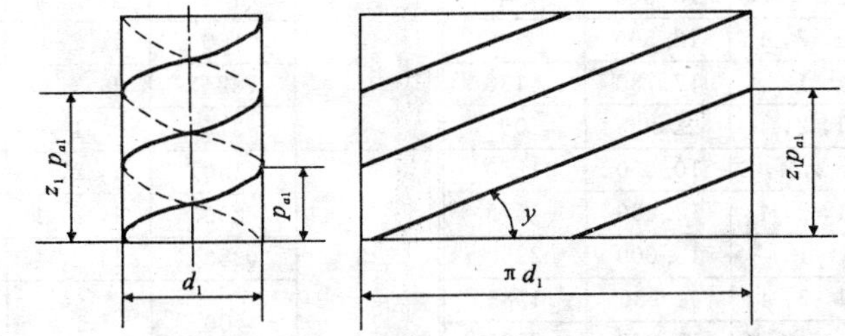

图13-5　分度圆柱展开图

当两轴线交错角为90°时，蜗杆分度圆柱上的导程角γ应等于蜗轮分度圆柱上的螺旋角β，且两者的旋向相同，即$\gamma=\beta$。

蜗杆的螺旋线与螺纹相似也分左旋和右旋，一般多为右旋。对动力传动为提高效率应采用较大的γ值，即采用多头蜗杆；对要求具有自锁性能的传动，应采用$\gamma<30'30''$的蜗杆传动，此时蜗杆的头数为1。由式(13-3)得

$$d_1=m\frac{z_1}{\mathrm{tg}\gamma}=mq \tag{13-4}$$

式中，$q=\dfrac{z_1}{\mathrm{tg}\gamma}$称为蜗杆的直径系数，当$m$一定时，$q$值增大，则蜗杆直径$d_1$增大，蜗杆的刚度提高。小模数蜗杆一般有较大的$q$值，以使蜗杆有足够的刚度。

蜗杆与蜗轮正确啮合，加工蜗轮的滚刀直径和齿形参数必须与相应的蜗杆相同，为限制蜗轮滚刀的数量，d_1亦标准化。d_1与m有一定的匹配，如表13-3所示。

表 13-3　蜗杆基本参数（$\sum=90°$）（摘自 GB/T10085—88）

模数 m (mm)	分度圆直径 d_1(mm)	蜗杆头数 z_1	直径系数 q	m^2d_1 (mm^3)
1	18	1	18.000	18
1.25	20	1	16.000	31.25
	22.4	1	17.920	35
1.6	20	1，2，4	12.500	51.2
	28	1	17.500	71.68
2	(18)	1，2，4	9.000	72
	22.4	1，2，4，6	11.200	89.6
	(28)	1，2，4	14.000	112
	35.5	1	17.750	142
2.5	(22.4)	1，2，4	8.960	140
	28	1，2，4，6	11.200	175
	(35.5)	1，2，4	14.200	221.9
	45	1	18.000	281
3.15	(28)	1，2，4	8.889	278
	35.5	1，2，4，6	11.270	352
	45	1，2，4	14.286	447.5
	56	1	17.778	556
4	(31.5)	1，2，4	7.875	504
	40	1，2，4，6	10.000	640
	(50)	1，2，4	12.500	800
	71	1	17.750	1136
5	(40)	1，2，4	8.000	1000
	50	1，2，4，6	10.000	1250
	(63)	1，2，4	12.600	1575
	90	1	18.000	2250
6.3	(50)	1，2，4	7.936	1985
	63	1，2，4，6	10.000	2500

模数 m (mm)	分度圆直径 d_1(mm)	蜗杆头数 z_1	直径系数 q	m^2d_1 (mm^3)
6.3	(80)	1，2，4	12.698	3 175
	112	1	17.778	4 445
8	(63)	1，2，4	7.875	4 032
	80	1，2，4，6	10.000	5 376
	(100)	1，2，4	12.500	6 400
	140	1	17.500	8 960
10	(71)	1，2，4	7.100	7 100
	90	1，2，4，6	9.000	9 000
	(112)	1，2，4	11.200	11 200
	160	1	16.000	16 000
12.5	(90)	1，2，4	7.200	14 062
	112	1，2，4	8.960	17 500
	(140)	1，2，4	11.200	21 875
	200	1	16.000	31 250
16	(112)	1，2，4	7.000	28 672
	140	1，2，4	8.750	35 840
	(180)	1，2，4	11.250	46 080
	250	1	15.625	64 000
20	(140)	1，2，4	7.000	56 000
	160	1，2，4	8.000	64 000
	(224)	1，2，4	11.200	89 600
	315	1	15.750	126 000
25	(180)	1，2，4	7.200	112 500
	200	1，2，4	8.000	125 000
	(280)	1，2，4	11.200	175 000
	400	1	16.000	250 000

注：1. 表中模数和分度圆直径仅列出了第一系列的较常用数据。
2. 括号内的数字尽可能不用。

4. 齿面间滑动速度 v

如图 13-6 所示，蜗杆传动即使在节点 C 处啮合，齿廓之间也有较大的相对滑动。设蜗杆的圆周速度为 v_1，蜗轮的圆周速度为 v_2，因 v_1 和 v_2 呈 90°角，因而齿廓之间产生很大的相对滑动，相对滑动速度 v_s 为

$$v_s=\sqrt{v_1^2+v_2^2}=\frac{v_1}{\cos\gamma}(\text{m/s}) \tag{13-5}$$

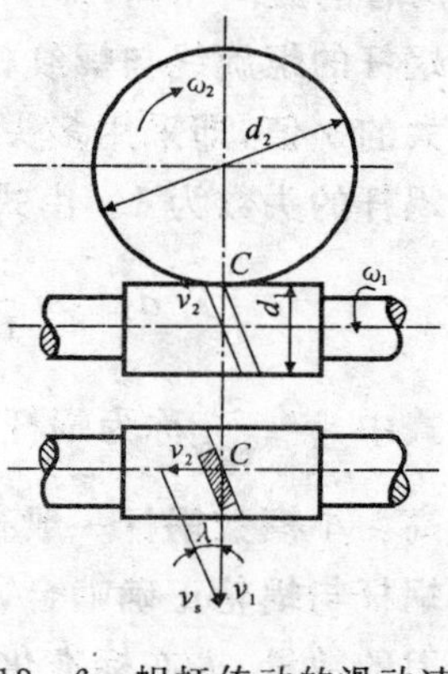

图 13-6　蜗杆传动的滑动速度

由图 13-6 可见，相对滑动速度 v_s 沿蜗杆螺旋线方向。齿廓之间的相对滑动引起磨损和发热，导致传动效率降低。为了改善其工作状态，要求有良好的润滑条件，同时对蜗杆蜗轮材料均提出了减摩性能好的要求，以提高其承载能力。

5. 中心距 a

蜗杆传动中，当蜗杆节圆与蜗轮分度圆重合时称为标准传

动，其中心距为

$$a=\frac{1}{2}(d_1+d_2) \tag{13-6}$$

规定标准中心距为 40、50、63、80、100、125、160、(180)、200、(225)、250、(280)、315、(355)、400、(450)、500。在蜗杆传动设计时中心距应按上述标准圆整。

二、圆柱蜗杆传动的几何尺寸计算

设计蜗杆传动时，一般是先根据传动的功用和传动比的要求，选择蜗杆头数 z_1 和蜗轮齿数 z_2，然后再按强度计算确定模数 m 和蜗杆分度圆直径 d_1（或 q）。上述参数确定后，即可根据表 13-4、表 13-5 计算出蜗杆、蜗轮的几何尺寸（两轴交错角为 90°、标准传动）。

表 13-4　普通圆柱蜗杆传动基本几何尺寸计算关系式（参看图 13-4）

名称	计算公式	
	蜗杆	蜗轮
蜗杆分度圆直径，蜗轮分度圆直径	$d_1=mq$	$d_2=mz_2$
齿顶高	$h_a=m$	$h_a=m$
齿根高	$h_f=1.2m$	$h_f=1.2m$
蜗杆齿顶圆直径，蜗轮喉圆直径	$d_{a1}=m(q+2)$	$d_{a2}=m(z_2+2)$
齿根圆直径	$d_{f1}=m(q-2.4)$	$d_{f2}=m(z_2-2.4)$
蜗杆轴向齿距，蜗轮端面齿距	$p_{a1}=p_{t2}=p_x=\pi m$	
径向间隙	$c=0.20m$	
中心距	$a=0.5(d_1+d_2)=0.5m(q+z_2)$	

表 13-5　蜗轮宽度 B、顶圆直径 d_{e2}、蜗杆齿宽 b_1 的计算

z_1	B	d_{e2}	x_2/mm	b_1
1	$\leqslant 0.75d_{a1}$	$\leqslant d_{a2}+2m$	0	$\geqslant m(11+0.06z_2)$
2		$\leqslant d_{a2}+1.5m$	−0.5	$\geqslant m(8+0.06z_2)$
			−1.0	$\geqslant m(10.5+z_2)$
			0.5	$\geqslant m(12+0.1z_2)$
			1.0	$\geqslant m(11+0.1z_2)$
4	$\leqslant 0.67d_{a1}$	$\leqslant d_{a2}+m$	0	$\geqslant m(12.5+0.09z_2)$
			−0.5	$\geqslant m(9.5+0.09z_2)$
			−1.0	$\geqslant m(10.5+z_2)$
			0.5	$\geqslant m(12.5+0.1z_2)$
			1.0	$\geqslant m(13+0.1z_2)$

第三节　蜗杆传动的材料和失效形式

一、蜗杆传动的材料

考虑到蜗杆传动难于保证高的接触精度，滑动速度又较大，以及蜗杆变形等原因，故蜗杆、蜗轮不能都用硬材料制造，其中之一(通常为蜗轮)应该用减摩性良好的软材料来制造。

1. 蜗轮材料

通常是指蜗轮齿冠部分的材料。主要有以下几种：

(1)铸锡青铜(ZCuSn10Pl，ZCuSn5Pb5Zn5)。适用于 $v_s \geqslant 3\text{m/s}$ 和持续运转的工况，锡青铜耐磨性最好，但价格较高。

(2)铸铝青铜(ZCuAl10Fe3)。适用于 $v_s \leqslant 4\text{m/s}$ 的工况，抗胶合能力差，蜗杆硬度应不低于 45HRC。

(3)灰铸铁(HT150，HT200)。适用于 $v_s < 2\text{m/s}$ 的工况。

2. 蜗杆材料

按材料分有碳钢和合金钢。蜗轮直径很大时，也可以用青铜蜗杆，蜗轮则用铸铁。按热处理不同分有硬面蜗杆和调质蜗杆。首先应考虑选用硬面蜗杆。在要求持久性高的动力传动中，可选用渗碳钢淬火，也可选用中碳钢表面或整体淬火以得到必要的硬度，制造时必须磨削。渗氮处理的蜗杆可以不进行磨削，但需要抛光。只有在缺乏磨削设备时才选用调质蜗杆。受短时冲击载荷的蜗杆，不应用渗碳钢淬火，最好用调质钢。铸铁蜗轮与镀铬蜗杆配对时，有利于提高传动的承载能力和滑动速度。

二、蜗杆传动的失效形式

蜗杆传动的失效形式和齿轮传动类似。有疲劳点蚀、胶合、磨损、轮齿折断等。由于材料和结构上原因，在一般情况下蜗轮的强度较弱，所以失效经常发生在蜗轮轮齿上。又由于蜗轮和蜗杆之间的相对滑动较大，更容易产生胶合和磨粒磨损。蜗轮轮齿的材料通常比蜗杆材料软很多，在发生胶合时，蜗轮表面的金属粘到蜗杆的螺旋面上去，使蜗轮的工作齿面形成沟痕。

蜗轮轮齿的磨损比齿轮传动严重得多，这是因为啮合处的相对滑动较大所致。在开式传动和润滑油不清洁的闭式传动中，磨损尤其显著。因此蜗杆齿面的表面粗糙度值宜小些，在闭式传动中还应注意润滑油的清洁。

三、蜗杆传动的结构设计

1. 蜗杆结构

蜗杆螺旋部分的直径不大，所以常和轴做成一个整体，结构形式见图 13 - 7，其中图 13 - 7(a)所示的结构无退刀槽，加工螺旋部分时只能用铣制的办法；图 13 - 7(b)所示的结构则有退刀槽。螺旋部分可以车制，也可以铣制，但这种结构的刚度比前一种差。当蜗杆螺旋部分的直径较大时，可以将蜗杆与轴分开制作。

2. 蜗轮结构

常用的蜗轮结构形式有以下几种：

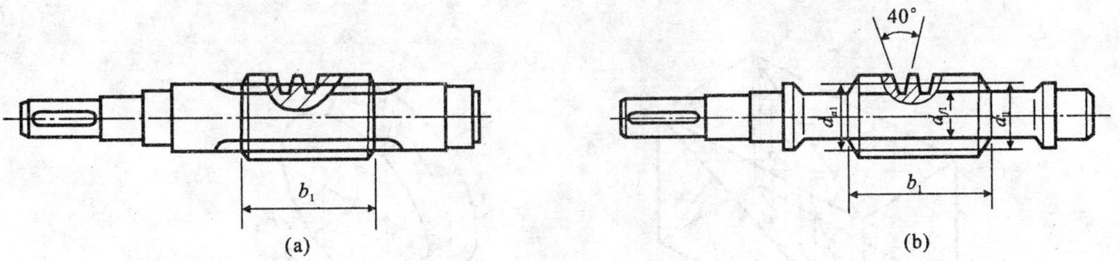

图 13-7　蜗杆的结构形式

(1)齿圈式[如图 13-8(a)所示]。这种结构由青铜齿圈及铸铁轮心所组成。齿圈与轮心多用 H7/R6 配合，并加装 4～6 个紧定螺钉(或用螺钉拧紧后将头部锯掉)，以增强连接的可靠性。螺钉直径取 1.2～1.5m，m 为蜗轮的模数。螺钉拧入深度为 0.3B～0.4B，B 为蜗轮宽度。为了便于钻孔，应将螺孔中心线由配合缝向材料较硬的轮心部分偏移 2～3mm。这种结构多用于尺寸不太大或工作温度变化较小的地方，以免热胀冷缩影响配合的质量。

(2)螺栓连接式[如图 13-8(b)所示]。可用普通螺栓连接，或用铰制孔用螺栓连接，螺栓的尺寸和数目可参考蜗轮的结构尺寸取定，然后做适当地校核。这种结构装拆比较方便，多用于尺寸较大或容易磨损的蜗轮。

(3)整体浇铸式[如图 13-8(c)所示]。主要用于铸铁蜗轮或尺寸很小的青铜蜗轮。

(4)拼铸式[如图 13-8(d)所示]。这是在铸铁轮心上加铸青铜齿圈，然后切齿。只用于成批制造的蜗轮。

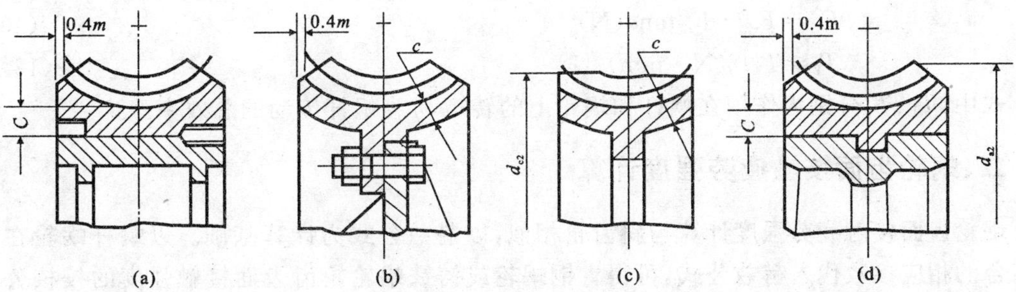

图 13-8　蜗轮的结构形式(m 为蜗轮模数，m 和 C 的单位均为 mm)
(a)$C\approx1.6m\sim1.5m$；(b)$C\approx1.5m$；(c)$C\approx1.5m$；(d)$C\approx1.6m\sim1.5m$

第四节　蜗杆传动的强度计算

一、蜗杆传动的受力分析

蜗杆传动受力分析与斜齿圆柱齿轮的受力分析相似，齿面上的法向力 F_n 可分解为 3 个相互垂直的分力：圆周力 F_t、轴向力 F_a、径向力 F_r，如图 13-9 所示。蜗杆为主动件，轴向力 F_{a1} 的方向由左、右手定则确定。图 13-9 为右旋蜗杆，用右手四指指向蜗拇指所指方向就是轴向

力 F_{a1} 的方向。圆周力 F_{t1} 与主动蜗杆转向相反；径向力 F_{r1} 指向蜗杆中心。

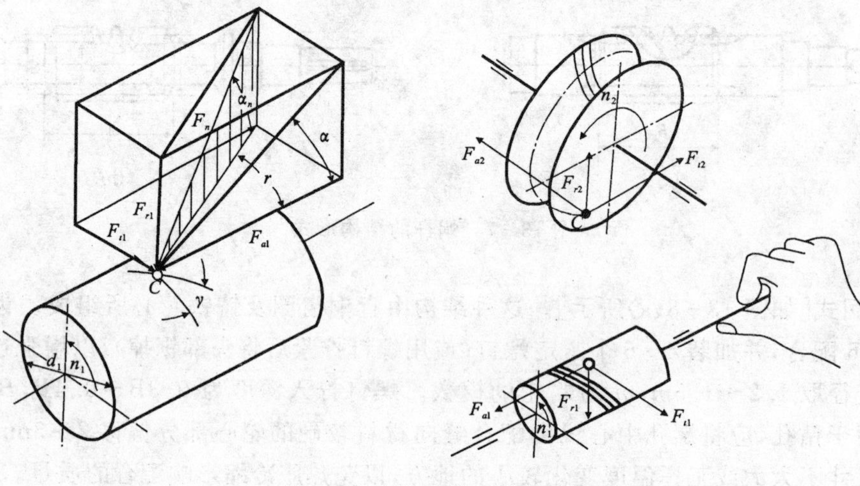

图 13-9 蜗杆传动受力分析

蜗轮受力方向，由 F_{t1} 与 F_{a2}、F_{a1} 与 F_{t2}、F_{r1} 与 F_{r2} 的作用力与反作用力关系确定(图 13-9)。各力的大小可按下式计算：

$$F_{t1}=F_{a2}=\frac{2T_1}{d_1}(\mathrm{N}) \tag{13-7}$$

$$F_{a1}=F_{t2}=\frac{2T_2}{d_2}(\mathrm{N}) \tag{13-8}$$

$$F_{r1}=F_{r2}=F_{t2}\tan\alpha(\mathrm{N}) \tag{13-9}$$

$$T_2=T_1 i\eta(\mathrm{N\cdot mm}) \tag{13-10}$$

式中，T_1、T_2 分别为作用在蜗杆和蜗轮上的转矩，η 为蜗杆传动的总效率。

二、蜗轮齿面接触疲劳强度计算

蜗轮齿面接触疲劳强度计算与斜齿轮相似，以赫兹公式为计算基础。以蜗杆蜗轮在节点处啮合的相应参数代入赫兹公式，可得青铜蜗轮或铸铁蜗轮轮齿齿面接触强度的校核公式如下

$$\sigma_H=500\sqrt{\frac{KT_2}{d_1 d_2^2}}=500\sqrt{\frac{KT_2}{m^2 d_1 z_2^2}}\leqslant[\sigma_H] \tag{13-11}$$

设计公式为

$$m^2 d_1\geqslant KT_2\left(\frac{500}{z_2[\sigma_H]}\right)^2 \tag{13-12}$$

式中，T_2 为蜗轮轴的转矩，N·mm；K 为载荷系数 $K=1\sim1.5$，当载荷平稳相对滑动速度较小时($v_s<3\mathrm{m/s}$)取较小值，反之取较大值，严重冲击时取 $K=1.5$；$[\sigma_H]$ 为蜗轮材料的许用接触应力(MPa)。当蜗轮材料为锡青铜($\sigma_b<300\mathrm{MPa}$)时，其主要失效形式为疲劳点蚀，$[\sigma_H]=Z_N[\sigma_{0H}]$。$[\sigma_{0H}]$ 为蜗轮材料的基本许用接触应力，如表 13-6 所示；Z_N 为寿命系数，$Z_N=\sqrt[8]{10^7/N}$，N 为应力循环次数，$N=60n_2L_h$，n_2 为蜗轮转速(r/min)，L_h 为工作寿命(h)；$N>25\times10^7$ 时应取 $N=25\times10^7$，$N<2.6\times10^5$ 时应取 $N=2.6\times10^5$。当蜗轮的材料为铝青铜或铸铁

(σ_b>300MPa)时，蜗轮的主要失效形式为胶合，许用应力与应力循环次数无关，其值如表 13-7 所示。

表 13-6　锡青铜蜗轮的基本许用接触应力[σ_{0H}]($N=10^7$)　单位：MPa

蜗轮材料	铸造方法	适用的滑动速度 v_s(m/s)	蜗杆齿面硬度	
			≤350HB	>45HRC
ZCuSn10P1	砂型	≤12	180	200
	金属型	≤25	200	220
ZCuSn5Pb5Zn5	砂型	≤10	110	125
	金属型	≤12	135	150

表 13-7　铸铝青铜及铸铁蜗轮的许用接触应力[σ_H]　单位：MPa

蜗轮材料	蜗杆材料	滑动速度 v_s(m/s)						
		0.5	1	2	3	4	6	8
ZCuAl10Fe3	淬火钢	250	230	210	180	160	120	90
HT150;HT200	渗碳钢	130	115	90	—	—	—	—
HT150	调质钢	110	90	70	—	—	—	—

三、蜗轮轮齿的齿根弯曲疲劳强度计算

由蜗轮轮齿接触强度和热平衡计算所限定的承载能力，通常都能满足弯曲强度的要求，因此只有对于受强烈冲击、振动的传动，或蜗轮采用脆性材料时，才需要考虑蜗轮轮齿的弯曲强度。其计算公式可参阅有关书籍。

四、刚度计算

蜗杆受力后如产生过大的变形，就会造成轮齿上的载荷集中，影响蜗杆与蜗轮的正确啮合，所以蜗杆还须进行刚度校核。校核蜗杆的刚度时，通常是把蜗杆螺旋部分看作以蜗杆齿根圆直径为直径的轴段，主要是校核蜗杆的弯曲刚度，其最大挠度 y(单位为 mm)按下式作近似计算，并得其刚度条件为

$$y=\frac{\sqrt{F_{t1}^2+F_{r1}^2}}{48EI}L_1^3\leqslant[y] \tag{13-13}$$

式中，F_{t1} 为蜗杆所受的圆周力(N)；F_{r1} 为蜗杆所受的径向力(N)；E 为蜗杆材料的弹性模量(MPa)；I 为蜗杆危险截面的惯性矩，$I=\frac{\pi d_{f1}^4}{64}mm^4$，其中 d_{f1} 为蜗杆齿根圆直径 mm；L_1 为蜗杆两端支承间的跨距(mm)，视具体结构要求而定，初步计算时可取 $L_1\approx0.9d_2$，d_2 为蜗轮分

度圆直径(mm);$[y]$为许用最大挠度,$[y]=\frac{d_1}{1000}$,d_1 为蜗杆分度圆直径(mm)。

五、普通圆柱蜗杆传动的精度等级及其选择

GB/T10089—1988 对蜗杆、蜗轮和蜗杆传动规定了 12 个精度等级;1 级精度最高,依次降低。与齿轮公差相仿,蜗杆、蜗轮和蜗杆传动的公差也分成 3 个公差组。普通圆柱蜗杆传动的精度,一般以 6～9 级应用得最多。6 级精度的传动用于中等精度机床的分度机构、发动机调节系统的传动以及武器读数装置的精密传动,它允许的蜗轮圆周速度 $v_2>5\text{m/s}$。7 级精度常用于运输和一般工业中的中等速度($v_2<7.5\text{m/s}$)的动力传动。8 级精度常用于每昼夜只有短时工作的次要的低速($v_2\leqslant 3\text{m/s}$)传动。

第五节 蜗杆传动的效率、润滑和热平衡计算

一、蜗杆传动的效率

闭式蜗杆传动的总效率 η 包括:啮合效率 η_1、搅油效率 η_2 和轴承效率 η_3,即

$$\eta=\eta_1\eta_2\eta_3 \tag{13-14}$$

啮合效率 η_1 是总效率的主要部分,蜗杆为主动件时啮合效率按螺旋传动公式求出

$$\eta_1=\frac{\tan\gamma}{\tan(\gamma+\rho_v)}$$

通常取 $\eta_2\eta_3=0.95\sim0.97$,故有

$$\eta=(0.95\sim0.97)\frac{\tan\gamma}{\tan(\gamma+\rho_v)} \tag{13-15}$$

式中,γ 为蜗杆螺旋升角(导程角);ρ_v 为当量摩擦角,$\rho_v=\arctan f_v$ 其值如表 13-8 所示。

在初步计算时,蜗杆的传动效率可近似取下列数值:

闭式传动:z_1	1	2	4	6
η	0.7～0.75	0.75～0.82	0.82～0.92	0.86～0.95

开式传动:$z_1=1$、2;$\eta=0.60\sim0.70$。

二、蜗杆传动的润滑

润滑对蜗杆传动特别重要,因为润滑不良时,蜗杆传动的效率将显著降低,并会导致剧烈的磨损和胶合。通常采用黏度较大的润滑油,为提高其抗胶合能力,可加入油性添加剂以提高油膜的刚度,但青铜蜗轮不允许采用活性大的油性添加剂,以免被腐蚀。

闭式蜗杆传动的润滑油黏度和润滑方法可参考表 13-9 选择。开式传动则采用黏度较高的齿轮油或润滑脂进行润滑。闭式蜗杆传动用油池润滑,在 $v_s\leqslant 5\text{m/s}$ 时常采用蜗杆下置式,浸油深度约为一个齿高,但油面不得超过蜗杆轴承的最低滚动体中心;$v_s>5\text{m/s}$ 时常用上置式,油面允许达到蜗轮半径 1/3 处。

表 13-8　当量摩擦系数 f_v 和当量摩擦角 ρ_v

蜗轮齿圈材料	锡青铜				铝青铜		灰铸铁			
蜗杆齿面硬度	≥45HRC		<45HRC		≥45HRC		≥45HRC		<45HRC	
滑动速度 v_s(m/s)	f_v	ρ_v	f_v	ρ_v	f_v	ρ_v	f_v	ρ_v	f_v	ρ_v
0.01	0.110	6°17′	0.120	6°51′	0.180	10°12′	0.018	10°12′	0.190	10°45′
0.05	0.090	5°09′	0.100	5°43′	0.140	7°58′	0.140	7°58′	0.160	9°05′
0.10	0.080	4°34′	0.090	5°09′	0.130	7°24′	0.130	7°24′	0.140	7°58′
0.25	0.065	3°43′	0.075	4°17′	0.100	5°43′	0.100	5°43′	0.120	6°51′
0.50	0.055	3°09′	0.065	3°43′	0.090	5°09′	0.090	5°09′	0.100	5°43′
1.00	0.045	2°35′	0.055	3°09′	0.070	4°00′	0.070	4°00′	0.090	5°09′
1.50	0.040	2°17′	0.050	2°52′	0.065	3°43′	0.065	3°43′	0.080	4°34′
2.00	0.035	2°00′	0.045	2°35′	0.055	3°09′	0.055	3°09′	0.070	4°00′
2.50	0.030	1°43′	0.040	2°17′	0.050	2°52′				
3.00	0.028	1°36′	0.035	2°00′	0.045	2°35′				
4.00	0.024	1°22′	0.031	1°47′	0.040	2°17′				
5.00	0.022	1°16′	0.029	1°40′	0.035	2°00′				
8.00	0.018	1°02′	0.026	1°29′	0.030	1°43′				
10.0	0.016	0°55′	0.024	1°22′						
15.0	0.014	0°48′	0.020	1°09′						
24.0	0.013	0°45′								

注：对于硬度≥45HRC 的蜗杆，ρ_v 值系指 R_a<0.32～1.25μm，经跑合并充分润滑的情况。

表 13-9　蜗杆传动的润滑油黏度及润滑方法

滑动速度 v_s(m/s)	<1	<2.5	<5	>5～10	>10～15	>15～25	>25
工 作 条 件	重载	重载	中载	—	—	—	—
运动黏度 $\nu_{40℃}$(mm²/s)	1 000	680	320	220	150	100	68
润 滑 方 法	浸 油			浸油或喷油	喷油润滑，油压(MPa) 0.07	0.2	0.3

三、蜗杆传动的热平衡计算

蜗杆传动效率低，发热量大，若产生的热量不能及时散逸，将使油温升高，油黏度下降，油膜破坏，磨损加剧，甚至产生胶合破坏。因此对连续工作的蜗杆传动应进行热平衡计算。在单位时间内，蜗杆传动由于摩擦损耗产生的热量为

$$Q=1\,000P_1(1-\eta)\text{(W)} \tag{13-16}$$

式中，P_1 为蜗杆传动的输入功率(kW)；η 为蜗杆传动的效率。

自然冷却时单位时间内经箱体外壁散逸到周围空气中的热量为

$$Q_2=K_sA(t_1-t_0)\text{(W)} \tag{13-17}$$

式中，K_s为散热系数，可取 $K_s=(8\sim17)\,W/m^2℃$，通风良好时取大值；A 为散热面积(m^2)；t_1为箱体内的油温，一般取许用油温$[t_1]=60\sim70℃$，最高不超过 80℃；t_0为周围空气的温度，通常取 $t_0=20℃$。

按热平衡条件 $Q_1=Q_2$，可得工作条件下的油温为

$$t_1=\frac{1\,000(1-\eta)P_1}{K_sA}+t_0\leqslant[t_1] \tag{13-18}$$

若工作温度超过许用温度，可采用下列措施：①在箱体壳外铸出散热片，增加散热面积 A。②在蜗杆轴上装风扇[图 13-10(a)]，提高散热系数，此时 $K_s\approx20\sim28W/m^2℃$。③加冷却装置。在箱体油池内装蛇形冷却管[图 13-10(b)]，或用循环油冷却[13-10(c)]。

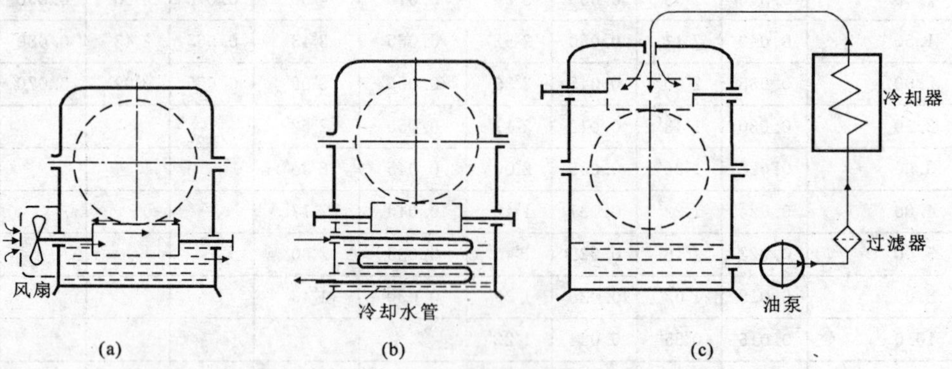

图 13-10 蜗杆传动的散热

例题 13-1 设计用于带式运输机的一级闭式蜗杆传动。蜗杆轴输入功率 $P_1=4kW$，转速 $n=960r/min$，传动比 $i=20$，连续单向运转，载荷平稳，一班制，预期寿命 10 年。

1. 选择材料，确定许用应力

(1)选择材料

蜗杆：45 号钢表面淬火 45～50HRC

蜗轮：ZCuSn10P1 砂模铸造(初估 $v_s=4m/s$)

(2)确定许用应力

$$[\sigma_{0H}]=200MPa$$

$$n_2=\frac{n_1}{i}=\frac{960}{20}=48(r/min)$$

$$L_h=8\times300\times10=24000hN=60\times n_2\times L_h=60\times48\times24000=6.9\times10^7$$

$$N=60\times n_2\times L_h=60\times48\times24000=6.9\times10^7$$

$$Z_N=\sqrt[8]{\frac{10^7}{N}}=\sqrt[8]{\frac{10^7}{6.9\times10^7}}\approx0.79$$

$$[\sigma_H]=z_N[\sigma_{0H}]\approx200\times0.79=158(MPa)$$

2. 确定 z_1、z_2

$$z_1=2$$

$$z_2=i\times z_1=20\times2=40$$

3. 计算蜗轮转矩 T_2

$$T_2 = 9.55\times 106(P_1\eta/n_2)$$
$$= 9.55\times 106(4\times 0.8/48) = 6.37\times 105(\mathrm{N\cdot mm})$$

(取 $\eta=0.8$)

4. 按齿面接触疲劳强度计算

$K=1.1$(工作载荷稳定速度较低)

$$m^2 d_1 \geqslant KT_2\left(\frac{500}{z_2[\sigma_H]}\right)^2$$
$$=1.1\times 6.37\times 10^5\left(\frac{500}{40\times 158}\right)^2$$
$$=4386(\mathrm{mm}^3)$$

查表 13-3 取 $m^2d=5\ 376\mathrm{mm}^3$ 得

$m=8$、$q=10$、$d_1=80\mathrm{mm}$

$d_2=mz_2=8\times 40=320(\mathrm{mm})$

$\gamma=\arctan(z_1m/d_1)=\arctan(2\times 8/80)=11.31°$

5. 校核齿根弯曲疲劳强度(略)

6. 验算传动效率 η

$$v_1=\pi d_1 n_1/(60\times 1000)$$
$$=3.14\times 80\times 960/(60\times 1000)\approx 4.02(\mathrm{m/s})$$
$$v_s=v_1/\cos\gamma=4.02/\cos 11.31°\approx 4.1(\mathrm{m/s})$$

查表得 $\rho_v=1.36°$

$$\eta=(0.95\sim 0.97)\frac{\mathrm{tg}\gamma}{\mathrm{tg}(\gamma+\rho_v)}$$
$$=(0.95\sim 0.97)\frac{\mathrm{tg}11.31°}{\mathrm{tg}(11.31°+1.36°)}$$
$$=0.84\sim 0.86$$

$\eta=0.84\sim 0.86$ 与初估值 $\eta=0.8$ 相近

7. 几何尺寸计算

(1)蜗杆

$$d_1=80\mathrm{mm}$$
$$d_{a1}=m(q+2)=8\times(10+2)=96(\mathrm{mm})$$
$$d_{f1}=m(q-2.4)=8\times(10-2.4)=60.8(\mathrm{mm})$$
$$p_{a1}=\pi\cdot m=3.14\times 8=25.12(\mathrm{mm})$$
$$L\geqslant(11+0.06z_2)m=(11+0.06\times 40)\times 8\approx 107(\mathrm{mm})$$

(2)蜗轮

$$d_2=mz_2=8\times 40=320(\mathrm{mm})$$
$$d_{a2}=m(z_2+2)=8\times(40+2)=336(\mathrm{mm})$$
$$d_{f2}=m(z_2-2.4)=8\times(40-2.4)=300.8(\mathrm{mm})$$
$$d_{e2}=d_{a2}+1.5m=336+1.5\times 8=348(\mathrm{mm})$$
$$b\leqslant 0.75d_{a1}=0.75\times 96=72(\mathrm{mm})$$

(3)中心距

$$a=m(q+z_2)/2=8(10+40)/2=200(\text{mm})$$

8. 热平衡计算

$$t_0=20℃、t_1=65℃、K_s=14\text{w/m}^2℃$$

$$A=\frac{1\ 000(1-\eta)P_1}{K_s(t_1-t_0)}=\frac{1\ 000(1-0.85)\times 4}{14(65-20)}\approx 0.95(\text{m}^2)$$

9. 结构设计绘制工作图(略)

习题

1. 蜗杆传动具有哪些特点？它为什么要进行热平衡计算？若热平衡计算不合要求时怎么办？

2. 如何恰当地选择蜗杆传动的传动比 i_{12}、蜗杆头数 z_1 和蜗轮齿数 z_2，并简述其理由。

3. 采用什么措施可以节约蜗轮所用的铜材？

4. 蜗杆传动与齿轮传动相比有何特点？常用于什么场合？

5. 影响蜗杆传动效率的主要因素有哪些？为什么传递大功率时很少用普通圆柱蜗杆传动？

6. 为什么要引入蜗杆直径系数 q？如何选用？它对蜗杆传动的强度、刚度及尺寸有何影响？

7. 影响蜗杆传动效率的主要因素有哪些？导程角 γ 的大小对效率有何影响？

8. 蜗杆传动的正确啮合条件是什么？自锁条件是什么？

9. 在图 13-11 中，标出未注明的蜗杆(或蜗轮)的螺旋线旋向及蜗杆或蜗轮的转向，并绘出蜗杆或蜗轮啮合点作用力的方向(用 3 个分力表示)。

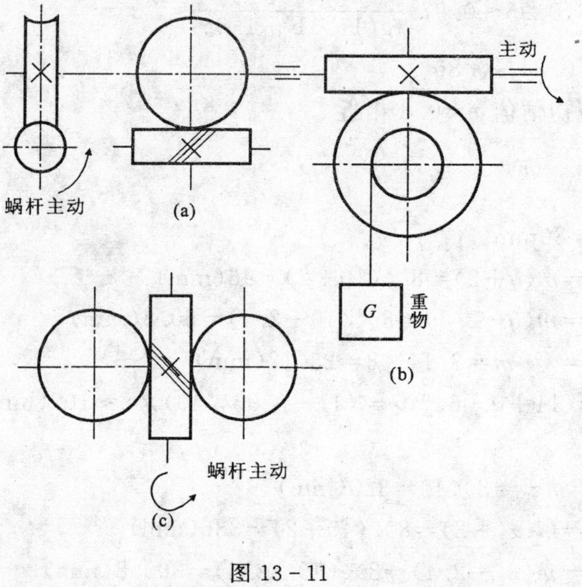

图 13-11

10. 图 13－12 所示为两级蜗杆减速器，蜗轮 4 为右旋，逆时针方向转动（n_4），要求作用在轴Ⅱ上的蜗杆 3 与蜗轮 2 的轴向力方向相反。试求：

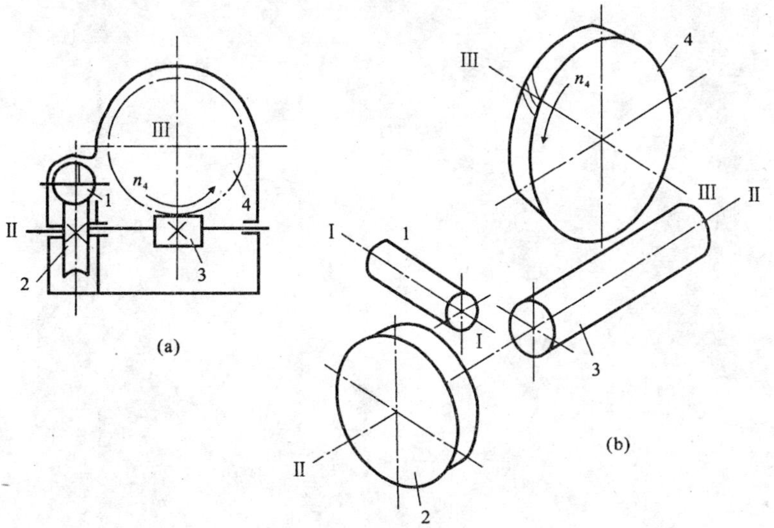

图 13－12

（1）蜗杆 1 的螺旋线方向与转向；

（2）画出蜗轮 2 与蜗杆 3 所受 3 个分力的方向。

11. 图 13－13 所示为一标准蜗杆传动，蜗杆主动，转矩 $T_1=25\ 000\text{N}\cdot\text{mm}$，模数 $m=4\text{mm}$，压力角 $\alpha=20°$，头数 $z_1=2$，直径系数 $q=10$，蜗轮齿数 $z_2=54$，传动的啮合效率 $\eta=0.75$。试确定：

（1）蜗轮的转向；

（2）作用在蜗杆、蜗轮上的各力的大小及方向。

12. 一普通闭式蜗杆传动，蜗杆主动，输入转矩 $T_1=113\ 000\text{N}\cdot\text{mm}$，蜗杆转速 $n_1=1460$ r/min，$m=5\text{mm}$，$q=10$，$z_1=3$，$z_2=60$。蜗杆材料为 45 钢，表面淬火，HRC＞45，蜗轮材料用

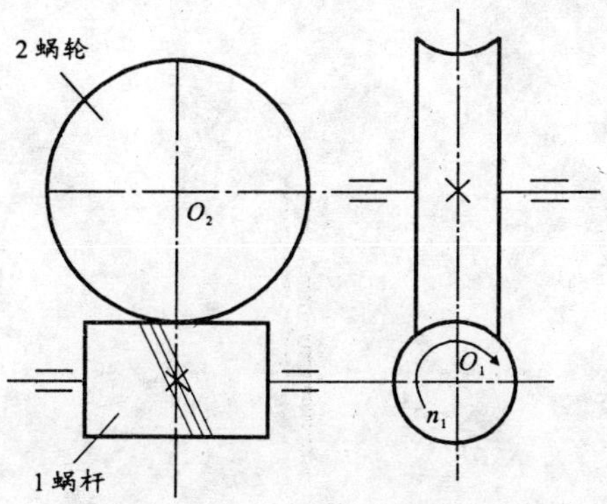

图 13－13

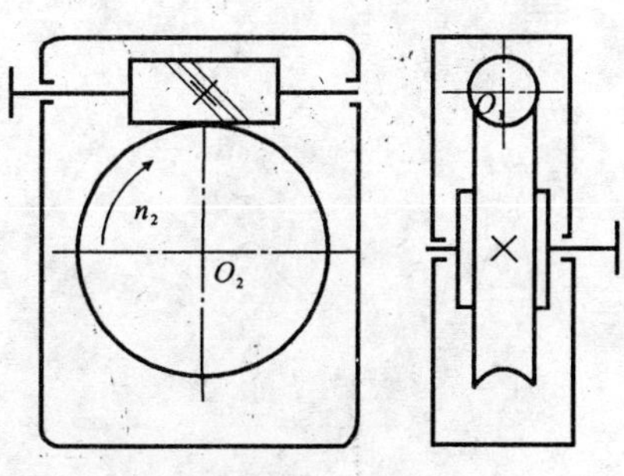

图 13－14

ZCuSn10P1,离心铸造。已知 $\gamma=18°26'6''$、$\rho_v=1°20'$。试求：

(1)啮合效率和传动效率；

(2)啮合中各力的大小；

(3)功率损耗。

第十四章　轴

第一节　轴的功用和类型

轴是机器中的重要零件之一，用来支承旋转的机械零件（如带轮、齿轮等）及传递运动和动力。根据轴承受的载荷形式不同，轴可分为转轴、传动轴和心轴 3 种。转轴既传递转矩又承受弯矩，如齿轮减速器中的轴[图 14－1(a)]；传动轴只传递转矩而不承受弯矩或弯矩很小，如汽车的传动轴[图 14－1(b)]；心轴则只承受弯矩而不传递转矩，根据心轴是否随轴上零件一同转动，又可以将其分为转动心轴[图 14－1(c)]和固定心轴[图 14－1(d)]两种类型。

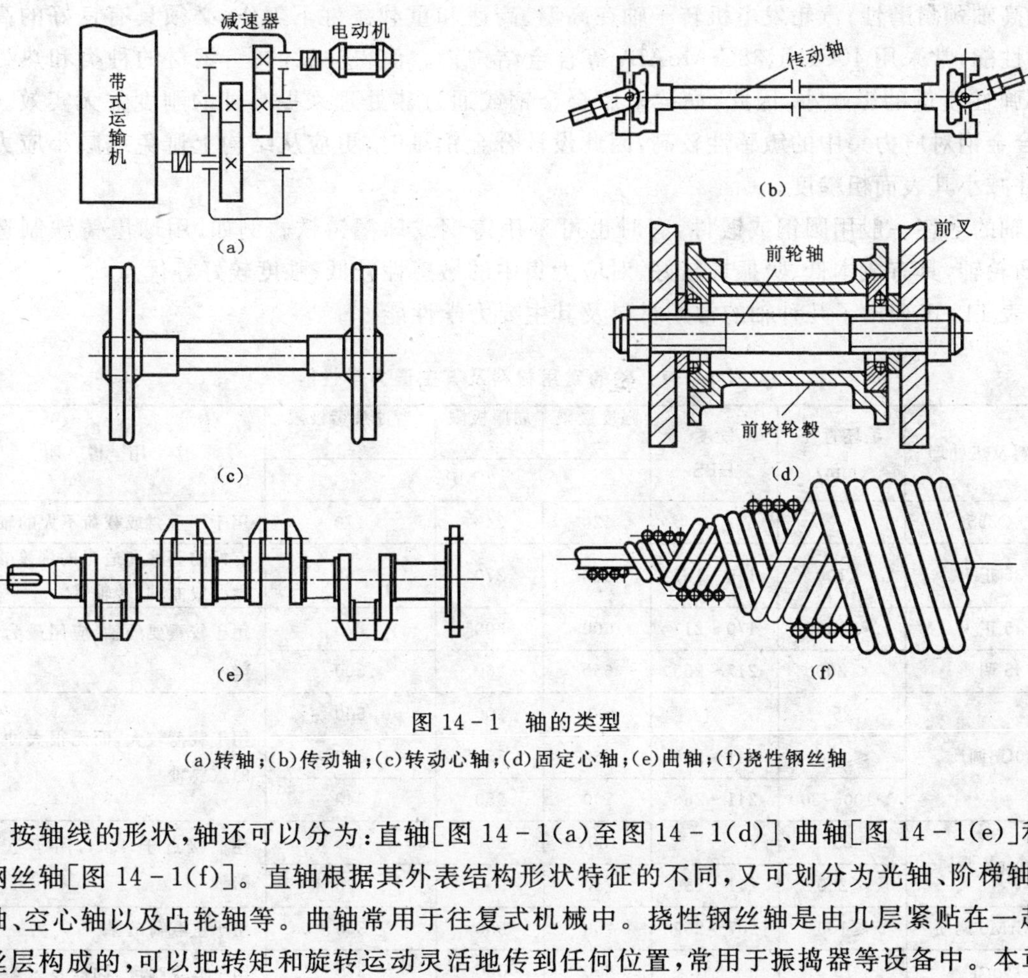

图 14－1　轴的类型

(a)转轴；(b)传动轴；(c)转动心轴；(d)固定心轴；(e)曲轴；(f)挠性钢丝轴

按轴线的形状，轴还可以分为：直轴[图 14－1(a)至图 14－1(d)]、曲轴[图 14－1(e)]和挠性钢丝轴[图 14－1(f)]。直轴根据其外表结构形状特征的不同，又可划分为光轴、阶梯轴、实心轴、空心轴以及凸轮轴等。曲轴常用于往复式机械中。挠性钢丝轴是由几层紧贴在一起的钢丝层构成的，可以把转矩和旋转运动灵活地传到任何位置，常用于振捣器等设备中。本章只研究直轴。

设计轴时应解决的主要问题有：合理选择轴的材料；良好的结构工艺性；足够的强度和刚度，必要时还应考虑振动稳定性等因素。

第二节 轴的材料

轴工作时一般受到交变应力的作用，其损坏形式通常为疲劳损坏。这就要求轴的材料有足够的疲劳强度，同时对应力集中的敏感性小。设计轴时，应根据轴的使用要求，同时考虑经济性选择轴的材料。

轴的材料常采用碳素钢和合金钢。碳素钢比合金钢价廉，对应力集中的敏感性较低，且具有较高的综合机械性能，故应用较广。常用的优质碳素钢有 35、45、50 号钢等，其中以 45 号钢应用最广泛，为了改善其力学性能，应进行正火或调质处理。不重要或受力较小的轴，则可采用 Q235、Q275 等碳素结构钢。

合金钢比碳素钢具有更高的机械强度和更好的淬火性能，但价格较贵，多用于有特殊要求的轴。例如：采用滑动轴承的高速轴，常用 20Cr、20CrMnTi 等低碳合金结构钢，经渗碳淬火后可提高轴颈耐磨性；汽轮发电机转子轴在高温、高速和重载条件下工作，必须具有良好的高温力学性能，常采用 40CrNi、38CrMoAlA 等合金结构钢。值得注意的是：钢材的种类和热处理对其弹性模量的影响小，因此，如欲采用合金钢或通过热处理来提高轴的刚度并无实效。此外，合金钢对应力集中的敏感性较高，因此设计合金钢轴时，更应从结构上避免或减小应力集中，并减小其表面粗糙度。

轴的毛坯一般用圆钢或锻件，有时也可采用铸钢或球墨铸铁。例如，用球墨铸铁制造曲轴、凸轮轴，具有成本低、吸振性较好、对应力集中的敏感性较低、强度较好等优点。

表 14－1 列出了几种轴的常用材料及其主要力学性能。

表 14－1 轴的常用材料及其主要力学性能

材料及热处理	毛坯直径 (mm)	硬度 HBS	强度极限 σ_b	屈服极限 σ_s	弯曲疲劳极限 σ_{-1}	应用说明
			MPa			
Q235			420	240	170	用于不重要或载荷不大的轴
35 正火	≤100	149～187	520	270	250	有好的塑性和适当的强度，可做一般曲轴、转轴等
45 正火	≤100	170～217	600	300	275	用于较重要的轴，应用最为广泛
45 调质	≤200	217～255	650	360	300	
40Cr 调质	25		1000	800	500	用于载荷较大，而无很大冲击的重要轴
	≤100	241～286	750	550	350	
	＞100～300	241～266	700	550	340	
40MnB 调质	25		1000	800	485	性能接近于 40Cr，用于重要的轴
	≤200	241～286	750	550	335	
35CrMo 调质	≤100	207～269	750	550	390	用于重载荷的轴
20Cr 渗碳淬火回火	15	56～62HRC	850	550	375	用于要求强度、韧性及耐磨性均较高的轴
	≤60		650	400	280	

第三节　轴的结构设计

进行轴的结构设计，就是根据工作条件，确定轴的结构外形和全部结构尺寸。在进行轴的结构设计时要考虑的主要因素有：①轴应便于加工，轴上零件要易于装拆（制造安装要求）；②轴和轴上零件要有准确的工作位置（定位）；③各零件要牢固而可靠地相对固定（固定）；④改善受力状况，减小应力集中和提高疲劳强度。

一、制造安装要求

为了便于轴上零件的装拆，常将轴做成阶梯形。对于一般剖分式箱体中的轴，它的直径从轴端逐渐向中间增大。图 14－2 所示为单级齿轮减速器的高速轴，③和⑦段为轴与轴承配合的部分称为轴颈；①和④段为轴与传动件（皮带轮、齿轮等）轮毂相配合的部分称为轴头；相邻两段间的阶梯称为轴肩；具有左右轴肩且直径最大的短轴段⑤称为轴环。如图 14－2 所示，可依次将齿轮、套筒、左端滚动轴承、轴承盖和带轮从轴的左端装拆，另一滚动轴承从右端装拆。

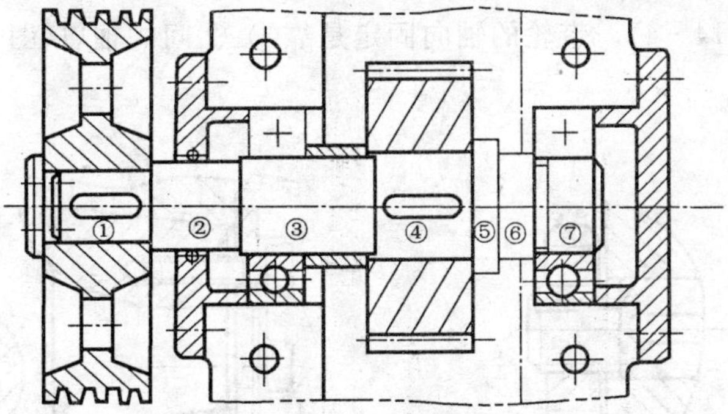

图 14－2　轴的结构

为使轴上零件易于安装，轴端及各轴段的端部应有倒角。轴上需磨削的轴段应设计出砂轮越程槽[图 14－2 中⑥与⑦的交界处，图 14－3(a)]，以便磨削时砂轮可以磨到轴肩的端部。需车制螺纹的轴段应有退刀槽[图 14－3(b)]，以便在切削螺纹时退刀。

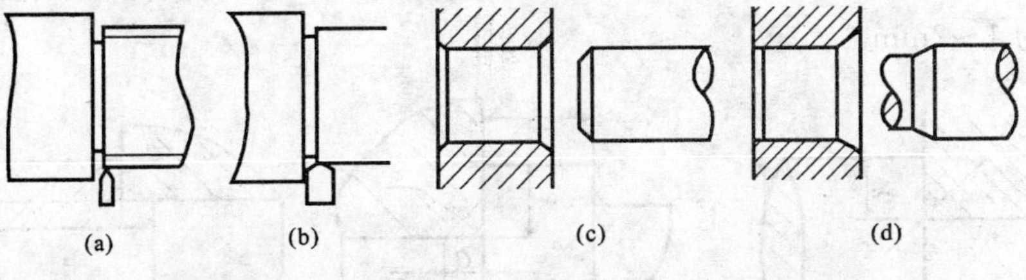

图 14－3　越程槽(a)、退刀槽(b)、倒角(c)和锥面(d)

为使轴上零件易于装拆，轴端、轴头和轴颈的端部应有 45°(或 30°、60°)倒角[图 14－3(c)]，以免装配时把轴上零件的孔壁擦伤。过盈配合零件装入端常加工出 10°～15°的导向锥[图 14－3(d)]，使零件能较顺利地压入。

二、轴上零件的定位

为了防止轴上零件受力时发生沿轴向或周向的相对运动，轴上零件除了有特殊的结构要求外（如游动或空转），一般都必须要求定位准确、可靠。定位是针对安装而言的，保证零件准确的安装位置，轴肩可起轴向定位作用，图 14－2 中，④、⑤间的轴肩使齿轮在轴上定位；①、②间的轴肩使带轮定位；⑥、⑦间的轴肩使右端滚动轴承定位。有些零件依靠套筒定位，如图 14－2 中的左端滚动轴承。

三、轴上零件的固定

固定是针对工作而言的，保证零件工作时位置不变，轴上零件在轴线方向（轴向）和圆周方向（周向）都需要固定。

1. 轴向固定

轴上零件的轴向固定常采用轴肩、套筒、螺母或轴端挡圈（又称压板）等形式。图 14－2 中，齿轮能实现轴向双向固定。齿轮受轴向力时，向右是通过轴环⑤，并由⑥、⑦间的轴肩顶在滚动轴承内圈上；向左则通过套筒顶在滚动轴承内圈上。无法采用套筒或套筒太长时，可采用双圆螺母加以固定（图 14－4）。带轮的轴向固定是靠①、②间的轴肩（图 14－2）以及轴端挡圈（图 14－5）。

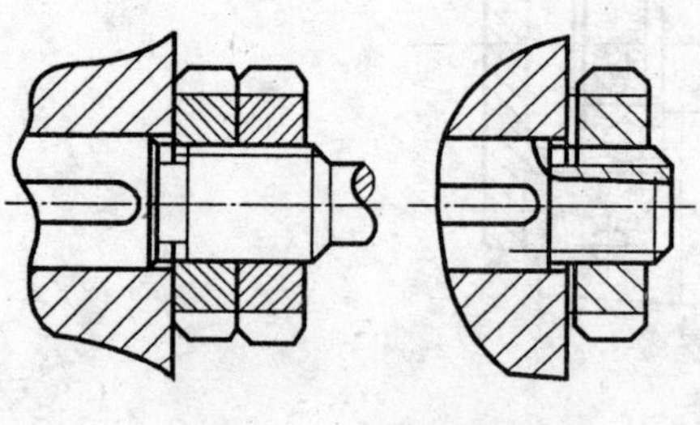

图 14－4　双圆螺母

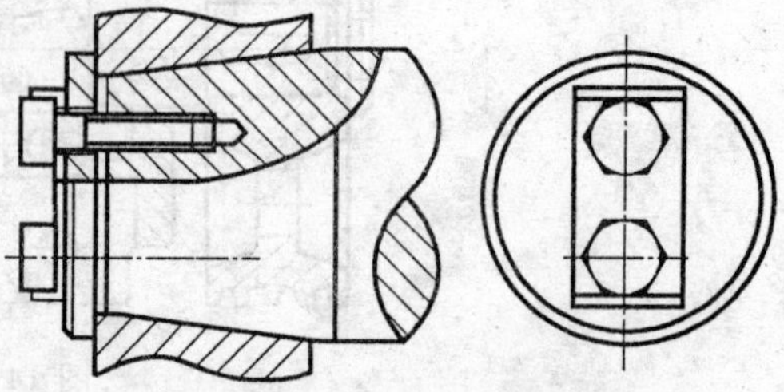

图 14－5　轴端挡圈

为了保证轴上零件紧靠定位面（轴肩），轴肩的圆角半径 r 必须小于相配零件的倒角 C 或圆角半径 R，轴肩高 h 必须大于 C 或 R［图 14－6(a)、图 14－6(b)］。除了定位轴肩外，还有非定位轴肩，如图 14－6(d)所示，其轴径变化的目的仅是便于加工与装配，轴肩高度无严格规定，一般可取为 1～2mm。

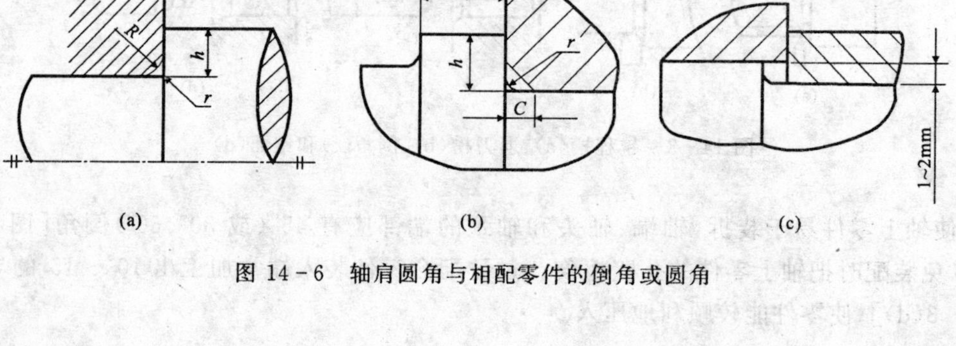

(a)　(b)　(c)

图 14－6　轴肩圆角与相配零件的倒角或圆角

轴向力较小时，零件在轴上的固定可采用弹性挡圈（图 14－7）或紧定螺钉（图 14－8）。

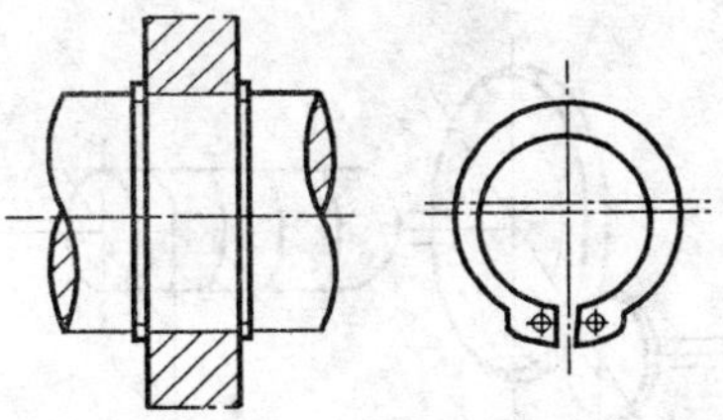

图 14－7　弹性挡圈定位

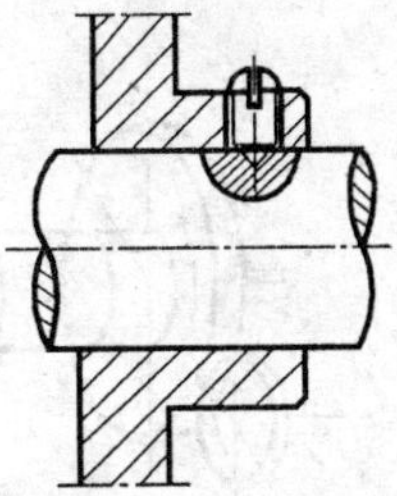

图 14－8　紧定螺钉

2. 周向固定

轴上零件的周向固定一般采用键连接、花键连接、销连接、过盈配合和型面连接，这些统称为轴-毂连接。采用键连接时，为了加工方便，应使同一轴上的键在同一加工直线上，并尽量采用同一规格的键槽截面尺寸（图 14－9）

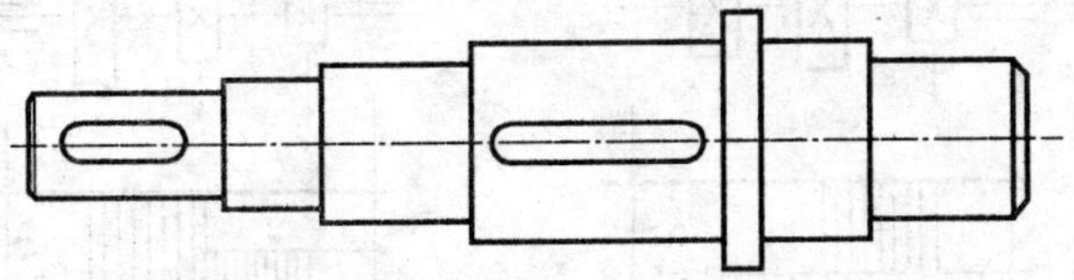

图 14－9　键槽在同一加工直线上

四、轴的各段直径和长度的确定

零件在轴上的布置方案确定后，可初步估算所需的最小直径 $d_{\min}$（通常是轴端段），进而初步确定阶梯轴各段的直径、长度和配合类型。轴径的初步估算常用如下两种方法：

(1)按扭转强度初步估算轴径[式(14－1)]；

(2)按经验公式估算轴径。

估算出最小直径后，按轴上零件的布置方案和定位要求，从轴端段起逐一确定各段轴的直径。凡有配合要求的轴段，应尽量采用标准直径。安装滚动轴承、联轴器、密封圈等标准件的轴径，应符合各标准件内径系列的规定。套筒的内径，应与相配的轴径相同并采用过渡配合。

轴的各段长度主要是根据各零件与轴配合部分的轴向尺寸和相邻零件必要的空隙来确定。采用套筒、螺母、轴端挡圈作轴向固定时，应把装零件的轴段长度做得比零件轮毂短 2～3mm，以确保套筒、螺母或轴端挡圈能紧靠零件端面。

五、提高轴强度和刚度的措施

1. 改变轴上零件的布置，合理安排动力传递路线，可减小轴所受的载荷

例如，图 14－10 所示为起重机卷筒的两种布置方案，图 14－10(a)的结构中，大齿轮和卷筒连成一体，转矩经大齿轮直接传给卷筒，故卷筒轴只受弯矩而不传递扭矩，在起重同样载荷 W 时，轴的直径可小于图 14－10(b)的结构。再如，当动力从两轮输出时，为了减小轴上转矩，

应将输入轮布置在中间，如图 14－11(a)所示，这时轴的最大转矩为 T_1；而在图 14－11(b)的布置中，轴的最大转矩为 T_1+T_2。

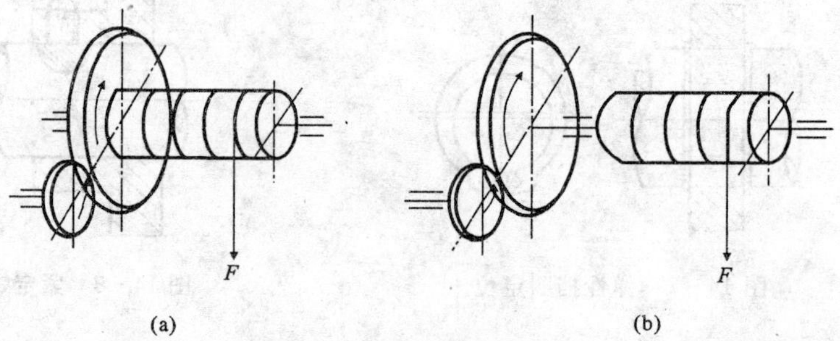

图 14－10 起重机卷筒

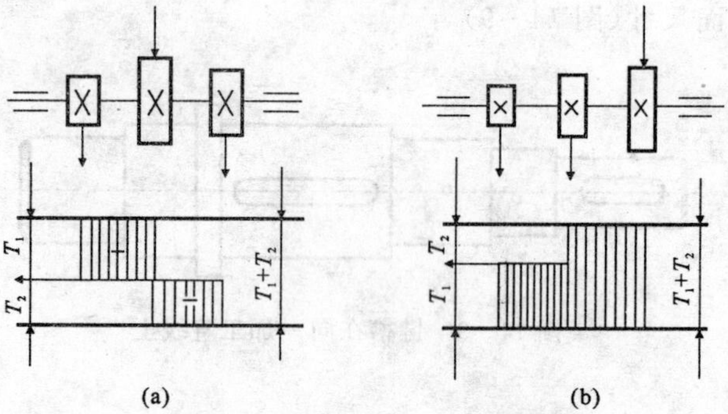

图 14－11 轴的两种布置方案

2．改变零件的结构形状以消除或减小应力集中

轴通常是在变应力条件下工作的。轴肩的过渡截面、轮毂与轴的配合、键槽及有小孔的截面各处，都会产生应力集中，发生轴的疲劳破坏。因此对阶梯轴来说，在截面尺寸变化处应采用圆角过渡，圆角半径不宜过小，并尽量避免在轴上(特别是应力大的部位)开横孔、切口或凹槽。必须开横孔时，孔边要导圆。在重要的结构中，可采用凹切圆角[图 14－12(a)]、过渡肩环[图 14－12(b)]或增大配合轴段的轴径[图 14－12(c)]增大轴肩圆角半径，以减小局部应力。在轮毂上做出卸载槽[图 14－12(d)]或毂上卸荷槽[图 14－12(e)]。

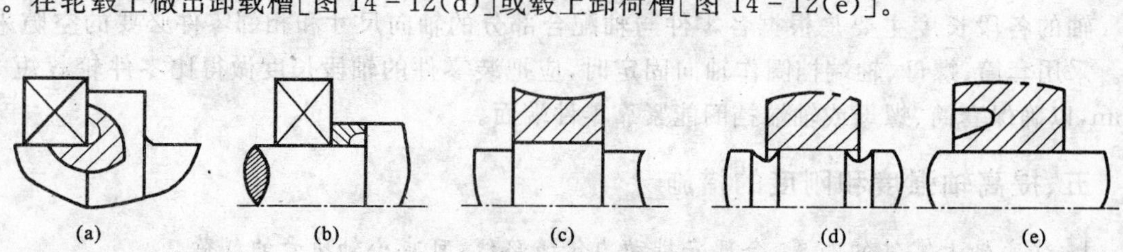

图 14－12 减小应力集中的措施

3. 改进轴的表面质量以提高轴的疲劳强度

轴的表面越粗糙，疲劳强度也越低。因此，应合理减小轴的表面及圆角处的加工粗糙度值。对轴的表面进行强化处理，也可提高轴的疲劳强度。其主要方法有表面高频淬火、表面渗碳、碳氮共渗、渗氮、碾压、喷丸等。

第四节 轴的强度计算

轴的强度计算应根据轴的承载情况，采用相应的计算方法。常见的轴的强度计算方法有以下两种：

一、按扭转强度计算

这种方法适用于只承受转矩的传动轴的精确计算，也可用于既受弯矩又受扭矩的轴的近似计算。

对于传动轴，工作时受转矩的作用，圆截面轴的抗扭强度条件为

$$\tau=\frac{T}{W_T}=\frac{9.55\times10^6 P}{0.2d^3 n}\leqslant[\tau](\text{MPa}) \tag{14-1}$$

式中，τ 为轴的扭切应力（MPa）；T 为轴传递的转矩（N·mm）；W_T 为抗扭截面系数（mm^3），对圆截面轴 $W_T=\frac{\pi d^3}{16}\approx0.2d^3$；$P$ 为传递的功率（kW）；n 为轴的转速（r/min）；d 为轴的直径（mm）；$[\tau]$为许用扭切应力（MPa）。

对于既传递转矩又承受弯矩的转轴，也可用上式初步估算轴的直径，但必须把轴的许用扭切应力$[\tau]$适当降低，以补偿弯矩对轴的影响。将降低后的许用应力代入上式并改写为设计公式

$$d\geqslant\sqrt[3]{\frac{9.55\times10^6}{0.2[\tau]}}\sqrt[3]{\frac{P}{n}}\geqslant C\sqrt[3]{\frac{P}{n}}(\text{mm}) \tag{14-2}$$

式中，C 是由轴的材料和承载情况确定的常数，见表 14-2，应用上式求出的 d 值，一般作为传递转矩轴段的最小直径。

表 14-2 常用材料的$[\tau]$值和 C 值

轴的材料	Q236,20	35	45	40Cr,35SiMn
$[\tau]$(Mpa)	12～20	20～30	30～40	40～52
C	160～135	135～118	118～107	107～98

注：当作用在轴上的弯矩比传递的转矩小或只传递转矩时，C 取较小值；否则取较大值。

二、按弯扭合成强度计算

在结构设计后，对于同时受弯矩和转矩作用的转轴，可针对某些危险截面（即计算弯矩大或有应力集中或截面直径相对较小的截面），按转矩和弯矩合成强度进行校核计算。对于一般的钢制轴，可用第三强度理论（即最大切应力理论）求出危险截面的当量应力 σ_e，其强度条件为

$$\sigma_e=\sqrt{\sigma_b^2+4\tau^2}\leqslant[\sigma_b] \tag{14-3}$$

式中，σ_b 为危险截面上弯矩 M 产生的弯曲应力；τ 为转矩 T 产生的扭切应力。对于直径 d 的圆轴，

$$\sigma_b=\frac{M}{W}=\frac{M}{\pi d^3/32}\approx\frac{M}{0.1d^3}$$

$$\tau=\frac{T}{W_T}=\frac{T}{2W}$$

式中，W、W_T 分别为轴的抗弯截面系数和抗扭截面系数。将 σ_b 和 τ 值代入式(14-3)，得

$$\sigma_e=\sqrt{\left(\frac{M}{W}\right)^2+4\left(\frac{T}{2W}\right)^2}=\frac{1}{W}\sqrt{M^2+T^2}\leqslant[\sigma_b] \tag{14-4}$$

对于一般的转轴，即使载荷大小与方向不变，其弯曲应力 σ_b 也为对称循环变应力，而 τ 的循环特性往往与 σ_b 不同，所以应对上式中的转矩 T 乘以折合系数 α，以考虑两者循环特性不同的影响，即

$$\sigma_e=\frac{M_e}{W}=\frac{1}{0.1d^3}\sqrt{M^2+(\alpha T)^2}\leqslant[\sigma_{-1b}] \tag{14-5}$$

式中，$M_e=\sqrt{M^2+(\alpha T)^2}$ 称为当量弯矩。α 是根据转矩性质而定的折合系数。对不变的转矩，$\alpha=\frac{[\sigma_{-1b}]}{[\sigma_{+1b}]}\approx0.3$；当转矩脉动变化时，$\alpha=\frac{[\sigma_{-1b}]}{[\sigma_{0b}]}\approx0.6$；对于频繁正反转的轴，可作为对称循环变应力，$\alpha=1$。若转矩的变化规律不清楚，一般可按脉动循环处理。$[\sigma_{-1b}]$、$[\sigma_{0b}]$、$[\sigma_{+1b}]$ 分别为对称循环、脉动循环及静应力状态下的许用弯曲应力，见表 14-3。

表 14-3 轴的许用弯曲应力 单位：MPa

材料	σ_B	$[\sigma_{+1b}]$	$[\sigma_{0b}]$	$[\sigma_{-1b}]$
碳素钢	400	130	70	40
	500	170	75	45
	600	200	95	55
	700	230	110	65
合金钢	800	270	130	75
	900	300	140	80
	10 001	330	150	90
铸钢	400	100	50	30
	500	120	70	40

按弯扭合成强度计算轴径的一般步骤如下：

(1)画出轴的空间力系图。将轴上作用力分解为水平面上的分力 F_H 和垂直面上的分力 F_V，并求出水平面和垂直面上的支点反力。

(2)作水平面弯矩 M_H 图和垂直面弯矩 M_V 图。

(3)计算出合成弯矩 $M=\sqrt{M_H^2+M_V^2}$，绘出合成弯矩图。

(4)作转矩 T 图。

(5)计算当量弯矩 $M_e=\sqrt{M^2+(\alpha T)^2}$，绘出当量弯矩图。

(6)计算危险截面轴径，由式(14-5)

$$d \geqslant \sqrt[3]{\frac{M_e}{0.1[\sigma_{-1b}]}}(\text{mm}) \tag{14-6}$$

式中，M_e 的单位为 N·mm；$[\sigma_{-1b}]$的单位为 MPa。若该截面有键槽，为了补偿对轴的削弱，可将计算出的轴径增大 4%～10%。

对于一般用途的轴，按上述方法计算即可。对重要的轴，尚需作精确的强度校核(如安全系数法)，其计算方法可查阅有关参考书。

例 14-1 试计算某减速器输出轴[图 14-13(a)]

危险截面的直径。已知作用在齿轮上的圆周力 $F_t=17400$N，径向力 $F_r=6400$N，轴向力 $F_a=2\,860$N，齿轮分度圆直径 $d_2=146$mm，作用在轴右端带轮上外力 $F=4\,500$N(方向未定)，$L=193$mm，$K=206$mm。

解 (1)求垂直面的支撑反力[图 14-13(b)]

$$F_{1V}=\frac{F_r \cdot \frac{L}{2}-F_a\frac{d_2}{2}}{L}=\frac{6410\times\frac{193}{2}-2860\times\frac{146}{2}}{193}=2123(\text{N})$$

$$F_{2V}=F_t-F_{1V}=6410-2123=4287(\text{N})$$

(2)求水平面的支撑反力[图 14-13(c)]

$$F_{1H}=F_{2H}=\frac{F_t}{2}=\frac{17400}{2}=8700(\text{N})$$

(3) F 力在支点产生的反力[图 14-13(d)]

$$F_{1F}=\frac{F\cdot K}{L}=\frac{4500\times 206}{2\,193}=4803(\text{N})$$

$$F_{2F}=F+F_{1F}=4500+4803=9303(\text{N})$$

外力 F 作用方向与带传动的布置有关，在具体布置尚未确定前，可按最不利的情况考虑。

(4)绘垂直面的弯矩图[图 14-13(b)]

$$M_{av}=F_{2v}\cdot\frac{L}{2}=4287\times\frac{0.193}{2}=414(\text{N}\cdot\text{m})$$

$$M_{av}=F_{1v}\cdot\frac{L}{2}=4287\times\frac{0.193}{2}=414(\text{N}\cdot\text{m})$$

(5)绘水平面的弯矩图[图 14-13(c)]

$$M_{av}=F_{1H}\cdot\frac{L}{2}=8700\times\frac{0.193}{2}=840(\text{N}\cdot\text{m})$$

(6)F 力产生的弯矩图[图 14-13(d)]

$$M_{2F}=F\cdot K=4500\times 0.206=927(\text{N}\cdot\text{m})$$

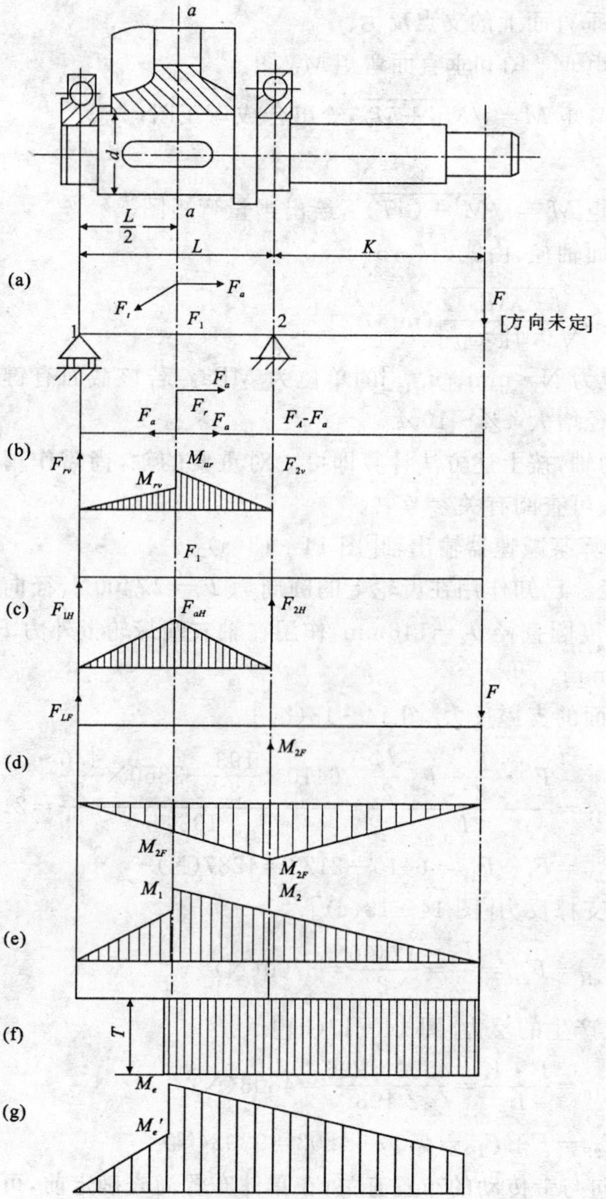

图 14-13 轴的受力分析

a-a 截面 F 力产生的弯矩为

$$M_{aF}=F_{1F}\cdot\frac{L}{2}=4803\times\frac{0.193}{2}=463(\text{N}\cdot\text{m})$$

(7)求合成弯矩图[图 14-13(e)]

考虑到最不利的情况，把 M_{aF} 与 $\sqrt{M_{aV}^2+M_{aH}^2}$ 直接相加

$$M_a=\sqrt{M_{aV}^2+M_{aH}^2}+M_{aF}=\sqrt{414^2+840^2}+463=1400(\text{N}\cdot\text{m})$$

$$M_a=\sqrt{(M_{aV})'^2+(M_{aH})^2}+M_{aF}=\sqrt{205^2+840^2}+463=1328(\text{N}\cdot\text{m})$$

$$M_2 = M_{2F} = 927(\text{N} \cdot \text{m})$$

(8)求轴传递的转矩[图 14-13(f)]

$$T = F_t \cdot \frac{d_2}{2} = 17400 \times \frac{0.146}{2} = 1270(\text{N} \cdot \text{m})$$

(9)求危险截面的当量弯矩[图 14-13(g)]

从图 14-13(g)可见。a-a 截面最危险，其当量弯矩为

$$M_e = \sqrt{M_a^2 + (\alpha T)^2}$$

如认为轴的扭切应力是脉动循环变应力，取折合系数 $\alpha = 0.6$，代入上式可得

$$M_e = \sqrt{1400^2 + (0.6 \times 1270)^2} \approx 1600(\text{N} \cdot \text{m})$$

(10)计算危险截面处轴的直径

轴的材料选用 45 钢，调质处理，由表 14-1 查得：$\sigma_B = 650\text{MPa}$。由表 14-3 查得$[\sigma_{-1b}] = 60\text{MPa}$，则

$$d \geqslant \sqrt[3]{\frac{1600 \times 10^3}{0.1 \times 60}} = 64.4(\text{mm})$$

考虑到键槽对轴的消弱，将 d 值加大 5%，故

$$d = 1.04 \times 64.4 \approx 67(\text{mm})。$$

第五节 轴的刚度计算

轴的刚度分为弯曲刚度和扭转刚度两种。轴在弯矩作用下会产生弯曲变形，其变形量用挠度 y 和偏转角 θ 来度量(图 14-14)在转矩作用下会产生扭转变形，其变形量用轴的扭转角 φ 来度量(图 14-15)轴的刚度如果不足，工作时就会产生过大的弹性变形而影响正常工作。例如电机转子轴的挠度过大，会改变转子与定子的间隙而影响电机的性能；机床主轴刚度不足，将降低加工精度等等。因此，为了使轴不致因刚度不够而失效，设计时必须根据轴的工作条件限制其变形量，即

$$\left.\begin{aligned} &\text{挠度} \quad y \leqslant [y] \\ &\text{转角} \quad \theta \leqslant [\theta] \\ &\text{扭角} \quad \varphi \leqslant [\varphi] \end{aligned}\right\} \tag{14-7}$$

式中，$[y]$、$[\theta]$、$[\varphi]$分别为许用挠度、许用转角和许用扭角，其值见表 14-4。

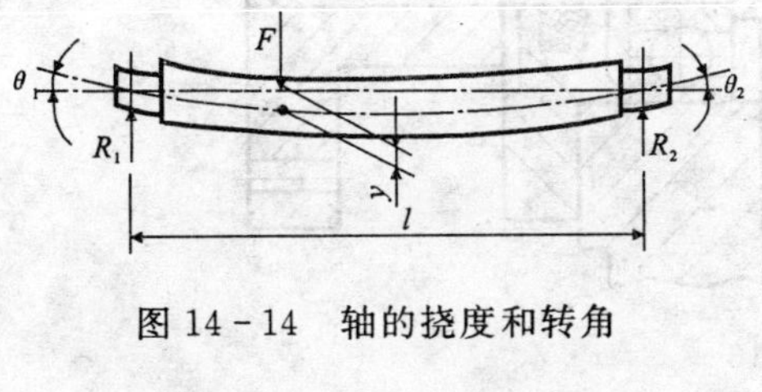

图 14-14 轴的挠度和转角

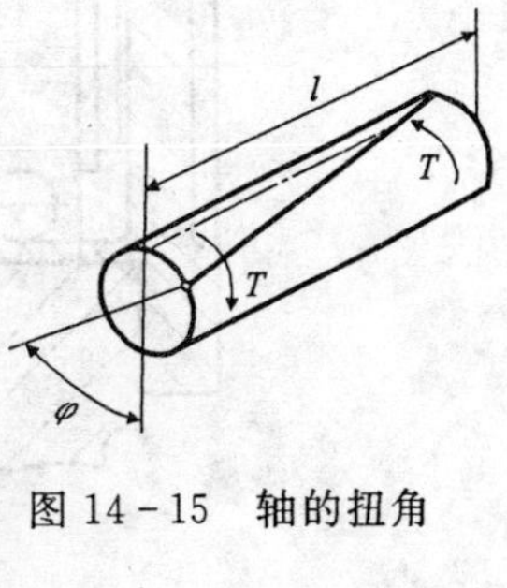

图 14-15 轴的扭角

表 14-4　轴的许用变形量[y]、[θ]和[φ]

变形种类	适用场合	许用值	变形种类	适用场合	许用值
挠度 [y](mm)	一般用途的轴	$(0.000\,3 \sim 0.000\,5)l$	转角[θ]/rad	滑动轴承	≤0.001
	刚度要求较高的轴	$\leqslant 0.000\,2l$		向心球轴承	≤0.005
	感应电机轴	$\leqslant 0.01\Delta$		调心球轴承	≤0.05
	安装齿轮的轴	$(0.01 \sim 0.03)m_n$		圆柱滚子轴承	≤0.002 5
	安装蜗轮的轴	$(0.02 \sim 0.05)m$		圆锥滚子轴承	≤0.001 6
	l 为支承间跨距； m_n 为齿轮法向模数； m 为蜗轮端面模数； Δ 为电动机定子与转子间的间距。			安装齿轮处轴的截面	0.001～0.002
			每米长的扭角 $[\varphi]/(°)\cdot m^{-1}$	一般传动	0.5～1
				较精密的传动	0.25～0.5
				重要传动	≤0.25

习题

1. 按功用与所受载荷的不同，轴可分为哪几种？常见的轴大多属于哪一种？
2. 轴的结构设计应从哪几个方面考虑？
3. 轴上零件常用的周向固定和轴向定位方法有哪些？各有何特点？
4. 轴的常用材料有哪些？应如何选用。
5. 某传动轴传递的功率为 20W，转速 $n=850$r/min，如果轴上的扭转切应力不允许超过 40 MPa，求该轴的最小直径。
6. 已知一传动轴直径 $d=30$mm，转速 $n=1440$r/min，如果轴的材料选用 45 钢，求该轴所能传递的最大功率。
7. 如图 14-16 所示为一减速器的部分结构，说出图中的错误及不合理之处，并将图中的错误结构改正过来。

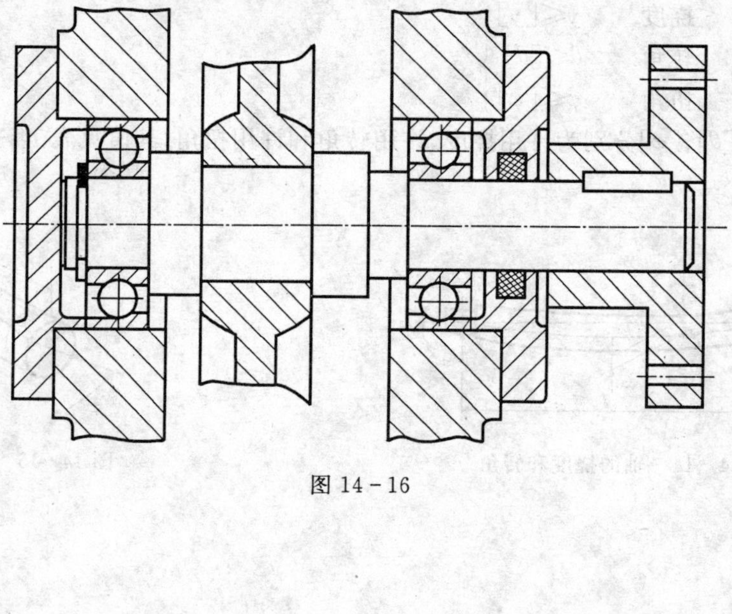

图 14-16

第十五章 轴　　承

轴承是支持轴及轴上零件的部件。它可以保持轴的旋转精度，也可以减小轴与支撑之间的摩擦和磨损。

根据轴承中摩擦性质的不同，轴承可分为滑动摩擦轴承（简称滑动轴承）和滚动摩擦轴承（简称滚动轴承）两大类。

按照承受载荷的方向，轴承可分为向心轴承（承受径向载荷，又称径向轴承），推力轴承（承受轴向载荷）和向心推力轴承（同时承受径向和轴向载荷，又称径向止推轴承）。

滑动轴承和滚动轴承各有其优缺点和适用场合。由于滚动轴承是由专业工厂大批量生产并已标准化，且具有摩擦系数小，启动灵活，互换性好，使用维护方便等特点，故目前在机器中，滚动轴承的应用较滑动轴承广泛。但是，滑动轴承由于具有一些独特的优点，因此，在内燃机、汽轮机、机床、铁路机车车辆等方面还广泛地应用着滑动轴承，这是因为：

(1)当要求轴承的径向尺寸很小时，一般的滚动轴承就不适宜应用。

(2)当承受很大的振动和冲击载荷时，滚动轴承由于是高副接触，对振动特别敏感而不适用。

(3)因装配原因必须做成剖分式轴承（如连杆大端轴承）时，则只能用滑动轴承。

(4)对于重型的、单件或批量很少的轴承，定制滚动轴承成本很高，也只能用滑动轴承。

(5)工作转速特别高或要求回转精度特别高时，滚动轴承达不到要求。只能采用液体或气体润滑的高精度动压或静压滑动轴承。

第一节　滑动轴承的摩擦状态

滑动轴承工作时需用润滑剂润滑，其工作表面可能存在以下 3 种摩擦状态。

一、干摩擦

当两摩擦表面间无任何润滑剂或保护膜时，即出现固体表面间直接接触的摩擦，工程上成为干摩擦[图 15-1(a)]。此时，摩擦系数 f 最大，通常大于 0.3，必然有大量的摩擦功损耗和严重的磨损。在滑动轴承中则表现为强烈的升温，使轴与轴瓦产生胶合。所以，在滑动轴承中不允许出现干摩擦。

二、边界摩擦

两摩擦表面间有润滑存在，由于润滑油中的极性分子与金属表面的吸附作用，因而在金属表面上形成极薄的边界油膜（厚度小于 1μm）。边界油膜不足以将两金属表面分隔开，所以相互运动时，两金属表面微观的高峰部分仍将互相搓削，这种状态称为边界摩擦[图 15-1(b)]。

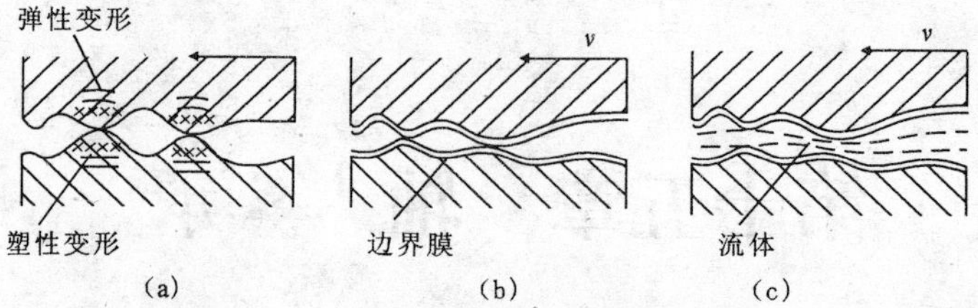

图 15-1　摩擦状态
(a)干摩擦;(b)边界摩擦;(c)液体摩擦

一般而言,金属表层覆盖一层边界油膜后,虽不能绝对消除表面的磨损,却可以起着减轻磨损的作用。这种摩擦状态的摩擦系数 $f=0.1\sim0.3$。

三、液体摩擦

若两摩擦表面间有充足的润滑油,而且能满足一定的条件,则在两摩擦面间可形成厚度达几十微米的压力油膜。它能将相对运动着的两金属表面分隔开。此时,只有液体之间的摩擦,称为液体摩擦[图 15-1(c)],又称为液体润滑。换言之,形成的压力油膜可以将重物托起,使其浮在油膜之上。由于两摩擦表面被油隔开而不直接接触,摩擦系数很小($f=0.001\sim0.01$),所以显著地减少了摩擦和磨损。

综上所述,液体摩擦是最理想的情况。前述汽轮机等长期且高速旋转的机器,应该确保其轴承在液体润滑条件下工作。在一般机器中,摩擦表面多处于边界摩擦和液体摩擦的混合状态,称为混合摩擦(或称为非液体摩擦)。

第二节　滑动轴承的结构形式

按照承受载荷的方向不同,滑动轴承的结构形式分为:①向心滑动轴承,又称径向滑动轴承,主要承受径向载荷;②推力滑动轴承,主要承受轴向载荷。

一、向心滑动轴承

向心滑动轴承的结构形式有整体式、剖分式和调心式 3 种。

1. 整体式向心滑动轴承

图 15-2 是一种常见的整体式向心滑动轴承。轴承座 3 用螺栓与机座连接,顶部设有装油杯的螺纹孔 1。轴承座孔内压入用减摩材料制成的轴套 4(又称轴瓦),轴套上开有油孔 2,并在内表面上开油沟以输送润滑油。整体式轴承结构简单,常用于低速、载荷不大的间歇工作的机器上。整体式滑动轴承的优点是结构简单、成本低廉。缺点是当滑动表面磨损而间隙过大时,无法调整轴承间隙;轴颈只能从端部装入。整体式滑动轴承多用在低速、轻载的机械设备中。

2. 剖分式向心滑动轴承

剖分式轴承由轴承座 4、轴承盖 3、剖分轴瓦 2 和双头螺柱 1 等组成。如图 15-3 所示。根据所受载荷的方向,剖分面最好与载荷方向近于垂直。多数轴承的剖分面是水平的。当剖

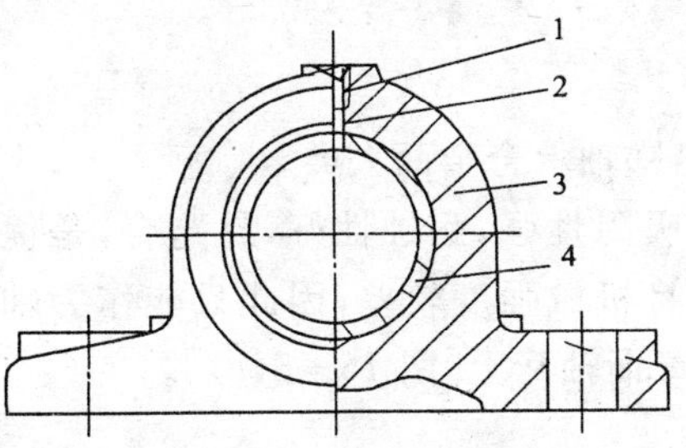

图 15-2　整体式滑动轴承

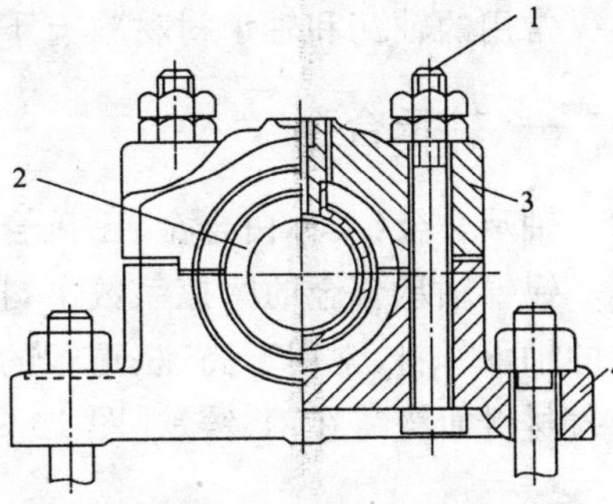

图 15-3　剖分式径向滑动轴承

分面为水平面时，轴承称为对开式正滑动轴承，当剖分面与水平面成一定角度时（通常倾斜45°），轴承称为对开式斜滑动轴承。为防止轴承盖和轴承座横向错位并便于装配时对中，轴承盖和轴承座的剖分面均制成阶梯状。剖分式滑动轴承装拆方便，当轴瓦剖分面磨损后，适当减少剖分面处的垫片，并进行刮瓦，就可调节轴颈与轴承间的间隙。

二、推力滑动轴承

推力滑动轴承一般由轴承座和推力轴颈组成。常用的结构形式有空心式、单环式和多环式，其结构见图 15-4。通常不用实心式轴颈，因其端面上的压力分布很不均匀，靠近中心处的压力很高，对润滑极为不利。空心式轴颈接触面上压力分布较均匀，润滑条件比实心式有所改善。单环式是利用轴颈的环形端面止推，结构简单，润滑方便，广泛用于低速、轻载的场合。多环轴颈不仅能承受较大的轴向载荷，有时还可以承受双向的轴向载荷。

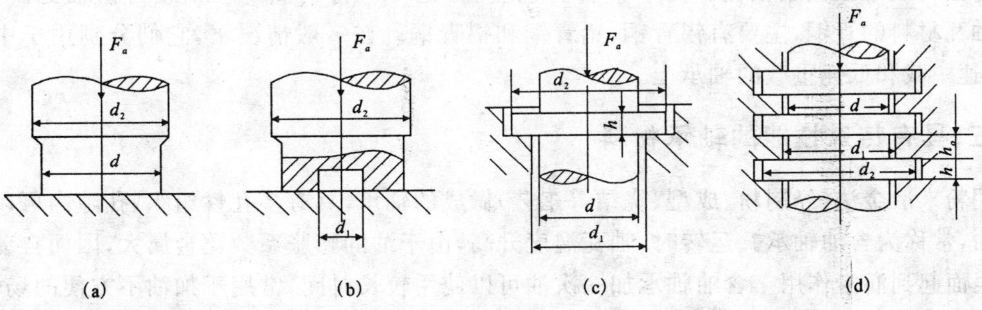

图 15-4　推力滑动轴承形式和尺寸

(a)空心式：$d_1=(0.4\sim0.6)d_2$；(b)单环式：d_1，d_2 由轴的结构设计拟定；(c)单环式：d 由轴的结构设计拟定，$d_2=(1.2\sim1.6)d$，$d_1=1.1d$，$h=(0.12\sim0.15)d$，$h_e=(2\sim3)$；(d)多环式：尺寸同(c)图

第二节　轴瓦及轴承衬材料

轴瓦是轴承直接和轴颈相接触的零件，根据轴承的工作情况，要求轴瓦材料具备下述性能：①摩擦系数小；②导热性好，热膨胀系数小；③耐磨、耐蚀、抗胶合能力强；④要有足够的机

械强度和可塑性。

常用的轴瓦和轴承衬材料有下列几种：

一、轴承合金

轴承合金（又称白合金、巴氏合金）有锡锑轴承合金和铅锑轴承合金两大类。

锡锑轴承合金的摩擦系数下，抗胶合性能良好，对油的吸附性强，耐蚀性好，易跑合，是优良的轴承材料，常用于高速、重载的轴承。但它的价格较贵且机械强度较差，因此只能作为轴承衬材料而浇铸在钢、铸铁[图 15－5(a)及图 15－5(b)]或青铜轴瓦上[图 15－5(c)]。

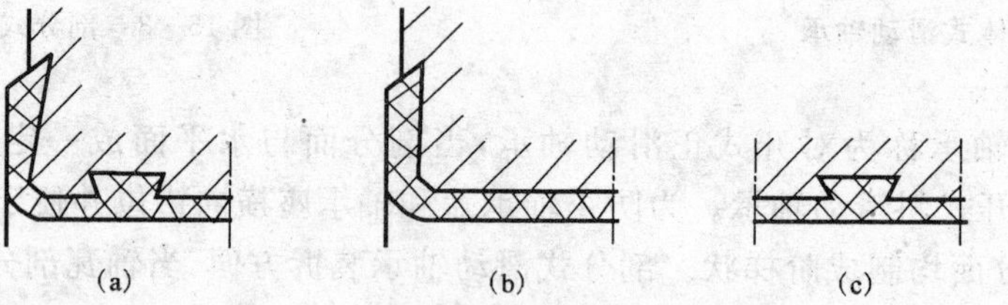

图 15－5　浇铸轴承合金的轴瓦

铅锑轴承合金的各方面性能与锡锑轴承合金相近，但这种材料较脆，不宜承受较大的冲击载荷。它一般用于中速、中载的轴承。

二、青铜

青铜的强度高，承载能力大，耐磨性与导热性都优于轴承合金。它可以在较高的温度(250°C)下工作。但它的可塑性差，不易跑合，与之相配的轴颈必须淬硬。

青铜可以单独做成轴瓦。为了节省有色金属，也可将青铜浇铸在钢或铸铁轴瓦内壁上。用作轴瓦材料的青铜，主要有锡青铜、铅青铜和铝青铜。在一般情况下，它们分别用于中速重载、中速中载和低速重载的轴承上。

三、具有特殊性能的轴承材料

用粉末冶金法（经制粉、成型、烧结等工艺）做成的轴承，具有多孔性组织，孔隙内可以贮存润滑油，常称为含油轴承。运转时，轴瓦温度升高，由于油的膨胀系数比金属大，因而自动进入摩擦表面起到润滑作用。含油轴承加一次油可以使用较长时间，常用于加油不方便的场合。

在不重要的或低速、轻载的轴承中，也常采用灰铸铁或耐磨铸铁作为轴瓦材料。

橡胶轴承具有较大的弹性，能减轻振动使运转平稳，可以用水潜泵、砂石清洗机、钻机等有泥沙的场合。

塑料轴承具有摩擦系数低，可塑性、跑合性良好，耐磨、耐蚀，可以用水、油及化学溶液润滑等优点。但它的导热性差，膨胀系数较大，容易变形。为克服此缺陷，可将薄层塑料作为轴承衬材料粘附在金属轴瓦上使用。

表 15－1 中给出常用轴瓦及轴承衬材料的 p、pv、v 等数据。

表 15-1　常用轴瓦及轴承衬材料的性能

材料及其代号	p(MPa)	$v(\mathrm{m\cdot s^{-1}})$	$pv[\mathrm{MPa\cdot(m\cdot s^{-1})}]$	轴颈硬度	特性及用途举例
铸锡锑轴承合金 ZSnSb11Cu6	25(平稳)	80	20	150HBS	用于重载、高速、温度低于110℃的重要轴承，如汽轮机、电动机
	20(冲击)	60	15		
铸铅锑轴承合金 ZPbSb16Cu2	15	12	10	150HBS	用于中速、中等载荷的轴承，不易受显著冲击。如车床等的轴承，温度低于120℃
铸锡青铜 ZCuSn5PbZn5	8	15	15	45HRC	用于中载、中速工作的轴承，如减速器、起重机的轴承
铸锡青铜 ZCuSn10P1	15	10	15	45HRC	用于中速、重载及受变载荷的轴承
铸铅青铜 ZCuAl10Fe3	15	4	12	45HRC	最宜用于润滑充分的低速重载轴承

第四节　润滑剂和润滑装置

一、润滑剂

轴承润滑的主要目的在于减轻工作表面的摩擦和磨损，同时还起到冷却、吸振、防锈等作用。在设计和使用滑动轴承时，应正确选择润滑剂和润滑方式。润滑剂有润滑油、润滑脂和固体润滑剂等。

润滑油的润滑性能好，应用最广，使用时可根据润滑油的黏度选取。高速轻载时选用黏度低的润滑油，低速重载时选用黏度高的润滑油。润滑脂为半固体状态，具有不易流失等优点。在特殊场合如低速、高温(通常不超过400℃)等条件下工作时，可选用固体润滑剂，如石墨、二硫化钼等，也可将固体润滑剂与润滑油、润滑脂混合使用。

1. 润滑油

润滑油黏度表征是指润滑油抵抗剪切变形的能力，它标志着油液内部产生相对运动时内摩擦阻力的大小。黏度越大，内摩擦阻力也越大，流动性也就越差。黏度是润滑油最重要的指标，也是选择润滑油的主要依据。

黏度的度量有多种指标，如动力黏度 η、运动黏度 υ、恩氏黏度 $^{\circ}E$。

运动黏度 υ 等于动力黏度与液体密度 ρ 的比值，即

$$\upsilon=\frac{\eta}{\rho} \tag{15-1}$$

在国际单位制中，υ 的单位是 $\mathrm{m^2/s}$。在厘米克秒制中，υ 的单位是 St(称为斯)，或 cSt(厘斯)，$1\mathrm{St}=1\mathrm{cm^2/s}=100\ \mathrm{cSt}$。我国石油产品是用运动黏度(单位为 cSt 或 $\mathrm{mm^2/s}$)标定的，见表 15-2。

表 15-2 常用润滑油的主要性质

名称	代号	40℃时的黏度 υ ($mm^2 \cdot s^{-1}$)	凝点 ≤℃	闪点(开式) ≥℃	主要用途
全损耗系统用油(GB433—89)	L-AN7	6.12～7.48	-10	110	用于高速低负荷机械、精密机床、纺织纱锭的润滑和冷却
	L-AN10	9.0～11.0		125	
	L-AN15	13.5～16.5	-15	165	普通机床的液压油,用于一般滑动轴承、齿轮、蜗轮的润滑
	L-AN32	28.8～35.2	-15	170	
	L-AN46	41.4～50.6	-10	180	
	L-AN68	61.2～74.8	-10	190	用于重型机床导轨、矿山机械的润滑
	L-AN100	90.0～110	0	210	
汽轮机油(GB11120—89)	L — TSA32	28.8～35.2	-7	180	用于汽轮机、发电机等高速、高负荷轴承和各种小型液体润滑轴承
	L — TSA46	41.4～50.6			

润滑油内阻小,流动性好。当载荷大或有冲击或工作温度高,工作表面粗糙时选用黏度大的润滑油;载荷小、轴颈速度高时选用黏度小的润滑油。

2. 润滑脂

润滑脂是由润滑油和各种稠化剂(如钙、钠、铝、锂等金属皂)混合稠化剂而成。润滑脂密封简单,不需经常加添,不易流失,所以在垂直的摩擦表面上也可以应用。润滑脂对载荷和速度的变化有较大的适应范围,受温度的影响不大,但摩擦损耗较大,机械效率较低,故不宜用于高速,且润滑脂易变质,不如润滑油稳定。总的来说,一般参数的机器,特别是低速或带有冲击的机器,都可以使用润滑脂润滑。

润滑脂的主要性能指标有锥入度、滴点等。

(1)锥入度(针入度)。锥入度是表示润滑脂稀稠程度的指标,它标志润滑脂内摩擦阻力的大小和流动性的强度。锥入度越小,润滑脂越稠,承载能力越强,密封性能越好;反之流动性越强。

(2)滴点。滴点是指在规定的加热条件下,从标准测量杯的孔口滴下第一滴液体时的温度,该指标表示润滑脂耐高温的能力。

3. 固体润滑剂

固体润滑剂有石墨、二硫化钼(MoS_2)、聚氟乙烯树脂等多种品种。一般在超出润滑油使用范围之外才考虑使用,例如在高温介质中,或在低速重载条件下。目前其应用已逐渐广泛,例如可将固体润滑剂调和在润滑油中使用,或者混入金属或塑料粉末中烧结成型。

石墨性能稳定,在350°C以上才开始氧化,并可在水中工作。聚氟乙烯树脂摩擦系数低,只有石墨的一半。二硫化钼与金属表面吸附性强,摩擦系数低,使用温度范围也广(60～300℃),但遇水则性能下降。

二、润滑装置

润滑油或润滑脂的供应方法在设计中是很重要的。轴承在工作时的润滑状态与润滑油的供应方法有直接关系。润滑脂是半固体膏状物,其供应方法与润滑油不同。

1. 油润滑

润滑油供应既可以是连续的，也可以是间歇的，连续供油比较可靠。用油壶和压配式注油杯(图 15－6)或旋套式注油杯(图 15－7)供油只能达到间歇润滑。

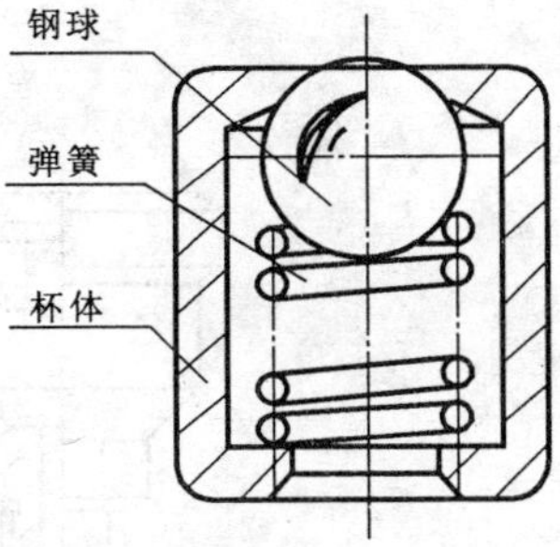

图 15－6　压配式注油杯

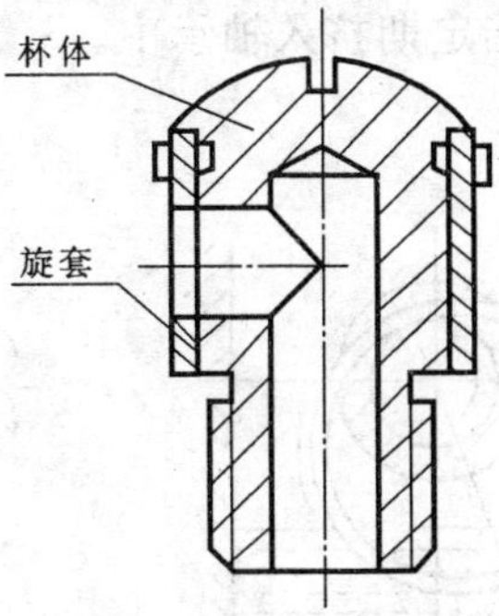

图 15－7　旋套式注油杯

连续供油润滑主要用以下几种。

(1)滴油润滑。滴油润滑常采用如图 15－8 和图 15－9 所示的油芯式油杯和针阀式油杯，通过油孔连续向轴承供油。对于针阀式油杯，扳动手柄，即可打开或关闭针阀，控制供油。调节螺母用于调节油速度以便改变供油量。油芯式油杯则是利用毛细管作用将油杯中的油吸附到轴颈表面，结构简单，但供油量不易调节，而且停机时仍会继续供油。

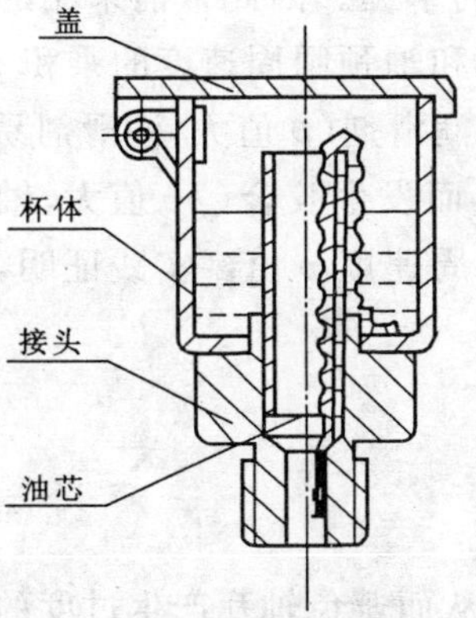

图 15－8　油芯式油杯

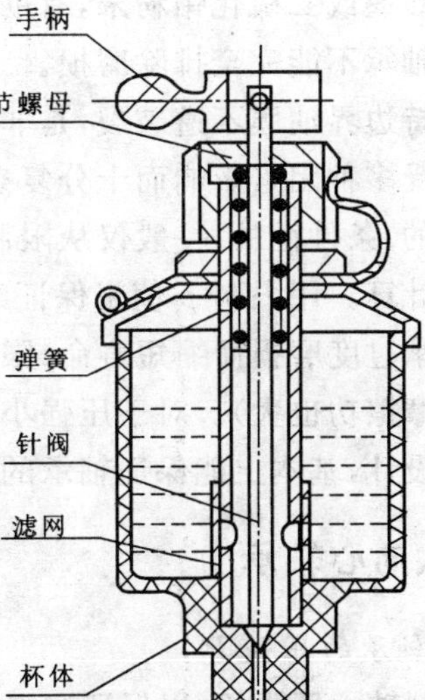

图 15－9　针阀式油杯

(2)油环润滑。图 15－10 所示为将一油环套在轴颈上，油环下部浸在油中，当轴颈旋转时，靠摩擦力带动油环旋转，从而油被带入轴承进行润滑。

(3)压力循环润滑。利用油泵将润滑油以一定的压力经输油管送入轴承的高效润滑方法。

其供油充分，散热良好，压力和供油量均可调，但结构复杂，费用高，因而多用于高速、重载轴承润滑。

2. 脂润滑

润滑脂只能间歇供应。图 15－11 所示为用于润滑脂的旋盖式油杯，可通过旋转杯盖将杯内的润滑脂定期挤入轴承中。

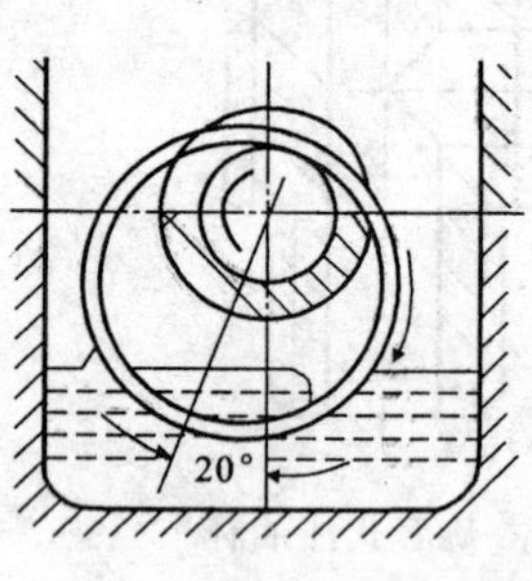

图 15－10 油环润滑

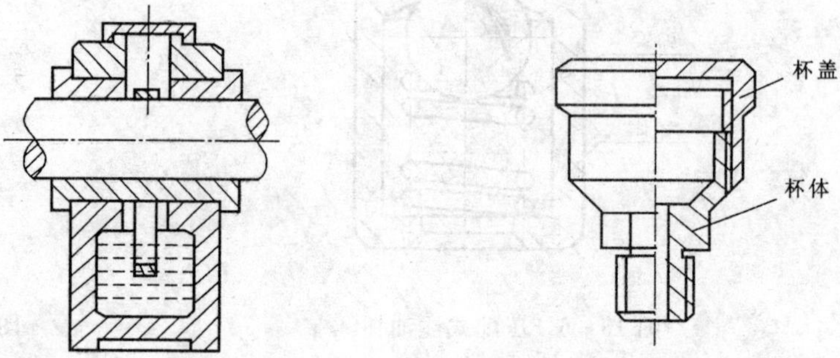

图 15－11 旋盖式油杯

第五节 非液体摩擦滑动轴承的计算

非液体摩擦滑动轴承可用润滑油润滑，也可用润滑脂润滑。在润滑油、润滑脂中加入少量鳞片状石墨或二硫化钼粉末，有助于形成更坚韧的边界油膜，且可填平粗糙表面而减少磨损，但这类轴承不能完全排除磨损。

维持边界油膜不遭破裂，是非液体摩擦滑动轴承的设计依据。由于边界油膜的强度和破裂温度受多种因素影响而十分复杂，其规律尚未完全被人们掌握。因此目前采用的计算方法是间接的、条件性的，一般仅从限制轴承的压强 p 以及压强和轴颈圆周速度的乘积 pv 值进行条件性计算。用限制 p 值来保证摩擦表面之间保留一定的润滑剂（p 值大，润滑剂易被挤掉），避免轴承过度磨损而缩短寿命；限制 pv 值来防止轴承过热而发生胶合（pv 值大，轴承单位面积上的摩擦功也大）。对于压强小的轴承，还应限制轴颈圆周速度 v 值。实践证明，按这种方法进行设计，基本上能保证轴承的工作能力。

一、向心轴承

1. 轴承的压强 P

限制轴承压强 P，以保证润滑油不被过大的压力挤出，从而避免轴瓦产生过度的磨损。即

$$p=\frac{F}{Bd}\leqslant[P] \tag{15-2}$$

式中，F 为轴承径向载荷(N)；B 为轴瓦宽度(mm)；d 为轴颈直径(mm)；$[P]$为轴瓦材料的许用压强(MPa)（表 15－1）。

2. 轴承的 pv 值

pv 值与摩擦功率损耗成正比，它简略地表征轴承的发热因素。pv 值越高，轴承温升越

高,容易引起边界油膜的破裂。pv 值的验算式为:

$$pv=\frac{F}{Bd}\cdot\frac{\pi dn}{60\times1000}\leqslant[pv] \tag{15-3}$$

式中,n 为轴的转速(r/min);$[pv]$为轴瓦材料的许用值$[\mathrm{MPa}\cdot(\mathrm{m}\cdot\mathrm{s}^{-1})]$(表 15-1)。

3. 轴承的速度 v

为防止轴承因 v 过大而出现早期磨损,有时需校核 v,使

$$v\leqslant[v] \tag{15-4}$$

式中,$[v]$为轴承材料许用线速度(m/s)(表 15-1)。

二、推力轴承

1. 轴承的压强

$$p=\frac{F_a}{\frac{\pi}{4}(d^2-d_0^2)zk}\leqslant[P] \tag{15-5}$$

式中,F_a 为轴承的轴向载荷(N);d、d_0 为推力的外径和内径(mm);z 为推力环个数;k 为考虑承载面积因油沟而减小的系数,$k=0.8\sim0.9$。

2. 轴承 pv 值

$$pv_m\leqslant[pv] \tag{15-6}$$

式中,v_m 为止推轴颈平均直径处的圆周速度(m/s),$v_m=\frac{\pi d_m n}{60\times1000}$;$d_m$ 为环形支撑面的平均直径(mm),$d_m=\frac{d+d_0}{2}$。

推力轴承的$[p]$和$[pv]$值由表 15-1 查取。对于多环推力轴承,由于制造和装配误差使各支承面上所受的载荷不相等,$[p]$和$[pv]$值应减小 20%~40%。

第六节 动压润滑的基本原理

一、动压润滑的形成原理和条件

两个作相对运动物体的摩擦表面,利用轴颈本身回转时的泵油作用而产生的黏性流体膜将两摩擦表面完全隔开,由流体膜产生的压力来平衡外载荷,称为流体动力润滑。流体动力润滑的主要优点是摩擦力小、磨损小,并可缓和振动与冲击。

下面介绍流体动力润滑的形成原理和条件。先分析两平板的情况[图 15-12(a)],板 B 静止不动,板 A 以速度 v 向左运动,板间充满润滑油。当板上无载荷时两平行板之间液体各流层的速度呈三角形分布,板 A、B 之间带进的油量等于带出的油量,因此两板间油量保持不变,亦即板 A 不会下沉。但若板 A 上承受载荷 F 时,油向两侧挤出,于是板 A 逐渐下沉,直到与板 B 接触。这就说明两平行板之间是不可能形成压力油膜的。

若两平板相互倾斜成楔形收敛间隙[图 15-12(b)],板 A 上承受载荷 F,当板 A 运动时,两端的速度若按照虚线所示的三角形分布,则必然进油多而出油少。由于液体实际上是不可压缩的,液体分子必将在间隙内“拥挤”而形成压力,迫使进口端的速度曲线向内凹,出口端 h_2

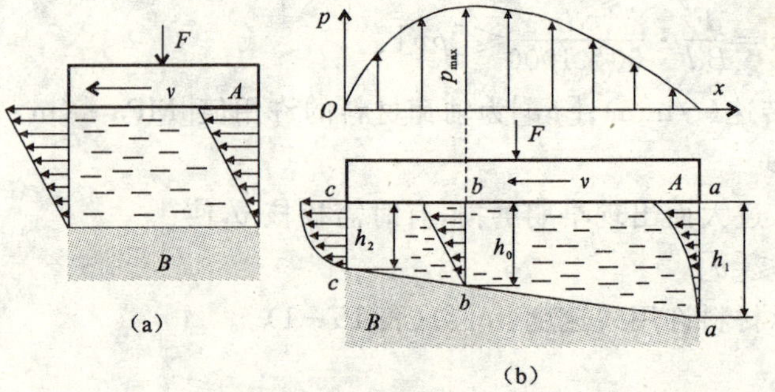

图 15-12 动压油膜承载机理

小而速度曲线外凸，不会再是三角形分布。进口端间隙 h_1 大而速度曲线内凹，出口端 h_2 小而速度曲线外凸，于是有可能使带进油量等于带出油量。同时，间隙内形成的液体压力将与外载荷 F 平衡，这就说明在间隙内形成了压力油膜。这种借助相对运动而形成的压力油膜称为动压油膜。

由此可知，形成动压油膜的必要条件是：①两工作表面间必须有楔形间隙；②两工作表面间必须连续充满润滑油或其他黏性流体；③两工作表面间必须有相对滑动速度，其运动方向必须保证润滑油从大截面流进，从小截面流出。此外，对于一定的载荷 F，必须使速度 v、黏度 η 及间隙等匹配恰当。

二、向心滑动轴承形成动压油膜的过程

图 15-13(a)表示轴处于停车状态，轴颈处于轴承孔最下方的稳定位置，轴颈表面与轴承孔表面间自然形成一弯曲的楔形空间，这就满足了形成动压油膜的首要条件。在开始启动时，轴颈把润滑油不断地带进楔形间隙，收敛楔中便会产生油膜压力。但由于轴颈开始转动转速极低，轴颈和轴承孔直接接触，在摩擦力的作用下，轴颈沿轴承孔内壁向上爬，如图 15-13(b)所示。当转速继续增加时，楔形间隙内形成的油膜压力将轴颈抬起而与轴承脱离接触，如图 15-13(c)所示。当轴颈达到稳定运转时，轴颈便稳定在一定的偏心位置上如图 15-13(d)所示，此时油膜内各点的压力，其垂直方向的合力与载荷 F 平衡，其水平方向的压力，左右自行抵消。于是轴颈就稳定在此平衡位置上旋转。从图中可以明显看出，轴颈中心 O_1 与轴承孔中心 O 不重合，$OO_1=e$，称为偏心距。其他条件相同时，工作转速越高，e 值越小，即轴颈中心

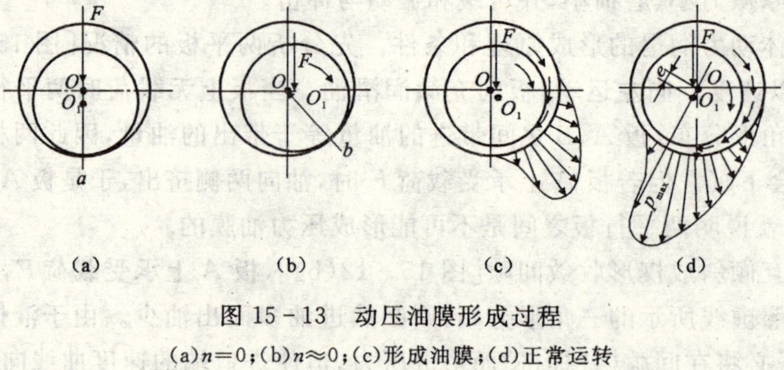

图 15-13 动压油膜形成过程

(a) $n=0$；(b) $n\approx0$；(c)形成油膜；(d)正常运转

越接近轴承孔中心。

三、液体动压润滑的基本方程

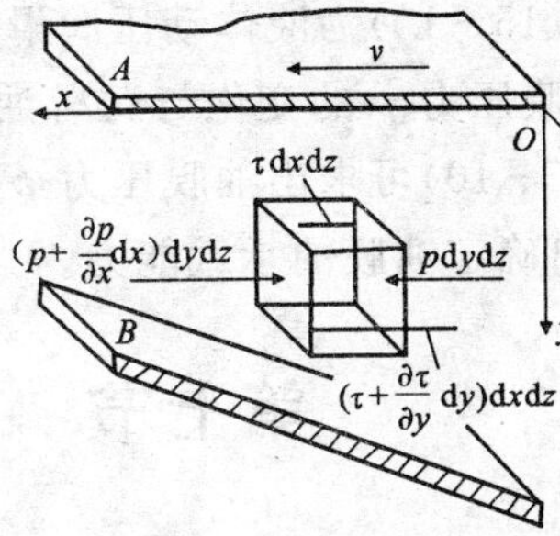

图 15-14　液体动压分析

对照图 15-14，假设：①z 向无限长，液体在 z 向没有流动；②沿油膜厚度方向压力为常数；③润滑油黏度 η 不随压力变化而改变；④润滑油处于层流状态；⑤忽略惯性力与重力影响。⑥板 A 沿 x 轴方向相对板 B 以速度 v 移动。在油膜中取出一微单元体，它承受油压 p 和内摩擦切应力 τ。根据平衡条件得出

$$p\mathrm{d}y\mathrm{d}z+\tau\mathrm{d}x\mathrm{d}z-(p+\frac{\partial p}{\partial x}\mathrm{d}x)\mathrm{d}y\mathrm{d}z-(\tau+\frac{\partial \tau}{\partial y}\mathrm{d}y)\mathrm{d}x\mathrm{d}z=0$$

整理后，得 $$\frac{\mathrm{d}p}{\mathrm{d}x}=-\frac{\mathrm{d}\tau}{\mathrm{d}y}$$

牛顿液体流动定律

$$\tau=-\eta\frac{\mathrm{d}u}{\mathrm{d}y}$$

因此

$$\frac{\mathrm{d}p}{\mathrm{d}x}=\eta\frac{\mathrm{d}^2 v}{\mathrm{d}y^2} \tag{15-7}$$

积分得

$$v=\frac{1}{2\eta}\frac{\mathrm{d}p}{\mathrm{d}x}y^2+C_1 y+C_2 \tag{15-8}$$

式中，C_1、C_2 是积分常数，可由边界条件来确定。

当 $y=0$ 时，$v=V$；所以 $C_2=v$；

当 $y=h$ 时，$v=0$，$C_1=\frac{h}{2\eta}\cdot\frac{\partial p}{\partial x}\frac{v}{h}$

代入式(15-8)可得出两平板间油膜内各油层的速度分布方程为

$$v=\frac{1}{2\eta}\frac{\mathrm{d}p}{\mathrm{d}x}(y^2-hy)+\frac{h-y}{h}V \tag{15-9}$$

如图 15-12(b)所示，根据速度分布可求出润滑油在单位内流经 x 方向单位宽度(沿 z 向)的任意截面(截面高度为 h)的流量为

$$Q_x=\int_0^h v\mathrm{d}y=\frac{Vh}{2}-\frac{h^3}{12\eta}\frac{\mathrm{d}p}{\mathrm{d}x}$$

以 h_0 表示油膜中油压最大($\frac{\mathrm{d}p}{\mathrm{d}x}=0$)处间隙，即在此剖面上

$$Q_x=\int_0^h v\mathrm{d}y=\int_0^{h_0}\frac{h_0-y}{h_0}V\mathrm{d}v=\frac{V}{2}h_0$$

当润滑油连续流动时，因润滑油不可压缩，则流经各截面的流量应相等，则可得

$$\frac{V}{2}h_0=\frac{Vh}{2}-\frac{h^3}{12\eta}\frac{\mathrm{d}p}{\mathrm{d}x}$$

即

$$\frac{\mathrm{d}p}{\mathrm{d}x}=6\eta v\frac{h-h_0}{h^3} \tag{15-10}$$

式(15－10)为液体动压润滑的基本方程，称为一维雷诺(Reynolds)方程。它描述了两平板间油膜压力 p 的变化与润滑油的动力黏度 η、相对滑动速度 v 及油膜厚度 h 之间的关系。由式(15－10)可求出油膜压力 p 沿 x 方向分布的曲线[图 15－12(b)]，再根据油膜压力的合力，便可确定油膜的承载能力。

第七节 滚动轴承的结构和主要类型

一、滚动轴承的结构

滚动轴承是标准化、系列化程度很高的一种部件，在各种机器和仪器中广泛使用。

在机械设计中，只需根据工作条件选用合适的滚动轴承类型和尺寸并进行组合结构设计。

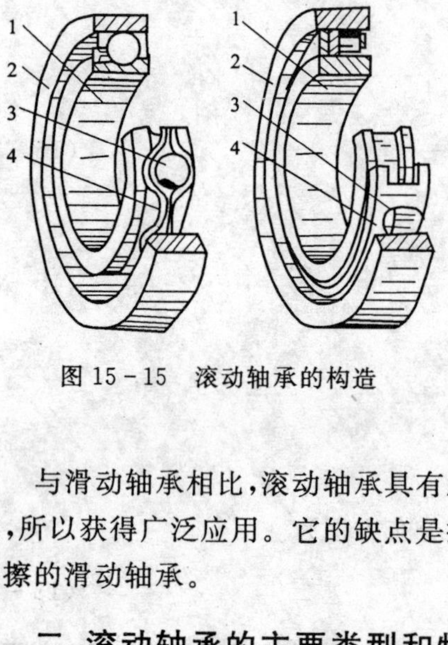

图 15－15 滚动轴承的构造

典型的滚动轴承构造如图 15－15 所示，主要由内圈 1、外圈 2、滚动体 3 和保持架 4 四种元件组成。滚动轴承的内圈装在轴颈上，外圈装在轴承孔内。通常是外圈固定不动，内圈随轴颈回转，也可以是内圈不动，外圈回转，如汽车前轮上的轴承，还可以是内、外圈同时按不同转速转动，如行星轮轴上的轴承。

滚动体是滚动轴承的核心元件，当内外圈相对转动时，滚动体即在内外圈的滚道滚动。内外圈的滚道多为凹槽行，它起着降低接触应力和限制滚动体轴向移动的作用。滚动体的形状有：球、圆柱滚子、圆锥滚子、鼓形滚子、滚针等。

与滑动轴承相比，滚动轴承具有摩擦阻力小、起动灵敏、效率高、润滑简便和易于互换等优点，所以获得广泛应用。它的缺点是抗冲击能力较差，高速时出现噪声，工作寿命也不及液体摩擦的滑动轴承。

二、滚动轴承的主要类型和特性

滚动轴承通常按其承受载荷的方向(或接触角)和滚动体的形状分类。

滚动体与外圈接触处的法线与垂直于轴承轴心线的平面之间的夹角称为公称接触角，简称接触角。接触角是滚动轴承的一个主要参数，轴承的受力分析和承载能力等都与接触角有关。接触角越大，轴承承受轴向载荷的能力也越大。表 15－3 列出了各类轴承的公称接触角。

按照承受载荷的方向或公称接触角的不同，滚动轴承可分为：①向心轴承，主要用于承受径向载荷，其公称接触角 α 从 0°到 45°；②推力轴承，主要用于承受轴向载荷，其公称接触角 α 从大于 45°到 90°(表 15－3)。

按照滚动体形状，可分为球轴承和滚子轴承。

我国机械工业中常用滚动轴承的类型和特性，见表 15－4。

表 15－3　各类轴承的公称接触角

轴承种类	向心轴承		推力轴承	
	径向接触	角接触	角接触	轴向接触
公称接触角 α	$\alpha=0°$	$0°<\alpha\leqslant45°$	$45°<\alpha\leqslant90°$	$\alpha=90°$
图例(以球轴承为例)	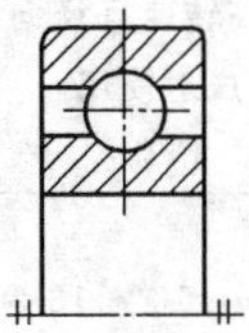	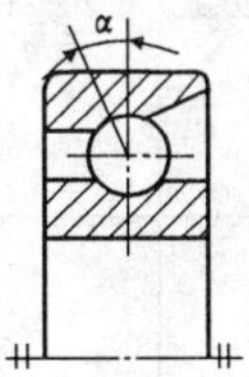	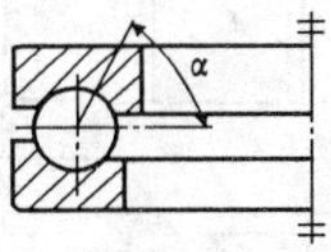	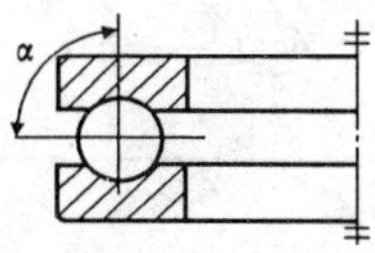

表 15－4　滚动轴承的类型和特性

轴承名称及类型代号	机构简图及承载方向	极限转速	允许偏位角	主要特性及应用
深沟球轴承 60000	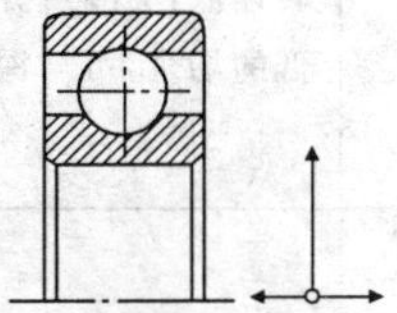	高	8°～16°	主要承受径向载荷，也可以承受一定的双向轴向载荷，价格低，应用广泛
调心球轴承 10000	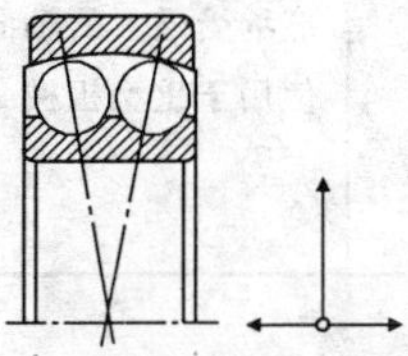	中	2°～3°	主要承受径向载荷，也可以承受较小的轴向载荷，可自动调心，主要用于刚性较小的长轴，多支点轴或各轴孔不能保证同心的场合
圆柱滚子轴承 N0000	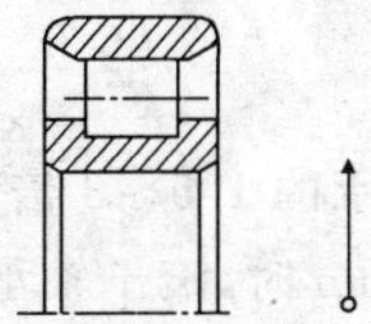	较高	2°～4°	承受较大的径向载荷，也能承受轴向载荷，内外圈可分离，装拆方便，主要用于刚性大和对中性好的输出轴
调心滚子轴承 20000C	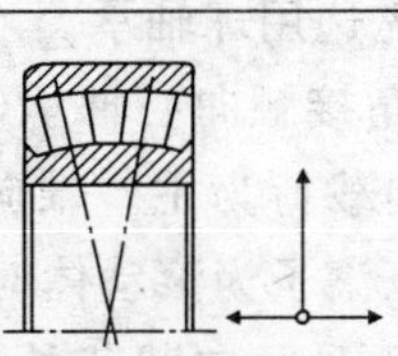	低	0.5°～2°	与调心轴承相似，但能承受很大的径向和较小的轴向载荷，主要用于重型机械
滚针轴承 (a)NA0000 (b)RNA0000	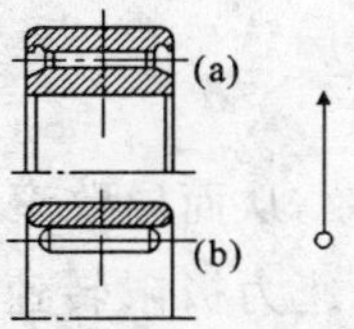	低	0	只能承受很大的径向载荷，径向尺寸很小；一般无保持架，因而滚针有摩擦，极限转速很低，用于径向尺寸受限的场合

续表 15-4

轴承名称及类型代号	机构简图及承载方向	极限转速	允许偏位角	主要特性及应用
角接触球轴承 70000C($\alpha=15°$) 70000AC($\alpha=25°$) 70000B($\alpha=40°$)	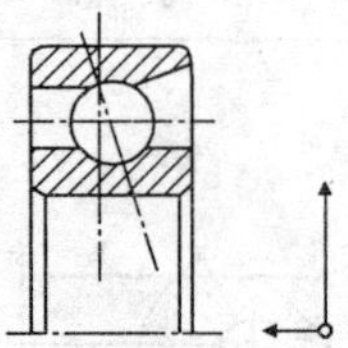	较高	2°～10°	能同时承受径向、轴向载荷共同作用，接触角越大，承受轴向载荷的能力越大，适合于较高转速且径向与轴向载荷同时存在的场合，成对使用
圆锥滚子轴承 30000	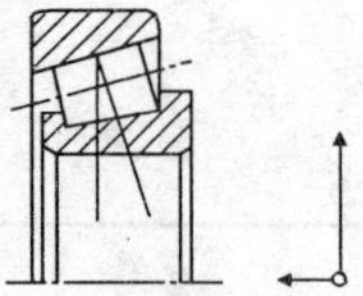	中	2°	在$\alpha=10°\sim18°$和$27°\sim30°$两种能同时承受径向、轴向载荷共同作用，但承受能力高于角接触球轴承，极限转速较低，内外圈可分离，便于调节轴承间隙，成对使用
推力球轴承 50000	 (a)单向	低	0	只能承受轴向载荷，不允许有偏位角，极限转速低，套圈可分离，用于轴向载荷大、转速低的场合，可与深沟球轴承共同使用
推力调心滚子轴承 29000	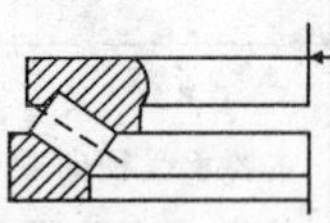	中	1°～2.5°	能承受强大的轴向载荷和很大的轴向载荷，使用于重型机械

由于结构的不同，各类轴承的使用性能也不同。

1. 承载能力

在同样外形尺寸下，滚子轴承的承载能力约为球轴承的 1.5～3 倍。所以，在载荷较大或有冲击载荷是宜采用滚子轴承。但当轴承内径 $d\leqslant20$ mm 时，滚子轴承和球轴承的承载能力已相差不多，而球轴承的价格一般低于滚子轴承，故优先选用球轴承。

角接触轴承可以同时承受径向载荷和轴向载荷。角接触向心轴承($0°<\alpha<45°$)以承受径向载荷为主；角接触推力轴承($45°<\alpha<90°$)以承受轴向载荷为主。轴向接触($\alpha=90°$)推力轴承只能承受轴向载荷。径向接触($\alpha=0°$)向心轴承，当以滚子为滚动体时，只能承受径向载荷；当以球为滚动体时，因内外滚道为较深的沟槽，除主要承受径向载荷外，也能承受一定量的双向轴向载荷。

2. 极限转速

滚动轴承转速过高会使摩擦面间产生高温，润滑失效，从而导致滚动体回火或胶合破坏。

滚动轴承在一定载荷和润滑条件下，允许的最高转速为极限转速，其具体数值见有关手册。各类轴承极限转速的比较，见表 15-4。

如果轴承极限转速不能满足要求，可采用提高轴承精度；适当加大间隙；改善润滑和冷却条件；选用青铜保持架等措施。

3. 角偏差

轴承由于安装误差或轴的变形等都会引起内外圈中心线发生相对倾斜，其倾斜角 θ 称为角偏差，见图 15 - 16。角偏差较大时会影响轴承正常运转，故在这种情况应采用调心轴承。调心轴承(图 15 - 16)的外圈滚道表面是球面，能自动补偿两滚道轴心线的角偏差，从而保证轴承正常工作。滚针轴承对轴线偏斜最为敏感，应尽可能避免在轴线有偏斜的情况下使用。各类轴承的允许角偏差见表 15 - 4。

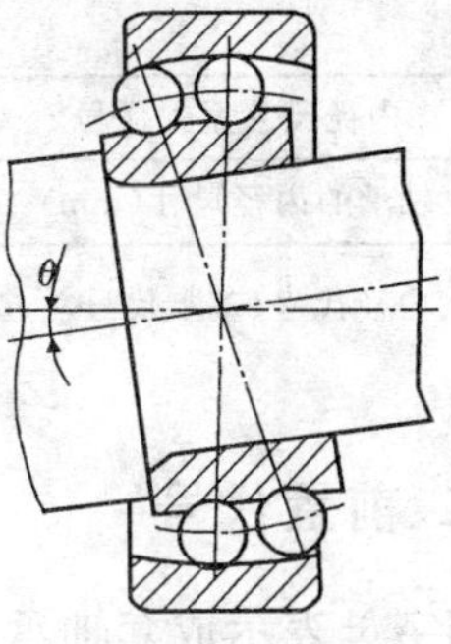

图 15 - 16　调心轴承

第八节　滚动轴承的代号

滚动轴承代号是表示其结构、尺寸、公差等级和技术性能等特征的产品符号，由字母和数字组成。我国滚动轴承的代号由基本代号、前置代号和后置代号构成，其排列顺序见表 15 - 5。

表 15 - 5　滚动轴承代号的排列顺序

<table>
<tr><td>前置代号</td><td colspan="5">基本代号</td><td>后置代号</td></tr>
<tr><td rowspan="3">成套轴承分部件代号</td><td>第 1 位</td><td>第 2 位</td><td>第 3 位</td><td>第 4 位</td><td>第 5 位</td><td rowspan="3">内部结构改变、公差等级及其他</td></tr>
<tr><td rowspan="2">类型代号</td><td colspan="2">尺寸系列代号</td><td colspan="2" rowspan="2">内径代号</td></tr>
<tr><td>宽(高)度系列代号</td><td>直径系列代号</td></tr>
</table>

一、基本代号

表示轴承的基本类型、结构和尺寸，是轴承代号的基础。基本代号由类型代号、尺寸系列代号以及内径代号组成，见表 15 - 5。

基本代号左起第一位为类型代号，用数字或字母表示，见表 15 - 4 第一列。若代号为“0”(双列角接触球轴承)则可省略。

尺寸系列代号由轴承的宽(高)度系列代号(基本代号左起第二位)和直径系列代号(基本代号左起第三位)组合而成。向心轴承和推力轴承的常用尺寸系列代号如表 15 - 6 所示。

表 15 - 6　尺寸系列代号

代号	7	8	9	0	1	2	3	4	5	6
宽度系列	———	特窄	———	窄	正常	宽	特宽			
直径系列	超特轻	超轻		特轻		轻	中	重	———	———

表 15-7 轴承的内径尺寸系列代号

内径尺寸系列代号	00	01	02	03	04～99
轴承的内径尺寸(mm)	10	12	15	17	数字×5

注：内径代号(基本代号左起第四、五位数字)表示轴承公称内径尺寸，按表 15-7 的规定标注。

二、前置代号

用字母表示成套轴承的分部件。前置代号及其含义可参阅机械设计手册。一般轴承无需说明时，无前置代号。

三、后置代号

用字母(或加数字)表示，置于基本代号右边，并与基本代号空半个汉字距离或用符号"—"、"/"分隔。轴承后置代号排列顺序见表 15-4。内部结构代号如表 15-8 所示。例如角接触球轴承等随其不同公称接触角而标注不同代号。公差等级代号列于表 15-9。

表 15-8 轴承内部结构常用代号

轴承类型	代 号	含 义	示 例
角接触球轴承	B	$\alpha=40°$	7210B
	C	$\alpha=15°$	7005C
	AC	$\alpha=25°$	7210AC
圆锥滚子轴承	B	接触角 α 加大	32310B
	E	加强型	N207E

表 15-9 公差等级代号

代 号	省略	/P6	/P6x	/P5	/P4	/P2
公差等级符号标注规定的	0 级	6 级	6x 级	5 级	4 级	2 级
示 例	6203	6203/P6	30210/P6x	6203/P5	6203/P4	6203/P2

游隙代号：C1、C2、C3、C4、C5 分别表示轴承径向游隙，游隙量依次由小到大。C0 为基本组游隙，常被优先采用，在轴承代号中可不标出。

代号举例：

6308——内径为 40mm 的深沟球轴承，尺寸系列 03，0 级公差，0 组游隙。

7211C——内径为 55mm 的角接触球轴承，尺寸系列 02，接触角 15°，0 级公差，0 组游隙。

N408/P5——内径为 40mm 的外圈无挡边圆柱滚子轴承，尺寸系列 04，5 级公差，0 组游隙。

第九节　滚动轴承的选择计算

一、失效形式

滚动轴承在通过轴心线的轴向载荷(中心轴向载荷)F 作用下，可认为各滚动体所承受的载荷是相等的。当轴承受纯径向载荷 F_r 作用时(图 15－17)，情况就不同了。假设在 F_r 作用下，内外圈不变形，那么内圈沿 F_r 方向下降一距离 δ，上半圈滚动体不承载，而下半圈各滚动体承受不同的载荷(由于接触点上的弹性变形量不同)。处于 F_r 作用线最下位置的滚动体承载最大(F_{max})，而远离作用线的各滚动体，其承载就逐渐减小。对于 $\alpha=0°$ 的向心轴承，可以导出

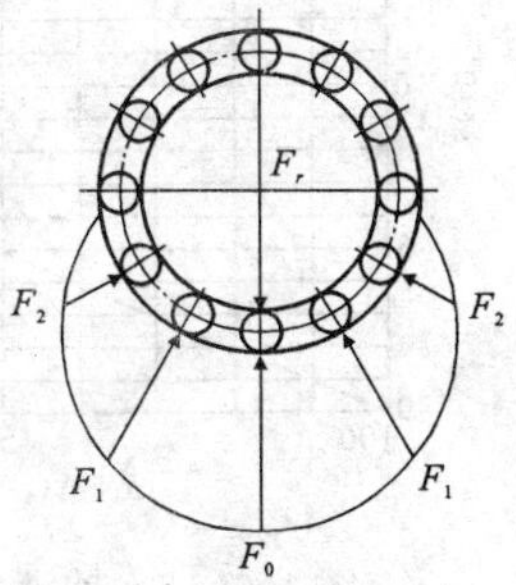

图 15－17　径向载荷的分布

$$F_{max}\approx\frac{5F_r}{z}$$

式中，z 为轴承的滚动体的总数。

滚动轴承的失效形式主要有以下几种。

(1)疲劳破坏。滚动轴承工作过程中，滚动体相对内圈(或外圈)不断地转动，因此滚动题与滚动道接触表面受变应力，工作一定时间后，其接触表面就可能发生疲劳点蚀。点蚀发生后，噪声和振动加剧，致使轴承失效。一般在安装、润滑和密封正常的情况下，疲劳点蚀是滚动轴承的主要失效形式。

(2)永久变形。当轴承转速很低或间歇摆动时，一般不会产生疲劳损坏。但在很大载荷或冲击载荷作用下，会使轴承滚道和滚动体接触处产生永久变形(滚道表面形成变形凹坑)，从而使轴承在运转中产生剧烈振动和噪声，以致轴承不能正常工作。

(3)其他。由于使用维护和保养不当或密封润滑不良等因素，也能引起轴承早期磨损、胶合、内外圈和保持架破损等不正常失效。

二、轴承寿命

滚动轴承寿命计算的目的是防止轴承在预期工作时间内产生疲劳点蚀破坏。

轴承的一个套筒或滚动体的材料出现第一个疲劳扩展迹象前，一个套圈相对于另一个套圈的总转数，或在某一转速下的工作小时数，称为轴承的寿命。

大量试验证明，滚动轴承的疲劳寿命是相当离散的。对一组同一型号的轴承，由于材料、热处理和工艺等很多随机因素的影响，即使在相同条件下运转，寿命也不一样，有的相差几十倍。因此对一个具体轴承，很难预知其确切的寿命。由试验可得，轴承的可靠性与寿命之间有如图 15－18 所示的关系。可靠性常用可靠度 R 来度量。一组相同轴承能达到或超过规定寿命的百分率，称为轴承寿命的可靠度。

一组同一型号轴承在同一条件下运转，其可靠度 90％时，能达到或超过的寿命称为基本额定寿命，记作 L(单位为百万转，即 10^6 r)或 L_h[单位为 h(小时)]。换言之，即 90％的轴承在发生疲劳点蚀前能达到或超过的寿命，称为基本额定寿命。

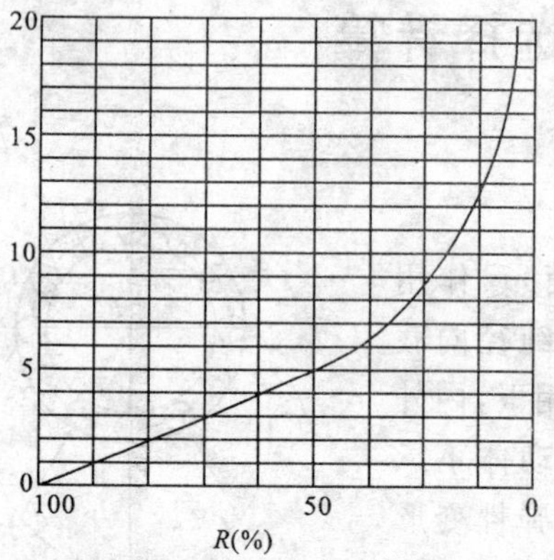

图 15－18 轴承寿命曲线

当一套轴承进入运转并且基本额定寿命为一百万转时，轴承所能承受的载荷，称之为基本额定动载荷，用 C 表示。对于向心轴承，由于它是在纯径向载荷下进行寿命试验的，所以其基本额定动载荷通称为径向基本额定动载荷，记作 C_r；对于推力轴承，它是在纯轴向载荷下进行试验的，故称之为轴向基本额定动载荷，记作 C_a。大量试验表明，滚动轴承的基本额定动载荷寿命 $L(10^6\,r)$ 与基本额定动载荷 $C(N)$、当量动载荷 $P(N)$ 间的关系为

$$L=\left(\frac{C}{P}\right)^{\varepsilon}(10^6\,r) \tag{15-11}$$

式中，ε 为寿命指数，对于球轴承 $\varepsilon=3$，对于滚子轴承 $\varepsilon\frac{10}{3}$。C_r、C_a 可在滚动轴承产品样本或设计手册中查得。

实际计算时，用小时数表示轴承寿命比较方便。如轴承的转速为 n(r/min)，则以小时为单位的轴承寿命为

$$L_h=\frac{10^6}{60n}\left(\frac{C}{P}\right)^{\varepsilon}(h) \tag{15-12}$$

当轴承工作温度高于 120℃时，因金属组织、硬度和润滑条件等的变化，轴承的基本额定动载荷 C 有所降低，故引进温度系数 f_t（$f_t\leqslant 1$）对 C 值进行修正，可查表 15－10 得到 f_t。考虑到工作中的冲击和振动会使轴承寿命降低，为此又引进载荷系数 f_p，f_p 值可查表 15－11 得到。

作了修正以后，轴承寿命计算的基本公式可写为

$$\left.\begin{aligned} L_h&=\frac{10^6}{60n}\left(\frac{f_tC}{f_pP}\right)^{\varepsilon}(h)\\ \text{或}\quad C&=\frac{f_pP}{f_t}\left(\frac{60n}{10^6}L_h\right)^{1/\varepsilon}\end{aligned}\right\} \tag{15-13}$$

以上两式是设计计算时常用的轴承寿命计算式，由此可确定轴承的寿命或型号。

各类机器中轴承预期寿命 L_h 的参考值列于表 15－12 中。

表 15－10 温度系数 f_t

轴承工作温度(℃)	≤120	125	150	175	200	225	250	300	350
温度系数 f_t	1.00	0.95	0.90	0.85	0.80	0.75	0.70	0.60	0.50

表 15－11 载荷系数 f_p

载荷性质	应用举例	f_p
无冲击或轻微冲击	电动机、通风机、水泵等	1.0～1.2
中等冲击或中等惯性力	减速器、车辆、机床、起重机、造纸机、冶金机械、动力机械等	1.2～1.8
强烈冲击	破碎机、轧钢机、振动筛等	1.8～3.0

表 15-12　轴承预期寿命 L_h 的参考值

使用场合	L_h(h)
不经常使用的仪器和设备	500
短时间或间断使用，中断时不致引起严重后果	4 000～8 000
间断使用，中断会引起严重后果	8 000～12 000
每天 8 小时工作的机械	12 000～20 000
24 小时连续工作的机械	40 000～60 000

三、当量动载荷的计算

滚动轴承的基本额定动载荷是在一定的试验条件下确定的。如前所述，对向心轴承是指承受纯径向载荷；对推力轴承是指承受中心轴向载荷。如果作用在轴上的实际载荷是既有径向载荷又有轴向载荷，则必须将实际载荷换算成与试验条件相同的载荷后，才能和基本额定动载荷进行比较。换算后的载荷是一种假定的载荷，故称为当量动载荷。

对向心和角接触轴承，在不变的径向和轴向载荷作用下，其当量动载荷为

$$P=XF_r+YF_a \tag{15-14}$$

式中，X 为径向动载荷系数，其值见表 15-13；Y 为轴向动载荷系数，其值见表 15-13；F_r 为轴承的径向载荷；F_a 为轴承的轴向载荷。

表 15-13　向心轴承当量动载荷的 X、Y 值

轴承类型		$\frac{12.3F_a}{C_{0r}}$	e	$F_a/F_r>e$		$F_a/F_r\leqslant e$	
				X	Y	X	Y
深沟球轴承		0.172	0.19	0.56	2.30	1	0
		0.345	0.22		1.99		
		0.689	0.26		1.71		
		1.03	0.28		1.55		
		1.38	0.30		1.45		
		2.07	0.34		1.31		
		3.45	0.38		1.15		
		5.17	0.42		1.04		
		6.89	0.44		1.00		
角接触球轴承（单列）	$\alpha=15°$	0.178	0.38	0.44	1.47	1	0
		0.357	0.40		1.40		
		0.714	0.43		1.30		
		1.07	0.46		1.23		
		1.43	0.47		1.19		
		2.14	0.50		1.12		
		3.57	0.55		1.02		
		5.35	0.56		1.00		
		7.14	0.56		1.00		
	$\alpha=25°$	—	0.68	0.41	0.87	1	0
	$\alpha=40°$	—	1.14	0.35	0.57	1	0
圆锥滚子轴承（单列）		—	1.5tanα	0.4	0.4 ctgα	1	0
调心球轴承（双列）		—	1.5tanα	0.65	0.65cot α	1	0.42cotα

向心轴承只承受径向载荷时

$$P=F_r \tag{15-15}$$

推力轴承($\alpha=90°$)只能承受轴向载荷，其轴向当量动载荷为

$$P=F_a \tag{15-16}$$

表 15-13 中的 e 为轴向载荷影响系数。当 $F_a/F_r>e$ 时，可由表 15-13 查出 X 和 Y 的数值。当 $F_a/F_r\leqslant e$ 时，轴向力的影响可以忽略不计(这时表中 $Y=0, X=1$)。e 值列于轴承标准中，其值与轴承类型和 F_a/C_{or} 比值有关(C_{or} 是轴承的径向额定静载荷)。

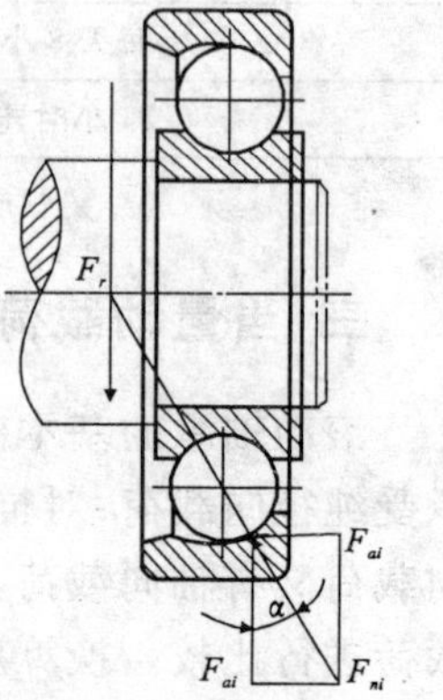

图 15-19 径向载荷产生的轴向分量

四、角接触球轴承和圆锥滚子轴承轴向载荷 F_a 的计算

角接触球轴承和圆锥滚子轴承承受径向载荷 F_r 时，要产生派生轴向力。

如图 15-19 所示，角接触球轴承由于公称接触角 $\alpha\neq0$，当它承受径向载荷 F_r 时，作用在承载区内第 i 个滚动体上的法向力 F_i 可分解为径向分力 F_{ri} 和轴向分力 F_{ai}，各滚动体上所受轴向分力的和即为轴承的内部轴向力 S。S 的近似值可按照表 15-14 中的公式计算求得。

表 15-14 派生轴向力的计算公式

圆锥滚子轴承(30000 型)	角接触球轴承		
	$\alpha=15°$(70000C 型)	$\alpha=25°$(70000AC 型)	$\alpha=40°$(70000B 型)
$S=F_r/2Y$	$S=eF_r$	$S=0.68F_r$	$S=1.14F_r$

为了保证这类轴承正常工作，以免轴向窜动，通常这类轴承都要成对使用，对称安装。安装方式有两种：图 15-20 为两外圈窄边相对(正装)，图 15-21 为两外圈宽边相对(反装)。图中 F_A 为轴向外载荷。计算轴承的轴向载荷 F_a 时还应将由径向载荷 F_r 产生的内部轴向力 S 考虑进去。图中 O_1、O_2 点分别为轴承 1 和轴承 2 的压力中心，即支反力作用点。O_1、O_2 与轴承端面的距离 a_1、a_2 可由轴承样本或有关手册查得，但为了简化计算，通常可认为支反力作用在轴承宽度的中点。

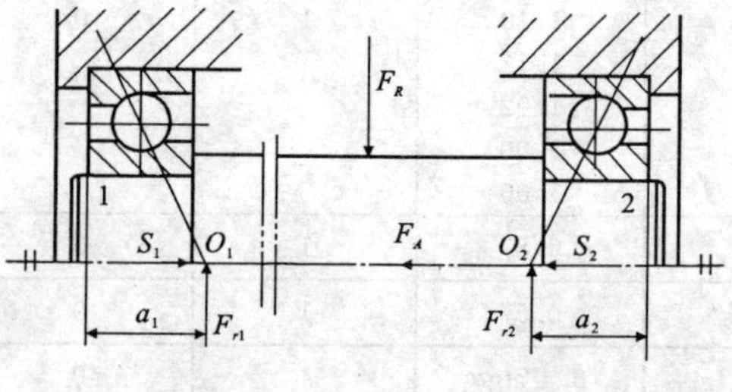

图 15-20 两外圈窄边相对安装

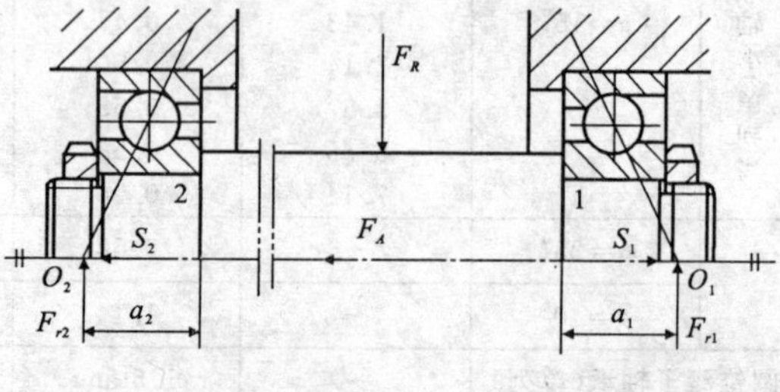

图 15-21 两外圈宽边相对安装

若把轴和内圈视为一体，并以它为脱离体考虑轴系的轴向平衡，就可确定各轴承承受的轴向载荷。例如，在图 15-20 中，有两种受力情况：

(1)若 $F_A+S_2>S_1$，由于轴承 1 的右端已固定，轴不能向右移动，即轴承 1 被压紧，由力的平衡条件得

$$\left.\begin{array}{l}\text{轴承 1(压紧端)承受的轴向载荷：}F_{a1}=F_A+S_2\\ \text{轴承 2(放松端)承受的轴向载荷：}F_{a2}=S_2\end{array}\right\} \tag{15-17}$$

(2)若 $F_A+S_2<S_1$，则轴承 2 被压紧，由力的平衡条件得

$$\left.\begin{array}{l}\text{轴承 1(放松端)承受的轴向载荷：}F_{a1}=S_1\\ \text{轴承 2(压紧端)承受的轴向载荷：}F_{a2}=S_1-F_A\end{array}\right\} \tag{15-18}$$

由以上分析可知，对于角接触球轴承和圆锥滚子轴承的任意一种安装方式，放松端轴承的轴向载荷等于它本身的内部轴向力，压紧端轴承的轴向载荷等于除本身内部轴向力外其余轴向力的代数和。应当注意，在应用这种方法计算轴承所受的轴向载荷时，关键是根据轴承的安装方式和受力情况，正确地判断出轴承的压紧端和放松端。

五、滚动轴承的静强度校核

对于工作于静止状态、缓慢摆动和极低速转动($n<10\text{r/min}$)的轴承，其主要失效形式不是疲劳点蚀，而是滚动体和套圈滚道上产生过大塑性变形，此时应按基本额定静载荷进行静强度计算。

国标规定，使受载最大的滚动体与内、外圈滚道接触处的接触应力达到某一定值的载荷称为基本额定静载荷 C_0。

当轴承既受径向力又受轴向力时，可将它们折合成当量静载荷 P_0，应满足

$$P_0=X_0F_r+Y_0F_a<\frac{C_0}{S_0} \tag{15-19}$$

式中，X_0、Y_0 分别为径向、轴向静载荷系数，可查手册；S_0 为静强度安全系数，对于旋转精度与平稳性要求高或承受大冲击载荷时，取 $S_0=1.2\sim2.5$；相反情况则取 $0.5\sim0.8$；一般情况取 $0.8\sim1.2$。

例 15-1 一水泵轴选用深沟球轴承支承。已知轴颈 $d=35\text{mm}$，转速 $n=2900\text{r/min}$，轴承所受径向载荷 $F_r=2300\text{N}$，轴向载荷 $F_a=540\text{N}$，要求使用寿命 $L_h=5000\text{h}$，试选择轴承型号。

解 (1)先求出当量动载荷 P

因该向心轴承受 F_r 和 F_a 的作用，必须求出当量动载荷 P。计算时用到的径向系数 X、轴向系数 Y 要根据 $\dfrac{12.3F_a}{C_{or}}$ 值查取，而 C_{or} 是轴承的径向额定静载荷，在轴承型号未选出前暂不知道，故用试算法。据表 15-13，暂取 $\dfrac{12.3F_a}{C_{or}}=0.345$，则 $e=0.22$。

因 $\dfrac{F_a}{F_r}=\dfrac{540}{2300}=0.235>e$，由表 15-13 查得 $X=0.56$，$Y=1.99$。由式(15-14)得

$$P=XF_r+YF_a=0.56\times2300+1.99\times540\approx2360\text{N}$$

即轴承在 $F_r=2300\text{N}$ 和 $F_a=540\text{N}$ 作用下的使用寿命，相当于在纯径向载荷为 2360N 作用下的使用寿命。

(2)计算所需的径向基本额定动载荷值

由式(15-13) $C=\frac{f_pP}{f_t}\left(\frac{60n}{10^6}L_h\right)^{1/\varepsilon}$ (N)

上式中 $f_p=1.1$(查表 15-11);$f_t=1$(查表 15-10,因工作温度不高)。所以

$$C_r=\frac{1.1\times 2\ 360}{C_{or}}\times(\frac{60\times 2900}{10^6}\times 5000)^{1/3}\approx 24800\text{N}$$

(3)选择轴承型号

查手册选 6027 轴承,其 $C_r=25500\text{N}>24800\text{N}$;$C_{or}=15200\text{N}$,故 6027 轴承的 $\frac{12.3F_a}{C_{or}}=\frac{12.3\times 540}{15\ 200}=0.436$,与原估计接近,适用。

第十节 滚动轴承的组合设计

为了保证轴承的正常工作,除了正确选择轴承的类型和尺寸外,还要合理地进行轴承部件的组合设计。轴承部件的组合设计,要解决轴承的固定、调整、预紧、配合、装拆、润滑和密封等问题。

一、轴承的固定

滚动轴承轴系固定的目的是防止轴在工作时发生轴向窜动,保证轴上零件有确定的工作位置。轴承的固定主要有两种方式。

1. 两端固定

如图 15-22(a)所示,使轴的两个支点中每一个支点都能限制轴的单向移动,两个支点合起来就限制了轴的双向移动,这种固定方式称为两端固定。它适用于工作温度变化不大的短轴,考虑到轴因受热而伸长,在轴承盖与外圈端面之间应留出热补偿间隙 c,$c=0.2\sim 0.3$mm[图 15-22(b)]。

2. 一端固定、一端游动

当轴较长或工作温度较高时,轴的伸缩量大,宜采用一端固定、一端游动的固定方式。它

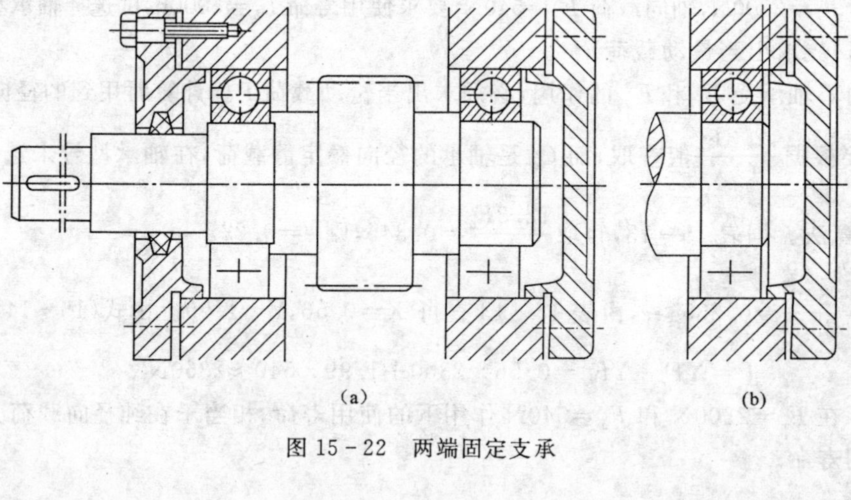

(a) (b)

图 15-22 两端固定支承

是在两个支点中使一个支点双向固定以承受轴向力，另一个支点则可作轴向游动（图 15－23）。可作轴向游动的支点称为游动支点，显然它不能承受轴向载荷。选用深沟球轴承作为游动支点时，应在轴承外圈与端盖间留适当间隙[15－23(a)]；选用圆柱滚子轴承时，则轴承外圈应作双向固定[图 15－23(b)]，以免内外圈同时移动，造成过大错位。这种固定方式，适用于温度变化较大的长轴。

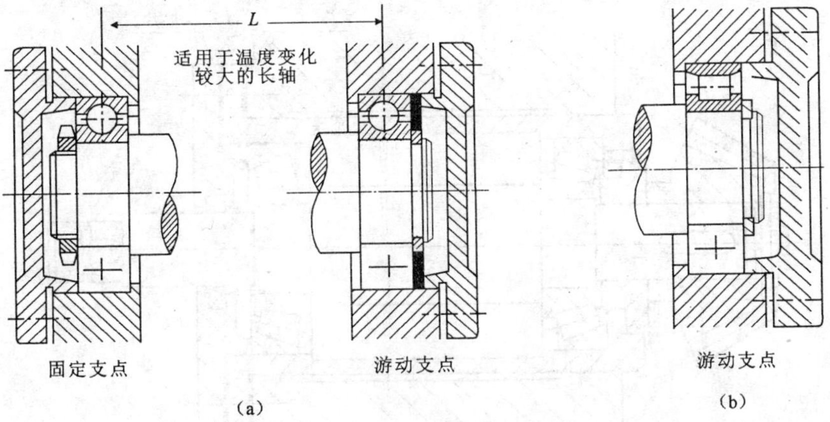

图 15－23　一端固定、一端游动支承

二、轴承组合的调整

1. 轴承游隙的调整

为保证轴承的正常运转，在轴承内一般要留有适当的间隙。有的轴承在制造装配以后，其间隙就确定了，称为固定游隙轴承；有的轴承可以在安装进机器时调整其游隙，称为可调游隙轴承。游隙的大小对轴承的寿命、效率、旋转精度、温升和噪声都有很大影响。

轴承游隙的调整方法有：①靠加减轴承盖与机座间垫片厚度进行调整[图 15－24(a)]；②利用螺钉 1 通过轴承外圈压盖 3 移动外圈位置进行调整[图 15－24(b)]，调整之后，用螺母 2 锁紧防松。

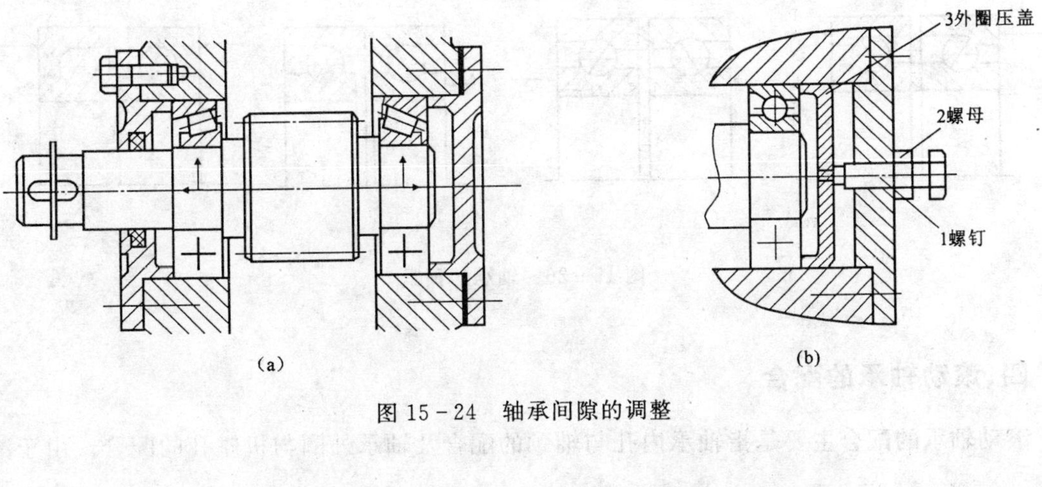

图 15－24　轴承间隙的调整

2. 轴承组合位置的调整

轴承组合位置调整的目的，是使轴上的零件(如齿轮、带轮等)具有准确的工作位置。如锥齿轮传动，要求两个节锥顶点相重合，方能保证正确啮合；又如蜗杆传动，则要求蜗轮中间平面通过蜗杆的轴线等。图 15-25 为锥齿轮轴承组合位置的调整，套杯与机座间的垫片 1 用来调整锥齿轮轴才轴向位置，而垫片 2 用来调整轴承游隙。

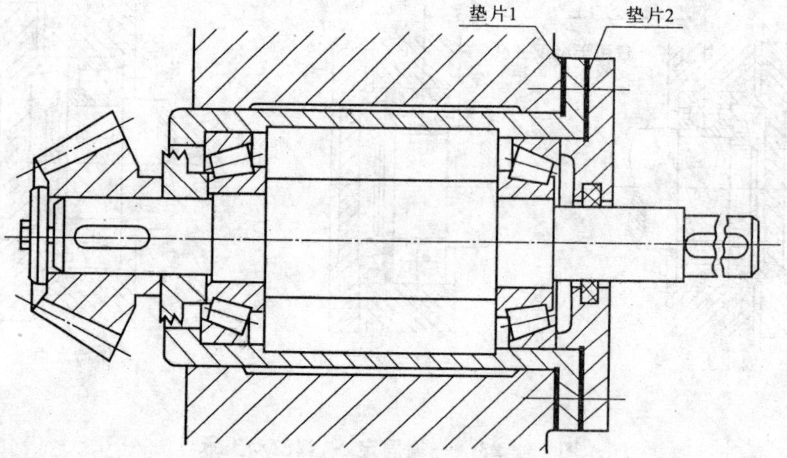

图 15-25 轴承组合位置的调整

三、滚动轴承的预紧

滚动轴承的预紧是指在安装轴承部件时，采取一定的措施，使轴承预先承受某一恒定的载荷，以消除轴承的游隙，并在滚动体和内、外圈接触处产生预变形，以保持内、外圈之间处于压紧状态。由于预紧时滚动体与滚道有了弹性变形，使轴承工作表面的接触面积增大，各滚动体受力也均匀得多，故可显著地提高支承的旋转精度和刚度；同时因有预加载荷，轴承的阻尼增大，提高了抗振性能。预紧力可以利用金属垫片[图 15-26(a)]或磨窄套圈[图 15-26(b)]等方法获得。

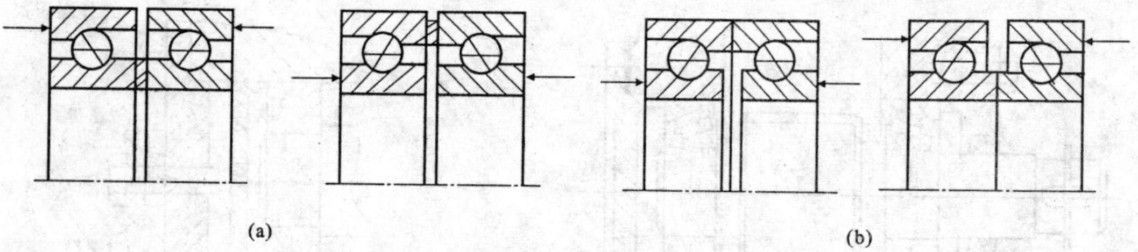

图 15-26 轴承的预紧

四、滚动轴承的配合

滚动轴承的配合主要是指轴承内孔与轴颈的配合及轴承外圈与机座孔的配合。由于滚动轴承是标准件，选择配合时就把它作为基准件，因此轴承内圈与轴的配合采用基孔制，轴承外圈与座孔的配合采用基轴制。

在设计时，应根据机器的工作条件、载荷的大小及性质、转速的高低、工作温度及内外圈中哪一个套圈为转动套圈等因素选择轴承的配合。一般情况下，选择配合参考以下原则：

(1)当外载荷方向不变时，转动套圈应比固定套圈的配合紧一些。一般内圈随轴转动，外圈固定不转，故内圈与轴颈之间常取具有过盈的基孔制过渡配合，轴颈的公差为 r6、n6、m6、k6、j6；外圈与座孔之间常取较松的基轴制的动配合或过渡配合，轴承座的孔公差为 G7、H7、J7、K7、M7 等。

(2)高速、重载情况下应采用较紧配合；反之，可选取较松的配合。

(3)作游动支承的轴承外圈与座孔间应采用间隙配合，但又不能过松而发生相对转动。

(4)轴承与空心轴的配合应选用较紧配合。

(5)充分考虑温升时配合的影响。

五、滚动轴承的润滑

润滑的主要目的是减小摩擦与减轻磨损。滚动接触部位如能形成油膜，还有吸收振动、降低工作温度和噪声等作用。

滚动轴承大多是采用脂润滑或油润滑两种。在一些特殊工作条件下的轴承近来还采用固体润滑。具体选择可按速度因数 dn 值来定。d 代表轴承内径(mm)；n 代表轴承套圈的转速(r/min)，dn 值间接地反映了轴颈的圆周速度，当 $dn<(1.5\sim2)\times10^5\,\mathrm{mm(r\cdot min^{-1})}$ 时，一般滚动轴承可采用润滑脂润滑，超过这一范围宜采用润滑油润滑。

1. 脂润滑

最常用的滚动轴承润滑剂为润滑脂。润滑脂黏度大，不易流失，便于密封和维护，且一次充填润滑脂可运转较长时间。缺点是润滑脂黏度大，高速时发热严重。

润滑脂主要性能指标为锥入度(又称稠度)和滴点。轴承载荷大，dn 值小时，可选锥入度小的润滑脂。反之，应选锥入度大的润滑脂。

润滑脂的填量一般不超过轴承空间的 1/3～1/2，装脂量不足或过多，都会引起摩擦发热，影响轴承正常工作。

2. 油润滑

轴承在高速或高温下工作时，宜采用油润滑。油润滑的优点是比脂润滑摩擦阻力小，润滑可靠且散热效果好。缺点是密封装置较为复杂。

润滑油主要性能指标是黏度。轴承所受载荷愈大，工作温度愈高，须选黏度愈大的润滑油。而轴承的转速愈高 dn 值愈大，则应选用黏度低的油。图 15－27 所示为润滑油黏度与轴承速度因素及工作温度之间的关系，可供选择黏度时参考。

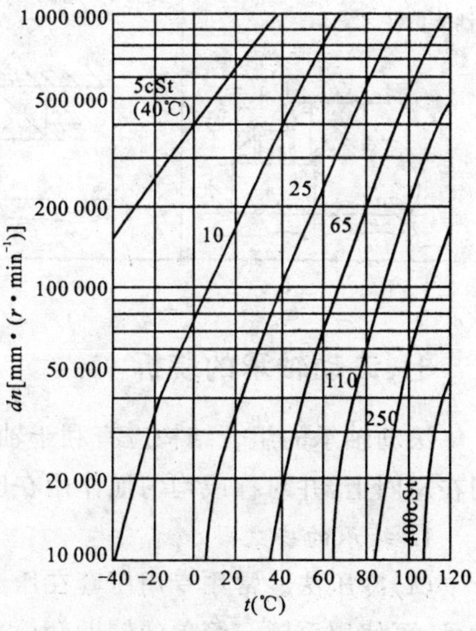

图 15－27　润滑油黏度的选择

润滑油油量不宜过多，如果采用浸油润滑，则油面高度应不超过最低滚动体的中心，以免产生过大的搅油损耗和热量。高速轴承通常采用喷油或喷雾方法润滑。

六、滚动轴承的密封装置

滚动轴承密封的主要作用是防止灰尘、水分、酸气和其他物质侵入轴承以及阻止润滑剂漏失，因此必须设计出可靠的密封装置。滚动轴承密封装置的选择与润滑种类、工作环境和温度、密封表面的圆周速度等因素有关。密封方法归纳为 3 种：接触式密封、非接触式密封和组合式密封。它们的密封型式、适用范围和性能，可参阅表 15－15。

表 15－15　常用的滚动轴承密封型式

接触式密封	非接触式密封		
毡圈密封（$v<5m/s$）结构简单，压紧力不能调整，用于脂润滑 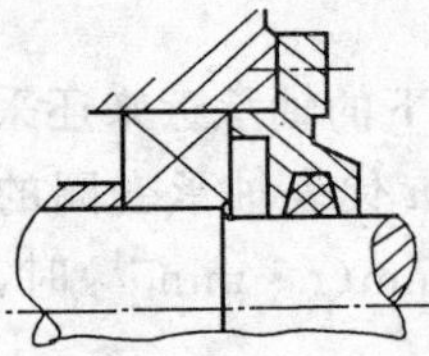	迷宫式密封（$v<30m/s$）轴向式（只用于剖分结构）径向式油润滑、脂润滑都有效，缝隙中填脂 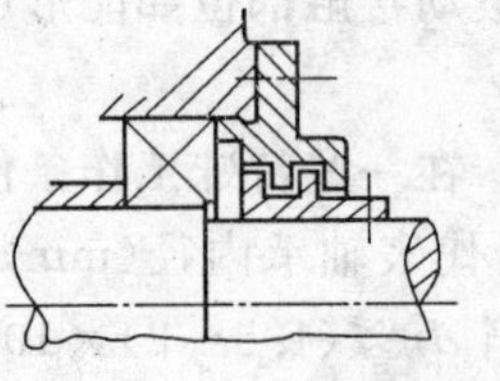 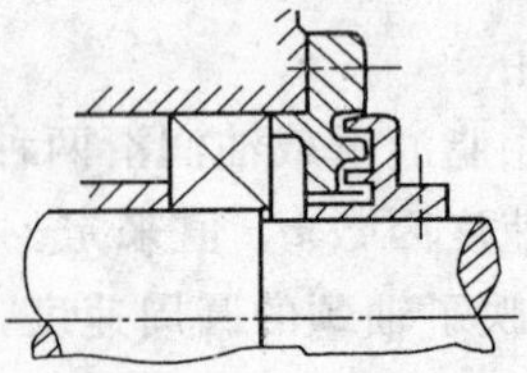		立轴综合密封为防止立轴漏油，一般要采取两种以上的综合密封形式 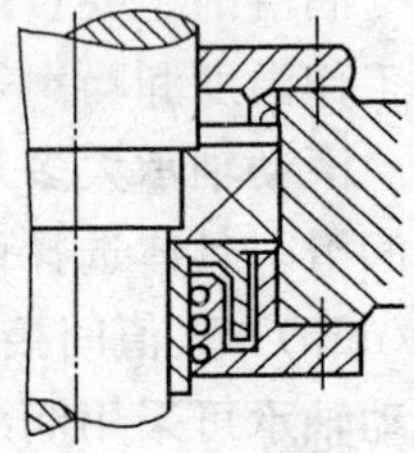
密封圈密封（$v<4\sim12m/s$）使用方便，密封可靠，耐油橡胶和塑料密封圈有 O、J、U 等形式，有弹簧箍的密封性能更好 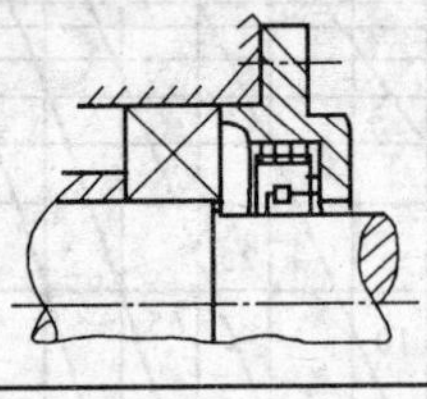	油沟密封（$v<5\sim6m/s$）润滑，盖与轴的间隙为 0.1～0.3mm 结构简单，沟内填脂，用于脂润滑或低速油 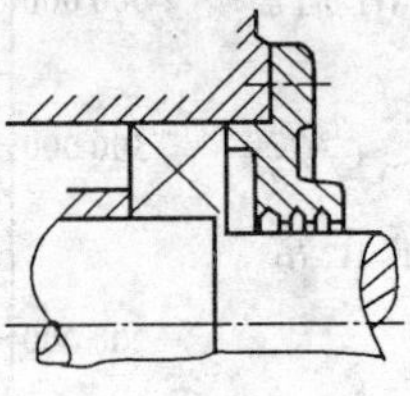	挡圈密封挡圈随轴旋转，可利用离心力甩去油和杂物，最好与其他密封联合使用 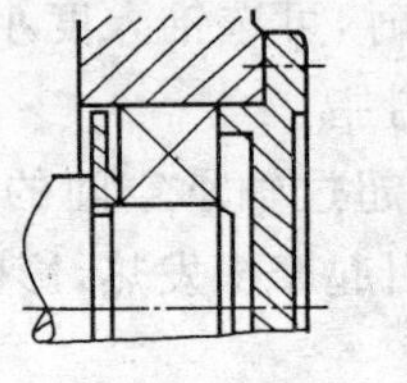	甩油密封甩油环靠离心力将油甩掉，再通过导油槽将油导向油箱 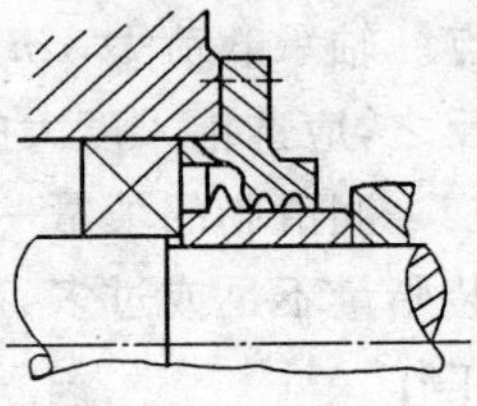

七、滚动轴承的装拆

滚动轴承的组合结构应有利于轴承的装拆。装拆时，要求滚动体上不受力，装拆力直接作用在座圈上，并对称或均匀地作用在座圈端面上。

1. 轴承的安装

(1)冷压法。常用专用压套在压力机上压装轴承的内、外圈，如图 15－28 所示。对于小型轴承，可使用手锤与简单的辅助套筒来装配轴承。

(2)垫套法。将轴承放入油池中加热至 80～100℃，然后套装在轴上。

2. 轴承的拆卸

如图 15－29 所示，若轴肩高度大于轴承内圈外径时，就难以放置拆卸工具的钩头。对外圈拆卸要求也是如此，应留出拆卸高度。

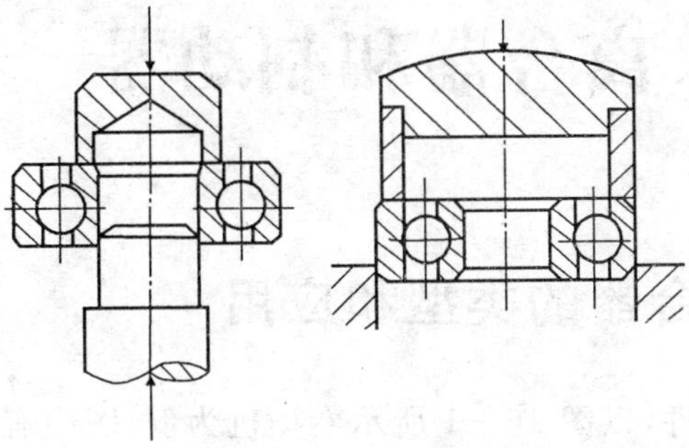

图 15－28　冷压法装轴承

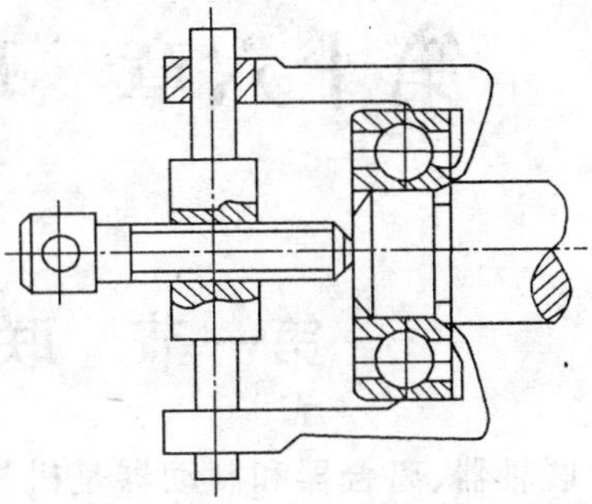

图 15－29　用钩爪器拆卸轴承

习题

1. 摩擦状态有几种？各有什么特点？

2. 一非液体摩擦向心滑动轴承，轴承材料为 ZCuSn10P1，轴颈直径 $d=100$mm，轴承宽度 $B=80$mm。求轴转速为 $n=180$r/min、1 200r/min、2 000r/min 时允许的最大载荷。

3. 非液体摩擦向心滑动轴承。已知载荷 $F=10$kN，轴颈直径 $d=45$mm，宽径比 $B/d=1.0$，转速 $n=480$r/min。选择轴承材料和润滑油型号。

4. 校核铸件清理滚筒上的一对滑动轴承。已知装载量加自重为 18 000N，转速为 40r/min，两端轴颈的直径为 120mm，轴瓦宽径比为 1.2，材料为锡青铜 ZCuSn5Pb5Zn5，润滑脂润滑。

5. 试设计某轻纺机械一转轴上的非液体摩擦向心滑动轴承。已知轴颈直径为 $d=55$mm，轴瓦的宽度为 44mm，轴颈的径向的载荷为 24 200N，轴的转速为 300r/min。

6. 滚动轴承由哪些基本元件组成？各元件的作用是什么？试用结构简图说明。

7. 试比较球轴承和滚动轴承的优缺点。

8. 试简要叙述滚动轴承的代号。6206、6306、6406、7207C、30207 各属哪一类轴承？

9. 试说明滚动轴承主要的失效形式？产生这些失效的原因是什么？设计和使用维护时应注意些什么问题？

10. 试说明滚动轴承的额定寿命、额定动载荷、动量动载荷、额定静载荷的意义。

11. 球轴承所承受的外载荷增加一倍，寿命将降低多少？滚动轴承的转速增加一倍，承受的寿命将降低多少？

12. 某机械传动装置中轴的两端各用一 6313 深沟球轴承，每一轴承各承受径向载荷 $F_r=5\ 500$N，轴的转速 $n=970$r/min，工作平稳，常温下工作，试计算该轴承的寿命。

13. 已知一传动轴上的深沟球轴承，承受的径向载荷 $F_r=1\ 200$N，轴向载荷 $F_a=300$N，轴承转速 $n=1\ 460$r/min，轴颈直径 $d=40$mm，要求使用寿命 $L_h=8\ 000$h，载荷有轻微冲击，常温下工作，试选择轴承的型号尺寸。

14. 试比较滑动轴承和滚动轴承的特点和应用范围。

第十六章　联轴器、离合器和制动器

第一节　联轴器、离合器的类型和应用

联轴器、离合器和制动器是机械中常用的部件，以图 16－1 所示卷扬机为例，图中有卷筒 1、离合器 2、减速器 3、联轴器 4、电动机 5、制动器 6。

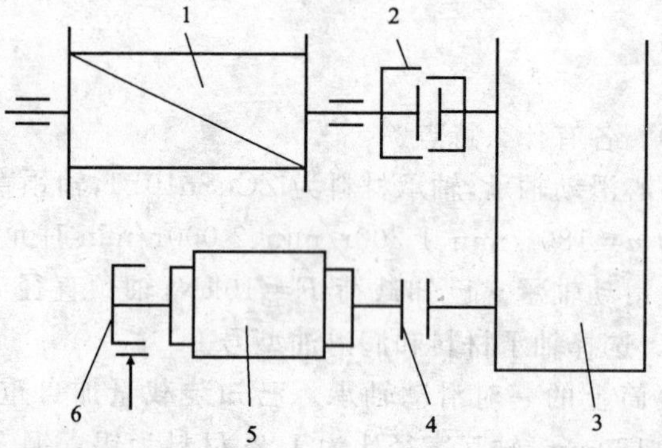

图 16－1　卷扬机示意图

联轴器和离合器主要用于轴与轴之间的连接，使它们一起回转并传递转矩。用联轴器连接的两轴在工作时从不分开，必须在停车后通过拆卸才能分离；用离合器连接的两轴，在机器工作中可以方便地使之分离或结合，若需要暂停卷扬机卷筒转动，可不制动或关闭电动机，只需要操纵离合器使之脱开。

根据被连接两轴的相对位置关系，联轴器可分为固定式和可移动式两类。固定式联轴器用在两轴能严格对中，并在工作时不发生相对位移的场合；可移式联轴器用在两轴有偏斜或工作中有相对位移的场合。

离合器主要分为牙嵌式和摩擦式两类。另外，还有电磁离合器和自动离合器。电磁离合器在自动化机械中作为控制传动的元件而被广泛的应用。自动离合器能够在特定的工作条件下（如一定的转矩、一定的转速或一定的回转方向）自动连接或分离。

联轴器和离合器的类型很多，其中常用的已经标准化，设计者只要合理选用即可。一般可先依据机器的工作条件选定合适的类型，然后按计算转矩 T_c、轴的转速 n 和直径 d 从标准中选择所需要的型号和尺寸。必要时还应对其中的某些零件进行校验。

第二节　联轴器

一、轴的相对位移

联轴器所连接的两轴，由于制造和安装的误差，难以精确对中。运转时，由于载荷的作用和温度的变化还会使轴产生变形，再加上其他各种因素的影响，会令被连接两轴产生如图16-2所示的4种偏移情况。如果这些位移得不到补偿，将会在轴、轴承、联轴器上引起附加荷载，甚至发生振动。

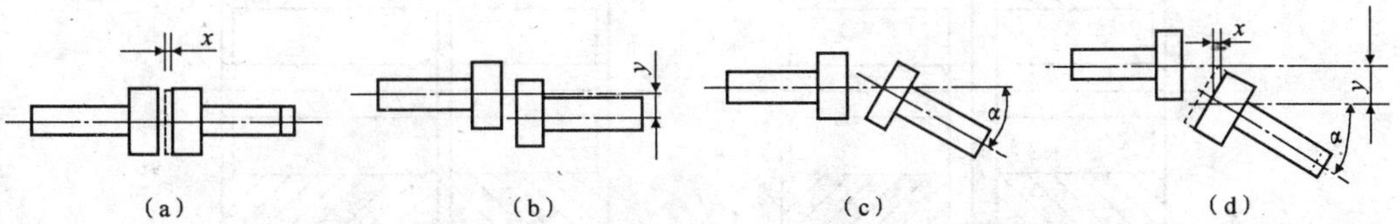

图16-2　两轴偏移形式

(a)轴向位移 x；(b)径向位移 y；(c)角位移 α；(d)综合位移 x、y、α

二、固定式刚性联轴器

固定式联轴器多用于两轴必须严格对中，并在工作中不发生相对位移的场合。固定式刚性联轴器各组件是刚性地固联在一起的，联轴器零件间不能有相对运动，因此没有补偿两轴相对位移的能力。要求两轴有较大刚度和准确的安装，否则安装后或工作中的变形将使轴系产生附加载荷。

1. 套筒式联轴器

套筒式联轴器是一个圆柱形套筒，如图16-3它与轴用圆锥销连接或键连接以传递转矩。当用圆锥销连接时，则传递的转矩较小[图16-3(b)]；当用键连接时，则传递的转矩较大[图16-3(a)]。套筒联轴器的优点为径向尺寸小，其结构尺寸推荐为：$D_1=(1.5\sim2)$；$L=(2.8\sim4)d$。

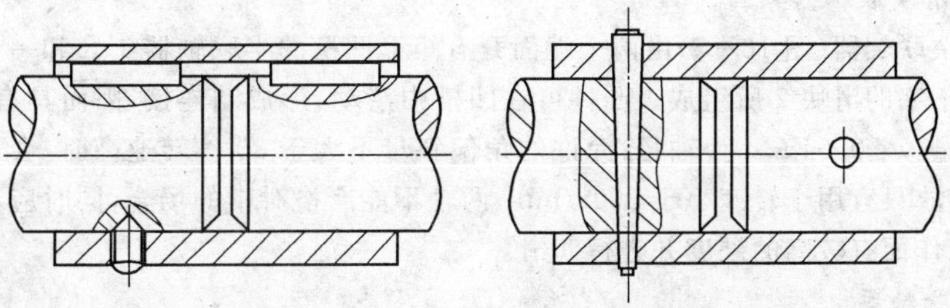

图16-3　套筒式联轴器

2. 凸缘式联轴器

固定式联轴器中应用最广泛的是凸缘联轴器。它是由带两个凸缘的半联轴器组成，分别用键与两轴连接，并用螺栓将两个半联轴器连成一体。按对中方式不同可分为两种：图 16-4(a)是有对中榫的凸缘联轴器，靠凸肩和凹槽来实现两轴对中，拆装时需轴向移动轴；图 16-4(b)是普通的凸缘联轴器，通常靠铰制孔用螺栓来实现两轴对中，装拆时不需要移动轴，但要配铰孔，加工复杂，当需要经常拆装时，应选用(b)型。当尺寸相同时后者传递的转矩较大，联轴器的尺寸可按标准 GB5843—86 选用。

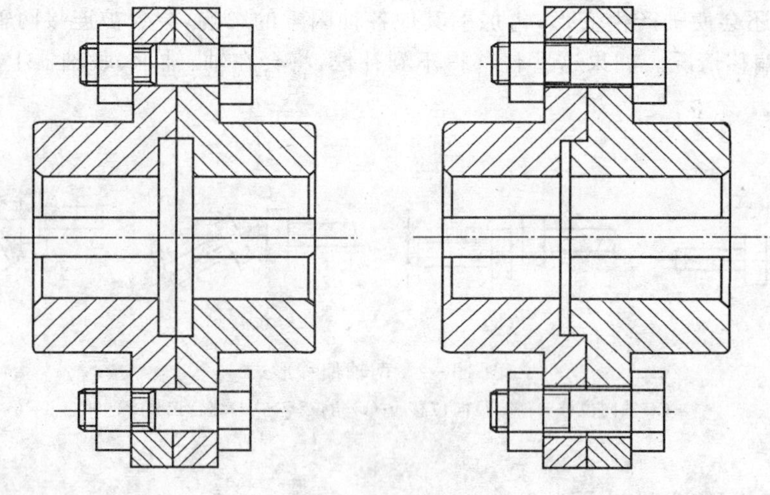
(b) (a)

图 16-4 凸缘式联轴器

凸缘联轴器结构简单而廉价，使用方便，能传递较大的转矩，但要求被连接两轴必须严格对中，要求安装准确，它使用于工作平稳、刚性好和速度低的场合。

三、可移动式刚性联轴器

可移动式刚性联轴器是利用它的组成零件间作相对移动，构成一种动连接，以补偿被连接的两根轴之间的轴线偏移。

常用的可移动式刚性联轴器有以下几种：

1. 十字滑块联轴器

十字滑块联轴器(图 16-5)由两个端面开有矩形凹槽的半联轴器 1、3 和一个两面凸榫互相垂直构成十字的滑块 2 所组成。凸榫可在凹槽中滑动，形成动连接，因而具有可移动性，允许径向偏移量 $y \leqslant 0.04d$，d 为轴径；允许的角偏斜量不大于 30′。转速高时，会产生很大的离心力和磨损，故只宜用于转速小于 300r/min、两轴不能严格对中的场合，同时应尽量减轻滑块的质量，使工作面有较高的硬度并进行润滑。

2. 齿式联轴器

齿轮联轴器是一种允许轴间有综合位移的刚性可移式联轴器(图 16-6)。它常由两个带内齿的外壳和两个带外齿的半联轴器组成。两外壳用螺栓连接，内、外齿轮相互啮合，齿廓为渐开线，齿数一般为 30～80。为减轻工作过程中齿轮的磨损，在外壳内注入润滑油，并设有密封装置。

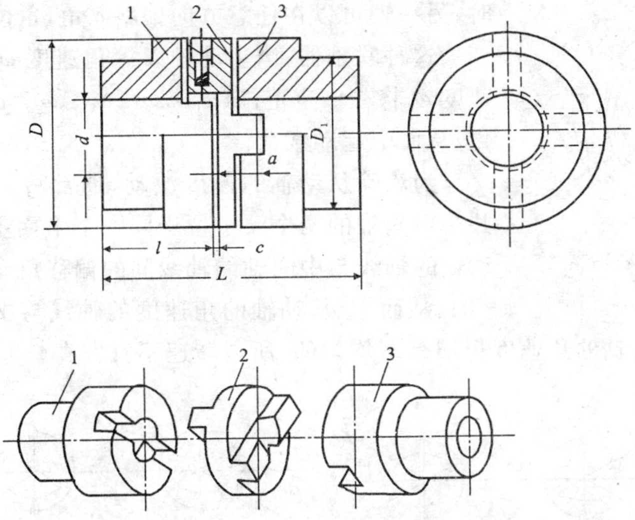

图 16-5　十字滑块联轴器

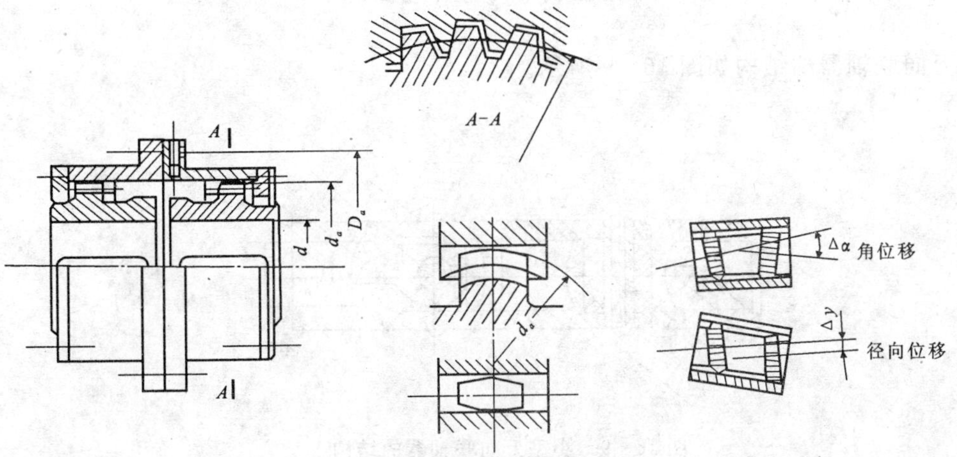

图 16-6　齿式联轴器

为使齿轮联轴器具有良好的补偿轴间相对位移的能力，齿顶和齿侧均留有较大的间隙，并把半联轴器上的齿轮做成齿顶为球面的鼓形齿。这种联轴器有较多的齿同时工作，能传递很大的转矩，工作安全可靠。缺点是结构复杂、重量大、制造成本较高。齿轮联轴器广泛用于重型机械，其尺寸可按标准选取。

制造齿轮联轴器的材料，一般为 45 号锻钢或铸铁。如传递转矩不大时，也可用非金属材料(如尼龙)制造，这时联轴器就转化为弹性联轴器。

3. 万向联轴器

万向联轴器由两个叉形零件 1、3 和一个十字形零件 2 组成(图 16-7)。十字形零件的四

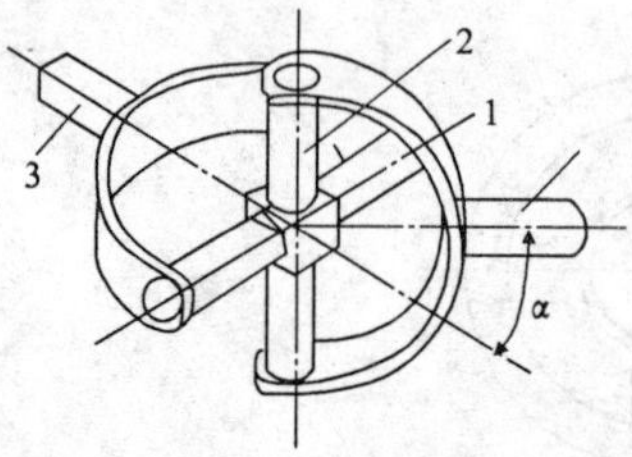

图 16-7 万向联轴器

端分别用铰链与两个叉形零件相连接。因此，当一个轴固定时，另一轴可以在任意方向偏斜 α 角，角位移最大可达 45°。

这种联轴器，当主动轴以等角速度 ω_1 回转时，从动轴的角速度 ω_2 将在一定范围($\omega_1\cos\alpha\leqslant\omega_2\leqslant\omega_1/\cos\alpha$)内作周期性的变化，从而引起动载荷。

为消除从动轴的速度波动，通常将万向联轴器成对使用，并使中间轴的两个叉子位于同一个平面上，同时，还应使主、从动轴的轴线与中间轴的轴线间的偏移角 α 相等 $\alpha_1=\alpha_2$(见图 16-8)，从而主、从动轴的角速度的轴线与中间轴的角速度相等。值得强调的是，中间轴的角速度仍旧是不均匀的，所以转速不宜太高。

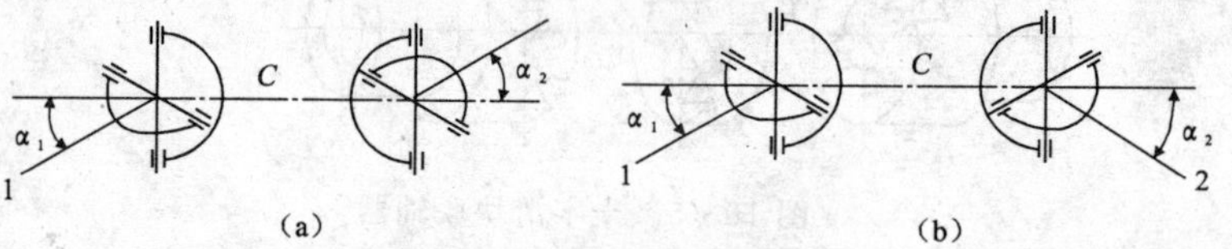

图 16-8 双万向联轴器

a. 主、从动轴线平行；b. 主、从动轴线相交

小型万向联轴器的结构如图 16-9 所示。

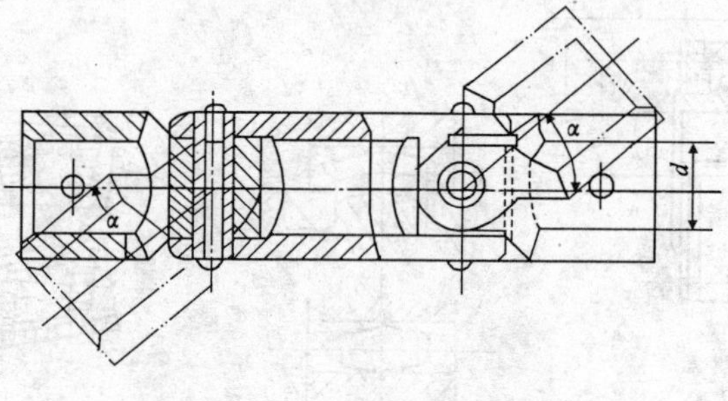

图 16-9 小型万向联轴器的结构

万向联轴器适用于有大角位移的两轴之间的连接，而且在运转过程中可以随时改变两轴的轴间角，广泛应用于汽车、机床等机械中。

四、弹性(可移动式)联轴器

弹性联轴器通过联轴器中的弹性元件传递转矩，可以补偿两轴间的相对位移，而且有缓冲、减振能力。刚度和阻尼性能是弹性联轴器的主要性能。刚度指扭转变形与转矩之比；阻尼性能指联轴器在一个循环中吸取能量的特性。一般来说，刚度越小越能缓和冲击，阻尼性能越好减振能力越强。

制造弹性元件的材料有金属和非金属两类。非金属材料有橡胶、尼龙等，优点是质轻、价廉，有良好的弹性、滞后性和阻尼性能，缓冲、减振能力强，并有良好的绝缘性，但强度较低；金属材料大多用弹簧钢，优点是强度高，寿命长，受温度影响小，尺寸小，但结构复杂，成本较高。弹性联轴器应用很广泛，类型较多，下面介绍常用的几种形式。

1. 弹性套柱销联轴器

弹性套柱销连轴器的机构与凸缘联轴器很相似，带有弹性套的柱销代替了凸缘联轴器的螺栓。主动轴上转矩通过弹性套和柱孔间的挤压传递给从动轴。安装时应注意两半联轴器间留有间隙，以补偿两轴间较大的轴向位移，依靠弹性套的变形允许少量的径向位移和角位移。如图 16－10 所示。

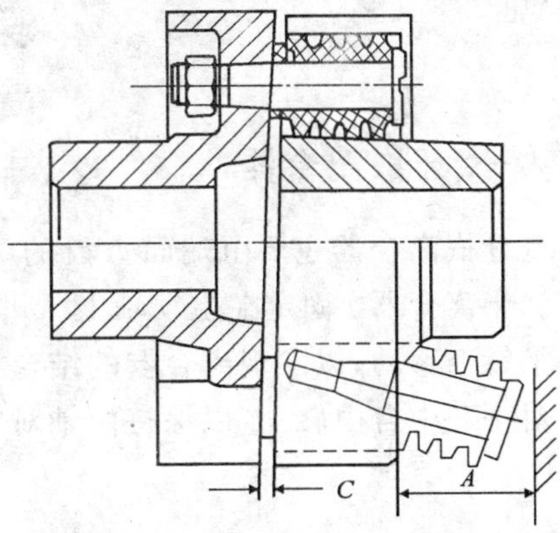

图 16－10　弹性套柱销联轴器

为了更换橡胶套时简便而不必拆移机器，设计中应注意留出距离 A；为了补偿轴向位移，安装时应注意留出相应大小的间隙 c。弹性套柱销联轴器在高速轴上应用得十分广泛。这种联轴器结构简单、制造容易、拆装方便、成本较低，但弹性套容易磨损，寿命较短，适用于经常正反转、启动频繁、载荷平稳的高速运转场合。

2. 弹性柱销联轴器

弹性柱销联轴器如图 16－11 所示，工作时转矩是通过主动轴上的键、半联轴器、弹性柱销、另一半联轴器及键而传到从动轴上去的。为了防止柱销脱落，在半联轴器的外侧，用螺钉固定了挡板。这种联轴器与弹性套柱销联轴器很相似，但传递转矩的能力很大，结构更为简单，安装、制造方便，耐久性好，弹性柱销有一定的缓冲和吸振能力，允许被连接两轴有一定的轴向位移及少量的径向位移和角位移。

3. 轮胎式联轴器

轮胎式联轴器（图 16－12）将橡胶或橡胶织物制成轮胎形的弹性元件，用压板 2 和螺钉 4 把轮胎 1 与两半联轴器 3 连接起来。工作时通过轮胎传递转矩。为了安装方便，轮胎通常开有径向切口，但使承载能力有所降低（也有不开切口的）。这种联轴器的优点是有较大的补偿位移能力，具有良好的缓冲、减振性能，运转时无噪音，且不需润滑。缺点是径向尺寸较大，扭

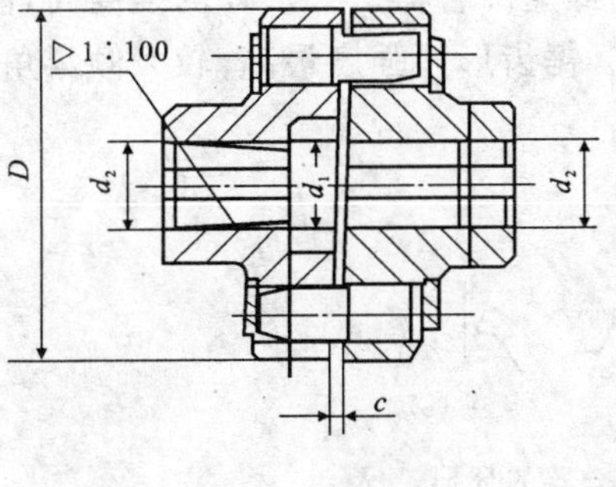

图 16－11　弹性柱销联轴器

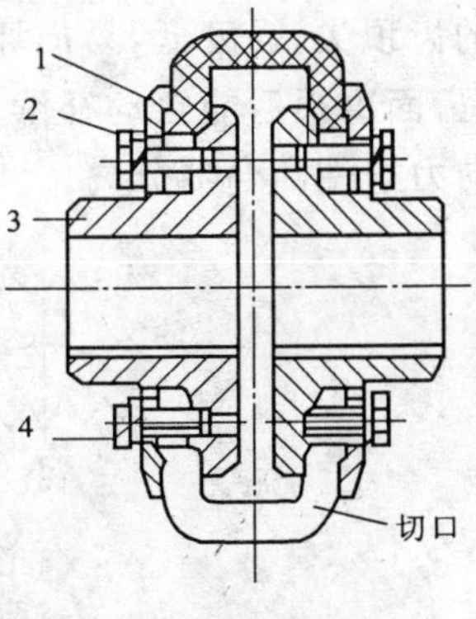

图 16－12　轮胎式联轴器

转变形过大时会产生附加轴向力。它适用于潮湿、多尘、冲击大、正反转频繁、两轴可角偏移较大和传递中、小转矩的场合。这种联轴器的尺寸可按标准 GB5844－86 选取。

第三节 离合器

一、牙嵌离合器

牙嵌离合器主要由端面带齿的两个半离合器组成(图 16－13),通过齿面接触来传递转矩。半离合器 1 固定在主动轴上。可动的半离合器 2 装在从动轴上操纵滑环 4 可使它沿着导向平锭 3 移动,以实现离合器的结合与分离。在固定的半离合器中装有对中环 5,从动轴端可在对中环中自由转动,以保持两轴对中。

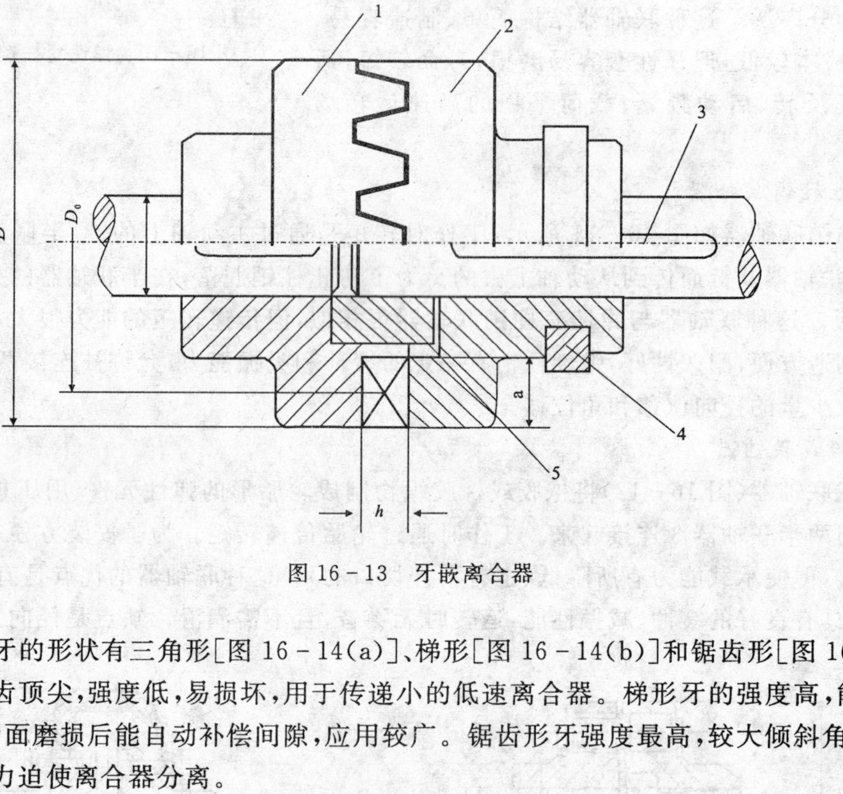

图 16－13 牙嵌离合器

离合器牙的形状有三角形[图 16－14(a)]、梯形[图 16－14(b)]和锯齿形[图 16－14(c)]。三角形齿的齿顶尖,强度低,易损坏,用于传递小的低速离合器。梯形牙的强度高,能传递较大的转矩,且齿面磨损后能自动补偿间隙,应用较广。锯齿形牙强度最高,较大倾斜角,工作时产生较大轴向力迫使离合器分离。

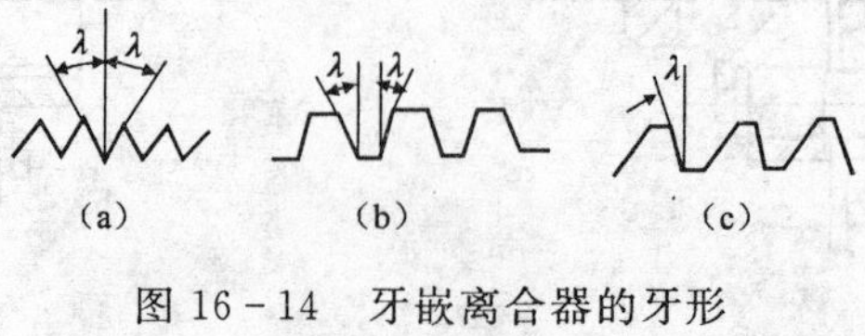

图 16－14 牙嵌离合器的牙形

(a)$\lambda=30^\circ\sim45^\circ$;(b)$\lambda=2^\circ\sim8^\circ$;(c)$\lambda=2^\circ\sim8^\circ$

离合器牙数一般取 3～60 个。要求传递转矩大时，应取较少牙数；要求结合时间短时，应取较多牙数。但牙数越多，载荷分布越不均匀。为提高齿面耐磨性，牙嵌离合器的曲面应具有较大的硬度。牙嵌离合器的材料通常用低碳钢（渗碳淬火处理），或中碳钢（表面淬火处理），对不重要的和静止时离合的牙嵌离合器也可采用铸铁。

二、摩擦离合器

利用主、从动半离合接触表面之间的摩擦力来传递转矩的离合器，通称为摩擦离合器，它是能在高速下离合的机械式离合器。图 16－15 所示为只有一对结合面的单盘摩擦离合器，主动盘 1 固定在主动轴上，从动盘 2 通过导向平键与从动轴连接，可以沿轴向滑动。工作时利用操作结构 3，在可移动的从动盘上施加轴向压力，使两盘压紧，以产生摩擦力，从而传递转矩。为增加摩擦系数，常在一个盘的表面上装有摩擦片。

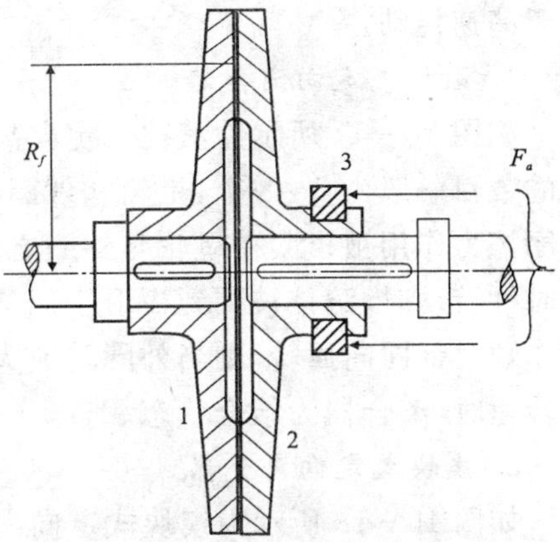

图 16－15　圆盘摩擦离合器

在传递大转矩的情况下，因受摩擦盘尺寸的限制不宜应用单盘摩擦离合器，这时要采用多盘摩擦离合器，通过增加结合面对数的方法来增大传动能力。多盘摩擦离合器又称为多片式摩擦离合器，如图 16－16(a)所示。主动轴 1 与外壳 2 固连，从动轴 10 与套筒 9 固连。外壳 2 内装有一组摩擦片 5，如图[16－16(c)]所示，它的外缘凸齿插入外壳 2 的纵向凹槽内，因而随外壳 2 一起回转，其内孔不与任何零件接触。套筒 9 上装有另一组摩擦片 4，如图[16－16(b)]所示，它的外缘不与任何零件接触，而内孔凸齿插入套筒 9 上的纵向凹槽中。这样，就有两组形状不同的摩擦片相间叠合。图中位置表示杠杆 7 经压板 3 将摩擦片压紧，离合器处于接合状态。若滑环 8 向右移动，则杠杆 7 在弹簧的作用下向逆时针方向摆动，压板 3 松开，离合器即分离。若把图 16－16(b)中的摩擦片改为碟式，则分离时摩擦片能自行弹开。另外，螺母 6 用来调整摩擦片间的压力。

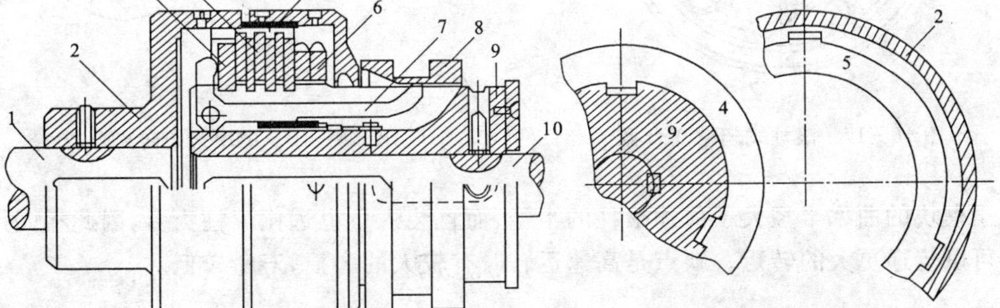

图 16－16　多片式摩擦离合器

摩擦片材料常用淬火钢片或压制石棉片。摩擦片数目多,可以增大所传递的转矩。但片数过多,将使各层间压力分布不均匀,所以一般不超过 12～15 片。

三、定向离合器

定向离合器又称超越离合器,是一种自动离合器,它的优点是尺寸小,结合和分离平稳,可用于高速传动。

1. 滚柱式定向离合器

如图 16-17 所示为滚柱式定向离合器,由星轮 1、外圈 2、滚柱 3 和弹簧顶杆 4 组成。滚柱的数目一般为 3～8 个,星轮和外圈都可作主动件。当星轮为主动并作顺时针转动时,滚柱受摩擦力作用被楔紧在星轮与外圈之间,从而带功外圈一起回转,离合器为接合状态。当星轮逆时针转动时,滚柱被推到楔形空间的宽敞部分而不再楔紧,离合器为分离状态。若外圈和星轮作顺时针同向回转,则当外圈转速大于星轮转速时,离合器为分离状态;当外圈转速小于星轮转速时,离合器为结合状态。

2. 楔块式定向离合器

如图 16-18 所示为楔块式定向离合器,这种离合器以楔块代替滚柱,楔块的形状如图 16-18 所示,内外环工作面都为圆形,整圈的拉簧压着楔块始终和内环接触,并力图使楔块绕自身作逆时针方向偏摆。当外环顺时针方向旋转或内环逆时针方向旋转时,楔块克服弹簧力而作顺时针方向偏摆,从而在内外环间越楔越紧,离合器处于接合状态。反向时,楔块松开而成为分离状态。

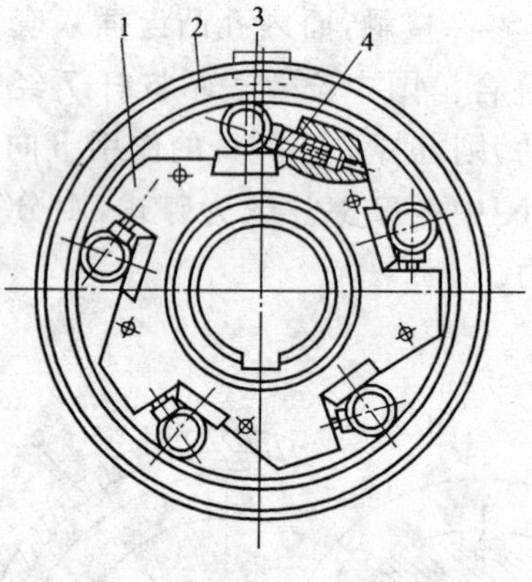

图 16-17 滚柱式超越离合器

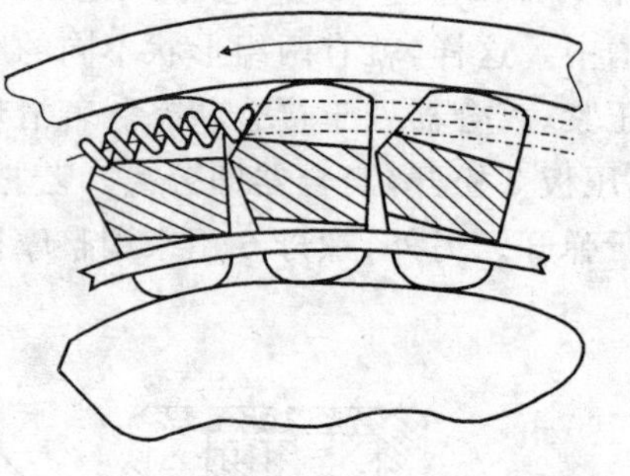

图 16-18 楔块式定向离合器

由于楔块的曲率半径大于前述滚柱的半径,而且装入量也远比滚柱为多,因此相同尺寸的离合器可以传递更大的转矩。缺点是高速运转时有较大的磨损,寿命较低。

第四节 制动器

制动器是利用摩擦力来降低运动物体速度或迫其停止运动的装置,在车辆、起重机等机械中有着广泛的应用。以下介绍几种典型的制动器。

一、外抱块式制动器

外抱块式制动器结构如图 16－19 所示，它是靠瓦块和制动轮间的摩擦力来制动的。当接通电源时，电磁线圈 2 产生吸力吸住衔铁 3，衔铁推动推杆 4 向右移动，在弹簧 6 的作用下左右两制动臂向外摆动，使瓦块 l 离开制动轮，机械可自由转动。切断电源时，电磁线圈释放衔铁，在弹簧 5 作用下，两制动臂收拢，使瓦块抱紧制动轮，实现制动。

二、内涨蹄式制动器

内涨蹄式制动器分为单蹄、双蹄、多蹄相软管多蹄等，图 16－20 所示为双蹄式制动器。制动蹄 1 上装有摩擦材料，通过销轴 2 与机架固联，制动轮 5 与所要制动的轴固联。制动时，压力油进入液压缸 6，推动两活塞左右移动，在活塞推力作用下两制动蹄绕销轴向外摆动，并压紧在制动轮内侧，实现制动。油路回油后，制动蹄在弹簧 7 作用下与制动轮分离。

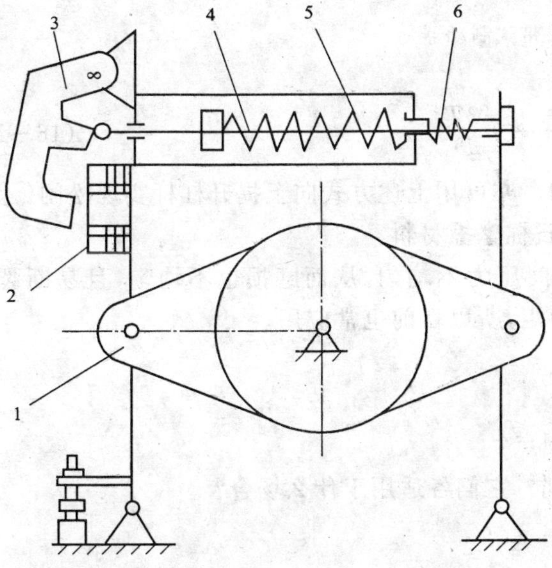

图 16－19　外抱块式制动器

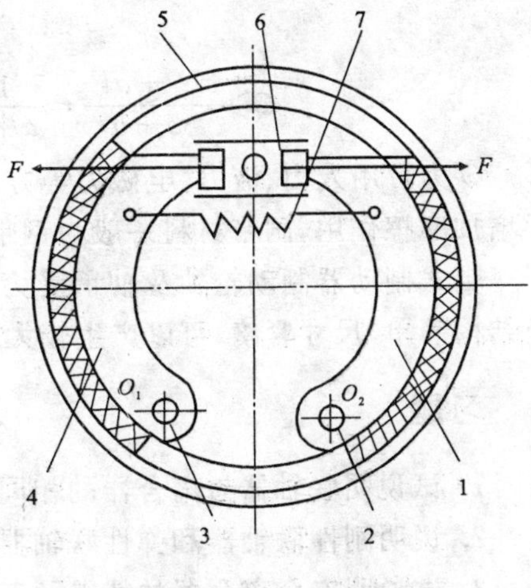

图 16－20　内涨蹄式制动器

内涨蹄式制动器结构紧凑，散热条件、密封性和刚性均好，广泛用于各种车辆及结构尺寸受限制的机械上。

三、带式制动器

图 16－21 为带式制动器的工作原理图。当施加外力 Q 时，利用杠杆 3 收紧闸带 2 而抱住制动轮 1，靠带和制动轮间的摩擦力来制动。

设制动力矩为 T，制动轮直径为 D，可得制动圆周力为 $F=2T/D$。这时带的两端产生拉力 F_1 和 F_2，二者的关系为：$F_1-F_2=2T/D$。$F_1=F_2e^{f\alpha}$。其中，e 为自然对数的底；f 为带与轮之间的摩擦系数；α 为带绕在轮上的包角。通过计算可得制动时所需 Q 力为

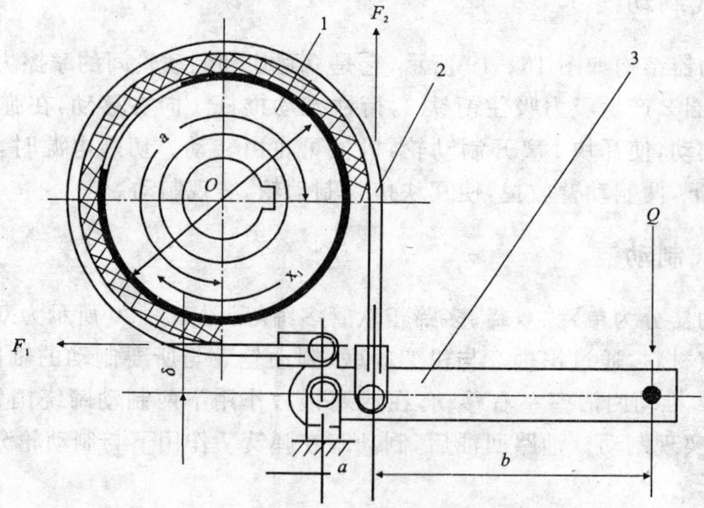

图 16-21 带式制动器

$$Q \geqslant \frac{cF_1 + aF_2}{a+b} = \frac{1}{a+b} \frac{(ce^{fa} + a)}{(e^{fa} - 1)} \cdot \frac{2T}{D} \tag{16-1}$$

Q 力可用人力、液力、电磁力等方式来施加。亦可用上述方式向上提升杠杆实现松闸。为了增加摩擦作用，闸带材料一般为钢带上覆以石棉摩擦材料。

带式制动器制动轮轴及轴承受力大，带轮间压力不均匀，从而磨损也不均匀，且易断裂。但结构简单，尺寸紧凑，可以产生较大的制动力矩，所以目前也常应用。

习题

1. 试说明联轴器与离合器的相同点和不同点？
2. 说明刚性联轴器和弹性联轴器有何差别？它们各适用于什么场合？
3. 试说明安全离合器的特点及工作原理。
4. 试说明超越离合器的特点及工作原理。

第十七章　弹　　簧

第一节　弹簧的功能与类型

一、弹簧的功用

弹簧是机械和电子行业中广泛使用的一种弹性元件，弹簧在受载时能产生较大的弹性变形，把机械功或动能转化为变形能，而卸载后弹簧的变形消失并恢复原状，将变形能转化为机械功或动能。弹簧的主要功用有以下四项：

(1)控制机构的运动，如制动器、离合器中的控制弹簧，内燃机汽缸的阀门弹簧等。

(2)减振和缓冲，如汽车、火车车厢下的减振弹簧以及各种缓冲器的弹簧等。

(3)储存及输出能量，如钟表弹簧、枪闩弹簧等。

(4)测量力的大小，如测力器和弹簧秤中的弹簧等。

二、弹簧的类型

弹簧的类型很多(表 17－1)。按照所承受的载荷不同，弹簧可以分为拉伸弹簧、压缩弹簧、扭转弹簧和弯曲弹簧 4 种。按照弹簧的形状不同，弹簧又可分为螺旋弹簧、环形弹簧、碟形弹簧、板弹簧和盘簧等。螺旋弹簧是用弹簧丝卷绕制成的，由于制造简便，所以应用最广。在一般机械中，最常用的是圆柱螺旋弹簧。

表 17－1　弹簧的主要类型和特点

类型		承载形式	简图	特点及应用
螺旋弹簧	圆柱形	压缩	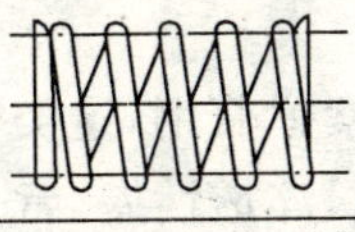	刚度稳定，结构简单，制造方便。应用范围最广，适用各种机械
		拉伸	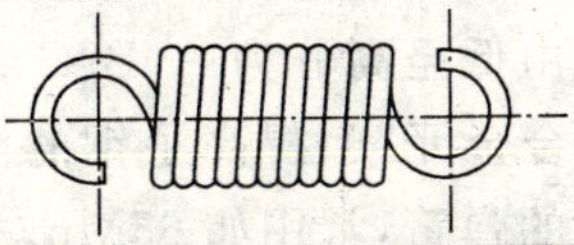	
		扭转	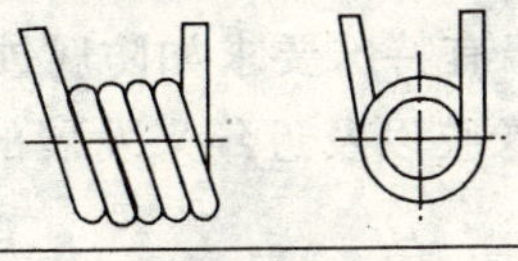	主要应用于各种装置中的压缩和储能
	圆锥形	压缩	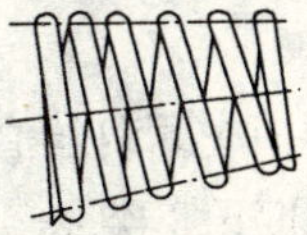	稳定性好，结构紧凑，刚度随载荷而变化，多用于需承受较大载荷和减震的场合

续表 17－1

类　型	承载形式	简　图	特点及应用
碟形弹簧	压缩	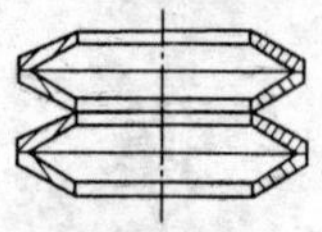	刚度大，缓冲吸振能力强，适用于载荷很大而弹簧轴向尺寸受限制的地方。具有变刚度的特性
环形弹簧	压缩	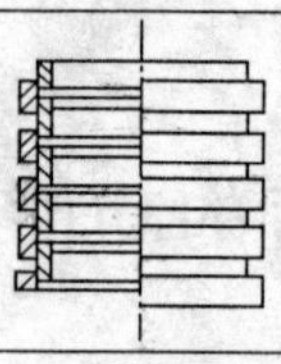	能吸收较多的能量，有很高的缓冲和吸振能力，用于重型设备的缓冲装置
盘簧	扭转	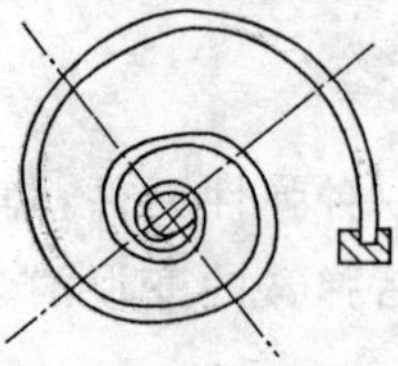	变形角大、能储存的能量大、轴向尺寸很小，多用作仪器、仪表中的储能弹簧
板弹簧	弯曲	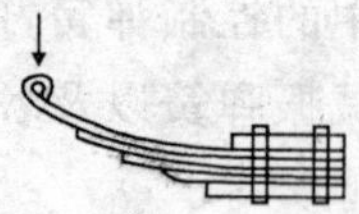	缓冲和减振性能好，多板弹簧减振能力强。主要用于汽车、拖拉机、火车车辆的悬挂装置

第二节　弹簧的材料和许用应力

一、弹簧的材料

弹簧大都是在变载荷或冲击载荷下工作且要求在较大载荷作用下不产生塑性变形。因此要求弹簧的材料除应有较高的屈服强度和疲劳强度外，还应具有较高的冲击韧性和良好的热处理性能等。

常用的弹簧材料有如下 3 种。

(1) 碳素弹簧钢。如 65、70 、85 优质碳素弹簧钢，这类钢的价格低廉，来源方便，热处理后具有较高的机械性能。缺点是弹性极限较低，淬透性差，常用于较小尺寸的一般用途的螺旋弹簧及板弹簧。碳素弹簧钢丝按机械性能由低至高分为 A、B、C 组。

(2) 合金弹簧钢。这类钢由于加入合金元素，提高了钢的淬透性，改善了机械性能，适用于受变载荷和冲击载荷或工作温度较高的弹簧，常用如 65Mn。

(3) 不锈钢和铜合金材料。主要用于有特殊要求如防腐蚀、防磁、耐酸的弹簧。

此外，还有采用非金属材料，主要是橡胶以及近年来发展的纤维增强塑料等。

二、弹簧的许用应力

弹簧材料的许用应力与弹簧的类型、材料、弹簧钢丝直径和载荷性质等有关。根据变载荷的作用次数以及弹簧的重要程度将弹簧分为以下 3 类：

表 17-2　弹簧材料及其许用应力

材料及代号	许用切应力 $[\tau]$/MPa			许用弯曲应力 $[\sigma_b]$/MPa		弹性模量 E/MPa	切变模量 G/MPa	推荐使用温度/℃	推荐硬度 HRC	特性及用途
	Ⅰ类弹簧	Ⅱ类弹簧	Ⅲ类弹簧	Ⅱ类弹簧	Ⅲ类弹簧					
碳素弹簧钢丝 B,C,D 级	$0.3\sigma_b$	$0.4\sigma_b$	$0.5\sigma_b$	$0.5\sigma_b$	$0.6\sigma_b$	207 500 ～205 000 (0.5mm≤d≤4mm) 200 000 d>4mm	83 000 ～80 000 (0.5mm≤d≤4mm) 80 000 d>4mm	-40～130		强度高，加工性能好，适用于小尺寸弹簧
65Mn										65Mn 弹簧钢丝作重要弹簧
60Si2Mn 60Si2MnA	480	640	800	800	1000	200 000	80 000	-40～200	45～50	弹性好，回火稳定性好，易脱碳，用于承受大载荷弹簧
50CrVA	450	600	750	750	940					疲劳性能好，淬透性、回火稳定性好
不锈钢丝 1Cr18Ni9 1Cr18Ni9Ti	330	440	550	550	690	197 000	73 000	-200～300		耐腐蚀，耐高温，有良好的工艺性，适用于小弹簧

注：1. 弹簧按载荷性质分为 3 类。Ⅰ类指受变载荷作用次数在 10^6 以上的弹簧；Ⅱ类指受变载荷作用次数在 10^3～10^5 及冲击载荷的弹簧；Ⅲ类指受变载荷作用次数在 10^3 以下的弹簧。

2. 碳素弹簧钢丝按力学性能高低分为 B,C,D 级，见表 19-3。

3. 弹簧材料的拉伸强度极限查表 19-3。

4. 各类螺旋拉、压弹簧的极限工作应力 τ_{lim}，对于Ⅰ类、Ⅱ类弹簧，$\tau_{lim} \leqslant 0.5\sigma_b$；对于Ⅲ类弹簧，$\tau_{lim} \leqslant 0.56\sigma_b$。

5. 表中许用切应力为压缩弹簧的许用值，拉伸弹簧的许用切应力为压缩弹簧的 80%。

6. 经强压处理的弹簧，其许用应力可增大 25%。

第三节　圆柱螺旋拉伸、压缩弹簧的设计计算

一、几何参数计算

普通圆柱螺旋弹簧的主要几何尺寸有：外径 D、中径 D_2、内径 D_1、节距 p、螺旋升角 α 及弹簧丝直径 d。由圆柱螺旋弹簧的几何尺寸参数图（图 17-1）可知它们的关系为

$$\alpha = \arctan \frac{p}{\pi D_2} \tag{17-1}$$

式中弹簧的螺旋升角 α，对圆柱螺旋压缩弹簧一般应在 5°～9°范围内选取。弹簧的旋向可以是右旋或左旋，但无特殊要求时，一般都用右旋。

普通圆柱螺旋压缩及拉伸弹簧的结构尺寸计算公式见表 17-3。

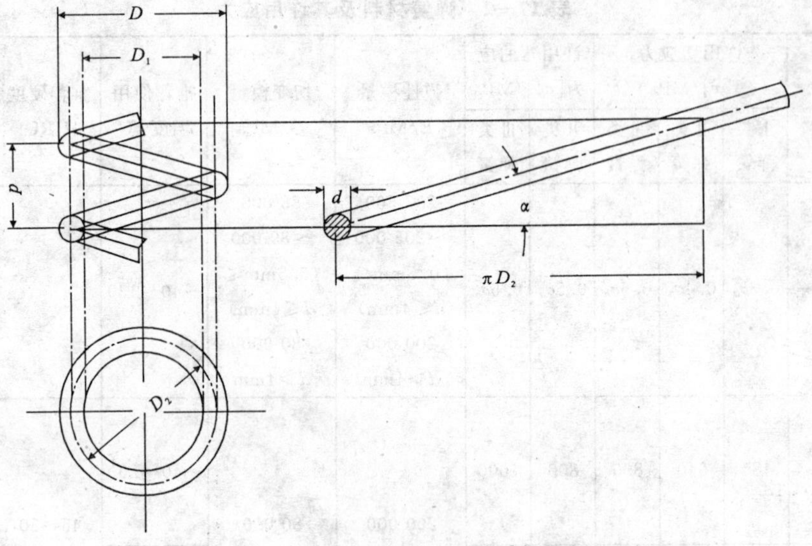

图 17-1 圆柱螺旋弹簧的几何尺寸参数图

表 17-3 普通圆柱螺旋压缩及拉伸弹簧的结构尺寸计算公式 单位:mm

参数名称及代号	计算公式		备注
	压缩弹簧	拉伸弹簧	
中径 D_2	$D_2=Cd$		按普通圆柱螺旋弹簧尺寸系列表取标准值
内径 D_1	$D_1=D_2-d$		
外径 D	$D=D_2+d$		
旋绕比 C	$C=D_2/d$		
压缩弹簧长细比 b	$b=H_0/D_2$		b 在 1～5.3 的范围内选取
自由高度或长度 H_0	$H_0\approx pn+(1.5\sim2)d$ (两端并紧,磨平) $H_0\approx pn+(3\sim3.5)d$ (两端并紧,不磨平)	$H_0=nd+$钩环轴向长度	
工作高度或长度 $H_1,H_2,\cdots,H_n$	$H_n=H_0-\lambda_n$	$H_n=H_0+\lambda_n$	λ_n ——工作变形量
有效圈数 n	根据要求变形量按 $n=\frac{G\lambda d}{8FC^3}=\frac{G\lambda d^4}{8FD_2^3}$ 计算		$n\geqslant2$
总圈数 n_1	$n_1=n+(2\sim2.5)$(冷卷) $n_1=n+(1.5\sim2)$ (YⅡ型热卷)	$n_1=n$	拉伸弹簧 n_1 尾数为 1/4,1/2,3/4 整圈。推荐用 1/2 圈
节距 p	$p=(0.28\sim0.5)D_2$	$p=d$	
轴向间距 δ	$\delta=p-d$		
展开长度 L	$L=\pi D_2 n_1/\cos\alpha$	$L\approx\pi D_2 n+L_h$	L_h 钩环展开长度
螺旋角 α	$\alpha=\arctan(p/\pi D_2)$		对压缩螺旋弹簧,推荐 $\alpha=5°\sim9°$
质量 m_s	$m_s=\frac{\pi d^2}{4}L\gamma$		γ 为材料的密度,对各种钢,$\gamma=7\ 700kg/m^3$;对铍青铜,$\gamma=8\ 100kg/m^3$

二、特性曲线

弹簧应具有经久不变的弹性，且不允许产生永久变形。因此在设计弹簧时，务必使其工作应力在弹性极限范围内。在这个范围内工作的压缩弹簧，当承受轴向载荷 p 时，弹簧将产生相应的弹性变形，如图 17-2(a)所示。为了表示弹簧的载荷与变形的关系，取纵坐标表示弹簧承受的载荷，横坐标表示弹簧的变形，通常载荷和变形成直线关系[图 17-2(b)]。这种表示载荷与变形的关系的曲线称为弹簧的特性曲线。对拉伸弹簧，如图 17-3 所示，图 17-3(b)为无预应力的拉伸弹簧的特性曲线；图 17-3(c)为有预应力的拉伸弹簧的特性曲线。

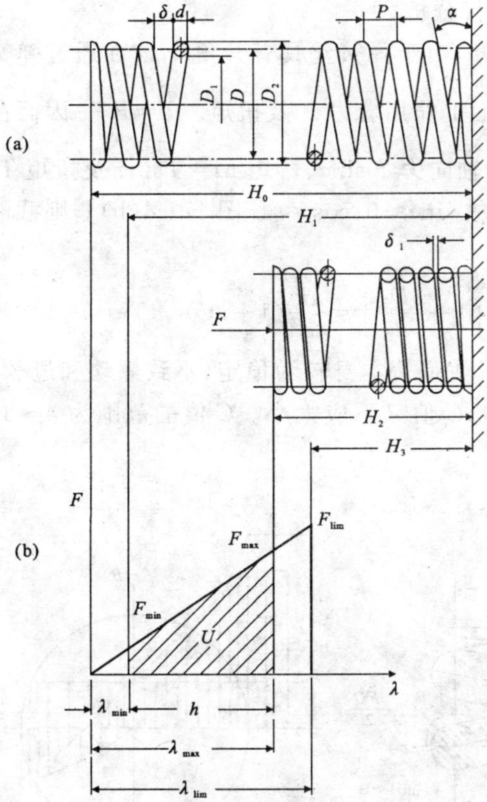

图 17-2　圆柱螺旋压缩弹簧的特性曲线

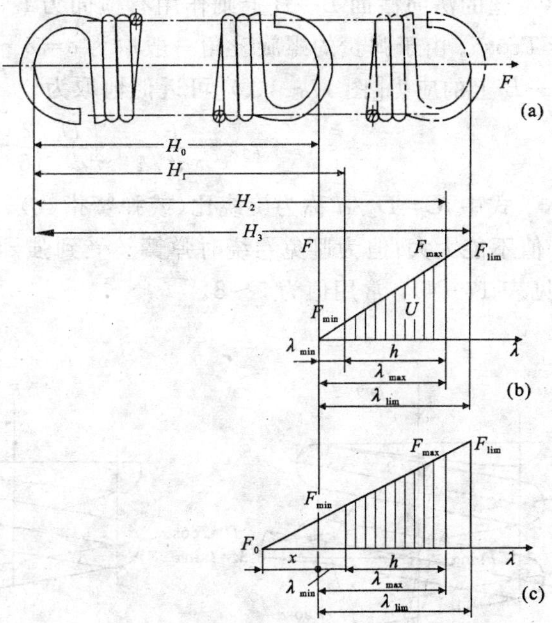

图 17-3　圆柱螺旋拉伸弹簧的特性曲线

图 17-2(a)中的 H_0 是压缩弹簧在没有承受外力时的自由长度。弹簧在安装时，通常预加一个压力 F_{min}，使它可靠地稳定在安装位置上。F_{min} 称为弹簧的最小载荷(安装载荷)。在它的作用下，弹簧的长度被压缩到 H_1，其压缩变形量为 λ_{min}。F_{max} 为弹簧承受的最大工作载荷。在 F_{max} 作用下，弹簧长度减到 H_2，其压缩变形量增到 λ_{max}。λ_{max} 与 λ_{min} 的差即为弹簧的工作行程 h，$h=\lambda_{max}-\lambda_{min}$。$F_{lim}$ 为弹簧的极限载荷。在该力的作用下，弹簧丝内的应力达到了材料的弹性极限。与 F_{lim} 对应的弹簧长度为 H_3，压缩变形量为 λ_{lim}。

等节距的圆柱螺旋压缩弹簧的特性曲线为一直线，亦即：

$$\frac{F_{min}}{\lambda_{min}}=\frac{F_{max}}{\lambda_{max}}=\cdots=\text{常数}$$

压缩弹簧的最小工作载荷通常取为 $F_{min}=(0.1\sim0.5)F_{max}$；但对有预应力的拉伸弹簧[图 17-3(c)]，$F_{min}>F_0$，$F_0$ 为使只有预应力的拉伸弹簧开始变形时所需的初拉力。

弹簧的最大工作载荷 F_{max}，由弹簧在机构中的工作条件决定。但不应到达它的极限载荷，通常应保持 $F_{max}\leqslant 0.8F_{lim}$。

弹簧的特性曲线应绘在弹簧工作图中，作为检验和试验时的依据之一。此外，在设计弹簧时，利用特性曲线分析受载与变形的关系也较方便。

三、圆柱螺旋压缩(拉伸)弹簧受载时的应力及变形

圆柱螺旋弹簧受压或受拉时，弹簧丝的受力情况是完全一样的。现就图 17-4 所示的圆形截面弹簧丝的压缩弹簧承受轴向载荷 P 的情况进行分析。

由图 17-4(a)（图中弹簧下部断去，未示出）可知，由于弹簧丝具有升角 α，故在通过弹簧轴线的截面上，弹簧丝的截面 $A-A$ 呈椭圆形，该截面上作用着力 F 及扭矩。$T=F\dfrac{D_2}{2}$因而在弹簧丝的法向截面 $B-B$ 上则作用有横向力 $F\cos\alpha$、轴向力 $F\sin\alpha$、弯矩 $M=T\sin\alpha$ 及扭矩 $T'=T\cos\alpha$。由于弹簧的螺旋升角一般取为 $\alpha=5°\sim9°$，故 $\sin\alpha\approx0$；$\cos\alpha\approx1$[图 17-4(b)]，则截面 $B-B$ 上的应力[图 17-4(c)]可近似地取为

$$\tau_\Sigma=\tau_F+\tau_T=\frac{F}{\pi d^2/4}+\frac{FD_2/2}{\pi d^3/16}=\frac{4F}{\pi d^2}\left(1+\frac{2D_2}{d}\right)=\frac{4F}{\pi d^2}(1+2C)$$

式中，$C=D_2/d$ 称为旋绕比(或弹簧指数)。为了使弹簧本身较为稳定，不致颤动和过软，C 值不能太大；但为避免卷绕时弹簧丝受到强烈弯曲，C 值又不应太小。C 值的范围为 4～16（见表 17-4），常用值为 5～8。

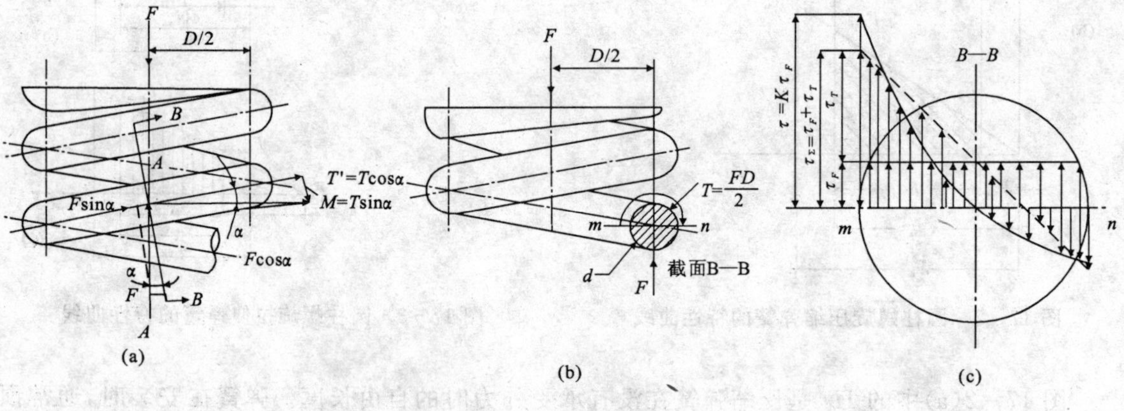

图 17-4　圆柱螺旋压缩弹簧的受力及应力分析

表 17-4　常用旋绕比 C 值

d(mm)	0.2～0.4	0.45～1	1.1～2.2	2.5～6	7～16	18～42
$C=D_2/d$	7～14	5～12	5～10	4～9	4～8	4～6

为了简化计算，通常在上式中取 $1+2C\approx 2C$（因为当 $C=4\sim 16$ 时，$2C\gg 1$，实质上即为略去了 τ_p），由于弹簧丝升角和曲率的影响，弹簧丝截面中的应力分布将如图 17－4(c)中的粗实线所示。由图可知，最大应力产生在弹簧丝截面内侧的 m 点。实践证明，弹簧的破坏也大多由这点开始。为了考虑弹簧丝的升角和曲率对弹簧丝中应力的影响，现引进一个补偿系数 K（或称曲度系数），则弹簧丝内侧的最大应力及强度条件可表示为

$$\tau=K\tau_T=K8\frac{CF}{\pi d^2}\leqslant[\tau] \tag{17-2}$$

式中补偿系数 K，对于圆截面弹簧丝可按下式计算

$$K\approx\frac{4C-1}{4C-4}+\frac{0.615}{C}$$

圆柱螺旋压缩(拉伸)弹簧受载后的轴向变形量 λ 可根据材料力学关于圆柱螺旋弹簧变形量的公式求得

$$\lambda=\frac{8FD_2^3 n}{Gd^4}=\frac{8FC^3 n}{Gd}$$

式中，n 为弹簧的有效圈数；G 为弹簧材料的切变模量，见表 17－2 弹簧常用材料及其许

用扭剪应力。如以 $P_{\max}$ 代替 P 则

最大轴向变形量为：

(1)对于压缩弹簧和无预应力的拉伸弹簧：$\lambda_{\max}=\dfrac{8F_{\max}C^3 n}{Gd}$

(2)对于有预应力的拉伸弹簧：$\lambda_{\max}=\dfrac{8(F_{\max}-F_0)C^3 n}{Gd}$

拉伸弹簧的初拉力(或初应力)取决于材料、弹簧丝直径、弹簧旋绕比和加工方法。

用不需淬火的弹簧钢丝制成的拉伸弹簧，均有一定的初拉力。如不需要初拉力时，各圈间应有间隙。经淬火的弹簧，没有初拉力。当选取初拉力时，推荐初应力 τ_0 值在图 17－5 的阴影区内选取。

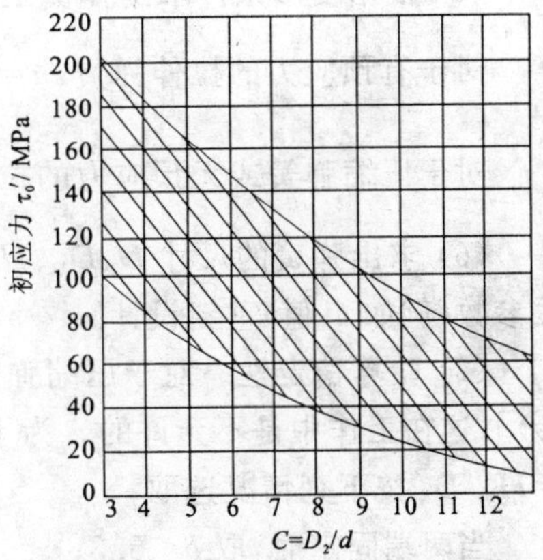

图 17－5　弹簧初应力的选择范围

初拉力按下式计算

$$F_0=\frac{\pi d^3\tau'_0}{8KD_2}$$

使弹簧产生单位变形所需的载荷 k_p 称为弹簧刚度，即

$$k_p=\frac{F}{\lambda}=\frac{Gd}{8C^3 n}=\frac{Gd^4}{8D_2^3 n}$$

弹簧刚度是表征弹簧性能的主要参数之一。它表示使弹簧产生单位变形时所需的力，刚度愈大，需要的力愈大，则弹簧的弹力就愈大。但影响弹簧刚度的因素很多，由于 k_p 与 C 的三次方成反比，即 C 值对 k_p 的影响很大。所以，合理地选择 C 值就能控制弹簧的弹力。另外，k_p 还和 G、d、n 有关。在调整弹簧刚度时，应综合考虑这些因素的影响。

四、承受静载荷的圆柱螺旋压缩(拉伸)弹簧的设计

弹簧的静载荷是指载荷不随时间变化，或虽有变化但变化平稳，且总的重复次数不超过 10^3 次的交变载荷或脉动载荷而言。在这些情况下，弹簧是按静载强度来设计的。

在设计时，通常是根据弹簧的最大载荷、最大变形，以及结构要求(例如安装空间对弹簧尺寸的限制)等来决定弹簧丝直径、弹簧中径、工作圈数、弹簧的螺旋升角和长度等。

具体设计方法和步骤如下。

(1) 根据工作情况及具体条件选定材料，并查取其机械性能数据。

(2)选择旋绕比 C，通常可取 $C\approx 5\sim 8$(极限状态时不小于 4 或超过 16)，并算出补偿系数 K 值。

(3)根据安装空间初设弹簧中径 D_2，再根据 C 值估取弹簧丝直径 d，并查取弹簧丝的许用应力。

(4)试算弹簧丝直径 d'

$$d'\geqslant 1.6\sqrt{\frac{F_{\max}KC}{[\tau]}}$$

必须注意，钢丝的许用应力决定于其 σB，而 σB 是随着钢丝的直径变化的，又因$[\tau]$是按估取的 d 值查得 σB 的 H 计算得来的，所以此时试算所得的 d' 值，必须与原来估取的 d 值相比较：如果两者相等或很接近，即可按标准圆整为邻近的标准弹簧钢丝直径 d，并按 $D_2=C_d$ 以求出；如果两者相差较大，则应参考计算结果重估 d 值，再查其而计算$[\tau]$，代入上式进行试算，直至满意后才能计算 D_2，计算出的 D_2 值也要按普通圆柱螺旋弹簧尺寸系列进行圆整。

(5) 根据变形条件求出弹簧工作圈数：

对于有预应力的拉伸弹簧：$n=\dfrac{Gd}{8(F_{\max}-F_0)C^3}\lambda_{\max}$

对于压缩弹簧或无预应力的拉伸弹簧：$n=\dfrac{Gd}{8F_{\max}C^3}\lambda_{\max}$

(6) 求出弹簧的尺寸 D、D_1、H_0，并检查其是否符合安装要求等。如不符合，则应改选有关参数(例如 C 值)重新设计。

(7) 验算稳定性。对于压缩弹簧，如其长度较大时，则受力后容易失去稳定性[如图 17-6(a)]，这在工作中是不允许的。为了便于制造及避免失稳现象，建议一般压缩弹簧的长细比 $b=H_0/D_2$ 按下列情况选取：

当两端固定时，取 $b<5.3$；

当一端固定，另一端自由转动时，取 $b<3.7$；

当两端自由转动时，取 $b<2.6$。

当 b 大于上述数值时，要进行稳定性验算，并应满足

$$F_c=C_uk_pH_0>F_{\max}$$

式中，F_c 为稳定时的临界载荷；C_u 为不稳定系数，从不稳定系数线图(图 17-7)中查得；$F_{\max}$为弹簧的最大工作载荷。

如 $F_{\max}>F_c$ 时，要重新选取参数，改变 b 值，提高 F_c 值，使其大于 $F_{\max}$ 值，以保证弹簧的稳定性。如条件受到限制而不能改变参数时，则应加装导杆[如图 17-6(b)]或导套[如图 17-6

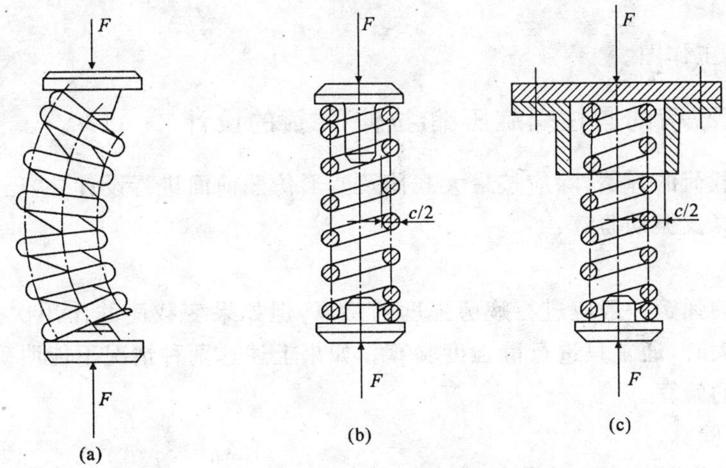

图 17-6　压缩弹簧失稳及对策

(a)失稳；(b)加装导杆；(c)加装导套

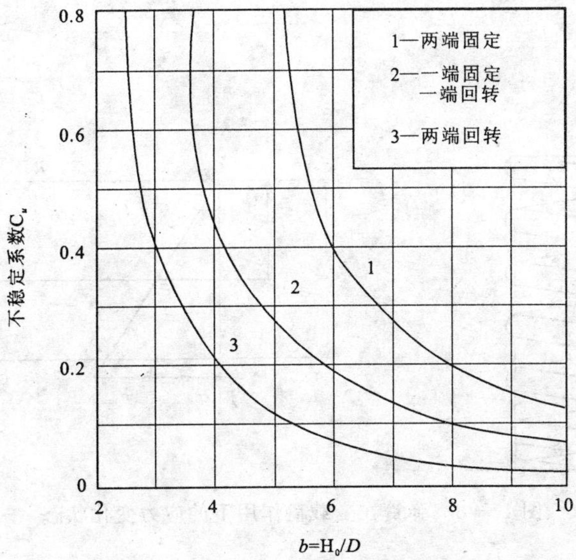

图 17-7　不稳定系数线图

(c)]。导杆(导套)与弹簧间的间隙 c 值(直径差)按表 17-5 的规定选取。

表 17-5　导杆(导套)与弹簧间的间隙

中径 D_2/mm	≤5	>5～10	>10～18	>18～30	>30～50	>50～80	>80～120	>120～150
间隙 c/mm	0.6	1	2	3	4	5	6	7

(8)进行弹簧的结构设计。如对拉伸弹簧确定其钩环类型等,并按表 17-3 计算出全部有关尺寸。

(9)绘制弹簧工作图。

五、承受变载荷的圆柱螺旋压缩(拉伸)弹簧的设计

对于承受变载荷的弹簧,除应按最大载荷及变形仿照前面进行设计外,还应视具体情况进行如下的强度验算及振动验算:

1. 强度验算

承受变载荷的弹簧一般应进行疲劳强度的验算,但如果变载荷的作用次数 $N \leqslant 10^3$,或载荷变化的幅度不大时,通常只进行静强度验算。如果上述这两种情况不能明确区别时,则需同时进行两种强度的验算。

(1)疲劳强度验算。

图 17-8 所示为弹簧在变载荷作用下的应力变化状态。图中 H_0 为弹簧的自由长度,P_1 和 λ_1 为安装载荷和预压变形量,P_2 和 λ_2 为工作时的最大载荷和最大变形量。当弹簧所受载荷在 P_1 和 P_2 之间不断循环变化时,则可得弹簧材料内部所产生的最大和最小循环切应力为

$$\tau_{\max}=\frac{8KD_2}{\pi d^3}\cdot P_2(\text{MPa}) \qquad \tau_{\min}=\frac{8KD_2}{\pi d^3}\cdot P_1(\text{MPa})$$

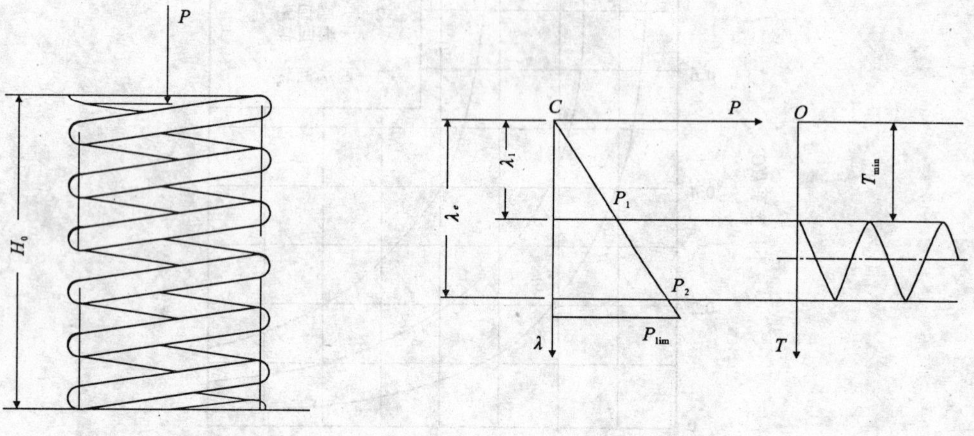

图 17-8 弹簧在变载荷作用下的应力变化状态

对应于上述变应力作用下的普通圆柱螺旋压缩弹簧,应力循环次数 $N > 10^6$ 时,疲劳强度安全系数计算值 S_{ca} 及强度条件可按下式计算:

$$S_{ca}=\frac{\tau_0+0.75\tau_{\min}}{\tau_{\max}}\geqslant S_F \tag{17-3}$$

式中,τ_0 为弹簧材料的脉动循环剪切疲劳极限,按变载荷作用次数 N,由表 17-6 中查取;S_F 为弹簧疲劳强度的设计安全系数,当弹簧的设计计算和材料的机械性能数据精确性高时,取 $S_F=1.3\sim1.7$;当精确性低时,取 $S_F=1.8\sim2.2$。

表 17－6　弹簧材料的脉动循环剪切疲劳极限

变载荷作用次数 N	10^4	10^5	10^6	10^7
τ_0	$0.45\sigma_B$	$0.35\sigma_B$	$0.33\sigma_B$	$0.3\sigma_B$

注：1. 此表适用于高优质钢丝，不锈钢丝，铍青铜和硅青铜丝。

2. 对喷丸处理的弹簧，表中数值可提高 20%。

3. 对于硅青铜，不锈钢丝，$N=10^4$ 时的 τ_0 值可取 $0.35\sigma_B$。

4. 表中 σ_B 为弹簧材料的拉伸强度极限(MPa)。

(2) 静强度验算。

静强度安全系数计算值 S_{sca} 的计算公式及强度条件为

$$S_{sca}=\frac{\tau_s}{\tau_{\max}}\geqslant S_s \tag{17-4}$$

式中，τ_s 为弹簧材料的剪切屈服极限，静强度的安全系数 S_s 的选取与进行疲劳强度验算时相同。

2. 振动验算

承受变载荷的圆柱螺旋弹簧常是在加载频率很高的情况下工作（如内燃机汽缸阀门弹簧）。为了避免引起弹簧的谐振而导致弹簧的破坏，需对弹簧进行振动验算，以保证其临界工作频率（即工作频率的许用值）远低于其基本自振频率。

圆柱螺旋弹簧的基本自振频率为

$$f_b=\frac{1}{2}\sqrt{\frac{k_p}{m_s}}\,(\text{Hz})$$

式中，k_p 为弹簧的刚度(N/mm)；m_s 为弹簧的质量(kg)。

将 k_p，m_s 的关系式代入上式，并取 $n\approx n_1$ 则

$$f_b=\frac{1}{2}\sqrt{\frac{Gd^4/8D_2^3n}{\pi_2 d_2 D_2 n_1\gamma/4\cos\alpha}}\approx\frac{d}{8.9D_2^2n_1}\sqrt{\frac{G\cos\alpha}{\gamma}}\,(\text{Hz})$$

式中各符号意义同前。

弹簧的基本自振频率 f_b 应不低于其工作频率 f_w 的 15～20 倍，以避免引起严重的振动。即

$$f_b\geqslant(15\sim20)f_w\text{或}f_w\leqslant f_b/(15\sim20)\,(\text{Hz}) \tag{17-5}$$

但弹簧的工作频率一般是预先给定的，故当弹簧的基本自振频率不能满足上式时，应增大 k_p 或减小 m_s，重新进行设计。

习题

1. 弹簧的功能是什么？弹簧的热处理须满足哪些要求？

2. 圆柱螺旋弹簧的端部结构有何功用？

3. 已知一圆柱螺旋压缩弹簧受Ⅱ类载荷作用，弹簧材料为Ⅱ组碳素弹簧钢丝，$D=40\text{mm}$，$d=5\text{mm}$，$n=6$。试求该弹簧所能承受的最大工作载荷 F_2 以及相应的变形量 λ。

4. 试设计一能承受冲击载荷的圆柱螺旋压缩弹簧。已知 $F_1 = 40$N，工作行程 $\lambda = 40$mm，弹簧外径不大于 45mm，中间有 Φ80mm 的芯轴，用碳素弹簧钢丝 Ⅱa 组制造。

5. 已知一圆柱螺旋压缩弹簧采用 $d = 8$mm 的钢丝制造，$D = 48$mm，该弹簧初始时为自由状态，将它压缩 40mm 后，需要储能 25J。问：

(1)该弹簧的刚度应为多少？

(2)若许用切应力为 400MPa，该弹簧的强度是否足够？

(3)该弹簧的有效圈数 n 为多少？